HZ BOOKS

华 章 图 书

一本打开的书，一扇开启的门、
通向科学殿堂的阶梯，托起一流人才的基石。

U0378953

计算机科学丛书

原书第2版

实用编程语言理论基础

[美] 罗伯特·哈珀（**Robert Harper**） 著 张昱 胡明哲 等译
卡内基·梅隆大学 中国科学技术大学

Practical Foundations for Programming Languages
Second Edition

机械工业出版社
China Machine Press

图书在版编目（CIP）数据

实用编程语言理论基础：原书第 2 版 /（美）罗伯特·哈珀（Robert Harper）著；张昱等译 . -- 北京：机械工业出版社，2021.12
（计算机科学丛书）
书名原文：Practical Foundations for Programming Languages, Second Edition
ISBN 978-7-111-69740-4

I. ① 实… II. ① 罗… ② 张… III. ① 程序语言 – 程序设计 IV. ① TP312

中国版本图书馆 CIP 数据核字（2021）第 253743 号

北京市版权局著作权合同登记　图字：01-2019-0934 号。

本书提出了一种基于类型系统和结构操作语义的编程语言理论。第 2 版经过全面修订，几乎每章都包含习题，并新增一章讨论类型细化。本书涉及的概念广泛，包括：基本数据类型，多态和抽象类型，动态定型，动态分派，子类型和类型细化，符号和动态分类，并行和成本语义，并发和分布。书中对不同编程语言的特性做了分析、证明和比较，所提供的方法可直接应用于语言的实现、程序推理逻辑的研发以及语言特性的形式化验证，具有较高的实用性。

本书不仅可以作为高等学校计算机相关专业的编程语言理论课程教材，也可供相关领域的科研人员和技术人员参考阅读。

出版发行：机械工业出版社（北京市西城区百万庄大街 22 号　邮政编码：100037）
责任编辑：曲　熠　　　　　　　　　　　　　责任校对：殷　虹
印　　刷：河北鹏盛贤印刷有限公司　　　　　版　　次：2022 年 3 月第 1 版第 1 次印刷
开　　本：185mm×260mm　1/16　　　　　　印　　张：25
书　　号：ISBN 978-7-111-69740-4　　　　　定　　价：139.00 元

客服电话：（010）88361066　88379833　68326294　　　投稿热线：（010）88379604
华章网站：www.hzbook.com　　　　　　　　　　　　　读者信箱：hzjsj@hzbook.com

类型是编程语言理论的核心组织原则。在这本创新的书中，作者 Robert Harper 教授通过使用类型理论对各种编程语言特征的本质提供了全新的诠释。大多数关于该主题的教科书都强调分类学，而 Robert Harper 则强调遗传学。他仔细研究构建所有编程语言的语言构造，在书中首先描述包含简单语言特征的基础语言，再在已建立的语言上通过引入新的语言特征得到更多的扩展语言。语言特征通过类型结构来表现，语言的语法由定义其类型的语言构造来控制，而其语义由这些构造之间的交互来决定。随后讨论语言设计的可靠性（soundness），即不存在不良定义的程序。Robert Harper 教授以初等数学为基础，简洁、严谨地给出各种语言特征的定义，他概述的"语法－静态语义－动态语义－安全性（safety）"框架可轻松扩展到丰富多样的语言概念，并直接适用于它们的实现。总体上，本书是对涵盖现代编程语言中各种语言特征的编程理论的清晰介绍，相当具有实用性。

本书反映了 Robert Harper 教授对编程语言领域的深刻理解。Robert Harper 是美国卡内基·梅隆大学的计算机科学教授，从事编程语言研究。他对 Standard ML 编程语言和 LF 逻辑框架的设计做出了重大贡献，并于 2005 年因其对编程语言类型系统的贡献而当选为 ACM Fellow。

本书的信息非常密集，不仅涉及编程语言的基本语言特征，如函数类型、和类型以及积类型，还涉及很多不同方面的高级语言及其实现特征，如动态定型、子定型、动态分派、控制栈、异常与延续、可赋值对象及引用、并行、并发与分布式、模块化与链接，等等。本书还建立了类型系统与逻辑系统之间的联系。本书在表达思想方面非常简洁，给出的直觉和解释很少，多数情况下只是以非常正式且有时不易理解的方式呈现事实和定义。本书需要读者沉下心来仔细研究，而不是随便翻阅。本书也许更适合作为课堂的补充教科书，以及从事编程语言设计与实现的研发人员的参考书籍。

对于本书的符号体系，Robert Harper 教授一直不断改进，以期用更好的表达形式来表述，但这也造成了书稿版本的不稳定以及可能存在少量有相同含义的符号前后不一致的情况。Robert Harper 教授每隔一段时间会将该书的修改版本以及勘误更新到其主页 http://www.cs.cmu.edu/~rwh/pfpl/。因此，我在译校本书时并不是直接翻译第 2 版的发行版，而是对照其主页上的最新电子版和勘误进行有选择的修改。

我在 2007 年开始配合导师陈意云教授在中国科学技术大学开展"程序设计语言理论"的教学，2008 年冯新宇老师向我推荐了 Robert Harper 教授放在其主页上的该书书稿（当时还没有形成第 1 版）。在阅读之后，为该书对语言特征的实用、简洁、严谨的理论基础描述所吸引，于是在后续讲授"程序设计语言理论"以及面向本科生的专业方向课"程序设计语言基础"（两门课于 2020 年合并为研究生学科基础课暨本硕贯通课"程序语言设计与程序分析"）时，选取了其中基础的部分作为教学内容。在阅读该书时，针对书中不易理解之处或笔误等问题，我曾与 Robert Harper 教授通过电子邮件交流，每次总能得到他迅速的回复。一些建议被他采纳，我也因此被列入该书英文版第 1 版前言的致谢名单中。

本书的翻译起源于 2018 年春季学期在中国科学技术大学讲授本科生专业方向课"程序设计语言基础"时，选取书中第 1~12、14、16、17、19、26、44 章让选课的学生阅读并形成翻译初稿，参与的同学包括王若晖、梁聪、宋小牛、康子涵、周宇强、姜也东、郭振江、林鑫、韦清、王嘉男、吴金泽、李嘉豪、陈泳舟、刘伟森、安鸣霄、董仕、隆晋威。2019年到 2020 年上半年，胡明哲、张宇翔、郭兴、曹艳和我对全书分工进行了翻译。2020 年到 2021 年 3 月，我对全书进行了多轮校译，并于 2021 年 4 月交稿。我和胡明哲对排版后的书稿进行了校对。由于译校者水平有限，难免有错讹之处，敬请广大读者批评指正。

张昱

2021 年 12 月

就像构建软件系统的第 2 版会有风险一样，为教材编写第 2 版也会带来风险：很难在避免过度修改和不破坏原有基础的情况下做出实质性改进。为了避免"第二系统效应"，我试图通过更正、修订、扩展和删除来提高内容的一致性，删除一些偏离主题的话题，增加一些第 1 版中遗漏的话题，并为每一章引入习题。

此次修订删除了许多印刷错误，纠正了一些重大错误（特别是并行抽象机和 Algol 并发性的公式），并改进了全书的表述。一些章节被删除（一般模式匹配和极化、多态的受限形式），一些章节被完全重写（关于高阶种类的章节），一些章节被大幅修改（一般的和参数化归纳定义、并发和分布式 Algol），一些章节被重组（以更好地区分部分类型论和完全类型论），另外还新增了一章（关于类型细化）。本次修订删除了一些章节中对资料来源的不清晰引用，以避免混淆这些话题当前和原有的表述。全书引入了一套新的（可发音的）语言名称系统。习题试图扩展正文中的思想，而其解答往往涉及值得研究的重要技术思想。在课后作业中，尽量不包含按部就班的常规练习。

撰写本书的目的是建立一个全面阐述和分析编程语言中各种思想的框架。语言设计和编程方法要从手工制作发展到严密的学科，首先必须要有正确的定义。只有这样，才能进行有意义的分析和整合。我希望能帮助建立这样的基础。

感 谢 Stephen Brookes、Evan Cavallo、Karl Crary、Jon Sterling、James R. Wilcox 和 Todd Wilson 对本版书稿的评审，并感谢他们提出的修订建议。感谢我的系主任 Frank Pfenning 对我完成本版工作的支持。还要感谢编辑 Ada Brunstein 和 Lauren Cowles 的指导和协助，感谢 Andrew Shulaev 对书稿的修正。

无论是作者还是出版商都无法保证本书中的定义、定理和证明没有错误，或者符合任何特定的适销性标准，或者满足任何特定应用的要求。使用本书的人员不应依赖它们来解决可能因不正确的解决方案而招致人身伤害或财产损失的问题。如果你执意按这种方式使用本书，后果自负。作者和出版商不承担因此造成的任何直接或间接损失。

Robert Harper

匹 兹 堡

2015 年 7 月

Practical Foundations for Programming Languages, Second Edition

类型是编程语言理论的核心组织原理。语言特征是类型结构的表现形式。语言的语法由定义其类型的语言构造规定，其语义由这些构造之间的交互决定。语法和语义自然会影响语言设计的可靠性——不存在不明确的程序。

本书的目的是解释上述说法。多种编程语言的特征将在类型论的统一框架中进行分析。语言特征由静态语义和动态语义来定义，静态语义是管理如何在程序中使用该特征的规则，动态语义是定义使用此特征的程序如何被执行的规则。语言的安全性体现在语言的静态语义和动态语义的一致性上。

通过这种方式，我们为编程语言的研究奠定了基础。但是为什么采用这样的方法呢？本书会给出合理的解释。我们使用的方法精确且直观，为解释程序语言概念提供统一的框架。更重要的是，这些方法可以扩展到各种编程语言概念，支持对其特性的严格分析。虽然可能需要另一本书来证明这种说法是合理的，但是这些方法确实是实用的，因为它们可直接用于语言实现，并且是机械化推理的唯一有效基础。这是其他框架不能做到的。

作为对我几十年研究的强化和升华，本书并没有详述这些想法的形成历史。我只想说，大部分的论述都不是原创的，而是对原工作的重新表述。每章末尾的注记概述了这一领域的主要发展脉络，但并不能作为文献的完整指南。关于更多信息和其他观点，读者可以参考Constable（1986，1998）、Girard（1989）、Martin-Löf（1984）、Mitchell（1996）、Pierce（2002，2004）和Reynolds（1998）等提供的优秀资源。

本书分为几个部分，各部分基本上是相互独立的。但是，第一部分和第二部分是其余部分的基础，因此必须在其他部分之前进行阅读。初读时，最好略读第一部分，然后从第二部分开始细读，再不时地回到第一部分以厘清本书其余部分所依据的逻辑框架。

许多人已阅读并评论了本书的早期版本，并提出了修正和改进建议。特别感谢 Umut Acar、Jesper Louis Andersen、Carlo Angiuli、Andrew Appel、Stephanie Balzer、Eric Bergstrom、Guy E. Blelloch、Iliano Cervesato、Lin Chase、Karl Crary、Rowan Davies、Derek Dreyer、Dan Licata、Zhong Shao、Rob Simmons 和 Todd Wilson 在阅读和评论本书方面所做的大量工作。还要感谢以下人士的建议：Joseph Abrahamson、Arbob Ahmad、Zena Ariola、Eric Bergstrome、William Byrd、Alejandro Cabrera、Luis Caires、Luca Cardelli、Manuel Chakravarty、Richard C. Cobbe、James Cooper、Yi Dai、Daniel Dantas、Anupam Datta、Jake Donham、Bill Duff、Matthias Felleisen、Kathleen Fisher、Dan Friedman、Peter Gammie、Maia Ginsburg、Byron Hawkins、Kevin Hely、Kuen-Bang Hou（Favonia）、Justin Hsu、Wojciech Jedynak、Cao Jing、Salil Joshi、Gabriele Keller、Scott Kilpatrick、Danielle Kramer、Dan Kreysa、Akiva Leffert、Ruy Ley-Wild、Karen Liu、Dave MacQueen、Chris Martens、Greg Morrisett、Stefan Muller、Tom Murphy、Aleksandar Nanevski、Georg

Neis、David Neville、Adrian Trejo Nuñez、Cyrus Omar、Doug Perkins、Frank Pfenning、Jean Pichon、Benjamin Pierce、Andrew M. Pitts、Gordon Plotkin、David Renshaw、John Reynolds、Andreas Rossberg、Carter Schonwald、Dale Schumacher，Dana Scott，Shayak Sen、Pawel Sobocinski，Kristina Sojakova、Daniel Spoonhower、Paulo Tanimoto、Joe Tassarotti、Peter Thiemann、Bernardo Toninho、Michael Tschantz、Kami Vaniea、Carsten Varming、David Walker、Dan Wang、Jack Wileden、Sergei Winitzki、Roger Wolff、Omer Zach、Luke Zarko 和 Yu Zhang。非常感谢卡内基·梅隆大学 15-312 和 15-814 课程的学生，他们为本书的编写提供了动力，并在过去的十年中容忍了本书的多次修订。

感谢马克斯·普朗克软件系统研究所的盛情款待和支持。还要感谢匹兹堡的 Espresso a Mano 餐厅、剑桥的 CB2 咖啡厅以及萨尔布吕肯的 Thonet 咖啡馆的稳定咖啡供应和良好的写作氛围。

本书的编写部分地受美国国家科学基金 0702381 和 0716469 项目资助。本书表达的任何观点、发现、结论或建议都是作者本人的，并不代表美国国家科学基金会。

Robert Harper
匹兹堡
2012 年 3 月

目　录

Practical Foundations for Programming Languages, Second Edition

判断和规则

第 1 章

Practical Foundations for Programming Languages, Second Edition

抽象语法

编程语言（程序设计语言）以人类和机器都能理解的形式表达计算。语言的语法规定了如何将各种短语（表达式、命令、声明等）组合成程序。但是，这些短语是什么？程序由什么组成？

非正式地说，语法一词有几种不同的概念。**表层语法**（surface syntax）或**具体语法**（concrete syntax）关注如何在计算机上输入和显示短语。表层语法通常由某些字母表（如 ASCII 或 Unicode）中的字符串给出。**结构语法**（structural syntax）或**抽象语法**（abstract syntax）与短语的结构有关，特别是如何由其他短语构成短语。从这个角度看，一个短语就是一棵树，称为**抽象语法树**（abstract syntax tree），其节点是将若干短语组合成另一个短语的运算符。语法的**绑定**（binding）结构涉及标识符的引入和使用：如何声明标识符，以及如何使用已声明的标识符。在这个层次上，短语就是**抽象绑定树**（abstract binding tree，abt），它在抽象语法树的基础上增添了绑定和作用域的概念。

在本书中，我们不关心具体语法，而是将多个语法片段看成有限棵树，并通过在语法树中表达标识符的绑定和作用域的方式进行扩展。为了给本书的其他部分奠定基础，我们在本章分两个阶段定义什么是"语法片段"。首先，我们定义抽象语法树。抽象语法树重点关注语法片段的层次结构，而避免谈及它们具体表示的字符串。然后，我们通过指定标识符的绑定（声明）和作用域（作用范围）来扩展抽象语法树。这种抽象语法树的增强形式称为**抽象绑定树**。

在 abt 上定义的函数和关系会给标识符的绑定和作用域的非形式化概念赋予精确的含义。这些概念难以正确定义，这给语言实现者带来了无穷无尽的麻烦。因此，精确定义是必不可少的。此外，它们也特别有技术性，需要花时间熟悉。阅读本章的最好方式可能是先快速浏览以理解主要意思，之后在必要时再回到本章来加深理解。

1.1 抽象语法树

抽象语法树（abstract syntax tree，ast）是一棵有序树，其叶节点为**变量**（variable）或没有**参数**（argument）的**运算符**（operator），其内部节点是运算符，其子节点为该运算符的参数。ast 按语法的不同形式可分为不同的**类别**（sort）。变量表示特定类别的一段未指定的或一般化的语法片段。多个 ast 通过运算符进行组合，运算符的**元数**（arity）规定了运算符的类别，以及参数的个数和类别。一个类别为 s、元数为 $s_1,\cdots,s_n$ 的运算符能将 $n \geq 0$ 棵类别分别为 $s_1,\cdots,s_n$ 的 ast 组合起来，得到类别为 s 的复合 ast。

变量的概念是核心，因此需要在这里特别强调。变量是属于某个**域**（domain）的未知对象。变量的未知状态可以通过**代换**（substitution）变为已知，即将一个公式中该变量的所有出现全部代换为一个特定对象，从而将一般的公式特化为特定的实例。例如，令代数中的变量在实数中取值，可以构建形如 x^2+2x+1 的多项式，并可以通过代换来特化，如将 x 代换为 7 则得到 $7^2+(2\times 7)+1$，计算可得 64，即 $(7+1)^2$。

抽象语法树按类别可分为不同的语法类别。例如，我们熟悉的编程语言通常会区分表达式和命令，这就是两类不同的语法树。抽象语法树中变量的类别也是有范围的，以此保证只有这些类别的语法树能代换该变量。因此，用命令代换表达式变量和用表达式代换命令变量都是没有意义的，因为命令和表达式的类别不同。但是，变量的核心思想仍然源自代数，即变量是一个未知的对象或者占位符，其含义由代换赋予。

例如，考虑一个由算术表达式构成的语言，它包含数字、加法和乘法。这个语言的抽象语法由单个类别 Exp 组成，而 Exp 又可以由如下的运算符产生：

1. 类别为 Exp 的运算符 num[n]，其中 $n\in\mathbb{N}$。

2. 两个类别为 Exp 的运算符 plus 和 times，每个运算符都有两个 Exp 类别的参数。
包含变量 x 的表达式 $2+(3\times x)$ 可以表示成如下类别为 Exp 的 ast，其中假设 x 也为 Exp 类别：

$$\mathrm{plus(num[2]; times(num[3]; }x))$$

由于 num[4] 是类别为 Exp 的 ast，故可以用它代替上面 ast 中的 x，得到

$$\mathrm{plus(num[2]; times(num[3]; num[4]))}$$

以上抽象语法可非形式地写成 $2+(3\times 4)$。当然，也可以将 x 代换成更复杂的类别为 Exp 的 ast，这样结果就是不同的 ast。

ast 的树状结构提供了一条非常有用的推理原则，称为**结构归纳法**（structural induction）。假设我们希望证明"对某个类别的所有 ast a，都具有性质 $\mathcal{P}(a)$"，则只需要考虑所有可以生成 a 的方式，并证明在每种情况下，如果其子 ast（如果有）都具有该性质，则生成的 a 也具有该性质。因此，针对刚才描述的类别 Exp，我们需要证明：

1. 对于任意 Exp 类别的变量 x 都具有该性质，即证明 $\mathcal{P}(x)$。

2. 对于任意数字 num[n] 都具有该性质，即对所有 $n\in\mathbb{N}$，证明 $\mathcal{P}(\mathrm{num}[n])$。

3. 假设 a_1 和 a_2 都具有该性质，则 plus(a_1; a_2) 和 times(a_1; a_2) 也具有该性质，即如果 $\mathcal{P}(a_1)$ 和 $\mathcal{P}(a_2)$ 都成立，则 $\mathcal{P}(\mathrm{plus}(a_1;a_2))$ 和 $\mathcal{P}(\mathrm{times}(a_1;a_2))$ 成立。
因为这些情况穷举了形成 a 的所有可能，所以我们可以确信 $\mathcal{P}(a)$ 对任一 Exp 类别的 ast a 都成立。

通常情况下，使用结构归纳法的时候，会将变量解释为占位符以替代任意合适类别的 ast。通俗地说，通过以变量具有的性质为条件来形式化证明含变量的 ast 所具有的性质，经常是有用的。用满足性质的 ast 代换变量，得到的代换结果也满足该性质。这相当于将结构归纳法应用到形如"如果 a 含有变量 $x_1,\cdots,x_k$ 且性质 $\mathcal{Q}$ 对所有 x_i 都成立，则 $\mathcal{Q}$ 对 a 也成立"的 $\mathcal{P}(a)$。这样按结构归纳法证明"$\mathcal{P}(a)$ 对所有 ast a 成立"就变成证明"对所有 ast a，假设 $\mathcal{Q}$ 对 a 中的变量成立，则 $\mathcal{Q}(a)$ 成立"。当不含变量时，就没有此假设，证明 $\mathcal{P}$ 就是证明 $\mathcal{Q}$ 对所有**闭合的**（closed）ast 成立。另一方面，如果 x 是 a 的一个变量，且用满足 $\mathcal{Q}$ 的 ast b 代换 x，则代换的结果也满足 $\mathcal{Q}$。

为了精确起见，我们给出这些概念的精确定义。令 $\mathcal{S}$ 为类别的一个有限集合。给定一个类别集合 $\mathcal{S}$，一个具有形式 $(s_1,\cdots,s_n)s$ 的元数表示一个类别为 $s\in\mathcal{S}$ 的运算符，它接受 $n\geqslant 0$ 个参数，第 i 个参数的类别为 $s_i\in\mathcal{S}$。令 $\mathcal{O}=\{\mathcal{O}_\alpha\}$ 为一个按元数索引的、由具有元数 α 的运算符集合 $\mathcal{O}_\alpha$ 构成的不相交的集族。如果 o 是一个元数为 $(s_1,\cdots,s_n)s$ 的运算符，则称 o 的类别为 s 且有 n 个类别分别为 $s_1,\cdots,s_n$ 的参数。

固定一个类别集合 $\mathcal{S}$ 和一个按元数索引的、不同元数的运算符集族 $\mathcal{O}$。令 $\mathcal{X}=\{\mathcal{X}_s\}_{s\in\mathcal{S}}$，其中 $\mathcal{X}_s$ 为类别 s 的变量 x 形成的集合，$\mathcal{X}$ 为各不相交有限集 $\mathcal{X}_s$ 组成的、按类别索引的集族。当 $\mathcal{X}$ 上下文无关时，如果变量 $x\in\mathcal{X}_s$，则称 x 的类别为 s；如果对任何类别 s 都有 $x\notin\mathcal{X}_s$，则称 x 对 $\mathcal{X}$ 来说是**新的**（fresh），或者在理解 $\mathcal{X}$ 时 x 是新的。如果 x 对 $\mathcal{X}$ 是新的，并且 s 是类别，则 $\mathcal{X}$, x 是通过增加 x 到 $\mathcal{X}_s$ 所得的变量集族。当 s 由上下文决定而不是显式声明时，这种记法是有歧义的。

抽象语法树的族 $\mathcal{A}[\mathcal{X}]=\{\mathcal{A}[\mathcal{X}]_s\}_{s\in\mathcal{S}}$ 是满足以下条件的最小族：

1. 一个类别为 s 的变量是一棵类别为 s 的 ast：如果 $x\in\mathcal{X}_s$，则 $x\in\mathcal{A}[\mathcal{X}]_s$。

2. 用运算符可以组合 ast：如果 o 是一个元数为 $(s_1,\cdots,s_n)s$ 的运算符，且 $a_1\in\mathcal{A}[\mathcal{X}]_{s_1},\cdots$, $a_n\in\mathcal{A}[\mathcal{X}]_{s_n}$，则 $o(a_1;\cdots;a_n)\in\mathcal{A}[\mathcal{X}]_s$。

利用这个定义，可以使用结构归纳法证明：对任意 ast，性质 $\mathcal{P}$ 都成立。为了证明性质 $\mathcal{P}(a)$ 对所有 $a\in\mathcal{A}[\mathcal{X}]$ 都成立，只需要证明：

1. 如果 $x\in\mathcal{X}_s$，则 $\mathcal{P}_s(x)$。

2. 如果运算符 o 有元数 $(s_1,\cdots,s_n)s$，且 $\mathcal{P}_{s_1}(a_1),\cdots,\mathcal{P}_{s_n}(a_n)$ 均成立，则 $\mathcal{P}_s(o(a_1;\cdots;a_n))$ 成立。

例如，如果有 $\mathcal{X}\subseteq\mathcal{Y}$，则很容易用结构归纳法证明 $\mathcal{A}[\mathcal{X}]\subseteq\mathcal{A}[\mathcal{Y}]$。

变量通过代换赋予含义，如果 $a\in\mathcal{A}[\mathcal{X},x]_{s'}$，且 $b\in\mathcal{A}[\mathcal{X}]_s$，则用 b 代换 a 中出现的所有 x 得到的结果是 $[b/x]a\in\mathcal{A}[\mathcal{X}]_{s'}$。称 ast a 为代换**目标**（target），而 x 为代换**对象**（subject）。代换由以下等式定义：

1. $[b/x]x=b$，且当 $x\neq y$ 时，$[b/x]y=y$。

2. $[b/x]o(a_1;\cdots;a_n)=o([b/x]a_1;\cdots;[b/x]a_n)$。

比如，我们可以检查：

$$[\mathrm{num}[2]/x]\,\mathrm{plus}(x;\mathrm{num}[3])=\mathrm{plus}(\mathrm{num}[2];\mathrm{num}[3])$$

用结构归纳法可以证明 ast 上的代换是良定义的。

定理 1.1　如果 $a\in\mathcal{A}[\mathcal{X},x]$，则对任意 $b\in\mathcal{A}[\mathcal{X}]$ 都存在唯一的 $c\in\mathcal{A}[\mathcal{X}]$ 满足 $[b/x]a=c$。

证明　对 a 使用结构归纳法。如果 $a=x$，则根据定义有 $c=b$；如果 $a=y\neq x$，则同样根据定义有 $c=y$。否则，若 $a=o(a_1;\cdots;a_n)$，并且根据归纳定义，有唯一的 $c_1,\cdots,c_n$ 满足 $[b/x]a_1=c_1,\cdots,[b/x]a_n=c_n$，则由代换的定义可得 $c=o(c_1;\cdots;c_n)$。　　□

1.2　抽象绑定树

抽象绑定树（abstract binding tree, abt）是对 ast 的扩展，它引入具有指定作用范围

（称为**作用域**，scope）的新变量和符号（称为**绑定**，binding）。绑定的作用域是一棵 abt，其中受约束的标识符能在该 abt 中使用，既可以作为占位符（例如变量声明），也可以作为运算符的索引（例如符号声明）。因此，一棵 abt 的子树中的活跃标识符集可能会大于该树的活跃标识符集。此外，不同的子树可能引入具有不相交作用域的标识符。关键的原则是，对标识符的任一使用都应被理解为对其绑定的一个引用或抽象指针。由此得到的结论是，只要我们总能将标识符的每一次使用与唯一的绑定关联，那么标识符的选择是无关紧要的。

下面举例说明，考虑表达式 let x be a_1 in a_2，它引入一个变量 x，用于在表达式 a_2 中表示表达式 a_1。变量 x 受 let 表达式的约束，用于 a_2 中；a_1 中使用的任何 x（如果有的话）都是碰巧名字相同的不同变量。比如，在表达式 let x be 7 in $x+x$ 中，出现在加式中两次的 x 都是指 let 表达式引入的变量。而在表达式 let x be $x*x$ in $x+x$ 中，乘式中出现的 x 和加式中的 x 分别是指不同的变量，后者是指 let 表达式引入的绑定，而前者是指没有出现在这里的外部绑定。

当约束变量确定的是相同的绑定时，它们的名字是无关紧要的。因此，let x be $x*x$ in $x+x$ 完全可以改写成 let y be $x*x$ in $y+y$，而不改变其含义。在前一个式子中，变量 x 在加式中是约束的，而在后者中约束变量是 y，但其"指针结构"保持不变。另一方面，表达式 let x be $y*y$ in $x+x$ 的含义则与前面两个表达式不同，因为在这里乘式中的 y 是指不同的外围变量。对约束变量的重命名应该保证其一定不改变表达式中变量所引用的结构。例如，表达式

$$\text{let } x \text{ be } 2 \text{ in let } y \text{ be } 3 \text{ in } x+x$$

的含义与表达式

$$\text{let } y \text{ be } 2 \text{ in let } y \text{ be } 3 \text{ in } y+y$$

不同。因为在第二个表达式中，$y+y$ 中的 y 引用的是内层声明的变量，而第一个表达式中的 x 引用的是外层声明的变量。

可以将 ast 的概念扩展以考虑变量的绑定和作用域，这种扩展后的 ast 被称为**抽象绑定树**。abt 通过允许运算符把任意有限个（可能为零个）变量绑定到每个参数中来泛化 ast。运算符的参数称为**抽象子**（abstractor），具有 $x_1,\cdots,x_k.a$ 的形式。变量序列 $x_1,\cdots,x_k$ 在 abt a 中是约束的（当 k 为零时，不区分 $.a$ 和 a 本身）。将表达式 let x be a_1 in a_2 写成 abt 的形式，可以得到 let$(a_1; x.a_2)$，这个表达式更清晰地说明 x 在 a_2 而不是 a_1 中是约束的。通常将不同变量组成的有限序列 $x_1,\cdots,x_n$ 表示为 $\bar{x}$，用 $\bar{x}.a$ 表示 $x_1,\cdots,x_n.a$。

为了说明绑定，运算符被赋予形如 $(v_1,\cdots,v_n)s$ 的**泛化元数**（generalized arity），它具体规定了类别为 s、带 n 个**价**（valence）为 $v_1,\cdots,v_n$ 的参数的运算符。一般而言，一个价 v 具有 $s_1,\cdots,s_k.s$ 的形式，它指定了参数的类别以及所绑定的变量的数量和类别。我们称变量序列 $\bar{x}$ 属于类别 $\bar{s}$，这是指两个向量有相同的长度 k，并且对每个 $1\le i\le k$ 都有变量 x_i 属于类别 s_i。

因此，指定 let 运算符具有元数 (Exp,Exp.Exp)Exp，它表示这个运算符的类别是 Exp，其中第一个参数的类别为不绑定任何变量的 Exp，而第二个参数的类别为含有一个 Exp 类别

的约束变量的 Exp。非形式的表达式 let x be $2+2$ in $x \times x$ 可以写成 abt

$$\text{let}(\text{plus}(\text{num}[2];\text{num}[2]);x.\text{times}(x;x))$$

其中，let 运算符有两个参数，第一个参数是一个表达式，第二个参数是绑定了一个表达式变量的抽象子。

固定一个类别集合 $\mathcal{S}$ 和一个按其泛化元数索引的运算符的不相交集族 $\mathcal{O}$。对给定的一族不相交的变量集合 $\mathcal{X}$，**抽象绑定树**的族（或记作 abt 的 $\mathcal{B}[\mathcal{X}]$）的定义与 $\mathcal{A}[\mathcal{X}]$ 类似，只是 $\mathcal{X}$ 在定义中不是固定的，而是当进入抽象子的作用域时会变化。

这一概念虽然简单，但是难以准确表达。首先尝试定义为满足下述条件的闭合的最小集族：

1. 如果 $x \in \mathcal{X}_s$，则 $x \in \mathcal{B}[\mathcal{X}]_s$。

2. 对任意元数为 $(\vec{s}_1.s_1,\cdots,\vec{s}_n.s_n)s$ 的运算符 o，如果 $a_1 \in \mathcal{B}[\mathcal{X},\vec{x}_1]_{s_1},\cdots$，且 $a_n \in \mathcal{B}[\mathcal{X},\vec{x}_n]_{s_n}$，则 $o(\vec{x}_1.a_1;\cdots;\vec{x}_n.a_n) \in \mathcal{B}[\mathcal{X}]_s$。

在每个参数中，约束变量并入参数内的活跃变量集合，其类别由运算符的价决定。

这一定义基本正确，但它没有正确解释约束变量的重命名。根据这个定义，形如 $\text{let}(a_1;x.\text{let}(a_2;x.a_3))$ 的 abt 是**非良构的**（ill-formed），因为第一个绑定将 x 添加到 $\mathcal{X}$，这意味着第二个绑定不能也将 x 添加到 $\mathcal{X},x$，因为 x 对 $\mathcal{X},x$ 来说不是新的。解决方法是，保证每个参数都是良构的（well-formed）而不管如何选择约束变量名，这可以通过使用**新的重命名**（fresh renaming）来做到。具体而言，一个变量的有限序列 $\vec{x}$ 的新的重命名（相对于 $\mathcal{X}$）是 $\vec{x}$ 到 $\vec{x}'$ 的一个双射 $\rho: \vec{x} \leftrightarrow \vec{x}'$，其中 $\vec{x}'$ 对 $\mathcal{X}$ 而言是新的。我们用 $\hat{\rho}(a)$ 表示将 a 中出现的每个 x_i 代换为 $\rho(x_i)$ 后得到的结果。

下面是在 abt 定义的第二条中加入新的重命名后得到的：

对任意元数为 $(\vec{s}_1.s_1,\cdots,\vec{s}_n.s_n)s$ 的运算符 o，如果对每个 $1 \leq i \leq n$ 和每个新的重命名 $\rho_i: \vec{x}_i \leftrightarrow \vec{x}'_i$，都有 $\widehat{\rho_i}(a_i) \in \mathcal{B}[\mathcal{X},\vec{x}'_i]$，则 $o(\vec{x}_1.a_1;\cdots;\vec{x}_n.a_n) \in \mathcal{B}[\mathcal{X}]_s$。

每个 a_i 的重命名 $\widehat{\rho_i}(a_i)$ 保证了不会有变量名字的冲突，并且 abt 对发生在其中的任意约束变量的几乎所有的重命名都是合法的。

结构归纳法的原理可以延伸到 abt，称为**新的重命名模下的结构归纳法**（structural induction modulo fresh renaming）。它指出，为了证明 $\mathcal{P}[\mathcal{X}](a)$ 对任意 $a \in \mathcal{B}[\mathcal{X}]$ 都成立，只需要证明：

1. 如果 $x \in \mathcal{X}_s$，则 $\mathcal{P}[\mathcal{X}]_s(x)$。

2. 对任意元数为 $(\vec{s}_1.s_1,\cdots,\vec{s}_n.s_n)s$ 的运算符 o，如果对每个 $1 \leq i \leq n$，$\mathcal{P}[\mathcal{X},\vec{x}'_i]_{s_i}(\widehat{\rho_i}(a_i))$ 对每个 $\rho_i: \vec{x}_i \leftrightarrow \vec{x}'_i$ 都成立，其中 $\vec{x}'_i \notin \mathcal{X}$，那么 $\mathcal{P}[\mathcal{X}]_s(o(\vec{x}_1.a_1;\cdots;\vec{x}_n.a_n))$ 成立。

第二个条件保证了归纳假设对约束变量名的所有新的选择都成立，而不只是针对 abt 中实际给出的那些命名。

举一个例子，判断 $x \in a$ 表示 x 在 a 中**自由出现**（occurs free），其中 $a \in \mathcal{B}[\mathcal{X},x]$。非形式地说，它表示 x 在 a 之外被约束，而不是在 a 之中。如果 x 在 a 中被约束，则 a 中出现的 x 和那些在绑定之外出现的 x 是不同的。下面的定义保证了这种情况：

1. $x \in x$。

2. 如果存在 $1 \leq i \leq n$，使得对每一个新的重命名 $\rho : \vec{x}_i \leftrightarrow \vec{z}_i$，都有 $x \in \hat{\rho}(a_i)$，那么 $x \in o(\vec{x}_1.a_1;\cdots;\vec{x}_n.a_n)$。

第一个条件指出 x 在 x 中是自由的，但是在除 x 以外的变量 y 中不是自由的。第二个条件指出，如果不管怎么选取约束变量名，x 在某个参数中都是自由的，那么 x 在整个 abt 中是自由的。

α- 等价关系（α-equivalence，如此命名有历史原因）：$a =_\alpha b$ 表示 a 和 b 在不考虑约束变量名的选择下是相同的。α- 等价具有最强的一致性，包含以下两个条件：

1. $x =_\alpha x$。

2. 如果对每个 $1 \leq i \leq n$ 和所有新的重命名 $\rho : \vec{x}_i \leftrightarrow \vec{z}_i$ 和 $\rho' : \vec{x}'_i \leftrightarrow \vec{z}_i$，都有 $\widehat{\rho_i}(a_i) =_\alpha \widehat{\rho'_i}(a'_i)$，那么 $o(\vec{x}_1.a_1;\cdots;\vec{x}_n.a_n) =_\alpha o(\vec{x}'_1.a'_1;\cdots;\vec{x}'_n.a'_n)$。

这个想法是，我们一致地重命名 $\vec{x}_i$ 和 $\vec{x}'_i$ 以避免冲突，并检查 a_i 和 a'_i 是 α- 等价的。如果 $a =_\alpha b$，则 a 和 b 互为 **α- 变体**（α-variant）。

用类别为 s 的 abt b 代换 abt a 中自由出现的类别为 s 的 x，写作 $[b/x]a$。这个代换定义需要多加注意。代换可以部分地使用下面的条件来定义：

1. $[b/x]x = b$，且如果 $x \neq y$，则 $[b/x]y = y$。

2. $[b/x]o(\vec{x}_1.a_1;\cdots;\vec{x}_n.a_n) = o(\vec{x}_1.a'_1;\cdots;\vec{x}_n.a'_n)$，其中对每个 $1 \leq i \leq n$ 都要求 $\vec{x}_i \notin b$，而且在 $x \notin \vec{x}_i$ 时，设 $a'_i = [b/x]a_i$，否则设 $a'_i = a_i$。

$[b/x]a$ 的定义很微妙，需要仔细思考。

代换的一个麻烦之处是要注意，如果 x 在 a 中被一个抽象子约束，则 x 在这个抽象子中不是自由出现的，因此它在代换时不会被改变。例如，因为 x 在 $x.a_2$ 中没有自由出现，所以有 $[b/x]\mathrm{let}(a_1;x.a_2) = \mathrm{let}([b/x]a_1;x.a_2)$。另一个麻烦之处是，在代换中 b 的自由变量的**捕捉**（capture）。例如，如果 $y \in b$ 且 $x \neq y$，则 $[b/x]\mathrm{let}(a_1;y.a_2)$ 是未定义的，而不是可能会首先想到的 $\mathrm{let}([b/x]a_1;y.[b/x]a_2)$。再举个例子，假设 $x \neq y$，$[y/x]\mathrm{let}(\mathrm{num}[0];y.\mathrm{plus}(x;y))$ 是未定义的，而不是 $\mathrm{let}(\mathrm{num}[0];y.\mathrm{plus}(y;y))$，后者会将名为 y 的两个不同变量混淆。

虽然避免捕捉自由变量是代换的一个必要特性，但从某种意义上说，这只是技术上的麻烦。如果约束变量的名称没有重要含义，那么通过先重命名 a 中的约束变量来避免与 b 中的自由变量冲突，总可以避免捕捉。在前述的例子中，如果将约束变量 y 重命名为 y'，得到 $a' \triangleq \mathrm{let}(\mathrm{num}[0];y'.\mathrm{plus}(x;y'))$，则 $[b/x]a'$ 是有定义的，并且等价于 $\mathrm{let}(\mathrm{num}[0];y'.\mathrm{plus}(b;y'))$。用这种方式避免捕捉的代价是，代换仅在 α- 等价上才能确定，因此不能将代换看作一个函数，而只看作一个关系。

为了恢复代换的函数特性，只需要采用如下的**标识约定**（identification convention）：

抽象绑定树总是根据 α- 等价决定是否相同

即 α- 等价的 abt 被视为相同的。代换可以扩展到 abt 的 α- 等价类，并选择 b 和 a 的等价类的代表进行代换，然后形成结果的等价类，以此方式避免捕捉。等价类的代表用于代换，无论这个代表如何选择，其结果都是 α- 等价的，因此代换成为一个良定义的全函数。本书将采用 abt 的标识约定。

通常有必要考虑一些语言，它们的抽象语法无法用固定的运算符集合来描述，而要求可用的运算符应与其所在的上下文有关。就我们的目的而言，只需要考虑用一组**符号参数**（symbolic parameter）——或简称符号（symbol）——来索引运算符族，因此当符号集变化时，运算符集也会变化。一个索引运算符（indexed operator）o 是一族用符号 u 索引的运算符族，满足当 u 是一个可用的符号时，$o[u]$ 是一个运算符。如果 $\mathcal{U}$ 是符号的有限集合，则 $\mathcal{B}[\mathcal{U}; \mathcal{X}]$ 是如前所述的由运算符和变量生成的、按类别索引的 abt 族，其中也包括所有用符号 $u \in \mathcal{U}$ 索引的运算符。变量是占位符，代表其所属类别的未知 abt，但是符号不代表任何东西，并且本身不是 abt。符号的唯一意义是它是否与另一个符号相同。运算符的实例 $o[u]$ 和 $o[u']$ 相同，当且仅当 u 和 u' 是同一个符号。

符号集可以通过使用抽象子 $u.a$ 将新的（new 或 fresh）符号引入作用域中，这里符号 u 绑定到 abt a 中。抽象符号的"新"和抽象变量的"新"的概念是相似的：如果不发生冲突，被绑定的约束符号名可以随意改变。两者唯一的不同是重命名是对符号的唯一操作，对符号而言没有代换的概念。

最后，简述一下记号法：为了提高可读性，通常对运算符的参数进行"分组"和"分阶段"，我们用圆括号表示组，而一般将阶段看成从右到左进行。同一组的所有参数都在同一阶段发生，即便这些参数的顺序很重要。连续的组被认为在连续的阶段发生。分阶段和分组有助于记忆，但并不重要。例如，abt $o\{a_1; a_2\}(a_3; x.a_4)$ 和 abt $o(a_1; a_2; a_3; x.a_4)$ 相同，只要参数分组和分阶段能保持参数的次序不变。

1.3　注记

抽象语法的概念起源于丘奇（Church）、图灵（Turing）以及哥德尔（Gödel）的先驱性工作，他们最早考虑如何编写代表程序表示的程序。起初，程序是用自然数来表示的，这种基于素数分解定理（prime factorization theorem）的编码形式现在称为**哥德尔编码**（Gödel numbering）。任何一本关于数理逻辑的教科书，如 Kleene（1952），都会详述这种表示形式。Lisp 语言（McCarthy, 1965; Allen, 1978）引入更为实用和直接的语法表示，即**符号表达式**。这些想法在 ML 语言（Gordon 等人，1979）中得到了进一步发展，ML 语言有一个能够表达抽象语法树的类型系统。AUTOMATH 项目（Nederpelt 等人，1994）引入丘奇的 λ 记号来表示变量的绑定和作用域。这些思想又在 LF（Harper 等人，1993）中得到发展。

本章介绍的抽象绑定树的概念受 NuPRL 项目建立的记号系统以及 Martin-Löf 的元数系统的启发，其描述可分别见 Constable（1986）和 Nordstrom 等人（1990）的著作。他们对符号绑定的扩展受 Pitts 和 Stark（1993）的影响。

习题

1.1　用抽象语法树上的结构归纳法证明：如果 $\mathcal{X} \subseteq \mathcal{Y}$，则 $\mathcal{A}[\mathcal{X}] \subseteq \mathcal{A}[\mathcal{Y}]$。

1.2　用抽象绑定树上的重命名模下的结构归纳法证明：如果 $\mathcal{X} \subseteq \mathcal{Y}$，则 $\mathcal{B}[\mathcal{X}] \subseteq \mathcal{B}[\mathcal{Y}]$。

1.3　证明如果 $a =_\alpha a'$, $b =_\alpha b'$，且 $[b/x]a$ 和 $[b'/x]a'$ 都有定义，则 $[b/x]a =_\alpha [b'/x]a'$。

1.4　约束变量可以类比自然语言中的代词。在一个抽象子中，变量的绑定固定了一个"新的"代词在抽象子体中的用法，即这个代词明确地代指那个变量（对比英语中代词的代指经常是含糊的）。这一观察表明，可以用另外一种方式来表达 abt，称为抽象绑定图（abstract binding graphs, abg）。abg 是按以下方式构建的有向图：

（a）自由变量是没有出边的原子节点。

（b）有 n 个参数的运算符是 n- 元节点，该节点对每个子节点都有一条相应的出边与之相连。

（c）抽象子是有一条出边连到抽象变量的作用域的节点。

（d）约束变量是从引入该变量的抽象子出发的回边。

注意，可以将 ast 当作没有抽象子的 abt，是无环有向图（更精确地说是可变树（variadic tree）），而一般的 abt 可以是有环的。画出与本章几个示例 abt 对应的 abg。给出类别索引的 abg 族 $\mathcal{G}[\mathcal{X}]$ 的准确定义。你会怎么表示约束变量（回边）？

第 2 章

归纳定义

归纳定义是编程语言研究中必不可少的工具。在本章中，我们将搭建归纳定义的基本框架，并给出一些使用示例。归纳定义由一组规则组成，这些规则用于推导形式多样的**判断**（或称为断言）。**判断**（judgment）是关于某种类别的一棵或多棵抽象绑定树的陈述。**规则**（rule）规定了一个判断有效的充分必要条件，因此也完全决定了这个判断的含义。

2.1 判断

我们从与抽象绑定树有关的判断（或断言（assertion））的概念开始，将使用多种形式的判断，包括如下这些例子：

n nat	n 是一个自然数
$n_1+n_2=n$	n 是 n_1 和 n_2 的和
τ type	τ 是一个类型
$e{:}\tau$	表达式 e 具有 τ 类型
$e \Downarrow v$	表达式 e 的值为 v

判断表明一棵或多棵抽象绑定树具有某种性质，或者彼此间存在某种关系。这种性质或关系本身称为**判断形式**（judgment form），而"一个或多个对象具有这种性质或关系"这样的判断称为判断形式的**实例**（instance）。判断形式也称为**谓词**（predicate），而构成实例的对象是它的**主语**（subject）。我们将断言"abt a 具有 J 性质"的判断记为 a J 或 J a。相应地，我们有时将判断形式 J 记为 — J 或 J —，这里用 — 来代表 J 缺少的参数。当没有必要强调判断的主语时，我们用 J 表示未特别规定的判断，也就是某种判断形式的实例。对于特定的判断形式，我们可以自由地使用前缀、中缀或混合标记，如上例所示，以增强可读性。

2.2 推理规则

判断形式的**归纳定义**（inductive definition）由该形式的一组规则组成

$$\frac{J_1 \cdots J_k}{J} \tag{2.1}$$

其中 J 和 $J_1, \cdots, J_k$ 是定义该形式的所有判断。水平线上方的判断称为该规则的**前提**（premise），水平线下方的判断称为该规则的**结论**（conclusion）。如果一个规则没有任何前提（也就是 k 等于零），那么这个规则称为**公理**（axiom），否则称为**正常规则**（proper rule）。

推理规则可理解为这些前提对结论而言是充分的：$J_1, \cdots, J_k$ 成立，足以让 J 成立。当 k 等于零时，此规则表明其结论无条件成立。要注意的是，通常许多规则会有相同的结论，每条规则都规定了该结论的一些充分条件。因此，当一条规则的结论成立时，该规则的前提不一定成立，因为这个结论可能是通过其他规则推导出来的。

例如，下列规则是判断形式 — nat 的归纳定义：

$$\frac{}{\text{zero nat}} \tag{2.2a}$$

$$\frac{a \text{ nat}}{\text{succ}(a) \text{ nat}} \tag{2.2b}$$

这些规则说明，当 a 是 zero，或者 a 是 succ(b) 且对某个 b 有 b nat 成立时，a nat 成立。穷举这些规则能得出：当且仅当 a 是一个自然数时，a nat 成立。

类似地，下列规则构成了判断形式 — tree 的归纳定义：

$$\frac{}{\text{empty tree}} \tag{2.3a}$$

$$\frac{a_1 \text{ tree} \quad a_2 \text{ tree}}{\text{node}(a_1; a_2) \text{ tree}} \tag{2.3b}$$

这些规则规定，当 a 是 empty，或者 a 是 node($a_1; a_2$)，其中 a_1 tree 且 a_2 tree 时，a tree 成立。穷举这些规则能得出：a 是一棵二叉树，它要么为空，要么是一个拥有两个子节点的节点，其子节点也是一棵二叉树。

判断形式 a is b 表示两棵抽象绑定树 a 和 b 相等，从而 a nat 和 b nat 可以由下列规则归纳定义：

$$\frac{}{\text{zero is zero}} \tag{2.4a}$$

$$\frac{a \text{ is } b}{\text{succ}(a) \text{ is succ}(b)} \tag{2.4b}$$

在上述各个例子中，我们已利用一种符号约定，通过使用有限数量的模式，或者称为**规则模式**（rule scheme），来指定无限的规则族。例如，规则（2.2b）是一个规则模式，它为规则中对象 a 的每一个选择确定一条规则，称为该规则模式的实例。我们将依靠上下文来确定一条规则是在说明特定的对象 a，还是作为规则模式在为规则中对象的每一个选择确定一条规则。

一组规则被看作对封闭于这些规则或遵从这些规则的最强判断形式的定义。**封闭于这些规则**的含义是指这些规则足以证明该判断的有效性：如果利用给定的规则可以得到 J，则 J 成立。**封闭于这些规则的最强判断形式**的含义是所有的规则都是必要的：只有通过应用这些规则得出 J 时，J 才成立。规则的充分性意味着我们能够通过构造这些规则推导出 J 来证明 J 成立，规则的必要性意味着可以利用**规则归纳**（rule induction）来推导出 J。

2.3　推导

为了证明归纳定义的判断成立，只需证明其推导过程。一个判断的推导过程是规则的有限组合，由公理开始，以判断结束。它可以被看成一棵树，其中每个节点是一条规则，其子节点都是该规则的前提的推导过程。我们有时将 J 的推导过程称为 J 这一归纳定义判断的有效性的证据。

我们通常把推导过程描述为以结论为底的树，每个节点对应一条规则，其子节点作为该规则的前提的证据出现在节点的上方。因此，如果

$$\frac{J_1\cdots J_k}{J}$$

是推理规则，并且 $\nabla_1,\cdots,\nabla_k$ 是其前提的推导过程，则

$$\frac{\nabla_1\cdots\nabla_k}{J}$$

是其结论的推导过程。特别地，如果 $k = 0$，则这个节点没有子节点。

例如，下面是 succ(succ(succ(zero))) nat 的一个推导过程：

$$\frac{\dfrac{\dfrac{\dfrac{}{\text{zero nat}}}{\text{succ(zero) nat}}}{\text{succ(succ(zero)) nat}}}{\text{succ(succ(succ(zero))) nat}} \tag{2.5}$$

类似地， node(node(empty ; empty) ; empty) tree 的推导过程如下：

$$\frac{\dfrac{\dfrac{}{\text{empty tree}}\quad\dfrac{}{\text{empty tree}}}{\text{node(empty;empty)tree}}\quad\dfrac{}{\text{empty tree}}}{\text{node(node(empty;empty);empty)tree}} \tag{2.6}$$

为了说明一个归纳定义判断是可推导的，我们只需要为之找到一个推导过程。寻找推导过程有两个主要方法，分别是**前向链接**（forward chaining）（或称为**自底向上构造**（bottom-up construction））和**反向链接**（backward chaining）（或称为**自顶向下构造**（top-down construction））。前向链接从公理开始向前推导到目标结论，而反向链接从目标结论开始向后寻找公理。

更准确地说，前向链接搜索方法维护一个可推导的判断集，然后扩展这个集合，把那些前提都已在集合中的规则的结论增加进来。起初，这个集合为空，当目标判断出现在该集合中时，终止这个过程。假设每一步都会考虑所有规则，前向链接最终会找到任一可推导判断的推导过程，但它在算法上（通常）无法决定何时终止推导并得出目标判断不可推导的结论。我们可能会不断地向可推导集合增加新的判断，但却无法实现预期目标。判定一个给定判断是否可推导是一个关于理解规则全局性质的问题。

前向链接是没有方向的，因为它在决定每一步如何前进时没有考虑最终目标。相比之下，反向链接是目标导向的，它维护一个队列以保存当前目标，即要寻找推导的判断。起初，这个集合只包含我们希望推导的那一个判断，然后在每一步，我们从队列中移除一个判断并分析那些以该判断为结论的规则。我们将这条规则的所有前提都加入队尾，然后继续执行。如果这样的规则不止一条，那么这个过程必须为每条候选规则在相同的起始队列上重复执行。当队列为空时，这个过程即可终止，所有的目标都已经达到，任何未分析完的候选规则都可以被舍弃。与前向链接一样，反向链接最终也会找到任一可推导判断的推导过程，但通常没有通用的算法能判定当前目标是否可推导。如果目标不可推导，我们可能徒劳地往目标集合里添加越来越多的判断，而永远无法达到所有目标都被满足的状态。

2.4 规则归纳

因为归纳定义规定了封闭于一个规则集合的最强判断形式，所以我们可以通过**规则归纳**（rule induction）来推理它们。规则归纳原理表明，要想证明"性质 a $\mathcal{P}$ 在 a J 可推导时成立"，则只需要证明"$\mathcal{P}$ 封闭于定义判断形式 J 的规则或者 $\mathcal{P}$ 遵从这些规则"。更准确地说，如果当 $\mathcal{P}(a_1),\cdots,\mathcal{P}(a_k)$ 成立时 $\mathcal{P}(a)$ 成立，则性质 $\mathcal{P}$ 遵从规则：

$$\frac{a_1\ \text{J}\cdots a_k\ \text{J}}{a\ \text{J}}$$

其中，假设 $\mathcal{P}(a_1),\cdots,\mathcal{P}(a_k)$ 称为这个推理的**归纳假设**（inductive hypotheses），而 $\mathcal{P}(a)$ 称为归纳结论（inductive conclusion）。

规则归纳原理将归纳定义的判断形式的定义简单地表示为封闭于构成该定义的规则的最强判断形式。因此，这个由规则集定义的判断形式满足：（a）封闭于这些规则；（b）对任何其他封闭于这些规则的性质也是充分的。前者意味着一个推导过程是该判断有效性的证据，后者意味着我们可以通过规则归纳来推导一个归纳定义的判断形式。

当应用于规则（2.2）时，规则归纳原理表明，要证明当 a nat 成立时 $\mathcal{P}(a)$ 成立，只需要证明：

1. $\mathcal{P}(\text{zero})$。
2. 对于每个 a，如果 $\mathcal{P}(a)$ 成立，则 $\mathcal{P}(\text{succ}(a))$ 也成立。

这些条件的充分性与**数学归纳**（mathematical induction）原理类似。

类似地，针对规则（2.3）的规则归纳表明，要证明当 a tree 时 $\mathcal{P}(a)$ 成立，只需要证明：

1. $\mathcal{P}(\text{empty})$。
2. 对于每个 a_1 和 a_2，如果 $\mathcal{P}(a_1)$ 且 $\mathcal{P}(a_2)$ 成立，则 $\mathcal{P}(\text{node}(a_1;a_2))$ 成立。

这些条件的充分性称为**树归纳**（tree induction）原理。

我们也可以通过规则归纳证明一个自然数的前驱也是一个自然数。尽管这似乎不言而喻，但是这个例子旨在展示如何从基本原理推导出这一点。

引理 2.1 如果 $\text{succ}(a)$ nat 成立，则 a nat 成立。

证明 定义性质 $\mathcal{P}(a)$ 为如果 a nat 且 $a=\text{succ}(b)$ 则 b nat，足以证明 $\mathcal{P}$ 封闭于规则（2.2）。
规则（2.2a） 显然 zero nat 成立，因为 zero 不具有 succ(−) 的形式。
规则（2.2b） 规则的前提确保当 $a=\text{succ}(b)$ 时 b nat 成立。 □

通过规则归纳，我们可以证明按规则（2.4）定义的相等性是自反的（reflexive）。

引理 2.2 如果 a nat，则 a is a。

证明 对规则（2.2）使用规则归纳：
规则（2.2a） 应用规则（2.4a），可以得到 zero is zero。
规则（2.2b） 假设 a is a，应用规则（2.4b）得到 $\text{succ}(a)$ is $\text{succ}(a)$。 □

类似地，我们可以证明**后继**（successor）运算是单射的（injective）。

引理 2.3 如果 $\text{succ}(a_1)$ is $\text{succ}(a_2)$，则 a_1 is a_2。

证明 与引理 2.1 的证明类似。 □

2.5　迭代归纳定义和联立归纳定义

归纳定义经常是迭代的（iterated），意味着一个归纳定义建立在另一个归纳定义之上。在迭代归纳定义中，规则

$$\frac{J_1 \cdots J_k}{J}$$

的前提可能是之前定义的判断形式的实例，或者是正在定义的这个判断形式的实例。例如，下列规则定义了判断形式——list，它描述了 a 是一个自然数列表（list）：

$$\frac{}{\text{nil list}} \tag{2.7a}$$

$$\frac{a \text{ nat} \qquad b \text{ list}}{\text{cons}(a;b) \text{ list}} \tag{2.7b}$$

规则（2.7b）的第一个前提是之前已定义的判断形式 a nat 的一个实例，而前提 b list 是由这些规则定义的判断形式的一个实例。

通常两个或更多的判断由**联立归纳定义**（simultaneous inductive definition）来定义。一个联立归纳定义由一个规则集组成，这些规则能推导出多个不同判断形式的实例，这些实例可能出现在其中某条规则的前提中。因为定义每个判断形式的规则都可能涉及其他的某些规则，所以没有哪个判断形式能在其他判断形式之前定义。相反，我们必须理解所有这些判断形式是由整个规则集合同时定义的。与之前一样，由这些规则定义的判断形式是封闭于这些规则的最强判断形式。因此，规则归纳的证明原理仍然适用，尽管在形式上，我们需要同时证明每个已定义的判断形式的性质。

例如，考虑下面这些规则，它们构造了判断 a even 和 a odd 的联立归纳定义，分别描述 a 是一个偶自然数和 a 是一个奇自然数：

$$\frac{}{\text{zero even}} \tag{2.8a}$$

$$\frac{b \text{ odd}}{\text{succ}(b) \text{ even}} \tag{2.8b}$$

$$\frac{a \text{ even}}{\text{succ}(a) \text{ odd}} \tag{2.8c}$$

针对这些规则，其规则归纳原理表明，要同时证明当 a even 时有 $\mathcal{P}(a)$，并且当 b odd 时有 $\mathcal{Q}(b)$，只需要证明：

1. $\mathcal{P}(\text{zero})$
2. 如果 $\mathcal{Q}(b)$，则 $\mathcal{P}(\text{succ}(b))$。
3. 如果 $\mathcal{P}(a)$，则 $\mathcal{Q}(\text{succ}(a))$。

例如，我们可以使用联立规则归纳证明：（1）如果 a even，则要么 a 是 zero，要么 a 是 succ(b) 且 b odd；（2）如果 a odd，则 a 是 succ(b) 且 b even。我们定义 $\mathcal{P}(a)$ 成立，当且仅当 a 是 zero，或者对某个 b，有 a 是 succ(b) 且 b odd 成立，以及 $\mathcal{Q}(b)$ 成立，当且仅当对某个 a，b 是 succ(a) 且 a even 成立。所需结果遵从规则归纳，因为我们能证明如下事实：

1. $\mathcal{P}(\text{zero})$ 成立，因为 zero is zero。
2. 如果有 $\mathcal{Q}(b)$，则对某个 b'，有 succ(b) 是 succ(b') 且 $\mathcal{Q}(b')$ 成立。把 b' 看作 b，然后

应用归纳假设。

3. 如果有 $\mathcal{P}(a)$，则对某个 a'，有 $\text{succ}(a)$ 是 $\text{succ}(a')$ 且 $\mathcal{P}(a')$ 成立。把 a' 看作 a，然后应用归纳假设。

2.6　用规则定义函数

归纳定义的一个常见用法是通过对输入与输出关系的图（graph）进行归纳定义来定义函数，然后证明这个关系在给定输入时唯一确定输出。例如，我们可以将自然数的加法函数定义为如下的关系 $\text{sum}(a; b; c)$，表示 c 是 a 与 b 的和：

$$\frac{b \ \text{nat}}{\text{sum}(\text{zero}; b; b)} \tag{2.9a}$$

$$\frac{\text{sum}(a; b; c)}{\text{sum}(\text{succ}(a); b; \text{succ}(c))} \tag{2.9b}$$

这些规则在自然数 a、b、c 之间定义了一个三元关系 $\text{sum}(a; b; c)$。可以证明在这个关系中，c 由 a 和 b 决定。

> **定理 2.4**　*对于每个 a nat 和 b nat，存在唯一的 c nat，使得 $\text{sum}(a; b; c)$。*

证明　证明分为两部分：

1.（存在性）如果 a nat 且 b nat，则存在 c nat，使得 $\text{sum}(a; b; c)$。
2.（唯一性）如果 $\text{sum}(a; b; c)$ 且 $\text{sum}(a; b; c')$，则 c is c'。

针对存在性，不妨设 $\mathcal{P}(a)$ 是命题：如果 b nat，则存在 c nat，使得 $\text{sum}(a; b; c)$。我们通过对规则（2.2）进行规则归纳来证明：如果 a nat 则 $\mathcal{P}(a)$ 成立。有两种情况需要考虑：

规则（2.2a）　我们要证明 $\mathcal{P}(\text{zero})$。假设 b nat 并把 c 看作 b，利用规则（2.9a）可得 $\text{sum}(\text{zero}; b; c)$。

规则（2.2b）　假设 $\mathcal{P}(a)$ 成立，我们要证明 $\mathcal{P}(\text{succ}(a))$。也就是说，假设如果 b nat 成立，则存在 c 使得 $\text{sum}(a; b; c)$，并且表明如果 b' nat 成立，则存在 c' 使得 $\text{sum}(\text{succ}(a); b'; c')$。为此，假设 b' nat 成立，通过归纳可知，存在 c 使得 $\text{sum}(a; b'; c)$。将 c' 看作 $\text{succ}(c)$，应用规则（2.9b）就能得到目标 $\text{sum}(\text{succ}(a); b'; c')$。

针对唯一性，我们需要基于规则（2.9）的规则归纳来证明：如果 $\text{sum}(a; b; c_1)$ 并且 $\text{sum}(a; b; c_2)$，则 c_1 is c_2。

规则（2.9a）　我们有 a is zero 和 c_1 is b。通过对相同规则的内层归纳，可以证明：如果 $\text{sum}(\text{zero}; b; c_2)$ 成立，则 c_2 is b。根据引理 2.2，可得 b is b。

规则（2.9b）　我们有 a is $\text{succ}(a')$ 和 c_1 is $\text{succ}(c_1')$，并且 $\text{sum}(a'; b; c_1')$。通过对相同规则的内层归纳，可以证明：如果 $\text{sum}(a; b; c_2)$ 成立，则 c_2 is $\text{succ}(c_2')$ 并且 $\text{sum}(a'; b; c_2')$。根据外层归纳假设，有 c_1' is c_2'，因此 c_1 is c_2。　　□

2.7　注记

Aczel（1977）提供了对归纳定义理论的全面描述，本章的阐述正是以此为基础。一个显著区别是我们通过在第 1 章定义的抽象绑定树而不是自然数来分析对判断的归纳定义。对于判断的强调是受 Martin-Löf 判断逻辑（Martin-Löf，1983，1987）的启发。

习题

2.1   给定判断 $\max(m; n; p)$ 的一个归纳定义，其中 m nat，n nat，p nat，且 p 是 m 和 n 中的较大者。证明：通过这个判断，每个 m 和 n 都与唯一的 p 相关。

2.2   考虑如下规则，它们定义了表达二叉树 t 具有高度 n 的判断 $\mathrm{hgt}(t; n)$。

$$\frac{}{\mathrm{hgt}(\mathrm{empty}; \mathrm{zero})} \tag{2.10a}$$

$$\frac{\mathrm{hgt}(t_1; n_1) \quad \mathrm{hgt}(t_2; n_2) \quad \max(n_1; n_2; n)}{\mathrm{hgt}(\mathrm{node}(t_1; t_2); \mathrm{succ}(n))} \tag{2.10b}$$

证明：判断 hgt 定义了一个把树映射到自然数的函数。

2.3   给出有序可变树的归纳定义，其节点有有限个但数量可变的子节点，子节点从左到右顺序排列。你的解答应该由两个判断的联立定义组成，分别是描述 t 是可变树的判断 t tree，以及描述 f 是由可变树组成的"森林"（有限序列）的判断 f forest。

2.4   针对习题 2.3 定义的可变树，给出其高度的归纳定义。你的定义应该使用一个辅助判断来定义可变树的森林的高度，并且与可变树的高度同时定义。证明这样定义的两个判断分别定义了一个函数。

2.5   给出二进制自然数的归纳定义，它是零、二进制数的两倍，或是二进制数的两倍多一。这种表示的规模是它表示的自然数的对数，而不是线性的。

2.6   针对习题 2.5 中定义的二进制自然数，给出其加法的归纳定义。提示：分析加法的两个参数，并利用辅助函数来计算二进制数的后继。或者，可以同时递归定义两个二进制数的和以及"和再加一"。

假言判断与一般性判断

假言判断（hypothetical judgement）表示一个或多个假设与一个结论之间的**蕴含关系**(entailment)。在此，我们将考虑两种蕴含概念，即**可导性**（derivability）和**可纳性**（admissibility，也称为可容许性）。二者都是蕴含的一种形式，不同之处在于：在扩展新规则的情况下，可导性是稳定的，而可纳性不稳定。**一般性判断**（general judgment）表示判断的普遍性或通用性。一般性判断有两种形式：**泛型**（generic）和**参数化**（parametric）。泛型判断表示一个判断中各变量的所有可替代实例的一般性。参数化判断则表示与符号重命名有关的一般性。

3.1 假言判断

假言判断用于编制以一个或多个假设的合法性为条件的结论合法性规则。根据以假设为条件的结论的不同含义，有两种形式的假言判断：一种在扩展更多规则时是稳定的，另一种则不稳定。

3.1.1 可导性

对于一个给定的规则集 $\mathcal{R}$，我们定义**可导性判断**，记为 $J_1, \cdots, J_k \vdash_\mathcal{R} K$，其中 J_i 与 K 是基本判断，意思是我们可以利用公理

$$\overline{J_1} \cdots \overline{J_k}$$

扩展规则 $\mathcal{R}$ 得到 $\mathcal{R} \cup \{J_1, \cdots, J_k\}$，再从扩展的规则集推导出 K。我们将该判断的**假设**（hypothesis，或称**前件**（antecedent））$J_1, \cdots, J_k$ 看作临时公理，通过组合 $\mathcal{R}$ 中的规则推导出**结论**（conclusion，或称**后件**（consequent））。这样，一个假言判断的证据由使用 $\mathcal{R}$ 中的规则从假设推出结论的推导组成。

用大写希腊字母（通常是 Γ 或 Δ）来表示一组基本判断的有限集，$\mathcal{R} \cup \Gamma$ 表示在 $\mathcal{R}$ 上增加与 Γ 中每条判断对应的公理后得到的集合。判断 $\Gamma \vdash_\mathcal{R} K$ 的意思是，K 可以由规则集 $\mathcal{R} \cup \Gamma$ 推导得出，判断 $\vdash_\mathcal{R} \Gamma$ 表示对 Γ 中的每个 J 都有 $\vdash_\mathcal{R} J$。一种定义 $J_1, \cdots, J_n \vdash_\mathcal{R} J$ 的等效方式是，称规则

$$\frac{J_1 \cdots J_n}{J} \tag{3.1}$$

可以从 $\mathcal{R}$ 中推导，也就是说，存在一个 J 的推导，它由 $\mathcal{R}$ 中的规则再加上被视为公理的 $J_1, \cdots, J_n$ 组成。

例如，考虑与规则 (2.2) 有关的可导性判断

$$a \text{ nat} \vdash_{(2.2)} \text{succ}\big(\text{succ}(a)\big) \text{ nat} \qquad (3.2)$$

这个判断对任意对象 a 的选择都是合法的，其对应的推导如下：

$$\cfrac{\cfrac{\cfrac{a \text{ nat}}{\text{succ}(a) \text{ nat}}}{\text{succ}\big(\text{succ}(a)\big)\text{nat}}}{} \qquad (3.3)$$

该推导组合了规则 (2.2)，它从被视为公理的 a nat 开始，并到 succ(succ(a)) nat 结束。等价地，(3.2) 的合法性也可以表达为

$$\cfrac{a \text{ nat}}{\text{succ}\big(\text{succ}(a)\big)\text{nat}} \qquad (3.4)$$

该规则可以从规则 (2.2) 中推导得出。

从可导性的定义直接可得：可导性在扩展新规则时是稳定的。

定理 3.1（稳定性）　如果 $\Gamma \vdash_{\mathcal{R}} J$，则 $\Gamma \vdash_{\mathcal{R} \cup \mathcal{R}'} J$。

证明　任何从 $\mathcal{R} \cup \Gamma$ 对 J 的推导也是从（$\mathcal{R} \cup \mathcal{R}'$）$\cup \Gamma$ 的推导，因为 $\mathcal{R}$ 中的任何一条规则也是 $\mathcal{R} \cup \mathcal{R}'$ 中的规则。　□

可导性具有许多遵循其定义的结构性质，这些性质与所讨论问题的规则集 $\mathcal{R}$ 无关。

- **自反性 (reflexivity)**　每条判断都是其自身的结论：$\Gamma, J \vdash_{\mathcal{R}} J$。每条假设都能证明自身是结论。
- **弱化 (weakening)**　如果 $\Gamma \vdash_{\mathcal{R}} J$，那么 $\Gamma, K \vdash_{\mathcal{R}} J$。蕴含不受推导过程中未使用的规则的影响。
- **传递性 (transitivity)**　如果 $\Gamma, K \vdash_{\mathcal{R}} J$ 并且 $\Gamma \vdash_{\mathcal{R}} K$，那么 $\Gamma \vdash_{\mathcal{R}} J$。如果我们将一个公理替换为对其的推导，得到的结果就是在没有这个假设的情况下对结论的推导。

自反性直接来自可导性的含义。弱化直接来自可导性的定义。传递性可以在第一个前提下，通过规则归纳证明。

3.1.2　可纳性

可纳性，记作 $\Gamma \vDash_{\mathcal{R}} J$，是一种较弱的假言判断形式，它表示 $\vdash_{\mathcal{R}} \Gamma$ 蕴含 $\vdash_{\mathcal{R}} J$。也就是说，当 Γ 中的假设都可以从规则集 $\mathcal{R}$ 推导时，结论 J 就可以从规则集 $\mathcal{R}$ 中推导得出。特别地，如果 Γ 中的假设相对于 $\mathcal{R}$ 是不可导的，那么判断 $\vdash_{\mathcal{R}} J$ 显然为真。一种定义判断 $J_1, \cdots, J_k \vDash_{\mathcal{R}} J$ 的等效方法是，称如下规则

$$\cfrac{J_1 \cdots J_n}{J} \qquad (3.5)$$

相对于 $\mathcal{R}$ 中的规则来说是可纳的。给定使用 $\mathcal{R}$ 中的规则对 $J_1, \cdots, J_n$ 的任一推导，可以构建一个使用 $\mathcal{R}$ 中的规则对 J 的推导。

例如，可纳性判断

$$\text{succ}(a) \text{ even} \vDash_{(2.8)} a \text{ odd} \qquad (3.6)$$

是合法的，因为从规则（2.8）得到的 succ(a) even 的任何推导必须包含从相同规则得到的

a odd 的子推导，从而证明结论。上述事实可以通过对规则（2.8）的归纳来证明。判断（3.6）是合法的，也可以表达为规则

$$\frac{\text{succ}(a)\ \text{even}}{a\ \text{odd}} \tag{3.7}$$

相对于规则（2.8）是可纳的。

　　与可导性相比，可纳性判断在对规则扩展时并不稳定。例如，如果用如下公理来扩展规则（2.8）：

$$\frac{}{\text{succ}(\text{zero})\ \text{even}} \tag{3.8}$$

那么规则（3.6）是不可纳的，因为没有任何规则的组合能够推导出 zero odd。可纳性对归纳定义中缺少的规则和存在的规则同样敏感。

　　可导性的结构特性确保了可导性比可纳性更强。

定理 3.2　如果 $\Gamma \vdash_{\mathcal{R}} J$，那么 $\Gamma \vDash_{\mathcal{R}} J$。

　　证明　不断应用可导性的传递性可以得到：如果 $\Gamma \vdash_{\mathcal{R}} J$ 并且 $\vdash_{\mathcal{R}} \Gamma$，那么 $\vdash_{\mathcal{R}} J$。　　□
　　关于为什么逆命题是错误的，可以看下例

$$\text{succ}(\text{zero})\ \text{even} \nvdash_{(2.8)} \text{zero odd}$$

当把左部（left-hand side）作为公理加入规则（2.8）时，不存在对右部（right-hand side）的推导。然而，相应的可纳性判断

$$\text{succ}(\text{zero})\ \text{even} \vDash_{(2.8)} \text{zero odd}$$

是合法的，因为这个假设是错误的：从规则（2.8）无法推导出 succ(zero) even。即便如此，如下的可导性是合法的：

$$\text{succ}(\text{zero})\ \text{even} \vdash_{(2.8)} \text{succ}(\text{succ}(\text{zero}))\ \text{odd}$$

因为通过组合规则（2.8），我们可以从左部推导出右部。

　　可纳性的证据可以被认为是一种数学函数，它把对各个假设的推导 $\nabla_1, \cdots, \nabla_n$ 转化为对结论的推导 ∇。因此，可纳性判断与可导性判断拥有同样的结构特性，故可纳性判断也是假言判断的一种形式：

- **自反性**（reflexivity）　如果 J 能从原始规则中推导，那么 J 可从原始规则中推导：$J \vDash_{\mathcal{R}} J$。
- **弱化**（weakening）　如果在假设" Γ 中每个判断都可以从原始规则中推导出来"下，J 也可以从原始规则中推导出来，那么在假设" Γ 和 K 可以从原始规则推导出来"下，J 一定是可推导的：如果 $\Gamma \vDash_{\mathcal{R}} J$，那么 $\Gamma, K \vDash_{\mathcal{R}} J$。
- **传递性**（transitivity）　如果 $\Gamma, K \vDash_{\mathcal{R}} J$ 并且 $\Gamma \vDash_{\mathcal{R}} K$，那么 $\Gamma \vDash_{\mathcal{R}} J$。如果 Γ 中的判断可推导，那么 K 中的判断也可推导，因此根据假设，Γ, K 中的判断也可推导，从而 J 可推导。

> **定理 3.3**   可纳性判断 $\Gamma \vdash_{\mathcal{R}} J$ 具有蕴含的结构特性。

证明   由可纳性的定义可得，如果假设是相对于 $\mathcal{R}$ 可推导的，那么结论也是可推导的。 □

如果规则 r 对于规则集 $\mathcal{R}$ 是可纳的，则 $\vdash_{\mathcal{R},r} J$ 与 $\vdash_{\mathcal{R}} J$ 等价。如果 $\vdash_{\mathcal{R}} J$ 成立，那么显然有 $\vdash_{\mathcal{R},r} J$（只需要忽略 r 即可）。相反地，如果 $\vdash_{\mathcal{R},r} J$，那么我们可以用 $\mathcal{R}$ 中的规则来扩展以取代对 r 的任何使用。对 $\mathcal{R},r$ 应用规则归纳法，扩展的规则集 $\mathcal{R},r$ 中的每一个推导都可以转化为仅从 $\mathcal{R}$ 的推导。因此，当 r 关于 $\mathcal{R}$ 是可纳的，如果我们希望证明 $\mathcal{R},r$ 的判断性质，那么只需要证明该性质封闭于规则集 $\mathcal{R}$，因为 r 的可纳性表明规则 r 的结论已经隐含在规则集 $\mathcal{R}$ 的结论中。

3.2   假言归纳定义

以允许规则含有可导性判断作为前提和结论来丰富归纳定义的概念是很有用的。这样做可以让我们引入仅适用于特定前提的推导的局部假设（local hypotheses），并且还允许我们在应用规则时约束基于全局假设（global hypotheses）的推理。

假言归纳定义（hypothetical inductive definition）由以下形式的假言规则组成：

$$\frac{\Gamma\,\Gamma_1 \vdash J_1 \cdots \Gamma\,\Gamma_n \vdash J_n}{\Gamma \vdash J} \tag{3.9}$$

假设 Γ 是规则的全局假设，而假设 Γ_i 是规则中第 i 个前提的局部假设。这条规则指出，当每个 J_i 是 Γ 与假设 Γ_i 的可导结论时，J 是 Γ 的可导结论。因此，证明 J 可从 Γ 推导出来的一种方法是，反过来证明每个 J_i 可以从 $\Gamma\,\Gamma_i$ 推导得出。每个前提的推导都涉及"上下文切换"（context switch），其中我们用前提的局部假设来扩展全局假设，建立一套新的全局假设用在该推导内部。

我们要求假言归纳定义中的所有规则都是一致的（uniform），或者说它们适用于所有的全局上下文。一致性保证一条规则可以被隐式或局部地表达

$$\frac{\Gamma_1 \vdash J_1 \cdots \Gamma_n \vdash J_n}{J} \tag{3.10}$$

上式中，全局上下文都被隐藏了，这表示该规则适用于任意的全局假设。

假言归纳定义被认为是**形式可导性判断**（formal derivability judgment）$\Gamma \vdash J$ 的普通归纳定义，它由有限的基本判断集 Γ 和一个基本判断 J 组成。一组假言规则 $\mathcal{R}$ 定义了封闭于统一规则 $\mathcal{R}$ 下的结构化最强形式可导性判断。结构性意味着形式可导性判断必须封闭于如下规则：

$$\overline{\Gamma, J \vdash J} \tag{3.11a}$$

$$\frac{\Gamma \vdash J}{\Gamma, K \vdash J} \tag{3.11b}$$

$$\frac{\Gamma \vdash K \quad \Gamma, K \vdash J}{\Gamma \vdash J} \tag{3.11c}$$

这些规则确保形式可导性看起来就像一个假言判断。我们用 $\Gamma \vdash_{\mathcal{R}} J$ 来表示 $\Gamma \vdash J$ 可以从规则

$\mathcal{R}$ 中推导得出。

假言规则归纳原理是将规则归纳原理应用于形式假言判断。因此要想证明在 $\Gamma \vdash_{\mathcal{R}} J$ 的情况下有 $\mathcal{P}(\Gamma \vdash J)$，只需要证明 $\mathcal{P}$ 封闭于规则 $\mathcal{R}$ 和封闭于结构化规则[⊖]。因此，对形如（3.9）的每条规则，无论它是结构化的还是属于 $\mathcal{R}$ 的，我们都必须证明：

$$\text{if } \mathcal{P}(\Gamma\,\Gamma_1 \vdash J_1) \text{ and} \cdots \text{and } \mathcal{P}(\Gamma\,\Gamma_n \vdash J_n), \text{ then } \mathcal{P}(\Gamma \vdash J)$$

但这只是对第 2 章给出的规则归纳原理的一个重述，它专用于形式可导性判断 $\Gamma \vdash J$。

在实践中，我们通常用 3.1.2 节描述的方法省略结构规则。通过证明结构规则是可纳的，任何通过规则归纳的证明可以仅关注 $\mathcal{R}$ 中的规则。如果假言归纳定义的所有规则都是一致的，则结构规则（3.11b）和（3.11c）显然是可纳的。通常，规则（3.11a）必须作为规则明确地被假定，而不是根据其他规则证明其是可纳的。

3.3 一般性判断

一般性判断用于编写处理判断中变量的规则。与通常的数学一样，变量被视为未知，取值范围为一组指定的对象。**泛型判断**（generic judgement）是指，将判断中指定的变量替代为任何对象后，判断仍成立。另一种一般性判断提供对符号参数处理的编写方法。**参数化判断**（parametric judgement）表示对判断中指定符号重命名为任何新名字的一般性。为了跟踪一个推导中的活跃变量与符号，我们用 $\Gamma \vdash_{\mathcal{R}}^{\mathcal{U};\mathcal{X}} J$ 表示 J 根据规则集 $\mathcal{R}$ 可以从 Γ 推导出来，包含由符号集 $\mathcal{U}$ 和变量集 $\mathcal{X}$ 上的 abt 组成的对象。

规则的一致性必须扩展到要求规则封闭于对变量的重命名和代换、封闭于对参数的重命名。更准确地说，如果 $\mathcal{R}$ 是一组包含类别为 s 的自由变量 x 的规则，那么它也必须包含所有可能的代换实例，代换 x 为任意类别为 s 的 abt a（包括那些包含其他自由变量的 abt）。类似地，如果 $\mathcal{R}$ 包含带有参数 u 的规则，那么它必须包含通过将 u 重命名为相同类别的任何 u' 而得到的所有规则实例。一致性排除了声明变量的规则，也没有为该变量的所有实例声明规则。它还排除了为参数声明规则而不为该参数的所有可能的重命名声明规则的情况。

泛型可导性（generic derivability）判断的定义如下：

$$\mathcal{Y} \mid \Gamma \vdash_{\mathcal{R}}^{\mathcal{X}} J \quad \text{iff} \quad \Gamma \vdash_{\mathcal{R}}^{\mathcal{X}\mathcal{Y}} J$$

其中 $\mathcal{Y} \cap \mathcal{X} = \varnothing$。泛型可导性的证据由包含变量 $\mathcal{X}\,\mathcal{Y}$ 的泛型推导 ∇ 组成。只要规则是一致的，$\mathcal{Y}$ 的选择就不重要了，这点很快会得到解释。

例如，泛型推导 ∇：

$$\frac{\dfrac{\overline{x \text{ nat}}}{\text{succ}(x) \text{ nat}}}{\text{succ}(\text{succ}(x)) \text{ nat}}$$

是如下判断的证据：

$$x \mid x \text{ nat} \vdash_{(2.2)}^{\mathcal{X}} \text{succ}(\text{succ}(x)) \text{ nat}$$

⊖ $\mathcal{P}(\Gamma \vdash J)$ 是一种简单的标记法，其中十字转门（turnstile）$\vdash$ 用于将两个参数分开以便于阅读。

其中 $x \notin \mathcal{X}$。只要所有规则都是一致的，x 的任何其他选择都可以正常工作。

如果 $\mathcal{R}$ 是一致的，那么泛型可导性判断具有能够控制变量行为的以下结构性质：

- **增殖 (proliferation)**   如果 $\mathcal{Y} \mid \Gamma \vdash_{\mathcal{R}}^{x} J$，那么 $\mathcal{Y}, y \mid \Gamma \vdash_{\mathcal{R}}^{x} J$。
- **重命名 (renaming)**   如果 $\mathcal{Y}, y \mid \Gamma \vdash_{\mathcal{R}}^{x} J$，那么对于任意的 $y' \notin \mathcal{X}\mathcal{Y}$ 都有 $\mathcal{Y}, y' \mid [y \leftrightarrow y'] \Gamma \vdash_{\mathcal{R}}^{x} [y \leftrightarrow y'] J$。
- **代换 (substitution)**   如果 $\mathcal{Y}, y \mid \Gamma \vdash_{\mathcal{R}}^{x} J$ 并且 $a \in \mathcal{B}[\mathcal{X}\mathcal{Y}]$，那么 $\mathcal{Y} \mid [a/y]\Gamma \vdash_{\mathcal{R}}^{x} [a/y]J$。

增殖是由对规则方案的解释所保证的，这包括所有可能的扩展。重命名是泛型判断的意义所在。隐含在代换原理中的是，代换的 abt 与被代换的变量具有相同的类别。

参数可导性的定义类似于泛型可导性，尽管它是对符号进行泛化，而不是对变量泛化。参数可导性定义如下：

$$\mathcal{V} \| \mathcal{Y} \mid \Gamma \vdash_{\mathcal{R}}^{\mathcal{U};\mathcal{X}} J \quad \text{iff} \quad \mathcal{Y} \mid \Gamma \vdash_{\mathcal{R}}^{\mathcal{U}\mathcal{V};\mathcal{X}} J$$

其中 $\mathcal{V} \cap \mathcal{U} = \emptyset$。参数可导性的证明由一个含有符号 $\mathcal{V}$ 的推导 ∇ 组成。$\mathcal{R}$ 的一致性确保任何对参数名的选择与其他选择是一样的，可导性对重命名是稳定的。

3.4 泛型归纳定义

泛型归纳定义（generic inductive definition）允许泛型假言判断作为规则的前提，其效果是在这些前提内增加变量和规则。泛型规则的形式如下

$$\frac{\mathcal{Y}\,\mathcal{Y}_1 \mid \Gamma\,\Gamma_1 \vdash J_1 \cdots \mathcal{Y}\,\mathcal{Y}_n \mid \Gamma\,\Gamma_n \vdash J_n}{\mathcal{Y} \mid \Gamma \vdash J} \tag{3.12}$$

变量集 $\mathcal{Y}$ 是当前推理的全局变量集，并且对每个 $1 \le i \le n$，变量集 $\mathcal{Y}_i$ 是第 i 个前件的局部变量集。在大多数情况下，规则表达了所有对全局变量和全局假设的选择。这样的规则可以用如下隐式形式给出：

$$\frac{\mathcal{Y}_1 \mid \Gamma_1 \vdash J_1 \cdots \mathcal{Y}_n \mid \Gamma_n \vdash J_n}{J} \tag{3.13}$$

泛型归纳定义是对形如 $\mathcal{Y} \mid \Gamma \vdash J$ 的一类形式泛型判断的普通归纳定义。形式泛型判断通过变量的重命名来识别，因此对任一重命名 $\rho: \mathcal{Y} \leftrightarrow \mathcal{Y}'$，后者的判断被认为与 $\mathcal{Y}' \mid \hat{\rho}(\Gamma) \vdash \hat{\rho}(J)$ 相同。如果 $\mathcal{R}$ 是一个泛型规则集，那么记为 $\mathcal{Y} \mid \Gamma \vdash_{\mathcal{R}} J$，表示形式泛型判断 $\mathcal{Y} \mid \Gamma \vdash J$ 可以从规则 $\mathcal{R}$ 中推导出来。

当针对泛型规则集时，规则归纳原理告诉我们，要想证明 $\mathcal{P}(\mathcal{Y} \mid \Gamma \vdash J)$ 在 $\mathcal{Y} \mid \Gamma \vdash_{\mathcal{R}} J$ 时成立，只需证明 $\mathcal{P}$ 封闭于规则集 $\mathcal{R}$（$\mathcal{R}$ 能完全决定 $\mathcal{P}$）。特别地，针对 $\mathcal{R}$ 中的每条形如（3.12）的规则，我们必须证明

$$\text{if } \mathcal{P}(\mathcal{Y}\,\mathcal{Y}_1 \mid \Gamma\,\Gamma_1 \vdash J_1) \cdots \mathcal{P}(\mathcal{Y}\,\mathcal{Y}_n \mid \Gamma\,\Gamma_n \vdash J_n) \text{ then } \mathcal{P}(\mathcal{Y} \mid \Gamma \vdash J)$$

通过识别约定（如第 1 章所述），性质 $\mathcal{P}$ 必须在形式泛型判断中遵循对变量的重命名。

为了确保形式泛型判断的表现与泛型判断一致，我们必须始终确保以下结构规则是可纳的：

$$\overline{\mathcal{Y} \mid \Gamma, J \vdash J} \tag{3.14a}$$

$$\frac{\mathcal{Y}\mid\Gamma\vdash J}{\mathcal{Y}\mid\Gamma,J'\vdash J} \tag{3.14b}$$

$$\frac{\mathcal{Y}\mid\Gamma\vdash J}{\mathcal{Y},x\mid\Gamma\vdash J} \tag{3.14c}$$

$$\frac{\mathcal{Y},x'\mid[x\leftrightarrow x']\Gamma\vdash[x\leftrightarrow x']J}{\mathcal{Y},x\mid\Gamma\vdash J} \tag{3.14d}$$

$$\frac{\mathcal{Y}\mid\Gamma\vdash J \quad \mathcal{Y}\mid\Gamma,J\vdash J'}{\mathcal{Y}\mid\Gamma\vdash J'} \tag{3.14e}$$

$$\frac{\mathcal{Y},x\mid\Gamma\vdash J \quad a\in\mathcal{B}[\mathcal{Y}]}{\mathcal{Y}\mid[a/x]\Gamma\vdash[a/x]J} \tag{3.14f}$$

规则（3.14a）的可纳性实际是通过明确包含其自身来保证的。规则（3.14b）与（3.14c）的可纳性能通过每条泛型规则的一致性来保证，因为可以将增加的变量 x 同化为全局变量，将增加的假设 J 同化为全局假设。规则（3.14d）的可纳性是通过对形式泛型判断的**标识约定**（identification convention）来保证的。规则（3.14f）必须针对每个归纳定义显式地验证。

一般性归纳定义的概念也可以扩展到参数判断。简要地说，规则是在形如 $\mathcal{V}\|\mathcal{Y}\mid\Gamma\vdash J$ 的形式参数判断上定义的，其中 $\mathcal{V}$ 是符号集，$\mathcal{Y}$ 是变量集。这种形式判断通过重命名其变量及其符号来唯一确定，以确保其含义与变量和符号名的选择无关。

3.5　注记

蕴含与泛化的概念是逻辑与编程语言的基础。这里给出的公式来源于 Martin-Löf（1983，1987）和 Avron（1991）。假言推理和一般性推理在 AUTOMATH 语言（Nederpelts 等人，1994）和 LF 逻辑框架（Harper 等人，1993）中被合并成一个概念。这些系统允许假言判断和一般性判断的任意嵌套组合，而目前的应用只考虑基本判断形式上的一般假言判断。另一方面，我们在这里考虑了符号以及变量，这在以前的描述中是没有的。允许动态创建"新"对象的语言（参见第 34 章）需要参数化判断。

习题

3.1　组合子由如下规则集 $\mathcal{C}$ 归纳定义：

$$\frac{}{\text{s comb}} \tag{3.15a}$$

$$\frac{}{\text{k comb}} \tag{3.15b}$$

$$\frac{a_1\ \text{comb}\quad a_2\ \text{comb}}{\text{ap}(a_1;a_2)\ \text{comb}} \tag{3.15c}$$

请给出组合子的长度的归纳定义，它定义为其中 S 和 K 的出现次数。

3.2　一般性判断

$$x_1,\cdots,x_n\mid x_1\ \text{comb},\cdots,x_n\ \text{comb}\vdash_{\mathcal{C}} A\ \text{comb}$$

表明 A 是一个可能涉及变量 $x_1, \cdots, x_n$ 的组合子。通过该蕴含的第一个假设的推导来归纳证明：如果 $x \mid x \text{ comb} \vdash_C a_2 \text{ comb}$ 并且 $a_1 \text{ comb}$，那么 $[a_1/x]a_2 \text{ comb}$。

3.3 组合子的转换或等价由判断 $A \equiv B$ 表达，它通过规则集 $\mathcal{E}$ 与扩展 $\mathcal{C}$ 定义如下[注]。

$$\frac{a \text{ comb}}{a \equiv a} \tag{3.16a}$$

$$\frac{a_2 \equiv a_1}{a_1 \equiv a_2} \tag{3.16b}$$

$$\frac{a_1 \equiv a_2 \quad a_2 \equiv a_3}{a_1 \equiv a_3} \tag{3.16c}$$

$$\frac{a_1 \equiv a_1' \quad a_2 \equiv a_2'}{a_1 a_2 \equiv a_1' a_2'} \tag{3.16d}$$

$$\frac{a_1 \text{ comb} \quad a_2 \text{ comb}}{\text{k } a_1 a_2 \equiv a_1} \tag{3.16e}$$

$$\frac{a_1 \text{ comb} \quad a_2 \text{ comb} \quad a_3 \text{ comb}}{\text{s } a_1 a_2 a_3 \equiv (a_1 a_3)(a_2 a_3)} \tag{3.16f}$$

毫无疑问，最后两个式子看起来动机不明，但是你很快就会清楚了。现在，请证明：

$$x \mid x \text{ comb} \vdash_{C \cup \mathcal{E}} \text{s k k } x \equiv x$$

3.4 证明：如果 $x \mid x \text{ comb} \vdash_C a \text{ comb}$，那么存在一个组合子 a'，记作 $[x]a$ 并称为括号抽象（bracket abstraction），满足

$$x \mid x \text{ comb} \vdash_{C \cup \mathcal{E}} a' x \equiv a$$

从而，根据习题 3.2，如果 $a'' \text{ comb}$，那么

$$([x]a)\, a'' \equiv [a''/x]a$$

提示：归纳定义如下判断

$$x \mid x \text{ comb} \vdash \text{abs}_x\, a \text{ is } a'$$

其中 $x \mid x \text{ comb} \vdash a \text{ comb}$。然后说明它定义的 a' 是一个 x 与 a 的二元函数。关于控制 k 和 s 的转换公理的动机将在证明过程中变得清晰。

3.5 通过展示 a 和 b 使得 $a \text{ comb}$ 和

$$x\, y \mid x \text{ comb } y \text{ comb} \vdash_C b \text{ comb}$$

证明习题 3.4 中定义的括号抽象是不可组合的（non-compositional）：

$$[a/y]([x]\, b) = [x]([a/y]b)$$

提示：考虑 b 就是 y 的情况。

○ 组合子 $\text{ap}(a_1; a_2)$ 在本文后续使用中简记为 $a_1 a_2$，满足左结合（left-associative）。

请修改括号抽象的定义，使得它在下述条件下是可组合的：

$$[a/y]([x]\,b) = [x]([a/y]b)$$

3.6　考虑 abt 的集合 $\mathcal{B}[\mathcal{X}]$，它由元数为 (Exp, Exp)Exp 的操作符 ap 与元数为 (Exp. Exp)Exp 的操作符 λ 产生，并且可能包含 $\mathcal{X}$ 中的变量（都是 Exp 类型）。请给出判断 b closed 的归纳定义，这里 b 不是 $\mathcal{X}$ 中任一变量的自由出现。提示：给出如下假言判断或一般判断的归纳定义：

$$x_1,\cdots, x_n \mid x_1 \text{ closed},\cdots, x_n \text{ closed} \vdash b \text{ closed}$$

来说明 λ 操作符对变量的绑定。变量是封闭的，这个假设似乎是自相矛盾的，因为一个变量对其自身显然是自由的。请仔细检查假言判断与一般性判断的含义，解释为什么不是这样的。

静态语义和动态语义

静态语义

大多数编程语言在处理的**静态**（static）和**动态**（dynamic）阶段之间表现出**阶段区别** (phase distinction)。静态阶段由**解析** (parsing) 和类型检查组成，以保证程序是**良构的**（well-formed）；动态阶段由良构程序的执行组成。只有当良构程序在执行时是**良行为的**（well-behaved），才称这个编程语言是安全的。

静态阶段由**静态语义**（statics）规定，静态语义包含一系列推导定型判断的规则，定型判断陈述一个表达式是否符合某个类型。类型通过"预测"程序部件的某些执行行为来协调它们之间的交互，以便我们可以确保它们在运行时正确地组合在一起。类型安全告诉我们这些预测是正确的，如果不是，则认为静态语义定义不当，并且认为该语言在执行时是不安全的。

在本章中，我们介绍一种简单的表达式语言 E 的静态语义，作为我们在全书中将采用的方法的示例说明。

4.1 语法

在定义语言时，我们应首要关注其抽象语法，抽象语法由一系列算子及其元数指定。抽象语法为语言的层次结构和绑定结构提供了系统的、明确的描述，并被认为是该语言的官方表示。然而，为了更清楚，指定最小的具体语法规约也很有用，而不必为此设置完全精确的语法。

使用**语法表**（syntax chart）可达到上述两个目的，其含义可以通过例子很好地说明。下表总结了语言 E 的抽象语法和具体语法。

Typ	$\tau ::=$ num	num	数值类型
	str	str	串类型
Exp	$e ::= x$	x	变量
	num[n]	n	数
	str[s]	"s"	文字
	plus(e_1; e_2)	$e_1 + e_2$	加法
	times(e_1; e_2)	$e_1 * e_2$	乘法
	cat(e_1; e_2)	$e_1 \char94 e_2$	串联
	len(e)	$|e|$	长度
	let(e_1; $x.e_2$)	let x be e_1 in e_2	定义

该表定义了两种类别：Typ，其范围用 τ 表示；Exp，其范围用 e 表示。该表还定义了一组算子及其元数。例如，表中指定 let 算子具有元数 (Exp, Exp.Exp)Exp，表明它有两个 Exp 类别的参数，并且在第二个参数中绑定了一个 Exp 类别的变量。

4.2 类型系统

类型系统的作用是对短语（phrase）的形成施加约束，这些短语对其所处的上下文是敏感的。例如，表达式 plus(x; num[n]) 是否合理，取决于在其上下文中变量 x 是否被限定为类型 num。事实上，这个例子说明了一般情况，即一个表达式的上下文所需的唯一信息就是该表达式所在范围内变量的类型。因此，E 的静态语义由如下形式的泛型假言判断的归纳定义组成，

$$\bar{x} \mid \Gamma \vdash e : \tau$$

其中 $\bar{x}$ 是变量的有限集合，Γ 是定型上下文，它针对每个 $x \in \bar{x}$ 有一个形如 $x:\tau$ 的假设。我们使用印刷惯例来确定变量集合，如用字母 x 和 y 代表变量。$x \notin \mathrm{dom}(\Gamma)$ 表示对任意类型 τ，在 Γ 中没有 $x:\tau$ 形式的假设，此时我们称变量 x 对于 Γ 是新的。

E 的静态语义用以下规则定义：

$$\frac{}{\Gamma, x:\tau \vdash x:\tau} \tag{4.1a}$$

$$\frac{}{\Gamma \vdash \mathrm{str}[s]:\mathrm{str}} \tag{4.1b}$$

$$\frac{}{\Gamma \vdash \mathrm{num}[n]:\mathrm{num}} \tag{4.1c}$$

$$\frac{\Gamma \vdash e_1:\mathrm{num} \quad \Gamma \vdash e_2:\mathrm{num}}{\Gamma \vdash \mathrm{plus}(e_1;e_2):\mathrm{num}} \tag{4.1d}$$

$$\frac{\Gamma \vdash e_1:\mathrm{num} \quad \Gamma \vdash e_2:\mathrm{num}}{\Gamma \vdash \mathrm{times}(e_1;e_2):\mathrm{num}} \tag{4.1e}$$

$$\frac{\Gamma \vdash e_1:\mathrm{str} \quad \Gamma \vdash e_2:\mathrm{str}}{\Gamma \vdash \mathrm{cat}(e_1;e_2):\mathrm{str}} \tag{4.1f}$$

$$\frac{\Gamma \vdash e:\mathrm{str}}{\Gamma \vdash \mathrm{len}(e):\mathrm{num}} \tag{4.1g}$$

$$\frac{\Gamma \vdash e_1:\tau_1 \quad \Gamma, x:\tau_1 \vdash e_2:\tau_2}{\Gamma \vdash \mathrm{let}(e_1;x.e_2):\tau_2} \tag{4.1h}$$

在规则 (4.1h) 中，默认假设变量 x 尚未在 Γ 中声明。通过选择 let 表达式的 $\alpha-$ 等价类的合适表示，该条件始终可以得到满足。

通过对规则（4.1）应用规则归纳，即**定型归纳**（induction on typing），容易检查每个表达式最多只有一种类型。

引理 4.1（类型唯一性，unicity of typing） 对每个定型上下文 Γ 和表达式 e，最多存在一个 τ，满足 $\Gamma \vdash e:\tau$。

证明 通过对规则 (4.1) 的规则归纳，利用变量在任何定型上下文中最多只有一种类型的事实。 □

定型规则是**语法制导的**（syntax-directed），即对每种形式的表达式有且仅有一个适用的规则。因此，容易给出判定一个表达式类型的必要条件，它是相应定型规则表示的充分条件

的反转。

> **引理 4.2（定型反转，inversion for typing）**　假设 $\Gamma \vdash e : \tau$，若 $e = \text{plus}(e_1; e_2)$，则 $\tau = \text{num}$，$\Gamma \vdash e_1 : \text{num}$，且 $\Gamma \vdash e_2 : \text{num}$。对该语言的其他结构而言，也是类似的。

证明　这些都可以通过对定型判断 $\Gamma \vdash e : \tau$ 的推导进行归纳来证明。　□

在更丰富的语言中，反转原理会更难以表述和证明。

4.3　结构性质

静态语义具有泛型假言判断的结构性质。

> **引理 4.3（弱化，weakening）**　若 $\Gamma \vdash e' : \tau'$，则对任意 $x \notin \text{dom}(\Gamma)$ 和类型 τ，有 $\Gamma, x : \tau \vdash e' : \tau'$。

证明　通过对 $\Gamma \vdash e' : \tau'$ 的推导进行归纳可以证明。这里以规则 (4.1h) 为例。由于 $e' = \text{let}(e_1; z.e_2)$，其中由变量约定可以假设 z 满足 $z \notin \text{dom}(\Gamma)$ 且 $z \neq x$。由归纳可知

1. $\Gamma, x : \tau \vdash e_1 : \tau_1$
2. $\Gamma, x : \tau, z : \tau_1 \vdash e_2 : \tau'$

这些结果满足规则 (4.1h)。　□

> **引理 4.4（代换，substitution）**　若 $\Gamma, x : \tau \vdash e' : \tau'$ 且 $\Gamma \vdash e : \tau$，则 $\Gamma \vdash [e/x]e' : \tau'$。

证明　通过对 $\Gamma, x : \tau \vdash e' : \tau'$ 的推导进行归纳可以证明。只考虑规则 (4.1h)，在前面的例子中，$e' = \text{let}(e_1; z.e_2)$，选择 z 使得 $z \notin \text{dom}(\Gamma)$ 且 $z \neq x$。由归纳和引理 4.3 可知

1. $\Gamma \vdash [e/x]e_1 : \tau_1$
2. $\Gamma, z : \tau_1 \vdash [e/x]e_2 : \tau'$

通过选择 z，有

$$[e/x]\text{let}(e_1; z.e_2) = \text{let}([e/x]e_1; z.[e/x]e_2)$$

根据规则 (4.1h)，有 $\Gamma \vdash [e/x]\text{let}(e_1; z.e_2) : \tau$，得证。　□

从编程的角度看，引理 4.3 允许我们在任何绑定自由变量的上下文中使用表达式：如果 e 在上下文 Γ 中是良类型的（well-typed），那么可以在任何包含假设 Γ 的上下文中"导入" e。换言之，引入超出表达式 e 要求的新变量不会使 e 本身失效，它仍然是良构的，并且具有相同的类型$^{\ominus}$。更重要地，引理 4.4 表达了两个重要概念：模块化（modularity）和链接（linking）。我们可以将表达式 e 和 e' 视为一个更大系统的两个组件，其中 e' 是实现 e 的一个客户端。客户端声明一个指定实现类型的变量，并且在只知道该信息的情况下进行类型检查。该实现必须是指定的类型，以满足客户端的假设。如果是这样，我们可以将它们链接起来，形成复合系统 $[e/x]e'$。该实现本身可以是另一个组件的客户端，用变量 y 表示，在链接过程中用该组件替换。当所有这种变量都实现后，得到的结果是一个可以执行（求值）的闭式（closed expression）。

引理 4.4 的逆命题称为分解，它表示任何（大的）表达式都可以分解为客户端和实现者，

$\ominus$　这一点可能看起来很明显，不值一提。但令人惊讶的是，有些有用的类型系统缺乏此特性。因为它们没有必要验证弱化的结构原理，这样的类型系统称为子结构类型系统（substructural type system）。

通过引入变量来协调二者之间的交互。

> **引理 4.5（分解，decomposition）** 若 $\Gamma \vdash [e/x]e' : \tau'$，则对满足 $\Gamma \vdash e : \tau$ 的每个类型 τ，有 $\Gamma, x : \tau \vdash e' : \tau'$。

　　证明　$[e/x]e'$ 的定型只取决于 e 的类型，如果出现的话。　　　　　　　　　□

　　引理 4.5 表明，任何子表达式都可以分隔为一个更大系统的独立模块。当变量 x 在 e' 中多次出现时，该特性尤其有用，因为此时对于 e' 中 x 的所有出现，只需要 e 的一个副本。

　　由规则 (4.1) 给出的 E 的静态语义说明了一种**反复模式**（recurrent pattern）。语言的结构分为两种形式：**引入**（introduction）和**消去**（elimination）。类型的引入形式确定该类型的值或范式（canonical form）。消去形式确定如何操作该类型的值以形成另一种（可能是相同的）类型的计算。在语言 E 中，num 类型的引入形式是数，str 类型的引入形式是字符串。num 类型的消去形式是加法和乘法，str 类型的消去形式是串联和长度。

　　一旦在第 5 章定义了语言的动态语义，这种分类的重要性就会显现出来。我们将看到与引入形式相反，消去形式是将引入形式"组合"在一起的内容"分开"。语言的静态语义和动态语义的一致性表明类型安全的概念，这是第 6 章的主题。

4.4　注记

　　编程语言的静态语义概念在历史上发展缓慢，可能是由于早期语言具有相对较少的语言特性和非常弱的类型系统。这里考虑的静态语义概念是在 Standard ML 编程语言（Milner 等人，1997）的定义中引入的，该语言的构建基于此前 Church 等人在类型化的 λ 演算（Barendregt，1992）方面的工作。引入和消去的概念以及相关的反转原理是由 Gentzen 在其关于自然演绎（Gentzen，1969）的开创性工作中提出的。Martin-Löf 将这些原理应用于编程语言的结构（1984，1980）。

习题

4.1　有时候赋予定型判断 $\Gamma \vdash e : \tau$ 一个"可操作的"读法是有用的，该读法更精确地指出推导定型判断所需的信息流（或确定其不可导出）。解析模式（analytic mode）与给定的上下文、表达式和类型对应，目的是确定定型判断是否可推导。合成模式（synthetic mode）与给定的上下文和表达式对应，目的是找到该上下文中表达式所拥有的唯一类型 τ（如果有的话）。这两种读法可以用形如 $e \downarrow \tau$ 和 $e \uparrow \tau$ 的判断表示，分别对应于解析模式和合成模式。

　　根据以下指导原则，给出这两种判断的联立归纳定义：

（a）变量以合成形式引入。

（b）如果表达式可以合成唯一类型，那么我们可以通过检查类型等价性来从给定类型的角度分析该表达式。

（c）定义需要仔细，因为即便结果类型已知，所定义的表达式的类型也未必给出。

　　该定义仍有变化的余地，本题的目的是探索可能解。

4.2　限制习题 4.1 可能解的范围的一种方法是，限制和扩展该语言的语法，使得根据以下建议，每个表达式只能是合成或解析：

（a）变量是解析模式。

（b）引入形式是解析模式，消去形式是合成模式。

（c）通过引入 $\text{cast}\{\tau\}(e)$ 形式的类型转换，可以合成解析表达式，该类型转换指定 e 必须按给定类型 τ 检查，该合成作用于整个表达式。

（d）某个定义的定义表达式必须是合成的，但是该定义的范围既可以是合成的，也可以是解析的。

考虑这些指导原则，重新给出习题 4.1 的解答。

动态语义

语言的动态语义描述程序如何执行。定义语言的动态语义的最重要的途径是采用**结构化动态语义**（structural dynamics）的方法。结构化动态语义定义了一个**转换系统**（transition system），它归纳地指明程序执行的一步步过程。**上下文动态语义**（contextual dynamics）是表示动态语义的另一种方法，它是结构化动态语义的一个变体，在转换规则上有些许不同。**等式动态语义**（equational dynamics）通过一系列规则来定义语言的动态语义，这些规则定义了一个程序何时与另一个程序在**定义上等价**（definitionally equivalent）。

5.1 转换系统

转换系统由以下 4 种形式的判断来描述：

1. s state，断言 s 是转换系统的一个状态。
2. s final，对 s state，断言 s 是一个终结状态。
3. s initial，对 s state，断言 s 是一个初始状态。
4. $s \mapsto s'$，对 s state 和 s' state，断言状态 s 可以转换到状态 s'。

在实践中，我们总是设法安排，使得没有从终结状态出发的转换：如果 s final，那么没有 s' 满足 $s \mapsto s'$。一个无法转换的状态是**卡住的**（stuck）。按照约定，所有的终结状态都是卡住的，但转换系统中也可能存在卡住的非终结状态。一个转换系统是确定性的，当且仅当对所有状态 s，只有最多一个状态 s' 满足 $s \mapsto s'$，否则该转换系统就是非确定性的。

转换序列是一系列状态 $s_0, \cdots, s_n$ 满足 s_0 initial，且对任意 $0 \le i < n$，有 $s_i \mapsto s_{i+1}$。转换序列是**最大的**（maximal），当且仅当没有 s 满足 $s_n \mapsto s$。转换序列是**完备的**（complete），当且仅当它是最大转换序列且 s_n final。因此，每个完备转换序列都是最大的，但最大转换序列不一定完备。判断 $s \downarrow$ 表示有一个从 s 开始的完备转换序列，也就是说，存在 s' final 满足 $s \mapsto^* s'$。

转换判断 $s \mapsto^* s'$ 的迭代由以下规则归纳定义：

$$\frac{}{s \mapsto^* s} \tag{5.1a}$$

$$\frac{s \mapsto s' \quad s' \mapsto^* s''}{s \mapsto^* s''} \tag{5.1b}$$

当规则归纳原理应用于迭代转换的定义时，该原理表明，要想证明当 $s \mapsto^* s'$ 时 $P(s, s')$

成立，那么只需证明 P 的如下两个性质：

1. $P(s, s)$
2. 如果 $s \mapsto s'$ 且 $P(s', s'')$，则 $P(s, s'')$。

第一个性质表明 P 是自反的。第二个性质表明 P 在**头扩展**（head expansion）或**反向求值**（inverse evaluation）下封闭。根据这一原理，容易证明 $\mapsto^*$ 是自反且传递的。

n 次迭代的转换判断 $s \mapsto^n s'$ 由以下规则归纳定义，其中 $n \geq 0$：

$$\frac{}{s \mapsto^0 s} \tag{5.2a}$$

$$\frac{s \mapsto s' \quad s' \mapsto^n s''}{s \mapsto^{n+1} s''} \tag{5.2b}$$

定理 5.1 对所有状态 s 和 s'，$s \mapsto^* s'$ 当且仅当对某个 $k \geq 0$，有 $s \mapsto^k s'$。

证明 从左到右，对多步转换的定义进行归纳即可证明。从右到左，由 $k \geq 0$ 的数学归纳法可证。 $\square$

5.2 结构化动态语义

语言 E 的结构化动态语义由状态是闭式的转换系统给出。所有状态都是初始状态。终结状态都是（封闭的）值，代表已完成的计算。判断 e val，表示 e 是一个值，其归纳定义由下列规则给出：

$$\frac{}{\text{num}[n] \text{ val}} \tag{5.3a}$$

$$\frac{}{\text{str}[s] \text{ val}} \tag{5.3b}$$

状态之间的转换判断 $e \mapsto e'$ 由以下规则归纳定义：

$$\frac{n_1 + n_2 = n}{\text{plus}(\text{num}[n_1]; \text{num}[n_2]) \mapsto \text{num}[n]} \tag{5.4a}$$

$$\frac{e_1 \mapsto e_1'}{\text{plus}(e_1; e_2) \mapsto \text{plus}(e_1'; e_2)} \tag{5.4b}$$

$$\frac{e_1 \text{ val} \quad e_2 \mapsto e_2'}{\text{plus}(e_1; e_2) \mapsto \text{plus}(e_1; e_2')} \tag{5.4c}$$

$$\frac{s_1 {}^\wedge s_2 = s \text{ str}}{\text{cat}(\text{str}[s_1]; \text{str}[s_2]) \mapsto \text{str}[s]} \tag{5.4d}$$

$$\frac{e_1 \mapsto e_1'}{\text{cat}(e_1; e_2) \mapsto \text{cat}(e_1'; e_2)} \tag{5.4e}$$

$$\frac{e_1 \text{ val} \quad e_2 \mapsto e_2'}{\text{cat}(e_1; e_2) \mapsto \text{cat}(e_1; e_2')} \tag{5.4f}$$

$$\left[\frac{e_1 \mapsto e_1'}{\text{let}(e_1; x.e_2) \mapsto \text{let}(e_1'; x.e_2)}\right] \tag{5.4g}$$

$$\frac{[e_1 \text{ val}]}{\text{let}(e_1; x.e_2) \mapsto [e_1 / x]e_2} \tag{5.4h}$$

这里省略了遵循类似模式的乘法运算和字符串长度的规则。规则 (5.4a)、(5.4d) 和 (5.4h) 是**指令转换**（instruction transition），因为它们对应于求值的原始步骤。其他规则是确定指令执行顺序的**搜索转换**（search transition）。

方括号中的规则 (5.4g) 和规则 (5.4h) 中方括号里的前提都包含在 let 的按值解释中，但是在按名解释下被省去。按值解释在绑定到已定义变量之前对表达式进行求值，而按名解释以未求值的形式先进行绑定。如果已定义变量被多次使用，则按值解释效率更高；但是，如果变量不被使用，则按值解释效率不高。相反，在已定义变量不被使用时，按名解释效率更高；但是，当变量多次使用时，按名解释效率较低。

结构化动态语义的推导序列具有二维结构，序列中的步数作为其"宽度"，每步的推导树作为其"高度"。例如，考虑以下求值序列：

$$\text{let}(p1us(\text{num}[1]; \text{num}[2]); x.\text{plus}(\text{plus}(x; \text{num}[3]); \text{num}[4]))$$
$$\mapsto \quad \text{let}(\text{num}[3]; x.\text{plus}(\text{plus}(x; \text{num}[3]); \text{num}[4]))$$
$$\mapsto \quad \text{plus}(\text{plus}(\text{num}[3]; \text{num}[3]); \text{num}[4])$$
$$\mapsto \quad \text{plus}(\text{num}[6]; \text{num}[4])$$
$$\mapsto \quad \text{num}[10]$$

该转换序列中的每一步都可以根据规则 (5.4) 来推导证明。例如，上例中的第三个转换可通过以下的推导来证明：

$$\frac{\overline{\text{plus}(\text{num}[3]; \text{num}[3]) \mapsto \text{num}[6]}\,(5.4a)}{\text{plus}(\text{plus}(\text{num}[3]; \text{num}[3]); \text{num}[4]) \mapsto \text{plus}(\text{num}[6]; \text{num}[4])}\,(5.4b)$$

其他步也可以通过规则的组合类似地证明。

E 的结构化动态语义的规则归纳原理表明，当 $e \mapsto e'$ 时，$\mathcal{P}(e \mapsto e')$ 足以证明 $\mathcal{P}$ 在规则 (5.4) 下封闭。例如，由规则归纳，可以证明 E 的结构化动态语义是确定的（determinate），即一个表达式最多可以转换为另一个表达式。证明需要一个关于转换到值的简单引理。

引理 5.2（**值的终结性**，finality of value）　*没有表达式 e，使得对某个 e'，e val 和 e $\mapsto$ e' 同时成立。*

证明　由规则 (5.3)、(5.4) 归纳可证。　　　　　　　　　　　　　　　　　　　□

引理 5.3（**确定性**，determinacy）　*如果 e $\mapsto$ e' 和 e $\mapsto$ e"，那么 e' 和 e" 是 α- 等价的。*

证明　对前提 $e \mapsto e'$ 和 $e \mapsto e''$ 同时或以任意顺序进行规则归纳，即可证明。假定加法等原始算子作用于值时，只能得到唯一值。　　　　　　　　　　　　　　　　　□

规则 (5.4) 举例说明了语言设计的反转原理，即语言的消去形式是引入形式的反转（逆操作）。搜索规则确定每个消去形式的主要参数（principal argument）；指令规则指明在所有主要参数都是引入形式时，如何对一个消去形式进行求值。例如，规则 (5.4) 表明加法的两个参数都是主要参数，以及当主要参数求值为数值型时，如何对加法进行求值。反转原理是确保程序语言正确定义的关键，其准确描述在第6章中给出。

5.3 上下文动态语义

作为结构化动态语义的一个变体，上下文动态语义有时是有用的。这两者没有本质区别，只是风格不同。上下文动态语义的主要思想是将指令步骤分离成一种特殊的判断形式，称为**指令转换**（instruction transition），并使用称为**求值上下文**（evaluation context）的方法对定位下一条指令的过程加以形式化。判断 e val 仍然用来定义表达式是否为值。

对 E 而言，指令转换判断 $e_1 \to e_2$ 按下列规则定义，数的乘法和字符串的长度有类似的规则。

$$\frac{m+n \text{ is } p \text{ nat}}{\text{plus}(\text{num}[m]; \text{num}[n]) \to \text{num}[p]} \tag{5.5a}$$

$$\frac{s \wedge t = u \text{ str}}{\text{cat}(\text{str}[s]; \text{str}[t]) \to \text{str}[u]} \tag{5.5b}$$

$$\frac{}{\text{let}(e_1; x.e_2) \to [e_1 / x] e_2} \tag{5.5c}$$

判断 $\mathcal{E}$ ectxt 确定在一个更大的表达式中下一条要执行的指令的位置。下一个指令步骤的位置用"洞"表示，记作 ∘，下一条指令放入其中，稍后详细说明。（简洁起见，省略乘法和长度的规则，其处理方式类似。）

$$\frac{}{\circ \text{ ectxt}} \tag{5.6a}$$

$$\frac{\mathcal{E}_1 \text{ ectxt}}{\text{plus}(\mathcal{E}_1; e_2) \text{ ectxt}} \tag{5.6b}$$

$$\frac{e_1 \text{ val} \quad \mathcal{E}_2 \text{ ectxt}}{\text{plus}(e_1; \mathcal{E}_2) \text{ ectxt}} \tag{5.6c}$$

求值上下文的第一条规则表明下一条指令就在洞的位置。其余规则与结构化动态语义的搜索规则一一对应。例如，规则 (5.6c) 表明在表达式 $\text{plus}(e_1; e_2)$ 中，如果第一个参数 e_1 是一个值，则下一个指令步骤（若存在）就位于第二个参数 e_2 的位置或其内部。

求值上下文是一个模板，它通过把要执行的指令替换为洞来实例化。判断 $e' = \mathcal{E}\{e\}$ 表明表达式 e' 是在求值上下文 $\mathcal{E}$ 中用表达式 e 填入洞的结果。可以用以下规则归纳定义：

$$\frac{}{e = \circ\{e\}} \tag{5.7a}$$

$$\frac{e_1 = \mathcal{E}_1\{e\}}{\text{plus}(e_1; e_2) = \text{plus}(\mathcal{E}_1; e_2)\{e\}} \tag{5.7b}$$

$$\frac{e_1 \text{ val} \quad e_2 = \mathcal{E}_2\{e\}}{\text{plus}(e_1; e_2) = \text{plus}(e_1; \mathcal{E}_2)\{e\}} \tag{5.7c}$$

对于求值上下文的每种形式有一条相应的规则。用 e 填入洞仍然得到 e，否则，可以在求值上下文的结构上继续归纳。

最后，E 的上下文动态语义由单条规则定义：

$$\frac{e = \mathcal{E}\{e_0\} \quad e_0 \to e_0' \quad e' = \mathcal{E}\{e_0'\}}{e \mapsto e'} \tag{5.8}$$

因此，一个从 e 到 e' 的转换包括：（1）把 e 分解为一个求值上下文和一条指令；（2）该指令的执行；（3）在 e 的同样位置用指令执行结果替代该指令，从而得到 e'。

结构化动态语义和上下文动态语义定义了相同的转换关系。为了便于证明，我们把结构化动态语义定义的转换关系（规则 (5.4)）写作 $e \mapsto_s e'$，上下文动态语义定义的转换关系（规则 (5.8)）写作 $e \mapsto_c e'$。

定理 5.4 $e \mapsto_s e'$ 当且仅当 $e \mapsto_c e'$。

证明 从左到右，可以通过对规则 (5.4) 的规则归纳来证明。在每种情况下都足够证明有求值上下文 $\mathcal{E}$ 满足 $e = \mathcal{E}\{e_0\}$、$e' = \mathcal{E}\{e_0'\}$ 和 $e_0 \to e_0'$。例如，对规则 (5.4a)，取 $\mathcal{E} = \circ$，注意有 $e \to e'$。对规则 (5.4b)，由归纳可知，存在求值上下文 $\mathcal{E}_1$ 使得 $e_1 = \mathcal{E}_1\{e_0\}$、$e_1' = \mathcal{E}_1\{e_0'\}$ 且 $e_0 \to e_0'$。取 $\mathcal{E} = \mathrm{plus}(\mathcal{E}_1; e_2)$，注意对 $e_0 \to e_0'$，有 $e = \mathrm{plus}(\mathcal{E}_1; e_2)\{e_0\}$ 和 $e' = \mathrm{plus}(\mathcal{E}_1; e_2)\{e_0'\}$。

从右到左，注意若有 $e \mapsto_c e'$，则存在求值上下文 $\mathcal{E}$ 满足 $e = \mathcal{E}\{e_0\}$ 和 $e' = \mathcal{E}\{e_0'\}$ 和 $e_0 \to e_0'$。通过对规则 (5.7) 的归纳可证 $e \mapsto_s e'$。例如，对规则 (5.7a)，e_0 是 e，e_0' 是 e'，且 $e \to e'$，因此 $e \mapsto_s e'$。对规则 (5.7b)，我们有 $\mathcal{E} = \mathrm{plus}(\mathcal{E}_1; e_2)$、$e_1 = \mathcal{E}_1\{e_0\}$、$e_1' = \mathcal{E}_1\{e_0'\}$ 且 $e_1 \mapsto_s e_1'$。因此 e 是 $\mathrm{plus}(e_1; e_2)$，e' 是 $\mathrm{plus}(e_1'; e_2)$。故由规则 (5.4b) 可知 $e \mapsto_s e'$。 □

因为两种转换判断是一致的，所以上下文动态语义可以看作结构化动态语义的一种替代表示。和结构化动态语义相比，它有两个优点，一个相对明显，另一个则不明显。相对明显的优点是可以把规则 (5.8) 写成更简单的形式

$$\frac{e_0 \to e_0'}{\mathcal{E}\{e_0\} \mapsto \mathcal{E}\{e_0'\}} \tag{5.9}$$

该式显然更简单，因为它不显式地说明表达式如何分解为求值上下文和可分解的表达式。上下文动态语义更深层的优点在于，所有的转换都在完备的程序之间进行。人们不需要考虑除了可观察类型之外任何类型的表达式之间的转换，这简化了某些论点，如引理 47.16 的证明。

5.4 等式动态语义

另一种语言的动态语义形式是把计算看作等式推理，与初等代数的风格相似。例如，在代数中，通过计算和重组的简单过程，使用熟悉的加法和乘法定律，我们可以证明多项式 $x^2 + 2x + 1$ 和 $(x + 1)^2$ 是等价的。给定变量的值，相同的定律也足以确定任何多项式的值。例如，我们可以在多项式 $x^2 + 2x + 1$ 中把 2 带入 x 计算 $2^2 + 2 \times 2 + 1 = 9$，实际上就是 $(2 + 1)^2$。由此，我们得到一种计算模型，通过代换和简化来确定在变量值给定时的多项式的值。

类似地，产生 E 中表达式在定义或计算上等价的概念，写作 $\mathcal{X} \mid \Gamma \vdash e \equiv e' : \tau$，其中 Γ 由对每个 $x \in \mathcal{X}$，$x : \tau$ 形式的假设组成。我们只考虑良类型表达式的**定义等同**（definitional equality），因此在考虑判断 $\Gamma \vdash e \equiv e' : \tau$ 时，默认有 $\Gamma \vdash e : \tau$ 和 $\Gamma \vdash e' : \tau$。这里，和往常一样，当变量 $\mathcal{X}$ 可以由假设 Γ 的形式确定时，我们忽略其显式定义。

当 let 按名解释时，E 中表达式的定义等同由以下规则归纳定义：

$$\overline{\Gamma \vdash e \equiv e : \tau} \tag{5.10a}$$

$$\frac{\Gamma \vdash e' \equiv e : \tau}{\Gamma \vdash e \equiv e' : \tau} \tag{5.10b}$$

$$\frac{\Gamma \vdash e \equiv e' : \tau \quad \Gamma \vdash e' \equiv e'' : \tau}{\Gamma \vdash e \equiv e'' : \tau} \tag{5.10c}$$

$$\frac{\Gamma \vdash e_1 \equiv e_1' : \text{num} \quad \Gamma \vdash e_2 \equiv e_2' : \text{num}}{\Gamma \vdash \text{plus}(e_1 ; e_2) \equiv \text{plus}(e_1' ; e_2') : \text{num}} \tag{5.10d}$$

$$\frac{\Gamma \vdash e_1 \equiv e_1' : \text{str} \quad \Gamma \vdash e_2 \equiv e_2' : \text{str}}{\Gamma \vdash \text{cat}(e_1 ; e_2) \equiv \text{cat}(e_1' ; e_2') : \text{str}} \tag{5.10e}$$

$$\frac{\Gamma \vdash e_1 \equiv e_1' : \tau_1 \quad \Gamma, x : \tau_1 \vdash e_2 \equiv e_2' : \tau_2}{\Gamma \vdash \text{let}(e_1 ; x. e_2) \equiv \text{let}(e_1' ; x. e_2') : \tau_2} \tag{5.10f}$$

$$\frac{n_1 + n_2 \text{ is } n \text{ nat}}{\Gamma \vdash \text{plus}(\text{num}[n_1] ; \text{num}[n_2]) \equiv \text{num}[n] : \text{num}} \tag{5.10g}$$

$$\frac{s_1 {}^\wedge s_2 = s \text{ str}}{\Gamma \vdash \text{cat}(\text{str}[s_1] ; \text{str}[s_2]) \equiv \text{str}[s] : \text{str}} \tag{5.10h}$$

$$\overline{\Gamma \vdash \text{let}(e_1 ; x. e_2) \equiv [e_1 / x] e_2 : \tau} \tag{5.10i}$$

规则 (5.10a) 到规则 (5.10c) 表明定义等同是一种等价关系。规则 (5.10d) 到规则 (5.10f) 表明定义等同是一种同余关系，意味着它和该语言中所有表达式形成的结构兼容。规则 (5.10g) 到规则 (5.10i) 则指定 E 的原始结构的含义。我们说规则 (5.10) 定义了封闭于规则 (5.10g)、(5.10h) 和 (5.10i) 中的最强同余。

规则 (5.10) 足以通过类似高中代数中使用的推导来计算表达式的值。例如，应用规则 (5.10) 可以推导等式

$$\text{let } x \text{ be } 1 + 2 \text{ in } x + 3 + 4 \equiv 10 : \text{num}$$

一般来说，可以有许多不同的方法来推导同一个等式，但我们只需要找出一个推导进行求值。

定义等同是相当弱的，因为许多我们直觉上认为正确的等价无法由规则 (5.10) 导出。一个典型的例子是推定等价性（putative equivalence）

$$x_1 : \text{num}, x_2 : \text{num} \vdash x_1 + x_2 \equiv x_2 + x_1 : \text{num} \tag{5.11}$$

直觉上该等式表达的就是加法交换律。虽然在这里不进行证明，但该等价关系无法由规则 (5.10) 导出。然而我们可以导出其所有的封闭实例，

$$n_1 + n_2 \equiv n_2 + n_1 : \text{num} \tag{5.12}$$

其中 n_1 nat 和 n_2 nat 都是具体值。

一般定律（如等式 (5.11)）和其所有实例（由等式 (5.12) 得出）之间的"差距"可以通过扩充等价的概念来填补，使其包括使用数学归纳法的证明原理。等价的概念有时候称为语义等价（semantic equivalence），因为它表示了所涉及的表达式的动态语义的关系。（在第 46

章中，为一个相关语言开发了严格的语义等价。）

定理 5.5 对于表达式语言 E，关系 $e \equiv e' : \tau$ 成立，当且仅当存在 e_0 val 使得 $e \mapsto^* e_0$ 且 $e' \mapsto^* e_0$。

证明　从右到左的证明是直接的，因为每一个转换步骤都是一个有效等式。反向证明则来自以下更为一般的命题，该命题可以由规则 (5.10) 归纳证明：如果 $x_1 : \tau_1, \cdots, x_n : \tau_n \vdash e \equiv e' : \tau$，那么当 $e_1 : \tau_1, e_1' : \tau_1, \cdots, e_n : \tau_n, e_n' : \tau_n$ 时，若对每个 $1 \leq i \leq n$，表达式 e_i 和 e_i' 都可以求得相同值 v_i，那么存在 e_0 val，满足：

$$[e_1, \cdots, e_n / x_1, \cdots, x_n] e \mapsto^* e_0$$

和

$$[e_1', \cdots, e_n' / x_1, \cdots, x_n] e' \mapsto^* e_0$$ □

5.5　注记

使用转换系统描述程序行为可以追溯到 Church 和 Turing 在可计算性方面的早期工作。Turing 的方法强调抽象机的概念，该机器由有限程序和无限内存组成。计算根据程序中的指令改变内存来进行。关于程序语言的操作语义的许多早期工作，如 SECD 机（Landin，1965），都强调机器模型。Church 的方法强调表达计算的语言和根据程序本身所定义的执行，而不是根据存储器或磁带等辅助概念来定义。我们在本书中大量使用 Plotkin 对结构化操作语义的优雅表述（Plotkin, 1981），它受到 Church 和 Landin 思想的启发（Plotkin, 2004）。上下文语义由 Felleisen 和 Hieb 引入（1992），可视为结构化语义的一种替代表述，其中"搜索规则"被替换为"上下文匹配"。把计算视为等式推导可以追溯到 Herbrand、Gödel 和 Church 的早期工作。

习题

5.1　证明：若 $s \mapsto^* s'$ 且 $s' \mapsto^* s''$，则 $s \mapsto^* s''$。

5.2　按文中给出的思路完善定理 5.1 的证明。

5.3　按文中给出的思路完善定理 5.5 的证明。

类型安全

大多数编程语言都是安全的（或类型安全的、强类型的）。非正式地说，这意味着在程序执行期间不会出现某些（类型）不匹配的情况。例如，E 的类型安全是指不会出现数与字符串相加或两个数连接的情况，这两者都没有意义。

一般来说，类型安全表示静态语义和动态语义之间的一致性。静态语义可以视为预测一个表达式的值将具有某种形式，使得该表达式的动态语义是**良定义的**（well-defined）。因此，求值不会在某个无法转换的状态"卡住"，在实现上对应于执行时不存在"非法指令"错误。安全性可以通过说明转换的每一步是否保持**可定型性**（typability）以及**可定型的**（typable）状态是否是良定义的来证明。因此，求值永远不会"陷入杂草"（go off into the weeds），也就是说永远不会遇到非法指令。

语言 E 的类型安全的准确表述如下：

> **定理 6.1**（类型安全，type safety）
> 1. 如果 $e : \tau$ 且 $e \mapsto e'$，那么 $e' : \tau$。
> 2. 如果 $e : \tau$，则要么 e val 成立，要么存在 e' 使得 $e \mapsto e'$。

第一部分称为**保持性**（preservation），表示求值步骤保持定型不变；第二部分称作**进展性**（progress），确保良类型的表达式要么是一个值，要么可以进一步被求值。安全性就是保持性和进展性的结合。

我们说一个表达式 e 卡住，当且仅当该表达式不是一个值，且不存在 e' 使得 $e \mapsto e'$。根据安全性定理，卡住的状态必然是错误类型的。换句话说，良类型的状态不会被卡住。

6.1 保持性

在第 4、5 章定义的保持性定理可以通过转换系统的规则归纳（规则 (5.4)）来证明。

> **定理 6.2**（保持性，preservation） 如果 $e : \tau$ 且 $e \mapsto e'$，那么 $e' : \tau$。

证明 我们将给出两种情况下的证明，其余的留给读者。考虑规则 (5.4b)，

$$\frac{e_1 \mapsto e_1'}{\mathrm{plus}(e_1; e_2) \mapsto \mathrm{plus}(e_1'; e_2)}$$

假设 $\mathrm{plus}(e_1; e_2) : \tau$。由定型反转，可以得出 $\tau = \mathrm{num}$、$e_1 : \mathrm{num}$ 和 $e_2 : \mathrm{num}$。由归纳可知 $e_1' : \mathrm{num}$，因此 $\mathrm{plus}(e_1'; e_2) : \mathrm{num}$。类似地，可以处理串联的情况。

现在考虑规则 (5.4h)，

$$\overline{\text{let}(e_1; x.e_2) \mapsto [e_1/x] e_2}$$

假设 $\text{let}(e_1; x.e_2):\tau_2$。由反转引理 4.2，对某些 τ_1，$e_1:\tau_1$ 使得 $x:\tau_1 \vdash e_2:\tau_2$。再根据代换引理 4.4，可得 $[e_1/x] e_2:\tau_2$。

检查原始操作都是类型保持的是容易的。例如，如果 a nat，b nat 且 $a+b$ is c nat，那么 c nat。 □

保持性的证明可以对转换判断进行归纳来自然地构造，因为论证取决于检查给定的表达式的所有可能转换。在某些情况下，我们可以设法对 e 进行结构归纳，或者对定型进行归纳来证明，但是经验表明，这往往会导致尴尬的争论，或者有时根本就是无效的。

6.2 进展性

进展性定理来自良类型的程序不会被"卡住"的想法。证明的关键是以下描述每种类型的值的引理。

> **引理 6.3（范式，canonical form）** *如果 e val 且 $e:\tau$，那么有*
> 1. *若 $\tau = $ num，则对某个数 n 有 $e = $ num[n]。*
> 2. *若 $\tau = $ str，则对某个字符串 s 有 $e = $ str[s]。*

证明 通过对规则 (4.1) 和 (5.3) 的归纳可证。 □

进展性可以通过对定义语言静态语义的规则 (4.1) 的规则归纳来证明。

> **定理 6.4（进展性，progress）** *如果 $e:\tau$，则要么 e val，要么存在 e' 使得 $e \mapsto e'$。*

证明 可以通过对定型推导的归纳进行证明。我们只考虑规则 (4.1d) 这一种情况，

$$\frac{e_1:\text{num} \quad e_2:\text{num}}{\text{plus}(e_1; e_2):\text{num}}$$

其中上下文为空，因为只考虑闭项。

由归纳可知 e_1 val，或者存在 e_1' 使得 $e_1 \mapsto e_1'$。在后一种情况下，按要求应遵循 $\text{plus}(e_1; e_2) \mapsto \text{plus}(e_1'; e_2)$。在前一种情况下，由归纳可知 e_2 val，或存在 e_2' 使得 $e_2 \mapsto e_2'$。此时由后者可知 $\text{plus}(e_1; e_2) \mapsto \text{plus}(e_1; e_2')$。由前者根据范式引理 6.3 可知，$e_1 = $ num[n_1]，$e_2 = $ num[n_2]，因此有

$$\text{plus}(\text{num}[n_1]; \text{num}[n_2]) \mapsto \text{num}[n_1 + n_2]$$ □

因为表达式的定型规则是语法制导的，所以通过在每一步用反转定理来表征 e 的各部分的类型，就可以对 e 的结构进行归纳来同样地证明进展性定理。但是，当定型规则非语法制导时，这种方法就不再适用了，也就是说，当给定的表达式形式存在一种以上的规则时。证明这样的规则并不困难，只要对定型规则而非表达式结构进行归纳即可。

总结来说，保持性和进展性共同构成了安全性的证明。进展性定理保证良类型的表达式不会在没有正确定义的状态上"卡住"；保持性定理保证执行一步后，结果仍是良类型的（且类型不变）。因此，这两者共同作用保证了静态语义和动态语义的一致性，即良类型的表达式在求值时不会进入没有正确定义的状态。

6.3　运行时错误

假设现在我们要用未定义的除零运算来扩展 E。除法的定型规则自然地由以下规则给出：

$$\frac{e_1 : \text{num} \quad e_2 : \text{num}}{\text{div}(e_1; e_2) : \text{num}}$$

表达式 div(num[3]; num[0]) 是良类型的，然而会卡住。我们有两种方法纠正这种情况：

1. 增强类型系统，使得良类型的程序不能出现除零的情况。

2. 增加动态检查，使得除零时报错并将错误作为求值的输出。

理论上这两种方法都是实用的，但最常见的是第二种。第一种要求类型检查器在允许一个表达式作为除式的分母之前证明该表达式非零。在不排除很多不合语法的程序情况下，想要做到这一点是困难的。我们无法静态地预测表达式在求值时是否非零，所以实际中通常使用第二种方法。

总体思路是区分**检查的错误**（checked error）和**不检查的错误**（unchecked error）。不检查的错误是已被类型系统排除的错误。因为类型系统已排除了不检查的错误出现的可能性，所以不会执行运行时检查来确保其不在运行时出现。例如，在执行加法时，动态语义不需要检查两个参数确实是数而非字符串，因为类型系统已经确保了这一点。另一方面，除式的动态语义必须检查除数是否为 0，因为类型系统无法排除这一可能性。

对检查的错误进行建模的一种方法是给出判断 e err 的归纳定义，e err 表示表达式 e 会导致已检查的运行时错误，比如除零。这里给出该判断的完整归纳定义中的一些代表性规则：

$$\frac{e_1 \text{ val}}{\text{div}(e_1; \text{num}[0]) \text{ err}} \tag{6.1a}$$

$$\frac{e_1 \text{ err}}{\text{div}(e_1; e_2) \text{ err}} \tag{6.1b}$$

$$\frac{e_1 \text{ val} \quad e_2 \text{ err}}{\text{div}(e_1; e_2) \text{ err}} \tag{6.1c}$$

规则 (6.1a) 在除零时报错。其他规则向上传播该错误：若一个已求值的子表达式有检查的错误，则整个表达式也有检查的错误。

一旦错误判断可用，可以考虑构造一个 error 表达式以强制引发一个错误，其静态语义和动态语义如下：

$$\frac{}{\Gamma \vdash \text{error} : \tau} \tag{6.2a}$$

$$\frac{}{\text{error err}} \tag{6.2b}$$

检查的错误不影响保持性定理。然而，为了支持检查的错误，需要修改对进展性的表述（和证明）。

定理 6.5（带错误的进展性） 如果 $e:\tau$，则要么 e val，要么 e err，要么存在 e' 使得 $e \mapsto e'$。

证明　由定型的归纳即可证明，除每点需要考虑这三种情况外，证明的过程和前面类似。　　　　　　　　　　　　　　　　　　　　　　　　　　　　　　　　　□

6.4　注记

类型安全的概念最早由 Milner（1978）提出，他提出"良类型的程序不会出错"的口号。然而，在表达类型错误这一概念时，Milner 只使用了"出错"这一直白的提法。Wright 和 Felleisen（1994）观察到，我们可以改为没有正确定义的状态不会出现在良类型的程序中，从而将口号提升为"良类型的程序不会卡住"。然而他们的想法依靠对"没有卡住的状态都是良类型的"的分析。进展性定理消除了这一分析，它基于 Martin-Löf 型范式的特征（1980）。

习题

6.1　完善定理 6.2 的证明细节。

6.2　完善定理 6.4 的证明细节。

6.3　给出定理 6.5 的证明的几种情况，说明在类型安全的证明中如何处理检查的错误。

求值动态语义

在第 5 章中，使用结构化动态语义定义 E 中表达式的求值。结构化动态语义对于证明安全性非常有用，但是对于某些目的，如编写用户手册，另一种称为**求值动态语义**（evaluation dynamics）的方法更适用。求值动态语义是一种短语与其值之间的关系，在定义时并没有详细说明逐步求值的过程。包含**成本度量**（cost measure）的**成本动态语义**（cost dynamics）丰富了求值动态语义，成本度量说明求值过程的资源使用情况。一个主要的例子是时间，时间可以根据结构化动态语义对一个表达式求值所需的转换步数来衡量。

7.1 求值动态语义

求值动态语义由求值判断 $e \Downarrow v$ 的归纳定义组成，表示闭式 e 求值得到 v。E 的求值动态语义由下列规则定义：

$$\overline{\text{num}[n] \Downarrow \text{num}[n]} \tag{7.1a}$$

$$\overline{\text{str}[s] \Downarrow \text{str}[s]} \tag{7.1b}$$

$$\frac{e_1 \Downarrow \text{num}[n_1] \quad e_2 \Downarrow \text{num}[n_2] \quad n_1 + n_2 \text{ is } n \text{ nat}}{\text{plus}(e_1; e_2) \Downarrow \text{num}[n]} \tag{7.1c}$$

$$\frac{e_1 \Downarrow \text{str}[s_1] \quad e_2 \Downarrow \text{str}[s_2] \quad s_1 {}^\wedge s_2 = s \text{ str}}{\text{cat}(e_1; e_2) \Downarrow \text{str}[s]} \tag{7.1d}$$

$$\frac{e \Downarrow \text{str}[s] \quad |s| = n \text{ nat}}{\text{len}(e) \Downarrow \text{num}[n]} \tag{7.1e}$$

$$\frac{[e_1 / x] e_2 \Downarrow v_2}{\text{let}(e_1; x.e_2) \Downarrow v_2} \tag{7.1f}$$

let 表达式的值通过在 let 表达式体内执行绑定替换来确定。这些规则不是语法制导的，因为规则 (7.1f) 的前提不是该规则结论中表达式的子式。

规则 (7.1f) 描述定义的按名解释。按值解释应改用以下规则：

$$\frac{e_1 \Downarrow v_1 \quad [v_1/x]e_2 \Downarrow v_2}{\text{let}(e_1; x.e_2) \Downarrow v_2} \tag{7.2}$$

因为求值判断是归纳定义的，所以可以通过规则归纳来证明其性质。具体地说，要证明属性 $\mathcal{P}(e \Downarrow v)$ 成立，只需证明 $\mathcal{P}$ 在规则（7.1）下是封闭的：

1. $\mathcal{P}(\text{num}[n] \Downarrow \text{num}[n])$

2. $\mathcal{P}(\text{str}[s] \Downarrow \text{str}[s])$

3. 如果 $\mathcal{P}(e_1 \Downarrow \text{num}[n_1])$，$\mathcal{P}(e_2 \Downarrow \text{num}[n_2])$，且 $n_1 + n_2$ is n nat，则 $\mathcal{P}(\text{plus}(e_1; e_2) \Downarrow \text{num}[n])$。

4. 如果 $\mathcal{P}(e_1 \Downarrow \text{str}[s_1])$，$\mathcal{P}(e_2 \Downarrow \text{str}[s_2])$，且 $s_1 \,\hat{}\, s_2 = s$ str，则 $\mathcal{P}(\text{cat}(e_1; e_2) \Downarrow \text{str}[s])$。

5. 如果 $\mathcal{P}([e_1/x]e_2 \Downarrow v_2)$，则 $\mathcal{P}(\text{let}(e_1; x.e_2) \Downarrow v_2)$。

这种归纳原理与 e 本身的结构归纳不同，因为求值规则不是语法制导的。

引理 7.1 如果 $e \Downarrow v$，那么有 v val。

证明 对规则 (7.1) 进行归纳，即可证明。除规则 (7.1f) 外的所有情况都是直接可得的。对于 (7.1f)，对求值规则的前提应用归纳假设就可以直接得到结果。□

7.2 结构化动态语义和求值动态语义的关系

我们已经给出了 E 的两种不同形式的动态语义，自然就会引发这两种动态语义是否等价的问题。为此，首先考虑等价的含义。结构化动态语义描述一个执行的逐步过程，而求值动态语义则忽略中间状态，只关注初始状态和最终状态。这句话表明，正确的对应关系是结构化动态语义的完整执行序列和求值动态语义的求值判断。

定理 7.2 对所有闭式 e 和值 v，$e \mapsto^* v$ 当且仅当 $e \Downarrow v$。

我们如何证明上述定理？下面分别考虑两个方向的证明，先考虑相对简单的情况。

引理 7.3 如果 $e \Downarrow v$，那么 $e \mapsto^* v$。

证明 通过对求值判断的定义进行归纳，即可证明。例如，根据加法求值规则，假设 $\text{plus}(e_1; e_2) \Downarrow \text{num}[n]$。归纳可知 $e_1 \mapsto^* \text{num}[n_1]$ 和 $e_2 \mapsto^* \text{num}[n_2]$。推导过程如下：

$$\text{plus}(e_1; e_2) \mapsto^* \text{plus}(\text{num}[n_1]; e_2)$$
$$\mapsto^* \text{plus}(\text{num}[n_1]; \text{num}[n_2])$$
$$\mapsto \text{num}[n_1 + n_2]$$

因此 $\text{plus}(e_1; e_2) \mapsto^* \text{num}[n_1 + n_2]$，得证。使用类似方法处理其他情况。□

对于反向的证明，请回顾第 5 章中多步求值和完备求值的定义。因为当 v val 时 $v \Downarrow v$，足以证明求值封闭于反向求值⊖：

引理 7.4 如果 $e \mapsto e'$ 且 $e' \Downarrow v$，那么 $e \Downarrow v$。

证明 通过对转换判断的定义进行归纳，即可证明。例如，假设当 $e_1 \mapsto e_1'$ 时有 $\text{plus}(e_1; e_2) \mapsto \text{plus}(e_1'; e_2)$，进一步假设 $\text{plus}(e_1'; e_2) \Downarrow v$，故有 $e_1' \Downarrow \text{num}[n_1]$、$e_2 \Downarrow \text{num}[n_2]$、$n_1 + n_2$ is n nat 且 v 是 $\text{num}[n]$。归纳可知 $e_1 \Downarrow \text{num}[n_1]$，因此有 $\text{plus}(e_1; e_2) \Downarrow \text{num}[n]$，得证。□

7.3 重温类型安全

在第 6 章中，将类型安全定义为保持性与进展性（定理 6.1）。将这些概念应用于由转换

⊖ 反向求值（converse evaluation）也称为头扩展（head expansion）。

系统给出的动态语义是有意义的，这也是贯穿全书的做法。但是，如果动态语义是由求值关系给出的呢？如何证明这种情况下的类型安全？

不幸的是，回答是不能证明。虽然有求值动态语义保持性的类比，但是对于进展性则没有明确的类比。保持性这样描述：如果 $e \Downarrow v$ 且 $e:\tau$，那么 $v:\tau$。通过对求值规则的归纳，可以容易地证明这一点。但进展性的类比是什么？可能的描述是，如果 $e:\tau$，那么对某些 v 有 $e \Downarrow v$。虽然这个性质在 E 中成立，但是它要求的不仅仅是进展性——它要求每个表达式都可以求得一个值！如果扩展 E 以允许操作导致错误（如 6.3 节所述），或允许不终止的表达式，那么即使进展性仍然有效，该属性也不再成立。

对这种情况的一种可能的观点是：在求值动态语义的情况下不能正确讨论类型安全，而只能参照结构化动态语义。另一种观点是在动态语义中插入动态类型错误的显式检查，并说明任何有动态类型错误的表达式一定是静态类型错误的。反过来说，静态良类型程序不会招致动态类型错误。这种观点的难点在于，我们必须明确指明错误的形式，仅仅是为了证明其不可能出现！然而，可以利用求值动态语义构建一种表面上的类型安全。

定义判断 e err 表示表达式 e 在执行时出错。"出错"（going wrong）的精确定义通过一组规则给出，但其目的是涵盖与类型错误对应的所有情况。以下规则代表一般情况：

$$\frac{}{\text{plus}(\text{str}[s]; e_2) \text{ err}} \tag{7.3a}$$

$$\frac{e_1 \text{ val}}{\text{plus}(e_1; \text{str}[s]) \text{ err}} \tag{7.3b}$$

上述规则明确检查对字符串实施加法的错误应用，类似的规则控制着语言的每一种原始结构。

定理 7.5   如果 e err，那么不存在 τ 满足 $e:\tau$。

证明   对规则 (7.3) 进行规则归纳，即可证明。例如，对于规则 (7.3a)，可以知道 str[s]:str，因此 plus(str[s]; e_2) 是有类型错误的。   □

推论 7.6   如果 $e:\tau$，那么 ¬(e err)。

除了不得不定义判断 e err 只是为了表示不是良类型程序这点不便外，该方法在方法论上存在重大缺陷。如果我们遗漏定义判断 e err 的一条或多条规则，定理 7.5 的证明仍然有效，但是，无法保证包含足够多的检查以应对运行时类型错误。我们可以证明已定义的那些不会在良类型程序中出现，但不能证明已经涵盖所有可能的情况。相比之下，结构化动态语义未指定不良类型表达式的行为。因此，任何不良类型表达式都会"卡住"而无须显示干预，并且进展性定理排除了所有这种情况。此外，转换系统更接近于实现——编译器不需要为检查运行时类型错误做出任何规定。相反，它依赖静态语义来确保这些错误不会出现，并且不为任何不良类型的程序赋予任何含义。因此，其执行效率更高，语言定义更简洁。

7.4   成本动态语义

结构化动态语义为程序提供了时间复杂度的天然概念，即达到最终状态所需的步数。然而，求值动态语义并不提供时间的直接概念。因为完成求值所需的每步被隐瞒了，所以我们无法直接读出求值所需的步数。作为替代，我们必须用成本度量来扩展求值关系，这就产生了**成本动态语义**（cost dynamics）。

求值判断具有形式 $e \Downarrow^k v$，表示 e 经过 k 步求值得 v。

$$\overline{\mathrm{num}[n] \Downarrow^0 \mathrm{num}[n]} \tag{7.4a}$$

$$\frac{e_1 \Downarrow^{k_1} \mathrm{num}[n_1] \quad e_2 \Downarrow^{k_2} \mathrm{num}[n_2]}{\mathrm{plus}(e_1; e_2) \Downarrow^{k_1+k_2+1} \mathrm{num}[n_1 + n_2]} \tag{7.4b}$$

$$\overline{\mathrm{str}[s] \Downarrow^0 \mathrm{str}[s]} \tag{7.4c}$$

$$\frac{e_1 \Downarrow^{k_1} s_1 \quad e_2 \Downarrow^{k_2} s_2}{\mathrm{cat}(e_1; e_2) \Downarrow^{k_1+k_2+1} \mathrm{str}[s_1 \wedge s_2]} \tag{7.4d}$$

$$\frac{[e_1 / x] e_2 \Downarrow^{k_2} v_2}{\mathrm{let}(e_1; x.e_2) \Downarrow^{k_2+1} v_2} \tag{7.4e}$$

对于 let 的按值解释，规则 (7.4e) 替换为以下规则：

$$\frac{e_1 \Downarrow^{k_1} v_1 \quad [v_1 / x] e_2 \Downarrow^{k_2} v_2}{\mathrm{let}(e_1; x.e_2) \Downarrow^{k_1+k_2+1} v_2} \tag{7.5}$$

定理 7.7 对于任意相同类型的闭式 e 和闭值 v，$e \Downarrow^k v$ 当且仅当 $e \longmapsto^k v$。

证明 从左到右地对成本动态语义的定义进行规则归纳。从右到左地对 k 进行归纳，其内部规则归纳基于结构化动态语义的定义。 □

7.5 注记

求值动态语义和定型规则之间的结构相似性最早出现在 *The Definition of Standard ML*（Milner 等人，1997）中。求值动态语义的优点是其直接性，缺点是不适合证明类型安全等属性。Robin Milner 引入了"出错"这个贴切的短语作为类型错误的描述。Blelloch 和 Greiner（1996）在并行计算的研究中引入了成本动态语义（见第 37 章）。

习题

7.1 试说明求值是确定的：如果 $e \Downarrow v_1$ 且 $e \Downarrow v_2$，那么 $v_1 = v_2$。

7.2 完成引理 7.3 的证明。

7.3 完成引理 7.4 的证明。然后证明：如果 $e \longmapsto^* e'$ 且 e' val，那么 $e \Downarrow e'$。

7.4 在求值动态语义上扩展检查错误，按照第 5 章中描述的方法，用 e err 表示 e 会导致检查（或不检查）的错误。关于类型安全的证明还有哪些缺陷？你能想出更好的方法吗？

7.5 考虑以下泛型假言判断

$$x_1 \Downarrow v_1, \cdots, x_n \Downarrow v_n \vdash e \Downarrow v$$

其中 v_1 val, $\cdots$, v_n val 和 v val。将该假设记作 Δ，称为求值环境。这些假设提供了 e 中自由变量的值。假言判断 $\Delta \vdash e \Downarrow v$ 称为环境求值动态语义（environmental evaluation dynamics）。在不使用任何代换的情况下，给出一个环境求值动态语义的假言归纳定义。特别地，应包含以下定义自由变量求值的规则：

$$\overline{\Delta, x \Downarrow v \vdash x \Downarrow v}$$

试证：$x_1 \Downarrow v_1, \cdots, x_n \Downarrow v_n \vdash e \Downarrow v$ 当且仅当 $[v_1, \cdots, v_n / x_1, \cdots, x_n] e \Downarrow v$（使用求值的按值解释形式）。

全函数

函数定义和值

在语言 E 中，我们可以执行诸如将给定表达式加倍的计算，但我们不能把加倍本身表示为一个概念。为了捕捉数的加倍这样的模式，我们用一个变量表示固定但未知的数来抽象对特定数的加倍，从而表示对任意数的加倍。然后，用数值表达式替换该变量就能得到加倍的任意特定实例。通常，一个表达式可能涉及许多不同的变量，因此必须指明几个可能变量中的哪一个在特定的上下文中变化，从而产生该变量的**函数**（function）。

在本章中，我们将讨论 E 的两种函数扩展。第一种并且可能是最显然的扩展是向语言添加**函数定义**（function definition）。函数通过将名字绑定到带约束变量的抽象绑定树（abt）来定义，约束变量作为该函数的参数。**函数应用**是用（合适类型的）特定表达式替换约束变量，从而得到一个表达式。

所定义的函数的**定义域**（domain）和**值域**（range）被限制为 nat 和 str 类型，因为表达式只有这两种类型。与**高阶函数**（higher-order function）相比，这些函数称为**一阶函数**（first-order function）。**高阶函数**允许函数作为其他函数的参数和结果。因为函数的定义域和值域是类型，所以需要引入元素是函数的**函数类型**（function types）。因此，可以形成**高阶类型**（higher type）的函数，这些函数的定义域和值域本身也可以是函数类型。

8.1 一阶函数

语言 ED 对语言 E 扩展了如下文法描述的函数定义和函数应用：

$$
\begin{array}{llll}
\text{Exp} & e ::= \text{apply}\{f\}(e) & f(e) & \text{应用} \\
& \text{fun}\{\tau_1; \tau_2\}(x_1.e_2; f.e) & \text{fun } f(x_1:\tau_1):\tau_2 = e_2 \text{ in } e & \text{定义}
\end{array}
$$

表达式 $\text{fun}\{\tau_1; \tau_2\}(x_1.e_2; f.e)$ 将 e 中的函数名 f 绑定到模式 $x_1.e_2$，该模式具有参数 x_1 和定义 e_2。函数的定义域和值域分别是类型 τ_1 和 τ_2。表达式 $\text{apply}\{f\}(e)$ 用参数 e 实例化 f 的绑定。

ED 的静态语义定义了以下两种判断：

1. 表达式定型 $e:\tau$ 表示 e 的类型为 τ。
2. 函数定型 $f(\tau_1):\tau_2$ 表示 f 是参数类型为 τ_1、结果类型为 τ_2 的函数。

判断 $f(\tau_1):\tau_2$ 称为 f 的**函数头**（function header），它指定了函数的定义域类型和值域类型。

ED 的静态语义由以下规则定义：

$$
\frac{\Gamma, x_1:\tau_1 \vdash e_2:\tau_2 \quad \Gamma, f(\tau_1):\tau_2 \vdash e:\tau}{\Gamma \vdash \text{fun}\{\tau_1; \tau_2\}(x_1.e_2; f.e):\tau} \tag{8.1a}
$$

$$
\frac{\Gamma \vdash f(\tau_1):\tau_2 \quad \Gamma \vdash e:\tau_1}{\Gamma \vdash \text{apply}\{f\}(e):\tau_2} \tag{8.1b}
$$

函数代换（function substitution），记作 $[\![x_1.e_2/f]\!]e$，通过对 e 的结构进行归纳来定义，就像普通代换一样。但是，函数名 f 只能出现在形如 $\mathrm{apply}\{f\}(e_1)$ 的应用中，因此我们在代换过程中用参数展开函数体。函数代换由以下规则定义：

$$\overline{[\![x_1.e_2/f]\!]\mathrm{apply}\{f\}(e_1) = \mathrm{let}([\![x_1.e_2/f]\!]e_1; x_1.e_2)} \tag{8.2}$$

在参数 e_1 的 f 的应用点，函数代换生成一个 let 表达式，该表达式将 x_1 绑定到对参数 e_1 展开其中任意对 f 的进一步应用之后的结果⊖。

引理 8.1　若 $\Gamma, f(\tau_1):\tau_2 \vdash e:\tau$ 且 $\Gamma, x_1:\tau_1 \vdash e_2:\tau_2$，则 $\Gamma \vdash [\![x_1.e_2/f]\!]e:\tau$。

证明　与引理 4.4 的证明类似，通过对第一个前提的规则归纳可证。　□

ED 的动态语义用函数代换来定义：

$$\overline{\mathrm{fun}\{\tau_1;\tau_2\}(x_1.e_2; f.e) \mapsto [\![x_1.e_2/f]\!]e} \tag{8.3}$$

因为函数代换用适当的 let 表达式代替 f 的所有应用，所以不需要为应用表达式提供规则（本质上，它们的行为像在求值过程中被代换的变量，而不像语言的原始操作）。

通过一些努力，ED 的安全性可以通过高阶函数的安全性定理来推导，接下来我们讨论这一问题。

8.2　高阶函数

在 ED 中，变量定义和函数定义拥有惊人的相似性。是否可能将它们结合起来？为此，必须弥合函数和表达式之间的差距。函数名 f 被绑定到抽象子 $x.e$，它规定了在应用 f 时实例化的模式。为了将函数定义简化为普通定义，我们把抽象子具体化为一种表达式形式，称作 **λ 抽象**，记作 $\mathrm{lam}\{\tau_1\}(x.e)$。将**函数应用**一般化为 $\mathrm{ap}(e_1; e_2)$，其中 e_1 为函数表达式，而不仅仅是函数名。λ 抽象和应用是**函数类型**（function type）$\mathrm{arr}(\tau_1; \tau_2)$ 的引入和消去形式，通过定义域 τ_1 和值域 τ_2 对函数进行分类。

语言 EF 用函数类型丰富 E，文法描述如下：

Typ	τ	::=	$\mathrm{arr}(\tau_1; \tau_2)$	$\tau_1 \to \tau_2$	函数类型
Exp	e	::=	$\mathrm{lam}\{\tau\}(x.e)$	$\lambda(x:\tau)e$	函数抽象
			$\mathrm{ap}(e_1; e_2)$	$e_1(e_2)$	函数应用

在 EF 中，函数是一等的（first-class），因为它们是一种可以像任何其他表达式一样使用的表达式。特别地，函数可以作为参数传递给其他函数，也可以作为其他函数的结果返回。出于这个原因，一等函数被称为高阶的，而非一阶的。

EF 的静态语义通过对规则 (4.1) 扩展以下规则来给出：

$$\frac{\Gamma, x:\tau_1 \vdash e:\tau_2}{\Gamma \vdash \mathrm{lam}\{\tau_1\}(x.e) : \mathrm{arr}(\tau_1; \tau_2)} \tag{8.4a}$$

⊖　1. 原第 2 版因符号不一致不易理解，经和作者联系，作者更新了对这段的陈述（见其网站 http://www.cs.cmu.edu/~rwh/pfpl/index.html）。这里以更新后的为准。2. 这里参数 e_1 中可能包含对 f 的应用——译者注

$$\frac{\Gamma \vdash e_1 : \text{arr}\,(\tau_2 : \tau) \quad \Gamma \vdash e_2 : \tau_2}{\Gamma \vdash \text{ap}(e_1 ; e_2) : \tau} \tag{8.4b}$$

引理 8.2（反转，inversion） 假设 $\Gamma \vdash e : \tau$。

1. 如果 $e = \text{lam}\{\tau_1\}(x.e_2)$，那么 $\tau = \text{arr}(\tau_1 ; \tau_2)$ 且 $\Gamma, x : \tau_1 \vdash e_2 : \tau_2$。
2. 如果 $e = \text{ap}(e_1 ; e_2)$，那么存在 τ_2，使 $\Gamma \vdash e_1 : \text{arr}(\tau_2 ; \tau)$ 且 $\Gamma \vdash e_2 : \tau_2$。

证明 该证明可以通过对定型规则的规则归纳来进行。注意，对于每条规则，有且只有一个应用，并且规则的前提提供所需的结果。 □

引理 8.3（代换，substitution） 如果 $\Gamma, x : \tau \vdash e' : \tau'$ 且 $\Gamma \vdash e : \tau$，那么 $\Gamma \vdash [e/x]e' : \tau'$。

证明 对第一个判断的推导进行规则归纳可证。 □

EF 的动态语义在 E 的动态语义基础上扩展以下规则：

$$\overline{\text{lam}\{\tau\}(x.e)\ \text{val}} \tag{8.5a}$$

$$\frac{e_1 \mapsto e_1'}{\text{ap}(e_1 ; e_2) \mapsto \text{ap}(e_1' ; e_2)} \tag{8.5b}$$

$$\left[\frac{e_1\ \text{val} \quad e_2 \mapsto e_2'}{\text{ap}(e_1 ; e_2) \mapsto \text{ap}(e_1 ; e_2')} \right] \tag{8.5c}$$

$$\frac{[e_2\ \text{val}]}{\text{ap}(\text{lam}\{\tau_2\}(x.e_1); e_2) \mapsto [e_2 / x]e_1} \tag{8.5d}$$

方括号中的规则和前提包含在函数应用的按值调用解释中，但不包含在按名调用解释中[⊖]。

当函数是一等时，不需要函数声明：简单地用定义 let λ $(x : \tau_1)$ e_2 be f in e 代替函数声明 fun $f(x_1 : \tau_1) : \tau = e_2$ in e，同时用一等函数应用 $f(e)$ 代替二等函数应用。因为 λ 抽象是值，所以对该代换而言，上述定义是按值还是按名求值并没有区别。然而，使用普通定义，我们可以命名一个局部函数应用，如下例所示：

let k be λ $(x_1 : \text{num})$ λ $(x_2 : \text{num})$ x_1

in let kz be k (0) in kz $(3) + kz(5)$。

如果没有一等函数，我们就不能形成函数 k，当它应用到第一个参数时返回一个函数作为结果。

定理 8.4（保持性，preservation） 如果 $e : \tau$ 且 $e \mapsto e'$，那么 $e' : \tau$。

证明 可以通过对规则 (8.5)（定义语言的动态语义）的归纳来证明。考虑规则 (8.5d)，

$$\overline{\text{ap}(\text{lam}\{\tau_2\}(x.e_1); e_2) \mapsto [e_2 / x]e_1}$$

假设 $\text{ap}(\text{lam}\{\tau_2\}(x.e_1); e_2) : \tau_1$。由引理 8.2，可得 $e_2 : \tau_2$ 且 $x : \tau_2 \vdash e_1 : \tau_1$，因此由引理 8.3 可知 $[e_2/x]e_1 : \tau_1$。

其他处理函数应用的规则也可以使用类似的方式处理。 □

⊖ 虽然术语"按值调用"是准确描述的，但术语"按名调用"的来源仍然是个谜。

引理 8.5（范式，canonical forms） 如果 $e:\text{arr}(\tau_1;\tau_2)$ 且 e val，那么对满足 $x:\tau_1 \vdash e_2:\tau_2$ 的变量 x 和表达式 e_2，有 $e = \lambda(x:\tau_1)\,e_2$。

证明 使用假设 e val，对定型规则进行归纳即可证明。 □

定理 8.6（进展性，progress） 如果 $e:\tau$，则要么 e val，要么存在 e' 使 $e \mapsto e'$。

证明 对规则 (8.4) 进行归纳可证。注意，由于我们只考虑闭项，因此没有关于定型推导的假设。

考虑规则 (8.4b)（在按名解释条件下）。由归纳可知，要么 e val，要么存在 e' 使 $e \mapsto e'$。在后一种情况下，我们有 $\text{ap}(e_1;e_2) \mapsto \text{ap}(e_1';e_2)$。而对前一种情况，由引理 8.5 可知，对 x 和 e，有 $e_1 = \text{lam}\{\tau_2\}(x.e)$。从而有 $\text{ap}(e_1;e_2) \mapsto [e_2/x]e_1$。 □

8.3 求值动态语义和定义等同

对于 EF，求值判断 $e \Downarrow v$ 的归纳定义由下列规则给出：

$$\frac{}{\text{lam}\{\tau\}(x.e) \Downarrow \text{lam}\{\tau\}(x.e)} \tag{8.6a}$$

$$\frac{e_1 \Downarrow \text{lam}\{\tau\}(x.e) \quad [e_2/x]e \Downarrow v}{\text{ap}(e_1;e_2) \Downarrow v} \tag{8.6b}$$

很容易检查，如果 $e \Downarrow v$，那么 v val，且如果 e val，那么 $e \Downarrow e$。

定理 8.7 $e \Downarrow v$ 当且仅当 $e \mapsto^* v$ 且 v val。

证明 与定理 7.2 的证明类似，正向的证明可以通过对规则 (8.6) 的规则归纳进行。

反向证明通过对规则 (5.1) 的规则归纳进行。该证明可类比引理 7.4，通过对规则 (8.5) 进行归纳证明，引理 7.4 表明求值在反向执行下是封闭的。 □

针对 EF 按名调用动态语义的定义等同可以通过扩展规则 (5.10) 来定义。

$$\frac{}{\Gamma \vdash \text{ap}(\text{lam}\{\tau\}(x.e_2);e_1) \equiv [e_1/x]e_2 : \tau_2} \tag{8.7a}$$

$$\frac{\Gamma \vdash e_1 \equiv e_1' : \tau_2 \to \tau \quad \Gamma \vdash e_2 \equiv e_2' : \tau_2}{\Gamma \vdash \text{ap}(e_1;e_2) \equiv \text{ap}(e_1';e_2') : \tau} \tag{8.7b}$$

$$\frac{\Gamma, x:\tau_1 \vdash e_2 \equiv e_2' : \tau_2}{\Gamma \vdash \text{lam}\{\tau_1\}(x.e_2) \equiv \text{lam}\{\tau_1\}(x.e_2') : \tau_1 \to \tau_2} \tag{8.7c}$$

按值调用的定义等同需要一些其他机制。其主要思想是限制规则 (8.7a)，要求参数必须是值。此外，值必须扩展以包含变量，因为在按值调用中，函数的参数变量代表其参数的值。按值调用的定义等同判断采用以下形式：

$$\Gamma \vdash e_1 \equiv e_2 : \tau$$

其中 Γ 由成对的假设 $x:\tau$ 和 x val 表示，对作用域中的每个变量 x，其类型和其本身都是值。我们写作 $\Gamma \vdash e$ val，表示在这些假设下 e 是一个值，使得 $x:\tau, x\,\text{val} \vdash x\,\text{val}$。

8.4 动态作用域

规则 (8.5) 定义的函数应用的动态语义只针对没有自由变量的表达式。当函数应用时，实参替换参数变量，以确保结果保持封闭。此外，由于永远不会捕获对闭式的替换，变量的作用域不受动态语义的影响，从而保证遵循第 1 章中描述的绑定和作用域的原则。与现在描述的替代方法相对应，这种变量处理称作**静态作用域**（static scoping）或**静态绑定**（static binding）。

另一种称为**动态作用域**（dynamic scoping）或**动态绑定**（dynamic binding）的方法有时会被提倡作为静态绑定的替代方法。关键的区别在于，在动态作用域下，禁止使用 abt 的约束变量重命名的标识原理。因此，不能利用避免捕捉（自由变量）代换⊖。相反，求值是针对**开项**（open terms）定义的，自由变量的绑定由变量名映射到（可能是开放的）值的**环境**来提供。变量绑定应尽可能晚地确定，应在变量求值时确定，而不是在绑定时。如果环境不提供变量的绑定，那么求值将因运行时错误而异常中止。

对于一阶函数，动态作用域和静态作用域是一致的，但是，在高阶情况下，这两种方法是不同的。例如，当对表达式 $(\lambda\,(x{:}num)\,x+7)(42)$ 求值时，静态作用域和动态作用域并没有区别。无论是在求值前用 42 替代函数体中的 x，还是在将 42 绑定到 x 的情况下对函数体求值，输出都是一样的。

在高阶情况下，静态作用域和动态作用域不再等价。例如，考虑表达式

$$e \triangleq (\lambda\,(x{:}num)\,\lambda\,(y{:}num)\,x+y)(42)$$

在静态作用域下，e 求值得到闭值 $v \triangleq \lambda\,(y{:}num)\,42+y$，如果应用这个值，则将 42 加到对应的参数。此时，约束变量 x 如何选择并没有区别，输出始终是相同的。在动态作用域下，e 求值得到**开值**（open value）$v' \triangleq \lambda\,(y{:}num)\,x+y$，其中变量 x 是自由的。当对该表达式求值时，变量 x 绑定到 42，但这无关紧要，因为对 λ 抽象求值并不需要该绑定。x 的绑定直到 v' 被应用到参数时才会被取回，此时取到的 x 的绑定并不是求 e 时的绑定。

这其中是有差别的。例如，考虑表达式

$$e' \triangleq (\lambda\,(f{:}num \to num)(\lambda\,(x{:}num)\,f(0))(7))(e)$$

当使用动态作用域求值时，e' 的值是 7，而静态作用域条件下则是 42。这种差异可以追溯到在 e 的值 v' 被应用到 0 之前，x 被重新绑定到 7，从而改变了结果。

动态作用域违反了第 1 章中定义的变量按避免捕捉代换给出含义的基本原则。违反该原则会带来至少两个不好的结果。一个是约束变量名变得很重要，这与遵循标识原理的静态作用域不同。例如，把 e' 最内层的 λ 抽象绑定到变量 y，而不是 x，那么 e' 的值就是 42，而不是 7。因此，程序的一部分可能对在另一部分中选择的约束变量的名称敏感，这明显违反了模块分解的原则。

另一个问题是动态作用域通常不是类型安全的。例如，考虑表达式

$$e' \triangleq (\lambda\,(f{:}num \to num)\,(\lambda\,(x{:}str)\,f(\text{"zero"}))(7))(e)$$

在动态作用域下，该表达式把 x 绑定到字符串"zero"，并在对 $x+y$ 求值时卡住，不能进一步进行。因此，动态作用域只在所谓的动态类型语言中被提倡，它用动态一致性检查代替静

⊖ 参见 1.2 节。——译者注

态一致性检查以确保弱进展性。编译时的错误因此被转换成运行时错误。

（更多关于动态定型的内容，请参见第22章。更多关于动态作用域的内容，请参见第32章。）

8.5 注记

几乎所有编程语言都提供这里所述的某种函数定义机制。这里表达的要点是诠释一种更自然、更强大的方式，即将定义的一般概念与函数的具体概念分开。函数类型以系统化的方法编制一般性概念，将函数定义作为特例包含在内。此外，允许将函数作为参数传递，也允许将函数作为结果返回，而无须特别规定。Church的λ演算（Church, 1941）的基本贡献是把函数视作基础，而无须添加其他的即可得到有充分表达力的编程语言。

习题

8.1 为ED构建环境求值动态语义（参见习题7.5）。提示：为函数标识符的求值引入一种新的判断形式。

8.2 考虑EF的环境动态语义，其中包含高阶函数。可能出现什么困难？你能想出避免这种困难的方法吗？提示：一种方法是在求值点"代换"λ抽象中的所有自由变量。第二种方法是"冻结"λ抽象中自由变量的值，函数应用时再"解冻"。每种情况下会出现什么问题？

高阶递归的系统 T

系统 T，即著名的 Gödel 的 T，是函数类型与自然数类型的组合。与给自然数提供一些任选算术操作的 E 语言相比，T 语言提供了一种称为**原始递归**（primitive recursion）的通用机制，通过该机制可以定义这些原始操作（也称为原语）。原始递归捕捉自然数基本的归纳特征，因此可以作为语言中每个程序的固有终止性证明。所以，在这种语言中只能定义全函数，这些函数对每个参数总能返回一个值。本质上，T 语言中的每个程序都配备其终止性证明。尽管这似乎是对抗无限循环的盾牌，但是它也用来说明一些程序无法用 T 语言编写。为此，需要为该语言中每个可能的程序提供一个主终止性证明，我们将证明这并不存在。

9.1 静态语义

T 语言的语法通过以下文法给出：

Typ	τ	::=	nat	nat	自然数类型
			$\mathrm{arr}(\tau_1; \tau_2)$	$\tau_1 \to \tau_2$	函数类型
Exp	e	::=	x	x	变量
			z	z	零
			$s(e)$	$s(e)$	后继
			$\mathrm{rec}\{e_0; x.y.e_1\}(e)$	$\mathrm{rec}\ e\{z \hookrightarrow e_0 \mid s(x)\ \mathrm{with}\ y \hookrightarrow e_1\}$	
					递归式
			$\mathrm{lam}\{\tau\}(x.e)$	$\lambda\,(x{:}\tau)\,e$	抽象
			$\mathrm{ap}(e_1; e_2)$	$e_1(e_2)$	应用

我们把表达式 $s(\cdots s(z))$ 简写为 $\bar{n}$，表示后继被作用到零上 n（$n \geq 0$）次。表达式 $\mathrm{rec}\{e_0; x.y.e_1\}$ 称为**递归式**（recursor），它表示从 e_0 开始，对变换 $x.y.e_1$ 的 e 轮折叠。约束变量 x 表示前驱，约束变量 y 表示 x 轮折叠的结果。递归式具体语法中的"with"子句把变量 y 绑定到递归调用的结果，稍后就会明白这一点。

有时**迭代式**（iterator）$\mathrm{iter}\{e_0; y.e_1\}(e)$ 被认作递归式的替代物。它与递归式具有基本相同的含义，但是它只把递归调用的结果绑定到 e_1 中的 y，而没有对前驱绑定。显然，迭代式是递归式的一种特例，因为我们总可以忽略对前驱的绑定。反过来，如果语言中有积类型（第 10 章），递归式可以用迭代式定义。为了从迭代式定义递归式，我们需要在迭代特定计算的同时计算前驱。

T 语言的静态语义由以下定型规则给出：

$$\overline{\Gamma, x:\tau \vdash x:\tau} \tag{9.1a}$$

$$\overline{\Gamma \vdash z : \mathrm{nat}} \tag{9.1b}$$

$$\frac{\Gamma \vdash e : \mathrm{nat}}{\Gamma \vdash \mathrm{s}(e) : \mathrm{nat}} \qquad (9.1\mathrm{c})$$

$$\frac{\Gamma \vdash e : \mathrm{nat} \quad \Gamma \vdash e_0 : \tau \quad \Gamma, x : \mathrm{nat}, y : \tau \vdash e_1 : \tau}{\Gamma \vdash \mathrm{rec}\{e_0 ; x.y.e_1\}(e) : \tau} \qquad (9.1\mathrm{d})$$

$$\frac{\Gamma, x : \tau_1 \vdash e : \tau_2}{\Gamma \vdash \mathrm{lam}\{\tau_1\}(x.e) : \mathrm{arr}(\tau_1 ; \tau_2)} \qquad (9.1\mathrm{e})$$

$$\frac{\Gamma \vdash e_1 : \mathrm{arr}(\tau_2 ; \tau) \quad \Gamma \vdash e_2 : \tau_2}{\Gamma \vdash \mathrm{ap}(e_1 ; e_2) : \tau} \qquad (9.1\mathrm{f})$$

通常，代换的结构规则的可纳性至关重要[⊖]。

引理 9.1　如果 $\Gamma \vdash e : \tau$ 并且 $\Gamma, x : \tau \vdash e' : \tau'$，则 $\Gamma \vdash [e/x]e' : \tau'$。

9.2　动态语义

T 语言的闭值由以下规则定义：

$$\overline{\mathrm{z \ val}} \qquad (9.2\mathrm{a})$$

$$\frac{[e \ \mathrm{val}]}{\mathrm{s}(e) \ \mathrm{val}} \qquad (9.2\mathrm{b})$$

$$\overline{\mathrm{lam}\{\tau\}(x.e) \ \mathrm{val}} \qquad (9.2\mathrm{c})$$

规则 (9.2b) 的前提包含在后继的**急切**（eager）解释中，但不包含在**惰性**（lazy）解释中。T 语言的动态语义的转换规则如下所示：

$$\left[\frac{e \mapsto e'}{\mathrm{s}(e) \mapsto \mathrm{s}(e')}\right] \qquad (9.3\mathrm{a})$$

$$\frac{e_1 \mapsto e_1'}{\mathrm{ap}(e_1 ; e_2) \mapsto \mathrm{ap}(e_1' ; e_2)} \qquad (9.3\mathrm{b})$$

$$\left[\frac{e_1 \ \mathrm{val} \quad e_2 \mapsto e_2'}{\mathrm{ap}(e_1 ; e_2) \mapsto \mathrm{ap}(e_1 ; e_2')}\right] \qquad (9.3\mathrm{c})$$

$$\frac{[e_2 \ \mathrm{val}]}{\mathrm{ap}(\mathrm{lam}\{\tau\}(x.e) ; e_2) \mapsto [e_2 / x] e} \qquad (9.3\mathrm{d})$$

$$\frac{e \mapsto e'}{\mathrm{rec}\{e_0 ; x.y.e_1\}(e) \mapsto \mathrm{rec}\{e_0 ; x.y.e_1\}(e')} \qquad (9.3\mathrm{e})$$

$$\overline{\mathrm{rec}\{e_0 ; x.y.e_1\}(\mathrm{z}) \mapsto e_0} \qquad (9.3\mathrm{f})$$

$$\frac{\mathrm{s}(e) \ \mathrm{val}}{\mathrm{rec}\{e_0 ; x.y.e_1\}(\mathrm{s}(e)) \mapsto [e, \mathrm{rec}\{e_0 ; x.y.e_1\}(e) / x, y] e_1} \qquad (9.3\mathrm{g})$$

方括号中的规则和前提包含在后继的急切求值和按值调用的函数应用中，但不包含在后继的惰性求值和按名调用的函数应用中。规则 (9.3f) 和 (9.3g) 规定了递归式在 z 和 s(e) 上的行为。在前一种情况下，递归式归约为 e_0；在后一种情况下，变量 x 绑定到前驱 e，y 绑定到 e 上（未求值的）的递归。如果后续的计算不需要 y 的值，则不会执行递归调用。

> **引理 9.2**（范式，canonical form） 如果 $e:\tau$ 且 e val，则
> 1. 如果 $\tau = \text{nat}$，则存在 $e = z$，或者存在 e'，使 $e = s(e')$ 成立。
> 2. 如果 $\tau = \tau_1 \to \tau_2$，则存在 e_2，使 $e = \lambda(x:\tau_1)\,e_2$ 成立。

> **定理 9.3**（安全性，safety）
> 1. 如果 $e:\tau$ 且 $e \mapsto e'$，则 $e':\tau$。
> 2. 如果 $e:\tau$，则要么 e val 成立，要么存在 e' 使 $e \mapsto e'$ 成立。

9.3 可定义性

自然数上的一个数学函数 $f:\mathbb{N} \to \mathbb{N}$ 在 T 语言中是**可定义的**（definable），当且仅当存在一个 nat → nat 类型的表达式 e_f，使得对每个 $n \in \mathbb{N}$，有

$$e_f(\overline{n}) \equiv \overline{f(n)}:\text{nat} \tag{9.4}$$

也就是说，数值函数 $f:\mathbb{N} \to \mathbb{N}$ 是可定义的，当且仅当存在一个 nat → nat 类型的表达式 e_f，使得当应用于表示参数 $n \in \mathbb{N}$ 的数时，函数应用在定义上等于 $f(n) \in \mathbb{N}$ 所对应的数。

T 语言中的定义等同，记作 $\Gamma \vdash e \equiv e':\tau$，是包含以下公理的最强同余：

$$\frac{\Gamma, x:\tau_1 \vdash e_2:\tau_2 \quad \Gamma \vdash e_1:\tau_1}{\Gamma \vdash \text{ap}(\text{lam}\{\tau_1\}(x.e_2);e_1) \equiv [e_1/x]e_2:\tau_2} \tag{9.5a}$$

$$\frac{\Gamma \vdash e_0:\tau \quad \Gamma, x:\text{nat}, y:\tau \vdash e_1:\tau}{\Gamma \vdash \text{rec}\{e_0;x.y.e_1\}(z) \equiv e_0:\tau} \tag{9.5b}$$

$$\frac{\Gamma \vdash e_0:\tau \quad \Gamma, x:\text{nat}, y:\tau \vdash e_1:\tau}{\Gamma \vdash \text{rec}\{e_0;x.y.e_1\}(s(e)) \equiv [e, \text{rec}\{e_0;x.y.e_1\}(e)/x,y]e_1:\tau} \tag{9.5c}$$

例如，加倍函数 $d(n) = 2 \times n$ 在 T 语言中可由如下表达式 $e_d:\text{nat} \to \text{nat}$ 定义：

$$\lambda(x:\text{nat})\,\text{rec}\,x\{z \hookrightarrow z | s(u)\,\text{with}\,v \hookrightarrow s(s(v))\}$$

为了检验该表达式是否定义加倍函数，我们继续对 $n \in \mathbb{N}$ 进行归纳。对基本步，容易得到

$$e_d(\overline{0}) \equiv \overline{0}:\text{nat}$$

对归纳步，假设

$$e_d(\overline{n}) \equiv \overline{d(n)}:\text{nat}$$

然后使用定义等同的规则计算：

$$e_d(\overline{n+1}) \equiv \mathsf{s}(\mathsf{s}(e_d(\overline{n})))$$
$$\equiv \mathsf{s}(\mathsf{s}(\overline{2 \times n}))$$
$$\equiv \overline{2 \times (n+1)}$$
$$\equiv \overline{d(n+1)}$$

作为另一个例子，考虑由以下等式定义的阿克曼（Ackermann）函数：

$$A(0, n) = n + 1$$
$$A(m + 1, 0) = A(m, 1)$$
$$A(m + 1, n + 1) = A(m, A(m + 1, n))$$

阿克曼函数增长非常迅速。例如，$A(4, 2) \approx 2^{65\,536}$，通常被认为大于宇宙中的原子总数。然而，我们可以通过对参数 (m, n) 的词典归纳来证明阿克曼函数是全函数。在每次递归调用中，要么 m 减小，要么 m 保持不变，而 n 减小，因此归纳地说，递归调用是良定义的，从而 $A(m, n)$ 也是如此。

一阶原始递归函数是类型 $\mathsf{nat} \to \mathsf{nat}$ 的、使用递归式但没有使用任何高阶函数定义的函数。阿克曼函数不是一阶原始递归函数，而是高阶原始递归函数。说明它在 T 语言中可定义的关键在于：$A(m+1, n)$ 从 $A(m, 1)$ 开始，迭代调用函数 $A(m, -)$ n 次。作为辅助，定义高阶函数

$$\mathsf{it} : (\mathsf{nat} \to \mathsf{nat}) \to \mathsf{nat} \to \mathsf{nat} \to \mathsf{nat}$$

为 λ 抽象

$$\lambda\,(f : \mathsf{nat} \to \mathsf{nat})\,\lambda\,(n : \mathsf{nat})\;\mathsf{rec}\;n\;\{\mathsf{z} \hookrightarrow \mathsf{id} \mid \mathsf{s}(\_)\;\mathsf{with}\;g \hookrightarrow f \circ g\}$$

其中 $\mathsf{id} = \lambda\,(x : \mathsf{nat})\,x$ 是恒等函数，$f \circ g = \lambda\,(x : \mathsf{nat})\,f(g(x))$ 是 f 和 g 的复合。容易证明

$$\mathsf{it}(f)(\overline{n})(\overline{m}) \equiv f^{(n)}(\overline{m}) : \mathsf{nat}$$

其中右式是 f 从 $\overline{m}$ 开始的 n 次复合的折叠形式。接下来定义阿克曼函数

$$e_a : \mathsf{nat} \to \mathsf{nat} \to \mathsf{nat}$$

为表达式

$$\lambda\,(m : \mathsf{nat})\;\mathsf{rec}\;m\,\{\mathsf{z} \hookrightarrow \mathsf{s} \mid \mathsf{s}(\_)\;\mathsf{with}\;f \hookrightarrow \lambda\,(n : \mathsf{nat})\;\mathsf{it}\,(f)(n)(f(\overline{1}))\}$$

检查以下等式是否有效是有益的：

$$e_a(\overline{0})(\overline{n}) \equiv \mathsf{s}(\overline{n}) \tag{9.6}$$

$$e_a(\overline{m+1})(\overline{0}) \equiv e_a(\overline{m})(\overline{1}) \tag{9.7}$$

$$e_a(\overline{m+1})(\overline{n+1}) \equiv e_a(\overline{m})(e_a(\mathsf{s}(\overline{m}))(\overline{n})) \tag{9.8}$$

也就是说，阿克曼函数在 T 语言中是可定义的。

9.4　不可定义性

在 T 语言中不能定义无限循环。

定理 9.4　*如果 $e : \tau$，则存在 $v\,\mathsf{val}$ 使得 $e \equiv v : \tau$。*

证明　见推论 46.15。　　　　　　　　　　　　　　　　　　　　　　$\square$

因此，T 语言中函数类型的值在行为上与数学函数类似：如果 $e:\tau_1 \to \tau_2$ 且 $e_1:\tau_1$，则 $e(e_1)$ 求值为 τ_2 类型的值。此外，如果 $e:\text{nat}$，则存在一个自然数 n，使得 $e \equiv \bar{n}:\text{nat}$。

由此，我们可以使用一种称为**对角化**（diagonalization）的技术说明自然数上存在 T 语言中不可定义的函数。我们利用一种称为**哥德尔编码**（Gödel-numbering）的技术给 T 语言上的每个闭式指派一个唯一的自然数。通过赋予每个表达式唯一的自然数，我们可以在 T 语言中像处理数值一样处理表达式，这样 T 语言能使用自己的程序进行计算[⊖]。

哥德尔编码的本质可以用以下抽象语法树的简单构造来描述。（抽象绑定树的泛化稍微困难一些，主要复杂之处在于确保所有 α- 等价的表达式被赋予相同的哥德尔编码。）回想一下，一个普通的 ast a 的形式是 $o(a_1,\cdots,a_k)$，其中 o 是 k 元算符。枚举所有算符使得每个算符有一个索引 $i \in \mathbb{N}$，令 m 为枚举中 o 的索引。定义 a 的哥德尔数 $\ulcorner a \urcorner$ 为数值

$$2^m 3^{n_1} 5^{n_2} \cdots p_k^{n_k}$$

其中 p_k 是第 k 个素数（因此 $p_0 = 2$，$p_1 = 3$，以此类推），$n_1,\cdots,n_k$ 是 $a_1,\cdots,a_k$ 各自的哥德尔编码。这个过程为每个抽象语法树分配一个自然数。反过来，给定一个自然数 n，我们可以应用素数分解定理将 n 唯一地解析为一棵抽象语法树。（如果分解不是正确的形式，那只可能因为运算符的元数与因子的数量不匹配，于是 n 没有编码任何抽象语法树。）

现在使用这种表示方式，我们可以定义一个（数学）函数 $f_{\text{univ}}:\mathbb{N} \to \mathbb{N} \to \mathbb{N}$，使得对于任何 $e:\text{nat} \to \text{nat}$，$f_{\text{univ}}(\ulcorner e \urcorner)(m) = n$ 当且仅当 $e(\bar{m}) \equiv \bar{n}:\text{nat}$[⊖]。动态语义的确定性与定理 9.4 确保 f_{univ} 是一个良定义的函数。f_{univ} 称为 T 语言的**通用函数**（universal function），因为它规定任何类型 $\text{nat} \to \text{nat}$ 的表达式 e 的行为。使用通用函数，我们定义辅助数学函数 $\delta(m) = f_{\text{univ}}(m)(m)$，称为**对角函数**（diagonal function）$\delta:\mathbb{N} \to \mathbb{N}$。选取 δ 函数，使得 $\delta(\ulcorner e \urcorner) = n$ 当且仅当 $e(\overline{\ulcorner e \urcorner}) \equiv \bar{n}:\text{nat}$。（这种定义的动机稍后会更清晰。）

函数 f_{univ} 在 T 语言中是不可定义的。假设它可以通过表达式 e_{univ} 定义，则对角函数 δ 可以通过以下表达式定义

$$e_\delta = \lambda\,(m:\text{nat})\,e_{\text{univ}}(m)(m)$$

但在这种情况下，我们有以下等式成立

$$e_\delta(\overline{\ulcorner e \urcorner}) \equiv e_{\text{univ}}(\overline{\ulcorner e \urcorner})(\overline{\ulcorner e \urcorner})$$
$$\equiv e(\overline{\ulcorner e \urcorner})$$

现在令 e_Δ 为函数表达式

$$\lambda\,(x:\text{nat})\,\text{s}\,(e_\delta(x))$$

因此我们可以推理出

$$e_\Delta(\overline{\ulcorner e_\Delta \urcorner}) \equiv \text{s}\,(e_\delta(\overline{\ulcorner e_\Delta \urcorner}))$$
$$\equiv \text{s}\,(e_\Delta(\overline{\ulcorner e_\Delta \urcorner}))$$

但终止性定理意味着存在 n，使得 $e_\Delta(\overline{\ulcorner e_\Delta \urcorner}) \equiv \bar{n}$，从而有 $\bar{n} \equiv \text{s}(\bar{n})$，这是不可能的。

⊖ 同样的技术在 Gödel 著名的不完备性定理证明的核心部分中使用。Gödel 认为自然数上特定函数在 T 语言中的不可定义性可以被视作不完备性的一种形式。

⊖ 当 k 不是任何表达式 e 的编码时，$f_{\text{univ}}(k)(m)$ 的值可以被任意选取为零。

我们说语言 $\mathcal{L}$ 是**通用的**（universal），如果可以用 $\mathcal{L}$ 本身为 $\mathcal{L}$ 编写一个解释器。很明显，在我们可以用某个足够强大的编程语言来定义的意义下，f_{univ} 是可计算的。但是，以上论述表明 T 语言还无法满足要求，它不是通用编程语言。对上述证明的检查揭示出一个不可避免的权衡：通过坚持所有表达式可终止，我们必然失去通用性——存在语言中不可定义的可计算函数。

9.5　注记

Gödel（1958）在关于算术一致性的研究（Gödel，1980）中提出系统 T。他指出，如何将算术中的证明"编译"为系统 T 中良类型的项，并将算术中的一致性问题归结为 T 中程序的终止性。这可能是第一个设计直接受程序（终止性）验证影响的编程语言。

习题

9.1　证明引理 9.2。

9.2　证明定理 9.3。

9.3　试证明如果 $e:\mathrm{nat}$ 是闭式，则存在 n，使得在急切动态语义下 $e \mapsto^* \overline{n}$。你的证明会在哪里失败？

9.4　试证明所有良类型的闭项的终止性：如果 $e:\tau$ 则存在 $e'\,\mathrm{val}$ 使得 $e \mapsto^* e'$。如果需要，你可以自由使用引理 9.2 和定理 9.3。你的尝试会在哪里失败？你能找到一个更强的归纳假设避开困难吗？

9.5　通过以下对 τ 结构的归纳，定义 τ 类型的闭项 e 在类型 τ 上遗传可终止（hereditarily terminating）的：

（a）如果 $\tau = \mathrm{nat}$，则 e 在类型 τ 上遗传可终止，当且仅当 e 可终止（也就是说，当且仅当存在某个 n 使得 $e \mapsto^* \overline{n}$）。

（b）如果 $\tau = \tau_1 \to \tau_2$，则 e 遗传可终止，当且仅当 e_1 在类型 τ_1 上遗传可终止时，$e(e_1)$ 在类型 τ_2 上遗传可终止。

试证明良类型项的遗传可终止性：如果 $e:\tau$，则 e 在类型 τ 上遗传可终止。更强的归纳假设避开在习题 9.4 中出现的困难，但会引入另一个障碍。问题在哪里？你能找到一个更强的归纳假设证明这点吗？

9.6　说明如果 e 在类型 τ 上遗传可终止、$e':\tau$，并且 $e \mapsto e'$，则 e' 在类型 τ 上也遗传可终止。（对这个结果的需求在习题 9.5 的解答中会更明确。）

9.7　定义一个良类型的开项 $x_1:\tau_1,\cdots,x_n:\tau_n \vdash e:\tau$ 是开放遗传可终止的，当且仅当每个 e_i（$1 \leqslant i \leqslant n$）在类型 τ_i 上是封闭遗传可终止时，每个替换实例 $[e_1,\cdots,e_n/x_1,\cdots,x_n]e$ 在类型 τ 上是封闭遗传可终止的。从这个结果中可得到习题 9.3。

Practical Foundations for Programming Languages, Second Edition

有限数据类型

积类型

两种类型的**二元积**（binary product）由值的**有序对**（ordered pairs）组成，按顺序指定每个值的类型。其对应的消去形式是投影（projections），它们选择有序对的第一个和第二个分量。**空积**（nullary product）或 unit 类型仅由唯一的不包含任何值的"空元组"组成，并且没有对应的消去形式。积类型支持惰性动态语义和急切动态语义。在惰性动态语义中，有序对是值，而不管其分量是否是值，这些分量直到在其他计算中被访问和使用时才会被求值。在急切动态语义中，有序对只有当其分量都是值时才是一个值，在创建有序对时，需要对其分量求值。

更一般地，我们考虑**有限积**（finite product）$\langle \tau_i \rangle_{i\in I}$，其中 I 是索引（indices）的有限集。每个有限积类型的元素都是 **I- 索引的元组**（I-indexed tuples），每个元组的第 i 个分量的类型为 τ_i（$i \in I$）。分量可以用 **I- 索引的投影**（I-indexed projection）操作来访问，是二元情况的一般化。有限积有一些特例，如用 $I=\{0,\cdots, n-1\}$ 索引的 n 元组（n-tuples），还有用有限符号集索引的**标签元组**（labeled-tuples），也称为记录（records）。与二元积类似，有限积也支持急切解释和惰性解释。

10.1 空积与二元积

积的抽象语法由下列文法给出：

Typ	τ	::=	unit	unit	空积
			$\mathrm{prod}(\tau_1; \tau_2)$	$\tau_1 \times \tau_2$	二元积
Exp	e	::=	triv	$\langle \rangle$	空元组
			$\mathrm{pair}(e_1; e_2)$	$\langle e_1, e_2 \rangle$	有序对
			$\mathrm{pr}[l](e)$	$e \cdot l$	左投影
			$\mathrm{pr}[r](e)$	$e \cdot r$	右投影

空积类型 unit 没有消去形式，无法从空元组中提取内容。

积类型的静态语义由下列规则给出[⊖]：

$$\frac{}{\Gamma \vdash \langle \rangle : \mathrm{unit}} \tag{10.1a}$$

$$\frac{\Gamma \vdash e_1 : \tau_1 \quad \Gamma \vdash e_2 : \tau_2}{\Gamma \vdash \langle e_1, e_2 \rangle : \tau_1 \times \tau_2} \tag{10.1b}$$

$$\frac{\Gamma \vdash e : \tau_1 \times \tau_2}{\Gamma \vdash e \cdot l : \tau_1} \tag{10.1c}$$

⊖ 作者使用具体语法形式给出本章的语义规则和例子。——译者注

$$\frac{\Gamma \vdash e : \tau_1 \times \tau_2}{\Gamma \vdash e \cdot r : \tau_2} \tag{10.1d}$$

积类型的动态语义由下列规则定义：

$$\overline{\langle\rangle \text{ val}} \tag{10.2a}$$

$$\frac{[e_1 \text{ val}] \quad [e_2 \text{ val}]}{\langle e_1, e_2 \rangle \text{ val}} \tag{10.2b}$$

$$\left[\frac{e_1 \mapsto e_1'}{\langle e_1, e_2 \rangle \mapsto \langle e_1', e_2 \rangle}\right] \tag{10.2c}$$

$$\left[\frac{e_1 \text{ val} \quad e_2 \mapsto e_2'}{\langle e_1, e_2 \rangle \mapsto \langle e_1, e_2' \rangle}\right] \tag{10.2d}$$

$$\frac{e \mapsto e'}{e \cdot 1 \mapsto e' \cdot 1} \tag{10.2e}$$

$$\frac{e \mapsto e'}{e \cdot r \mapsto e' \cdot r} \tag{10.2f}$$

$$\frac{[e_1 \text{ val}] \quad [e_2 \text{ val}]}{\langle e_1, e_2 \rangle \cdot 1 \mapsto e_1} \tag{10.2g}$$

$$\frac{[e_1 \text{ val}] \quad [e_2 \text{ val}]}{\langle e_1, e_2 \rangle \cdot r \mapsto e_2} \tag{10.2h}$$

方括号中的规则和前提不包含在惰性动态语义中，只包含在形成有序对的急切动态语义中。

安全性定理同时适用于急切动态语义和惰性动态语义，两者的证明方法相似。

定理 10.1（安全性）
1. 如果 $e : \tau$ 且 $e \mapsto e'$，那么 $e' : \tau$。
2. 如果 $e : \tau$，那么必有 e val 或存在 e' 满足 $e \mapsto e'$。

证明 保持性可以通过对规则 (10.2) 定义的转换进行归纳来证明。进展性可以通过对规则 (10.1) 定义的定型进行归纳来证明。 □

10.2 有限积

有限积类型的语法由如下文法给出：

Typ	τ	::=	$\text{prod}(\{i \hookrightarrow \tau_i\}_{i \in I})$	$\langle \tau_i \rangle_{i \in I}$	积
Exp	e	::=	$\text{tpl}(\{i \hookrightarrow e_i\}_{i \in I})$	$\langle e_i \rangle_{i \in I}$	元组
			$\text{pr}[i](e)$	$e \cdot i$	投影

其中变量 I 代表一个用于构造积的有限索引集合（index set）。对于每个 $i \in I$，τ_i 类型的 I- 元

组表达式 e_i 有类型 $\mathrm{prod}(\{i \hookrightarrow \tau_i\}_{i \in I})$，或简记为 $\langle\, \tau_i\, \rangle_{i \in I}$。把 I-元组的形式记作 $\mathrm{tpl}(\{i \hookrightarrow e_i\}_{i \in I})$，或简记为 $\langle\, e_i\, \rangle_{i \in I}$，并对每个 $i \in I$，I-元组 e 的第 i 个投影写作 $\mathrm{pr}[i](e)$，简记为 $e \cdot i$。

当 $I = \{i_1, \cdots, i_n\}$，I-元组类型可以写成形式

$$\langle\, i_1 \hookrightarrow \tau_1, \cdots, i_n \hookrightarrow \tau_n\, \rangle$$

其中对每个索引 $i \in I$，显式地将其关联到一个类型。类似地，第 i 个分量为 e_i 的 I-元组可以写作

$$\langle\, i_1 \hookrightarrow e_1, \cdots, i_n \hookrightarrow e_n\, \rangle$$

有限积通过将 I 置为空集或二元集 $\{1, r\}$，分别得到空积或二元积。实践中，I 通常选择为一个符号的有限集，作为元组中各分量的标签以增强可读性。

有限积的静态语义由以下规则给出：

$$\frac{\Gamma \vdash e_1 : \tau_1 \cdots \Gamma \vdash e_n : \tau_n}{\Gamma \vdash \langle\, i_1 \hookrightarrow e_1, \cdots, i_n \hookrightarrow e_n\, \rangle : \langle\, i_1 \hookrightarrow \tau_1, \cdots, i_n \hookrightarrow \tau_n\, \rangle} \tag{10.3a}$$

$$\frac{\Gamma \vdash e : \langle\, i_1 \hookrightarrow \tau_1, \cdots, i_n \hookrightarrow \tau_n\, \rangle \quad (1 \le k \le n)}{\Gamma \vdash e \cdot i_k : \tau_k} \tag{10.3b}$$

在规则 (10.3b) 中，索引 $i_k \in I$ 是索引集合 I 中的一个特定元素，而在规则 (10.3a) 中，索引 $i_1, \cdots, i_n$ 的范围覆盖整个索引集合 I。

有限积的动态语义由以下规则给出：

$$\frac{[e_1\ \mathrm{val} \cdots e_n\ \mathrm{val}]}{\langle\, i_1 \hookrightarrow e_1, \cdots, i_n \hookrightarrow e_n\, \rangle\ \mathrm{val}} \tag{10.4a}$$

$$\left[\frac{\left\{ \begin{array}{l} e_1\ \mathrm{val} \quad \cdots \quad e_{j-1}\ \mathrm{val} \quad e_1' = e_1 \quad \cdots \quad e_{j-1}' = e_{j-1} \\ e_j \mapsto e_j' \quad e_{j+1}' = e_{j+1} \quad \cdots \quad e_n' = e_n \end{array} \right\}}{\langle\, i_1 \hookrightarrow e_1, \cdots, i_n \hookrightarrow e_n\, \rangle \mapsto \langle\, i_1 \hookrightarrow e_1', \cdots, i_n \hookrightarrow e_n'\, \rangle} \right] \tag{10.4b}$$

$$\frac{e \mapsto e'}{e \cdot i \mapsto e' \cdot i} \tag{10.4c}$$

$$\frac{[\langle\, i_1 \hookrightarrow e_1, \cdots, i_n \hookrightarrow e_n\, \rangle\ \mathrm{val}]}{\langle\, i_1 \hookrightarrow e_1, \cdots, i_n \hookrightarrow e_n\, \rangle \cdot i_k \mapsto e_k} \tag{10.4d}$$

如公式所示，规则 (10.4b) 指明了元组中各分量以某种顺序求值，但并未指明考虑这些分量的顺序。通过对索引集合施加全序并按此顺序来对各分量求值并不困难，但技术上有一点复杂。

定理 10.2（安全性） 如果 $e : \tau$，则要么 $e\ \mathrm{val}$，要么存在 e'，使得 $e' : \tau$ 且 $e \mapsto e'$。

证明 安全性定理可以分解为进展性引理和保持性引理，其证明如 10.1 节所示。 □

10.3 原始互递归

使用积可以简化 T 的原始递归构造，以使传递给后继分支的只有前驱的递归结果，而没有前驱本身，记为 $\mathrm{iter}\{\tau\}(e; e_0; x.e_1)$。我们可以将 $\mathrm{rec}\{\tau\}(e; e_0; x.y.e_1)$ 定义为 $e' \cdot r$，其中 e'

是表达式：

$$\text{iter } e\{z \hookrightarrow \langle z, e_0 \rangle \mid s(x') \hookrightarrow \langle s(x' \cdot l), [x' \cdot l, x' \cdot r/x, y]e_1 \rangle\}$$

其主要思想是归纳地计算数 n 和在 n 上的递归调用结果，由此可以计算 $n + 1$ 和另一个使用 e_1 的递归的结果。基本情况可以直接计算 0 和 e_0 的有序对。容易检查递归式的静态语义和动态语义在该定义下保持。

我们也可以用积类型来实现**原始互递归**（mutual primitive recursion），其中通过原始递归同时定义两个函数。例如，考虑如下定义自然数上的两个数学函数的递归方程：

$$e(0) = 1$$
$$o(0) = 0$$
$$e(n + 1) = o(n)$$
$$o(n + 1) = e(n)$$

直观上看，$e(n)$ 非零当且仅当 n 为偶数，$o(n)$ 非零当且仅当 n 为奇数。

为了在扩充积的 T 中定义这些函数，首先定义一个辅助函数 e_{eo}，其类型为

$$\text{nat} \rightarrow (\text{nat} \times \text{nat})$$

该函数通过递归调用来回交换以同时计算两个结果：

$$\lambda\, (n : \text{nat}) \text{ iter } n\{z \hookrightarrow \langle 1, 0 \rangle \mid s(b) \hookrightarrow \langle b \cdot r, b \cdot l \rangle\}$$

接下来可以定义 e_{ev} 和 e_{od} 如下：

$$e_{ev} \triangleq \lambda\, (n : \text{nat})\, e_{eo}(n) \cdot l$$
$$e_{od} \triangleq \lambda\, (n : \text{nat})\, e_{eo}(n) \cdot r$$

10.4 注记

积类型是结构化数据的最基本形式。所有语言都有某种形式的积类型，但通常以一种与其他可分离概念结合的形式出现。积的常见表现形式包括：（1）带有"多个参数"或"多个结果"的函数；（2）表示为相互递归函数的元组的"对象"；（3）分量/成员可变的元组"结构"。针对有限积类型有许多论文，其中记录类型作为一个特例包含在内。Pierce（2002）对记录类型及其子定型性质给出了详细的解释（见第 24 章）。Allen 等人（2006）分析了依赖类型理论框架中的许多关键思想。

习题

10.1 数据库模式（database schema）可以视作一个有限积类型 $\langle \tau_i \rangle_{i \in I}$，其中列或属性用索引集 I 标记，I 的值被限定为原子类型，如 nat 和 str。模式类型的值称作该模式的元组或实例。数据库可以看作这种元组的有限序列，元组称为数据库的行。请使用函数、积和自然数类型给出数据库的一种表示，并通过把每一行限制到指定的列来定义投影操作，由列为 I 的数据库得到列为 I' 的数据库，其中 $I' \subseteq I$。

10.2 我们可以将积类型区分成正（positive）、负（negative）两种形式，而不是在积的惰性

动态语义和急切动态语义中进行选择⊖。负积的静态语义由规则 (10.1) 给出，其动态语义是惰性的。正积写作 $\tau_1 \otimes \tau_1$，其静态语义由下列规则给出：

$$\frac{\Gamma \vdash e_1 : \tau_1 \quad \Gamma \vdash e_2 : \tau_2}{\Gamma \vdash \text{fuse}\,(e_1; e_2) : \tau_1 \otimes \tau_2} \tag{10.5a}$$

$$\frac{\Gamma \vdash e_0 : \tau_1 \otimes \tau_2 \quad \Gamma x_1 : \tau_1 x_2 : \tau_2 \vdash e : \tau}{\Gamma \vdash \text{split}\,(e_0; x_1, x_2.e) : \tau} \tag{10.5b}$$

fuse 是正有序对的引入形式，其动态语义是急切的，本质上是因为正积的消去形式 split 同时提取两个分量。

请证明负积可由正积定义得到，其中使用 unit 类型和函数类型来表示负有序对的惰性语义。假设有一个遵循按值动态语义的 let 表达式，使得可以对正有序对实施急切求值，证明正积也可由负积定义得到。

10.3 将习题 10.2 特化为空积，可以得到正、负 unit 类型。正 unit 类型由规则 (10.1) 给出，不包含消去形式，并且只有一个引入形式。给出正 unit 类型的静态语义和动态语义，并证明在无附加假设下，正、负 unit 类型可以互相定义。

⊖ Jean-Marc Andreoli 最先在类型论中将类型归类为具有正、负极性。如果类型的构造子 (constructor) 是主要的，则称为正类型；如果消去子 (eliminator) 是主要的，则称为负类型。积类型既可以表现为正类型，也可以表现为负类型。正积和负积在普通类型论下是等价的，但是在线性逻辑中有区别。参见 https://ncatlab.org/nlab/show/polarity+in+type+theory。——译者注

和类型

大多数数据结构涉及诸如树中的叶子和内部节点的区别，或者一段抽象语法的最外层形式等选择。重要的是，这种选择决定了值的结构。例如，分支节点有孩子，而叶子没有，等等。这些概念用**和类型**（sum types）表示，特别是**二元和**（binary sum）以及**空和**（nullary sum），前者提供对两个对象的选择，后者提供对"什么都没有"的选择。**有限和**（finite sums）是空和与二元和的推广，允许通过有限索引集索引任意种情况。与积一样，和也有急切动态语义和惰性动态语义两种形式，区别在于如何定义和类型的值。

11.1 空和与二元和

和的抽象语法由如下文法给出：

Typ	τ	::=	void	void	空和
			$sum(\tau_1; \tau_2)$	$\tau_1+\tau_2$	二元和
Exp	e	::=	$abort\{\tau\}(e)$	$abort(e)$	中止
			$in[l]\{\tau_1; \tau_2\}(e)$	$l \cdot e$	左注入
			$in[r]\{\tau_1; \tau_2\}(e)$	$r \cdot e$	右注入
			$case(e; x_1.e_1; x_2.e_2)$	$case\ e\{l \cdot x_1 \hookrightarrow e_1 \mid r \cdot x_2 \hookrightarrow e_2\}$	情况分析

空和表示零个备选项的选择，因此没有引入形式。消去形式 $abort(e)$ 在对 e 求值但不能求出时中止计算。对二元和类型的元素加标签，以表明它们取自左被加数还是右被加数，即 $l \cdot e$ 或 $r \cdot e$。和类型的值可通过情况分析而消去。

和类型的静态语义由下列规则给出[译注]：

$$\frac{\Gamma \vdash e : void}{\Gamma \vdash abort(e) : \tau} \tag{11.1a}$$

$$\frac{\Gamma \vdash e : \tau_1}{\Gamma \vdash l \cdot e : \tau_1 + \tau_2} \tag{11.1b}$$

$$\frac{\Gamma \vdash e : \tau_2}{\Gamma \vdash r \cdot e : \tau_1 + \tau_2} \tag{11.1c}$$

$$\frac{\Gamma \vdash e : \tau_1 + \tau_2 \quad \Gamma, x_1 : \tau_1 \vdash e_1 : \tau \quad \Gamma, x_2 : \tau_2 \vdash e_2 : \tau}{\Gamma \vdash case\ e\{l \cdot x_1 \hookrightarrow e_1 \mid r \cdot x_2 \hookrightarrow e_2\} : \tau} \tag{11.1d}$$

⊖ 本章的语义规则和例子作者使用具体语法形式给出。——译者注

出于可读性的考虑，在规则 (11.1b) 和 (11.1c) 中，用 $1 \cdot e$ 和 $r \cdot e$ 分别代替抽象语法 $\text{in}[l]\{\tau_1; \tau_2\}(e)$ 和 $\text{in}[r]\{\tau_1; \tau_2\}(e)$，其中 e 的类型分别为 τ_1 和 τ_2。在规则 (11.1d) 中，情况分析的两个分支必须具有相同的类型。因为类型表示对表达式的值的形式的静态"预测"，并且和类型的表达式可能在运行时求值为两种形式之一，所以必须强调两个分支产生相同的类型。

和类型的动态语义由下列规则定义：

$$\frac{e \mapsto e'}{\text{abort}(e) \mapsto \text{abort}(e')} \tag{11.2a}$$

$$\frac{[e\ \text{val}]}{1 \cdot e\ \text{val}} \tag{11.2b}$$

$$\frac{[e\ \text{val}]}{r \cdot e\ \text{val}} \tag{11.2c}$$

$$\left[\frac{e \mapsto e'}{1 \cdot e \mapsto 1 \cdot e'}\right] \tag{11.2d}$$

$$\left[\frac{e \mapsto e'}{r \cdot e \mapsto r \cdot e'}\right] \tag{11.2e}$$

$$\frac{e \mapsto e'}{\text{case } e\{1 \cdot x_1 \hookrightarrow e_1 \mid r \cdot x_2 \hookrightarrow e_2\} \mapsto \text{case } e'\{1 \cdot x_1 \hookrightarrow e_1 \mid r \cdot x_2 \hookrightarrow e_2\}} \tag{11.2f}$$

$$\frac{[e\ \text{val}]}{\text{case } 1 \cdot e\{1 \cdot x_1 \hookrightarrow e_1 \mid r \cdot x_2 \hookrightarrow e_2\} \mapsto [e/x_1]e_1} \tag{11.2g}$$

$$\frac{[e\ \text{val}]}{\text{case } r \cdot e\{1 \cdot x_1 \hookrightarrow e_1 \mid r \cdot x_2 \hookrightarrow e_2\} \mapsto [e/x_2]e_2} \tag{11.2h}$$

方括号中的规则和前提只包含在急切动态语义中，不包含在惰性动态语义中。

静态语义和动态语义的一致性的表述和证明与之前一样。

定理 11.1（安全性）
1. 如果 $e:\tau$ 且 $e \mapsto e'$，那么 $e':\tau$。
2. 如果 $e:\tau$，那么必有 $e\ \text{val}$ 或存在 e' 满足 $e \mapsto e'$。

证明 保持性可以通过归纳规则 (11.2) 进行证明，进展性通过归纳规则 (11.1) 进行证明。   □

11.2 有限和

正如可以把空积与二元积推广到有限积，我们也可以把空和与二元和推广到有限和。

有限和的语法由以下文法给出：

Typ	τ	::=	$\text{sum}(\{i \hookrightarrow \tau_i\}_{i\in I})$	$[\tau_i]_{i\in I}$	和
Exp	e	::=	$\text{in}[i]\{\vec{\tau}\}(e)$	$i \cdot e$	注入
			$\text{case}(e;\{i \hookrightarrow x_i.e_i\}_{i\in I})$	$\text{case } e\{i \cdot x_i \hookrightarrow e_i\}_{i\in I}$	情况分析

变量 I 代表一个用于构造和的有限索引集合。标记 τ 表示定义在某个索引集 I 上的有限函数 $\{i \hookrightarrow \tau_i\}_{i \in I}$。类型 $\text{sum}(\{i \hookrightarrow \tau_i\}_{i \in I})$，简记为 $[\tau_i]_{i \in I}$，是形如 $\text{in}[i]\{I\}(e_i)$ 或简记为 $i \cdot e_i$ 的 I-分类值的类型，其中 $i \in I$，e_i 是类型为 τ_i 的表达式。I-分类值由形式为 $\text{case}(e; \{i \hookrightarrow x_i.e_i\}_{i \in I})$ 的 I-路情况分析来分析得到。

当 $I = \{i_1, \cdots, i_n\}$，I-分类值的类型可以写成

$$[i_1 \hookrightarrow \tau_1, \cdots, i_n \hookrightarrow \tau_n]$$

对每一类 $l_i \in I$ 规定对应的类型。同样地，I-路情况分析具有形式

$$\text{case } e\{i_1 \cdot x_1 \hookrightarrow e_1 \mid \cdots \mid i_n \cdot x_n \hookrightarrow e_n\}$$

通过将 I 置为空集或二元集 $\{1, r\}$，有限和可以变成空和或二元和。实践中，为了提高可读性，I 常被置为符号的有限集来表示类名。

有限和的静态语义由以下规则给出：

$$\frac{\Gamma \vdash e : \tau_k \ (1 \leqslant k \leqslant n)}{\Gamma \vdash i_k \cdot e : [i_1 \hookrightarrow \tau_1, \cdots, i_n \hookrightarrow \tau_n]} \tag{11.3a}$$

$$\frac{\Gamma \vdash e : [i_1 \hookrightarrow \tau_1, \cdots, i_n \hookrightarrow \tau_n] \quad \Gamma, x_1 : \tau_1 \vdash e_1 : \tau \quad \cdots \quad \Gamma, x_n : \tau_n \vdash e_n : \tau}{\Gamma \vdash \text{case } e\{i_1 \cdot x_1 \hookrightarrow e_1 \mid \cdots \mid i_n \cdot x_n \hookrightarrow e_n\} : \tau} \tag{11.3b}$$

这些规则是 11.1 节中给出的空和与二元和的静态语义的推广。

有限和的动态语义由以下规则给出：

$$\frac{[e \text{ val}]}{i \cdot e \text{ val}} \tag{11.4a}$$

$$\left[\frac{e \mapsto e'}{i \cdot e \mapsto i \cdot e'}\right] \tag{11.4b}$$

$$\frac{e \mapsto e'}{\text{case } e\{i \cdot x_i \hookrightarrow e_i\}_{i \in I} \mapsto \text{case } e'\{i \cdot x_i \hookrightarrow e_i\}_{i \in I}} \tag{11.4c}$$

$$\frac{i \cdot e \text{ val}}{\text{case } i \cdot e\{i \cdot x_i \hookrightarrow e_i\}_{i \in I} \mapsto [e/x_i]e_i} \tag{11.4d}$$

同样地，这些是 11.1 节中给出的二元和的动态语义的推广。

定理 11.2（安全性）　如果 $e : \tau$，那么必有 e val 或存在 $e' : \tau$ 使得 $e \mapsto e'$。

证明　证明和 11.1 节中描述的二元和的情况类似。　□

11.3　和类型的应用

和类型有许多用途，我们在此概述几种。在第六部分和第八部分引入归纳和递归类型之后，我们就可以引出更多有趣的例子。

11.3.1　void 和 unit

比较 unit 和 void 类型是有意义的，它们常被相互混淆。unit 类型有且只有一个元素 $\langle\rangle$，而 void 类型根本没有元素。因此，如果 $e : \text{unit}$，那么对 e 求值会得到 $\langle\rangle$ ——换句话说，e

的值是没有意义的。另一方面，如果 $e:$ void，那么 e 一定不会产生一个值，如果它有值，也必须是 void 类型的值，而 void 类型是没有值的。因此，在许多语言中所谓的 void 类型其实是 unit 类型，因为它表示表达式的值是没有意义的，而不是根本没有值。

11.3.2　布尔类型

和类型最简单的例子可能是常见的布尔类型，其语法由下述文法给出：

Typ	τ	::=	bool	bool	布尔类型
Exp	e	::=	true	true	真值
			false	false	假值
			if(e; e_1; e_2)	if e then e_1 else e_2	条件

表达式 if(e; e_1; e_2) 按 $e:$ bool 的值进行分支。

布尔类型的静态语义由下列定型规则给出：

$$\frac{}{\Gamma \vdash \text{true} : \text{bool}} \tag{11.5a}$$

$$\frac{}{\Gamma \vdash \text{false} : \text{bool}} \tag{11.5b}$$

$$\frac{\Gamma \vdash e : \text{bool} \quad \Gamma \vdash e_1 : \tau \quad \Gamma \vdash e_2 : \tau}{\Gamma \vdash \text{if } e \text{ then } e_1 \text{ else } e_2 : \tau} \tag{11.5c}$$

其动态语义由下列值和转换规则给出：

$$\frac{}{\text{true val}} \tag{11.6a}$$

$$\frac{}{\text{false val}} \tag{11.6b}$$

$$\frac{}{\text{if true then } e_1 \text{ else } e_2 \mapsto e_1} \tag{11.6c}$$

$$\frac{}{\text{if false then } e_1 \text{ else } e_2 \mapsto e_2} \tag{11.6d}$$

$$\frac{e \mapsto e'}{\text{if } e \text{ then } e_1 \text{ else } e_2 \mapsto \text{if } e' \text{ then } e_1 \text{ else } e_2} \tag{11.6e}$$

bool 类型可以用二元和与空积来定义：

$$\text{bool} = \text{unit} + \text{unit} \tag{11.7a}$$

$$\text{true} = \text{l} \cdot \langle \rangle \tag{11.7b}$$

$$\text{false} = \text{r} \cdot \langle \rangle \tag{11.7c}$$

$$\text{if } e \text{ then } e_1 \text{ else } e_2 = \text{case } e\{\text{l} \cdot x_1 \hookrightarrow e_1 \mid \text{r} \cdot x_2 \hookrightarrow e_2\} \tag{11.7d}$$

在等式 (11.7d) 中，变量 x_1 和 x_2 可以任意选择，只需满足 $x_1 \notin e_1$ 和 $x_2 \notin e_2$。根据这些定义，容易定义 bool 类型的静态语义和动态语义。

11.3.3　枚举

更一般地，和类型可以用来定义**有限枚举**（finite enumeration）类型，其值是显式给出的有限集合中的元素，其消去形式是对该集合元素的情况分析。例如，suit 类型的元素为 ♣，♦，♥ 和 ♠，其消去形式为情况分析：

$$\text{case } e\{\clubsuit \hookrightarrow e_0 \mid \diamondsuit \hookrightarrow e_1 \mid \heartsuit \hookrightarrow e_2 \mid \spadesuit \hookrightarrow e_3\}$$

它对四种花色进行区别。有限枚举可以容易地表示为和。例如，定义 suit = $[\text{unit}]_{-\in I}$，其中 $I=\{\clubsuit, \spadesuit, \heartsuit, \spadesuit\}$，类型族是该集合上的常量。标签和的情况分析形式几乎就是给定枚举所需的情况分析，唯一的区别是与每个被加数对应的没有意义的值的绑定，对此我们可以忽略。

枚举类型的其他例子还有很多。例如，大多数语言都有字符类型 char，这是一个包含所有可能 Unicode（或其他标准分类）字符的大型枚举类型。为每个字符赋予一个编码（例如 UTF-8），用于在程序间交换信息。char 类型具有一些操作，如 chcode(n) 产生与编码 n 对应的字符，codech(c) 产生字符 c 的编码。利用编码的线性排序，我们可以定义所有字符的全序，称为由该编码确定的**排序序列**（collating sequence）。

11.3.4 选择

和还可以用来定义 option 类型，其语法由下述文法给出：

Typ	τ	::=	opt(τ)	τ opt	选项
Exp	e	::=	null	null	空
			just(e)	just(e)	某物
			ifnull$\{\tau\}\{e_1; x.e_2\}(e)$	ifnull $e\{\text{null} \hookrightarrow e_1 \mid \text{just}(x) \hookrightarrow e_2\}$	空测试

类型 opt(τ) 代表类型 τ 的"可选"值的类型。引入形式为 null 和 just(e)，分别对应于"没有值"和一个特定的类型为 τ 的值。消去形式区分这两种可能性。

根据以下等式[一]，option 类型可由和与空积定义：

$$\tau \text{ opt} = \text{unit} + \tau \tag{11.8a}$$

$$\text{null} = l \cdot \langle \ \rangle \tag{11.8b}$$

$$\text{just}(e) = r \cdot e \tag{11.8c}$$

$$\text{ifnull } e\{\text{null} \hookrightarrow e_1 \mid \text{just}(x_2) \hookrightarrow e_2\} = \text{case } e\{l \cdot \_ \hookrightarrow e_1 \mid r \cdot x_2 \hookrightarrow e_2\} \tag{11.8d}$$

我们把检查由这些定义推出的静态语义和动态语义留给读者。

option 类型是理解**空指针错误**（null pointer fallacy）这一常见错误的关键。该错误源于两个相关的错误。第一个错误是将某些类型的值视为称作指针（pointers）的神秘实体。指针这个术语源于如何在运行时表示这些值，而不是它们在语言中的语义角色。第二个错误使第一个错误复杂化。空指针作为指针类型的一个特殊值，与该类型的其他值不同，它根本不代表该类型的值，而是拒绝所有对它使用的尝试。

为了帮助避免这种失败，这些语言通常包含一个函数 null:$\tau \to$ bool，若参数为空则返回 true，否则返回 false。这样的测试允许程序员采取措施，避免把 null 用作它所附着的类型的值来使用。因此，程序会充斥以下形式的条件：

$$\text{if null}(e) \text{ then} \cdots error \cdots \text{else} \cdots proceed \cdots \tag{11.9}$$

[一] 我们常用下划线代替在其作用域内未使用的约束变量。

尽管如此，运行时的"空指针"异常依然猖獗，部分原因是很容易忽视对这种测试的需要，部分原因是除了中止程序之外几乎没有其他手段检查空指针。

其根本的问题是无法区分类型 τ 和类型 τ opt。我们不是将类型 τ 的元素视为指针而不得不担心空指针，而是要区分真正的类型 τ 的值和类型 τ 的可选值。类型 τ 的可选值可能存在也可能不存在，但是，如果存在，则基础值一定是类型 τ 的值（且不为 null）。option 类型的消去形式为

$$\text{ifnull } e \ \{\text{null} \hookrightarrow e_{\text{error}} \mid \text{just}(x) \hookrightarrow e_{\text{ok}}\} \tag{11.10}$$

通过将类型 τ 的真正值绑定到变量 x，e 存在的信息被传播到非空分支中。情况分析导致从"类型 τ 的可选值"到"类型 τ 的真正值"的类型变化，因此在非空分支中，不再需要显式和隐式的 null 检查。注意，这种类型变化并不是通过表达式 (11.9) 所示的简单的布尔值测试得到的，option 类型的优势正是它们所做的。

11.4　注记

异构数据结构无处不在。和类型可以编制异构性，然而很少有语言按这里介绍的方式来支持异构数据结构。商用语言中最优近似的是面向对象编程中类的概念。类是和类型的注入，分发是对数据对象类的情况分析（更多内容参见第 26 章）。和的缺失是 C.A.R. Hoare 所描述的"十亿美元的错误"——空指针的根源（Hoare, 2009）。糟糕的语言设计把管理"空"值的负担完全放在运行时，而不是在编译时使"空"的可能性或不可能性显而易见。

习题

11.1　完善 11.3.3 节中描述的有限枚举类型的定义。从有限和类型推导出枚举类型。

11.2　Hoare 的错误的本质是误解了 bool × τ 类型和 τ opt 类型。后一种类型的值是由布尔类型的"标志位"和 τ 类型的值所组成的序对。其想法是用标志位指示对应的值是否"存在"。当标志位为 true 时，第二分量存在；当标志位为 false 时，第二分量不存在。试通过填写下表将 τ opt 定义为 bool × τ 类型，从而分析 Hoare 的错误：

$$\text{null} \triangleq ?$$
$$\text{just}(e) \triangleq ?$$
$$\text{ifnull } e \ \{\text{null} \hookrightarrow e_1 \mid \text{just}(x) \hookrightarrow e_2\} \triangleq ?$$

即使我们采用 Hoare 的惯例，承认每个类型的"空"值，也无法正确填写该表。

11.3　当不是每个元组都为每个属性提供值的时候（例如一个人的中间名），就会出现数据库的"空指针"问题。更一般地，许多商用数据库限定每个属性为单原子类型，当属性的值有多种类型时（例如一个人可能有多个基于不同国家的不同邮政编码），就存在问题。考虑如何使用习题 10.1 中讨论的方法解决这类问题。考虑如何处理空值和异构值，避免传统数据库范式中的一些复杂情况。

11.4　组合电路（combinational circuit）是以下类型的开式：

$$x_1 : \text{bool}, \cdots, x_n : \text{bool} \vdash e : \text{bool}$$

它从 n 个布尔型输入计算一个布尔值。将与非门 NOR 和或非门 NAND 定义为具有两

个输入、一个输出的布尔电路。没有理由限制只有单个输出。例如，将半加器 HALF-ADDER 定义为接受两个布尔输入，但产生两个布尔输出（和与进位）的电路。再将全加器 FULL-ADDER 定义为接受 3 个输入（两个加数和逐位进位），并产生两个输出（和与输出进位）的电路。将类型 NYBBLE 定义为积 bool $\times$ bool $\times$ bool $\times$ bool。将组合电路 NYBBLE-ADDER 定义为接受两个半字节作为输入，并产生一个半字节和一位进位输出位作为输出的电路。

11.5 信号（signal）是随时间变化的布尔序列，表示信号在不同时间点的状态。RS 锁存器是具有两个输入信号和两个输出信号的基础电子电路。定义信号的 signal 类型为无限布尔序列的函数类型 nat $\to$ bool。RS 锁存器定义为以下类型的函数：

$$(\text{signal} \times \text{signal}) \to (\text{signal} \times \text{signal})$$

类型和命题

构造逻辑

构造逻辑是将数学推理的实际实践整理成原则。在数学中，判定一个命题为真，必须证明它；判定一个命题为假，则需要提出对它的反驳。由于总存在不能解决的问题，我们一般不能指望一个命题要么是真，要么是假，大多数情况下，我们没有这个命题的证据也没有它的反驳。相比于描述上帝思维逻辑的经典逻辑，构造逻辑描述的是人类逻辑。

从构造的观点来看，一个命题只有得到证明时才为真。所谓的证明其实是一种社会构建，是人们就什么是有效论证达成的共识。逻辑规则编纂了可用于有效证明的一组推理原则。证明的有效形式由被断言为真的命题的最外层结构决定。例如，一个合取的证明由每个合取子式的证明组成，而一个蕴含的证明是将其前件的证明转化为其后件的证明。总的来看，证明的形式与编程语言的表达形式完全一致。每个命题都与其证明的类型相关，一个证明就是相关类型的表达式。程序与证明之间的这种联系引发了证明的动态语义。这样，构造逻辑中的证明就具有可计算内容，也就是说，它们可以被解释为相关类型的可执行程序。反之，程序具有数学内容，可以作为与其类型相关的命题的证明。

逻辑和编程的统一称为**"命题即类型"**（propositions as types）原理，它是编程语言理论的核心组织原则。命题与类型对应，证明与程序对应。编程技术对应于证明方法，证明技术对应于编程方法。将类型视为程序的行为规范，则命题是问题陈述，它的证明是实现规范的解。

12.1　构造语义

构造逻辑关注两类判断 ϕ prop 和 ϕ true，前者表示 ϕ 是一个命题，后者表示 ϕ 是一个真命题。构造逻辑和非构造逻辑的区别在于，构造逻辑中的一个命题不是仅仅被认为一个真值，而是一个通过证明提供解（如果存在）的问题陈述。一个命题只有在它有一个证明的情况下才为真，这与普通的数学实践保持一致。在实践中，除了证明存在之外，没有其他的真理标准。

用证明来识别真理具有重要且可能意想不到的结果。最重要的结论是，我们通常不能说一个命题要么为真、要么为假。如果一个命题为真，这意味着它有一个证明，那么命题为假意味着什么？命题为假意味着我们有对它的反驳，表明它不能被证明。也就是说，如果我们可以证明该命题为真（有证据）的假设与已知事实相矛盾，则该命题为假。从这个意义上讲，构造逻辑是一种积极的或有效的信息逻辑——我们必须以证明的形式提供明确的证据来证实命题的真假。

由此可知，并非每个命题都是真或假。如果 ϕ 表示一个未解决的命题，比如著名的 P $\overset{?}{=}$ NP 问题，那么我们既没有证据也没有反驳（仅仅没有证据并不算反驳）。这样的问题是不可判定的，正是因为它尚未解决。由于总会有一些未解决的问题（有无穷多的命题，但在给定的时间点只有有限的证据），因此我们不能说每个命题都是**可判定的**（decidable），也就是说，判定它是真还是假。

当然，有些命题是可判定的，因此要么为真，要么为假。例如，如果 ϕ 表示自然数之间的不等式，则 ϕ 是可判定的，因为我们总可以算出对于给定的自然数 m 和 n，无论 $m \leq n$ 还是 $m \nleq n$ ——我们可以证明或反驳给定的不等式。这个论点并不扩展到实数。要了解为什么不这样做，请考虑实数的十进制展开式。在任何有限时间内，我们只能探索展开式的有限初始部分，这不足以判定它是否小于 1。因为如果我们已经计算展开式为 $0.99\cdots9$，我们都不能在任何时候（没有无限计算）确定这个数字是否为 1。

构造的视角仅仅是接受这种不可避免的情况，并以此使我们保持缄默。面对问题时，我们别无选择，只能尝试证明问题或反驳问题。我们不能保证一定成功。生活艰辛，我们总会渡过难关。

12.2 构造逻辑

构造逻辑的判断 ϕ prop 和 ϕ true 本身没有太多意义，而在如下形式的假言判断的上下文中

$$\phi_1 \text{ true}, \cdots, \phi_n \text{ true} \vdash \phi \text{ true}$$

这个判断表明，在每个假设 $\phi_1, \cdots, \phi_n$ 为真的情况下（有证据），命题 ϕ 为真（有证据）。显然，当 $n = 0$ 时，这个判断等同于 ϕ true。

假言判断的结构特性在专用于构造逻辑时，通过在假设下推理来定义我们要表达的含义：

$$\frac{}{\Gamma, \phi \text{ true} \vdash \phi \text{ true}} \qquad (12.1\text{a})$$

$$\frac{\Gamma \vdash \phi_1 \text{ true} \quad \Gamma, \phi_1 \text{ true} \vdash \phi_2 \text{ true}}{\Gamma \vdash \phi_2 \text{ true}} \qquad (12.1\text{b})$$

$$\frac{\Gamma \vdash \phi_2 \text{ true}}{\Gamma, \phi_1 \text{ true} \vdash \phi_2 \text{ true}} \qquad (12.1\text{c})$$

$$\frac{\Gamma, \phi_1 \text{ true}, \phi_1 \text{ true} \vdash \phi_2 \text{ true}}{\Gamma, \phi_1 \text{ true} \vdash \phi_2 \text{ true}} \qquad (12.1\text{d})$$

$$\frac{\Gamma_1, \phi_2 \text{ true}, \phi_1 \text{ true}, \Gamma_2 \vdash \phi \text{ true}}{\Gamma_1, \phi_1 \text{ true}, \phi_2 \text{ true}, \Gamma_2 \vdash \phi \text{ true}} \qquad (12.1\text{e})$$

最后两条规则是隐式的，因为我们将 Γ 视为一组假设的集合，所以两个"副本"与一个"副本"效果一样，并且假设出现的顺序也无关紧要。

12.2.1 可证性

命题逻辑的语法由以下文法给出：

Prop	ϕ	::=	$\top$	$\top$	永真式/真值
			$\bot$	$\bot$	永假式/假值
			$\wedge(\phi_1 ; \phi_2)$	$\phi_1 \wedge \phi_2$	合取式

$$\vee(\phi_1;\phi_2) \qquad\qquad \phi_1 \vee \phi_2 \qquad\qquad\qquad 析取式$$
$$\supset(\phi_1;\phi_2) \qquad\qquad \phi_1 \supset \phi_2 \qquad\qquad\qquad 蕴含式$$

命题逻辑的联结词由一些规则赋予含义，这些规则定义了：（1）对于从这个联结词形成的命题，其"直接"证明由什么组成；（2）如何把这种"直接"证明运用于其他命题的"间接"证明中。这些称为联结词的**引入规则**和**消去规则**。**证明守恒**（conservation of proof）原理指出，这些规则彼此互逆——消去规则不能提取比引入规则引入的信息更多的信息（以证明的形式），并且引入规则可以从消去规则提取的信息中重构证明。

永真式（Truth）　第一个命题是平凡为真的（trivially true）。没有信息可以用来证明它，因此无法从中获取信息。

$$\overline{\Gamma \vdash \top\ \text{true}} \tag{12.2a}$$

$$（无消去规则） \tag{12.2b}$$

合取式（Conjunction）　合取式表示它的两个合取子式同时为真。

$$\frac{\Gamma \vdash \phi_1\ \text{true} \quad \Gamma \vdash \phi_2\ \text{true}}{\Gamma \vdash \phi_1 \wedge \phi_2\ \text{true}} \tag{12.3a}$$

$$\frac{\Gamma \vdash \phi_1 \wedge \phi_2\ \text{true}}{\Gamma \vdash \phi_1\ \text{true}} \tag{12.3b}$$

$$\frac{\Gamma \vdash \phi_1 \wedge \phi_2\ \text{true}}{\Gamma \vdash \phi_2\ \text{true}} \tag{12.3c}$$

蕴含式（implication）　蕴含式表示一个命题在一个假设下为真。

$$\frac{\Gamma,\phi_1\ \text{true} \vdash \phi_2\ \text{true}}{\Gamma \vdash \phi_1 \supset \phi_2\ \text{true}} \tag{12.4a}$$

$$\frac{\Gamma \vdash \phi_1 \supset \phi_2\ \text{true} \quad \Gamma \vdash \phi_1\ \text{true}}{\Gamma \vdash \phi_2\ \text{true}} \tag{12.4b}$$

永假式（falsehood）　永假式表示平凡为假（可反驳的，refutable）命题。

$$（无引入规则） \tag{12.5a}$$

$$\frac{\Gamma \vdash \bot\ \text{true}}{\Gamma \vdash \phi\ \text{true}} \tag{12.5b}$$

析取式（disjunction）　析取式表示两个命题同时或任何之一为真。

$$\frac{\Gamma \vdash \phi_1\ \text{true}}{\Gamma \vdash \phi_1 \vee \phi_2\ \text{true}} \tag{12.6a}$$

$$\frac{\Gamma \vdash \phi_2\ \text{true}}{\Gamma \vdash \phi_1 \vee \phi_2\ \text{true}} \tag{12.6b}$$

$$\frac{\Gamma \vdash \phi_1 \vee \phi_2\ \text{true} \quad \Gamma,\phi_1\ \text{true} \vdash \phi\ \text{true} \quad \Gamma,\phi_2\ \text{true} \vdash \phi\ \text{true}}{\Gamma \vdash \phi\ \text{true}} \tag{12.6c}$$

否定式 (Negation) 命题 ϕ 的否定式 $\neg\phi$ 定义为蕴含式 $\phi \supset \bot$。因此，如果 ϕ true $\vdash$ $\bot$ true，那么 $\neg\phi$ true，也就是说，ϕ 的真值是可反驳的，因为我们可以从任何所谓的 ϕ 的证明中推导出永假式的证明。由于构造逻辑的真值被定义为存在一个证明，因此否定式的隐含语义是相当强的。特别是，对一个问题 ϕ，当我们既不能证明它，也不能反驳它时，它就成了开放的命题。相比之下，经典的真理概念为每个命题分配了固定的真值，因此每个命题要么为真，要么为假。

12.2.2 证明项

"命题即类型" 原理的关键在于将证明的形式显式化。基础判断 ϕ true 表明 ϕ 存在证明，它被判断 $p{:}\phi$ 取代，表明 p 是 ϕ 的证明（有时 p 称为"证明项"，但我们简称 p 为"证据"）。假言判断也相应地进行修改，用变量代表假定但未知的证明：

$$x_1{:}\phi_1, \cdots, x_n{:}\phi_n \vdash p{:}\phi$$

我们再次规定 Γ 为没有重复变量的假设列表。

证明项的语法由以下文法给出：

Prf	p	::=	true-I	$\langle\,\rangle$	永真引入
			and-I$(p_1; p_2)$	$\langle\, p_1, p_2\,\rangle$	合取引入
			and-E[l](p)	$p \cdot 1$	合取消去
			and-E[r](p)	$p \cdot r$	合取消去
			imp-I$(x.p)$	$\lambda(x)\,p$	蕴含引入
			imp-E$(p_1; p_2)$	$p_1(p_2)$	蕴含消去
			false-E(p)	abort(p)	永假消去
			or-I[l](p)	$1 \cdot p$	析取引入
			or-I[r](p)	$r \cdot p$	析取引入
			or-E$(p\,; x_1.p_1; x_2.p_2)$	case $p\{1 \cdot x_1 \hookrightarrow p_1 \mid r \cdot x_2 \hookrightarrow p_2\}$	析取消去

证明项的具体语法是为了强调 12.4 节中讨论的命题和类型之间的对应关系。

构造命题逻辑的规则可以使用证明项重写如下：

$$\frac{}{\Gamma \vdash \langle\,\rangle : \top} \tag{12.7a}$$

$$\frac{\Gamma \vdash p_1 : \phi_1 \quad \Gamma \vdash p_2 : \phi_2}{\Gamma \vdash \langle\, p_1, p_2\,\rangle : \phi_1 \wedge \phi_2} \tag{12.7b}$$

$$\frac{\Gamma \vdash p_1 : \phi_1 \wedge \phi_2}{\Gamma \vdash p_1 \cdot 1 : \phi_1} \tag{12.7c}$$

$$\frac{\Gamma \vdash p_1 : \phi_1 \wedge \phi_2}{\Gamma \vdash p_1 \cdot r : \phi_2} \tag{12.7d}$$

$$\frac{\Gamma, x : \phi_1 \vdash p_2 : \phi_2}{\Gamma \vdash \lambda(x)p_2 : \phi_1 \supset \phi_2} \tag{12.7e}$$

$$\frac{\Gamma \vdash p : \phi_1 \supset \phi_2 \quad \Gamma \vdash p_1 : \phi_1}{\Gamma \vdash p(p_1) : \phi_2} \qquad (12.7\text{f})$$

$$\frac{\Gamma \vdash p : \bot}{\Gamma \vdash \text{abort}(p) : \phi} \qquad (12.7\text{g})$$

$$\frac{\Gamma \vdash p_1 : \phi_1}{\Gamma \vdash 1 \cdot p_1 : \phi_1 \vee \phi_2} \qquad (12.7\text{h})$$

$$\frac{\Gamma \vdash p_2 : \phi_2}{\Gamma \vdash \text{r} \cdot p_2 : \phi_1 \vee \phi_2} \qquad (12.7\text{i})$$

$$\frac{\Gamma \vdash p : \phi_1 \vee \phi_2 \quad \Gamma, x_1 : \phi_1 \vdash p_1 : \phi \quad \Gamma, x_2 : \phi_2 \vdash p_2 : \phi}{\Gamma \vdash \text{case } p\{1 \cdot x_1 \hookrightarrow p_1 \mid \text{r} \cdot x_2 \hookrightarrow p_2\} : \phi} \qquad (12.7\text{j})$$

12.3 证明的动态语义

根岑原理（Gentzen's Principle）给出构造逻辑中证明项的动态语义。它指出，消去形式与引入形式互逆。一方面，根岑原理是证明的守恒原理，该原理规定引入到命题证明中的信息可以由消去规则无损地提取出来。例如，根据下列定义等同式，我们可以称合取式的消去形式是合取式的引入形式的**后逆**（post-inverse）：

$$\frac{\Gamma \vdash p_1 : \phi_1 \quad \Gamma \vdash p_2 : \phi_2}{\Gamma \vdash \langle p_1, p_2 \rangle \cdot 1 \equiv p_1 : \phi_1} \qquad (12.8\text{a})$$

$$\frac{\Gamma \vdash p_1 : \phi_1 \quad \Gamma \vdash p_2 : \phi_2}{\Gamma \vdash \langle p_1, p_2 \rangle \cdot \text{r} \equiv p_2 : \phi_2} \qquad (12.8\text{b})$$

另一方面，根岑原理是证明的可逆性原理，即每个证明可以从消去形式提取的信息中重构。在合取的情况下，这可以由如下定义等同式表示：

$$\frac{\Gamma \vdash p : \phi_1 \wedge \phi_2}{\Gamma \vdash \langle p \cdot 1, p \cdot \text{r} \rangle \equiv p : \phi_1 \wedge \phi_2} \qquad (12.9)$$

对于其他联结词，也有类似的等价性陈述。例如，以下规则给出了蕴含式的守恒原理和可逆性原理：

$$\frac{\Gamma, x : \phi_1 \vdash p_2 : \phi_2 \quad \Gamma \vdash p_1 : \phi_1}{\Gamma \vdash (\lambda(x)p_2)(p_1) \equiv [p_1 / x] p_2 : \phi_2} \qquad (12.10\text{a})$$

$$\frac{\Gamma \vdash p : \phi_1 \supset \phi_2}{\Gamma \vdash \lambda(x)(p(x)) \equiv p : \phi_1 \supset \phi_2} \qquad (12.10\text{b})$$

析取式和永假式的相应规则如下：

$$\frac{\Gamma \vdash p : \phi_1 \quad \Gamma, x_1 : \phi_1 \vdash p_1 : \psi \quad \Gamma, x_2 : \phi_2 \vdash p_2 : \psi}{\Gamma \vdash \text{case } 1 \cdot p\{1 \cdot x_1 \hookrightarrow p_1 \mid \text{r} \cdot x_2 \hookrightarrow p_2\} \equiv [p/x_1] p_1 : \psi} \qquad (12.11\text{a})$$

$$\frac{\Gamma \vdash p : \phi_2 \quad \Gamma, x_1 : \phi_1 \vdash p_1 : \psi \quad \Gamma, x_2 : \phi_2 \vdash p_2 : \psi}{\Gamma \vdash \text{case } \text{r} \cdot p\{1 \cdot x_1 \hookrightarrow p_1 \mid \text{r} \cdot x_2 \hookrightarrow p_2\} \equiv [p/x_2] p_2 : \psi} \qquad (12.11\text{b})$$

$$\frac{\Gamma \vdash p : \phi_1 \vee \phi_2 \quad \Gamma, x : \phi_1 \vee \phi_2 \vdash q : \psi}{\Gamma \vdash [p/x]\, q \equiv \mathrm{case}\ p\{\mathbf{l} \cdot x_1 \hookrightarrow [\mathbf{l} \cdot x_1 / x]\, q \mid \mathbf{r} \cdot x_2 \hookrightarrow [\mathbf{r} \cdot x_2 / x]\, q\} : \psi} \quad (12.11\mathrm{c})$$

$$\frac{\Gamma \vdash p : \bot \quad \Gamma, x : \bot \vdash q : \psi}{\Gamma \vdash [p/x]\, q \equiv \mathrm{abort}(p) : \psi} \quad (12.11\mathrm{d})$$

12.4 命题即类型

回顾构造逻辑中证明的静态语义和动态语义，可以发现它们和各种类型表达式的静态语义和动态语义之间具有惊人的相似性。例如，合取式的引入规则规定了一个合取式的证明由一对证明组成，每个证明针对一个合取子式，并且消去规则是引入规则的反转，可以从任何合取式的证明中提取每个合取子式的证明。这与积类型的静态语义有明显的相似性，积类型的引入形式也是一个有序对，消去形式是投影。根岑原理也将类比扩展到动态语义，因此，合取式的消去形式等同于从有序对中提取相应分量的投影。

命题与类型之间以及证明与程序之间的对应关系如下：

命题	类型
$\top$	unit
$\bot$	void
$\phi_1 \wedge \phi_2$	$\tau_1 \times \tau_2$
$\phi_1 \supset \phi_2$	$\tau_1 \rightarrow \tau_2$
$\phi_1 \vee \phi_2$	$\tau_1 + \tau_2$

命题和类型之间的对应关系是编程语言理论的基石。它揭示了计算和演绎之间的深层联系，并且通过将语言结构和推理原理彼此联系起来，作为分析它们的框架。

12.5 注记

"命题即类型"原理起源于 Brouwer 提出的直觉主义逻辑的语义。据此语义，命题的真值由一个为其提供可计算证据的构造证实。证据的形式由命题的形式决定，因此蕴含式的证据是一个可计算函数，此函数将假设的证据转变为结论的证据。Heyting 引入了这种语义的明确表述，并由包括 de Bruijn、Curry、Gentzen、Girard、Howard、Kolmogorov、Martin-Löf 和 Tait 等人进一步发展深化。"命题即类型"的对应关系有时被称为 Curry-Howard 同构，但是这个术语忽略了刚才提到的其他人的重要贡献。此外，这种对应关系通常不是一种同构，而是表明了 Brouwer 的名言：证明的概念最好由更一般的构造（程序）概念来解释。

习题

12.1　排中律（Law of the Excluded Middle，LEM）是指，每个命题 ϕ 在 $\phi \vee \neg \phi$ 为真的意义上是可判定的。构造逻辑的排中律表述为：对于每个命题 ϕ，我们要么有 ϕ 的证明，要么有 ϕ 的反驳（$\neg \phi$ 的证明）。因为这显然不是通常的情况，人们可能会怀疑排中律在构造逻辑中的有效性。虽然如此，但是排中律并未被驳倒，而是在某种意义上未得到证实。首先，任何我们有证明或反驳的命题 ϕ 都已经判定，因此是可判定的。其次，我们可以根据需要，为更广泛的命题产生证明或反驳。例如，两个整数是否相等是可判定的。第三点，也是最重要的一点，一直存在没有解决的命题 ϕ：可能证明 ϕ 为真，也可能证明 ϕ 为假。由于这些原因，构造逻辑并没有反驳可判定性命题：对于任何命题 ϕ，$\neg\neg\,(\phi\vee\neg\,\phi)$true 成立。请使用本章给出的规则来证明它。

12.2　命题 $\neg\neg\,\phi$ 不强于 ϕ：证明 $\phi\supset\neg\neg\,\phi$ true。双重否定律（Double-Negation Elimination，DNE）规定，对于每个命题 ϕ，都有 $(\neg\neg\,\phi)\supset\phi$ true。本题以习题 12.1 为基础，得出 DNE 蕴含 LEM，试证明其逆命题。

12.3　根据前文所给的构造逻辑的规则，定义关系 $\phi\leqslant\psi$，表示 ϕ true $\vdash\psi$ true。此关系有如下事实：

（a）这是一个先序关系，也就是说它具有自反性和传递性。

（b）$\phi\wedge\psi$ 是 ϕ 和 ψ 交集或最大下界，$\top$ 是极大或者最大元素。

（c）$\phi\vee\psi$ 是 ϕ 和 ψ 并集或最小上界，$\bot$ 是极小或者最小元素。

（d）$\phi\supset\psi$ 是指数集或**伪补**（pseudo-complement），在这个意义上它是最大的 ρ，使得 $\phi\wedge\rho\leqslant\psi$（指数集 $\phi\supset\psi$ 有时也写成 ψ^{ϕ}）。

总之，这些事实表明：构造命题逻辑中的蕴含式形成了一个海廷代数（Heyting algebra）。证明：普遍的海廷代数（即具有上述结构的序）在以下意义上是可分配的

$$\phi\wedge(\psi_1\vee\psi_2)\equiv(\phi\wedge\psi_1)\vee(\phi\wedge\psi_2)$$
$$\phi\vee(\psi_1\wedge\psi_2)\equiv(\phi\vee\psi_1)\wedge(\phi\vee\psi_2)$$

其中 $\phi\equiv\psi$ 表示 $\phi\leqslant\psi$ 且 $\psi\leqslant\phi$。

12.4　对任何海廷代数，我们有 $\phi\wedge\neg\,\phi\leqslant\bot$，也就是说，否定式与被否定式是不一致的。但是 $\neg\,\phi$ 不一定是 ϕ 的补，因为 $\phi\wedge\neg\,\phi\leqslant\top$。布尔代数是海廷代数，其中否定式总是被否定式的补：对于每个 ϕ，$\top\leqslant\phi\vee\neg\,\phi$。二元布尔代数交集、并集和指数集的验证由经典的真值表给定（定义当 $(\neg\,\phi)\vee\psi$ 是布尔代数时，$\phi\supset\psi$）。可得结论：将 LEM 与构造逻辑连接是一致的，也就是说，经典逻辑是假设每个命题都是可判定的构造逻辑的一个特例。每个符合海廷代数的布尔代数都明显是可分配的。证明每个布尔代数也满足德摩根对偶定律（de Morgan duality laws）：

$$\neg\,(\phi\vee\psi)\equiv\neg\phi\wedge\neg\psi$$
$$\neg\,(\phi\wedge\psi)\equiv\neg\phi\vee\neg\psi$$

其中，第一个在任何海廷代数中都是有效的，第二个仅在布尔代数中有效。

经典逻辑

在构造逻辑中，当一个命题存在从公理和假设中推导得来的证明时，其值为真；当它有一个反驳，即从为真的假设中推导出矛盾时，其值为假。构造逻辑是一种要有确凿证据的逻辑。为了证实或否定一个命题，就需要有一个证明，要么证实这个命题本身，要么给出反驳。我们并不总能证实或否定一个命题。一个开放的问题是针对我们既没有证明也没有反驳的命题——从构造逻辑看，它既不为真也不为假。

相反，经典逻辑（我们在学校中曾学过）是一种完美的信息逻辑，其中每个命题要么为真，要么为假。可以认为经典逻辑是世界的"上帝视角"——它不存在上述开放的问题，而所有的命题非真即假。换句话说，为了断言每个命题是真还是假，经典逻辑需要弱化真的概念使之包含所有非假的命题；经典和构造这两种逻辑对假的不同解释是二者的本质区别。真假之间的对称性具有吸引力，但是要为此付出代价：在经典逻辑中，逻辑联结词的含义比构造逻辑中联结词的含义弱。

排中律 (the law of the excluded middle) 提供了一个典型的例子。在构造逻辑中，排中律并不普遍有效，如习题 12.1 所示。而在经典逻辑中，排中律是有效的，因为每个命题非真即假，并且非假等于为真。尽管如此，经典逻辑和构造逻辑是一致的，因为构造逻辑并不驳斥经典逻辑。如我们所见，构造逻辑证实了排中律肯定是不被反驳的（它的双重否定在构造逻辑中是正确的）。所以，构造逻辑比经典逻辑更强（即更具表达力），因为构造逻辑能表达更多的差异（即肯定性和不可反驳性之间的差异），并且它和经典逻辑在双重否定上是一致的。

构造逻辑中的证明具有可计算内容：它们可以当作程序被执行，其行为由其类型来描述。经典逻辑中的证明也有可计算内容，但是相对于构造逻辑中的要弱。经典逻辑中的证明是给出命题不能被反驳的一个计算，而不是正面给出证实该命题的计算。从计算上讲，反驳是由延续 (continuation) 或控制栈构成，该延续或控制栈接收一个命题的证明并从中推导出矛盾。因此，经典逻辑中一个命题的证明是，在给定该命题的反驳下能从中导出矛盾的计算，由此证明了命题的不可反驳性。从这个意义上说，排中律是有证据的，正是因为它是不可反驳的。

13.1 经典逻辑

在构造逻辑中，联结词是通过给出它的引入和消去规则来定义的。在经典逻辑中，联结词则通过给出它为真和为假的条件来定义。它的永真式规则与引入规则对应，而永假式规则与消去规则对应。真假之间的对称性是由间接证明法来表达的。为了证明 ϕ true，只需要证明 ϕ false 蕴含一个矛盾；相反地，为了证明 ϕ false，只要证明 ϕ true 能导出矛盾。尽管第二个在构造逻辑中是有效的，但第一个从根本上来说是经典的，表达了间接证明法。

13.1.1 可证性和可反驳性

在经典逻辑中，有 3 种基本的判断形式：

1. ϕ true 表示命题 ϕ 是可证明的。

2. ϕ false 表示命题 ϕ 是可反驳的。

3. # 表示得到一个矛盾。

这些被扩充到假言判断，其中我们允许可证性假设和可反驳性假设：

$$\phi_1 \text{ false},\cdots,\phi_m \text{ false } \psi_1 \text{ true},\cdots,\psi_n \text{ true} \vdash J$$

假言判断中的假设被分为两部分：一部分为假假设，记为 Δ；另一部分是真假设，记为 Γ。

经典逻辑的规则是围绕真假之间的对称性组织的，而这种对称性由矛盾判断来调和。

假言判断是自反的：

$$\overline{\Delta, \phi \text{ false } \Gamma \vdash \phi \text{ false}} \tag{13.1a}$$

$$\overline{\Delta\ \Gamma, \phi \text{ true} \vdash \phi \text{ true}} \tag{13.1b}$$

其余规则规定了弱化、收缩和传递性等结构特性是可纳的（可容许的）。

当一个命题被同时判断为真和假时，矛盾就出现了。如果一个命题为假是荒谬的，则它为真；若一个命题为真是荒谬的，则它为假。

$$\frac{\Delta\ \Gamma \vdash \phi \text{ false} \quad \Delta\ \Gamma \vdash \phi \text{ true}}{\Delta\ \Gamma \vdash \#} \tag{13.1c}$$

$$\frac{\Delta, \phi \text{ false } \Gamma \vdash \#}{\Delta\ \Gamma \vdash \phi \text{ true}} \tag{13.1d}$$

$$\frac{\Delta\ \Gamma, \phi \text{ true} \vdash \#}{\Delta\ \Gamma \vdash \phi \text{ false}} \tag{13.1e}$$

永真式是平凡为真的，且不容反驳。

$$\overline{\Delta\ \Gamma \vdash \top \text{ true}} \tag{13.1f}$$

合取式在其两个合取子式同时为真时为真，在其中一个合取子式为假时则为假。

$$\frac{\Delta\ \Gamma \vdash \phi_1 \text{ true} \quad \Delta\ \Gamma \vdash \phi_2 \text{ true}}{\Delta\ \Gamma \vdash \phi_1 \wedge \phi_2 \text{ true}} \tag{13.1g}$$

$$\frac{\Delta\ \Gamma \vdash \phi_1 \text{ false}}{\Delta\ \Gamma \vdash \phi_1 \wedge \phi_2 \text{ false}} \tag{13.1h}$$

$$\frac{\Delta\ \Gamma \vdash \phi_2 \text{ false}}{\Delta\ \Gamma \vdash \phi_1 \wedge \phi_2 \text{ false}} \tag{13.1i}$$

永假式是平凡为假的，且不能被证明。

$$\overline{\Delta\ \Gamma \vdash \bot \text{ false}} \tag{13.1j}$$

析取式在其两个析取子式中任一个为真时为真，在两个析取子式同时为假时为假。

$$\frac{\Delta\ \Gamma \vdash \phi_1 \text{ true}}{\Delta\ \Gamma \vdash \phi_1 \vee \phi_2 \text{ true}} \tag{13.1k}$$

$$\frac{\Delta\ \Gamma\vdash\phi_2\ \text{true}}{\Delta\ \Gamma\vdash\phi_1\vee\phi_2\ \text{true}}\tag{13.1l}$$

$$\frac{\Delta\ \Gamma\vdash\phi_1\ \text{false}\quad\Delta\ \Gamma\vdash\phi_2\ \text{false}}{\Delta\ \Gamma\vdash\phi_1\vee\phi_2\ \text{false}}\tag{13.1m}$$

否定式将每个判断的含义反转:

$$\frac{\Delta\ \Gamma\vdash\phi\ \text{false}}{\Delta\ \Gamma\vdash\neg\,\phi\ \text{true}}\tag{13.1n}$$

$$\frac{\Delta\ \Gamma\vdash\phi\ \text{true}}{\Delta\ \Gamma\vdash\neg\,\phi\ \text{false}}\tag{13.1o}$$

如果一个蕴含式的假设为真时,其结论为真,则该蕴含式为真;如果其结论为假但其假设为真时,该蕴含式为假。

$$\frac{\Delta\ \Gamma,\phi_1\ \text{true}\vdash\phi_2\ \text{true}}{\Delta\ \Gamma\vdash\phi_1\supset\phi_2\ \text{true}}\tag{13.1p}$$

$$\frac{\Delta\ \Gamma\vdash\phi_1\ \text{true}\quad\Delta\ \Gamma\vdash\phi_2\ \text{false}}{\Delta\ \Gamma\vdash\phi_1\supset\phi_2\ \text{false}}\tag{13.1q}$$

13.1.2　证明和反驳

为了解释经典逻辑证明的动态语义,首先介绍证明和反驳的显式语法。使用显式推导定义经典逻辑的 3 种假言判断:

1. $\Delta\ \Gamma\vdash p:\phi$ 表示 p 是 ϕ 的一个证明。

2. $\Delta\ \Gamma\vdash k\div\phi$ 表示 k 是 ϕ 的一个反驳。

3. $\Delta\ \Gamma\vdash k\,\#\,p$ 表示 k 和 p 是矛盾的。

假的假设 Δ 由以下形式给出

$$u_1\div\phi_1,\cdots,u_m\div\phi_m$$

其中 $m\geqslant 0$,变量 $u_1,\cdots,u_m$ 代表反驳。真的假设 Γ 由以下形式给出

$$x_1:\psi_1,\cdots,x_n:\psi_n$$

其中 $n\geqslant 0$,变量 $x_1,\cdots,x_n$ 代表证明。

证明和反驳的语法由以下文法给出:

Prf	p	::=	true-T	$\langle\rangle$	永真式 / 真值
			and-T$(p_1;p_2)$	$\langle p_1,p_2\rangle$	合取式
			or-T[l](p)	$l\cdot p$	左析取式
			or-T[r](p)	$r\cdot p$	右析取式
			not-T(k)	$\text{not}(k)$	否定式
			imp-T$(x.p)$	$\lambda(x)\,p$	蕴含式
			ccr$(u.(k\,\#\,p))$	ccr$(u.(k\,\#\,p))$	矛盾
Ref	k	::=	false-F	abort	永假式 / 假值
			and-F[l](k)	fst; k	左合取式

and-F[r](k)	snd; k	右合取式
or-F(k_1; k_2)	case(k_1; k_2)	析取式
not-F(p)	not(p)	否定式
imp-F(p; k)	ap(p); k	蕴含式
ccp($x.(k \# p)$)	ccp($x.(k \# p)$)	矛盾

证明作为真值判断的证据，反驳作为假值判断的证据。证明和反驳同时出现就是矛盾。

当一个命题既为真也为假时，矛盾就出现了：

$$\frac{\Delta\,\Gamma \vdash k \div \phi \qquad \Delta\,\Gamma \vdash p : \phi}{\Delta\,\Gamma \vdash k \# p} \tag{13.2a}$$

真假是依据矛盾对称定义的：

$$\frac{\Delta, u \div \phi\,\Gamma \vdash k \# p}{\Delta\,\Gamma \vdash \mathrm{ccr}\,(u.(k \# p)) : \phi} \tag{13.2b}$$

$$\frac{\Delta\,\Gamma, x : \phi \vdash k \# p}{\Delta\,\Gamma \vdash \mathrm{ccp}\,(x.(k \# p)) \div \phi} \tag{13.2c}$$

自反性对应于变量假设的使用：

$$\overline{\Delta, u \div \phi\,\Gamma \vdash u \div \phi} \tag{13.2d}$$

$$\overline{\Delta\,\Gamma, x : \phi \vdash x : \phi} \tag{13.2e}$$

其他结构性质也是可容许的。

永真式平凡为真，且不容反驳。

$$\overline{\Delta\,\Gamma \vdash \langle\,\rangle : \top} \tag{13.2f}$$

若合取式的两个子式同时为真，则该合取式为真；若其任一子式为假，则该合取式为假。

$$\frac{\Delta\,\Gamma \vdash p_1 : \phi_1 \qquad \Delta\,\Gamma \vdash p_2 : \phi_2}{\Delta\,\Gamma \vdash \langle p_1, p_2 \rangle :\ \phi_1 \wedge \phi_2} \tag{13.2g}$$

$$\frac{\Delta\,\Gamma \vdash k_1 \div \phi_1}{\Delta\,\Gamma \vdash \mathrm{fst}\,;\,k_1 \div \phi_1 \wedge \phi_2} \tag{13.2h}$$

$$\frac{\Delta\,\Gamma \vdash k_2 \div \phi_2}{\Delta\,\Gamma \vdash \mathrm{snd}\,;\,k_2 \div \phi_1 \wedge \phi_2} \tag{13.2i}$$

永假式是平凡为假的，且不能被证明。

$$\overline{\Delta\,\Gamma \vdash \mathrm{abort} \div \bot} \tag{13.2j}$$

若析取式的任一子式为真时，则该析取式为真；若两个子式同时为假，则该析取式为假。

$$\frac{\Delta\,\Gamma \vdash p_1 : \phi_1}{\Delta\,\Gamma \vdash 1 \cdot p_1 : \phi_1 \vee \phi_2} \tag{13.2k}$$

$$\frac{\Delta\,\Gamma\vdash p_2 : \phi_2}{\Delta\,\Gamma\vdash r\cdot p_2 : \phi_1\vee\phi_2}\qquad(13.2l)$$

$$\frac{\Delta\,\Gamma\vdash k_1\div\phi_1\quad\Delta\,\Gamma\vdash k_2\div\phi_2}{\Delta\,\Gamma\vdash \mathrm{case}\,(k_1;k_2)\div\phi_1\vee\phi_2}\qquad(13.2m)$$

否定式将每个判断的含义反转：

$$\frac{\Delta\,\Gamma\vdash k\div\phi}{\Delta\,\Gamma\vdash \mathrm{not}\,(k):\neg\phi}\qquad(13.2n)$$

$$\frac{\Delta\,\Gamma\vdash p:\phi}{\Delta\,\Gamma\vdash \mathrm{not}\,(p)\div\neg\phi}\qquad(13.2o)$$

如果一个蕴含式的假设为真时，其结论为真，则该蕴含式为真；如果其结论为假但其假设为真时，则该蕴含式为假。

$$\frac{\Delta\,\Gamma,x:\phi_1\vdash p_2:\phi_2}{\Delta\,\Gamma\vdash \lambda(x)\,p_2:\phi_1\supset\phi_2}\qquad(13.2p)$$

$$\frac{\Delta\,\Gamma\vdash p_1:\phi_1\quad\Delta\,\Gamma\vdash k_2\div\phi_2}{\Delta\,\Gamma\vdash \mathrm{ap}(p_1);k_2\div\phi_1\supset\phi_2}\qquad(13.2q)$$

13.2　推导消去形式

在经典逻辑中，实现真假之间对称性的代价是经常必须依靠间接证明法：为了证明一个命题为真，必须在假设该命题为假的前提下推出矛盾。例如，下述证明：

$$(\phi\wedge(\psi\wedge\theta))\supset(\theta\wedge\phi)$$

在经典逻辑中有如下形式：

$$\lambda\,(w)\,\mathrm{ccr}\,(u.(k\,\#\,w))$$

其中 k 是反驳

$$\mathrm{fst};\mathrm{ccp}(x.(\mathrm{snd};\mathrm{ccp}(y.(\mathrm{snd};\mathrm{ccp}(z.(u\,\#\,\langle z,x\rangle))\,\#\,y))\,\#\,w))$$

然而在构造逻辑中，该命题具有一个直接证明，可以避免通过矛盾来迂回证明：

$$\lambda(w)\langle w\cdot r\cdot r,w\cdot 1\rangle$$

但是这个证明不能照搬原样到经典逻辑，因为经典逻辑缺少构造逻辑的消去形式。

不过，我们可以通过推导构造逻辑的消去规则，将间接证明的使用打包成一个更合适的形式。例如，规则

$$\frac{\Delta\,\Gamma\vdash \phi\wedge\psi\ \mathrm{true}}{\Delta\,\Gamma\vdash \phi\ \mathrm{true}}$$

在经典逻辑中是可推导的：

$$\frac{\overline{\Delta,\phi\text{ false }\Gamma\vdash\phi\text{ false}}}{\Delta,\phi\text{ false }\Gamma\vdash\phi\wedge\psi\text{ false}}\quad\frac{\Delta\ \Gamma\vdash\phi\wedge\psi\text{ true}}{\Delta,\phi\text{ false }\Gamma\vdash\phi\wedge\psi\text{ true}}$$
$$\frac{\Delta,\phi\text{ false }\Gamma\vdash\#}{\Delta\ \Gamma\vdash\phi\text{ true}}$$

其他消去形式也是类似可推导的，在每种情况下都依靠间接证明，从命题为假的假设推导矛盾，来构建命题为真的一个证明。

构造逻辑的消去形式的推导最容易使用如下的证明和反驳表达式来表示：

$$\text{abort}\,(\,p)=\text{ccr}(u.(\text{abort}\,\#\,p))$$
$$p\cdot\text{l}=\text{ccr}(u.(\text{fst};\,u\,\#\,p))$$
$$p\cdot\text{r}=\text{ccr}(u.(\text{snd};\,u\,\#\,p))$$
$$p_1(\,p_2)=\text{ccr}(u.(\text{ap}(\,p_2)\,;\,u\,\#\,p_1))$$
$$\text{case }p_1\{\text{l}\cdot x\hookrightarrow p_2\mid\text{r}\cdot y\hookrightarrow p\}=\text{ccr}(u.(\text{case}(\text{ccp}(x.(u\,\#\,p_2))\,;\,\text{ccp}(\,y.(u\,\#\,p)))\,\#\,p_1))$$

预期的消去规则对这些定义是有效的。例如，规则

$$\frac{\Delta\ \Gamma\vdash p_1:\phi\supset\psi\quad\Delta\ \Gamma\vdash p_2:\phi}{\Delta\ \Gamma\vdash p_1(\,p_2):\psi}\tag{13.3}$$

使用上述 $p_1(\,p_2)$ 的定义是可推导的。通过抑制证明项，可以得到相应的可证明规则

$$\frac{\Delta\ \Gamma\vdash\phi\supset\psi\text{ true}\quad\Delta\ \Gamma\vdash\phi\text{ true}}{\Delta\ \Gamma\vdash\psi\text{ true}}\tag{13.4}$$

13.3　证明的动态语义

经典逻辑的动态语义来自命题的证明和反驳之间的矛盾的简化。为了明确这一点，我们将定义一个转换系统，它的状态是由同一个命题的证明 p 和反驳 k 构成的矛盾 $k\,\#\,p$。计算步骤是由基于 p 和 k 形式的矛盾状态的简化版本构成。

联结词的永真式和永假式规则定义如下：

$$\text{fst}\,;\,k\,\#\,\langle\,p_1,p_2\,\rangle\mapsto k\,\#\,p_1\tag{13.5a}$$

$$\text{snd}\,;\,k\,\#\,\langle\,p_1,p_2\,\rangle\mapsto k\,\#\,p_2\tag{13.5b}$$

$$\text{case}(k_1\,;\,k_2)\,\#\,\text{l}\cdot p_1\mapsto k_1\,\#\,p_1\tag{13.5c}$$

$$\text{case}(k_1\,;\,k_2)\,\#\,\text{r}\cdot p_2\mapsto k_2\,\#\,p_2\tag{13.5d}$$

$$\text{not}(\,p)\,\#\,\text{not}(k)\mapsto k\,\#\,p\tag{13.5e}$$

$$\text{ap}(\,p_1)\,;\,k\,\#\,\lambda\,(x)\,p_2\mapsto k\,\#\,[\,p_1/x]\,p_2\tag{13.5f}$$

间接证明的规则会导致如下转换：

$$\text{ccp}(x.(k_1\,\#\,p_1))\,\#\,p_2\mapsto[\,p_2/x]k_1\,\#\,[\,p_2/x]\,p_1\tag{13.5g}$$

$$k_1\,\#\,\text{ccr}(u.(k_2\,\#\,p_2))\mapsto[k_1/u]k_2\,\#\,[k_1/u]\,p_2\tag{13.5h}$$

其中第一条通过与假设 ϕ 为真相矛盾来定义 ϕ 的反驳的行为。这种反驳是由 ϕ 的一个证明来

激活的，然后代替在新的状态下的假设。因此，"ccp"代表"call with current proof"（用当前的证明来调用）。第二条转换规则是从与假设 ϕ 为假相矛盾来定义 ϕ 的证明的行为。这样的证明是通过 ϕ 的反驳来激活的，然后代替新状态下的假设。因此，"ccr"代表"call with current refutation"（用当前的反驳来调用）。

规则（13.5g）到（13.5h）是重叠的，因为对如下形式的状态而言

$$ccp(x.(k_1 \# p_1)) \# ccr(u.(k_2 \# p_2))$$

有两种转换：其一是状态 $[p/x] k_1 \# [p/x] p_1$，其中 p 是 $ccr(u.(k_2 \# p_2))$；其二是状态 $[k/u] k_2 \# [k/u] p_2$，其中 k 是 $ccp(x.(k_1 \# p_1))$。经典逻辑的动态语义是不确定的。为了避免这种情况，可以在这两种情况之间施加优先级排序，当存在选择时，优先选择某种转换。首选第一种对应于证明的惰性动态语义，因为我们将未经计算的证明 p 传递到左边的反驳中，从而激活它。首选第二种对应于证明的急切动态语义，其中我们将未经计算的反驳 k 传递到证明中，从而激活它。

经典逻辑中的所有证明都是通过与假设它为假相矛盾来进行的。对经典逻辑的机器来说，计算的初态和终态如下：

$$\frac{}{\mathrm{halt}_\phi \# p \text{ initial}} \tag{13.6a}$$

$$\frac{p \text{ canonical}}{\mathrm{halt}_\phi \# p \text{ final}} \tag{13.6b}$$

其中 p 是 ϕ 的一个证明，halt_ϕ 是 ϕ 的一个假设反驳。判断 p canonical 表示 p 是一个规范证明，它包含间接证明以外的任何证明。执行过程包含在定理为假的假设条件下，将一般证明推向规范证明。

定理 13.1（保持性） 若 $k \div \phi$，$p : \phi$，且 $k \# p \mapsto k' \# p'$，则存在 ϕ'，使 $k' \div \phi'$ 且 $p' : \phi'$。

证明　对经典逻辑的动态语义进行规则归纳，即可证明。　□

定理 13.2（进展性） 若 $k \div \phi$ 且 $p : \phi$，则 $k \# p$ final，或 $k \# p \mapsto k' \# p'$。

证明　对经典逻辑的静态语义进行规则归纳，即可证明。　□

13.4　排中律

经典逻辑中的排中律是可推导的：

$$\frac{\dfrac{}{\phi \vee \neg\phi \text{ false}, \phi \text{ true} \vdash \phi \text{ true}}}{\phi \vee \neg\phi \text{ false}, \phi \text{ true} \vdash \phi \vee \neg\phi \text{ true}} \quad \frac{}{\phi \vee \neg\phi \text{ false}, \phi \text{ true} \vdash \phi \vee \neg\phi \text{ false}}$$

$$\frac{\phi \vee \neg\phi \text{ false}, \phi \text{ true} \vdash \#}{\phi \vee \neg\phi \text{ false} \vdash \phi \text{ false}}$$

$$\frac{\phi \vee \neg\phi \text{ false} \vdash \neg\phi \text{ true}}{\phi \vee \neg\phi \text{ false} \vdash \phi \vee \neg \phi \text{ true}} \quad \frac{}{\phi \vee \neg\phi \text{ false} \vdash \phi \vee \neg \phi \text{ false}}$$

$$\frac{\phi \vee \neg\phi \text{ false} \vdash \#}{\phi \vee \neg\phi \text{ true}}$$

当使用明确的证明和反驳编写时，我们可以得到证明项 $p_0 : \phi \vee \neg \phi$：

$$\mathrm{ccr}(u.(u \# r \cdot \mathrm{not}(\mathrm{ccp}(x.(u \# 1 \cdot x)))))$$

为了理解这个证明的计算含义，我们将它和反驳 $k \div \phi \lor \neg \phi$ 并置，并使用 13.3 节给出的动态语义来简化它。第一步是转换

$$k \# \mathrm{ccr}(u.(u \# r \cdot \mathrm{not}(\mathrm{ccp}(x.(u \# 1 \cdot x)))))$$
$$\mapsto$$
$$k \# r \cdot \mathrm{not}(\mathrm{ccp}(x.(k \# 1 \cdot x)))$$

其中，可以复制 k，使之在结果状态中出现两次。根据反驳 k 的类型，其必有形式 $\mathrm{case}(k_1; k_2)$，其中 $k_1 \div \phi$ 且 $k_2 \div \neg \phi$。继续归约，可以得到：

$$\mathrm{case}(k_1; k_2) \# r \cdot \mathrm{not}(\mathrm{ccp}(x.(\mathrm{case}(k_1; k_2) \# 1 \cdot x)))$$
$$\mapsto$$
$$k_2 \# \mathrm{not}(\mathrm{ccp}(x.(\mathrm{case}(k_1; k_2) \# 1 \cdot x)))$$

根据 k_2 的类型，其必有形式 $\mathrm{not}(p_2)$，其中 $p_2 : \phi$，因此转换过程如下：

$$\mathrm{not}(p_2) \# \mathrm{not}(\mathrm{ccp}(x.(\mathrm{case}(k_1; k_2) \# 1 \cdot x)))$$
$$\mapsto$$
$$\mathrm{ccp}(x.(\mathrm{case}(k_1; k_2) \# 1 \cdot x)) \# p_2$$

观察到 p_2 是 ϕ 的一个有效证明。继续可得：

$$\mathrm{ccp}(x.(\mathrm{case}(k_1; k_2) \# 1 \cdot x)) \# p_2$$
$$\mapsto$$
$$\mathrm{case}(k_1; k_2) \# 1 \cdot p_2$$
$$\mapsto$$
$$k_1 \# p_2$$

这两步中的第一步是问题的关键：反驳，$k = \mathrm{case}(k_1; k_2)$，它在推导开始时就被复制，但是以不同的参数被复用。在第一处使用中，由使用排中律的上下文提供反驳 k，它表现为 $\phi \lor \neg \phi$ 的证明 $r \cdot p_1$。也就是说，这个证明的行为就好像排中律的右析取式为真，即 ϕ 为假。如果上下文使它检查了该证明，则只能通过提供 ϕ 的证明 p_2 来反驳 ϕ 为假的声明。如果发生这种情况，排中律的证明"回溯"上下文，替换证明 $1 \cdot p_2$ 为 k，然后将 p_2 传递给 k_1 而不做其他处理。不管 ϕ 的形式如何，排中律的证明都大胆断言 $\neg \phi$ true。然后，如果提供 ϕ 的证明的上下文陷入谬误，它会"改变主意"，并最终断言 ϕ 为最初的上下文 k。由于上下文本身已经提供 ϕ 的一个证明 p_2，因此不会再有反转的可能性了。

排中律阐述了经典证明是证明和反驳之间的相互作用，也就是说，一个证明和使用它的上下文之间的相互作用。用编程术语来说，它对应于一个具有显式控制栈或续延的抽象机，代表一个表达式的求值环境。该表达式也可能访问上下文（栈、续延）来回溯，以便保持真假之间的完美对称。惩罚是指析取式的封闭证明不再需要展示它所证明的是哪个析取式，正如我们刚刚见过的，经过进一步检查，它可能会"改变主意"。

13.5　双重否定翻译

构造逻辑更具表达力的一个结果是，经典证明可以被系统地翻译成一个经典等价命题的

构造证明。因此，通过系统地重组经典证明，我们可以不改变其在经典逻辑中的含义，而将其转变成一个在构造逻辑中更弱的命题的构造证明。因此，坚持构造证明不会有任何损失，因为每个经典证明都是一个在构造逻辑中更弱但经典等价的命题的构造证明。而且，它还证明了经典逻辑弱于构造逻辑（表达力更弱），这相反于下面的朴素的解释：由经典逻辑提供的附加推理原理，如排中律，能使表达力更强。在编程语言术语中，加入一个"特征"并不一定会增强你的语言（即提高表达能力）；相反，可能会更弱。

我们将根据如下的对应关系，定义命题的翻译 ϕ^*，使之将经典逻辑解释为构造逻辑：

经典逻辑	构造逻辑	
$\Delta\,\Gamma \vdash \phi$ true	$\neg\,\Delta^*\,\Gamma^* \vdash \neg\neg\,\phi^*$ true	永真式 / 真值
$\Delta\,\Gamma \vdash \phi$ false	$\neg\,\Delta^*\,\Gamma^* \vdash \neg\,\phi^*$ true	永假式 / 假值
$\Delta\,\Gamma \vdash \#$	$\neg\,\Delta^*\,\Gamma^* \vdash \bot$ true	矛盾

经典逻辑的永真式被弱化为构造逻辑的不可反驳性，但是经典逻辑的永假式在构造逻辑中是可反驳的，并且经典逻辑的矛盾是构造逻辑的永假式。假的假设在翻译后被否定以表达其为假，真的假设只是按原样翻译。因为双重否定在经典逻辑中是可以取消的，翻译将简单得到一个经典等价的命题。但是因为 $\neg\neg\,\phi$ 在构造逻辑中弱于 ϕ，所以经典逻辑中的一个证明也被翻译成一个更弱陈述的构造证明。

翻译有许多选择。这里是一种使经典逻辑和构造逻辑之间的对应关系的证明非常简单的翻译方法：

$$\top^* = \top$$
$$(\phi_1 \wedge \phi_2)^* = \phi_1^* \wedge \phi_2^*$$
$$\bot^* = \bot$$
$$(\phi_1 \vee \phi_2)^* = \phi_1^* \vee \phi_2^*$$
$$(\phi_1 \supset \phi_2)^* = \phi_1^* \supset \neg\neg\,\phi_2^*$$
$$(\neg\,\phi)^* = \neg\,\phi^*$$

可通过对经典逻辑的规则进行归纳，运用构造逻辑中的有效蕴含来证明上述的对应关系：

$$\neg\neg\,\phi\ \text{true}\ \neg\neg\,\psi\ \text{true} \vdash \neg\neg\,(\phi \wedge \psi)\ \text{true}$$

13.6 注记

经典逻辑的计算解释最早是由 Griffin（1990）和 Murthy（1991）探索的。现在的解释受 Wadler（2003）影响，由 Nanevski 将其从相继式演算转变为使用多种形式的判断的自然演绎。术语是受 Lakatos（1976）的启发，他对数学猜想的证明和反驳的发现进行了深刻而有启发性的分析。双重否定翻译的版本最初是由 Gödel 和 Gentzen 给出的。双重否定翻译的计算内容由 Murthy（1991）首次阐明，他建立了与延续传递 (continuation passing) 之间的重要关系。

习题

13.1   若延续类型表示否定，则在"命题即类型"解释下对习题 30.2 中所展示的类型进行解释，看起来很像如下命题：

    （a）$\phi \vee \neg \phi$

    （b）$(\neg \neg \phi) \supset \phi$

    （c）$(\neg \phi_2 \supset \neg \phi_1) \supset (\phi_1 \supset \phi_2)$

    （d）$\neg(\phi_1 \vee \phi_2) \supset (\neg \phi_1 \wedge \neg \phi_2)$

通常，这些命题在构造逻辑中都不为真。请证明这些命题在经典逻辑中都为真，并列出每个命题的证明过程。（第一个已经在 13.4 节中证明过了，你只需要证明其余三个）比较每个命题的证明项和你在习题 30.2 的解中提供的相应类型。

13.2   完成 13.5 节中描述的双重否定翻译的证明，给出清晰的证明过程。由于 $(\phi \vee \neg \phi)^* = \phi^* \vee \neg \phi^*$，在 13.4 节应用于 LEM（对 ϕ）的证明的双重否定翻译可以得到构造逻辑中 LEM（对 ϕ^*）的双重否定的证明。翻译后的证明相比于你在习题 12.1 中手工推导的证明有何不同？

无限数据类型

泛型编程

14.1 引言

许多程序是某一种模式在特定情况下的实例。有时，类型通过一种称为泛型编程的技术来确定这种模式。例如，在第 9 章中，自然数的递归是通过特设的方式引入的。接下来我们会看到，这种在归纳类型的值上进行递归的模式被表示为泛型程序。

为了了解这个概念，考虑一个类型是 $\rho \to \rho'$ 的函数 f，它将一个类型为 ρ 的值转换到类型为 ρ' 的值。例如，f 可以是自然数的加倍函数。我们把 f 应用到输入中的各个位置，让输入中类型为 ρ 的值获得类型为 ρ' 的值，而不改变其余部分；这样扩展后 f 就转换成类型为 $[\rho/t]\tau \to [\rho'/t]\tau$ 的函数。比如 τ 可能是 bool $\times t$，这种情况下，f 可以被扩展为类型是 bool $\times \rho \to$ bool $\times \rho'$ 的函数，这个函数将有序对 $\langle a, b \rangle$ 转换成 $\langle a, f(b) \rangle$。

前面的例子掩盖了代换的多对一特性所引起的一种歧义。根据 t 在 τ 中出现次数的多样性，一个类型可以以多种方式来满足 $[\rho/t]\tau$ 形式。给定一个如上的 f，我们并不清楚如何让它扩展成类型是 $[\rho/t]\tau \to [\rho'/t]\tau$ 的函数。为了解决这种歧义，我们必须给出一个模板，该模板标记了 τ 中 f 要作用的 t 的位置。这样的模板称为**类型算子** (type operator) $t.\tau$，这也是一个在类型 τ 中绑定了类型变量 t 的抽象子。有了这样的抽象子，我们就能无歧义地将 f 扩展到通过代换 τ 中的 t 而给出的 τ 的实例。

泛型编程的能力取决于它所允许使用的类型算子。最简单的情况是从类型的和与积（包括它们的空元形式）构造得到的多项式类型算子。这些类型算子可以扩展到正类型算子，以允许某些形式的函数类型。

14.2 多项式类型算子

一个**类型算子**是一个具有指定变量的类型，这个变量出现的位置标记了类型中哪些地方需要被施加变换。类型算子是一个满足 t type $\vdash \tau$ type 的抽象子 $t.\tau$。类型算子的一个例子是如下抽象子

$$t.\text{unit} + (\text{bool} \times t)$$

其中，t 的位置标记了何处需要施加变换。通过把类型 τ 中的变量 t 代换成类型 ρ 来得到类型算子 $t.\tau$ 的实例。

多项式类型算子 (polynomial type operator) 是由类型变量 t、类型 void、类型 unit、和类型构造子（也称类型构造器）$\tau_1 + \tau_2$ 与积类型构造子 $\tau_1 \times \tau_2$ 构造的。更确切地说，判断 $t.\tau$ poly 由下述规则归纳定义：

$$\frac{}{t.t \text{ poly}} \tag{14.1a}$$

$$\overline{t.\text{unit poly}} \tag{14.1b}$$

$$\frac{t.\tau_1 \text{ poly} \quad t.\tau_2 \text{ poly}}{t.\tau_1 \times \tau_2 \text{ poly}} \tag{14.1c}$$

$$\overline{t.\text{void poly}} \tag{14.1d}$$

$$\frac{t.\tau_1 \text{ poly} \quad t.\tau_2 \text{ poly}}{t.\tau_1 + \tau_2 \text{ poly}} \tag{14.1e}$$

习题 14.1 要求证明多项式类型算子在代换下是封闭的。

多项式类型算子是描述数据结构的结构的模板，模板中有着用于特定类型的值的槽位。例如，类型算子 $t.t \times (\text{nat} + t)$ 表示，任取类型 ρ 得到类型 $\rho \times (\text{nat} + \rho)$。因此，多项式类型算子指出具有通用类型的数据结构中的兴趣点。我们接下来将看到，这个特性允许我们指定一个程序，该程序将一个给定的函数应用到复合数据结构中的所有兴趣点上，得到一个含有在这些点应用后得到的新的复合结构。因为代换不是单射的，所以不能从类型算子的实例中恢复原来的类型算子。例如，若 ρ 是 nat，上面的类型算子的实例就变成 $\text{nat} \times (\text{nat} + \text{nat})$。我们无从得知哪个 nat 是指定的兴趣点，除非已知类型算子的模式。

多项式类型算子的**泛型扩展** (generic extension) 是有如下语法的表达式：

$$\text{Exp } e ::= \text{map}\{t.\tau\}(x.e')(e) \qquad \text{map}\{t.\tau\}(x.e')(e) \qquad \text{泛型扩展}$$

它的静态语义如下：

$$\frac{t \cdot \tau \text{ poly} \quad \Gamma, x : \rho \vdash e' : \rho' \quad \Gamma \vdash e : [\rho/t]\tau}{\Gamma \vdash \text{map}\{t.\tau\}(x.e')(e) : [\rho'/t]\tau} \tag{14.2}$$

抽象子 $x.e'$ 指定了一个从 $x : \rho$ 到 $e' : \rho'$ 的映射。$t.\tau$ 按 $x.e'$ 的泛型扩展指定了一个从 $[\rho/t]\tau$ 到 $[\rho'/t]\tau$ 的映射。后一个映射把 τ 中 t 的各个出现位置上类型为 ρ 的值 v 代换成类型为 ρ' 的值 $[v/x]e'$。类型算子 $t.\tau$ 是一个标记 t 的出现位置的模板，它指明哪里需要将变换 $x.e'$ 应用到类型 $[\rho/t]\tau$ 的值上，以得到类型为 $[\rho'/t]\tau$ 的值。

下面的动态语义给出了多项式类型算子的泛型扩展的精确定义：

$$\overline{\text{map}\{t.t\}(x.e')(e) \mapsto [e/x]e'} \tag{14.3a}$$

$$\overline{\text{map}\{t.\text{unit}\}(x.e')(e) \mapsto e} \tag{14.3b}$$

$$\frac{}{\begin{array}{c}\text{map}\{t.\tau_1 \times \tau_2\}(x.e')(e) \\ \mapsto \\ \langle \text{map}\{t.\tau_1\}(x.e')(e \cdot \text{l}), \text{map}\{t.\tau_2\}(x.e')(e \cdot \text{r}) \rangle\end{array}} \tag{14.3c}$$

$$\overline{\text{map}\{t.\text{void}\}(x.e')(e) \mapsto \text{case}\{e\}} \tag{14.3d}$$

$$\frac{}{\begin{array}{c}\text{map}\{t.\tau_1 + \tau_2\}(x.e')(e) \\ \mapsto \\ \text{case } e\{\text{l} \cdot x_1 \hookrightarrow \text{l} \cdot \text{map}\{t.\tau_1\}(x.e')(x_1) \mid \text{r} \cdot x_2 \hookrightarrow \text{r} \cdot \text{map}\{t.\tau_2\}(x.e')(x_2)\}\end{array}} \tag{14.3e}$$

由于算子 $t.t$ 指明直接要执行的变换，规则 (14.3a) 将变换 $x.e'$ 应用到 e 上。规则 (14.3b) 说明空元组会变成它自身。规则 (14.3c) 说明，根据算子 $t.\tau_1 \times \tau_2$，对 e 的变换会按照 $t.\tau_1$、$t.\tau_2$ 的顺序先后作用在 e 的第一个和第二个分量上。规则 (14.3d) 说明，类型 void 的值的变换会中止，因为不存在这样的值。规则 (14.3e) 说明，要根据算子 $t.\tau_1 + \tau_2$ 对 e 进行变换，需要对注入值按照 $t.\tau_1$ 或 $t.\tau_2$ 转换后的 e 进行情况分析再重构值。

考虑由 $t.\mathrm{unit} + (\mathrm{bool} \times t)$ 定义的类型算子 $t.\tau$。令 $x.e$ 为求自然数后继的抽象子 $x.\mathrm{s}(x)$。运用规则 (14.3)，可以推导出

$$\mathrm{map}\{t.\tau\}(x.e)(\mathrm{r} \cdot \langle \mathrm{true}, n \rangle) \longmapsto^* \mathrm{r} \cdot \langle \mathrm{true}, n+1 \rangle$$

因为类型变量 t 出现在类型算子 $t.\tau$ 中，所以输入值的第二个分量的自然数是递增的。

> **定理 14.1（保持性，preservation）**   如果 $\mathrm{map}\{t.\tau\}(x.e')(e):\tau'$ 且 $\mathrm{map}\{t.\tau\}(x.e')(e)\longmapsto e''$，那么 $e'':\tau'$。

证明   根据规则 (14.2) 的反转，我们有

1. $t\ \mathrm{type} \vdash \tau\ \mathrm{type}$
2. 存在 ρ 和 ρ'，使得 $x:\rho \vdash e':\rho'$。
3. $e:[\rho/t]\tau$
4. τ' 是 $[\rho'/t]\tau$。

接下来根据规则 (14.3) 的各种情况进行证明。例如，考虑规则 (14.3c)。由反转可得 $\mathrm{map}\{t.\tau_1\}(x.e')(e \cdot \mathrm{l}):[\rho'/t]\tau_1$ 和 $\mathrm{map}\{t.\tau_2\}(x.e')(e \cdot \mathrm{r}):[\rho'/t]\tau_2$。很容易得到

$$\langle\, \mathrm{map}\{t.\tau_1\}(x.e')(e \cdot \mathrm{l}),\ \mathrm{map}\{t.\tau_2\}(x.e')(e \cdot \mathrm{r})\,\rangle$$

的类型符合要求，即类型为 $[\rho'/t](\tau_1 \times \tau_2)$。   □

14.3   正类型算子

正类型算子 (positive type operator) 将多项式类型算子扩展为允许受限形式的函数类型。具体来说，当 t 并没有出现在 τ_1 中，并且 $t.\tau_2$ 是一个正类型算子时，$t.\tau_1 \to \tau_2$ 是一个正类型算子。通常，函数类型的定义域中类型变量 t 的任意出现称为**负出现** (negative occurrences)，函数类型的值域或者积类型或和类型中 t 的任意出现称为**正出现** (positive occurrences)⊖。正类型算子只允许类型变量 t 的正出现。与多项式类型算子一样，正类型算子在代换下也是封闭的。

判断 $t.\tau\ \mathrm{pos}$ 指出，满足下述规则的抽象子 $t.\tau$ 是正类型算子：

$$\frac{}{t.t\ \mathrm{pos}} \tag{14.4a}$$

$$\frac{}{t.\mathrm{unit}\ \mathrm{pos}} \tag{14.4b}$$

$$\frac{t.\tau_1\ \mathrm{pos} \quad t.\tau_2\ \mathrm{pos}}{t.\tau_1 \times \tau_2\ \mathrm{pos}} \tag{14.4c}$$

⊖ "正出现"这个术语的由来是，函数类型 $\tau_1 \to \tau_2$ 可类比成蕴含式 $\varphi_1 \supset \varphi_2$，它在经典逻辑中等同于 $\neg\,\varphi_1 \vee \varphi_2$，因此定义域中的出现是在否定式中。

$$\overline{t.\text{void pos}} \tag{14.4d}$$

$$\frac{t.\tau_1 \text{ pos} \quad t.\tau_2 \text{ pos}}{t.\tau_1 + \tau_2 \text{ pos}} \tag{14.4e}$$

$$\frac{\tau_1 \text{ type} \quad t.\tau_2 \text{ pos}}{t.\tau_1 \to \tau_2 \text{ pos}} \tag{14.4f}$$

在规则 (14.4f) 中，通过要求定义域在不考虑类型变量 t 时是良构的，可将 t 从函数类型的定义域中排除。

正类型算子的泛型扩展的定义与多项式类型算子相似，它在函数类型上的动态语义如下：

$$\overline{\text{map}^+\{t.\tau_1 \to \tau_2\}(x.e')(e) \mapsto \lambda(x_1:\tau_1)\ \text{map}^+\{t.\tau_2\}(x.e')(e(x_1))} \tag{14.5}$$

假定 e 的类型是 $\tau_1 \to [\rho/t]\ \tau_2$，因为 t 不允许出现在定义域类型中，所以结果类型是 $\tau_1 \to [\rho'/t]\ \tau_2$。很容易验证保持性在正类型算子的泛型扩展上也成立。

让我们思考一下，为什么把泛型扩展延伸到没有任何正极性限制的任一类型算子是错误的。考虑未对 t 作出限制的类型算子 $t.\tau_1 \to \tau_2$，并假设 $x:\rho \vdash e':\rho'$。假定 e 的类型是 $[\rho/t]\ \tau_1 \to [\rho/t]\ \tau_2$，泛型扩展 $\text{map}\{t.\tau_1 \to \tau_2\}(x.e')(e)$ 的类型是 $[\rho'/t]\ \tau_1 \to [\rho'/t]\ \tau_2$。这个扩展会产生如下形式的函数：

$$\lambda(\ x_1:[\ \rho'/t]\ \tau_1) \cdots (e(\cdots(x_1)))$$

在这个函数中，我们把 e 应用到 x_1 的转换，然后再对这个结果进行转换。这里的问题在于，虽然我们由归纳得到，$\text{map}\{t.\tau_1\}(x.e')(-)$ 能把类型为 $[\rho/t]\ \tau_1$ 的值转换成类型为 $[\rho'/t]\ \tau_1$ 的值，但是需要反向转换才能让 x_1 的类型符合 e 的参数的类型。

14.4　注记

类型算子的泛型扩展是范畴论 (MacLane, 1998) 中函子概念的一个例子。泛型编程本质上是利用多项式类型算子的函子操作的函子编程 (Hinze and Jeuring，2003)。

习题

14.1　证明：如果 $t.\tau$ poly 且 $t'.\tau'$ poly，那么 $t.[\tau/t']\ \tau'$ poly。

14.2　请说明常量类型算子的泛型扩展本质是返回每个闭值本身的恒等函数。更确切地，说明对于任意类型为 τ 的值 e，不管选择什么样的 e'，表达式

$$\text{map}\{\_.\tau\}(x.e')(e)$$

的结果始终是 e。简化起见，假设积类型与和类型采用急切动态语义，并且只考虑多项式类型算子。当我们把这个结论延伸到正类型算子时会出现什么问题？

14.3　考虑习题 10.1 和 11.3，其中数据库模式表示为由模式的属性集索引的有限积类型，具有这种模式的数据库是一个由该类型的元组组成的有限实例序列。请说明，任何将函数应用到数据库的每行中一列或多列的数据库转换可以按下面方法使用泛型编程进

行两步编程：

(a) 指定一个类型算子，其类型变量指明需要转换哪些列。为了让转换有意义，所有指定的列必须有同样的类型。

(b) 指定列类型上的转换，它将作用于数据库的每个元组以得到更新后的数据库。

(c) 用给定的变换构造类型算子的泛型扩展，然后将它应用于给定的数据库。

简化起见，考虑一个属性集为 I 的模式，I 包含了两个类型为 str 的属性 first 和 last。令 $c: \text{str} \to \text{str}$ 是一个根据某种约定将字符串大写的函数。使用泛型编程把给定数据库的每一行的 first 和 last 属性变成大写。

14.4 鉴于 t 在类型 $t \to \text{bool}$ 中是负出现，而在类型 $(t \to \text{bool}) \to \text{bool}$ 中并不仅是正出现，我们可以说 t 非负地 (non-negatively) 出现在后一个类型中。这个例子展示了 t 在函数定义域中的出现是负的，而在函数的定义域的定义域中的出现是非负的。每个正出现算作非负，但并不是每个非负出现都为正[⊖]。给出一个负和非负类型算子的联立归纳定义，根据你的定义，检查类型算子 $t.(t \to \text{bool}) \to \text{bool}$ 是非负的。

14.5 使用习题 14.4 中要求的负与非负类型算子的定义，给出非负类型算子的泛型扩展的定义。具体来说，通过在 τ 的结构上进行归纳，定义 $\text{map}^{--}\{t.\tau\}(x.e')(e)$ 和 $\text{map}^{-}\{t.\tau\}(x.e)(e')$，$\tau$ 的静态语义由下述规则给出：

$$\frac{t \cdot \tau \text{ non-neg} \quad \Gamma, x:\rho \vdash e':\rho' \quad \Gamma \vdash e:[\rho/t]\tau}{\Gamma \vdash \text{map}^{--}\{t \cdot \tau\}(x \cdot e')(e):[\rho'/t]\tau} \quad (14.6a)$$

$$\frac{t.\tau \text{ neg} \quad \Gamma, x:\rho \vdash e':\rho' \quad \Gamma \vdash e:[\rho'/t]\tau}{\Gamma \vdash \text{map}^{-}\{t.\tau\}(x.e')(e):[\rho/t]\tau} \quad (14.6b)$$

注意在这两个规则中 e 的类型与整体类型的反转。请计算类型算子 $t.(t \to \text{bool}) \to \text{bool}$ 的泛型扩展。

⊖   通常称"正"为"严格正"，称"非负"为"正"。

归纳类型与余归纳类型

归纳 (inductive) 类型与**余归纳** (coinductive) 类型是两类重要的递归类型。归纳类型对应于类型等式的最小解，也称作初始解；而余归纳类型对应于类型等式的最大解，也称作终结解。直观地说，归纳类型的元素是对其引入形式进行有限次复合得到的。因此，如果我们指定了函数在归纳类型的每种引入形式上的行为，那么就为这个类型的所有值定义了函数的行为。这样的函数称为**迭代式** (iterator)[⊖]，或**向下态射** (catamorphism)。对偶地，余归纳类型的元素能对消去形式的有限次复合做出正确的响应行为。因此，如果我们指定了元素在每种消去形式上的行为，那么也就完全指定了该类型的值。这样的元素称为**生成器** (generator，或称生成式)，或**向上态射** (anamorphism)[⊖]。

15.1 示例

关于归纳类型，最重要的一个例子就是第 9 章定义的自然数类型。类型 nat 是包含 z 且封闭于 s(–) 的最小类型。这个最小性条件可以由**迭代式** iter$\{z \hookrightarrow e_0 \mid s(x) \hookrightarrow e_1\}$ 的存在性表示。这个迭代式把自然数转换成类型为 τ 的值：给定 0 对应的值和一个从某个数对应的值到该数后继对应的值的转换。这个操作是良定义的，因为不存在其他的自然数。

为了将类型 nat 作为归纳类型的特殊情况推导，可以将 0 和后继组合为单个引入形式，并且可以相应地将迭代式的归纳基础和归纳步骤进行组合。重组后的静态语义由下述规则定义：

$$\frac{\Gamma \vdash e : \text{unit} + \text{nat}}{\Gamma \vdash \text{fold}_{\text{nat}}(e) : \text{nat}} \tag{15.1a}$$

$$\frac{\Gamma, x : \text{unit} + \tau \vdash e_1 : \tau \quad \Gamma \vdash e_2 : \text{nat}}{\Gamma \vdash \text{rec}_{\text{nat}}(x.e_1 : e_2) : \tau} \tag{15.1b}$$

表达式 $\text{fold}_{\text{nat}}(e)$ 是类型 nat 唯一的引入形式。根据这个规则，表达式 z 可以表示为 $\text{fold}_{\text{nat}}(1 \cdot \langle \ \rangle)$，s(e) 可以表示成 $\text{fold}_{\text{nat}}(r \cdot e)$。迭代式 $\text{rec}_{\text{nat}}(x.e_1; e_2)$ 以抽象子 $x.e_1$ 作为参数，该抽象子将归纳基础和归纳步骤组合成单个计算：给定一个类型为 unit + τ 的值后会产生一个类型为 τ 的值。直观地说，如果 x 被替换成值 $1 \cdot \langle \ \rangle$，那么 e_1 计算递归的最基本情况，而当

⊖ 根据作者的勘误，将"recursor"改为"iterator"。在第 9 章 Gödel 的 T 中已经阐述了 recursor 和 iterator 之间的区别，前者指递归调用会访问前驱和对前驱递归调用的结果，而后者只访问对前驱递归调用的结果。在 10.3 节中，利用积类型可以用 iterator 定义 recursor，故二者之间的区别就不那么重要了。本章讨论的递归类型的一般模式是 iterator，其中多处涉及 recursor 的地方均被修订，这里不一一指出。——译者注

⊖ catamorphism 和 anamorphism 分别对应折叠 fold 和展开 unfold，cata- 和 ana- 前缀在希腊语中分别表示"向下"和"向上"。——译者注

x 被替换成 $r \cdot e$ 时，e_1 从递归调用的结果 e 中计算归纳步骤。

自然数组合后的表示的动态语义由下列规则给出：

$$\frac{[e \; \text{val}]}{\text{fold}_{\text{nat}}(e) \; \text{val}} \tag{15.2a}$$

$$\left[\frac{e \mapsto e'}{\text{fold}_{\text{nat}}(e) \mapsto \text{fold}_{\text{nat}}(e')} \right] \tag{15.2b}$$

$$\frac{e_2 \mapsto e_2'}{\text{rec}_{\text{nat}}(x.e_1; \, e_2) \mapsto \text{rec}_{\text{nat}}(x.e_1; \, e_2')} \tag{15.2c}$$

$$\frac{\text{fold}_{\text{nat}}(e_2) \; \text{val}}{\text{rec}_{\text{nat}}(x.e_1; \, \text{fold}_{\text{nat}}(e_2))} \tag{15.2d}$$
$$\mapsto$$
$$[\text{map}\{t.\text{unit} + t\}(\, y.\text{rec}_{\text{nat}}(x.e_1; \, y))(e_2) \, / x] \, e_1$$

规则 (15.2d) 使用了（多项式）泛型扩展（见第 14 章）将迭代式应用于自然数可能存在的前驱。如果我们按照泛型扩展的定义来展开它，会得到：

$$\overline{\text{rec}_{\text{nat}}(x \cdot e_1; \, \text{fold}_{\text{nat}}(e_2))}$$
$$\mapsto$$
$$[\text{case} \; e_2 \{1 \cdot \_ \hookrightarrow 1 \cdot \langle \rangle \mid r \cdot y \hookrightarrow r \cdot \text{rec}_{\text{nat}}(x.e_1; \, y)\} / x] \, e_1$$

解释余归纳类型的一个例子是自然数的**流** (stream) 类型。流是自然数的一个无限序列，其中每个元素在所有之前的元素都被计算出来后才会被计算。也就是说，流中连续元素的计算是顺序依赖的，每个元素的计算都会影响下一个元素的计算。在这个意义上，流的引入形式和自然数的消去形式是对偶的。

流通过流类型的消去形式的行为进行定义：hd(e) 返回流的下一个元素，即头元素；tl(e) 返回流的尾，即去掉头元素后的流。流通过**生成式**（generator）引入，生成式是迭代式的对偶，根据流的当前状态定义流的头和尾，流的当前状态由某种类型的值表示。流的静态语义由如下规则给出：

$$\frac{\Gamma \vdash e : \text{stream}}{\Gamma \vdash \text{hd}(e) : \text{nat}} \tag{15.3a}$$

$$\frac{\Gamma \vdash e : \text{stream}}{\Gamma \vdash \text{tl}(e) : \text{stream}} \tag{15.3b}$$

$$\frac{\Gamma \vdash e : \tau \quad \Gamma, x : \tau \vdash e_1 : \text{nat} \quad \Gamma, x : \tau \vdash e_2 : \tau}{\Gamma \vdash \text{strgen} \; x \; \text{is} \; e \; \text{in} \; \langle \text{hd} \hookrightarrow e_1, \text{tl} \hookrightarrow e_2 \rangle : \text{stream}} \tag{15.3c}$$

在规则 (15.3c) 中，流的当前状态由类型为 τ 的表达式 e 给出，流头和流尾分别由表达式 e_1 和 e_2 决定，作为当前状态的函数。（生成式的记号选择旨在强调每个流都有一个头和一个尾。）

流的动态语义由如下规则给出：

$$\frac{[e \; \text{val}]}{\text{gen}_{\text{stream}} \; x \; \text{is} \; e \; \text{in} \; \langle \text{hd} \hookrightarrow e_1, \text{tl} \hookrightarrow e_2 \rangle \; \text{val}} \tag{15.4a}$$

$$\left[\frac{e \mapsto e'}{\mathrm{gen}_{\mathrm{stream}}\ x\ \mathrm{is}\ e\ \mathrm{in}\ \langle \mathrm{hd} \hookrightarrow e_1, \mathrm{tl} \hookrightarrow e_2 \rangle \mapsto \mathrm{gen}_{\mathrm{stream}}\ x\ \mathrm{is}\ e'\ \mathrm{in} \langle \mathrm{hd} \hookrightarrow e_1, \mathrm{tl} \hookrightarrow e_2 \rangle} \right] \tag{15.4b}$$

$$\frac{e \mapsto e'}{\mathrm{hd}(e) \mapsto \mathrm{hd}(e')} \tag{15.4c}$$

$$\frac{\mathrm{gen}_{\mathrm{stream}}\ x\ \mathrm{is}\ e\ \mathrm{in}\ \langle \mathrm{hd} \hookrightarrow e_1, \mathrm{tl} \hookrightarrow e_2 \rangle\ \mathrm{val}}{\mathrm{hd}(\mathrm{gen}_{\mathrm{stream}}\ x\ \mathrm{is}\ e\ \mathrm{in}\ \langle \mathrm{hd} \hookrightarrow e_1, \mathrm{tl} \hookrightarrow e_2 \rangle) \mapsto [e/x]e_1} \tag{15.4d}$$

$$\frac{e \mapsto e'}{\mathrm{tl}(e) \mapsto \mathrm{tl}(e')} \tag{15.4e}$$

$$\frac{\mathrm{gen}_{\mathrm{stream}}\ x\ \mathrm{is}\ e\ \mathrm{in}\ \langle \mathrm{hd} \hookrightarrow e_1, \mathrm{tl} \hookrightarrow e_2 \rangle\ \mathrm{val}}{\mathrm{t\,l}(\mathrm{gen}_{\mathrm{stream}}\ x\ \mathrm{is}\ e\ \mathrm{in}\ \langle \mathrm{hd} \hookrightarrow e_1, \mathrm{tl} \hookrightarrow e_2 \rangle)}$$
$$\mapsto$$
$$\mathrm{gen}_{\mathrm{stream}}\ x\ \mathrm{is}\ [e/x]e_2\ \mathrm{in}\ \langle \mathrm{hd} \hookrightarrow e_1, \mathrm{tl} \hookrightarrow e_2 \rangle \tag{15.4f}$$

规则 (15.4d) 和 (15.4f) 表明流头和流尾依赖于流的当前状态。可以观察到，流尾是通过将生成器应用于由 e_2 根据当前状态得到的新状态来获得的。

为了将流作为余归纳类型的特殊情况推导，我们把头和尾组合到单个消去形式中，并且重组对应的生成器。接下来，我们考虑下面的静态语义：

$$\frac{\Gamma \vdash e : \mathrm{stream}}{\Gamma \vdash \mathrm{unfold}_{\mathrm{stream}}(e) : \mathrm{nat} \times \mathrm{stream}} \tag{15.5a}$$

$$\frac{\Gamma, x : \tau \vdash e_1 : \mathrm{nat} \times \tau \quad \Gamma \vdash e_2 : \tau}{\Gamma \vdash \mathrm{gen}_{\mathrm{stream}}(x.e_1; e_2) : \mathrm{stream}} \tag{15.5b}$$

规则 (15.5a) 说明 e 可以被展开为以自然数为头、另一个流为尾组成的有序对。流的头 $\mathrm{hd}(e)$ 和尾 $\mathrm{tl}(e)$ 分别是投影 $\mathrm{unfold}_{\mathrm{stream}}(e) \cdot 1$ 和 $\mathrm{unfold}_{\mathrm{stream}}(e) \cdot \mathrm{r}$。规则 (15.5b) 说明一个流是由状态元素 e_2 通过表达式 e_1 生成的，e_1 作为当前状态的函数可以产生头元素和下一个状态。

流的动态语义由如下规则给出：

$$\frac{[e_2 \mathrm{val}]}{\mathrm{gen}_{\mathrm{stream}}\ (x \cdot e_1; e_2)\ \mathrm{val}} \tag{15.6a}$$

$$\left[\frac{e_2 \mapsto e_2'}{\mathrm{gen}_{\mathrm{stream}}\ (x.\, e_1; e_2) \mapsto \mathrm{gen}_{\mathrm{stream}}\ (x.\, e_1; e_2')} \right] \tag{15.6b}$$

$$\frac{e \mapsto e'}{\mathrm{unfold}_{\mathrm{stream}}\ (e) \mapsto \mathrm{unfold}_{\mathrm{stream}}\ (e')} \tag{15.6c}$$

$$\frac{\mathrm{gen}_{\mathrm{stream}}\ (x.\, e_1; e_2)\ \mathrm{val}}{\mathrm{unfold}_{\mathrm{stream}}\ (\mathrm{gen}_{\mathrm{stream}}\ (x.\, e_1; e_2))}$$
$$\mapsto$$
$$\mathrm{map}\{t.\mathrm{nat} \times t\}(y.\mathrm{gen}_{\mathrm{stream}}\ (x.e_1; y))([e_2/x]e_1) \tag{15.6d}$$

规则 (15.6d) 使用泛型扩展生成新的流，它是 $[e_2/x]\, e_1$ 的第二个分量。展开泛型扩展，可以得到如下重组后的规则：

$$\frac{\text{gen}_{\text{stream}}(x.\,e_1;e_2)\ \text{val}}{\text{unfold}_{\text{stream}}(\text{gen}_{\text{stream}}(x.\,e_1;e_2))}$$
$$\longmapsto$$
$$\langle ([e_2\,/\,x]\,e_1)\cdot l,\ \text{gen}_{\text{stream}}(x.\,e_1;([e_2\,/\,x]\,e_1)\cdot r)\rangle$$

习题 15.3 要求从余归纳的生成器推导出 strgen x is e in $\langle\,\text{hd}\hookrightarrow e_1,\ \text{tl}\hookrightarrow e_2\,\rangle$。

15.2 静态语义

我们现在可以用正类型算子给出归纳类型和余归纳类型的描述。我们考虑一个 T 的变体，称为 M。在这个变体中，把自然数替换成函数、积、和以及多种归纳与余归纳类型。

15.2.1 类型

归纳与余归纳类型的语法涉及**类型变量** (type variables)，它们的值可以取为各种类型。归纳类型和余归纳类型的抽象语法由下面的文法给出：

Typ	τ	::=	t	t	自指、自引用
			mu$(t.\tau)$	$\mu(t.\tau)$	归纳类型
			nu$(t.\tau)$	$v(t.\tau)$	余归纳类型

类型形成 (type formation) 判断如下：

$$t_1\ \text{type},\cdots,\ t_n\ \text{type}\vdash \tau\ \text{type}$$

其中 $t_1,\cdots,t_n$ 是类型名。令 Δ 是具有形式为 t type 的假设组成的有限集合，其中 t 是类型名。类型形成判断由下列规则归纳定义：

$$\frac{}{\Delta,t\ \text{type}\vdash t\ \text{type}} \tag{15.7a}$$

$$\frac{}{\Delta\vdash \text{unit type}} \tag{15.7b}$$

$$\frac{\Delta\vdash \tau_1\ \text{type}\quad \Delta\vdash \tau_2\ \text{type}}{\Delta\vdash \text{prod}(\tau_1;\tau_2)\ \text{type}} \tag{15.7c}$$

$$\frac{}{\Delta\vdash \text{void type}} \tag{15.7d}$$

$$\frac{\Delta\vdash \tau_1\ \text{type}\quad \Delta\vdash \tau_2\ \text{type}}{\Delta\vdash \text{sum}(\tau_1;\tau_2)\ \text{type}} \tag{15.7e}$$

$$\frac{\Delta\vdash \tau_1\ \text{type}\quad \Delta\vdash \tau_2\ \text{type}}{\Delta\vdash \text{arr}(\tau_1;\tau_2)\ \text{type}} \tag{15.7f}$$

$$\frac{\Delta,t\ \text{type}\vdash \tau\ \text{type}\quad \Delta\vdash t.\tau\ \text{pos}}{\Delta\vdash \text{mu}(t.\tau)\ \text{type}} \tag{15.7g}$$

$$\frac{\Delta,t\ \text{type}\vdash \tau\ \text{type}\quad \Delta\vdash t.\tau\ \text{pos}}{\Delta\vdash \text{nu}(t.\tau)\ \text{type}} \tag{15.7h}$$

15.2.2　表达式

M的抽象语法由下面的文法给出：

$$\text{Exp}\quad e\ ::=\ \text{fold}\{t.\tau\}(e)\qquad\qquad \text{fold}\{t.\tau\}(e)\qquad\qquad \text{构造子、构造器}$$

$$\text{rec}\{t.\tau\}(x.e_1;e_2)\qquad \text{rec}\{t.\tau\}(x.e_1;e_2)\qquad \text{迭代式}$$

$$\text{unfold}\{t.\tau\}(e)\qquad\ \text{unfold}\{t.\tau\}(e)\qquad \text{解构子、解构器}$$

$$\text{gen}\{t.\tau\}(x.e_1;\ e_2)\qquad \text{gen}\{t.\tau\}(x.e_1;\ e_2)\qquad \text{生成式、生成器}$$

M的静态语义由下面的定型规则给出：

$$\frac{\Gamma\vdash e:[\text{mu}(t.\tau)\,/\,t]\tau}{\Gamma\vdash \text{fold}\{t\cdot\tau\}(e):\text{mu}(t\cdot\tau)}\qquad\qquad(15.8a)$$

$$\frac{\Gamma,x:[\rho\,/\,t]\tau\vdash e_1:\rho\quad \Gamma\vdash e_2:\text{mu}(t.\tau)}{\Gamma\vdash \text{rec}\{t.\tau\}(x.e_1;e_2):\rho}\qquad\qquad(15.8b)$$

$$\frac{\Gamma\vdash e:\text{nu}(t.\tau)}{\Gamma\vdash \text{unfold}\{t.\tau\}(e):[\text{nu}(t.\tau)\,/\,t]\tau}\qquad\qquad(15.8c)$$

$$\frac{\Gamma\vdash e_2:\sigma\quad \Gamma,x:\sigma\vdash e_1:[\sigma\,/\,t]\tau}{\Gamma\vdash \text{gen}\{t\cdot\tau\}(x\cdot e_1;e_2):\text{nu}(t.\tau)}\qquad\qquad(15.8d)$$

15.3　动态语义

M的动态语义由第 14 章描述的正泛型扩展操作来描述。下面的规则定义了 M 的动态语义：

$$\frac{[e\ \text{val}]}{\text{fold}\{t.\tau\}(e)\,\text{val}}\qquad\qquad(15.9a)$$

$$\left[\frac{e\mapsto e'}{\text{fold}\{t.\tau\}(e)\mapsto \text{fold}\{t\cdot\tau\}(e')}\right]\qquad\qquad(15.9b)$$

$$\frac{e_2\mapsto e_2'}{\text{rec}\{t.\tau\}(x.\,e_1;e_2)\mapsto \text{rec}\{t\cdot\tau\}(x.\,e_1;e_2')}\qquad\qquad(15.9c)$$

$$\frac{\text{fold}\ \{t.\tau\}(e_2)\ \text{val}}{\begin{array}{c}\text{rec}\{t.\tau\}(x.\,e_1;\text{fold}\{t.\tau\}(e_2))\\ \mapsto\\ [\text{map}^+\{t.\tau\}(y.\text{rec}\{t.\tau\}(x.\,e_1;y))(e_2)\,/\,x]\,e_1\end{array}}\qquad\qquad(15.9d)$$

$$\frac{[e_2\ \text{val}]}{\text{gen}\{t.\tau\}(x.\,e_1;e_2)\ \text{val}}\qquad\qquad(15.9e)$$

$$\left[\frac{e_2\mapsto e_2'}{\text{gen}\{t.\tau\}(x.\,e_1;e_2)\mapsto \text{gen}\{t.\tau\}(x.\,e_1;e_2')}\right]\qquad\qquad(15.9f)$$

$$\frac{e \mapsto e'}{\text{unfold}\{t.\tau\}(e) \mapsto \text{unfold}\{t.\tau\}(e')} \tag{15.9g}$$

$$\frac{\text{gen}\{t.\tau\}(x.\,e_1;e_2)\ \text{val}}{\text{unfold}\{t.\tau\}(\text{gen}\{t.\tau\}(x.\,e_1;e_2))}$$
$$\mapsto \tag{15.9h}$$
$$\text{map}^+\{t.\tau\}(y.\,\text{gen}\{t.\tau\}(x.\,e_1;y))([e_2\,/\,x]\,e_1)$$

规则 (15.9d) 表明，为了在递归类型的值上计算迭代式，我们要归纳地根据类型算子将迭代式应用到这个值上，然后对结果施加归纳步骤。规则 (15.9h) 是这条规则在余归纳类型上的对偶。

引理 15.1   如果 $e:\tau$ 并且 $e \mapsto e'$，则 $e':\tau$。

证明   根据 (15.9) 的规则进行归纳。   □

引理 15.2   如果 $e:\tau$，那么必有 e val，或者存在 e' 满足 $e \mapsto e'$。

证明   根据规则 (15.8) 进行归纳。   □

所有 M 中的程序一定能终止，但是它的证明超出了现在的范围。

定理 15.3（M 的终止性）   如果 $e:\tau$，那么存在 e' val 使得 $e \mapsto^* e'$。

首先，具有无限数据结构（比如流）的语言拥有终止性似乎很令人惊讶。但是请记住，无限数据结构（比如流）表示为持续的创建状态，而不是完整的状态。

15.4   求解类型等式

对于正类型算子 $t.\tau$，我们可以说归纳类型 $\mu(t.\tau)$ 和余归纳类型 $\nu(t.\tau)$ 都是类型等式 $t \cong \tau$（在同构意义下）的解：

$$\mu(t.\tau) \cong [\mu(t.\tau)/t]\,\tau$$
$$\nu(t.\tau) \cong [\nu(t.\tau)/t]\,\tau$$

根据规则 (15.8a)，每个归纳类型的值是该归纳类型的展开式的值的折叠。类似地，根据规则 (15.8c)，每个余归纳类型的展开式的值都是这个余归纳类型的值的展开。在这些同构类型间来回定义函数，可以作为帮助你确信它们彼此互逆的一个不错的小练习。

虽然它们都是同一个类型等式的解，但是它们并不相互同构。接下来了解为什么，考虑归纳类型 nat $\triangleq \mu(t.\text{unit} + t)$ 和余归纳类型 conat $\triangleq \nu(t.\text{unit} + t)$。非形式地说，nat 是满足下述条件的最小（最严格的）类型，包括由 fold($l \cdot \langle \rangle$) 给出的 0，以及由 fold($r \cdot e$) 给出的封闭于另一个 nat 类型的 e 的后继的形成。与 nat 对偶，conat 是表达式 e 的最大（最宽容的）类型，使得展开式 unfold(e) 是由 $l \cdot \langle \rangle$ 给出的 0，或者是某个类型为 conat 的 e' 的后继，即 $r \cdot e'$。

因为 nat 是由其引入形式与和类型的注入形式复合定义的，所以在有限时间内只能构造有限的自然数。而 conat 是由消去形式（展开式加上和类型的情况分析）的复合进行定义的，余自然数（co-natural number）在有限时间内只能进行有限深度的探索。本质上，在一个终

止程序中，给定一个余自然数，我们只能检验这个余自然数的有限数量的前驱。从而，

1. 存在函数 i: nat → conat，将每个有限的自然数嵌入可能无限的自然数的类型中。

2. 存在一个"真正无限"的余自然数 ω，使得它本质上是后继的无限复合。

定义 nat 嵌入 conat 是习题 15.1 的一个主题。无限的余自然数 ω 定义如下：

$$\omega \triangleq \text{gen}(x.r \cdot x; \langle\rangle)$$

通过检查可以得到 $\text{unfold}(\omega) \mapsto {}^* r \cdot \omega$，这意味着 ω 是自己的前驱。因为余自然数 ω 的任何有限前驱都非 0，所以 ω 比任何有限自然数都大。

总而言之，仅知道类型等式的解并不能唯一描述这个类型的特征：因为同一类型等式可能有很多个不同的解，自然数和余自然数就是展示这种差异的很好的例子。不过，我们会在第八部分展示，类型等式（在同构意义上）可以有唯一的解，并且也不再需要对多项式类型算子进行限制。我们为增加表达能力所付出的代价是不再保证程序会终止。

15.5　注记

M 语言以 Mendler 的名字命名，当前的做法都是基于他的工作（Mendler, 1987）。Mendler 的工作主要围绕范畴论，特别是函子代数的概念 (MacLane, 1998; Taylor, 1999)。类型构造器的函子行为（在第 14 章描述）起着核心作用。针对由（多项式或正）类型算子给定的函子，归纳类型是初始代数，而余归纳类型是终结余代数。

习题

15.1 定义一个函数 i: nat → conat，它将每个有限自然数映射为相关的余自然数。
　　　a. $\text{unfold}(i(z)) \mapsto {}^* 1 \cdot \langle\rangle$
　　　b. $\text{unfold}(i(s(\overline{n}))) \mapsto {}^* r \cdot i(\overline{n})$

15.2 根据 15.1 节给出的自然数归纳类型的迭代式，推导第 9 章的迭代式 $\text{iter } e\{z \hookrightarrow e_0 \mid s(x) \hookrightarrow e_1\}$。

15.3 根据 15.1 节给出的余归纳流类型的生成器，推导流的生成器 $\text{strgen } x \text{ is } e \text{ in } \langle \text{hd} \hookrightarrow e_1, \text{tl} \hookrightarrow e_2 \rangle$。

15.4 考虑自然数的无限序列的类型 $\text{seq} \triangleq \text{nat} \to \text{nat}$。每个流可以通过下面的函数转换成一个序列：

$$\lambda \, (\text{stream}: s) \, \lambda \, (n: \text{nat}) \text{hd}(\text{iter } n\{z \hookrightarrow s \mid s(x) \hookrightarrow \text{tl}(x)\})$$

证明：每个序列可以转换成一个流，其中第 n 个元素与给定序列的第 n 个元素相等。

15.5 自然数的列表类型由下面的引入形式和消去形式定义：

$$\frac{}{\Gamma \vdash \text{nil}: \text{natlist}} \tag{15.10a}$$

$$\frac{\Gamma \vdash e_1: \text{nat} \quad \Gamma \vdash e_2: \text{natlist}}{\Gamma \vdash \text{cons}(e_1; e_2): \text{natlist}} \tag{15.10b}$$

$$\frac{\Gamma \vdash e: \text{natlist} \quad \Gamma \vdash e_0: \tau \quad \Gamma \, x: \text{nat} \, y: \tau \vdash e_1: \tau}{\Gamma \vdash \text{rec } e \{\text{nil} \hookrightarrow e_0 \mid \text{cons}(x; y) \hookrightarrow e_1\}: \tau} \tag{15.10c}$$

相关的动态语义（不论是急切的，还是惰性的）都可以从第 9 章给出的类型 nat 的递归式推导出。给出 natlist 的归纳类型定义，包括相关的引入形式和消去形式定义，并验证它能满足期望的动态语义。

15.6 考虑可能无限的二叉树（possibly infinite binary trees，PIBT）类型 itree，其引入形式和消去形式如下所示：

$$\frac{\Gamma \vdash e : \text{itree}}{\Gamma \vdash \text{view}(e) : (\text{itree} \times \text{itree})\ \text{opt}} \tag{15.11a}$$

$$\frac{\Gamma \vdash e : \tau \quad \Gamma\, x : \tau \vdash e' : (\tau \times \tau)\ \text{opt}}{\Gamma \vdash \text{itgen}\ x\ \text{is}\ e\ \text{in}\ e' : \text{itree}} \tag{15.11b}$$

因为一棵 PIBT 一定处在连续生成的状态，观察一棵树只暴露其上层结构和一个 PIBT 的可选有序对⊖。如果观察到 null，那么这棵树就是空的；如果是 $\text{just}(e_1)\ e_2$，那么这棵树就非空，并且含有 e_1 和 e_2 两棵子树。为了产生一棵无限树，选择类型为 τ 的生成器状态，给出当前状态 e 和一个状态转换 e'。当 e' 作用于当前状态时，可以得到关于生成器是否完成的判断，如果未完成，则继续把状态提供给它的每一个子结点。

a. 给出刚刚非形式介绍的 itree 操作的精确动态语义。提示：使用泛型编程。

b. 将类型 itree 重组为余归纳类型，推导其引入形式和消去形式的静态语义与动态语义。

15.7 习题 11.5 要求你将 RS 锁存器定义为信号传感器，其中信号显式地表达为时间的函数。你需要再次将 RS 锁存器定义成信号传感器，但是这次将信号表示为布尔类型的流。在这种表示方式下，时间可以隐式地通过流的连续元素表达。将 RS 锁存器定义为一个由布尔值有序对组成的信号传感器。

⊖ 关于可选类型的定义参见第 11 章。

变量类型

多态类型的系统 F

到目前为止，我们讨论的语言都是**单态的**（monomorphic），其中每个表达式在给定自由变量的类型后都有一个唯一的类型。然而，通常表达式在不同的变量类型上需要基本相同的行为。例如，在 T 系统中，每个类型 τ 都有一个不同的恒等函数，即 $\lambda(x:\tau)\,x$，即使函数的行为对 τ 的每种选择都是一样的。类似地，针对每个三元组类型都有不同的复合算子，即

$$\circ_{\tau_1,\tau_2,\tau_3} = \lambda(f:\tau_2 \to \tau_3)\lambda(g:\tau_1 \Rightarrow \tau_2)\lambda(x:\tau_1)f(g(x))$$

针对三个类型的每种选择，都需要一个不同的复合程序，即使这些程序在执行时有相同的行为。

显然，如果能一劳永逸地刻画这种模式，并在每次需要时将该模式实例化，那就很有用了。表达式模式是刻画该模式所有实例共享的泛型行为。这种泛型表达式是**多态的**（polymorphic）。在本章中，我们将学习 F 语言，它由 Girard 和 Reynolds 引入，分别命名为系统 F 和多态类型化 λ 演算。尽管多态的概念是由一个简单的实际问题（如何避免编写冗余代码）引起的，但是多态是许多看似完全不同的概念的核心，例如数据抽象的概念（第 17 章），以及之前章节中提到的积、和、归纳和余归纳类型的可定义性（只有一般递归类型才能扩展语言的表达能力）。

16.1 多态抽象

F 语言是 T 语言在删去自然数类型并增加多态类型后的变体[○]：

Typ	τ	::=	t	t	类型变量
			$\mathrm{arr}(\tau_1\,;\,\tau_2)$	$\tau_1 \to \tau_2$	函数类型
			$\mathrm{all}(t.\tau)$	$\forall(t.\tau)$	多态类型
Exp	e	::=	x	x	变量
			$\mathrm{lam}\{\tau\}(x.e)$	$\lambda(x:\tau)\,e$	抽象
			$\mathrm{ap}(e_1\,;\,e_2)$	$e_1(e_2)$	应用
			$\mathrm{Lam}(t.e)$	$\Lambda(t)\,e$	类型抽象
			$\mathrm{App}\{\tau\}(e)$	$e[\tau]$	类型应用

类型抽象（type abstraction）Lam($t.e$) 定义一种含类型变量 t 的泛型或多态函数，t 代表 e 中未指明的类型。**类型应用**（type application）或**类型实例化**（instantiation）App$\{\tau\}(e)$ 是将

○ Girard 的系统下的原始版本包含作为基本类型的自然数。

多态函数应用于一个具体的类型，即把类型变量替代为该具体类型后得到的结果。**全称类型**（universal type）all(t.τ) 将多态函数分类。

F 的静态语义由两种判断形式组成，即类型形成判断

$$\Delta \vdash \tau \text{ type}$$

和定型判断

$$\Delta\,\Gamma \vdash e : \tau$$

Δ 包含形式为 t type 的假设，其中 t 是类别 Typ 中的变量；Γ 是形式为 $x:\tau$ 的假设，其中 x 是类别 Exp 中的变量。

类型形成判断由下列规则定义：

$$\frac{}{\Delta, t \text{ type} \vdash t \text{ type}} \tag{16.1a}$$

$$\frac{\Delta \vdash \tau_1 \text{ type} \quad \Delta \vdash \tau_2 \text{ type}}{\Delta \vdash \text{arr}(\tau_1; \tau_2) \text{ type}} \tag{16.1b}$$

$$\frac{\Delta, t \text{ type} \vdash \tau \text{ type}}{\Delta \vdash \text{all}(t.\tau) \text{ type}} \tag{16.1c}$$

定型判断由如下规则定义：

$$\frac{}{\Delta\,\Gamma, x:\tau \vdash x:\tau} \tag{16.2a}$$

$$\frac{\Delta \vdash \tau_1 \text{ type} \quad \Delta\,\Gamma, x:\tau_1 \vdash e:\tau_2}{\Delta\,\Gamma \vdash \text{lam}\{\tau_1\}(x.e):\text{arr}(\tau_1;\tau_2)} \tag{16.2b}$$

$$\frac{\Delta\,\Gamma \vdash e_1:\text{arr}(\tau_2;\tau) \quad \Delta\,\Gamma \vdash e_2:\tau_2}{\Delta\,\Gamma \vdash \text{ap}(e_1;e_2):\tau} \tag{16.2c}$$

$$\frac{\Delta, t \text{ type}\,\Gamma \vdash e:\tau}{\Delta\,\Gamma \vdash \text{Lam}(t.e):\text{all}(t.\tau)} \tag{16.2d}$$

$$\frac{\Delta\,\Gamma \vdash e:\text{all}(t.\tau') \quad \Delta \vdash \tau \text{ type}}{\Delta\,\Gamma \vdash \text{App}\{\tau\}(e):[\tau/t]\tau'} \tag{16.2e}$$

引理 16.1（规律性，regularity）　如果$\Delta\,\Gamma \vdash e:\tau$，并且如果对于 Γ 中每一条假设 $x_i:\tau_i$，都有$\Delta \vdash \tau_i$ type，那么$\Delta \vdash \tau$ type。

证明　通过对规则 (16.2) 归纳来证明。　　　　□

静态语义接纳一般假言判断的结构规则。具体地，对于类型形成和表达式定型有如下关键的代换性质：

引理 16.2（**代换**，substitution）

1. 如果 Δ, t type$\vdash \tau'$ type 并且 $\Delta \vdash \tau$ type，则有$\Delta \vdash [\tau/t]\tau'$ type。

2. 如果 Δ, t type$\vdash e':\tau'$ 并且 $\Delta \vdash \tau$ type，则有 $\Delta\,[\tau/t]\Gamma \vdash [\tau/t]e':[\tau/t]\tau'$。

3. 如果 $\Delta\,\Gamma, x:\tau \vdash e':\tau'$ 并且 $\Delta\,\Gamma \vdash e:\tau$，则有$\Delta\,\Gamma \vdash [e/x]e':\tau'$。

引理的第二部分要求对环境 Γ、项及其类型进行代换，因为类型变量 t 可能自由出现在

其中的任意位置。

回到我们开始介绍的那个例子，多态恒等函数 *I* 写为

$$\Lambda\,(t)\,\lambda\,(x:t)\,x$$

它具有多态类型：

$$\forall(t.t \rightarrow t)$$

多态恒等函数的实例写为 $I\,[\tau]$，类型为 $\tau \rightarrow t$，这里 τ 是某种类型。

类似地，多态复合函数 *C* 可以写为

$$\Lambda\,(t_1)\Lambda(t_2)\Lambda(t_3)\,\lambda\,(f:t_2 \rightarrow t_3)\,\lambda\,(\,g:t_1 \rightarrow t_2)\,\lambda\,(x:t_1)\,f\,(\,g(x))$$

函数 *C* 的多态类型是

$$\forall(t_1.\forall(t_2.\forall(t_3.(t_2 \rightarrow t_3) \rightarrow (\,t_1 \rightarrow t_2\,) \rightarrow (\,t_1 \rightarrow t_3))))$$

通过将 *C* 应用于一个三元组类型上可以获得 *C* 的实例，将该实例记为 $C\,[\tau_1][\tau_2][\tau_3]$。每个这样的实例具有类型：

$$(\tau_2 \rightarrow \tau_3) \rightarrow (\tau_1 \rightarrow \tau_2) \rightarrow (\tau_1 \rightarrow \tau_3)$$

动态语义

F 的动态语义如下：

$$\overline{\mathrm{lam}\{\tau\}(x.e)\ \mathrm{val}} \tag{16.3a}$$

$$\overline{\mathrm{Lam}(t.e)\ \mathrm{val}} \tag{16.3b}$$

$$\frac{[\,e_2\ \mathrm{val}\,]}{\mathrm{ap}(\mathrm{lam}\{\tau_1\}(x.e);e_2) \mapsto [e_2\,/\,x]\,e} \tag{16.3c}$$

$$\frac{e_1 \mapsto e_1'}{\mathrm{ap}(e_1;e_2) \mapsto \mathrm{ap}(e_1';e_2)} \tag{16.3d}$$

$$\left[\frac{e_1\ \mathrm{val} \quad e_2 \mapsto e_2'}{\mathrm{ap}(e_1;e_2) \mapsto \mathrm{ap}(e_1;e_2')}\right] \tag{16.3e}$$

$$\overline{\mathrm{App}\{\tau\}(\mathrm{Lam}(t.e)) \mapsto [\tau\,/\,t]\,e} \tag{16.3f}$$

$$\frac{e \mapsto e'}{\mathrm{App}\{\tau\}(e) \mapsto \mathrm{App}\{\tau\}(e')} \tag{16.3g}$$

方括号中的前提和规则包含在按值调用解释中，但不包含在 F 的按名调用解释中。

用熟悉的方法证明 F 的安全性是简单的。

引理 16.3（范式，canonical form） 假设 $e:\tau$ 且 e val，那么

1. 如果 $\tau = \mathrm{arr}(\tau_1;\tau_2)$，那么 $e = \mathrm{lam}\{\tau_1\}(x.e_2)$，并且 $x:\tau_1 \vdash e_2:\tau_2$。
2. 如果 $\tau = \mathrm{all}(t.\tau')$，那么 $e = \mathrm{Lam}(t.e')$，并且 t type $\vdash e':\tau'$。

证明　通过对静态语义归纳来证明。 □

定理 16.4（保持性，preservation）　*如果 $e:\tau$ 并且 $e \mapsto e'$，那么 $e':\tau$。*

证明　通过对动态语义归纳来证明。 □

定理 16.5（进展性，progress）　*如果 $e:\tau$，那么 $e\,\mathrm{val}$，或者存在 e' 使得 $e \mapsto e'$。*

证明　通过对静态语义归纳来证明。 □

16.2　多态的可定义性

F 语言表达力非常强。不仅可以定义所有的（惰性）有限积与有限和，也可定义所有的（惰性）归纳类型与余归纳类型。它们的可定义性用定义等同来表示是最自然的，定义等同是包含以下两个公理的最小同余：

$$\frac{\Delta\ \Gamma, x:\tau_1 \vdash e_2:\tau_2 \quad \Delta\ \Gamma \vdash e_1:\tau_1}{\Delta\ \Gamma \vdash (\lambda(x:\tau_1)\,e_2)(e_1) \equiv [e_1/x]\,e_2:\tau_2} \tag{16.4a}$$

$$\frac{\Delta, t\ \mathrm{type}\ \Gamma \vdash e:\tau \quad \Delta \vdash \rho\ \mathrm{type}}{\Delta\ \Gamma \vdash (\Lambda(t)\,e)[\rho] \equiv [\rho/t]\,e:[\rho/t]\,\tau} \tag{16.4b}$$

除此之外，这里省略了一些指明定义等同是同余关系的规则（也就是说，所有表达式的形成操作都遵循的一种等价关系）。

16.2.1　积与和

空积（或称 unit）的类型在 F 中的定义如下：

$$\mathrm{unit} \triangleq \forall(r.r \to r)$$
$$\langle\rangle \triangleq \Lambda(r)\lambda(x:r)x$$

恒等函数扮演空元组的角色，因为它是这种类型的唯一闭值。

通过使用类似于第 21 章中描述的未类型化的 λ 演算的编码技巧，二元积在 F 中可定义如下：

$$\tau_1 \times \tau_2 \triangleq \forall(r.(\tau_1 \to \tau_2 \to r) \to r)$$
$$\langle e_1, e_2 \rangle \triangleq \Lambda(r)\,\lambda\,(x:\tau_1 \to \tau_2 \to r)\,x\,(e_1)(e_2)$$
$$e \cdot 1 \triangleq e[\tau_1](\lambda(x:\tau_1)\,\lambda\,(y:\tau_2)\,x)$$
$$e \cdot \mathrm{r} \triangleq e[\tau_2](\lambda(x:\tau_1)\,\lambda\,(y:\tau_2)\,y)$$

根据这些定义，可以推导出第 10 章给出的静态语义。此外，由 F 中这些定义也可以推导出以下定义等同：

$$\langle e_1, e_2 \rangle \cdot 1 \equiv e_1:\tau_1$$

和

$$\langle e_1, e_2 \rangle \cdot \mathrm{r} \equiv e_2:\tau_2$$

空和（或称 void）的类型在 F 中可定义如下：

$$\text{void} \triangleq \forall (r.r)$$

$$\text{abort}\{\rho\}(e) \triangleq e[\rho]$$

二元和在 F 中定义如下：

$$\tau_1 + \tau_2 \triangleq \forall (r.(\tau_1 \to r) \to (\tau_2 \to r) \to r)$$

$$1 \cdot e \triangleq \Lambda (r) \lambda (x:\tau_1 \to r) \lambda (y:\tau_2 \to r) x (e)$$

$$\text{r} \cdot e \triangleq \Lambda (r) \lambda (x:\tau_1 \to r) \lambda (y:\tau_2 \to r) y (e)$$

$$\text{case } e \{1 \cdot x_1 \hookrightarrow e_1 \mid \text{r} \cdot x_2 \hookrightarrow e_2\} \triangleq$$
$$e[\rho](\lambda(x_1:\tau_1)e_1)(\lambda(x_2:\tau_2)e_2)$$

假设这些类型是有意义的。容易检验以下等价式在 F 中是可推导的：

$$\text{case } 1 \cdot d_1\{1 \cdot x_1 \hookrightarrow e_1 \mid \text{r} \cdot x_2 \hookrightarrow e_2\} \equiv [d_1/x_1] e_1:\rho$$

和

$$\text{case } \text{r} \cdot d_2\{1 \cdot x_1 \hookrightarrow e_1 \mid \text{r} \cdot x_2 \hookrightarrow e_2\} \equiv [d_2/x_2] e_2:\rho$$

从而，第 11 章中描述的动态语义行为可以通过这些定义来正确实现。

16.2.2　自然数

正如我们在上面提到的，自然数（在惰性解释下）也可以在 F 中定义。其关键在于迭代式，它的定型规则在此回顾如下：

$$\frac{e_0 : \text{nat} \quad e_1 : \tau \quad x:\tau \vdash e_2 : \tau}{\text{iter}\{e_1; x.e_2\}(e_0) : \tau}$$

因为返回类型 τ 是任意的，这意味着如果有一个迭代器，我们可以使用它定义一个函数，其类型为

$$\text{nat} \to \forall(t.t \to (t \to t) \to t)$$

这个函数应用于参数 n 时，会产生一个多态函数：对于任何返回类型 t，给定 z 的初始结果和一个由 x 的结果到 $s(x)$ 的结果的转换，产生从初始结果开始迭代 n 次转换的结果。

因为能对自然数做的唯一操作就是对其迭代，我们可以简单地用刚才描述的迭代 n 次的多态函数来标识一个自然数 n。故而可以在 F 中用如下等式定义自然数的类型：

$$\text{nat} \triangleq \forall(t.t \to (t \to t) \to t)$$

$$z \triangleq \Lambda (t) \lambda (z:t) \lambda (s:t \to t) z$$

$$s(e) \triangleq \Lambda (t) \lambda (z:t) \lambda (s:t \to t) s (e[t](z)(s))$$

$$\text{iter}\{e_1; x.e_2\}(e_0) \triangleq e_0[\tau](e_1)(\lambda(x:\tau) e_2)$$

容易验证在这些定义下，第 9 章给出的自然数类型的静态语义和动态语义在 F 中是可推导的。数字在 F 中的表示称为**多态 Church 数**（polymorphic Church numerals）。

自然数的可编码性表明 F 至少和 T 的表达能力相同，但是它是否有更强的表达能力呢？当然有。说明 T 的求值函数在 F 中可定义是有可能的，即使它在 T 中不可定义。不过，

第 9 章中给的对角参数也同样适用于此，表明 F 的求值函数在 F 中是不可定义的。我们也许可以拓展一下 F 来定义 F 的求值函数，但是只要用扩展语言编写的所有程序终止，就会再次存在不可定义的函数，即针对这种扩展语言的求值函数。

16.3　参数化概述

F 的一个显著特征是，多态类型严格约束了其元素的行为。仅知道一个表达式的类型就可以证明关于该表达式的有用的定理，而不需要看具体的代码。例如，如果 i 是类型为 $\forall(t.t \to t)$ 的任一表达式，那么它是恒等函数。非形式地，当 i 应用于类型 τ 并且存在一个类型为 τ 的参数时，它会返回一个类型为 τ 的值。但是因为在 i 被调用前，τ 是未知的，所以函数除了返回参数外别无选择，这意味着它本质上是一个恒等函数。类似地，如果 b 是任一类型为 $\forall(t.t \to t \to t)$ 的表达式，那么 b 等同于 $\Lambda(t) \lambda(x:t) \lambda(y:t) x$ 或 $\Lambda(t) \lambda(x:t) \lambda(y:t) y$。直观地看，当 b 应用于给定类型的两个参数时，唯一可能返回的值就是其中之一。

在 F 中，只知道程序的类型就可以证明该程序的性质，这种性质称作**参数化性质**（parametricity properties）。上述有关函数 i 和 b 的事实就是参数化性质的例子。这些性质有时也称为"自由定理"（free theorems），因为它们来自"不受约束"的定型，而不需要知道代码本身。需要重复的是，在 F 中，我们无须查看程序正文即可证明一些非平凡的行为特性。这种不可思议的事实的关键在于，我们能够证明有关语言 F 的深层性质，即**参数化**，并且可以应用于每一个用 F 编写的程序。有人可能会说，类型系统"预先验证"与该程序相关的很多有用的性质，从而不需要单独证明每个程序的性质。F 的参数化定理解释了一个有名的经验，即如果一段代码通过类型检查，那么它就"有效"。参数化大量减少了良类型程序的空间，使程序员出错的机会几乎减少为零。

那么参数化定理如何工作呢？为避免陷入太多的技术细节（详见第 48 章），我们简述主要的思想。任一用 F 写的函数 $i : \forall(t.t \to t)$ 拥有如下特征：

对于任意类型 τ 及其任意性质 $\mathcal{P}$，如果 $\mathcal{P}$ 在 $x:\tau$ 中成立，那么 $\mathcal{P}$ 在 $i[\tau](x)$ 中成立。

为了展示对于任意类型 τ 和任意 τ 类型的变量 x，表达式 $i[\tau](x)$ 等价于 x，并且将 $x_0:\tau$ 固定，然后考虑性质 $\mathcal{P}_{x_0}$ 在 $y:\tau$ 中成立当且仅当 y 和 x_0 等价。显然，$\mathcal{P}$ 在 x_0 本身成立，因此通过上述 i 的性质，i 将任何满足 $\mathcal{P}_{x_0}$ 性质的参数发送给一个满足 $\mathcal{P}_{x_0}$ 的结果，也就是说它将 x_0 发送到 x_0。因为 x_0 是 τ 类型的任一元素，所以 $i[\tau]$ 是一个在类型 τ 上的恒等函数 $\lambda(x:\tau) x$。而且因为 τ 本身就是任意的，所以 i 是一个多态恒等函数 $\Lambda(t) \lambda(x:t) x$。

类似的论据足以表明对于之前定义的函数 b，要么是 $\Lambda(t) \lambda(x:t) \lambda(y:t) x$，要么是 $\Lambda(t) \lambda(x:t) \lambda(y:t) y$。由于其类型，函数 b 具有参数化性质：

对于任意类型 τ 及其任意性质 $\mathcal{P}$，如果 $\mathcal{P}$ 在 $x:\tau$ 和 $y:\tau$ 上成立，那么 $\mathcal{P}$ 在 $b[\tau](x)(y)$ 中成立。

选取任一类型 τ 和任意两个 τ 类型的元素 x_0 和 y_0。定义 $\mathcal{Q}_{x_0, y_0}$ 在 $z:\tau$ 时成立，当且仅当 z 等于 x_0 或者 z 等于 y_0。显然 $\mathcal{Q}_{x_0, y_0}$ 对 x_0 和 y_0 本身都成立，因此根据提到的 b 的参数化性质可知，$\mathcal{Q}_{x_0, y_0}$ 在 $b[\tau](x_0)(y_0)$ 中成立，也就是说它等于 x_0 或者 y_0。由于 τ, x_0, y_0 都是任选的，因此 b 等于 $\Lambda(t) \lambda(x:t) \lambda(y:t) x$ 或 $\Lambda(t) \lambda(x:t) \lambda(y:t) y$。

F 的参数化定理表明函数更强的性质，如上面提到的函数 i 和函数 b。例如，类型为 $\forall(t.t \to t)$ 的函数 i 也满足以下条件：

如果 τ 和 τ' 是任意两种类型，并且 $\mathcal{R}$ 是 τ 和 τ' 之间的一个二元关系，那么对于任何 $x:\tau$

和 $y{:}\tau$，如果 $\mathcal{R}$ 将 x 和 x' 关联，则 $\mathcal{R}$ 将 $i[\tau](x)$ 与 $i[\tau'](x')$ 关联。

利用这个性质，我们可以证明函数 i 等于多态恒等函数。特别地，如果 τ 是任意类型，并且 $g{:}\tau \to \tau$ 是该类型的任意函数，那么仅根据 i 的类型可知：对于任意 $x{:}\tau$，$i[\tau](g(x))$ 等于 $g(i[\tau](x))$。为了证明这一点，只需简单选取 $\mathcal{R}$ 为函数 g 的图，关系 $\mathcal{R}_g$ 在 x 和 x' 上成立，当且仅当 x' 等于 $g(x)$。在指定 $\mathcal{R}_g$ 和 g 后，i 的参数化性质指出如果 x' 等于 $g(x)$，那么 $i[\tau](x')$ 等于 $g(i[\tau](x))$，也就是说 $i[\tau](g(x))$ 等于 $g(i[\tau](x))$。为了表明 i 等于恒等函数，任意选择 $x_0{:}\tau$，然后考虑到在 τ 上的常函数 g_0 总是返回 x_0。由于 x_0 等于 $g_0(x_0)$，因此 $i[\tau](x_0)$ 等于 x_0，也就是说 i 的行为和多态恒等函数一样。

16.4　注记

系统 F 是由 Girard(1972) 在证明理论时和 Reynolds(1974) 在编程语言中提出的。参数化的概念最初由 Strachey 提出，但是直到 Reynolds(1983) 的工作才得到充分发展。参数化定理中的术语"自由定理"是由 Wadler(1989) 提出的。

习题

16.1　给出习题 3.1 中定义的 s 和 k 组合子的多态定义和类型。

16.2　在 F 中定义 bool 类型的 Church 布尔值。定义类型 bool，并定义该类型的 true 和 false，以及条件式 if e then e_0 else e_1，其中 e 是这种类型。

16.3　在 F 中定义自然数列表的归纳类型，如第 15 章中定义的。提示：按照定义自然数类型的模式，以列表的递归式（消去形式）来定义表示形式。

16.4　在 F 中定义任意归纳类型 $\mu(t.\tau)$。提示：将习题 16.3 的解答一般化。

16.5　定义类型 t list，如习题 16.3 所示，元素类型 t 是未指明的。定义一个列表 l 的元素的有限集为由 l 的一些表尾的表头给出的 x。现在假设 $f{:}\forall(t.t$ list $\to t$ list$)$ 是上述类型的任意函数。请说明 $f[\tau](l)$ 的元素是 l 的一个子集。因此，f 只能对输入列表中的元素改变次序、复制或者删除，以获得输出列表。

抽象类型

数据抽象可能是构建程序最重要的技术。其主要思想是引入一个**接口** (interface)，作为**客户端** (client) 和抽象类型**实现者** (implementor) 之间的协议。接口指明了客户端可能依靠什么，同时实现者必须提供什么来满足协议。该接口用于隔离客户端与实现者，以便客户端和实现者能够独立开发。特别地，如果两个实现具有相同接口并且彼此模拟接口操作，那么一个实现可以被另一个实现替代，而不影响客户端的行为。该性质称为抽象类型的**表示独立性** (representation independence)。

使用**存在类型** (existential types) 扩展 F 语言，以此形式化数据抽象。接口是存在类型，它提供一个对未指明或抽象的类型进行操作的集合。实现是存在类型的引入形式——包，客户端是相应消去形式的使用者。值得注意的是，数据抽象的编程概念很自然地直接由存在类型量化的逻辑概念来捕获。存在类型与全称类型 (universal types) 密切相关，因此经常一起处理。表面原因是二者都是类型量化的形式，因此都需要类型变量的机制。更深层的原因是存在类型可以由全称类型定义——令人惊讶的是，数据抽象实际上只是多态的一种形式。因此，表示独立性是第 16 章讨论的多态函数的参数化性质的一个应用。

17.1　存在类型

FE 的语法对 F 扩展以下语言构造：

Typ	τ	::=	some$(t.\tau)$	$\exists(t.\tau)$	接口
Exp	e	::=	pack$\{t.\tau\}\{\rho\}(e)$	pack ρ with e as $\exists(t.\tau)$	实现
			open$\{t.\tau\}\{\rho\}(e_1; t, x.e_2)$	open e_1 as t with $x\!:\!\tau$ in e_2	客户端

$\exists(t.\tau)$ 的引入形式是形式为 pack ρ with e as $\exists(t.\tau)$ 的一个包，其中 ρ 是一个类型，e 是类型为 $[\rho/t]\tau$ 的表达式。类型 ρ 是包的**表示类型** (representation type)，表达式 e 是包的**实现** (implementation)。消去形式是表达式 open e_1 as t with $x\!:\!\tau$ in e_2，它通过将表示类型绑定到 t、将其实现绑定到 x 来打开包 e_1，以便在客户端 e_2 中使用。至关重要的是，定型规则确保客户端是类型正确的，与实现者使用的实际表示类型无关，因此可以改变它而不会影响客户端的类型正确性。

open 构造的抽象语法规定类型变量 t 和表达式变量 x 被约束在客户端中。它们可以在不影响语言构造含义的情况下按 α- 等价来重命名，当然，前提是这些名称不与作用域内的其他名称冲突。换句话说，类型 t 是一种"新"类型，它在被引入时就与其他所有类型都不同。这个原则有时称为抽象类型的**生成性** (generativity)：客户端使用抽象类型"生成"一种"新"类型。这种行为依赖于第 1 章所述的标识约定。

17.1.1 静态语义

FE 的静态语义由下列规则给出:

$$\frac{\Delta, t \, \text{type} \vdash \tau \, \text{type}}{\Delta \vdash \text{some}(t.\tau) \, \text{type}} \tag{17.1a}$$

$$\frac{\Delta \vdash \rho \, \text{type} \quad \Delta, t \, \text{type} \vdash \tau \, \text{type} \quad \Delta\Gamma \vdash e : [\rho / t] \, \tau}{\Delta\Gamma \vdash \text{pack}\{t.\tau\}\{\rho\}(e) : \text{some}(t.\tau)} \tag{17.1b}$$

$$\frac{\Delta \, \Gamma \vdash e_1 : \text{some}(t.\tau) \quad \Delta, t \, \text{type} \, \Gamma, x : \tau \vdash e_2 : \tau_2 \quad \Delta \vdash \tau_2 \, \text{type}}{\Delta \, \Gamma \vdash \text{open}\{t.\tau\}\{\tau_2\}(e_1; t, x.e_2) : \tau_2} \tag{17.1c}$$

规则 (17.1c) 比较复杂,所以需要仔细研究。有两个重要的地方需要注意:

1. 客户端类型 τ_2 不能包含抽象类型 t。此限制可防止客户端尝试将抽象类型的值导出到其定义的作用域之外。

2. 客户端的体 e_2 在不知道表示类型 t 的情况下进行类型检查。客户端实际上是类型变量 t 的多态。

> **引理 17.1(规律性)** 假设 $\Delta \vdash e : \tau$。如果在 Γ 中,对于每个 $x_i : \tau_i$ 有 $\Delta \vdash \tau_i \, \text{type}$,那么 $\Delta \vdash \tau \, \text{type}$。

证明 使用表达式和类型的代换,对规则 (17.1) 归纳即可。 □

17.1.2 动态语义

FE 的动态语义由下列规则定义 (包含在方括号中的内容用于急切解释,而省略方括号中的内容时则用于惰性解释):

$$\frac{[e \, \text{val}]}{\text{pack}\{t.\tau\}\{\rho\}(e) \, \text{val}} \tag{17.2a}$$

$$\left[\frac{e \mapsto e'}{\text{pack}\{t.\tau\}\{\rho\}(e) \mapsto \text{pack}\{t.\tau\}\{\rho\}(e')} \right] \tag{17.2b}$$

$$\frac{e_1 \mapsto e_1'}{\text{open}\{t.\tau\}\{\tau_2\}(e_1; t, x.e_2) \mapsto \text{open}\{t.\tau\}\{\tau_2\}(e_1'; t, x.e_2)} \tag{17.2c}$$

$$\frac{[e \, \text{val}]}{\text{open}\{t.\tau\}\{\tau_2\}(\text{pack}\{t.\tau\}\{\rho\}(e); t, x.e_2) \mapsto [\rho, e / t, x] \, e_2} \tag{17.2d}$$

重要的是要明白,按照这些规则,抽象类型在运行时是不存在的。当打开包时,表示类型通过代换传播到客户端,从而消除了客户端和实现者之间的抽象边界。因此,数据抽象是一种**编译时**的规则,在执行时不会留下任何痕迹。

17.1.3 安全性

FE 的安全性通过将其分解为进展性和保持性来陈述并证明。

> **定理 17.2(保持性,preserveation)** 如果 $e : \tau$ 并且 $e \mapsto e'$,那么 $e' : \tau$。

证明 使用表达式和类型变量的代换,对 $e \mapsto e'$ 进行规则归纳即可。 □

引理 17.3（范式，canonical form）　如果 $e: some(t.\tau)$ 并且 $e\ val$，那么对于某个 ρ 和某个 e'，有 $e = pack\{t.\tau\}\{\rho\}(e')$ 使得 $e': [\rho/t]\tau$。

证明　使用闭值的定义，对静态语义进行规则归纳即可。　□

定理 11.4（进展性，progress）　如果 $e: \tau$，那么 $e\ val$，或者存在 e' 使得 $e \mapsto e'$。

证明　使用范式引理，对 $e: \tau$ 进行规则归纳即可。　□

17.2　数据抽象

为了说明 FE 的使用，考虑一个支持 3 种操作的自然数队列的抽象类型：

1. 形成空队列。
2. 在队尾插入一个元素。
3. 如果队列非空，删除队头。

这显然是一个简单的接口，但足以说明数据抽象的主要思想。队列元素是自然数，但是这种选择与队列并没有多大关系。

该描述的关键特性是，我们并没有指明队列实际是什么，而只说明可以对队列进行什么操作。作为队列抽象的接口，队列的行为用存在类型 $\exists(t.\tau)$ 表示为：

$$\exists(t.\langle\, emp \hookrightarrow t,\ ins \hookrightarrow nat \times t \to t,\ rem \hookrightarrow t \to (\,nat \times t)\ opt\,\rangle)$$

队列的表示类型 t 是**抽象的**——所有关于它的信息就是已知它支持给定类型的 emp、ins 和 rem 操作。

队列的实现由指定表示类型的包，以及根据该表示的相关操作的实现组成。在实现内部，队列的表示是已知的，并且被操作所依赖。下面是一个非常简单的实现 e_l，其中队列表示为列表：

$$pack\ natlist\ with\ \langle\, emp \hookrightarrow nil,\ ins \hookrightarrow e_i,\ rem \hookrightarrow e_r\,\rangle\ as\ \exists(t.\tau)$$

其中

$$e_i: nat \times natlist \to natlist = \lambda\,(x: nat \times natlist)\cdots$$

以及

$$e_r: natlist \to (nat \times natlist)\ opt = \lambda\,(x: natlist)\cdots$$

e_i 的省略体将 x 的第一个分量（即元素）约束到 x 的第二个分量（即队列）中；而 e_r 的省略体则将参数逆转，并且返回的是队头元素和队尾逆转的二元组。这两个操作都"知道"队列表示为 natlist 类型的值，并进行相应的编程。

我们也可以给出相同接口 $\exists(t.\tau)$ 的另一种实现 e_p，但是在该实现中，队列表示为成对的列表，由队列的"后半部分"和"前半部分"的逆转结对组成。这种由两部分组成的表示法避免了每次调用时都需要逆转，从而达到分摊常数时间的行为：

$$pack\ natlist \times natlist\ with\ \langle\, emp \hookrightarrow \langle\, nil, nil\,\rangle,\ ins \hookrightarrow e_i,\ rem \hookrightarrow e_r\,\rangle\ as\ \exists(t.\tau)$$

在这种情况下，e_i 的类型为

$$nat \times (natlist \times natlist) \to (natlist \times natlist)$$

e_r 的类型为

$$(\text{natlist} \times \text{natlist}) \to (\text{nat} \times (\text{natlist} \times \text{natlist})) \text{ opt}$$

这两个操作都"知道"队列表示为 natlist × natlist 类型的值，并进行相应的编程。

重要的一点是，无论我们选择哪种队列实现，检查的都是相同的客户端类型，因为在类型检查过程中，表示类型是隐藏的，或者是抽象的。因此，客户端不能依赖队列是 natlist 还是 natlist × natlist 或其他类型。也就是说，客户端**独立于抽象类型的表示**。

17.3 存在类型的可定义性

FE 语言不是 F 的某种扩展，因为存在类型（在惰性动态语义下）可以根据全称类型来定义。为什么这是可能的？请注意，抽象类型的客户端在表示类型中是**多态的**。关于

$$\text{open } e_1 \text{ as } t \text{ with } x{:}\tau \text{ in } e_2{:}\tau_2$$

的定型规则指明，如果 t type 并且 $x{:}\tau$，那么 $e_2{:}\tau_2$，其中 $e_1{:}\exists(t.\tau)$。本质上，客户端是以下类型的多态函数

$$\forall(t.\tau \to \tau_2)$$

其中 t 可能在 τ（操作的类型）中出现，但是不会出现在 τ_2（结果的类型）中。

由此对存在类型编码如下：

$$\exists(t.\tau) \triangleq \forall(u.\forall(t.\tau \to u) \to u)$$
$$\text{pack } \rho \text{ with } e \text{ as } \exists(t.\tau) \triangleq \Lambda(u)\,\lambda\,(x:\forall(t.\tau \to u))x[\rho](e)$$
$$\text{open } e_1 \text{ as } t \text{ with } x{:}\tau \text{ in } e_2 \triangleq e_1[\tau_2](\Lambda(t)\,\lambda\,(x{:}\tau)\,e_2)$$

存在类型被编码为一个多态函数，它将总体结果类型 u 作为参数，随后是一个表示结果类型为 u 的客户端的多态函数，最后产生类型为 u 的值作为总体结果。因此，open 构造简单地将客户端封装为这种多态函数，在结果类型 τ_2 处实例化存在类型，并将其应用于多态客户端（因而，翻译依赖于知道 open 构造的总体结果类型 τ_2）。最后，由表示类型 ρ 和实现 e 组成的包是一个多态函数。当给定结果类型 u 和客户端 x 时，用 ρ 实例化 x 并传递给它的实现 e。

17.4 表示独立性

参数化的一个重要结果是，它确保客户端对抽象类型的表示不敏感。更准确地说，存在一个将抽象类型的两种实现关联起来的标准，即**双相似性**（bisimilarity，双向相似），这样客户端的行为不会受到将一种实现替换为与之双相似的另一种实现的影响。这个原则引导我们用一种简单的方法来证明抽象类型的候选（candidate）实现的正确性，即证明它与显然正确的参考实现是双相似的。因为候选实现和参考实现是双相似的，所以没有客户端可以将它们区分开，因此如果参考实现在客户端中正确运行，那么候选实现在客户端中也可以正确运行。

为了推导实现的双相似性的定义，根据 17.3 节给出的全称类型来检验存在类型的定义是有帮助的。很显然，抽象类型的客户端在抽象类型的表示中是多态的。抽象类型为 $\exists(t.\tau)$ 的客户端 c 具有类型 $\forall(t.\tau \to \tau_2)$，其中 t 在 τ_2 中不能自由出现（但可能在 τ 中自由出现）。应

用第 16 章非正式描述的参数化性质（在第 48 章中严格描述），这表明如果 R 是抽象类型的任何两种实现之间的**双模拟关系** (bisimulation relation)，则客户端对它们的行为是相同的。t 不会在结果类型中出现，这可以确保客户端的行为与实现间关系的选择无关，只要实现该关系的操作能够保持该关系即可。

接下来举例解释什么是双模拟。考虑存在类型 $\exists(t.\tau)$，其中 t 是带标签的元组类型

$$\langle \text{ emp} \hookrightarrow t, \text{ ins} \hookrightarrow \text{nat} \times t \to t, \text{ rem} \hookrightarrow t \hookrightarrow (\text{nat} \times t) \text{ opt } \rangle$$

这描述队列的一种抽象类型。操作 emp、ins 和 rem 分别为生成空队列、插入操作和删除操作。简单起见，元素类型是自然数。根据队列是否为空，删除的结果是一个可选的二元组。

定理 48.12 确保如果 ρ 和 ρ' 是任意两个封闭的类型，并且如果 R 是这两种类型的表达式之间的关系，那么如果两种实现 $e:[\rho/x]\tau$ 和 $e':[\rho'/x]\tau$ 有关系 R，则 $c[\rho]e$ 与 $c[\rho']e'$ 的行为相同。接下来定义两种实现何时有关系 R。令

$$e \triangleq \langle \text{ emp} \hookrightarrow e_\text{m}, \text{ ins} \hookrightarrow e_\text{i}, \text{ rem} \hookrightarrow e_\text{r} \rangle$$

并且

$$e' \triangleq \langle \text{ emp} \hookrightarrow e_\text{m}', \text{ ins} \hookrightarrow e_\text{i}', \text{ rem} \hookrightarrow e_\text{r}' \rangle$$

对于这两种实现有关系 R 需要满足以下三个条件：

1. 两个空队列是相关的：$R(e_m, e_m')$。

2. 在两个相关的队列插入相同元素后产生相关的队列：如果 $d:\tau$ 且 $R(q, q')$，那么 $R(e_\text{i}(d)(q), e_\text{i}'(d)(q'))$。

3. 如果两个队列相关，那么它们都是空的，或者它们的前面元素是相同的，并且它们的后面元素是相关的。如果 $R(q, q')$，那么以下条件有一条成立：

    (a) $e_\text{r}(q) \cong \text{null} \cong e_\text{r}'(q')$

    (b) $e_\text{r}(q) \cong \text{just}(\langle d, r \rangle)$ and $e_\text{r}'(q') \cong \text{just}(\langle d', r' \rangle)$, with $d \cong d'$ and $R(r, r')$

如果存在这样的关系 R，那么实现 e 和 e' 是**双相似的** (bisimilar)。该术语源于抽象类型的操作必须保持关系的要求：如果它在执行操作之前保持关系，那么它必须在之后也保持关系，并且该关系必须适用于队列的初始状态。因此，每种实现可以模拟另一种实现，直至 R 指定的关系。

为了了解这在实际中是如何工作的，让我们非形式地考虑前面定义的抽象类型队列的两种实现。对于参考实现，选择 ρ 为 natlist 类型，将 emp 定义为空列表，定义 ins 为将给定元素添加到列表头部，并定义 rem 为删除列表中的最后一个元素。代码如下：

$$t \triangleq \text{natlist}$$
$$\text{emp} \triangleq \text{nil}$$
$$\text{ins} \triangleq \lambda\,(x:\text{nat})\,\lambda\,(q:t)\,\text{cons}(x; q)$$
$$\text{rem} \triangleq \lambda\,(q:t)\,\text{case rev}(q)\{\text{nil} \hookrightarrow \text{null} \mid \text{cons}(f; qr) \hookrightarrow \text{just}(\langle f, \text{rev}(qr) \rangle)\}$$

由于逆转，删除元素所花费的时间与列表长度呈线性关系。

对于候选实现，我们选择 ρ' 为 natlist $\times$ natlist 类型，表示为 list $\langle b, f \rangle$，其中 b 是队列的 "后半部分"，f 是队列 "前半部分" 的逆转。针对这种表示，定义 emp 为一对空列表，

ins 为在后半部分的头部插入元素，并根据队列前半部分是否为空定义 rem 操作。如果队列前半部分是非空的，则删除头元素，返回后半部分和前半部分的尾部组成的列表对。如果队列前半部分是空的，而后半部分非空，那么逆转后半部分，然后删除其头元素，最后返回由空列表和逆转后的后半部分尾部组成的列表对。代码如下：

$$t \triangleq \text{natlist} \times \text{natlist}$$

$$\text{emp} \triangleq \langle \text{nil}, \text{nil} \rangle$$

$$\text{ins} \triangleq \lambda\, (x : \text{nat})\, \lambda\, (\langle bs, fs \rangle : t)\, \langle \text{cons}(x;\, bs), fs \rangle$$

$$\text{rem} \triangleq \lambda\, (\langle bs, fs \rangle) : t)\, \text{case}\, fs\{\text{nil} \hookrightarrow e \mid \text{cons}(f;\, fs') \hookrightarrow (\langle bs, fs' \rangle)\},\, \text{where}$$

$$e \triangleq \text{case}\, \text{rev}(bs)\{\text{nil} \hookrightarrow \text{null} \mid \text{cons}(b;\, bs') \hookrightarrow \text{just}(\langle b, \langle \text{nil}, bs' \rangle \rangle)\}$$

逆转操作的代价分摊到操作序列的各个插入和删除操作上，则它在序列中每个操作的时间为常数时间。

为了证明候选实现是正确的，我们可以证明它和参考实现是双相似的。为此，假设类型 natlist 和 natlist × natlist 有关系 R，关系 R 满足前面所说的 3 个模拟条件。那么 $R(l, \langle b, f \rangle)$ 当且仅当列表 l 是 app(b)(rev(f))，其中 app 是列表的 append 函数。也就是说，把 l 作为队列的参考表示，候选实现必须确保 b 的元素和逆序形式的 f 的元素可以形成列表 l。很容易检查刚刚描述的实现是否保持这种关系。这样做之后，我们可以确保无论是使用参考实现还是候选实现，客户端 c 的行为都是相同的。因为参考实现显然是正确的（尽管效率很低），所以候选实现也是正确的，客户端的行为不会因使用它代替参考实现而受到影响。

17.5   注记

编程语言中的抽象类型与逻辑中的存在类型之间的联系由 Mitchell 和 Plotkin(1988) 提出。在此之前，Reynolds(1974) 已经提出了密切相关的观点，但与存在类型的联系并没有明确提及。Mitchell(1986) 随后提出了表示独立性。

习题

17.1   使用 17.3 节的解释，说明存在类型的静态语义和动态语义是正确模拟的。

17.2   在 FE 中，定义自然数流的余归纳类型，如第 15 章所定义。提示：根据流的生成器（引入形式）定义其表示形式。

17.3   在 FE 中，定义一个任意的归纳类型 $v(t.\tau)$。提示：对习题 17.2 的解答进行一般化。

17.4   使用 17.3 节给出的 F 中 FE 的解释，可知抽象类型的表示独立性是多态类型参数化定理的必然结果。将 17.4 节中给出的两个队列实现的等价性证明改写为第 16 章非正式定义的参数化实例。

高阶种类

类型量化的概念自然地引出对诸如 list 的**类型构造器**（type constructor）的考虑，list 是将类型映射到类型的函数。例如，17.4 节中考虑的自然数队列的抽象类型可以推广到不固定元素类型的队列的抽象类型构造器。在本章要提出的符号中，这种抽象由存在类型 $\exists q.\mathrm{T} \to \mathrm{T}.\sigma$ 表示，其中 σ 是带标签的元组类型

$$\langle\, \mathrm{emp} \hookrightarrow \forall t :: \mathrm{T}.q[t],\ \mathrm{ins} \hookrightarrow \forall t :: \mathrm{T}.t \times q[t] \to q[t],\ \mathrm{rem} \hookrightarrow \forall t :: \mathrm{T}.q[t] \to (t \times q[t])\,\mathrm{opt}\,\rangle$$

存在类型对类型构造器的种类 $\mathrm{T} \to \mathrm{T}$ 进行量化，类型构造器将类型映射到类型。在队列元素的类型中，这些操作是多态的或泛型的。它们的类型涉及抽象队列构造器 $q[t]$ 的实例，$q[t]$ 表示元素类型为 t 的抽象队列类型。客户端实例化多态量词以指定元素类型；实现是元素类型选择的参数化（因为它们的行为在任何情况下都是相同的）。上面给出的存在类型的包由表示类型构造器和这些操作的实现组成。可能的表示形式包括构造器 $\lambda\,(u :: \mathrm{T})\,u\,\mathrm{list}$ 和构造器 $\lambda\,(u :: \mathrm{T})\,u\,\mathrm{list} \times u\,\mathrm{list}$，它们的种类均为 $\mathrm{T} \to \mathrm{T}$。很容易检查 17.4 节中给出的队列操作的实现是否可以几乎不改地延续到更一般的情况，因为它们不依赖于队列的元素类型。

语言 F_ω 通过对种类（如队列示例中使用的 $\mathrm{T} \to \mathrm{T}$）进行全称量化和存在量化，丰富了语言 F。该扩展说明了不同构造器的定义等同。例如，前一段中给出的存在类型的实现必须根据 q 的表示形式的选择给出操作的实现。如果 q 是构造器 $\lambda\,(u :: \mathrm{T})\,u\,\mathrm{list}$，那么 ins 操作接受一个指定元素类型 t 的类型参数和一个类型为 $(\lambda\,(u :: \mathrm{T})\,u\,\mathrm{list})[t]$ 的队列，通过用 t 代替 λ 抽象体中的 u，该队列类型可以简化为 $t\,\mathrm{list}$。构造器的定义等同定义了允许的简化规则，从而定义了什么时候两种类型相等。相等类型应该可以用作分类器互换，这意味着如果 e 是 τ 类型并且 τ' 定义等同于 τ，那么 e 也应该有 τ' 类型。在队列的示例中，类型 $t\,\mathrm{list}$ 的任何表达式也应该是与该类型定义等同的未简化类型的表达式。

18.1　构造器和种类

F_ω 的种类的语法由以下文法给出：

Kind	κ	::=	Type	T	类型
			Unit	1	空积
			$\mathrm{Prod}(\kappa_1;\ \kappa_2)$	$\kappa_1 \times \kappa_2$	二元积
			$\mathrm{Arr}(\kappa_1;\ \kappa_2)$	$\kappa_1 \to \kappa_2$	函数

种类由类型 T 的种类和单位种类 Unit 组成，并且封闭于积种类和函数种类的形成。

F_ω 的构造器的语法由以下文法定义：

Con	c	::=	u	u	变量
			arr	$\rightarrow$	函数构造器
			all$\{\kappa\}$	$\forall_\kappa$	全称量词
			some$\{\kappa\}$	$\exists_\kappa$	存在量词
			proj[l](c)	$c \cdot 1$	第一投影
			proj[r](c)	$c \cdot r$	第二投影
			app$(c_1; c_2)$	$c_1[c_2]$	应用
			unit	$\langle\ \rangle$	空元组
			pair$(c_1; c_2)$	$\langle c_1, c_2 \rangle$	有序对、二元组
			lam$(u.c)$	$\lambda\ (u)\ c$	抽象

构造器的语法遵循种类的语法，因为所有种类都有引入形式和消去形式。常量$\rightarrow$，$\forall_\kappa$，$\exists_\kappa$是 T 种类的引入形式；T 种类不存在消去形式，因为类型仅用于对表达式进行分类。我们将元变量τ用于种类 T 的构造器，将应用$\rightarrow [\tau_1][\tau_2]$写作$\tau_1 \rightarrow \tau_2$，将$\forall_\kappa [\lambda\ (u :: \kappa)\ \tau]$写作$\forall u :: \kappa.\tau$，对存在量词也是如此。

F_ω的种类和构造器的静态语义由判断$\Delta \vdash c :: \kappa$指定，该判断指明构造器$c$是关于种类$\kappa$良构的。假设$\Delta$由一组有限的假设集合组成

$$u_1 :: \kappa_1, \cdots, u_n :: \kappa_n$$

其中$n \geq 0$，Δ指明活跃的构造器变量的种类。

构造器的静态语义由如下规则定义：

$$\overline{\Delta, u :: \kappa \vdash u :: \kappa} \tag{18.1a}$$

$$\overline{\Delta \vdash \rightarrow :: T \rightarrow T \rightarrow T} \tag{18.1b}$$

$$\overline{\Delta \vdash \forall_\kappa :: (\kappa \rightarrow T) \rightarrow T} \tag{18.1c}$$

$$\overline{\Delta \vdash \exists_\kappa :: (\kappa \rightarrow T) \rightarrow T} \tag{18.1d}$$

$$\frac{\Delta \vdash c :: \kappa_1 \times \kappa_2}{\Delta \vdash c \cdot 1 :: \kappa_1} \tag{18.1e}$$

$$\frac{\Delta \vdash c :: \kappa_1 \times \kappa_2}{\Delta \vdash c \cdot r :: \kappa_2} \tag{18.1f}$$

$$\frac{\Delta \vdash c_1 :: \kappa_2 \rightarrow \kappa \quad \Delta \vdash c_2 :: \kappa_2}{\Delta \vdash c_1[c_2] :: \kappa} \tag{18.1g}$$

$$\overline{\Delta \vdash \langle\rangle :: 1} \tag{18.1h}$$

$$\frac{\Delta \vdash c_1 :: \kappa_1 \quad \Delta \vdash c_2 :: \kappa_2}{\Delta \vdash \langle c_1, c_2 \rangle :: \kappa_1 \times \kappa_2} \tag{18.1i}$$

$$\frac{\Delta, u :: \kappa_1 \vdash c_2 :: \kappa_2}{\Delta \vdash \lambda(u)\, c_2 :: \kappa_1 \rightarrow \kappa_2} \tag{18.1j}$$

三个类型形成常量→，$\forall_\kappa$，$\exists_\kappa$ 的种类指明它们可用于构建种类 T 的构造器、类型的种类，它们通常对表达式进行分类。

18.2 构造器等同

F_ω 的定义等同规则定义两个构造器（特别是两种类型）何时仅通过简化获得彼此而互换。判断

$$\Delta \vdash c_1 \equiv c_2 :: \kappa$$

指出 c_1 和 c_2 是种类 κ 的定义等同的构造器。当 κ 为种类 T 时，构造器 c_1 和 c_2 是定义等同的类型。

构造器的定义等同由以下规则定义：

$$\frac{\Delta \vdash c :: \kappa}{\Delta \vdash c \equiv c :: \kappa} \tag{18.2a}$$

$$\frac{\Delta \vdash c \equiv c' :: \kappa}{\Delta \vdash c' \equiv c :: \kappa} \tag{18.2b}$$

$$\frac{\Delta \vdash c \equiv c' :: \kappa \quad \Delta \vdash c' \equiv c'' :: \kappa}{\Delta \vdash c \equiv c'' :: \kappa} \tag{18.2c}$$

$$\frac{\Delta \vdash c \equiv c' :: \kappa_1 \times \kappa_2}{\Delta \vdash c \cdot \mathbf{l} \equiv c' \cdot \mathbf{l} :: \kappa_1} \tag{18.2d}$$

$$\frac{\Delta \vdash c \equiv c' :: \kappa_1 \times \kappa_2}{\Delta \vdash c \cdot \mathbf{r} \equiv c' \cdot \mathbf{r} :: \kappa_2} \tag{18.2e}$$

$$\frac{\Delta \vdash c_1 \equiv c_1' :: \kappa_1 \quad \Delta \vdash c_2 \equiv c_2' :: \kappa_2}{\Delta \vdash \langle c_1, c_2 \rangle \equiv \langle c_1', c_2' \rangle :: \kappa_1 \times \kappa_2} \tag{18.2f}$$

$$\frac{\Delta \vdash c_1 :: \kappa_1 \quad \Delta \vdash c_2 :: \kappa_2}{\Delta \vdash \langle c_1, c_2 \rangle \cdot \mathbf{l} \equiv c_1 :: \kappa_1} \tag{18.2g}$$

$$\frac{\Delta \vdash c_1 :: \kappa_1 \quad \Delta \vdash c_2 :: \kappa_2}{\Delta \vdash \langle c_1, c_2 \rangle \cdot \mathbf{r} \equiv c_2 :: \kappa_2} \tag{18.2h}$$

$$\frac{\Delta \vdash c_1 \equiv c_1' :: \kappa_2 \to \kappa \quad \Delta \vdash c_2 \equiv c_2' :: \kappa_2}{\Delta \vdash c_1[c_2] \equiv c_1'[c_2'] :: \kappa} \tag{18.2i}$$

$$\frac{\Delta, u :: \kappa \vdash c_2 \equiv c_2' :: \kappa_2}{\Delta \vdash \lambda(u :: \kappa) c_2 \equiv \lambda(u :: \kappa) c_2' :: \kappa \to \kappa_2} \tag{18.2j}$$

$$\frac{\Delta, u :: \kappa_1 \vdash c_2 :: \kappa_2 \quad \Delta \vdash c_1 :: \kappa_1}{\Delta \vdash (\lambda(u :: \kappa) c_2)[c_1] \equiv [c_1 / u] c_2 :: \kappa_2} \tag{18.2k}$$

简而言之，构造器的定义等同是包含规则 (18.2g)、(18.2h) 和 (18.2k) 的最强同余。

18.3 表达式和类型

F_ω 的表达式的静态语义用如下两个判断形式定义:

$$\Delta \vdash \tau \text{ type} \qquad\qquad 类型形成$$

$$\Delta\ \Gamma \vdash e : \tau \qquad\qquad 表达式形成$$

像之前一样,Γ 是一个具有如下形式的有限假设集

$$x_1 : \tau_1, \cdots, x_k : \tau_k$$

使得对于每个 $1 \leq i \leq k$,有 $\Delta \vdash \tau_i$ type。

F_ω 的类型是种类 T 的构造器:

$$\frac{\Delta \vdash \tau :: T}{\Delta \vdash \tau \text{ type}} \qquad\qquad (18.3)$$

这是引入类型的唯一规则,唯一的类型是种类 T 的构造器。

定义等同的类型将相同的表达式分类:

$$\frac{\Delta\ \Gamma \vdash e : \tau_1 \quad \Delta \vdash \tau_1 \equiv \tau_2 :: T}{\Gamma \vdash e : \tau_2} \qquad\qquad (18.4)$$

这个规则确保在本章引言中描述的情况下,定型会受类型简化的影响。

语言 F_ω 扩展了 F,允许对任意类型进行全称量化;语言 FE_ω 对 F_ω 扩展在任意种类上的存在量化。FE_ω 中量词的静态语义由如下规则定义:

$$\frac{\Delta, u :: \kappa\ \Gamma \vdash e : \tau}{\Delta\ \Gamma \vdash \Lambda(u :: \kappa)e : \forall u :: \kappa.\tau} \qquad\qquad (18.5a)$$

$$\frac{\Delta\ \Gamma \vdash e : \forall u :: \kappa.\tau \quad \Delta \vdash c :: \kappa}{\Delta\ \Gamma \vdash e[c] : [c/u]\tau} \qquad\qquad (18.5b)$$

$$\frac{\Delta \vdash c :: \kappa \quad \Delta, u :: \kappa \vdash \tau \text{ type} \quad \Delta\ \Gamma \vdash e : [c/u]\tau}{\Delta\ \Gamma \vdash \text{pack } c \text{ with } e \text{ as } \exists u :: \kappa.\tau : \exists u :: \kappa.\tau} \qquad\qquad (18.5c)$$

$$\frac{\Delta\ \Gamma \vdash e_1 : \exists u :: \kappa.\tau \quad \Delta, u :: \kappa\ \Gamma, x : \tau \vdash e_2 : \tau_2 \quad \Delta \vdash \tau_2 \text{ type}}{\Delta\ \Gamma \vdash \text{ open } e_1 \text{ as } u :: \kappa \text{ with } x : \tau \text{ in } e_2 : \tau_2} \qquad\qquad (18.5d)$$

FE_ω 的动态语义由习题 18.2 的给出。

18.4 注记

除了符号的细节外,本章给出的语言 F_ω 是标准的。在类型的定义等同下,定型的不变性规则要求类型检查算法必须包含检查定义等同的算法作为子例程。文献中给出了许多检查这类等价的方法,所有这些方法都通过各种手段来简化等式两边,并检查结果是否相同。另一种方法是由 Watkins 等人 (2008) 率先提出的,通过以简化形式维护构造器来避免定义等同。引言中的讨论表明,将简化构造器替换为简化构造器不一定是简化的。于是将重点转移到定义一种简化代换的形式,其结果总是简化形式。

习题

18.1 调整第 17 章中给出的两种队列实现，以匹配在引言中给出的队列构造器的签名（或称基调）

$$\exists q :: \mathrm{T} \to \mathrm{T}.\langle\, \mathrm{emp} \hookrightarrow \forall t :: \mathrm{T}.q[t],\ \mathrm{ins} \hookrightarrow \forall t :: \mathrm{T}.t \times q[t] \to q[t]$$

$$\mathrm{rem} \hookrightarrow \forall t :: \mathrm{T}.q[t] \to (t \times q[t])\ \mathrm{opt}\,\rangle$$

考虑定义等同在确保两种实现都具有这种类型方面所起的作用。

18.2 给出 FE_ω 的等式动态语义。构造器的定义等同在其中起什么作用？用一种可观测结果类型（比如 nat）来推导 FE_ω 的转换动态语义。定义等同在转换动态语义中起什么作用？

部分性和递归类型

递归函数的系统 PCF

我们引入语言 T 作为讨论**全计算**（total computation）的基础，全计算是指类型系统保证计算能够终止。语言 M 对 T 进行扩展以允许归纳类型和余归纳类型，同时保持**完全性**（totality）。在本章中，我们引入 PCF 作为讨论**部分计算**（partial computation）的基础，这些程序即使是良类型的，计算也可能不终止。乍一看，这似乎是缺点，但是正如我们将在第 20 章中看到的，它允许比 T 更强的表达能力。

PCF 的部分性源于**一般递归**（general recursion）的概念，它允许对表达式之间的等式组求解。接受所有这种等式组的解的代价是计算可能不终止 —— 某些等式的解可能没有定义（发散）。在 PCF 中，程序员必须确保计算终止，而类型系统不保证这一点。这么做的好处是无须将终止性证明嵌入代码本身中，从而缩短了程序。

例如，考虑下面的等式组：

$$f(0) \triangleq 1$$
$$f(n+1) \triangleq (n+1) \times f(n)$$

直观上，这些等式定义了阶乘函数。它们构成了自然数上未知函数 f 的一个联立等式系统。我们所要找的解就是满足上述条件的特定函数 $f: \mathbb{N} \to \mathbb{N}$。

这样一个等式系统的解就是一个**相伴泛函**（associated functional）（高阶函数）的**不动点**（fixed point）。为了更好地理解，我们以另一种形式重写这些等式：

$$f(n) \triangleq \begin{cases} 1 & n = 0 \\ n \times f(n') & n = n' + 1 \end{cases}$$

继续重写，我们要找的 f 满足

$$n \mapsto \begin{cases} 1 & n = 0 \\ n \times f(n') & n = n' + 1 \end{cases}$$

现在定义**泛函**（functional）F，满足 $F(f) = f'$，其中 f' 满足

$$n \mapsto \begin{cases} 1 & n = 0 \\ n \times f(n') & n = n' + 1 \end{cases}$$

需要注意的是，这里 f' 的条件用泛函 F 的参数 f 来表示，而不是使用 f' 本身。我们要找的是 F 的一个不动点，它是一个满足 $f = F(f)$ 的函数 $f: \mathbb{N} \to \mathbb{N}$。换句话说，$f$ 被定义为 $\text{fix}(F)$，其中 fix 是一个作用在泛函 F 的高阶算子，用于计算 F 的不动点。

为什么像 F 这样的算子应有一个不动点？其关键之处是 PCF 中的函数是部分函数，这意味着它们可能在某些（甚至全部）输入上发散。因此，泛函 F 的不动点是通过对 F 迭代获

得的一系列所需解的近似极限。如果 $\phi(m) = n$ 蕴含 $f(m) = n$，我们称一个在自然数上的部分函数 ϕ 是一个全函数 f 的近似。定义 $\perp : \mathbb{N} \rightharpoonup \mathbb{N}$ 是一个完全没有定义的部分函数，即对所有 $n \in \mathbb{N}$，$\perp(n)$ 都没有定义。这是上面给出的递归方程的期望解 f 的"最差"近似。给定 f 的任何近似 ϕ，我们可以将其"改进"为 $\phi' = F(\phi)$。部分函数 ϕ' 在 0 和所有 ϕ 有定义的 $m \geq 0$ 的 $m + 1$ 上有定义。继续这个过程，$\phi'' = F(\phi') = F(F(\phi))$ 是对 ϕ' 的改进，从而是 ϕ 的更进一步的改进。如果从 $\perp$ 开始作为对 f 的初始近似，不断计算直至达到极限

$$\lim_{i \geq 0} F^{(i)}(\perp)$$

我们可以得到 f 的最小近似，它在每个 $m \in \mathbb{N}$ 上都有定义，即 f 本身。反过来说，如果这个极限存在，那么这就是我们想要找的解。

因为这样的构造适用于任何泛函 F，所以我们可以得出结论：所有这样的算子都具有不动点，因此所有的等式系统就像上面的例子一样有解。这个解是由一般递归给出的，但并不保证它是一个全函数（在定义域中的每个元素上有定义）。上面的例子恰巧是全函数，因为我们可以通过归纳来证明，但是通常情况下，解是一个在某些输入上发散的部分函数。程序员需要保证通过一般递归定义的函数是全函数，或者至少能够控制其输入是在已定义的范围内。

19.1 静态语义

PCF 的语法由如下文法定义：

Typ	τ	::=	nat	nat	自然数
			$\mathrm{parr}(\tau_1; \tau_2)$	$\tau_1 \rightharpoonup \tau_1$	部分函数
Exp	e	::=	x	x	变量
			z	z	零
			$\mathrm{s}(e)$	$\mathrm{s}(e)$	后继
			$\mathrm{ifz}\{e_0; x.e_1\}(e)$	$\mathrm{ifz}\ e\{\mathrm{z} \hookrightarrow e_0 \mid \mathrm{s}(x) \hookrightarrow e_1\}$	零检验
			$\mathrm{lam}\{\tau\}(x.e)$	$\lambda\,(x:\tau)\,e$	抽象
			$\mathrm{ap}(e_1; e_2)$	$e_1(e_2)$	应用
			$\mathrm{fix}\{\tau\}(x.e)$	$\mathrm{fix}\ x:\tau\ \mathrm{is}\ e$	递归

表达式 $\mathrm{fix}\{\tau\}(x.e)$ 是**一般递归式**（general recursion），之后会讨论其细节。表达式 $\mathrm{ifz}\{e_0; x.e_1\}(e)$ 根据 e 是否求值为 z 来分情况处理，如果不是则将 e 的前驱绑定到 x。

PCF 的静态语义由以下规则归纳定义：

$$\overline{\Gamma, x:\tau \vdash x:\tau} \tag{19.1a}$$

$$\overline{\Gamma \vdash \mathrm{z}:\mathrm{nat}} \tag{19.1b}$$

$$\frac{\Gamma \vdash e:\mathrm{nat}}{\Gamma \vdash \mathrm{s}(e):\mathrm{nat}} \tag{19.1c}$$

$$\frac{\Gamma \vdash e:\text{nat} \quad \Gamma \vdash e_0:\tau \quad \Gamma, x:\text{nat} \vdash e_1:\tau}{\Gamma \vdash \text{ifz}\{e_0; x.e_1\}(e):\tau} \tag{19.1d}$$

$$\frac{\Gamma, x:\tau_1 \vdash e:\tau_2}{\Gamma \vdash \text{lam}\{\tau_1\}(x.e):\text{parr}(\tau_1;\tau_2)} \tag{19.1e}$$

$$\frac{\Gamma \vdash e_1:\text{parr}(\tau_2;\tau) \quad \Gamma \vdash e_2:\tau_2}{\Gamma \vdash \text{ap}(e_1;e_2):\tau} \tag{19.1f}$$

$$\frac{\Gamma, x:\tau \vdash e:\tau}{\Gamma \vdash \text{fix}\{\tau\}(x.e):\tau} \tag{19.1g}$$

规则（19.1g）反映了一般递归式的**自指**（self-referential）本质。为了说明 $\text{fix}\{\tau\}(x.e)$ 具有 τ 类型，我们通过假设变量 x 具有 τ 类型，其中 x 表示递归表达式本身，然后检查一般递归式的体 e 是否在这个假设下具有 τ 类型。

结构化规则（尤其是包含在代换中的结构化规则）对静态语义是可纳的（可容许的）。

引理 19.1 *如果* $\Gamma, x:\tau \vdash e':\tau'$，$\Gamma \vdash e:\tau$，*那么* $\Gamma \vdash [e/x] e':\tau'$。

19.2 动态语义

PCF 的动态语义由判断 e val 和 $e \mapsto e'$ 定义，前者指定闭值，后者指定求值的步骤。

判断 e val 由以下规则定义：

$$\overline{z \text{ val}} \tag{19.2a}$$

$$\frac{[e \text{ val}]}{s(e) \text{ val}} \tag{19.2b}$$

$$\overline{\text{lam}\{\tau\}(x.e) \text{ val}} \tag{19.2c}$$

规则（19.2b）中方括号括起的前提在**急切求值**（eager evaluation）解释下是需要的，而在**惰性求值**（lazy evaluation）解释下省略。（见第 36 章关于惰性的讨论。）

转换判断由如下规则定义：

$$\left[\frac{e \mapsto e'}{s(e) \mapsto s(e')}\right] \tag{19.3a}$$

$$\frac{e \mapsto e'}{\text{ifz}\{e_0; x.e_1\}(e) \mapsto \text{ifz}\{e_0; x.e_1\}(e')} \tag{19.3b}$$

$$\overline{\text{ifz}\{e_0; x.e_1\}(z) \mapsto e_0} \tag{19.3c}$$

$$\frac{s(e) \text{ val}}{\text{ifz}\{e_0; x.e_1\}(s(e)) \mapsto [e/x] e_1} \tag{19.3d}$$

$$\frac{e_1 \mapsto e_1'}{\text{ap}(e_1;e_2) \mapsto \text{ap}(e_1';e_2)} \tag{19.3e}$$

$$\left[\frac{e_1\ \text{val} \quad e_2 \mapsto e_2'}{\text{ap}(e_1;e_2) \mapsto \text{ap}(e_1;e_2')} \right] \tag{19.3f}$$

$$\frac{[e_2\,\text{val}]}{\text{ap}(\text{lam}\{\tau\}(x.e);e_2) \mapsto [e_2\,/\,x]\,e} \tag{19.3g}$$

$$\overline{\text{fix}\{\tau\}(x.e) \mapsto [\text{fix}\{\tau\}(x.e)\,/\,x]\,e} \tag{19.3h}$$

被方括号括起来的规则（19.3a）在后继表达式的急切解释时是需要的，否则略去。被方括号括起来的规则（19.3f）以及规则（19.3g）中被括起来的前提在函数应用的按值调用时需包含，而在按名调用时被略去。规则（19.3h）将递归表达式体内的变量 x 替换为自身来实现自指，这个过程称为递归的**展开**（unwinding）。

> **定理 19.2（安全性）**
> 1. 如果 $e:\tau$ 且 $e \mapsto e'$，则 $e':\tau$。
> 2. 如果 $e:\tau$，则要么 e val，要么存在 e' 满足 $e \mapsto e'$。

证明　保持性可通过对转换判断的推导进行归纳来证明。例如规则（19.3h），假设 $\text{fix}\{\tau\}(x.e):\tau$，通过反转和代换可得 $[\text{fix}\{\tau\}(x.e)/x]\,e:\tau$。进展性可通过对定型判断的推导进行归纳证明。例如对于规则（19.1g），由于可以通过展开递归式来继续进展，故其进展性可得证。　　　　□

易见，如果 e val，那么 e 是不可约简的，因为不存在 e' 使得 $e \mapsto e'$。安全性定理表明，一个不可约简的表达式只要是闭式且良类型的，它就是一个值。

PCF 的按名调用变体的定义等同写作 $\Gamma \vdash e_1 \equiv e_2:\tau$，是包含以下公理的最强同余。

$$\overline{\Gamma \vdash \text{ifz}\{e_0;x.e_1\}(z) \equiv e_0:\tau} \tag{19.4a}$$

$$\overline{\Gamma \vdash \text{ifz}\{e_0;x.e_1\}(s(e)) \equiv [e\,/\,x]\,e_1:\tau} \tag{19.4b}$$

$$\overline{\Gamma \vdash \text{fix}\{\tau\}(x.e) \equiv [\text{fix}\{\tau\}(x.e)/x]\,e:\tau} \tag{19.4c}$$

$$\overline{\Gamma \vdash \text{ap}(\text{lam}\{\tau_1\}(x.e_2);e_1) \equiv [e_1\,/\,x]\,e_2:\tau} \tag{19.4d}$$

这些规则足以计算所有 nat 类型的闭式：如果 $e:\text{nat}$，那么 $e \equiv \overline{n}:\text{nat}$ 当且仅当 $e \mapsto^* \overline{n}$。

19.3　可定义性

让我们将递归函数写为 $\text{fun}\ x(\,y:\tau_1):\tau_2$，其函数体 $e:\tau_2$ 中绑定了两个变量，$y:\tau_1$ 代表函数参数，$x:\tau_1 \longrightarrow \tau_2$ 代表函数自身。该结构的动态语义由如下公理定义

$$\overline{(\text{fun}\ x(y:\tau_1):\tau_2\ \text{is}\ e)(e_1) \mapsto [\text{fun}\ x(y:\tau_1):\tau_2\ \text{is}\ e, e_1\,/\,x, y]\,e}$$

上式表示，在应用一个递归函数时，需要将 x 替换为递归函数本身，并且将函数体中的 y 替换为函数参数。

递归函数在 PCF 中使用不动点定义，$\text{fun}\ x(\,y:\tau_1):\tau_2\ \text{is}\ e$ 写作：

$$\text{fix}\ x:\tau_1 \longrightarrow \tau_2\ \text{is}\ \lambda\,(\,y:\tau_1)\,e$$

容易检验，该定义下的递归函数的静态语义和动态语义是可导的。

T 中的原始递归结构在 PCF 中使用递归函数定义的表达式如下：

$$\text{rec } e\{z \hookrightarrow e_0 \mid s(x) \text{ with } y \hookrightarrow e_1\}$$

表示函数应用 $e'(e)$，其中 e' 是一般递归函数

$$\text{fun } f(u:\text{nat}):\tau \text{ is ifz } u\{z \hookrightarrow e_0 \mid s(x) \hookrightarrow [f(x)/y]e_1\}$$

原始递归的静态语义和动态语义可以使用这个方法从 PCF 扩展得到。

一般地，PCF 中可定义的函数是部分函数，它们在一些参数上没有定义。一个（数学上的）部分函数 $\phi : \mathbb{N} \longrightarrow \mathbb{N}$ 在 PCF 中是**可定义的**，当且仅当存在一个表达式 $e_\phi : \text{nat} \longrightarrow \text{nat}$，使得 $e_\phi(\bar{m}) \equiv \bar{n} : \text{nat}$ 当且仅当 $\phi(m) = n$。所以，如果 ϕ 是一个完全没有定义的函数，那么 e_ϕ 就是任何在应用时无返回的循环函数。

区分 PCF 中可定义的部分函数 ϕ 是有益的。**部分递归函数**（partial recursive function）定义为通过最小化操作扩展的原始递归函数：给定 $\phi(m, n)$，定义 $\psi(n)$ 为最小的 $m \geq 0$，满足对每个 $m' < m$，$\phi(m', n)$ 有定义且非零，并且满足 $\phi(m, n) = 0$。如果不存在这样的 m，那么 $\psi(n)$ 未定义。

定理 19.3   一个在自然数上的部分函数 ϕ 在 PCF 中可定义，当且仅当它是部分递归的。

证明   最小化操作在 PCF 中是可定义的，所以 PCF 至少与部分递归函数集一样强大。反过来的证明有些单调乏味，我们可以用部分递归函数定义一个 PCF 的求值器，使用哥德尔（Gödel）编码来表示自然数。因此，PCF 的表达能力不会超过部分函数集。   □

Church 定律表明部分递归函数和自然数上的实际可计算函数的集合是一致的，后者指用任何编程语言表达的任何程序[⊖]。因此，PCF 在定义自然数上的函数的表达能力与任何编程语言相同。

PCF 上的通用函数 ϕ_{univ} 是自然数上的部分函数，定义如下：

$$\phi_{\text{univ}}(\ulcorner e \urcorner)(m) = n \quad \text{iff} \quad e(\bar{m}) \equiv \bar{n} : \text{nat}$$

不同于 T，PCF 的通用函数 ϕ_{univ} 是部分的（在一些输入上可能未定义）。其本质是一个解释器，给定一个类型为 nat $\longrightarrow$ nat 闭式的代码 $\ulcorner e \urcorner$，模拟其动态语义计算结果。如果结果存在，则将 $\ulcorner e \urcorner$ 应用于 $\bar{m}$，获得结果 $\bar{n}$。因为这个过程可能无法终止，所以通用函数并不是在所有输入上都有定义。

从 Church 定律可以看出，该通用函数可以在 PCF 中定义。相反，在第 9 章中我们使用对角化技术证明了类似的函数在 T 中是无法定义的。研究为什么该论点不适用于现在的情况是有益的。如 9.4 节所述，我们可以针对 PCF 推导出如下等式

$$e_\Delta(\overline{\ulcorner e_\Delta \urcorner}) \equiv s(e_\Delta(\overline{\ulcorner e_\Delta \urcorner}))$$

但是不能像在 T 中那样得到通用函数 e_{univ} 不存在的结论。我们只能说对于 PCF，函数 e_{univ}

⊖   Church 定律的进一步讨论参见第 21 章。

对于 e_Δ 作用到自身的代码发散。

19.4 有限数据结构和无限数据结构

有限数据类型（积与和），包括它们在模式匹配与泛型编程的使用，可以原封不动地加入 PCF。不过这些构造的急切动态语义和惰性动态语义之间的区别变得更加重要。这不仅是个人偏好，对急切动态语义和惰性动态语义的选择会影响程序的含义："相同"类型在急切动态语义和惰性动态语义中具有不同的含义。例如，在急切求值语言中，积类型的元素是其分量类型的值对，在惰性求值语言中，它们则是由其分量类型的未经求值、可能发散的计算对。二者显然不是相同的概念。对于和类型也是如此。

这种情况对于无限类型更为严峻，比如"自然数"类型 nat。带引号的"自然数"是有依据的，因为"相同"类型在急切动态语义和惰性动态语义下具有非常不同的含义。对于前者，类型 nat 是真正的自然数类型——包含零以及封闭于后继的最小类型。在急切动态语义下，可以使用数学归纳法在类型 nat 上进行推理。它对应于在第 15 章定义的归纳类型 nat。

另一方面，在惰性动态语义下，nat 类型与自然数完全不一样。例如，它包含这样一个值

$$\omega \triangleq \text{fix } x : \text{nat is } s(x)$$

它是自己的前驱。直觉上，这是一个无限个后继的堆叠，它显然不是一个自然数（它大于所有自然数），所以数学归纳法在这里不适用。在惰性求值时，nat 被重命名为 lnat 来提醒我们两者的区别，它对应于第 15 章中定义的 conat 类型。

19.5 完全性与部分性

像 T 这种全编程语言的优点是，通过类型检查即可保证每个程序都可以终止，并且每个函数都是全函数。一个良类型的程序不可能陷入无限循环中。这种禁令似乎很有吸引力，但是要知道程序终止的时间上限可能很大，大到对所有现实中的计算目标都发散。不过，我们先认可避免发散是 T 的好处。那么我们为什么要费尽心思来设计像 PCF 这种无法避免计算发散的语言呢？毕竟无限循环总是一种 bug，为何不通过类型检查排除它们呢？在试着使用 T 语言编写程序之后，你就会认为这种设计观念有吸引力了。

考虑计算两个自然数的最大公约数（gcd）。通过求解下列使用一般递归的等式组可在 PCF 中编程：

$$\text{gcd}(m, 0) = m$$
$$\text{gcd}(0, n) = n$$
$$\text{gcd}(m, n) = \text{gcd}(m - n, n) \quad m > n$$
$$\text{gcd}(m, n) = \text{gcd}(m, n - m) \quad m < n$$

这样定义的 gcd 的类型是 (nat × nat) ⇀ nat，这意味着在某些输入上它可能不终止。但是我们可以通过在一对参数的和上进行归纳来证明它实际上是一个全函数。

现在我们考虑用 T 编写这个函数。这个函数实际上只需要使用原始递归式即可实现，但是编写它是一件痛苦的事（试试吧！）。理解这个问题的一个角度是，在 T 中实现循环的方法只有一种，即在每次递归调用时将一个自然数减一，所以不可能（直接）对一个较小的数

递归调用，只能对一个数的直接前驱进行递归调用。实际上，你可以用原始递归式作为原语来构建终止递归的更一般的模式，但是如果你仔细检查，就会发现这样做是以性能和程序的复杂性为代价的。程序的复杂性可以通过将标准的推理模式构建为库来减轻，开发库的成本应分摊到所有程序，而不只是一个程序。但是，性能仍然是个问题。实际上，将更一般的递归式编码为原始递归式意味着在编码深处一定存在一个"计时器"，该计时器在逐步递减，以保证程序终止。结果将是，使用这样的库写出的程序比所需的慢。

可能有人会争辩，T 不是一个真实的语言。一个更实际的全编程语言会采用没有性能损失的更复杂的控制模式。诚然，人们很容易想到将自然数表示成二元的而不是一元的，并通过减半获得对数复杂度来允许递归调用。这种表述是可能的，因为很多类似的想法都可以避免 T 中这种编程的尴尬。难道我们就不能有一种实际可用的且能够避免发散的语言吗？

可以，但是需要付出代价。我们已经看到全编程语言的一个局限性：它们不是通用的。你不能在 T 语言中写一个 T 语言的解释器，并且这个局限性可扩展到任何全编程语言。如果这一点看起来无足轻重，那么考虑全编程的另一个局限性：Blum 规模定理（Blum Size Theorem，BST）。对于任何一个允许编写自然数函数的全编程语言 $\mathcal{L}$，选择一个放大系数，比如 2^{2^n}，BST 告诉我们存在一个用 $\mathcal{L}$ 可编程的自然数全函数，在 $\mathcal{L}$ 中的最短程序要比 PCF 中该函数的最短程序长 2^{2^n} 倍！

证明的根本思想在于，在全编程语言中程序终止性证明必须放到代码本身中，而在部分编程语言中程序终止性证明是留给程序员的外部验证条件。如果你事先确定证明其完全性的手段，那么总有一些程序的终止证明很难表达（在 T 中是原始递归式，但即使一个人雄心勃勃，也仍然会被 BST 困住）。但是，如果你留出发挥聪明才智的空间，则程序可能会很短，因为不需要在自己的运行代码中嵌入终止性证明。

19.6   注记

本章描述的递归等式组的解法是基于 Kleene 的完全偏序情况下的不动点定理，并对部分函数的近似阶特殊化。PCF 语言来源于 Plotkin（1997）的研究编程语言语义的一个实验。许多作者已经将 PCF 用作语义学中许多问题的研究对象。它也因此成为编程语言中的"大肠杆菌"而被密集地研究⊖。

习题

19.1   考虑 10.3 节中的问题：如何定义互相递归的"奇"和"偶"函数。在那里，我们给出了用原始递归的解法。这里，你要给出一个用一般递归表示的解法。提示：考虑一对相互递归的函数是一个递归的函数对。

19.2   证明在定理 19.3 之前所描述的最小化操作在 PCF 中是可定义的。

19.3   考虑部分函数 ϕ_{halts}，使得如果 $e:\text{nat} \rightharpoonup \text{nat}$，那么 $\phi_{\text{halts}}(\ulcorner e \urcorner)$ 求值为 0 当且仅当 $e(\ulcorner e \urcorner)$ 收敛，否则求值为 1。证明 ϕ_{halts} 在 PCF 中不可定义。

19.4   如果改变在定理 19.3 之前给出的最小化操作的规定，那么让 $\psi(n)$ 是满足 $\phi(m, n) = 0$ 的最小的 m；如果这样的 m 不存在，则 $\psi(n)$ 未定义。这个最小化操作的"简化"形式在 PCF 中可定义吗？

⊖   大肠杆菌是生命科学的模式生物，被频繁地研究，并用于揭示某种具有普遍规律的生命现象。——译者注

19.5 假设想要在 PCF 的惰性语义的变体中定义"并行或"函数：函数的两个参数中若一个是 z，则返回 z，否则返回 s(z)。即我们希望找到一个表达式 e 满足以下条件：

$$e(e_1)(e_2) \mapsto^* z \text{ if } e_1 \mapsto^* z$$
$$e(e_1)(e_2) \mapsto^* z \text{ if } e_2 \mapsto^* z$$
$$e(e_1)(e_2) \mapsto^* s(z) \text{ otherwise}$$

因此，e 定义一个具有两个参数的全函数，即使其中一个参数发散。显然这个函数不能在按值调用的 PCF 变体中定义。那么能否在按名调用的 PCF 变体中定义呢？如果能，则给出定义；否则证明其不能被定义，并给出一个可以使 PCF 支持该函数定义的拓展。

19.6 借助 Church 定律来论证针对 PCF 的通用函数在 PCF 中是可定义的。通过考虑两个方面的问题来揭示其内涵：（1）哥德尔编码，将抽象语法表示为数字；（2）求值，解释执行函数作用在其输入上的过程。第（1）部分是由 PCF 上可用的数据结构有限导致的技术问题。第（2）部分是问题的核心。请根据第（1）部分的解决方案分析第（2）部分的实现。

递归类型的系统 FPC

在本章中，我们研究具有积类型、和类型、部分函数和递归类型的 FPC 语言。递归类型是类型等式 $t \cong \tau$ 的解，其中 t 在 τ 中的出现位置没有限制。等价地，递归类型是与关联的无限制类型算子 $t.\tau$ 同构的不动点。通过消除对类型算子的限制，我们可以考虑诸如 $t \cong t \rightharpoonup t$ 的类型等式的解，它描述了一个与本身定义的部分函数类型同构的类型。如果类型是集合，则无法求解这样的等式，因为集合上的部分函数比该集合中的元素多。但类型不是集合，类型对可计算函数而不是任意函数进行分类。使用类型，我们可以求解这种"可疑的"类型等式，而使用集合则做不到。其代价是我们必须容许不终止。因为只有涉及的函数是部分函数时，涉及函数的类型等式才有解。

仅考虑部分函数的好处是类型等式具有（同构的）**唯一**解。因此，正如我们将在本章中所做的，谈论类型等式的解法是有意义的。但是第 15 章中给出的类型等式的有区别的解呢？这些结果与任何固定的动态语义一致，但是根据动态语义是急切还是惰性的会产生不同的解（如 19.4 节中针对自然数的特例）。在惰性动态语义（所有构造都是惰性求值）下，递归类型具有余归纳风格，归纳类比是不适用的。在急切动态语义（所有构造都是急切求值）下，递归类型具有归纳风格。但是，也可以使用函数类型来选择性地施加惰性语义以便使用余归纳类比。由此可见，急切动态语义比惰性动态语义更具表达力，因为不能反过来用惰性语言定义归纳类型。

20.1 求解类型等式

语言 FPC 具有从前文中继承的积类型、和类型和部分函数，并扩展了递归类型的新概念。递归类型的语法定义如下：

Typ	τ	::=	t	t	自指，自引用
			$\mathrm{rec}(t.\tau)$	$\mathrm{rec}\ t\ \mathrm{is}\ \tau$	递归类型
Exp	e	::=	$\mathrm{fold}\{t.\tau\}(e)$	$\mathrm{fold}(e)$	折叠
			$\mathrm{unfold}(e)$	$\mathrm{unfold}(e)$	展开

递归类型与第 15 章讨论的归纳类型和余归纳类型具有相同的一般形式，但不限制所涉及的类型算子。递归类型根据以下规则形成：

$$\frac{\Delta, t\ \mathrm{type} \vdash \tau\ \mathrm{type}}{\Delta \vdash \mathrm{rec}(t.\tau)\ \mathrm{type}} \tag{20.1}$$

折叠和展开的静态语义由以下规则给出：

$$\frac{\Gamma \vdash e : [\mathrm{rec}(t.\tau)/t]\,\tau}{\Gamma \vdash \mathrm{fold}\{t.\tau\}(e) : \mathrm{rec}(t.\tau)} \qquad (20.2\mathrm{a})$$

$$\frac{\Gamma \vdash e : \mathrm{rec}(t.\tau)}{\Gamma \vdash \mathrm{unfold}(e) : [\mathrm{rec}(t.\tau)/t]\,\tau} \qquad (20.2\mathrm{b})$$

折叠和展开的动态语义由以下规则给出:

$$\frac{[e\ \mathrm{val}]}{\mathrm{fold}\{t.\tau\}(e)\ \mathrm{val}} \qquad (20.3\mathrm{a})$$

$$\left[\frac{e \mapsto e'}{\mathrm{fold}\{t.\tau\}(e) \mapsto \mathrm{fold}\ \{t.\tau\}(e')} \right] \qquad (20.3\mathrm{b})$$

$$\frac{e \mapsto e'}{\mathrm{unfold}(e) \mapsto \mathrm{unfold}(e')} \qquad (20.3\mathrm{c})$$

$$\frac{\mathrm{fold}\{t.\tau\}(e)\ \mathrm{val}}{\mathrm{unfold}(\mathrm{fold}\{t.\tau\}(e)) \mapsto e} \qquad (20.3\mathrm{d})$$

方括号内的前提和规则在引入形式的急切解释中被包含,而针对惰性解释则省略。正如引言所述,急切动态语义或惰性动态语义的选择会影响递归类型的含义。

定理 20.1(安全性)
1. 如果 $e : \tau$ 且 $e \mapsto e'$,那么 $e' : \tau$。
2. 如果 $e : \tau$,则要么 $e\ \mathrm{val}$,要么存在 e' 使得 $e \mapsto e'$。

20.2　归纳类型和余归纳类型

递归类型可用于表示归纳类型,例如自然数。使用 FPC 的急切动态语义,递归类型

$$\rho = \mathrm{rec}\ t\ \mathrm{is}\ [\mathrm{z} \hookrightarrow \mathrm{unit},\ \mathrm{s} \hookrightarrow t]$$

满足类型等式

$$\rho \cong [\mathrm{z} \hookrightarrow \mathrm{unit},\ \mathrm{s} \hookrightarrow \rho]$$

并且与急切自然数的类型同构。引入形式和消去形式通过以下等式在 ρ 上定义 $^{\ominus}$:

$$\mathrm{z} \triangleq \mathrm{fold}(\mathrm{z} \cdot \langle\ \rangle)$$

$$\mathrm{s}(e) \triangleq \mathrm{fold}(\mathrm{s} \cdot e)$$

$$\mathrm{ifz}\ e\{\mathrm{z} \hookrightarrow e_0\ |\ \mathrm{s}(x) \hookrightarrow e_1\} \triangleq \mathrm{case}\ \mathrm{unfold}(e)\{\mathrm{z} \cdot \_ \hookrightarrow e_0\ |\ \mathrm{s} \cdot x \hookrightarrow e_1\}$$

检查这些定义是否正确模拟了 PCF 中自然数的急切动态语义,是一个很好的练习。

另一方面,在 FPC 的惰性动态语义下,相同的递归类型 ρ',

$$\mathrm{rec}\ t\ \mathrm{is}\ [\mathrm{z} \hookrightarrow \mathrm{unit},\ \mathrm{s} \hookrightarrow t]$$

满足同样的类型等式

$\ominus$　"下划线"代表不会在 e_0 中自由出现的变量。

$$\rho' \cong [z \hookrightarrow \text{unit}, s \hookrightarrow \rho']$$

但不是自然数类型。相反，它是 19.4 节中介绍的惰性自然数的类型 lnat。如 19.4 节所讨论的，类型 ρ' 包含"无限数" ω，它当然不是自然数。

类似地，使用 FPC 的急切动态语义，自然数列表的类型 natlist 由递归类型定义

$$\text{rec } t \text{ is } [n \hookrightarrow \text{unit}, c \hookrightarrow \text{nat} \times t]$$

满足如下类型等式

$$\text{natlist} \cong [n \hookrightarrow \text{unit}, c \hookrightarrow \text{nat} \times \text{natlist}]$$

列表引入操作由以下等式给出：

$$\text{nil} \triangleq \text{fold}(n \cdot \langle \, \rangle)$$

$$\text{cons}(e_1; e_2) \triangleq \text{fold}(c \cdot \langle e_1, e_2 \rangle)$$

有条件的列表消去形式由以下等式给出：

$$\text{case } e \{\text{nil} \hookrightarrow e_0 \mid \text{cons}(x; y) \hookrightarrow e_1\} \triangleq \text{case unfold}(e)\{n \cdot \_ \hookrightarrow e_0 \mid c \cdot \langle x, y \rangle \hookrightarrow e_1\}$$

为了更清晰，我们使用模式匹配语法来绑定有序对的分量。

现在考虑相同的递归类型，但在 FPC 的惰性动态语义的背景下。它是什么类型呢？如果所有构造都是惰性的，则递归类型

$$\text{rec } t \text{ is } [n \hookrightarrow \text{unit}, c \hookrightarrow \text{nat} \times t]$$

的值具有 fold(e) 的形式，其中 e 是和类型的未求值的计算，其值是 unit 类型或积类型 nat × t 的未求值计算的注入。后者由（惰性）自然数的未求值计算和这种类型的另一个值的未求值计算的有序对组成。特别地，这种类型包含尾部不断延伸的无限列表，以及最终会到达终点的有限列表。事实上，这种类型是第 15 章中定义的无限流类型的一个版本，而不是在急切动态语义下的一种有限列表类型。

在教科书中，通常使用"方框和指针"图来描绘数据结构。如果不涉及任何函数，它们在急切求值设置下效果不错。例如，可以使用该符号来刻画急切自然数的急切列表。我们可以将 fold 视为指向标签单元的抽象指针，该标签单元包括没有关联数据的标签 n，或附加到由真实自然数和另一个列表（它是同一类型的抽象指针）组成的有序对的标签 c。但这种符号并不能很好地扩展到涉及函数的类型，或者具有惰性动态语义的语言。例如，惰性 FPC 中的递归类型的"列表"不能使用方框和指针来描述，因为在这种类型的值中存在未求值的计算。将数据结构的概念限制为那些可以使用方框和指针或类似的非正式符号在黑板上绘制的结构，这是错误的。要想充分并准确地表达数据结构，没有什么可以替代编程语言。

"相同"递归类型可以根据其动态语义是急切还是惰性的而具有两种不同的含义，这相当具有欺骗性。例如，对于惰性语言，通常将名称"list"用于流的递归类型，而将名称"nat"用于惰性自然数的类型。考虑到这些语言不具有（并且不能表达）适当类型的有限列表或自然数，这些术语具有误导性。风险自负。

20.3 自指 / 自引用

在一般递归式 $\text{fix}\{\tau\}(x.e)$ 中，变量 x 代表表达式本身。自指 / 自引用通过展开如下转换来起作用

$$\text{fix}\{\tau\}(x.e) \mapsto [\text{fix}\{\tau\}(x.e)/x]e$$

在执行期间，该转换将表达式本身替换为递归体中的 x。将 x 视为 e 的隐式参数是很有用的，当使用该表达式时，将 x 实例化为自身。在许多众所周知的语言中，这个隐式参数有一个特殊的名称，例如 this 或 self，以强调它的自指解释。

使用这种直觉作为指导，我们可以从递归类型推导出一般递归。这种推导表明，一般递归可以像其他语言特征一样，被看作类型结构的表示形式，而不是作为一种特殊的语言特征。这个推导隔离了一种由以下文法给出的自指表达式：

Typ	τ	::=	$\text{self}(\tau)$	τ self	自指类型
Exp	e	::=	$\text{self}\{\tau\}(x.e)$	self x is e	自指表达式
			$\text{unroll}(e)$	$\text{unroll}(e)$	展开自指

这些结构的静态语义由以下规则给出：

$$\frac{\Gamma, x : \text{self}(\tau) \vdash e : \tau}{\Gamma \vdash \text{self}\{\tau\}(x.e) : \text{self}(\tau)} \tag{20.4a}$$

$$\frac{\Gamma \vdash e : \text{self}(\tau)}{\Gamma \vdash \text{unroll}(e) : \tau} \tag{20.4b}$$

动态语义由以下用于展开自指的规则给出：

$$\frac{}{\text{self}\{\tau\}(x.e) \text{ val}} \tag{20.5a}$$

$$\frac{e \mapsto e'}{\text{unroll}(e) \mapsto \text{unroll}(e')} \tag{20.5b}$$

$$\frac{}{\text{unroll}(\text{self}\{\tau\}(x.e)) \mapsto [\text{self}\{\tau\}(x.e) / x]e} \tag{20.5c}$$

与一般递归相比，主要的区别在于我们区分了一种自指表达式类型，而不是在每种类型中都有自指。但是，正如我们将要看到的，自指类型足以实现一般递归，因此区别只是个人喜好。

$\text{self}(\tau)$ 类型可以从递归类型中定义。如前所述，关键是考虑类型 τ 的自指表达式依赖于表达式本身。也就是说，我们试图定义类型 $\text{self}(\tau)$ 使其满足同构

$$\text{self}(\tau) \cong \text{self}(\tau) \longrightarrow \tau$$

我们寻找类型算子 $t.t \longrightarrow \tau$ 的不动点，其中 $t \notin \tau$ 是一个代表所讨论类型的类型变量。所需的不动点即是递归类型

$$\text{rec}(t.t \longrightarrow \tau)$$

我们把它作为 $\text{self}(\tau)$ 的定义。

自指表达式 $\text{self}\{\tau\}(x.e)$ 就是表达式

$$\text{fold}(\lambda(x:\text{self}(\tau))e)$$

我们可以根据这个定义检查规则（20.4a）是否可导出。表达式 unroll(e) 相应地可表示为

$$\text{unfold}(e)(e)$$

很容易检查规则（20.4b）是否可以从此定义中导出。此外，我们可以检查

$$\text{unroll}(\text{self}\{\tau\}(\,y.e)) \mapsto^* [\text{self}\{\tau\}(\,y.e)/y]e$$

这完成了 τ 类型的自指表达式的类型 self(τ) 的推导。

自指类型 self(τ) 可用于定义任何类型的一般递归。我们可以定义 fix$\{\tau\}$($x.e$) 代表表达式

$$\text{unroll}(\text{self}\{\tau\}(\,y.[\text{unroll}(\,y)/x]e))$$

其中在 e 中展开 x 的每个出现处的递归。很容易检查这是否验证了第 19 章中给出的一般递归的静态语义。此外，它还验证了动态语义，如下推导所示：

$$\begin{aligned}\text{fix}\{\tau\}(x.e) &= \text{unroll}(\text{self}\{\tau\}(\,y.[\text{unroll}(\,y)/x]e))\\ &\mapsto^* [\text{unroll}(\text{self}\{\tau\}(\,y.[\text{unroll}(\,y)/x]e))/x]e\\ &= [\text{fix}\{\tau\}(x.e)/x]e\end{aligned}$$

因此，递归类型可用于定义每种类型的非终止表达式 fix$\{\tau\}$($x.x$)。

20.4   状态的起源

计算中的**状态**（state）概念将在第十四部分中讨论，它起源于递归或自指的概念，正如我们刚才所见，它来自递归类型的概念。例如，触发器或锁存器的概念是由组合逻辑元件（通常是"或非"门或"与非"门）构建的电路，这些逻辑元件具有随时间变化的状态。例如，RS 锁存器在短暂的延迟之后，根据其 R 或 S 输入上的信号将其输出维持在逻辑电平 0 或 1。这种行为是使用**反馈**（feedback）实现的，反馈就是一种自指或递归形式：门的输出反馈到其输入中，以便将门的当前状态传递给决定其下一个状态的逻辑。

我们可以使用递归类型实现 RS 锁存器。主要的想法是使用自指对时间的流逝进行建模，并根据其输入及其先前的输出计算当前的输出。具体来说，RS 锁存器是 τ_{rsl} 类型的值，定义为

$$\text{rec } t \text{ is } \langle X \hookrightarrow \text{bool}, Q \hookrightarrow \text{bool}, N \hookrightarrow t \rangle$$

锁存器的 X 和 Q 分量表示其当前输出（其中 Q 表示锁存器的当前状态），N 分量表示锁存器的下一个状态。 如果 e 是 τ_{rsl} 类型，那么我们将 e @ X 定义为 unfold(e) · X，并且类似地定义 e @ Q 和 e @ N。表达式 e @ X 和 e @ Q 求值为锁存器 e 的布尔输出；e @ N 求值为另一个锁存器，该锁存器表示为在这些输入的基础上随时间的演变。

对于给定值 r 和 s，通过如下定义，递归函数 rsl 从旧锁存器计算出一个新锁存器[注]：

$$\text{fix } rsl \text{ is } \lambda\,(l:\tau_{rsl})\,e_{rsl}$$

[注] 为了方便起见，假设 fold 是惰性求值。

其中 e_{rsl} 是表达式

$$\text{fix } this \text{ is fold}(\langle\, X \hookrightarrow e_{nor}(\langle\, s, l \mathbin{@} Q \,\rangle), Q \hookrightarrow e_{nor}(\langle\, r, l \mathbin{@} X \,\rangle), N \hookrightarrow rsl(this) \,\rangle)$$

其中 e_{nor} 是布尔值上显而易见的二元函数 nor。锁存器的输出根据 r 和 s 的输入以及锁存器先前状态的输出来计算。为了启动这个构造，我们定义了锁存器的初始状态，其中输出被任意地设置为假，并且通过将递归函数 rsl 应用于该状态来确定其下一个状态：

$$\text{fix } this \text{ is fold}(\langle\, X \hookrightarrow \text{false}, Q \hookrightarrow \text{false}, N \hookrightarrow rsl(this) \,\rangle)$$

选择 N 分量会导致根据输出的当前值重新计算输出。注意自指在维持锁存器状态中的作用。

20.5　注记

Scott（1976,1982）发起了对编程中递归类型的系统研究，并给出了无类型 λ 演算的数学模型。从递归类型推导递归是 Scott 理论的一个应用。递归类型的范畴论观点是由 Wand（1979）以及 Smyth 和 Plotkin（1982）提出的。使用自指实现状态是数字逻辑的基础（Ward 和 Halstead，1990）。20.4 节给出的例子受 Cook（2009）以及 Abadi 和 Cardelli（1996）的启发。将信号作为流进行描述（在习题中进行探讨）是受 Kahn 的开创性工作的启发（MacQueen，2009）。语言名称 FPC 取自 Gunter（1992）。

习题

20.1　通过解释在习题 3.1 中定义的 sk 组合子，说明递归类型 $D \triangleq \text{rec } t \text{ is } t \longrightarrow t$ 是不平凡的。更具体地，定义元素 $k : D$ 和 $s : D$，以及一个（左结合的）"应用"函数

$$x : D \; y : D \vdash x \cdot y : D$$

使得：

（a）$k \cdot x \cdot y \longmapsto^{*} x$

（b）$s \cdot x \cdot y \cdot z \longmapsto^{*} (x \cdot z) \cdot (y \cdot z)$

20.2　递归类型允许归纳类型和余归纳类型的结构。考虑递归类型 $\tau \triangleq \text{rec } t \text{ is } \tau'$ 以及相关联的归纳类型和余归纳类型 $\mu(t.\tau')$ 和 $\nu(t.\tau')$。下面等式的左侧是根据归纳类型和余归纳类型的静态语义完成的，等式的右侧是根据递归类型的静态语义完成的。

$$\text{fold}\{t.t\ \text{opt}\}(e) \triangleq \text{fold}(e)$$

$$\text{rec}\{t.t\ \text{opt}\}(x.e'; e) \triangleq ?$$

$$\text{unfold}\{t.t\ \text{opt}\}(e) \triangleq \text{unfold}(e)$$

$$\text{gen}\{t.t\ \text{opt}\}(x.e'; e) \triangleq ?$$

检查静态语义是否可以在这些定义下导出。提示：你需要在右侧使用一般递归来填补缺失的情况。你可能还发现使用泛型编程很有用。

现在，在急切解释和惰性解释下考虑这些定义的动态语义。每种情况会发生什么？

20.3　将信号的类型 signal 定义为无限的布尔流（比特）的余归纳类型。将信号传感器定义为 signal ⟶ signal 类型的函数。诸如 NOR（或非）门之类的组合逻辑门可以定义为信号传感器。给出类型 signal 的余归纳定义，并将 NOR 定义为信号传感器。请务必考

虑 PCF 的动态语义。

从组合逻辑到数字逻辑（维持状态的电路元件）的过渡依赖于自指。例如，RS 锁存器可以用这种方式从两个 NOR 门构建。使用一般递归和刚刚定义的两个 NOR 门来定义 RS 锁存器。

20.4 20.4 节给出的 τ_{rsl} 类型是布尔有序对的流类型。给出 RS 锁存器作为 τ_{rsl} 类型的值的另一种表示形式，但这次使用习题 20.2 中提出的递归类型的余归纳解释（使用 FPC 的惰性动态语义）。使用习题 20.2 的解决方案扩展并简化此定义，并与 20.4 节中给出的公式进行比较。提示：流的内部状态是对应于锁存器的 X 和 Q 输出的一对布尔值。

第九部分

Practical Foundations for Programming Languages, Second Edition

动态类型

Practical Foundations for Programming Languages, Second Edition

无类型的 λ 演算

在本章中，我们要学习一个单类型编程语言的主要示例——无类型的[⊖]λ 演算。这种形式体系是由 Church 在 20 世纪 30 年代作为可计算函数的通用语言引入的。它以朴素优雅著称。λ 演算只有一个"特征"——高阶函数。一切都是函数，因此每个表达式都可以应用于参数，参数本身必须是一个函数，结果也必须是函数。借用一个短语：在 λ 演算中，沿途都是函数。

21.1 λ 演算

无类型的 λ 演算的抽象语法称为 Λ，由以下文法给出：

Exp	u	::=	x	x	变量
			$\lambda(x.u)$	$\lambda(x)u$	λ抽象
			$ap(u_1; u_2)$	$u_1(u_2)$	应用

Λ 的静态语义由形如 x_1 ok,$\cdots$, x_n ok $\vdash u$ ok 的一般假言判断定义，表示 u 是包含变量 $x_1,\cdots,x_n$ 的良构表达式（通常，当变量可以从假言形式中确定时，省略对变量的显式表述）。这些关系可由下述规则归纳定义：

$$\frac{}{\Gamma, x \text{ ok} \vdash x \text{ ok}} \tag{21.1a}$$

$$\frac{\Gamma \vdash u_1 \text{ ok} \quad \Gamma \vdash u_2 \text{ ok}}{\Gamma \vdash u_1(u_2) \text{ ok}} \tag{21.1b}$$

$$\frac{\Gamma, x \text{ ok} \vdash u \text{ ok}}{\Gamma \vdash \lambda(x)u \text{ ok}} \tag{21.1c}$$

Λ 的动态语义用等式给出，而不是通过转换系统。对于 Λ 的定义等同是一个形式为 $\Gamma \vdash u \equiv u'$ 的判断，其中存在 $n \geqslant 0$ 使得 $\Gamma = x_1$ ok, $\cdots$, x_n ok，并且 u 和 u' 都是最多包含 $x_1,\cdots,x_n$ 这些自由变量的项。Λ 的动态语义可由如下规则归纳定义：

$$\frac{}{\Gamma, u \text{ ok} \vdash u \equiv u} \tag{21.2a}$$

$$\frac{\Gamma \vdash u \equiv u'}{\Gamma \vdash u' \equiv u} \tag{21.2b}$$

$$\frac{\Gamma \vdash u \equiv u' \quad \Gamma \vdash u' \equiv u''}{\Gamma \vdash u \equiv u''} \tag{21.2c}$$

$$\frac{\Gamma \vdash u_1 \equiv u_1' \quad \Gamma \vdash u_2 \equiv u_2'}{\Gamma \vdash u_1(u_2) \equiv u_1'(u_2')} \tag{21.2d}$$

⊖ untyped 也可以翻译为"未类型化的"。——译者注

$$\frac{\Gamma, x\,ok\vdash u\equiv u'}{\Gamma\vdash\lambda(x)u\equiv\lambda(x)u'} \qquad (21.2e)$$

$$\frac{\Gamma, x\,ok\vdash u_2\,ok \quad \Gamma\vdash u_1\,ok}{\Gamma\vdash(\lambda(x)u_2)(u_1)\equiv[u_1/x]u_2} \qquad (21.2f)$$

当涉及的变量不需要强调或者可从上下文获知时，通常只写作 $u\equiv u'$。

21.2　可定义性

对无类型的 λ 演算的兴趣源于其惊人的表达能力。无类型的 λ 演算是一个 **图灵完备**（Turing-complete）的语言，在某种意义上，它像其他已知的程序语言一样具有对自然数上的计算进行表达的能力。Church 定律规定，自然数上任何可能的可计算函数的概念都等价于 λ 演算。这个断言对所有已知的在自然数上定义可计算函数的方法都是正确的。Church 定律的作用在于，它假定所有未来的计算概念在表达能力上（通过对自然数上函数的可定义性来度量）均等价于 λ 演算。因此，Church 定律是一个科学定律，可以说它与在重力场中预测未来加速测量结果的牛顿万有引力定律有同样的意义⊖。

我们将简略地证明无类型的 λ 演算和第 19 章描述的 PCF 语言一样强大。主要思想是证明用于操作自然数的 PCF 原语在无类型 λ 演算中是可定义的。特别地，我们必须说明自然数可定义为 λ 项，这样才能定义区分零和非零数的情况分析。主要难点是计算一个数的前驱，这需要一些技巧。最后，我们展示如何表示一般递归并完成证明。

第一个任务是把自然数表示为特定的 λ 项，称为 **Church 数**（Church numerals）。

$$\overline{0}\triangleq\lambda(b)\lambda(s)b \qquad (21.3a)$$

$$\overline{n+1}\triangleq\lambda(b)\lambda(s)s(\overline{n}(b)(s)) \qquad (21.3b)$$

它遵循

$$\overline{n}(u_1)(u_2)\equiv u_2(\ldots(u_2(u_1)))$$

是在 u_1 上 n 次折叠应用 u_2。也就是说，$\overline{n}$ 从它的第一个参数（基础）开始，对第二个参数（归纳步）迭代 n 次。

使用这个定义，定义一个基础算术函数并不难。例如，后继、加法和乘法可以通过下列无类型的 λ 项定义：

$$succ\triangleq\lambda(x)\lambda(b)\lambda(s)s(x(b)(s)) \qquad (21.4)$$

$$plus\triangleq\lambda(x)\lambda(y)y(x)(succ) \qquad (21.5)$$

$$times\triangleq\lambda(x)\lambda(y)y(\overline{0})(plus(x)) \qquad (21.6)$$

容易检验 $succ(\overline{n})\equiv\overline{n+1}$，并且类似的正确性条件也适用于加法和乘法的表示。

定义 $ifz\{u_0;x.u_1\}(u)$ 需要一些技巧，其关键是如何定义"有截止点的前驱"pred，使得

⊖　在计算机科学中是否存在科学定律是有争议的。在作者看来，通常被称为 Church 论点（Church's Thesis）的 Church 定律是成为科学定律的有力候选者。

$$\mathrm{pred}(\overline{0}) \equiv \overline{0} \qquad\qquad (21.7)$$

$$\mathrm{pred}\left(\overline{n+1}\right) \equiv \overline{n} \qquad\qquad (21.8)$$

为了使用 Church 数来计算前驱，我们必须展示如何根据 $\overline{n}$ 的值计算 $\overline{n+1}$ 的结果。乍看似乎很简单——只要取其后继——直到我们考虑基础情况，即定义 $\overline{0}$ 的前驱是 $\overline{0}$。这种定义使在归纳步取后继这种显而易见的策略无效，而需要某种其他方式。

怎么做？一个有用的直觉是用一对"移位寄存器"来考虑计算，它们满足不变式，即在第 n 次迭代中，寄存器分别包含 n 的前驱和 n 本身。给定 n 的结果，即有序对 $(n{-}1, n)$，我们通过左移和递增来获得 $(n, n+1)$，进而得到 $n+1$ 的结果。对于基础情况，我们将寄存器初始化为 $(0, 0)$，表示零的前驱为零。为了计算 n 的前驱，我们通过这种方法来计算 $(n{-}1, n)$，然后返回第一个分量。

为了精确起见，必须首先定义一个 Church 风格的有序对的表示。

$$\langle u_1, u_2 \rangle \triangleq \lambda(f) f(u_1)(u_2) \qquad\qquad (21.9)$$

$$u \cdot 1 \triangleq u(\lambda(x)\lambda(y)x) \qquad\qquad (21.10)$$

$$u \cdot \mathrm{r} \triangleq u(\lambda(x)\lambda(y)y) \qquad\qquad (21.11)$$

很容易检查在这种编码下，$\langle u_1, u_2 \rangle \cdot 1 \equiv u_1$ 成立。类似地，对第二投影的等价性也成立。现在定义前驱函数的表示 u_p：

$$u_p' \triangleq \lambda(x) x(\langle \overline{0}, \overline{0} \rangle)(\lambda(y)\langle y \cdot \mathrm{r}, \mathrm{succ}(y \cdot \mathrm{r}) \rangle) \qquad\qquad (21.12)$$

$$u_p \triangleq \lambda(x) u_p'(x) \cdot 1 \qquad\qquad (21.13)$$

很容易检查这是否给了我们所需的行为。最后，定义 $\mathrm{ifz}\{u_0; x.u_1\}(u)$ 为如下无类型项

$$u(u_0)(\lambda(\_)\, [u_p(u)/x]u_1)$$

这种定义能表达 PCF 中除一般递归之外的所有部件。不过，一般递归使用**不动点组合子**（fixed point combinator）在 Λ 中也是可定义的。有很多不动点组合子的选择，最常见的是 Y 组合子：

$$Y \triangleq \lambda(F)(\lambda(f)F(f(f)))(\lambda(f)F(f(f)))$$

很容易检查

$$Y(F) \equiv F(Y(F))$$

使用 Y 组合子，我们可以通过将其写作 $Y(\lambda(x)u)$ 来定义一般递归，其中 x 代表递归表达式本身。

尽管很明显刚刚定义的 Y 是计算其参数的不动点，但可能并不清楚为什么它能起作用，或者我们最初是怎样发明它的。主要思想其实非常简单。如果函数是递归的，那么它会分配额外的第一个参数在调用栈上，也就是它本身。每当我们希望调用一个带参数的自指函数的，我们首先将函数应用于它本身，然后再应用于它的参数。这个约定适用于对该函数的"外部"调用和对函数自身的"内部"调用。出于这个原因，第一个参数通常称为 this 或者

self 以提醒你，按照惯例，它将绑定到函数自身。

因此，很容易看出如何推导 Y 的定义。如果 F 是我们要寻找的不动点的函数，那么函数 $F' = \lambda(f)F(f(f))$ 是 F 的一个变体。在这个函数里，自应用约定把 $F(f)$ 中出现的每个 f 代换为在内部强制实施的自应用 $f(f)$。现在检验 $F'(F') \equiv F(F'(F'))$，以确保 $F'(F')$ 是 F 所需的不动点。扩展 F' 的定义，我们得出 F 的期望不动点是

$$\lambda(f)F(f(f))(\lambda(f)F(f(f)))$$

要完成推导，我们只需要注意，没有任何东西依赖于 F 的特定选择，这意味着我们可以在 F 中一致地计算 F 的不动点。也就是说，我们可以定义一个单一函数，如上定义的项 Y，它计算任何 F 的不动点。

21.3 Scott 定理

Scott 定理描述了无类型的 λ 演算的定义等同是不可判定的，没有算法能判断两个无类型的项是否是定义等同的。该证明使用了**不可分**（inseparability）的概念。λ 项的任何两个属性，$\mathcal{A}_0$ 和 $\mathcal{A}_1$ 是不可分的，如果没有可判定的属性 $\mathcal{B}$，使 $\mathcal{A}_0\,u$ 推出 $\mathcal{B}\,u$，并且 $\mathcal{A}_1\,u$ 推不出 $\mathcal{B}\,u$。我们说无类型项的一个属性 $\mathcal{A}$ 是**行为的**（behavioral），当且仅当无论何时 $u \equiv u'$，那么 $\mathcal{A}\,u$ 成立当且仅当 $\mathcal{A}\,u'$ 成立。

Scott 定理的证明分解为两部分：

1. 对任意无类型的 λ 项 u，可以找到一个无类型项 v 使得 $u(\ulcorner v \urcorner) \equiv v$，其中 $\ulcorner v \urcorner$ 是 v 的 Gödel 数，$\overline{\ulcorner v \urcorner}$ 是它的 Church 数（参见第 9 章对 Gödel 数的讨论）。

2. 无类型项的任意两个非平凡的⊖行为属性 $\mathcal{A}_0$ 和 $\mathcal{A}_1$ 是不可分的。

引理 21.1 对任意 u，存在 v 使得 $u(\overline{\ulcorner v \urcorner}) \equiv v$。

简略证明 证明依赖下面两种操作在无类型的 λ 演算中的可定义性：

1. $\mathrm{ap}(\overline{\ulcorner u_1 \urcorner})(\overline{\ulcorner u_2 \urcorner}) \equiv \overline{\ulcorner u_1(u_2) \urcorner}$
2. $\mathrm{nm}(\overline{n}) \equiv \overline{\ulcorner \overline{n} \urcorner}$

直观上，第一个式子接收两个无类型项表示，并构建一个无类型项到另一个无类型项的应用的表示；第二个式子取 n 的数值，并产生 Church 数 $\overline{n}$ 的表示。由此，我们可以通过定义 $v \triangleq w(\overline{\ulcorner w \urcorner})$ 找到所需的项 v，其中 $w \triangleq \lambda(x)u(\mathrm{ap}(x)(\mathrm{nm}(x)))$。我们有

$$\begin{aligned}
v &= w(\overline{\ulcorner w \urcorner}) \\
&\equiv u(\mathrm{ap}(\overline{\ulcorner w \urcorner})(\mathrm{nm}(\overline{\ulcorner w \urcorner}))) \\
&\equiv u(\overline{\ulcorner w(\overline{\ulcorner w \urcorner}) \urcorner}) \\
&\equiv u(\overline{\ulcorner v \urcorner})
\end{aligned}$$

这个定义和 $Y(u)$ 的定义非常相似，不同的是，u 表示一个输入的项，并且我们找到一个 v，使得当项 u 被应用于 v，u 可以产生 v 自身。 $\square$

⊖ 如果无类型项的属性对所有无类型项都成立，或者对任一无类型项都不成立，则称该属性是平凡的（trivial）。

引理 21.2   假设 $\mathcal{A}_0$ 和 $\mathcal{A}_1$ 是无类型项的两个非平凡的行为属性，则不存在无类型项 w 使得

1. 对每一个 u，要么 $w(\overline{\ulcorner u \urcorner}) \equiv \overline{0}$，要么 $w(\overline{\ulcorner u \urcorner}) \equiv \overline{1}$。

2. 如果 $\mathcal{A}_0\, u$ 成立，那么 $w(\overline{\ulcorner u \urcorner}) \equiv \overline{0}$。

3. 如果 $\mathcal{A}_1\, u$ 成立，那么 $w(\overline{\ulcorner u \urcorner}) \equiv \overline{1}$。

证明   假设存在这样一个无类型项 w，令 v 是无类型项

$$\lambda(x)\ \text{ifz}\{u_1;\ \_.u_0\}(w(x))$$

其中 u_0 和 u_1 分别使得 $\mathcal{A}_0\, u_0$ 和 $\mathcal{A}_1\, u_1$ 成立（这样的 u_0 和 u_1 一定存在，因为属性的非平凡性）。由引理 21.1 可知，存在一个无类型项 t，使得 $v(\overline{\ulcorner t \urcorner}) \equiv t$。如果 $w(\overline{\ulcorner t \urcorner}) \equiv \overline{0}$，则 $t \equiv v(\overline{\ulcorner t \urcorner}) \equiv u_1$，因此 $\mathcal{A}_1\, t$ 成立。因为 $\mathcal{A}_1$ 是行为的，并且 $\mathcal{A}_1\, u_1$ 成立。但是通过 w 的定义属性可得 $w(\overline{\ulcorner t \urcorner}) \equiv \overline{1}$，这是矛盾的。同理，如果 $w(\overline{\ulcorner t \urcorner}) \equiv \overline{1}$，那么 $\mathcal{A}_0\, t$ 成立，因此 $w(\overline{\ulcorner t \urcorner}) \equiv \overline{0}$，再次得到矛盾。   □

推论 21.3   不存在算法可以判断 $u \equiv u'$ 是否成立。

证明   固定 u，由 $u' \equiv u$ 定义的属性 $\mathcal{E}_u\, u'$ 是无类型项的一个非平凡的行为属性，因此它和它的否定是不可分割的，从而也是不可判定的。   □

21.4   无类型意味着单类型

无类型的 λ 演算可以原原本本地嵌入一个含递归类型的类型语言中。因此，每个无类型的 λ 项都可以表示为类型化表达式，这样 λ 项的表示形式的执行对应于项本身的执行。这种嵌入不是在 FPC 中写一个 λ 演算的解释器，而是在含递归类型的语言中将无类型的 λ 项表示为类型表达式。

注意，无类型的 λ 演算其实是单类型的 λ 演算。并不是缺少类型来赋予它力量，而是它只有一种类型，即递归类型

$$D \triangleq \text{rec}\ t\ \text{is}\ t \rightharpoonup t$$

一个类型 D 的值具有形式 $\text{fold}(e)$，其中 e 是类型 $D \rightharpoonup D$ 的值，也就是一个定义域和值域都为 D 的函数。任何这样的函数都可以通过"折叠"看作类型 D 的值，并且任何一个类型 D 的值都可以通过"展开"转变为一个函数。通常，递归类型是一个类型等式的解，在这里是如下等式

$$D \cong D \rightharpoonup D$$

这种同构表述了 D 是一个与 D 上的部分函数空间同构的类型，当类型恰好是集合时，这将是不可能的。

这种同构导致如下从 Λ 到 FPC 的翻译：

$$x^\dagger \triangleq x \tag{21.14a}$$

$$\lambda(x)u^\dagger \triangleq \text{fold}(\lambda(x\!:\!D)u^\dagger) \tag{21.14b}$$

$$u_1(u_2)^\dagger \triangleq \text{unfold}(u_1^\dagger)(u_2^\dagger) \tag{21.14c}$$

注意，一个 λ 抽象的嵌入是值，并且一个应用的嵌入是通过展开递归类型来展示正在应用的函数。所以有

$$((\lambda(x)u_1)(u_2))^\dagger = \mathrm{unfold}(\mathrm{fold}(\lambda(x\!:\!D)u_1^\dagger))(u_2^\dagger)$$
$$\equiv (\lambda(x\!:\!D)u_1^\dagger)(u_2^\dagger)$$
$$\equiv [u_2^\dagger/x]u_1^\dagger$$
$$= ([u_2/x]u_1)^\dagger$$

最后一步说明了通过对 u_1 结构的归纳，可以证明嵌入可变为代换。因此 β 归约是通过对嵌入项求值来实现的。

因此，我们看到，规范的无类型语言 Λ 在术语上与类型化语言对立，但它归根结底还是一种类型化语言。无类型语言将类型的无限集合拼接整合成一个简单的递归类型，而不是消除了类型。这样做会使得静态类型检查变得平凡，但代价就是产生在递归类型之间来回强制值的动态开销。在第 22 章中，我们将进一步讨论允许数据值的不同类型（而不仅仅是函数），每一个数据值都是"主"递归类型的分量。这种泛化表明所谓的动态类型语言实际上都是静态类型化的。因此，这种传统的区别不能认为是对立的，因为动态语言只是静态语言的特定形式，静态语言中过度强调单个递归类型。

21.5　注记

无类型的 λ 演算是由 Church（1941）作为形式化可计算函数的非正式概念引入的。与图灵机或随机存取机器等著名机器模型不同，λ 演算将数学和编程实践编码在一起。Barendregt（1984）是针对无类型的 λ 演算各个方面的权威参考。Scott 定理的证明正是根据 Barendregt 的说法改编而成。Scott(1980a) 用一种优雅的递归类型理论首次给出了无类型的 λ 演算的模型。这种构造是 Scott 对 λ 演算是单类型而不是无类型的恰当描述的基础。关于 Church 定律的中心思想，由 Robert L.Constable 和 Mark Lillibridge 分别独立地传达作者。

习题

21.1　在 Λ 中，定义第 10 章中曾定义过的有限积的编码。

21.2　在 Λ 中，用两种方法定义阶乘函数：一个不使用 Y，一个使用 Y。这两种情况下，说明你的解 u 具有性质 $u(\overline{n}) \equiv \overline{n!}$。

21.3　在 Λ 中，通过定义项 true 和 false 可定义如下"Church 布尔值"

　　（a）$\mathrm{true}(u_1)(u_2) \equiv u_1$

　　（b）$\mathrm{false}(u_1)(u_2) \equiv u_2$

　　那 if u then u_1 else u_2 的编码是什么？

21.4　在 Λ 中，定义第 11 章中曾定义过的有限和的编码。

21.5　在 Λ 中，定义第 15 章中曾定义过的有限自然数列表的编码。

21.6　在 Λ 中，定义第 15 章中曾定义过的无限自然数流的编码。

21.7　请说明利用括号抽象将 Λ "编译"为 sk 组合子（请参见习题 3.4 和 3.5。定义一个从 Λ 翻译到 sk 组合子的一个翻译 u^*)，使得

$$\text{if } u_1 \equiv u_2, \text{ then } u_1^* \equiv u_2^*$$

提示：对 u 的结构进行归纳来定义 u^*，使用在习题 3.5 中括号的组合形式。请说明这个翻译本身是可组合的，因为它可以变为代换：

$$([u_2/x]u_1)^* = [u_2^*/x]u^*$$

然后对规则（21.2）进行归纳来说明所需的正确条件。

动态定型

在第 21 章中，我们看到无类型语言就是单类型语言，其中术语"无类型"仅仅表示单一递归类型。因为 Λ 的所有表达式都是良类型的，所以类型安全可以确保不会对值产生错误解释。在阐述 Λ 时，类型安全是从仅有的一类值（即函数值）推出。不会有无法应用的情况，因为每个值都是可以应用于参数的函数。

一旦允许不止一类值，这种安全性质就被打破了。例如，如果自然数作为原语加入 Λ 中，那么很可能会通过尝试把数值应用于参数而引发运行时错误。处理此问题的一种方法是包含可能性，将类不匹配视为被检查的错误，并且削弱第 6 章中概述的进展性定理。这样的语言称为**动态语言**（dynamic language），因为这类错误被推迟到运行时，而不是在编译时通过类型检查来排除。后一类语言（在编译时进行类型检查）称为**静态语言**（static language）。

通常认为动态语言和静态语言相对立，但这种对立只是错觉。正如无类型的 λ 演算是单类型的，动态语言也仅是只有一种递归类型（即使值有多类）的静态语言的特例。

22.1 动态类型化 PCF

为了说明动态定型，我们来构建 PCF 的动态类型化版本，称为 DPCF。DPCF 的抽象语法由下面的文法给出：

Exp	d	::=	x	x	变量
			$\mathrm{num}[n]$	$\overline{n}$	数值
			zero	zero	零
			$\mathrm{succ}(d)$	$\mathrm{succ}(d)$	后继
			$\mathrm{ifz}\{d_0; x.d_1\}(d)$	$\mathrm{ifz}\ d\{\mathrm{zero} \hookrightarrow d_0 \mid \mathrm{succ}(x) \hookrightarrow d_1\}$	零测试
			$\mathrm{fun}(x.d)$	$\lambda(x)d$	抽象
			$\mathrm{ap}(d_1; d_2)$	$d_1(d_2)$	应用
			$\mathrm{fix}(x.d)$	$\mathrm{fix}\ x\ \mathrm{is}\ d$	递归

在 DPCF 中有两类值：形如 $\mathrm{num}[n]$ 的数值和形如 $\mathrm{fun}(x.d)$ 的函数。表达式 zero 和 $\mathrm{succ}(d)$ 本身不是值，而是计算为值的构造器。一般递归可以用不动点组合子来定义，但是在此处被当作原语以简化 22.3 节中动态语义的分析。

通常，DPCF 的抽象语法是重要的，但是我们使用具体语法来提高可读性。然而，表示法的便利可能会掩盖一些重要的细节，比如用类对值标记以及在运行时检查这些标记。例如，数值 $\overline{n}$ 的具体语法是一种直白的表示，抽象语法则揭示了数值被标有类 num，以与函数区分。相应地，函数的具体语法是 $\lambda(x)d$，但其抽象语法 $\mathrm{fun}(x.d)$ 表示它也具有类标签。类标签是通过运行时检查确保安全性所必需的，并且在比较静态语言与动态语言时不可忽视。

DPCF 的静态语义如 Λ 中描述，它只是检查在表达式中是否有自由变量。判断

$$x_1 \text{ ok}, \cdots x_n \text{ ok} \vdash d \text{ ok}$$

表明 d 是良构的表达式，其中自由变量都存在于假设中。如果假设为空，那么将该判断写作 d ok，表示 d 是 DPCF 的闭式。

DPCF 的动态语义必须检查那些在 PCF 这样的语言中不会出现的错误。例如，一个函数应用的求值必须确保所应用的值确实是一个函数，如果不是，则发出错误信号。类似地，条件分支必须确保其主要参数为数值，如果不是，则报错。为了描述这些可能性，动态语义由几种判断形式给出，总结如下：

d val	d 是（闭）值
$d \mapsto d'$	d 一步求值到 d'
d err	d 引发运行时错误
d is_num n	d 是 num 类、值为 n
d isnt_num	d 不是 num 类
d is_fun $x.d$	d 是 fun 类、函数体为 $x.d$
d isnt_fun	d 不是 fun 类

最后四种判断实现了动态类检查。它们仅在 d 已经是值时才有意义。其中两种肯定的类检查判断（即 is_num 和 is_fun）有第二个参数，以表示值的基本结构，这个参数本身不是 DPCF 的表达式。

值判断 d val 表明 d 是一个已求值的（闭）式：

$$\frac{}{\text{num}[n] \text{ val}} \tag{22.1a}$$

$$\frac{}{\text{fun}(x.d) \text{ val}} \tag{22.1b}$$

肯定的类检查判断由以下规则定义：

$$\frac{}{\text{num}[n] \text{ is\_num } n} \tag{22.2a}$$

$$\frac{}{\text{fun}(x.d) \text{ is\_fun } x.d} \tag{22.2b}$$

相应地，否定的类检查判断由以下规则定义：

$$\frac{}{\text{num}[n] \text{ isnt\_fun}} \tag{22.3a}$$

$$\frac{}{\text{fun}(x.d) \text{ isnt\_num}} \tag{22.3b}$$

转换判断 $d \mapsto d'$ 和错误判断 d err 由下述规则联立定义：

$$\frac{}{\text{zero} \mapsto \text{num}[z]} \tag{22.4a}$$

$$\frac{d \mapsto d'}{\text{succ}(d) \mapsto \text{succ}(d')} \tag{22.4b}$$

$$\frac{d\ \mathrm{err}}{\mathrm{succ}(d)\mathrm{err}} \tag{22.4c}$$

$$\frac{d\ \mathrm{is\_num}\ n}{\mathrm{succ}(d)\mapsto \mathrm{num}[s(n)]} \tag{22.4d}$$

$$\frac{d\ \mathrm{isnt\_num}}{\mathrm{succ}(d)\mathrm{err}} \tag{22.4e}$$

$$\frac{d\mapsto d'}{\mathrm{ifz}\{d_0;x.\,d_1\}(d)\mapsto \mathrm{ifz}\{d_0;x.\,d_1\}(d')} \tag{22.4f}$$

$$\frac{d\ \mathrm{err}}{\mathrm{ifz}\,\{d_0;x.\,d_1\}(d)\ \mathrm{err}} \tag{22.4g}$$

$$\frac{d\ \mathrm{is\_num}\ \mathrm{z}}{\mathrm{ifz}\{d_0;x.\,d_1\}(d)\mapsto d_0} \tag{22.4h}$$

$$\frac{d\ \mathrm{is\_num}\ s(n)}{\mathrm{ifz}\{d_0;x.\,d_1\}(d)\mapsto [\mathrm{num}\,[n]\,/\,x]\,d_1} \tag{22.4i}$$

$$\frac{d\ \mathrm{isnt\_num}}{\mathrm{ifz}\{d_0;x.\,d_1\}(d)\ \mathrm{err}} \tag{22.4j}$$

$$\frac{d_1\mapsto d_1'}{\mathrm{ap}(d_1;d_2)\mapsto \mathrm{ap}(d_1';d_2)} \tag{22.4k}$$

$$\left[\frac{d_1\ \mathrm{val}\quad d_2\mapsto d_2'}{\mathrm{ap}(d_1;d_2)\mapsto \mathrm{ap}(d_1;d_2')}\right] \tag{22.4l}$$

$$\frac{d_1\ \mathrm{err}}{\mathrm{ap}(d_1;d_2)\mathrm{err}} \tag{22.4m}$$

$$\frac{d_1\ \mathrm{is\_fun}\ x.d\quad [d_2\ \mathrm{val}]}{\mathrm{ap}(d_1;d_2)\mapsto [d_2\,/\,x]\,d} \tag{22.4n}$$

$$\frac{d_1\ \mathrm{isnt\_fun}}{\mathrm{ap}(d_1;d_2)\ \mathrm{err}} \tag{22.4o}$$

$$\frac{}{\mathrm{fix}(x.d)\mapsto [\mathrm{fix}(x.d)/x]\,d} \tag{22.4p}$$

规则 (22.4i) 用类 num 标记前驱，以保持 DPCF 表达式的变量不变性。

引理 22.1（类检查） 如果 d val，那么

1. 对某个 n，要么 d is_num n，要么 d isnt_num。
2. 对某个 x 和 d'，要么 d is_fun $x.d'$，要么 d isnt_fun。

证明　用定义类检查判断的规则来检查即可。　　　　　　　　　　　　□

定理 22.2（进展性） *如果 d ok，则要么 d val，要么 d err，要么存在 d' 使得 $d \mapsto d'$。*

证明   在 d 的结构上归纳证明。例如，如果 $d = \mathrm{succ}(d')$，那么归纳可证要么 d' val，要么 d' err，要么存在某个 d'' 有 $d' \mapsto d''$。在最后一种情况中，由规则 (22.4b) 可知 $\mathrm{succ}(d') \mapsto \mathrm{succ}(d'')$，并且在倒数第二种情况中，由规则 (22.4c) 可知 $\mathrm{succ}(d')$ err。如果 d' val，那么通过引理 22.1 可知，要么 d' is_num n，要么 d' isnt_num。在前一种情况下 $\mathrm{succ}(d') \mapsto \mathrm{num}[s(n)]$，在后一种情况下 $\mathrm{succ}(d')$ err。其余情况可类似处理。   □

引理 22.3（排他性） *对 DPCF 中的任意 d，下面三种情况中只有一个成立：d val、d err，或者存在某个 d' 使得 $d \mapsto d'$。*

证明   对 d 的结构归纳证明，可参考规则 (22.4)。   □

22.2   变体和扩展

22.1 节中定义的动态语言 DPCF 与第 19 章定义的静态语言 PCF 类似。但是，区别之一是对自然数的处理。在 PCF 中，零和后继操作是类型 nat 的引入形式；而在 DPCF 中，它们是作用于特别定义的数值的消去形式。目前的表达仅使用单一类别的数值。

我们也可以将 zero 和 $\mathrm{succ}(d)$ 看作不同类的值，并为它们引入显式的类检查判断。当以这种风格书写时，条件分支的动态语义如下：

$$\frac{d \mapsto d'}{\mathrm{ifz}\{d_0; x.\,d_1\}(d) \mapsto \mathrm{ifz}\{d_0; x.\,d_1\}(d')} \tag{22.5a}$$

$$\frac{d \text{ is\_zero}}{\mathrm{ifz}\{d_0; x.\,d_1\}(d) \mapsto d_0} \tag{22.5b}$$

$$\frac{d \text{ is\_succ } d'}{\mathrm{ifz}\{d_0; x.\,d_1\}(d) \mapsto [d'/x]d_1} \tag{22.5c}$$

$$\frac{d \text{ isnt\_zero} \quad d \text{ isnt\_succ}}{\mathrm{ifz}\{d_0; x.\,d_1\}(d) \text{ err}} \tag{22.5d}$$

请注意，后继类的值的前驱不一定是数字，而在先前的表述中，这种可能性不会出现。

DPCF 可用类似的结构化数据进行扩展。一个典型例子是，考虑一个由"null"值组成的类 nil 和一个由值对组成的类 cons。

Exp	d	::=	nil	nil	空
			$\mathrm{cons}(d_1; d_2)$	$\mathrm{cons}(d_1; d_2)$	有序对
			$\mathrm{ifnil}(d; d_0; x, y.d_1)$	$\mathrm{ifnil}\, d\{\mathrm{nil} \hookrightarrow d_0 \mid \mathrm{cons}(x; y) \hookrightarrow d_1\}$	条件式

表达式 $\mathrm{ifnil}(d; d_0; x, y.d_1)$ 区分 null 值和有序对，并在任何其他类的值上报错。

列表（有限序列）能够用 null 和有序对进行编码。例如，包含三个零的列表可表示为如下的值

$$\mathrm{cons}(\mathrm{zero}; \mathrm{cons}(\mathrm{zero}; \mathrm{cons}(\mathrm{zero}; \mathrm{nil})))$$

但下面的值是什么意思？

$$\text{cons}(\text{zero}; \text{cons}(\text{zero}; \text{cons}(\text{zero}; \lambda(x)x)))$$

这不是一个列表，因为它不是以 nil 结束，但在更丰富的语言中它是可允许的值。

用 null 和有序对编码列表的困难在定义作用于它们的函数时就浮现了。例如，以下是拼接两个列表的函数 append 的定义：

$$\text{fix } a \text{ is } \lambda\,(x)\,\lambda\,(\,y)\,\text{ifnil }(x; y; x_1, x_2.\text{cons}(x_1; a(x_2)(\,y)))$$

这个函数可以应用于任意两个值，无论它们是否是列表。如果第一个参数不是列表，则执行将中止并报错。但由于该函数没有访问第二个参数，因此它可以是任意值。例如，我们可以将 append 应用于一个列表和一个函数，以获得上述以 λ 结尾的"列表"。

可能有人会争辩说，区分 null 和有序对的条件分支在 DPCF 中是不合适的，因为在该语言中不止有这两类。避免这种争议的方法是放弃在数据的类上进行模式匹配，而将其替换为区分 null 和所有其他值的一般条件分支，并添加到用于测试一个值的类的语言谓词[⊖]和用于反转区分每个类的构造器的析构器。

我们可以将 null 和有序对重新构造如下：

Exp	d	::=	$\text{cond}(d; d_0; d_1)$	$\text{cond}(d; d_0; d_1)$	条件式
			$\text{nil?}(d)$	$\text{nil?}(d)$	空测试
			$\text{cons?}(d)$	$\text{cons?}(d)$	有序对测试
			$\text{car}(d)$	$\text{car}(d)$	第一投影
			$\text{cdr}(d)$	$\text{cdr}(d)$	第二投影

条件式 $\text{cond}(d; d_0; d_1)$ 区分 d 是 nil 还是所有其他的值。如果 d 不是 nil，则条件式求值为 d_0，否则为 d_1。换句话说，值 nil 代表布尔假值，而所有其他的值为布尔真值。谓词 $\text{nil?}(d)$ 和 $\text{cons?}(d)$ 测试其参数的类：如果参数不是指定的类，则得到 nil；如果参数是特定的值，则得到某个非 nil 值。析构器 $\text{car}(d)$ 和 $\text{cdr}(d)$ 将 $\text{cons}(d_1; d_2)$ 分别分解为 d_1 和 d_2[⊖]。

按这种形式书写，函数 append 由以下表达式给出：

$$\text{fix } a \text{ is } \lambda(x)\lambda(\,y)\,\text{cond}(x; \text{cons}(\text{car}(x); a(\text{cdr}(x))(\,y)); y)$$

这个 append 表达式的行为和前一个表达式没有区别，唯一的不同是，将根据值是 null 还是有序对进行分派，改为允许区分值的谓词，包括特殊情况的检查。

一种未被广泛使用的替代方法是增强而非限制条件分支，以使其包含语言中值的每个可能类的情况。所以在具有数值、函数、null 和有序对的语言中，条件语句有四个分支。第四个分支是针对有序对的分支，它将有序对解构为它的组成成分。这种方法的难点在于，现实语言中会有许多类数据，用这种条件式会相当笨拙。此外，即使已经对一个值的类进行分派，与那个类关联的原始操作也必须允许运行时检查。例如，我们可能确定值 d 属于数值类，但无法将此信息传递到将 d 和其他数相加的条件分支中。加法操作仍必须检查 d 的类，恢复原本的数值，并创建数值类的一个新值。动态语言的固有局限性是，它们不允许除分类值以外的其他值。

⊖ 谓词求值为 null 表示条件为假，求值为非 null 表示条件为真。

⊖ 这些投影所用的术语是古老的并且已经确定。据说 car 最初代表"地址寄存器的内容"，cdr 代表"数据寄存器的内容"，这是 Lisp 原本的实现细节。

22.3 动态定型的批判

DPCF 的安全性定理是动态定型相较于静态定型的优势。与静态语言可以排除某些候选程序的错误类型不同，DPCF 的每一段抽象语法都是良构的。因此，根据定理 22.2，存在良定义的动态语义（虽然可能有检查错误）。但是，这种便捷性也是一个缺点，因为直到运行时才会报出那些可以在编译时通过类型检查找出的错误。

例如，考虑 DPCF 的加法函数。加法函数的规范是，当传入两个 num 类的值，返回它们的和，其和也是 num 类[⊖]：

$$\text{fun}(x.\text{fix}(\ p.\text{fun}(\ y.\text{ifz}\{x;\ y'.\text{succ}(\ p(\ y'))\}(\ y))))$$

加法函数可能会误写为如下具体语法：

$$\lambda(x)\ \text{fix}\ p\ \text{is}\ \lambda(y)\ \text{ifz}\ y\{\text{zero} \hookrightarrow x\ |\ \text{succ}(\ y') \hookrightarrow \text{succ}(\ p(\ y'))\}$$

这带有欺骗性，因为它使值上的类标签模糊不清，并且掩盖了检查这些标签是否有效的操作。现在让我们详细检查这些操作的代价。

首先，请注意，不动点表达式的体标记为 fun 类。不动点构造的动态语义将 p 绑定到这个函数。因此，在递归调用中应用 p 所引起的动态类检查会确保成功。但是 DPCF 没有提供抑制冗余检查的方法，因为它不能表达 p 总是绑定到 fun 类的值的不变式。

其次，请注意，内层 λ 抽象的应用结果要么是 x，即外层 λ 抽象的参数；要么是后继的递归调用。后继操作检查它的参数是否属于 num 类，即使可以保证此条件对除基本情况（返回给定的 x，它可以是任意类）以外的所有情况都成立。原则上，我们会对 x 是否属于 num 类进行一次检查，否则存在循环不变式，即内层函数的应用结果是这个类。不过，DPCF 没有提供表达这种不变式的方法，因而由后继操作施加的重复冗余的标签检查是不可避免的。

第三，内层函数的参数 y 要么是加法函数原本的参数，要么是某个更早递归调用的前驱。但是，只要最初的调用是 num 类的值，那么条件式的动态语义将确保所有的递归调用都具有这种类型。同样，在 DPCF 中也无法表达这种不变式，因此，无法避免由条件分支施加的类检查。

分类不是自由的——类标签需要存储，并且每次使用类时，都需要从值中分离类，并在创建值时需要将类附加到值上。尽管分类的开销不是渐进加重的（它仅让程序减慢常数倍），但是它却不容忽视，并且应尽可能消除。但是，这在 DPCF 中是不可能的，因为它无法强制表示所需不变式需要的限制条件。因此我们需要一个静态类型系统。

22.4 注记

最早的动态类型化语言是 Lisp(McCarthy, 1965)，随后它持续影响了语言设计半个世纪。动态 PCF 是 Lisp 的核心，但是通过对变量绑定的适当处理，纠正了 McCarthy 本人所描述的原始设计中的错误。动态语言的非正式讨论通常会因为省略本章明确提出的动态检查而变得复杂。尽管动态 PCF 的表层语法与 PCF 几乎相同，但去掉类型注释后，底层的动态语义是不同的。因此，不能将静态 PCF 看作强加类型系统对动态 PCF 的限制。

⊖ 这个规范未对非数值参数的加法行为进行限制，但是我们可以进一步要求该函数应用于非 num 类参数时中止。

习题

22.1 表层语法可能具有欺骗性。即使是简单算术表达式在 DPCF 中也没有像在 PCF 中那样具有相同的含义。为了弄清原因，在 DPCF 中定义一个加法函数 plus，并且检查如 plus(5)(7) 的求值表达式的动态语义。尽管这个表达式在静态语言和动态语言中都写作 "5+7"，但它们有不同的含义。

22.2 给出 22.2 节中非形式化描述的数据结构原语的一个精确动态语义。cons 应该对其参数施加什么样的类限制？当以两个列表作为参数调用 append 函数时，检查该函数的动态语义。

22.3 为了避免使用 cons 和 nil 表示列表的困难，引入一类用 nil 和作用于该类列表的 cons 的修订版构建的列表。请重新检查使用该列表类重新定义的 append 函数的动态语义。

22.4 在动态语言中，允许使用多个参数并返回多个结果的函数是一个错误源。对单类型的限制使其甚至无法区分 m 种事物与 n 种事物，更不必说表达程序的更微妙的性质了。对此，已经提出许多解决方法。请对 DPCF 扩充增加多参数和多返回值函数来探索这个问题。请确保考虑以下问题：

(a) 如果一个函数定义了 n 个参数，那么若使用多于或少于 n 个参数调用该函数时，会发生什么？

(b) 若允许函数有可变数目的参数会发生什么？如何在这种函数体里引用这些参数？这与模式匹配有何联系？

(c) 若希望允许关键字参数（即给参数赋予名字）来传递，并且允许通过将关键字参数关联到其名字来按任何顺序传递，那该如何？

(d) 对于返回多个结果的函数，你建议使用何种表示法？例如，除法函数可能返回商和余数。如何在函数体里标注返回值？调用者如何单独或整体地访问这些结果？

(e) 当两个函数中的一个或两个都能接受多个参数或者返回多个结果，如何定义这两个函数的复合？

混合定型

混合语言是一种通过在静态类型语言中增加动态值的特殊类型 dyn 来将静态定型和动态定型相结合的语言。通过把动态类型程序视作类型为 dyn 的静态类型程序，可以将第 22 章中考虑的动态类型语言嵌入到混合语言中。静态类型和动态类型两者并非对立，而是和谐共存。增加类型 dyn 到静态语言的特设方法对于含有递归类型的语言来说是不必要的，因为可将其定义为特殊的递归类型。因此，可以说动态定型是静态定型的一种使用模式，这调和了静态定型、动态定型之间表面上的对立。

23.1　一个混合语言

考虑 HPCF 语言，它用如下构造扩展 PCF：

Typ	τ	::=	dyn	dyn	动态类型
Exp	e	::=	new[l](e)	$l \mathbin{!} e$	构造
			cast[l](e)	$e \mathbin{@} l$	析构
			inst[l](e)	$l \mathbin{?} e$	鉴别
Cls	l	::=	num	num	数值
			fun	fun	函数

dyn 类型是动态分类值的类型。构造器将分类器附加到与该分类器关联的类型的值上，析构器恢复由给定分类器分类的值，鉴别器测试一个分类值的类别。

HPCF 的静态语义是用如下规则扩展 PCF 得到的：

$$\frac{\Gamma \vdash e : \mathrm{nat}}{\Gamma \vdash \mathrm{new[num]}(e) : \mathrm{dyn}} \tag{23.1a}$$

$$\frac{\Gamma \vdash e : \mathrm{dyn} \rightharpoonup \mathrm{dyn}}{\Gamma \vdash \mathrm{new[fun]}(e) : \mathrm{dyn}} \tag{23.1b}$$

$$\frac{\Gamma \vdash e : \mathrm{dyn}}{\Gamma \vdash \mathrm{cast[num]}(e) : \mathrm{nat}} \tag{23.1c}$$

$$\frac{\Gamma \vdash e : \mathrm{dyn}}{\Gamma \vdash \mathrm{cast[fun]}(e) : \mathrm{dyn} \rightharpoonup \mathrm{dyn}} \tag{23.1d}$$

$$\frac{\Gamma \vdash e : \mathrm{dyn}}{\Gamma \vdash \mathrm{inst[num]}(e) : \mathrm{bool}} \tag{23.1e}$$

$$\frac{\Gamma \vdash e : \mathrm{dyn}}{\Gamma \vdash \mathrm{inst}[\mathrm{fun}](e) : \mathrm{bool}} \qquad (23.1\mathrm{f})$$

静态语义确保将分类器附加到正确类型的值上，即自然数为 num，分类值上的函数为 fun。

HPCF 的动态语义是用如下规则扩展 PCF 得到的：

$$\frac{e\ \mathrm{val}}{\mathrm{new}[l](e)\ \mathrm{val}} \qquad (23.2\mathrm{a})$$

$$\frac{e \mapsto e'}{\mathrm{new}[l](e) \mapsto \mathrm{new}[l](e')} \qquad (23.2\mathrm{b})$$

$$\frac{e \mapsto e'}{\mathrm{cast}[l](e) \mapsto \mathrm{cast}[l](e')} \qquad (23.2\mathrm{c})$$

$$\frac{\mathrm{new}[l](e)\ \mathrm{val}}{\mathrm{cast}[l](\mathrm{new}[l](e)) \mapsto e} \qquad (23.2\mathrm{d})$$

$$\frac{\mathrm{new}[l'](e)\ \mathrm{val} \quad l \neq l'}{\mathrm{cast}[l](\mathrm{new}\ [l'](e))\ \mathrm{err}} \qquad (23.2\mathrm{e})$$

$$\frac{e \mapsto e'}{\mathrm{inst}[l](e) \mapsto \mathrm{inst}[l](e')} \qquad (23.2\mathrm{f})$$

$$\frac{\mathrm{new}[l](e)\ \mathrm{val}}{\mathrm{inst}[l](\mathrm{new}[l](e)) \mapsto \mathrm{true}} \qquad (23.2\mathrm{g})$$

$$\frac{\mathrm{new}[l](e)\ \mathrm{val} \quad l \neq l'}{\mathrm{inst}[l'](\mathrm{new}[l](e)) \mapsto \mathrm{false}} \qquad (23.2\mathrm{h})$$

强制转换 cast 将对象的类与所需的类进行比较，如果两者一致则返回该基础对象，否则报错[-]。

引理 23.1（范式） 若 $e : \mathrm{dyn}$ 并且 e val，那么对某个类 l 和某值 e' val，有 $e = \mathrm{new}[l](e')$。若 $l = \mathrm{num}$，则有 $e' : \mathrm{nat}$。若 $l = \mathrm{fun}$，则有 $e' : \mathrm{dyn} \longrightarrow \mathrm{dyn}$。

证明 对 HPCF 的静态语义应用规则归纳法。 □

定理 23.2（安全性） HPCF 语言是安全的：

1. 若 $e : \tau$ 并且 $e \mapsto e'$，则有 $e' : \tau$。
2. 若 $e : \tau$，则要么 e val，要么 e err，要么对某个 e' 有 $e \mapsto e'$。

证明 保持性由动态语义的规则归纳可证，进展性利用范式引理可由静态语义的规则归纳可证。HPCF 的运行时错误的发生概率与 DPCF 相同，因为如果一个良类型的强制转换的类和值的类不匹配，那么该强制转换可能在运行时失败。 □

在像 FPC（第 20 章）这样含有递归类型的语言中，不需要将 dyn 添加为原始类型。相

[-] 判断 e err 发出已经检查的错误的信号，该错误将按照 6.3 节中的描述进行处理。

反，可以用如下类型来定义

$$\text{rec } t \text{ is } [\text{num} \hookrightarrow \text{nat}, \text{fun} \hookrightarrow t \longrightarrow t] \qquad (23.3)$$

此 dyn 定义的引入形式和消去形式可以定义如下[一] :

$$\text{new}[\text{num}](e) \triangleq \text{fold}(\text{num} \cdot e) \qquad (23.4)$$

$$\text{new}[\text{fun}](e) \triangleq \text{fold}(\text{fun} \cdot e) \qquad (23.5)$$

$$\text{cast}[\text{num}](e) \triangleq \text{case unfold}(e)\{\text{num} \cdot x \hookrightarrow x \mid \text{fun} \cdot x \hookrightarrow \text{error}\} \qquad (23.6)$$

$$\text{cast}[\text{fun}](e) \triangleq \text{case unfold}(e)\{\text{num} \cdot x \hookrightarrow \text{error} \mid \text{fun} \cdot x \hookrightarrow x\} \qquad (23.7)$$

这些定义直接把 dyn 的类操作分解为递归展开和在和类型值上的情况分析。

23.2 动态语义作为静态定型

第 22 章的 DPCF 语言可以通过简单的翻译嵌入 HPCF 中，即将 DPCF 的动态语义中的类检查显式地表达出来。特别地，根据下面的静态正确性标准，定义一个将 DPCF 表达式转化为 HPCF 表达式的翻译 $d^{\dagger}$:

定理 23.3   若根据 DPCF 的静态语义有 x_1 ok, $\cdots$, x_n ok $\vdash d$ ok，则在 HPCF 中有 $x_1 : \text{dyn}, \cdots, x_n : \text{dyn} \vdash d^{\dagger} : \text{dyn}$。

定理 23.3 的证明是基于如下翻译对 d 的结构进行归纳所得:

$$x^{\dagger} \triangleq x$$

$$\text{num}[n]^{\dagger} \triangleq \text{new}[\text{num}](\overline{n})$$

$$\text{zero}^{\dagger} \triangleq \text{new}[\text{num}](z)$$

$$\text{succ}(d)^{\dagger} \triangleq \text{new}[\text{num}](s(\text{cast}[\text{num}](d^{\dagger})))$$

$$\text{ifz}\{d_0 ; x.d_1\}(d) \triangleq \text{ifz}\{d_0^{\dagger} ; x.[\text{new}[\text{num}](x)/x]d_1^{\dagger}\}(\text{cast}[\text{num}](d^{\dagger}))$$

$$(\text{fun}(x.d))^{\dagger} \triangleq \text{new}[\text{fun}](\lambda(x : \text{dyn}) \, d^{\dagger})$$

$$(\text{ap}(d_1 ; d_2))^{\dagger} \triangleq \text{cast}[\text{fun}](d_1^{\dagger})(d_2^{\dagger})$$

$$\text{fix}(x.d) \triangleq \text{fix}\{\text{dyn}\}(x.d^{\dagger})$$

这个翻译正确性的严格证明需要使用像第 47 章中那样的方法。

23.3 动态定型的优化

HPCF 语言通过使用分类值的类型 dyn 来扩充 PCF，从而将静态和动态定型结合在一起。因此，HPCF 称为**混合**语言。与纯动态类型系统不同，混合类型系统可以表达不变式，这对于 HPCF 程序的优化至关重要。

[一] 表达式 error 中止带错误的计算，这可以用异常来实现，请参见第 29 章。

考虑 22.3 节给出的 DPCF 中的加法函数，为了方便起见，这里抄录如下：

$$\lambda(x)\ \text{fix}\ p\ \text{is}\ \lambda(y)\ \text{ifz}\ y\{\text{zero} \hookrightarrow x \mid \text{succ}(y') \hookrightarrow \text{succ}(p(y'))\}$$

它在 HPCF 中是如下的类型为 dyn 的值：

$$\text{fun}\ !\ \lambda(x:\text{dyn})\ \text{fix}\ p:\text{dyn}\ \text{is}\ \text{fun}\ !\ \lambda(y:\text{dyn})\ e_{x,p,y} \qquad (23.8)$$

其中这个部分

$$x:\text{dyn},\ p:\text{dyn},\ y:\text{dyn} \vdash e_{x,p,y}:\text{dyn}$$

代表表达式

$$\text{ifz}\ (y\ @\ \text{num})\{\text{zero} \hookrightarrow x \mid \text{succ}(y') \hookrightarrow \text{num}\ !\ (\text{s}((p\ @\ \text{fun})(\text{num}\ !\ y')\ @\ \text{num}))\}$$

这种嵌入 HPCF 的方式使得隐式存在于 DPCF 动态语义中的运行时检查显式化了。

仔细检查加法的嵌入方式，可以发现大量能在静态类型化版本中消除的冗余和开销。消除冗余需要静态类型规则，因为中间计算涉及 dyn 以外的类型的值。这种转换表明，由于类型的缺失，动态语言所提供的自由反而是由于对单类型的限制而导致的对语言表达能力的限制。

动态语言中，冗余首先出现在递归的使用上。在上述示例中，使用递归来定义计算的内循环 p。由定义知，p 的值是 λ 抽象，显式地标记为函数。但是，在循环内对 p 的调用会在运行时应用 p 之前检查 p 是否为一个函数。因为 p 是内部定义的函数，它的所有调用点是由加法函数控制的，也就是说，若把它的类型改为 dyn ⟶ dyn，即直接表示为作用于动态值的函数的不变式，那就不必担心对 p 的调用了。

执行这个转换，我们得到如下消除冗余后的加法函数形式：

$$\text{fun}\ !\ \lambda(x:\text{dyn})\ \text{fun}\ !\ \text{fix}\ p:\text{dyn} \longrightarrow \text{dyn}\ \text{is}\ \lambda(y:\text{dyn})\ e'_{x,p,y}$$

其中 $e'_{x,p,y}$ 是表达式

$$\text{ifz}\ (y\ @\ \text{num})\{\text{zero} \hookrightarrow x \mid \text{succ}(y') \hookrightarrow \text{num}\ !\ (\text{s}(p(\text{num}\ !\ y')\ @\ \text{num}))\}$$

我们把函数类标签"提升"到循环外，并且禁止在循环内进行强制转换。相应地，p 的类型已更改为 dyn ⟶ dyn。

接下来，请注意 dyn 类型的变量 y 在循环的每次迭代中被强制转换为数值，之后再测试该数值是否为零。因为这个函数是递归的，所以 y 的绑定以两种方式之一出现：在最初调用加法函数时、在每次递归调用时。但是，递归调用发生在 y 的前驱上，它是一个在调用点用 num 标记的真实的自然数，只有在下一次迭代时才由类检查将其删除。这个观察表明，将 y 的检查提升到循环外，同时避免了将参数标记为递归调用。然而，这样做会将函数类型从 dyn ⟶ dyn 更改为 nat ⟶ dyn。因此，需要进一步更改来确保整个函数仍然是良类型的。

在这样做之前，让我们再观察一下。检查递归调用的结果来确保其是否为 num 类，若是，则其值递增并标记为 num 类。若递归调用的结果来自条件分支的更早应用，则显然类检查是冗余的，因为我们知道它一定是 num 类。但是，如果结果来自另一个条件分支呢？在这种情况下，函数返回 x，它不需要是 num 类，因为它是由函数调用者提供的。然而，我

们可以合理地坚称，用非数值参数调用加法函数是错误的。这种限制可以通过用 x @ num 替换条件式的零分支中的 x 来强制实施。

结合以上这些优化，我们可以得到如下内循环 e''_x 的定义：

$$\text{fix } p:\text{nat} \longrightarrow \text{nat is } \lambda(y:\text{nat}) \text{ ifz } y \{\text{zero} \hookrightarrow x \text{ @ num} \mid \text{succ}(y') \hookrightarrow \text{s}(p(y'))\}$$

其类型为 nat $\longrightarrow$ nat，并且当应用于自然数时不需要类检查。

最后，回想一下，我们的目标是定义一个可应用于 dyn 类型的值的加法版本。因此，我们需要类型 dyn $\longrightarrow$ dyn 的值，但是目前只有一个类型为 nat $\longrightarrow$ nat 的函数。通过强制转换先预处理为 num，最后强制处理为 num 来转化成所需形式：

$$\text{fun} ! \lambda(x:\text{dyn}) \text{ fun} ! \lambda(y:\text{dyn}) \text{ num} ! (e''_x(y \text{ @ num}))$$

通过结合类检查确保 y 在初始调用点是自然数，再将结果贴上标签以恢复到 dyn 类型，最内层的 λ 抽象将函数 e''_x 从类型 nat $\longrightarrow$ nat 转化为类型 dyn $\longrightarrow$ dyn。

这些转换的结果是，计算的内层循环"全速"运行，而无须对函数或数值的标签进行任何处理。但是，最外层的加法仍要保留标签处理，它是类型为 dyn 的值，封装了接受两个类型为 dyn 的柯里化（curried）函数。这样做保证了所有加法调用的正确性，这些调用传递和返回类型为 dyn 的值，同时在计算期间优化加法的执行。当然，我们可以去掉加法函数的类标签，将其类型从 dyn 改为更具体的描述：dyn $\longrightarrow$ dyn $\longrightarrow$ dyn，但这要求调用者不把加法函数看作类型为 dyn 的值，而是看作一个必须应用于两个连续的 dyn 类型的值（其类为 num）的函数。只要加法的调用点是在程序员控制下，这种转换就不会有任何影响。只有当存在外部调用点而不是直接在程序员控制下时，才有必要把加法打包成一个类型为 dyn 的值。一般来讲，动态定型只有边际效用——它仅用于不受控制调用的系统边际。对系统内部来说，过分关注 dyn 类型是没有好处的，而且有相当多的坏处。

23.4 静态定型和动态定型的对比

动态定型的拥护者已进行许多尝试来区分动态语言和静态语言。从当前的观点考虑二者可能的区别是有意义的。

1. 动态语言将类型与值进行关联，而静态语言将类型与变量进行关联。动态语言通过用诸如 num 和 fun 的标识符标记值，将类（而非类型）与值进行关联。这种分类形式相当于在静态类型语言中使用递归的和类型，因此不能将其视为动态语言的特有特征。此外，静态语言将类型指派给表达式，而不仅仅给变量。因为动态语言只是特殊的静态语言（只有单一类型），所以动态语言也可以这样表述。

2. 动态语言在运行时检查类型，而静态语言在编译时检查类型。动态语言也可以像静态语言一样被静态类型化，尽管这个静态语言是仅有一个类型的退化类型系统。正如我们所见，动态语言的确在运行时执行类检查，但是，允许和类型的静态语言也可以这样做。两者的区别仅在于我们必须使用分类到何种程度：在动态语言中始终使用，在静态语言中需要时使用。

3. 动态语言支持异质集合，而静态语言支持同质集合。和类型的目的是支持异质集合，因此任何具有和类型的静态语言都允许异质数据结构。一个典型的例子是如下所示的列表（用抽象语法编写加以强调）

$$\mathrm{cons(num[1]; cons(fun}(x.x); \mathrm{nil}))$$

有时也称这样的列表在静态语言中无法表示，因为其组成部分性质不同。无论在静态语言或动态语言中，列表是类型同质的，但可以是类异质的。上述列表的所有元素都是 dyn 类型：第一个是 num 类，第二个是 fun 类。

因此，静态定型和动态定型之间的看似对立其实是一种错觉。问题不在于是否具有静态定型，而在于如何更好地接受它。将注意力局限于单一的递归类型似乎毫无意义。的确，许多所谓的无类型语言都隐含地承认存在不止一种类型。典型的例子就是普遍存在的"多参数函数"概念，它们允许存在值类型的积（具有模式匹配）。因此，这是考虑"多结果函数"和其他特殊语言特征的捷径，这些语言特征允许越来越丰富的静态类型规范。

23.5　注记

将动态语言视为具有递归类型的静态语言是由 Dana Scott(Scott, 1980b) 首次提出的，他还建议将"untyped"记作"uni-typed"。大多数现代静态类型语言（例如 Java、Haskell、OCaml 和 SML）都包含一个类似于 dyn 的类型，或者允许用递归类型定义它。因此，人们可能会期望动态定型和静态定型的对立会消失，但是工业界和学术界的趋势表明并非如此。

习题

23.1　考虑 22.2 节所描述的 DPCF 的扩展，它允许空值 null 和有序对及其相关的操作。扩展 HPCF 的静态语义和动态语义来解释这些扩展，并依据此扩展，给出在第 22 章非正式描述 null 和有序对原语的翻译。

23.2　继续习题 23.1 中给出的 HPCF 中 null 和有序对操作的解释，以给出在 FPC 中的解释。具体来说，将扩展后的 dyn 定义为递归类型，并根据该递归类型给出 null 和有序对的直接实现。

23.3　考虑第 22 章使用 nil 和 cons 定义的 append 函数来表示如下列表：

$$\mathrm{fix}\ a\ \mathrm{is}\ \lambda(x)\lambda(y)\ \mathrm{cond}(x; \mathrm{cons(car}(x); a(\mathrm{cdr}(x))(y)); y)$$

使用习题 23.1 中给出的定义，重写 HPCF 中的 append。然后优化实现以消除不必要的开销，并确保 append 仍旧具有 dyn 类型。

Practical Foundations for Programming Languages, Second Edition

子定型

结构化子定型

子类型（subtype）关系是一种类型上的**前序**（pre-order，自反的和传递的）关系，用于验证下述**包含原则**（subsumption principle）：

> 如果 τ' 是 τ 的子类型，那么当需要 τ 类型的值时，可以提供 τ' 类型的值。

包含原则放宽了类型系统的限制，允许将一种类型的值视为另一种类型的值。

经验表明，包含原则虽然可用作一般的指南，但很难在实践中正确应用。正确使用包含原则的关键是引入和消去的原则。要查看候选的子定型关系是否合理，只需考虑子类型的每种引入形式是否可以被超类型的每种消去形式安全地操作。子定型原则只有通过这种检测才有意义，对于给定子定型关系的类型安全定理的证明可以确保这种情况。

一种让子定型原则出错的方法是将类型仅看成一组值（由引入形式生成），并考虑该子类型的每个值是否也可以被视为超类型的值。这种方法背后的直觉是将子定型视为类似于普通数学中的子集关系。但是，正如我们将看到的，这可能会导致严重的错误，因为它没有考虑到适用于超类型的消去形式。仅仅考虑引入形式是不够的。子定型关心的是行为问题，而不是包含关系。

24.1 包含规则

子定型判断（subtyping judgement）的格式为 $\tau' < \tau$，并声明 τ' 是 τ 的子类型。我们至少要求以下子定型的结构规则是可纳的：

$$\frac{}{\tau' <: \tau} \tag{24.1a}$$

$$\frac{\tau'' <: \tau' \quad \tau' <: \tau}{\tau'' <: \tau} \tag{24.1b}$$

在实践中，我们要么默认这些规则为原始规则，要么证明它们对于给定的一组子定型规则是可纳的。

子定型关系的重点在于扩大良类型的程序集，这是通过包含规则来实现的：

$$\frac{\Gamma \vdash e : \tau' \quad \tau' <: \tau}{\Gamma \vdash e : \tau} \tag{24.2}$$

与大多数其他定型规则不同，包含规则不是语法制导的，因为它没有限制 e 的形式。也就是说，包含规则可以应用于任何形式的表达式。特别地，为了表明 $e : \tau$，我们有两种选择：要么应用适用于特定形式 e 的规则，要么应用包含规则来检查 $e : \tau'$ 和 $\tau' <: \tau$。

24.2　各种子定型

本节将扩展第 20 章中介绍的 FPC 语言，并在此基础上非形式地探讨几种不同形式的子定型。

24.2.1　数值类型

我们首先非正式地讨论在许多编程语言中常见的数值类型。我们的数学经验表明，数值类型之间存在子定型关系。例如，在一个语言中使用类型 int、rat 和 real 表示整数、有理数和实数，通过类比集合包含关系

$$\mathbb{Z} \subseteq \mathbb{Q} \subseteq \mathbb{R}$$

很容易假定子定型关系

$$\text{int} <: \text{rat} <: \text{real}$$

但是这些子定型关系合理吗？答案取决于这些类型的表示和解释。即使在数学中，刚刚提到的包含关系通常也不是正确的——或者仅仅在广义上是正确的。例如，可以认为有理数集是由有序对 (m, n) 组成的，表示比值 m/n，其中 $n \neq 0$ 且 $\gcd(m, n) = 1$。通过用 $n/1$ 表示 $n \in \mathbb{Z}$，整数集 $\mathbb{Z}$ 可以同构地嵌入 $\mathbb{Q}$。类似地，实数通常表示为有理数的收敛序列，因此严格地说，有理数不是实数的子集，但是仍然可以通过选择每个有理数的一个规范代表（特定的收敛序列）来嵌入其中。

出于数学目的，忽视诸如 $\mathbb{Z}$ 和它在 $\mathbb{Q}$ 中的嵌入形式之间的细微差异是完全合理的。忽略这种差异是有道理的，因为对有理数的运算只限于按预期的方式嵌入：如果我们以规范的方式将两个整数当作有理数来相加，那么结果就是与两者的和相关联的有理数。对于其他操作也是类似的，只要我们在定义它们时确保它们都能正常工作。不过，出于计算的目的，我们还必须考虑算法效率和机器表示的有限性。例如，在编程语言中通常称为"实数"的是浮点数，即有理数的有限子集。并不是每个有理数都正好可以表示为浮点数，浮点运算也不限于有理运算，即使其参数正好表示为浮点数。

24.2.2　积类型

积类型给出了一种基于包含原则的子定型形式。唯一适用于积类型值的消去形式是投影。在对投影动态语义的适当假设下，通过考虑是否可以将适用于超类型的投影有效地应用于其子类型的值，我们可以将一种积类型看作另一种积类型的子类型。

考虑一个需要 $\tau = \langle \tau_j \rangle_{j \in J}$ 类型值的上下文。有限积的静态语义（规则 (10.3)）确保：对该类型的值执行的唯一消去操作是从它的第 j ($j \in J$) 个投影中获取类型为 τ_j 的值。现在假设 e 是 τ' 类型。为了使投影 $e \cdot j$ 是良构的，则 τ' 是有限积类型 $\langle \tau'_i \rangle_{i \in I}$，使得 $j \in I$。此外，对于 τ_j 类型的投影，要求 $\tau'_j = \tau_j$ 就足够了。由于 $j \in J$ 是任意的，我们得到以下有限积类型的子定型规则：

$$\frac{J \subseteq I}{\langle \tau_i \rangle_{i \in I} <: \langle \tau_j \rangle_{j \in J}} \tag{24.3}$$

该规则满足所需的子定型，但不是必要的。我们将在 24.3 节中考虑这一规则的更宽松的形式。规则 (24.3) 的理由是，我们可以对 $e \cdot i$ 求值，而不管 e 的实际形式是什么，只要它有一个被 $i \in I$ 索引的字段。

24.2.3 和类型

凭借对有限积类型给出的二元参数，我们可以推导有限和类型的相关子定型规则。如果需要 $[\tau_j]_{j \in J}$ 类型的值，和的静态语义（规则 (11.3)）确保我们可以对该值执行的唯一非平凡操作是由 J 索引的情况分析。如果我们改为提供 $[\tau_i']_{i \in I}$ 类型的值，那么只要 $I \subseteq J$ 并且每个 τ_i' 等于 τ_i，就不会出现问题。如果包含是严格的，J 中的某些索引值对应的情况就不会发生，但这并不会破坏安全性。

$$\frac{I \subseteq J}{[\tau_i]_{i \in I} <: [\tau_j]_{j \in J}} \tag{24.4}$$

与规则 (24.3) 相比，请注意包含关系的反转。

24.2.4 动态类型

子定型的一种流行形式与第 23 章中介绍的 dyn 类型有关。dyn 类型不提供该类型的值的类信息。有人可能会争辩说，动态定型的整体要点是静态抑制这种信息，使其只能动态可用。另一方面，引入 dyn 的子类型来指定值的类并不麻烦，当类不能静态确定时，依靠包含来"遗忘"类。

在第 23 章的上下文中，这相当于引入了两种新类型 dyn[num] 和 dyn[fun]，并受以下两种子定型公理的约束：

$$\frac{}{\text{dyn[num]} <: \text{dyn}} \tag{24.5a}$$

$$\frac{}{\text{dyn[fun]} <: \text{dyn}} \tag{24.5b}$$

当然，在富有更多动态值类的语言中，相应地会引入更多这种 dyn 的子类型，即为每个额外的类引入一个。作为一种记号，dyn 类型通常拼写为 object，它的特定类的子类型 dyn[num] 和 dyn[fun] 通常分别写成 num 和 fun。但是，这样做会导致类和类型这两种独立概念之间的混淆，这在第 22 和第 23 章中有详细讨论。

通过重新构造如下定型规则来引入 dyn 类型的值，记下所创建值的类，从而发挥 dyn 的特定类的子类型的作用：

$$\frac{\Gamma \vdash e : \text{nat}}{\Gamma \vdash \text{new[num]}(e) : \text{dyn[num]}} \tag{24.6a}$$

$$\frac{\Gamma \vdash e : \text{dyn} \rightharpoonup \text{dyn}}{\Gamma \vdash \text{new[fun]}(e) : \text{dyn[fun]}} \tag{24.6b}$$

因此，在这些规则中，分类值以特定类的类型"开始生命"，因为在这些情况下，所引入值的类是静态的。在无法静态预测的情况下，包含关系将类型弱化到 dyn——例如，当条件式的分支求值为不同类的动态值时，就需要将分支的类型弱化为 dyn。

这种子定型机制的优点是，我们可以表达更精确的类型，比如类型为 dyn[num] → dyn[num] 的函数将 num 类的 dyn 类型的值映射到另一个这样类型的值。这种定型比 dyn → dyn 更精确，因为 dyn → dyn 仅对作用于动态类型值的函数进行分类的类型。这种方法可以表示和强制实施弱不变式，但仅限于跟踪计算中涉及的值类。子定型对于实际情况来说并不是一种足够强大的机制，因此不值得增加额外的特性来包含它。（在第 25 章中将开发一种更强大的方法。）

24.3　变体

除了像 24.2 节中考虑的基本子定型原则之外，还必须考虑子定型对类型构造器的影响。如果构造器保留参数的子定型，则类型构造器在参数上**协变**（covariant）。如果构造器将参数的子定型反转，那么它就是**逆变的**（contravariant）。如果构造类型的子定型不受参数中子定型的影响，则它在参数上是**不变的**（invariant）。

24.3.1　积类型与和类型

有限积类型在其每个字段上都是协变的。如果 e 是 $\langle \tau_i' \rangle_{i \in I}$ 类型，投影 $e \cdot j$ 是 τ_j 类型，那么这就要求 $j \in I$ 且 $\tau_j' <: \tau_j$。

$$\frac{(\forall i \in I)\ \tau_i' <: \tau_i}{\langle \tau_i' \rangle_{i \in I} <: \langle \tau_i \rangle_{i \in I}} \tag{24.7}$$

这条规则隐含着投影的动态语义对有限积类型值的任何字段的精确类型不敏感。

有限和类型也是协变的，因为对超类型值进行情况分析的每个分支都期望一个对应的被加类型的值，对于这个类型值，只要提供相应的子类型值即可：

$$\frac{(\forall i \in I)\ \tau_i' <: \tau_i}{[\tau_i']_{i \in I} <: [\tau_i]_{i \in I}} \tag{24.8}$$

24.3.2　部分函数类型

函数类型构造器的变体有些微妙。我们在这里考虑部分函数类型，但是这种考虑也适用于全函数类型。首先考虑函数类型在其值域上的变体。假设 $e : \tau_1 \to \tau_2'$，如果 $e_1 : \tau_1$，那么 $e(e_1) : \tau_2'$，并且如果 $\tau_2' <: \tau_2$，那么 $e(e_1) : \tau_2$ 也成立。

$$\frac{\tau_2' <: \tau_2}{\tau_1 \to \tau_2' <: \tau_1 \to \tau_2} \tag{24.9}$$

每个给出 τ_2' 类型值的函数也可以给出 τ_2 类型值，前提是 $\tau_2' <: \tau_2$。因此，函数类型构造器在其值域是协变的。

现在让我们考虑函数类型在其定义域内的变化。再次假设 $e : \tau_1 \to \tau_2$，然后 e 可以应用于任何 τ_1 类型的值以获得 τ_2 类型的值。因此根据包含原则，它可以应用于任何 τ_1 类型的子类型 τ_1' 的值，并且它仍然可以给出 τ_2 类型的值。所以，我们不妨把 e 看作是一种 $\tau_1' \to \tau_2$ 类型。

$$\frac{\tau_1' <: \tau_1}{\tau_1 \to \tau_2 <: \tau_1' \to \tau_2} \tag{24.10}$$

函数类型在其定义域位置是逆变的。请注意，与规则的结论相比，在前提中反转了子定型关系。

结合这些规则，我们得到以下函数类型的逆变与协变的一般原则：

$$\frac{\tau_1' <: \tau_1 \quad \tau_2' <: \tau_2}{\tau_1 \rightharpoonup \tau_2' <: \tau_1' \rightharpoonup \tau_2} \tag{24.11}$$

注意，在定义域中顺序是反的！

24.3.3 递归类型

FPC 语言具有部分函数类型（在子定型下的行为与全函数类型相同）、和类型与积类型（行为如上所述），以及递归类型。递归类型引入一些微妙之处，这些已成为语言设计中的错误来源。为了得到一些直观的理解，考虑如下带标签的二叉树类型，每个节点上都有自然数，

$$\text{rec } t \text{ is } [\text{empty} \hookrightarrow \text{unit}, \text{binode} \hookrightarrow \langle \text{data} \hookrightarrow \text{nat}, \text{lft} \hookrightarrow t, \text{rht} \hookrightarrow t \rangle]$$

以及如下的"裸"二叉树类型，即节点上没有附加数据，

$$\text{rec } t \text{ is } [\text{empty} \hookrightarrow \text{unit}, \text{binode} \hookrightarrow \langle \text{lft} \hookrightarrow t, \text{rht} \hookrightarrow t \rangle]$$

其中一个是另一个的子类型吗？直观地说，我们可能期望带标签的二叉树类型是裸二叉树类型的一个子类型，因为裸二叉树的任何使用都可以简单地忽略标签的存在。

现在考虑如下裸"2–3"树类型。这种树有两种节点，一种有两个子节点，另一种有三个子节点：

$$\text{rec } t \text{ is } [\text{empty} \hookrightarrow \text{unit}, \text{binode} \hookrightarrow \tau_2, \text{trinode} \hookrightarrow \tau_3]$$

其中

$$\tau_2 \triangleq \langle \text{lft} \hookrightarrow t, \text{rht} \hookrightarrow t \rangle$$

$$\tau_3 \triangleq \langle \text{lft} \hookrightarrow t, \text{mid} \hookrightarrow t, \text{rht} \hookrightarrow t \rangle$$

这个类型与前面两个树类型之间应该保持怎样的子类型关系？直观地说，裸 2–3 树类型应该是裸二叉树类型的超类型，因为任何对 2–3 树的使用都是通过三路情况分析进行的，这涵盖了二叉树的两种形式。

为了捕获这些例子所示的模式，我们需要一个递归类型的子定型规则。很容易想到如下规则：

$$\frac{t \text{ type} \vdash \tau' <: \tau}{\text{rec } t \text{ is } \tau' <: \text{rec } t \text{ is } \tau} ?? \tag{24.12}$$

也就是说，为了检查一种递归类型是否是另一种递归类型的子类型，只需把约束变量按参数对待，简单地比较两者的体。注意，通过子定型的自反性，我们有 $t <: t$，因此可以在推导 $\tau' <: \tau$ 中使用这个事实。

规则 (24.12) 验证了刚才描述的标签二叉树和裸二叉树之间直观上合理的子定型。该推导过程需要检查子定型关系

$$\langle \text{data} \hookrightarrow \text{nat}, \text{lft} \hookrightarrow t, \text{rht} \hookrightarrow t \rangle <: \langle \text{lft} \hookrightarrow t, \text{rht} \hookrightarrow t \rangle$$

对任意 t 成立，这是显然的。

不幸的是，规则 (24.12) 也支持不正确的子定型关系以及一些正确的子定型关系。作为

出错的一个例子，考虑递归类型

$$\tau' = \mathrm{rec}\ t\ \mathrm{is}\ \langle\, \mathrm{a} \hookrightarrow t \rightharpoonup \mathrm{nat},\ \mathrm{b} \hookrightarrow t \rightharpoonup \mathrm{int}\,\rangle$$

和

$$\tau = \mathrm{rec}\ t\ \mathrm{is}\ \langle\, \mathrm{a} \hookrightarrow t \rightharpoonup \mathrm{int},\ \mathrm{b} \hookrightarrow t \rightharpoonup \mathrm{int}\,\rangle$$

为了这个例子，假设 nat <:nat。通过使用规则 (24.12)，可以推出 $\tau' <: \tau$，这是不正确的。设 $e:\tau'$ 为表达式

$$\mathrm{fold}(\langle\, \mathrm{a} \hookrightarrow \lambda(x:\tau')\ 4,\ \mathrm{b} \hookrightarrow \lambda(x:\tau')q((\mathrm{unfold}(x) \cdot \mathrm{a})(x))\,\rangle)$$

其中 $q:\mathrm{nat} \rightharpoonup \mathrm{nat}$ 为离散平方根函数。因为 $\tau' <: \tau$，接着 $e:\tau$，因此

$$\mathrm{unfold}(e):\langle\, \mathrm{a} \hookrightarrow \tau \rightharpoonup \mathrm{int},\ \mathrm{b} \hookrightarrow \tau \rightharpoonup \mathrm{int}\,\rangle$$

现在令 $e':\tau$ 为表达式

$$\mathrm{fold}(\langle\, \mathrm{a} \hookrightarrow \lambda(x:\tau) - 4,\ \mathrm{b} \hookrightarrow \lambda(x:\tau)\ 0\,\rangle)$$

（关于 e' 的重点是 a 方法返回一个负数，b 方法没有意义。）为了完成证明，请观察

$$(\mathrm{unfold}(e) \cdot \mathrm{b})(e') \mapsto {}^* q(-4)$$

这是一个卡住的状态。我们已经推导出一个良类型程序，该程序"卡住"了，这违背了类型安全性。

因此规则 (24.12) 是不正确的。但问题出在哪里？错误在于选择单个变量来表示两种递归类型，这不能正确地建模自指。实际上，在检查子定型关系时，我们将两种不同的递归类型视为相等的。但这显然是错误的。它没有考虑到递归类型的自指性质。在左侧，约束变量代表子类型，而在右侧，约束变量代表超类型。混淆它们会导致上述问题。

与通常的自指情况一样，解决方案是假设我们要证明的内容，并通过检查递归类型的体来检查这个假设是可以维持的。为此，我们使用形式为 $\Delta \vdash \tau' <: \tau$ 的假言判断，其中 Δ 包含假设 t type，并且 $t <: \tau$ 声明了一个未在 Δ 中声明的新类型变量。使用这种假言判断，我们可以为递归类型的子定型规定如下正确规则：

$$\frac{\Delta, t\ \mathrm{type}, t'\ \mathrm{type}, t' <: t \vdash \tau' <: \tau \quad \Delta, t'\ \mathrm{type} \vdash \tau'\ \mathrm{type} \quad \Delta, t\ \mathrm{type} \vdash \tau\ \mathrm{type}}{\Delta \vdash \mathrm{rec}\ t'\ \mathrm{is}\ \tau' <: \mathrm{rec}\ t\ \mathrm{is}\ \tau} \tag{24.13}$$

也就是说，为了检验 rec t' is $\tau' <:$ rec t is τ 是否成立，我们假设 $t' <: t$，因为 t 和 t' 代表相应的递归类型，并在这个假设下检验 $\tau' <: \tau$。用原则"子定型假设与函数类型在其定义域的逆变是不一致的"来检查上述不可靠的子定型示例是否不可推导，这是有指导意义的。

24.3.4 量化类型

考虑使用第 16 章和第 17 章中讨论的全称量词和存在量词类型来扩展 FPC。量词的变体原则指出，它们在量词类型上是一致协变的：

$$\frac{\Delta, t\ \mathrm{type} \vdash \tau' <: \tau}{\Delta \vdash \forall(t.\tau') <: \forall(t.\tau)} \tag{24.14a}$$

$$\frac{\Delta, t \text{ type} \vdash \tau' <: \tau}{\Delta \vdash \exists(t.\tau') <: \exists(t.\tau)} \tag{24.14b}$$

因此，我们可以推导出如下代换原则。

> **引理 24.1** 如果Δ、$t \text{ type} \vdash \tau_1 <: \tau_2$并且$\Delta \vdash \tau \text{ type}$，则$\Delta \vdash [\tau/t]\tau_1 <: [\tau/t]\tau_2$。

证明 对子定型推导进行归纳得证。 □

容易检查上述量词变体原则与包含原则一致。例如，子类型$\exists(t.\tau')$的包由表示类型ρ和$[\rho/t]\tau'$类型的实现e组成。但是，如果$t \text{ type} \vdash \tau' <: \tau$，我们通过代换得到$[\rho/t]\tau' <: [\rho/t]\tau$，因此$e$也是$[\rho/t]\tau$类型的一种实现。所以该包也是超类型的包。

通过允许对指定类型的所有子类型进行量化，将子定型扩展到量词是很自然的，这称为**有界量化**（bounded quantification）。

$$\frac{}{\Delta, t \text{ type}, t <: \tau \vdash t <: \tau} \tag{24.15a}$$

$$\frac{\Delta \vdash \tau \text{ type}}{\Delta \vdash \tau <: \tau} \tag{24.15b}$$

$$\frac{\Delta \vdash \tau'' <: \tau' \quad \Delta \vdash \tau' <: \tau}{\Delta \vdash \tau'' <: \tau} \tag{24.15c}$$

$$\frac{\Delta \vdash \tau_1' <: \tau_1 \quad \Delta, t \text{ type}, t <: \tau_1' \vdash \tau_2 <: \tau_2'}{\Delta \vdash \forall t <: \tau_1.\tau_2 <: \forall t <: \tau_1'.\tau_2'} \tag{24.15d}$$

$$\frac{\Delta \vdash \tau_1 <: \tau_1' \quad \Delta, t \text{ type}, t <: \tau_1 \vdash \tau_2 <: \tau_2'}{\Delta \vdash \exists t <: \tau_1.\tau_2 <: \exists t <: \tau_1'.\tau_2'} \tag{24.15e}$$

规则 (24.15d) 指出全称量词在约束范围 (即界) 内是逆变的，而规则 (24.15e) 指出存在量词在界内是协变的。

24.4　动态语义和安全性

在 24.2 节中积的子定型定义中有一个微妙的假设，即只要$J \supseteq I$，对I元组的投影运算同样适用于J元组。但这不是必需的。人们可以随意表示I元组和J元组，因此在这两种情况下，位置$i \in I \subseteq J$上投影的含义是不同的。这种可能性是无法排除的，但是积的子定型却并非如此。从这个角度来看，积的子定型不是很合理，但是人们可以认为子定型限制了可能的实现，以确保它有意义。

类似的考虑也适用于和类型。即使$I \subseteq J$且所有类型都是相同的，J路情况分析也不一定适用于和类型的I路值。例如，可以用不适合"大"索引集的方式表示具有"小"索引集的和类型的值。此时，"大"的情况分析在"小"的和类型值上是行不通的。同样在这里，我们可能会认为要么子定型不合理，要么它对实现施加了其他没有强制的限制。

值得对带子定型的语言的安全性进行仔细思考。作为一个说明性的示例，我们考虑添加了积子定型的 FPC 的安全性。主要关注的问题是，包含规则使值的"真正"类型模糊不清，导致范式引理复杂化。此外，我们假设相同的投影对较宽的元组比较窄的元组更为可行，前提是投影在范围之内。

引理 24.2（结构性）
1. 元组子定型关系是自反的和传递的。
2. 在弱化和代换下，定型判断 $\Gamma \vdash e : \tau$ 是封闭的。

证明

1. 通过对类型结构的归纳可证明自反性。传递性可通过由判断 $\tau'' <: \tau'$ 和 $\tau' <: \tau$ 的推导得到 $\tau'' <: \tau$ 的推导来归纳证明。
2. 通过对规则 (10.3) 归纳，再扩充规则 (24.2)。 □

引理 24.3（反转）
1. 如果 $e \cdot j : \tau$，则 $e : \langle \tau_i \rangle_{i \in I}$，$j \in I$ 并且 $\tau_j <: \tau$。
2. 如果 $\langle e_i \rangle_{i \in I} : \tau$，那么 $\langle \tau_i' \rangle_{i \in I} <: \tau$，其中对每个 $i \in I$ 有 $e_i : \tau_i'$。
3. 如果 $\tau' <: \langle \tau_j \rangle_{j \in J}$，那么对某个 I 和某些类型 $\tau_i' (i \in I)$ 有 $\tau' = \langle \tau_i' \rangle_{i \in I}$。
4. 如果 $\langle \tau_i' \rangle_{i \in I} <: \langle \tau_j \rangle_{j \in J}$，则 $J \subseteq I$ 且对每个 $j \in J$ 有 $\tau_j' <: \tau_j$。

证明 通过对子定型规则和定型规则归纳可证，特别注意规则 (24.2)。 □

定理 24.4（保持性） 如果 $e : \tau$ 且 $e \mapsto e'$，则 $e' : \tau$。

证明 对规则 (10.4) 进行归纳。例如，考虑规则 (10.4d)，使得 $e = \langle e_i \rangle_{i \in I} \cdot k$ 且 $e' = e_k$。根据引理 24.3，我们有 $\langle e_i \rangle_i : \langle \tau_j \rangle_{j \in J}$，且 $k \in J$，$\tau_k <: \tau$。通过再次应用引理 24.3，对于每个 $i \in I$，都存在 τ_i' 使得 $e_i : \tau_i'$ 且 $\langle \tau_i' \rangle_{i \in I} <: \langle \tau_j \rangle_{j \in J}$。再次根据引理 24.3，我们有 $J \subseteq I$ 且对于每个 $j \in J, \tau_j' <: \tau_j$。然后有 $e_k : \tau_k$，正如所愿。其余情况类似。 □

引理 24.5（范式） 如果 e val 且 $e : \langle \tau_j \rangle_{j \in J}$，那么 e 的形式为 $\langle e_i \rangle_{i \in I}$，其中 $J \subseteq I$ 且对于每个 $j \in J$ 有 $e_j : \tau_j$。

证明 通过扩充规则 (24.2)，对规则 (10.3) 进行归纳。 □

定理 24.6（进展性） 如果 $e : \tau$，那么要么 e val，要么存在 e' 使得 $e \mapsto e'$。

证明 通过扩充规则 (24.2)，对规则 (10.3) 进行归纳。在归纳假设的前提下，运用归纳假设来处理包含规则。规则 (10.4d) 来自引理 24.5。 □

24.5 注记

子定型可能是编程语言中最常被误解的概念。子定型主要是一种便利，类似于类型推断，它使一些程序更易于编写。但是，包含规则有利有弊。因为当 τ' 是 τ 的子类型时，它允许从 τ' 到 τ 的隐式传递，它也将类型断言 $e : \tau$ 的含义弱化为表示 e 的类型包含在类型 τ 中。包含避免表达这样的需求：e 正好具有类型 τ，或者两个表达式共同具有相同的类型。正是这种弱点在子定型方面造成了许多困难。

关于子定型的文章有很多，通常与面向对象编程有关。Standard ML (Milner 等人，1997) 是最早使用子定型的语言之一。它有两种形式，称为**丰富**（enrichment）和**实现**（realization）。前者对应于积子定型，后者对应于与类型定义相关的"遗忘"子定型（参见第43 章）。对子定型的第一个系统研究包括 Mitchell(1984)、Reynolds(1980) 和 Cardelli(1988)

的研究。Pierce(2002) 全面介绍了子定型，特别是递归类型和多态类型，并证明了对有界非直谓全称量化的子定型是不可判定的。

习题

24.1 检查类型

$$(\text{unit} \rightarrow \tau) \times (\tau \rightarrow \text{unit})$$

的变体，当被视为带参数 τ 的构造器时，它是协变的还是逆变的？在每种情况下，给出一个精确的证明或反例。

24.2 考虑两种递归类型，

$$\rho_1 \triangleq \text{rec } t \text{ is } \langle \text{eq} \hookrightarrow (t \rightarrow \text{bool}) \rangle$$

和

$$\rho_2 \triangleq \text{rec } t \text{ is } \langle \text{eq} \hookrightarrow (t \rightarrow \text{bool}), \text{f} \hookrightarrow \text{bool} \rangle$$

显然，ρ_1 不可能是 ρ_2 的子类型，因为作为展开后的产物，前一种类型的值缺少后一种类型的值所具有的组件。但是 ρ_2 是 ρ_1 的子类型吗？如果是这样，请使用 24.3 节中给出的规则证明这一点。如果不是，则给出一个反例，说明所建议的子定型违反类型安全性。

24.3 子定型动态语义的另一种方法可以确保安全性，但又具有包含的动态意义，这种方法将证据 (称为**强制**，coercion) 与每个子定型关系进行关联，并在使用包含规则的地方插入强制。更准确地说，

　(a) 为每个有效的子定型 $\tau <: \tau'$ 指派一个强制函数 $\chi : \tau \rightarrow \tau'$，该函数将 τ 类型的值转换为 τ' 类型的值。

　(b) 将包含规则解释为隐式强制。具体地说，当 $\tau <: \tau'$ 被 $\chi : \tau \rightarrow \tau'$ 证明时，对 $e : \tau$ 应用包含规则将插入一个 χ 的应用以得到 $\chi(e) : \tau'$。

针对由积的"宽"子定型产生的子类型关系，以及积类型、和类型和函数类型的变体原则这几种情况，请给出定义以准确表达上述思想。你的解决方案应明确表明避开了上面提到的默认投影假设。

但是，与子定型 $\tau <: \tau'$ 对应的强制 $\chi : \tau \rightarrow \tau'$ 可能不止一个。程序的含义将取决于使用包含规则时选择哪种强制。如果每个子类型关系都有唯一的强制，则称其一致的 (coherent)。你所给的积子定型的强制解释是否是一致的？（对一致性的适当处理要求表达式等价，这在第 47 章中有讨论。）

行为定型

在第 23 章中，我们展示了动态定型只是静态定型的一种使用模式，其中动态类型化的值是 dyn 类型，这是一种特殊的递归和类型。dyn 类型的值总是形如 new[c](e)，其中 c 是它的类、e 是它的基础值。重要的是，类 c 决定动态值的基础值的类型。混合语言的类型系统相当弱，因为每个动态分类值都具有相同的类型，并且在其类型中没有提到类。为了弥补这一缺点，通常需要丰富混合语言的类型系统来捕获这类信息，如 24.2 节所述。

在这种情况下，子定型用于化解类型系统设计中**结构**（structure）和**行为**（behavior）之间的基本矛盾。类型一方面决定了编程语言的结构，另一方面作为用该语言编写的表达式的行为规范。子定型试图通过允许某种重定型来解决这种矛盾，但没有成功。虽然子定型对于小的示例来说相当有效，但是当我们希望指定一个值的深层结构时，事情就变得复杂多了，比如，该值属于类 c，而它的基础值属于另一个类 d，这个类的基础值是自然数。在这样的描述中，人们希望描述的具体程度是没有限制的，这将导致类型系统的无穷变化，以适应各种特殊情况。

类型中结构和行为之间矛盾的另一个解决方案是，通过区分类型与**类型细化**（type refinement）来分离这两个方面。类型细化使用捕获任何感兴趣的属性的规范来指定特定类型的表达式的执行行为，仅受证明程序满足细化所给规范的难度的限制。

某些受限形式的行为规范可以表达程序的许多有用属性，同时保持可机器检查的性质。这些属性包括由类型本身决定的基本行为属性，但是可以扩展到比这些结构属性更严苛的条件。在本章中，我们将考虑为第 23 章的混合语言定制的一种具体细化概念。它基于两个基本原则：

1. 类型构造器（如积、和、函数空间）对其组件类型进行细化，从而对这些构造器形成的复合类型进行细化。

2. 跟踪 dyn 类型值的类并将多个细化指派到涉及动态类型值的表达式的不同行为是很有用的。

我们将根据这些原则制定一个细化系统，以确保一个良细化的程序不会因为试图将值强制转换为其他类而导致运行时错误。

25.1 静态语义

我们将开发一个细化系统，为第 23 章中定义的 HPCF 语言扩展和与积，其中 dyn 类型值只有两类，即 num 和 fun[⊖]。细化 ϕ 的语法由以下文法给出：

⊖ 当然，在更丰富的语言中，除了这两个类之外，还有更多的类，每个类都具有与其分类的基础数据相关联的类型。

$$
\begin{array}{llll}
\text{Ref} \quad \phi \quad ::= & \text{true}\{\tau\} & \top_\tau & \text{真值} \\
& \text{and}\{\tau\}(\phi_1;\phi_2) & \phi_1 \wedge_\tau \phi_2 & \text{合取} \\
& \text{new}[\text{num}](\phi) & \text{num}\,!\,\phi & \text{动态的数值} \\
& \text{new}[\text{fun}](\phi) & \text{fun}\,!\,\phi & \text{动态的函数} \\
& \text{prod}(\phi_1;\phi_2) & \phi_1 \times \phi_2 & \text{积} \\
& \text{sum}(\phi_1;\phi_2) & \phi_1 + \phi_2 & \text{和} \\
& \text{parr}(\phi_1;\phi_2) & \phi_1 \rightharpoonup \phi_2 & \text{函数}
\end{array}
$$

非正式地说，细化是指定某种类型值的属性的**谓词**（predicate）。同样，可以将细化看作满足指定属性的类型的值的**子集**（subset）。为了揭示细化对类型的依赖关系，真值和合取的语法由它们所控制的类型来参数化。在大多数情况下，基础类型在上下文中是明确的，此时将其省略。请注意，积、和与函数细化的语法与它们所控制的类型的语法完全相同，但是它们是细化，而不是类型。

判断 $\phi \sqsubseteq \tau$ 的含义是指 ϕ 是类型 τ 的细化。其定义如下：

$$\overline{\top \sqsubseteq \tau} \tag{25.1a}$$

$$\frac{\phi_1 \sqsubseteq \tau \quad \phi_2 \sqsubseteq \tau}{\phi_1 \wedge \phi_2 \sqsubseteq \tau} \tag{25.1b}$$

$$\frac{\phi \sqsubseteq \text{nat}}{\text{num}\,!\,\phi \sqsubseteq \text{dyn}} \tag{25.1c}$$

$$\frac{\phi \sqsubseteq \text{dyn} \rightharpoonup \text{dyn}}{\text{fun}\,!\,\phi \sqsubseteq \text{dyn}} \tag{25.1d}$$

$$\frac{\phi_1 \sqsubseteq \tau_1 \quad \phi_2 \sqsubseteq \tau_2}{\phi_1 \times \phi_2 \sqsubseteq \tau_1 \times \tau_2} \tag{25.1e}$$

$$\frac{\phi_1 \sqsubseteq \tau_1 \quad \phi_2 \sqsubseteq \tau_2}{\phi_1 + \phi_2 \sqsubseteq \tau_1 + \tau_2} \tag{25.1f}$$

$$\frac{\phi_1 \sqsubseteq \tau_1 \quad \phi_2 \sqsubseteq \tau_2}{\phi_1 \rightharpoonup \phi_2 \sqsubseteq \tau_1 \rightharpoonup \tau_2} \tag{25.1g}$$

显而易见，每个细化都会细化一个唯一的类型，即细化的**基础类型**（underlying type）。具体语法 num!ϕ 和 fun!ϕ 既简洁又普通，但是要注意，它往往模糊了类型、类和细化之间的关键区别。

细化满足（refinement satisfaction）判断 $e \in_\tau \phi$ 表示，良类型表达式 e 展示了由 ϕ 指定的行为，其中 $e : \tau$ 且 $\phi \sqsubseteq \tau$。假言形式

$$x_1 \in_{\tau_1} \phi_1, \cdots, x_n \in_{\tau_n} \phi_n \vdash e \in_\tau \phi$$

约束可替换变量的表达式，以满足该变量关联的细化类型（可以是不加约束的平凡细化 $\top$）。将这种作用在变量上的细化假言序列记作 Φ，称为**细化上下文**（refinement context）。每一个这样的 Φ 决定一个由 $x_1 : \tau_1, \cdots, x_n : \tau_n$ 给出的定型上下文 Γ，该上下文仅指定所涉及的变量的

类型。我们通常记作 Φ_Γ 来表明 Γ 是以这种方式由 Φ 确定的唯一定型上下文。

细化满足判断的定义使用了辅助判断 $\phi_1 \leq_\tau \phi_2$，其中 $\phi_1 \sqsubseteq \tau$ 且 $\phi_2 \sqsubseteq \tau$。当从上下文中可以明确 τ 时，通常记作 $\phi_1 \leq \phi_2$。这种判断称为**细化蕴含**（refinement entailment）。它指出细化 ϕ_1 至少和细化 ϕ_2 **一样强，或者不弱于**细化 ϕ_2。非形式化地说，这意味着如果 $e:\tau$ 满足 ϕ_1，那么它一定满足 ϕ_2。根据这个解释，细化蕴含是自反且传递的。细化 $\top$ 对于任何良类型表达式均成立，且比任何其他细化都要大（被蕴含）。两个细化的合取 $\phi_1 \wedge \phi_2$ 是 ϕ_1 和 ϕ_2 的交（最大下界）。因为没有值可以属于两个不同的类，所以 $\mathrm{num}!\phi_1$ 和 $\mathrm{fun}!\phi_2$ 的合取蕴含所有的细化。最后，细化蕴含满足与 24.3 节中子定型相同的变体原则。

$$\frac{\phi \sqsubseteq \tau}{\phi \leq_\tau \phi} \tag{25.2a}$$

$$\frac{\phi_1 \leq_\tau \phi_2 \quad \phi_2 \leq_\tau \phi_3}{\phi_1 \leq_\tau \phi_3} \tag{25.2b}$$

$$\frac{\phi \sqsubseteq \tau}{\phi \leq_\tau \top} \tag{25.2c}$$

$$\frac{\phi_1 \sqsubseteq \tau \quad \phi_2 \sqsubseteq \tau}{\phi_1 \wedge \phi_2 \leq_\tau \phi_1} \tag{25.2d}$$

$$\frac{\phi_1 \sqsubseteq \tau \quad \phi_2 \sqsubseteq \tau}{\phi_1 \wedge \phi_2 \leq_\tau \phi_2} \tag{25.2e}$$

$$\frac{\phi \leq_\tau \phi_1 \quad \phi \leq_\tau \phi_2}{\phi \leq_\tau \phi_1 \wedge \phi_2} \tag{25.2f}$$

$$\frac{}{\mathrm{num}!\phi_1 \wedge \mathrm{fun}!\phi_2 \leq_{\mathrm{dyn}} \phi} \tag{25.2g}$$

$$\frac{\phi \leq \mathrm{nat}\ \phi'}{\mathrm{num}!\phi \leq_{\mathrm{dyn}} \mathrm{num}!\phi'} \tag{25.2h}$$

$$\frac{\phi \leq_{\mathrm{dyn} \rightharpoonup \mathrm{dyn}} \phi'}{\mathrm{fun}!\phi \leq_{\mathrm{dyn}} \mathrm{fun}!\phi'} \tag{25.2i}$$

$$\frac{\phi_1 \leq_{\tau_1} \phi_1' \quad \phi_2 \leq_{\tau_2} \phi_2'}{\phi_1 \times \phi_2 \leq_{\tau_1 \times \tau_2} \phi_1' \times \phi_2'} \tag{25.2j}$$

$$\frac{\phi_1 \leq_{\tau_1} \phi_1' \quad \phi_2 \leq_{\tau_2} \phi_2'}{\phi_1 + \phi_2 \leq_{\tau_1 + \tau_2} \phi_1' + \phi_2'} \tag{25.2k}$$

$$\frac{\phi_1' \leq_{\tau_1} \phi_1 \quad \phi_2 \leq_{\tau_2} \phi_2'}{\phi_1 \rightharpoonup \phi_2 \leq_{\tau_1 \rightharpoonup \tau_2} \phi_1' \rightharpoonup \phi_2'} \tag{25.2l}$$

为了简洁起见，我们通常省略细化和细化蕴含关系中的类型下标。

我们现在可以定义细化满足判断 $\Phi_\Gamma \vdash e \in_\tau \phi$，其中假设 $\Gamma \vdash e:\tau$。当这样的满足判断成立时，称 e 是**良细化的**（well-refined），这是只对良类型的表达式才能声明的属性。其目标是确保良细化的表达式不会产生（被检查的）运行时错误。在当前设置中，细化排除了将类 c 的值强制转换为类 $c'(c' \neq c)$。细化满足的表达虽然看似简单，但将涉及许多重要的思想。

为了简化说明，最好将规则分组呈现，而不是一次性全部呈现。第一组由与表达式类型无关的规则组成：

$$\overline{\Phi_\Gamma, x \in_\tau \phi \vdash x \in_\tau \phi} \tag{25.3a}$$

$$\frac{\Phi \vdash e \in_\tau \phi' \quad \phi' \leq_\tau \phi}{\Phi \vdash e \in_\tau \phi} \tag{25.3b}$$

$$\frac{\Phi \vdash e \in_\tau \phi_1 \quad \Phi \vdash e \in_\tau \phi_2}{\Phi \vdash e \in_\tau \phi_1 \wedge \phi_2} \tag{25.3c}$$

$$\frac{\Phi, x \in_\tau \phi \vdash e \in_\tau \phi}{\Phi \vdash \text{fix } x : \tau \text{ is } e \in_\tau \phi} \tag{25.3d}$$

规则 (25.3a) 表达了一个显而易见的原则：如果假设一个变量满足细化 ϕ，那么它当然满足细化 ϕ。通常，代换原则是可纳的。它指出，如果假设某个变量满足 ϕ，那么我们可以用任何满足该细化的表达式代换它，并且得到的实例将继续满足与代换前相同的细化。

规则 (25.3b) 类似于第 24 章给出的包含原则，尽管在这里它有微妙的不同含义。具体地说，如果表达式 e 满足细化 ϕ'，并且 ϕ' 比某个细化 ϕ 更强（由规则 (25.2) 决定），那么 e 也必须满足细化 ϕ。这种推论仅仅是一个逻辑问题：判断 $\phi' \leq \phi$ 指出 ϕ' 逻辑蕴含 ϕ'。

规则 (25.3c) 表达合取的逻辑意义。如果一个表达式同时满足 ϕ_1 和 ϕ_2，那么它也满足 $\phi_1 \wedge \phi_2$。规则 (25.3b) 确保其逆命题也成立。注意，根据规则 (25.2d) 和 (25.2e)，一个合取比它的任何一个合取分量都强。类似地，相同的规则确保如果 e 满足 ϕ，那么它也满足 $\top$，但是我们不假定每个良类型的表达式都满足 $\top$，因为这将会破坏确保良细化表达式不会导致运行时错误的目标。

规则 (25.3d) 指出，细化在一般递归（不动点的形成）下是封闭的。要想说明 fix $x : \tau$ is e 满足细化 ϕ，只需要说明 e 在 x（表示递归表达式本身）满足 ϕ 的前提下满足 ϕ。因此很明显，非终止表达式（如 fix $x : \tau$ is x）完全满足任何细化。特别地，这种发散的表达式不会产生运行时错误，这是我们在当前细化系统中所追求的保证。

第二组规则关注分类值的 dyn 类型。

$$\frac{\Phi \vdash e \in_{\text{nat}} \phi}{\Phi \vdash \text{num!}e \in_{\text{dyn}} \text{num!}\phi} \tag{25.4a}$$

$$\frac{\Phi \vdash e \in_{\text{dyn} \to \text{dyn}} \phi}{\Phi \vdash \text{fun!}e \in_{\text{dyn}} \text{fun!}\phi} \tag{25.4b}$$

$$\frac{\Phi \vdash e \in_{\text{dyn}} \text{num!}\phi}{\Phi \vdash e \,@\, \text{num} \in_{\text{nat}} \phi} \tag{25.4c}$$

$$\frac{\Phi \vdash e \in_{\text{dyn}} \text{fun!}\phi}{\Phi \vdash e \,@\, \text{fun} \in_{\text{dyn} \to \text{dyn}} \phi} \tag{25.4d}$$

$$\frac{\Phi \vdash e \in_{\text{dyn}} \top}{\Phi \vdash \text{num?}e \in_{\text{bool}} \top} \tag{25.4e}$$

$$\frac{\Phi \vdash e \in_{\mathrm{dyn}} \top}{\Phi \vdash \mathsf{fun}?e \in_{\mathrm{bool}} \top} \tag{25.4f}$$

规则 (25.4a) 和 (25.4b) 指出，类 c（num 或 fun）的新建值满足类型 dyn 的细化这一事实，其前提是基础值满足类 c 的关联类型（num 类为 nat，fun 类为 dyn $\rightarrow$ dyn）的给定细化 ϕ。

规则 (25.4c) 和 (25.4d) 指出，只有静态地知道类型 dyn 的值属于 c 类时，该值才可以安全地强制转换为这个类。此条件是在这些规则的前提中声明的，这些规则要求强制转换的值的类是已知的，并且适合强制转换。良细化转换的结果满足对其基础值的细化。重要的是要认识到，在避免运行时错误的过程中，不可能强制转换一个值，其唯一已知的细化是 $\top$（对值未施加任何限制）。这种限制很麻烦，因为在许多情况下无法静态确定值的类。我们将很快回到这个关键问题上。

规则 (25.4e) 和 (25.4f) 根据其参数的类来计算布尔值。我们将在 25.2 节对此进行更多的讨论。

第三组规则用于管理空积和二元积类型：

$$\overline{\Phi \vdash \langle\rangle \in_{\mathrm{unit}} \top} \tag{25.5a}$$

$$\frac{\Phi \vdash e_1 \in_{\tau_1} \phi_1 \quad \Phi \vdash e_2 \in_{\tau_2} \phi_2}{\Phi \vdash \langle e_1, e_2 \rangle \in_{\tau_1 \times \tau_2} \phi_1 \times \phi_2} \tag{25.5b}$$

$$\frac{\Phi \vdash e \in_{\tau_1 \times \tau_2} \phi_1 \times \phi_2}{\Phi \vdash e \cdot \mathsf{l} \in_{\tau_1} \phi_1} \tag{25.5c}$$

$$\frac{\Phi \vdash e \in_{\tau_1 \times \tau_2} \phi_1 \times \phi_2}{\Phi \vdash e \cdot \mathsf{r} \in_{\tau_2} \phi_2} \tag{25.5d}$$

规则 (25.5a) 说明了显而易见的事实：空元组通过平凡细化实现良细化。因为 unit 只包含一个元素，所以几乎没有别的说明。规则 (25.5b) 指出，如果有序对的每个分量都满足相应的细化，则有序对满足这些细化的积。规则 (25.5c) 和 (25.5d) 则说明相反的情况。

第四组规则用于管理空和与二元和类型：

$$\frac{\Phi \vdash e \in_{\mathrm{void}} \phi'}{\Phi \vdash e \in_{\mathrm{void}} \phi} \tag{25.6a}$$

$$\frac{\Phi \vdash e_1 \in_{\tau_1} \phi_1}{\Phi \vdash \mathsf{l} \cdot e_1 \in_{\tau_1 + \tau_2} \phi_1 + \phi_2} \tag{25.6b}$$

$$\frac{\Phi \vdash e_2 \in_{\tau_2} \phi_2}{\Phi \vdash \mathsf{r} \cdot e_2 \in_{\tau_1 + \tau_2} \phi_1 + \phi_2} \tag{25.6c}$$

$$\frac{\Phi \vdash e \in_{\tau_1 + \tau_2} \phi_1 + \phi_2 \quad \Phi, x_1 \in_{\tau_1} \phi_1 \vdash e_1 \in_{\tau} \phi \quad \Phi, x_2 \in_{\tau_2} \phi_2 \vdash e_2 \in_{\tau} \phi}{\Phi \vdash \mathsf{case}\, e\{\mathsf{l} \cdot x_1 \hookrightarrow e_1 \mid \mathsf{r} \cdot x_2 \hookrightarrow e_2\} \in_{\tau} \phi} \tag{25.6d}$$

规则 (25.6a) 指出，如果 void 类型的表达式满足某种细化（因此没有错误），那么它满

足 (void 类型的) 每个细化，因为没有这种类型的值，所以必然是没有错误的。

规则 (25.6b) 和 (25.6c) 的动机类似。如果 e_1 满足 ϕ_1，则 $1 \cdot e_1$ 满足细化 $\phi_1 + \phi_2$，其中 ϕ_2 可以是任意细化，因为 ϕ_2 与左注入无关。同理，右注入与和的左加元细化无关。

规则 (25.6d) 在某些方面是所有规则中最有趣的一条，我们不久将修改它。该规则的显著特征是，它通过声明关于每个分支绑定变量的假设，将与注入值有关的细化信息传播到相应的分支。但是它不会将任何与 e 有关的信息传播到每个分支中，即在第一个分支中 e 必须形如 $1 \cdot e_1$，在第二个分支中 e 必须形如 $r \cdot e_2$。

不能传播这一信息似乎没有坏处，但这实际上非常受限。为了理解原因，考虑 bool 类型这种特殊情况，该类型在 11.3.2 节中定义为 unit + unit。条件表达式 if e then e_1 else e_2 被定义为情况分析，其中没有相关数据传递到条件式的各分支中。所以，在 then 分支 e_1 中不能静态地知道 e 实际上为 true，也不能在 else 分支 e_2 中静态地知道 e 实际上为 false。

第五组规则控制函数类型：

$$\frac{\Phi, x \in_{\tau_1} \phi_1 \vdash e_2 \in_{\tau_2} \phi_2}{\Phi \vdash \lambda(x:\tau_1)e_2 \in_{\tau_1 \to \tau_2} \phi_1 \to \phi_2} \qquad (25.7a)$$

$$\frac{\Phi \vdash e_1 \in_{\tau_2 \to \tau} \phi_2 \to \phi \quad e_2 \in_{\tau_2} \phi_2}{\Phi \vdash e_1(e_2) \in_{\tau} \phi} \qquad (25.7b)$$

规则 (25.7a) 指出，假设 λ 抽象的参数满足其定义域的细化，λ 抽象的体满足值域的细化，那么该 λ 抽象满足函数细化。这是意料之中的事。

规则 (25.7b) 则相反。如果函数类型表达式满足函数细化，且将其应用到满足定义域细化的参数，那么函数应用满足值域的细化。

最后一组规则控制类型 nat：

$$\overline{\Phi \vdash z \in_{nat} \top} \qquad (25.8a)$$

$$\frac{\Phi \vdash e \in_{nat} \top}{\Phi \vdash s(e) \in_{nat} \top} \qquad (25.8b)$$

$$\frac{\Phi \vdash e \in_{nat} \top \quad \Phi \vdash e_0 \in_{\tau} \phi \quad \Phi, x \in_{nat} \top \vdash e_1 \in_{\tau} \phi}{\Phi \vdash ifz\ e\{z \hookrightarrow e_0 \,|\, s(x) \hookrightarrow e_1\} \in_{\tau} \phi} \qquad (25.8c)$$

这些规则非常朴实：它们只是将定型规则重新声明为细化规则，这些细化规则没有任何要求，也不保证自然数的任何属性。我们可以设想增加自然数的细化，例如指出已知自然数为零或非零。

为了了解上述规则，考虑一些简单的例子是有用的。首先，我们可以结合规则 (25.3b) 和规则 (25.4a)，对于任何自然数 n，得出判断

$$num!\overline{n} \in_{dyn} \top$$

也就是说，我们可以通过应用包含规则并诉诸规则 (25.2c) 来 "遗忘" 值的类。其次，这种推理对于说明布尔条件式 (或者更一般的任意情况分析) 的细化满足是至关重要的。例如，以下判断可以直接推导而无须使用包含规则：

$$\Phi, x \in_{bool} \top \vdash if\ x\ then\ (num!z)\ else\ (num!s(z)) \in_{dyn} num!\top$$

但是以下判断是可推导的，因为可以把每个分支中值的类知识弱化为一个共同的细化，在这种情况下，这是所有中最弱的细化：

$$\Phi, x \in_{bool} \top \vdash \text{if } x \text{ then (num!}z) \text{ else (fun!}(\lambda(\ y : dyn)\ y)) \in_{dyn} \top$$

一般情况下，条件式会减弱关于某个值的信息，除非同样的信息在两个分支上都已知。条件式是检查细化满足时损失的主要来源。

合取细化用于表示单个表达式的多个属性。例如，dyn 类型的恒等函数满足合取细化

$$(num! \top \longrightarrow num! \top) \wedge (fun! \top \longrightarrow fun! \top)$$

第一个合取分量中出现的 $\top$ 细化了类型 nat，而第二个合取分量细化了 dyn $\longrightarrow$ dyn 类型。检查 $\lambda(x : dyn)x$ 是否满足上述 dyn $\longrightarrow$ dyn 类型的细化是一个很好的练习。

25.2 布尔盲

让我们考虑一个非常简单的例子，它揭示了许多编程语言所遭受的一种严重问题，称为**布尔盲**（boolean blindness）。假设 x 是一个细化为 $\top$ 的 dyn 类型的变量，考虑表达式

$$\text{if(num ? } x) \text{ then } x \text{ @ num else } z$$

虽然很明显这个表达式的类型为 nat，但是它仍然是**欠细化的**（ill-refined）（不满足任何细化），即使它没有引起运行时错误。具体地说，在 then 分支中，程序员知道 x 是一个 num 类的值，但是这个事实并不会通过规则 (25.6)（其中布尔条件是特例）传播到 then 分支中。因此，规则 (25.4c) 不适用（正式地说，我们对 x 的了解不足以安全地强制转换它），因此表达式是欠细化的。结果和测试 x 是否为 num 类的布尔值含义对条件式的两个分支都是未知的。

布尔盲是编程语言的**通病**（endemic）。困难在于布尔值只携带一比特信息，这不足以捕捉该比特的含义。一个布尔值就是（字面上的）一比特数据，应该与表达事实的命题区分开。就其本身而言，布尔值除了其值以外不传递任何其他信息，而命题则表达确保代码正确的推理。在上面的例子中，知道 num ? x 动态计算得到布尔值 true 并没有静态地与 x 的类是否为 num 的事实相关联。这些信息位于类测试原语规范中的其他地方。问题是如何将类测试返回的布尔值与 x 的类是否为 num 的相关事实联系起来。

因为类型细化系统的目的是以一种可陈述、可验证的形式捕获这些事实，所以人们可能会怀疑上述示例的困难在于所考虑的细化系统太弱而无法捕捉具有以下特征的属性：我们需要确保不会发生运行时错误。该示例表明，如果要使用类型细化，还需要做更多的工作，所以我们首先考虑为了保证生成合理的连接，需要添加什么来丰富细化满足的定义。这件事可以归结为两个问题：

1. 把 num ? x 返回 true 传播到 then 分支，num ? x 返回 false 传播到 else 分支。

2. 将有关测试返回值的事实与有关被测试值的事实联系起来。

在当前情况下，这些是问题的不同方面。让我们依次考虑它们。讨论的结果将揭示类强制转换的设计缺陷，并提出一种不受布尔盲影响的替代方案。

要解决上述问题，我们首先需要丰富细化语言，以包含 true $\sqsubseteq$ bool 和 false $\sqsubseteq$ bool（指出布尔值分别是 true 或者 false）。这样，我们就可以希望将布尔值表达式的事实表达为细化判

断。但是布尔条件式的细化规则是什么呢？最初的猜测可能会考虑如下内容：

$$\frac{\Phi, e \in_{\text{bool}} \text{true} \vdash e_1 \in_\tau \phi \quad \Phi, e \in_{\text{bool}} \text{false} \vdash e_2 \in_\tau \phi}{\Phi \vdash \text{if } e \text{ then } e_1 \text{ else } e_2 \in_\tau \phi} \tag{25.9}$$

这样的规则有点不同寻常，因为它引入了关于表达式的假设，而不是关于变量的假设，但是让我们暂时忽略它并继续讨论。

在重新制定了条件的细化规则之后，我们即刻遇到另一个问题：如何从 num？$x \in_{\text{bool}}$ true 假设中推导出强制转换所需的 $x \in_{\text{dyn}}$ num！$\top$ 的细化规则？实现此目的的一种方法是修改条件表达式的细化规则，以考虑布尔表达式字面上为 num？e 的特殊情况。如果是这种情况，那么我们把附加的假设 $e \in_{\text{dyn}}$ num！$\top$ 传播到 then 分支中，但是如果不是这种情况，就不会将关于 e 的类的事实传播到 else 分支中⊖。这个更改足以确保所考虑的示例是良细化的。但是，如果我们正在判断的布尔值字面上不是 num？e，而仅仅意味着测试将返回 true，那该怎么办呢？我们如何将这些表达式与 e 的类的相关事实联系起来呢？显然，考虑特殊情况来避免细化的盲区是没有尽头的，但是没有唯一的最佳解决方案。

然而，一切并没有丢失。前面的分析表明，错误不在于细化，而在于语言设计。运行时错误的唯一来源是"裸转换"，它试图从 dyn 类型的值中提取底层的自然数——如果不能这样做，则发出运行时错误的信号，因为值的类不是 num。值类的布尔值测试似乎提供了一种避免这些错误的方法。但是，正如我们刚才看到的，问题的真正原因是试图将测试与强制转换分离。相反，我们可以把它们组合成一种形式

$$\text{ifofcl}[\text{num}](e; x_0.e_0; e_1)$$

这将测试 e 的类是否为 num，如果是，则将其基础数值通过代换 x_0 传递到 e_0，否则计算 e_1。没有运行时错误是可能的，因此不需要进行任何细化来确保它不会发生。

但这是否意味着类型细化毫无意义？其实不然。它仅仅意味着在某些情况下只需使用验证方法（例如类型细化）来弥补语言设计的缺陷，而不是为程序员提供有用的工具来帮助表达和验证程序的正确性。我们可能仍然希望表达不变式，例如某个特定函数将类 c 的值映射到类 c' 的值的属性，这仅仅是为了说明程序员的意图。或者我们可以丰富这个细化系统来追踪一些属性（比如一个数是偶数还是奇数）以及描述一些条件（比如一个给定的函数将偶数映射为奇数、将奇数映射为偶数）。原则上，变体和扩展来帮助确保程序按预期运行是没有限制的。

25.3 细化的安全性

判断 $\Phi_\Gamma \vdash e \in_\tau \phi$ 的前提是 $\Gamma \vdash e : \tau$，通过采用前面给出的证明，我们可以为良类型的项证明类型保持性和进展性。

定理 25.1（类型安全） 假设对于闭式 e 有 $e : \tau$。
1. 如果 $e \mapsto e'$，则 $e' : \tau$。
2. 要么 e err，要么 e val，要么存在 e' 使得 $e \mapsto e'$。

进展性的证明需要一个范式引理，对于 dyn 类型，该引理表述如下：

⊖ 对于恰好有两个类的特殊情况，我们可以将 e 的类是 fun 传播到 else 分支中，但是这种方法不能推广。

引理 25.2 (范式)　假设 $e:\mathsf{dyn}$ 且 $e\,\mathsf{val}$，则要么 $e=\mathsf{num}\,!\,e'$，要么 $e=\mathsf{fun}\,!\,e'$ 对某个 e' 成立。

表达式 e' 也可以是急切动态语义下的一个值，而不必是惰性动态语义下的值。通过分析值的定型规则，引理 25.2 的证明照常进行。

25.1 节中介绍的细化系统的目标是，确保在良细化的程序中不会出现错误。为了说明这一点，我们首先说明动态语义保持细化。

引理 25.3　假设 $e\,\mathsf{val}$ 且 $e\in_{\mathsf{dyn}}\phi$。如果 $\phi\le\mathsf{num}\,!\,\phi'$，那么 $e=\mathsf{num}\,!\,e'$，其中 $e'\in_{\mathsf{nat}}\phi'$。如果 $\phi\le\mathsf{fun}\,!\,\phi'$，那么 $e=\mathsf{fun}\,!\,e'$，其中 $e'\in_{\mathsf{dyn}\rightarrow\mathsf{dyn}}\phi'$。

证明　证明需要引理 25.2 来描述 dyn 可能的值，并分析细化满足规则。该引理适应规则 (25.3b)，该规则表达细化蕴含的传递性。　□

定理 25.4 (细化保持)　如果 $e\in_{\tau}\phi$ 且 $e\mapsto e'$，则 $e'\in_{\tau}\phi$。

证明　由前面的定理可知 $e':\tau$。为了说明 $e'\in_{\tau}\phi$，我们对 25.1 节给出的细化满足的定义进行归纳。与类型无关的组（规则 (25.3)）都容易处理，除了针对不动点的规则，它需要求助于代换引理，就像定理 19.2 那样。其余的组也都容易处理，请记住，不正确的表达式不能进行转换。　□

定理 25.5 (细化无错)　如果 $e\in_{\tau}\phi$，则 $\neg(e\,\mathsf{err})$。

证明　通过对细化满足的定义进行归纳可证。唯一有趣的情况是规则 (25.4c) 和规则 (25.4d)，当强制转换表达式是值时，它们由引理 25.3 处理。　□

推论 25.6 (细化安全)　如果 $e\in_{\tau}\phi$，则要么 $e\,\mathsf{val}$，要么存在 e' 使得 $e'\in_{\tau}\phi$ 且 $e\mapsto e'$。特别地，$\neg(e\,\mathsf{err})$。

证明　由定理 25.1、定理 25.4、定理 25.5 可证。　□

25.4　注记

类型和细化之间的区别是基本的，然而，这两者经常被混为一谈。类型决定编程语言的结构，包括静态语义和动态语义；细化规定良类型程序的行为。总的来说，满足判断 $e\in_{\tau}\phi$ 不一定是可判定的，而坚持定型判断 $e:\tau$ 是可判定的则是明智的。本章中提出的细化系统是可判定的，但是你可能会考虑许多不可判定的细化概念。例如，人们可能会假设 $e\in_{\tau}\phi$，且 e' 和 e 在语言的任何程序都无法区分[⊖]，那么 $e'\in_{\tau}\phi$。相反，这种移动在类型系统中是不合理的，因为动态语义是由静态语义的反转原理推导出来的。因此，细化必须在定型之后。

本章所考虑的类型细化的句法表述最初由 Freeman 和 Pfenning(1991) 给出，并由 Davies 和 Pfenning(2000)、Davies(2005)、Xi 和 Pfenning(1998)、Dunfield 和 Pfenning(2003) 以及 Mandelbaum 等人 (2003) 扩展。Denney(1998) 以 NuPRL (Constable, 1986) 所基于的类型论的可实现性解释的方式，明确给出了类型细化的更一般的语义表述。(有关构造逻辑的可实现性解释的历史，请参见 van Oosten(2002) 的调查。)

⊖　有关此概念的精确定义和发展，请参见第 47 章。

习题

25.1   请说明，如果 $\phi_1 \leqslant \phi_1'$ 且 $\phi_2 \leqslant \phi_2'$，则 $\phi_1 \wedge \phi_2 \leqslant \phi_1' \wedge \phi_2'$。

25.2   请说明，$\phi \leqslant \phi'$ 当且仅当对于每个 ϕ''，如果 $\phi'' \leqslant \phi$，则 $\phi'' \leqslant \phi'$。（细化蕴含的这一属性是范畴论中较为通用的 Yoneda（米田）引理的一个例子。）

25.3   通过引入细化 fold(ϕ)，将细化系统扩展到递归类型，该细化根据递归类型展开的细化对递归类型 rec t is τ 的值进行分类。

25.4   考虑和类型的以下两种形式细化，即**被加元细化**（summand refinements）：

$$\frac{\phi_1 \sqsubseteq \tau_1}{1 \cdot \phi_1 \sqsubseteq \tau_1 + \tau_2} \tag{25.10a}$$

$$\frac{\phi_2 \sqsubseteq \tau_2}{\text{r} \cdot \phi_2 \sqsubseteq \tau_1 + \tau_2} \tag{25.10b}$$

非正式地，$1 \cdot \phi_1$ 将类型为 $\tau_1 + \tau_2$ 位于左加元的表达式分为一类，且基础值满足 ϕ_1，$\text{r} \cdot \phi_2$ 也类似地处理。

（a）给出控制被加元细化的蕴含规则。

（b）给出将被加元细化指派到和类型的引入形式的细化规则。

（c）对于使用被加元细化的情况分析结构，给出规则使得允许在细化检查过程中忽略不可达的分支。

（d）修改规则 (25.6d)，以便将通过在执行时检查 e 的值而"获悉"的信息传播到情况分析的相应分支中。

检查该扩展对于修正布尔盲的重要性。

25.5   使用前面的习题，从其他细化规则（包括习题 25.3 中考虑的 fold(ϕ) 细化）中导出 num！ϕ 细化和 fun！ϕ 细化。

25.6   说明加法函数 (23.8) 为 dyn 类型的值，满足细化

$$\text{fun！(num！}\top \longrightarrow \text{fun！(num！}\top \longrightarrow \text{num！}\top))$$

请说明

（a）它本身就是 fun 类的值。

（b）如此分类的函数将 num 类的值映射到 fun 类的结果（如果有的话）。

（c）这样分类的函数将 num 类的值映射到 num 类的结果（如果有的话）。

该描述揭示了单一类型语言表面的简单性中隐藏的复杂性。

25.7   根据您对习题 25.6 的回答，重温 23.3 节中对加法函数的优化过程。请说明优化的有效性可以从加法满足所声明类型的细化中得到保证。

第十一部分

Practical Foundations for Programming Languages, Second Edition

动态分派

类与方法

通常会出现将一个类型的值划分成若干个**类**（class），每个类用不同的内部结构对数据进行分类。以平面上点的类型为例，可以根据笛卡尔坐标系或极坐标系对其进行分类。二者都用一对实数表示，但在笛卡尔坐标系下，这两个数对应点的 x 与 y 坐标；但在极坐标系下，它们是距原点的距离（极径）r 以及与极轴的角度（极角）θ。每个分类值称为该类的一个**对象**（object）或**实例**（instance）。类决定了被分类数据的类型，即该类的**实例类型**（instance type）；该分类数据本身称为对象的**实例数据**（instance data）。

方法（method）是作用于分类值的函数。方法的行为由其参数的类决定。方法对参数的类进行**分派**（dispatch）⊖。由于这种选择是在运行时进行的，因此称为**动态分派**（dynamic dispatch）。例如，根据点是以笛卡尔坐标还是极坐标形式表示，点到原点的平方距离的计算方法有所不同。在笛卡尔坐标系下，平方距离为 $x^2 + y^2$，而在极坐标系下为 r^2。同样，判断点的所在象限时，笛卡尔坐标系的点需要检查 x 与 y 的符号，而在极坐标系下通过将角度 θ 除以 $\pi/2$ 再取整数部分来计算。

动态分派通常用特定的实现策略来描述，我们称之为**基于类的**（class-based）组织。在这种组织中，每个对象由专用于该对象类的方法向量表示。我们可以等效地使用**基于方法的**（method-based）组织，其中每个方法的行为都随着所作用的对象的类不同而不同。不管使用哪种组织，核心想法都是对对象进行分类，并且将方法在对象的类上进行分派。基于类的组织与基于方法的组织之间是可互换的，并且实际上是由和类型与积类型之间的天然对偶性联系在一起的。通过观察每个方法在每个对象上的行为来解释这种对称性，即由**分派矩阵**（dispatch matrix）给出。由此，我们可以发现这两种组织的等效性是显然的。

26.1 分派矩阵

因为每个方法的行为由其参数的类决定，所以可以用一个分派矩阵 e_{dm} 来表示。在这个矩阵中，行为类，列为方法，每个元素 (c, d) 定义了方法 d 作用在类 c 的参数上的行为，表示为一个在对象的实例数据上的函数。因此，这个分派矩阵具有如下类型：

$$\prod_{c \in C} \prod_{d \in D} (\tau^c \longrightarrow \rho_d)$$

其中 C 是类名的集合，D 是方法名的集合，τ^c 是类 c 的实例类型，ρ_d 是方法 d 的结果类型。实例类型对作用在给定类上的所有方法都是一样的，并且结果类型对于给定方法所作用的所有类都是一样的。

举一个便于理解的例子，回想一下前面提到的平面上点的类型。点的类型被分为两类：

⊖ 更一般地，我们可以同时分派多个参数的类。为了简单起见，我们专注于单分派。

cart（笛卡尔坐标）和 pol（极坐标）。对于笛卡尔坐标系的点，实例数据的类型为

$$\tau^{\text{cart}} = \langle \text{x} \hookrightarrow \text{float}, \text{y} \hookrightarrow \text{float} \rangle$$

并且对于极坐标系的点，实例数据的类型为

$$\tau^{\text{pol}} = \langle \text{r} \hookrightarrow \text{float}, \text{th} \hookrightarrow \text{float} \rangle$$

考虑两种作用于点上的方法：dist 和 quad，它们分别计算点到原点的平方距离和点的象限。平方距离方法由元组 $e_{\text{dist}} = \langle \text{cart} \hookrightarrow e_{\text{dist}}^{\text{cart}}, \text{pol} \hookrightarrow e_{\text{dist}}^{\text{pol}} \rangle$ 给出，元组的类型为

$$\langle \text{cart} \hookrightarrow \tau^{\text{cart}} \longrightarrow \rho_{\text{dist}}, \text{pol} \hookrightarrow \tau^{\text{pol}} \longrightarrow \rho_{\text{dist}} \rangle$$

其中，$\rho_{\text{dist}} = \text{float}$ 是结果类型。

$$e_{\text{dist}}^{\text{cart}} = \lambda(u : \tau^{\text{cart}})(u \cdot \text{x})^2 + (u \cdot \text{y})^2$$

是笛卡尔坐标系下的平方距离的算法，在极坐标系下该算法为

$$e_{\text{dist}}^{\text{pol}} = \lambda(v : \tau^{\text{pol}})(v \cdot \text{r})^2$$

同样地，对于求象限的方法，用元组 $e_{\text{quad}} = \langle \text{cart} \hookrightarrow e_{\text{quad}}^{\text{cart}}, \text{pol} \hookrightarrow e_{\text{quad}}^{\text{pol}} \rangle$ 来表示，元组的类型为

$$\langle \text{cart} \hookrightarrow \tau^{\text{cart}} \longrightarrow \rho_{\text{quad}}, \text{pol} \hookrightarrow \tau^{\text{pol}} \longrightarrow \rho_{\text{quad}} \rangle$$

其中 $\rho_{\text{quad}} = [\text{I, II, III, IV}]$ 为象限类型，$e_{\text{quad}}^{\text{cart}}$ 与 $e_{\text{quad}}^{\text{pol}}$ 分别为计算两种坐标系下点的象限的方法。

现在，令 $C = \{\text{cart, pol}\}$ 并且令 $D = \{\text{dist, quad}\}$，定义分派矩阵 e_{dm} 是如下类型的值：

$$\prod_{c \in C} \prod_{d \in D} (\tau^c \longrightarrow \rho_d)$$

对于每个类 c 与每个方法 d，有

$$e_{\text{dm}} \cdot c \cdot d \mapsto^* e_d^c$$

即分派矩阵 e_{dm} 中在 (c, d) 位置的元素定义了作用在类 c 对象上的方法 d 的行为。

动态分派是由以下组件提供的抽象：

- 对象的抽象类型 t_{obj}，可由方法所作用的类进行分类。
- 类型为 t_{obj} 的操作 new[c](e)，该操作用类型为 τ^c 的表达式 e 给出的实例数据构造类 c 的对象。
- 类型为 ρ_d 的操作 $e \Leftarrow d$，在由类型 t_{obj} 的表达式 e 给出的对象上调用方法 d。

这些操作必须满足动态分派的定义特征：

$$(\text{new}[c](e)) \Leftarrow d \mapsto^* e_d^c(e)$$

上式指出，在具有实例数据 e 的类 c 的对象上调用方法 d 等同于应用 e_d^c，即分派矩阵中作用于实例数据 e 的类 c 和方法 d 的代码。

换言之，动态分派是一种**抽象类型**（abstract type），它的接口由存在类型给出：

$$\exists(t_{\text{obj}}.\langle \text{new} \hookrightarrow \prod_{c \in C} \tau^c \longrightarrow t_{\text{obj}}, \text{snd} \hookrightarrow \prod_{d \in D} t_{\text{obj}} \longrightarrow \rho_d \rangle) \quad\quad (26.1)$$

实现这种抽象类型主要有两种方法。基于类的组织将对象定义为方法的元组，并通过将方法作用于给定的实例数据来创建对象。基于方法的组织通过用类标记实例数据来创建对象，并通过检查对象的类来定义方法。这两种组织结构彼此同构，因此可以随意互换。尽管如此，许多程序设计语言还是比较倾向于两者之一，使原本对称的情况非对称化了。

抽象类型（26.1）显示了动态分派的缺点，即每次仅有一条消息可以发送到一个对象。这种观点在某些情况下看起来很自然，比如在 Simula-67 语言中进行离散事件模拟。但是很多情况下必须一次对多个类的对象进行操作。例如，向量与标量的相乘结合了域和交换幺半群的元素，无论是将标量乘法与域或交换幺半群相关联，还是预测特定组合的任何方法都是不自然的。而且，这种乘法不是通过在运行时检查手头是否有标量和向量来执行的，因为标量或向量本身没有固有的标记。处理这种情况的正确方法是**模块系统**（module system）（第 44 章与第 45 章），而非动态分派。这两种机制服务于不同目的，互为补充。

同样，我们可以反驳一个普遍存在的谬误：抽象类型的值不能是异构的。有时人们说，复数的抽象类型必须有唯一的表示（比如矩形），而不能使用多种表示。这是个谬论。尽管抽象类型定义单个类型是正确的，但是称对象仅能有一种表示是错误的。抽象类型可以实现为和类型，并且操作相应地在被加元上分派以计算结果。动态分派是一种使用数据抽象的方式，因此不能与之对立。

26.2　基于类的组织

基于类的组织源于这样的观察：分派矩阵可以被重组以对每个作用在类上的方法"析出"实例数据，从而获得如下类型的**类向量**（class vector）e_{cv}：

$$\tau_{\text{cv}} \triangleq \prod_{c \in C}(\tau^c \longrightarrow (\prod_{d \in D} \rho_d))$$

类向量的每一项都包含一个构造器（constructor），它确定当这些方法应用到给定实例数据时的结果。

一个对象的类型 $\rho = \prod_{d \in D} \rho_d$ 由这些方法的结果类型之积组成。例如，在平面上点的例子里，类型 ρ 具有积类型：

$$\langle \text{dist} \hookrightarrow \rho_{\text{dist}}, \text{quad} \hookrightarrow \rho_{\text{quad}} \rangle$$

每个分量都指定了作用于该对象的方法的结果类型。

消息发送操作 $e \Leftarrow d$ 其实是投影 $e \cdot d$。所以，在平面坐标点的例子中，$e \Leftarrow \text{dist}$ 是投影 $e \cdot \text{dist}$，同理 $e \Leftarrow \text{quad}$ 是投影 $e \cdot \text{quad}$。

基于类的组织将每个类的实现组合成类向量 e_{cv}，它是 τ_{cv} 类型的元组，由每个类 $c \in C$ 的类型为 $\tau^c \longrightarrow \rho$ 的构造器组成。类向量由 $e_{\text{cv}} = \langle c \longrightarrow e^c \rangle_{c \in C}$ 定义，其中对于每个 $c \in C$，表达式 e^c 为

$$\lambda(u : \tau^c)\langle d \hookrightarrow e_{\text{dm}} \cdot c \cdot d(u) \rangle_{d \in D}$$

例如，类 cart 的构造器是由如下表达式给出的函数 e^{cart}：

$$\lambda(u:\tau^{\mathrm{cart}})\langle \mathrm{dist}\hookrightarrow e_{\mathrm{dm}}\cdot\mathrm{cart}\cdot\mathrm{dist}(u),\mathrm{quad}\hookrightarrow e_{\mathrm{dm}}\cdot\mathrm{cart}\cdot\mathrm{quad}(u)\rangle$$

同理，类 pol 的构造器是由如下表达式给出的函数 e^{pol}：

$$\lambda(u:\tau^{\mathrm{pol}})\langle \mathrm{dist}\hookrightarrow e_{\mathrm{dm}}\cdot\mathrm{pol}\cdot\mathrm{dist}(u),\mathrm{quad}\hookrightarrow e_{\mathrm{dm}}\cdot\mathrm{pol}\cdot\mathrm{quad}(u)\rangle$$

类向量 e_{cv} 在这种情况下为元组 $\langle \mathrm{cart}\hookrightarrow e^{\mathrm{cart}},\mathrm{pol}\hookrightarrow e^{\mathrm{pol}}\rangle$，具有类型 $\langle \mathrm{cart}\hookrightarrow \tau^{\mathrm{cart}}\longrightarrow\rho,\mathrm{pol}\hookrightarrow\tau^{\mathrm{pol}}\longrightarrow\rho\rangle$。

一个类的一个对象通过将该类的构造器作用于实例数据上来获得：

$$\mathrm{new}[c](e)\triangleq e_{\mathrm{cv}}\cdot c(e)$$

例如，一个笛卡尔坐标系的点可以由 $\mathrm{new}[\mathrm{cart}](\langle \mathrm{x}\hookrightarrow x_0,\mathrm{y}\hookrightarrow y_0\rangle)$ 获得，它由以下表达式定义：

$$e_{\mathrm{cv}}\cdot\mathrm{cart}(\langle \mathrm{x}\hookrightarrow x_0,\mathrm{y}\hookrightarrow y_0\rangle)$$

同理，极坐标系的点可以由 $\mathrm{new}[\mathrm{pol}](\langle \mathrm{r}\hookrightarrow r_0,\mathrm{th}\hookrightarrow\theta_0\rangle)$ 获得，它由以下表达式定义：

$$e_{\mathrm{cv}}\cdot\mathrm{pol}(\langle \mathrm{r}\hookrightarrow r_0,\mathrm{th}\hookrightarrow\theta_0\rangle)$$

对于点的这种组织容易检查，对于每个类 c 和方法 d，我们可以推导出：

$$(\mathrm{new}[c](e))\Leftarrow d\mapsto^*(e_{\mathrm{cv}}\cdot c(e))\cdot d$$
$$\mapsto^* e_{\mathrm{dm}}\cdot c\cdot d(e)$$

也就是说，消息发送会在给定对象的实例数据上引发给定方法的行为。

26.3 基于方法的组织

基于方法的组织始于分派矩阵的**转置**（transpose），它具有如下的类型：

$$\prod_{d\in D}\prod_{c\in D}(\tau^c\longrightarrow\rho_d)$$

通过观察，转置后的分派矩阵的每一行确定一个方法，我们得到如下类型的**方法向量**（method vector）e_{mv}：

$$\tau_{\mathrm{mv}}\triangleq\prod_{d\in D}(\sum_{c\in C}\tau^c)\longrightarrow\rho_d$$

方法向量的每一项包含一个**分派器**（dispatcher），它根据与给定对象关联的实例数据决定函数的结果类型。

对象的值具有类型 $\tau=\sum_{c\in C}\tau^c$，即各实例类型的类之和。例如，对于平面上点的和类型：

$$[\mathrm{cart}\hookrightarrow\tau^{\mathrm{cart}},\mathrm{pol}\hookrightarrow\tau^{\mathrm{pol}}]$$

每个点用其类标记，表明它是笛卡尔坐标系形式还是极坐标形式。

类 c 的对象只是标记为其所属类的实例数据，以形成该对象类型的一个元素：

$$\mathrm{new}[c](e)\triangleq c\cdot e$$

例如，坐标为 x_0 与 y_0 的笛卡尔坐标系点由以下表达式给出：

$$\text{new}[\text{cart}](\langle\, \text{x} \hookrightarrow x_0, \text{y} \hookrightarrow y_0 \,\rangle) \triangleq \text{cart} \cdot \langle\, \text{x} \hookrightarrow x_0, \text{y} \hookrightarrow y_0 \,\rangle$$

同理，距离为 r_0、角度为 θ_0 的极坐标系中的点由以下表达式给出：

$$\text{new}[\text{pol}](\langle\, \text{r} \hookrightarrow r_0, \text{th} \hookrightarrow \theta_0 \,\rangle) \triangleq \text{pol} \cdot \langle\, \text{r} \hookrightarrow r_0, \text{th} \hookrightarrow \theta_0 \,\rangle$$

基于方法的组织将每个方法的实现合并到**方法向量** e_{mv} 中，其类型为 τ_{mv}，τ_{mv} 由 $\langle d \hookrightarrow e_d \rangle_{d \in D}$ 定义，其中对每个 $d \in D$，表达式 $e_d : \tau \longrightarrow \rho_d$ 为

$$\lambda(\mathit{this} : \tau)\ \text{case}\ \mathit{this}\{c \cdot u \hookrightarrow e_{\text{dm}} \cdot c \cdot d(u)\}_{c \in C}$$

方法向量中的每一项为一个**分派函数**（dispatch function），它定义了该方法对每个对象类的操作。

以平面上的点为例，方法向量具有积类型：

$$\langle\, \text{dist} \hookrightarrow \tau \longrightarrow \rho_{\text{dist}}, \text{quad} \hookrightarrow \tau \longrightarrow \rho_{\text{quad}} \,\rangle$$

dist 方法的分派函数具有以下形式：

$$\lambda(\mathit{this} : \tau)\ \text{case}\ \mathit{this}\{\text{cart} \cdot u \hookrightarrow e_{\text{dm}} \cdot \text{cart} \cdot \text{dist}(u) \mid \text{pol} \cdot v \hookrightarrow e_{\text{dm}} \cdot \text{pol} \cdot \text{dist}(v)\}$$

quad 方法的分派函数有类似的形式

$$\lambda(\mathit{this} : \tau)\ \text{case}\ \mathit{this}\{\text{cart} \cdot u \hookrightarrow e_{\text{dm}} \cdot \text{cart} \cdot \text{quad}(u) \mid \text{pol} \cdot v \hookrightarrow e_{\text{dm}} \cdot \text{pol} \cdot \text{quad}(v)\}$$

消息发送操作 $e \Leftarrow d$ 将方法 d 的分派函数应用于对象 e 上：

$$e \Leftarrow d \triangleq e_{\text{mv}} \cdot d(e)$$

于是，对每个类 c 和方法 d，我们有

$$(\text{new}[c](e)) \Leftarrow d \mapsto^* e_{\text{mv}} \cdot d(c \cdot e)$$
$$\mapsto^* e_{\text{dm}} \cdot c \cdot d(e)$$

结果当然与基于类的组织是一样的。

26.4 自指

允许方法创建新对象，或者向对象发送消息通常很有用。但是仅仅使用 26.1 节描述的简单分派矩阵是无法实现的，原因很简单，在分派矩阵的项中没有提供自指的办法。为改进这一缺陷，需要修改分派矩阵中项的类型来解决消息发送和对象创建，具体如下：

$$\prod_{c \in C} \prod_{d \in D} \forall (t_{\text{obj}} \cdot \tau_{\text{cv}} \longrightarrow \tau_{\text{mv}} \longrightarrow \tau^c \longrightarrow \rho_d)$$

类型变量 t_{obj} 表示抽象对象类型 $\ominus$。类型 τ_{cv} 与 τ_{mv} 分别为类向量类型和方法向量类型，由对象的抽象类型 t_{obj} 定义，形式如下：

$\ominus$ 变量 t_{obj} 不能出现在任何 τ^c 或者 ρ_d 中。此限制可以放宽，请参见习题 26.4。

$$\tau_{cv} \triangleq \prod_{c \in C} (\tau^c \longrightarrow t_{obj})$$

以及

$$\tau_{mv} \triangleq \prod_{d \in D} (t_{obj} \longrightarrow \rho_d)$$

与类 c 对应的类向量的分量是一个构造器，它从 c 的实例数据构造抽象对象类型 t_{obj} 的值。与方法 d 对应的方法向量的分量是一个分配器，当它作用于抽象对象类型 t_{obj} 时产生类型为 ρ_d 的结果。

按照对分派矩阵的修正，与类 c 和方法 d 关联的行为有以下形式：

$$\Lambda(t_{obj})\lambda(cv : \tau_{cv})\lambda(mv : \tau_{mv})\lambda(u : \tau^c)\, e_d^c$$

参数 cv 与 mv 用于创建新的对象和向对象发送消息。在表达式 e_d^c 中，具有实例数据 e' 的类 c' 的对象由 $cv \cdot c'(e')$ 创建，它从类向量 cv 中选择合适的构造器并应用于给定的实例数据。类 c' 可能是类 c 自身，这是 e_d^c 中的一种自指形式。同理，在 e_d^c 中方法 d' 在 e' 上被调用，写作 $mv \cdot d'(e')$。方法 d' 同样可能是方法 d 本身，这是在 e_d^c 中自指的另一方面。

为了在基于方法的组织中加入自指，方法向量 e_{mv} 将被定义为具有自指类型 $[\tau/t_{obj}]\tau_{mv}$ self，其中对象类型 τ 与前文一样，是类的实例类型的和 $\sum_{c \in C} \tau^c$。该方法向量的定义如下：

$$e_{mv} \triangleq \text{self } mv \text{ is } \langle d \hookrightarrow \lambda(this : \tau) \text{ case } this \{c \cdot u \hookrightarrow e_{dm} \cdot c \cdot d\, [\tau](e'_{cv})(e'_{mv})(u)\}_{c \in C} \rangle_{d \in D}$$

其中

$$e'_{cv} \triangleq \langle c \hookrightarrow \lambda(u : \tau^c)\, c \cdot u \rangle_{c \in C} : [\tau/t_{obj}]\tau_{cv}$$

以及

$$e'_{mv} \triangleq \text{unroll}(mv) : [\tau/t_{obj}]\tau_{mv}$$

对象创建由下式定义：

$$\text{new}[c](e) \triangleq c \cdot e : \tau$$

消息发送由下式定义：

$$e \Leftarrow d \triangleq \text{unroll}(e_{mv}) \cdot d(e) : \rho_d$$

为了在基于类的组织中加入自指，类向量 e_{cv} 应该被定义为具有类型 $[\rho/t_{obj}]\tau_{cv}$ self，其中对象类型 ρ 与前文一样，是方法结果类型的积 $\prod_{d \in D} \rho_d$。类向量定义如下：

$$e_{cv} \triangleq \text{self } cv \text{ is } \langle c \hookrightarrow \lambda(u : \tau^c)\langle d \hookrightarrow e_{dm} \cdot c \cdot d\, [\rho](e''_{cv})(e''_{mv})(u) \rangle_{d \in D} \rangle_{c \in C}$$

其中

$$e''_{cv} \triangleq \text{unroll}(cv) : [\rho/t_{obj}]\tau_{cv}$$

以及

$$e''_{\mathrm{mv}} \triangleq \langle\, d \hookrightarrow \lambda(\mathit{this}:\rho)\ \mathit{this} \cdot d\,\rangle_{d \in D} : [\rho/t_{\mathrm{obj}}]\tau_{\mathrm{mv}}$$

对象创建由下式定义：

$$\mathrm{new}[c](e) \triangleq \mathrm{unroll}(e_{\mathrm{cv}}) \cdot c(e):\rho$$

并且消息发送由下式定义：

$$e \Leftarrow d \triangleq e \cdot d:\rho_d$$

这两种组织之间的对称性令人震惊，它们反映了和类型与积类型之间的基本对称性。

26.5 注记

"面向对象"这个术语对许多人来说意味着很多事情，但是动态分派（方法作用在类的实例上）是其核心概念之一。这些特征来自和类型、积类型以及函数类型的更一般的概念，它们在各种场合中单独或组合使用。不论在基于类或基于方法的组织中，其内在的对称性看起来是错位的，这是一种偏见。由类型（26.1）给出的动态分派抽象允许采用任一形式的实现，如 26.2 节与 26.3 节所示。在面向对象编程的文献中，动态分派是一个重要的方面。Abadi 与 Cardelli（1996）以及 Pierce（2002）在这方面做了大量的工作。

习题

26.1 思考这样一种可能：一些方法可能仅在某些类的实例上定义，因此消息发送的操作可能会在运行时产生"无法理解"的错误。使用 11.3.4 节定义的类型 τ opt 重写分派矩阵，以说明"无法理解"的错误。使用修改后的分派矩阵，重新构建动态分派的基于类与基于方法的实现。分两个阶段进行。第一阶段忽略自指的可能性，以使在某个特定类的实例上的方法不会引发"无法理解"的错误。第二阶段使用你在第一阶段的解决方案，进一步修改分派矩阵和动态分派的实现，以说明方法的行为包含引起"无法理解"的错误。

26.2 类型细化可以用来消除在习题 26.1 中可能出现的"无法理解"的错误。为此，首先对于每个 $c \in C$，方法子集 $D_c \subseteq D$ 必须在类 c 的实例上是良定义的。这就要求，对于每个 $d \in D$，类集合 $C_d \triangleq \{c \in C \mid d \in D_c\}$ 上的方法 d 都是良定义的。使用类型 τ opt 的被加元细化，类型细化定义为

$$\phi_{\mathrm{dm}} \triangleq \prod_{c \in C}\Big(\prod_{d \in D_c} \mathrm{just}(\top_{\tau^c} \rightharpoonup \top_{\rho_d})\Big) \times \Big(\prod_{d \in D \setminus D_c} \top_{(\tau^c \rightharpoonup \rho_d)\,\mathrm{opt}}\Big)$$

这将分派矩阵的类型细化到其列的排列中⊖。它规定了如果 $d \in D_c$，那么分派矩阵对于类 c 与方法 d 的项必然存在，且对任何其他项没有限制。假设 $e_{\mathrm{dm}} \in_{\tau_{\mathrm{dm}}} \phi_{\mathrm{dm}}$ 符合预期。假设在基于方法的组织中，对象类型为 t_{obj} 是它们的实例类型的所有类的和类型。

(a) 定义 t_{obj} 的细化 inst[c] 与 admits[d]，说明 $e \in t_{\mathrm{obj}}$ 是类 $c \in C$ 的一个实例，且 e 接纳方法 $d \in D$。证明如果 $d \in D_c$，则有 inst[c] $\leq$ admits[d]，即类 c 的任何实例

⊖ 这么排列是为了方便标记。可以避免这样做，但要以某种清晰的表示为代价。

接纳在该类上的任何方法 d。

（b）根据 inst[c] 与 admits[d] 定义 $\phi_{cv} \sqsubseteq \tau_{cv}$ 和 $\phi_{mv} \sqsubseteq \tau_{mv}$，使得 $e_{cv} \in_{\tau_{cv}} \phi_{cv}$ 与 $e_{mv} \in_{\tau_{mv}} \phi_{mv}$ 成立。注意，使用习题 26.1 中的类向量与方法向量。

（c）根据对象创建与消息发送的定义以及习题 26.1 中使用的类向量与方法向量，可以得出结论：如果消息 $d \in D_c$ 被发送到实例 $c \in C$，那么良细化的程序在运行时不会产生"无法理解"的错误。

26.3　使用自指建立一个分派矩阵，其中有两个方法在一个类的实例上可以互相递归调用。特别地，让 num 为一类具有类型为 $\tau^{num} = $ nat 的数值。设两个方法为 ev 与 od，结果类型为 $\rho_{ev} = \rho_{od} = $ bool。为类 num 定义方法 ev 和 od 在分派矩阵上的元素，使它们能够通过烦琐地相互递归来判断一个实例数值是奇数还是偶数。

26.4　扩展自指以接纳参数可能涉及对象的构造器以及结果可能涉及对象的方法。具体来说，允许抽象对象类型 t_{obj} 出现在类 c 的实例类型 τ^c 中，或者出现在方法 d 的结果类型 ρ_d 中。对 26.4 节改进，使其一般化。提示：使用第 20 章描述的递归类型。

第 27 章

Practical Foundations for Programming Languages, Second Edition

继承

在本章中，我们将在第 26 章的基础上进一步讨论分派矩阵的定义过程，这个矩阵决定了每个类在每个方法上的行为。一种常见策略是通过向现有的分派矩阵中添加新的类或方法来增量地构建分派矩阵。要添加一个类，我们需要在该类的对象上定义每个方法的行为；而要定义一个方法，我们需要在类的对象上定义该方法的行为。这些行为可以通过语言中任何可用的方法来定义。然而，通常建议定义新类的一种有用方法是**继承**（inherit）另一个类在某些方法上的行为，并**重写**（override）它在其他方法上的行为，从而形成新旧行为的混合。新类通常称为旧类的**子类**（subclass），旧类称为**超类**（superclass）。类似地，新方法可以通过继承某些类上另一个方法的行为并重写其他类上的行为来定义。通过类比，我们可以称新方法为给定**超方法**（super-method）的**子方法**（sub-method）。为了清晰起见，在接下来的内容中我们将注意力限制在非自指的情况上。

27.1 类与方法扩展

我们从扩展给定的分派矩阵 e_{dm} 开始，它的类型为

$$\prod_{c \in C} \prod_{d \in D} (\tau^c \to \rho_d)$$

给定新类 $c^* \notin C$ 和新方法 $d^* \notin D$，可以得到一个新的分派矩阵 e_{dm}^*，其类型为

$$\prod_{c \in C^*} \prod_{d \in D^*} (\tau^c \to \rho_d)$$

其中 $C^* = C \cup \{c^*\}$ 且 $D^* = D \cup \{d^*\}$。

为了向分派矩阵中添加新类 c^*，我们必须指定如下信息[一]：

1. 新类 c^* 的实例类型 τ^{c^*}。

2. 作用在类为 c^* 的对象的每个方法 $d \in D$ 的行为 $e_d^{c^*}$，一个类型为 $\tau^{c^*} \to \rho_d$ 的函数。

这些数据确定一个新的分派矩阵 e_{dm}^*，这个分派矩阵满足如下条件：

1. 对于每个 $c \in C$ 和 $d \in D$，行为 $e_{dm}^* \cdot c \cdot d$ 和行为 $e_{dm} \cdot c \cdot d$ 相同。

2. 对于每个 $d \in D$，行为 $e_{dm}^* \cdot c^* \cdot d$ 由 $e_d^{c^*}$ 给定。

把 c^* 定义为类 $c \in C$ 的子类意味着把行为 $e_d^{c^*}$ 定义为 e_d^c，其中 $d \in D$（可能有多个）。只有在如下子定型关系成立时，以这种方式继承方法 d 才是有意义的。

$$\tau^c \to \rho_d <: \tau^{c^*} \to \rho_d$$

即 $\tau^{c^*} <: \tau^c$ 成立。该子定型条件保证被继承的行为可以在新类的实例数据上被调用。

―――――――――――――――――――――

　　㊀　为了清楚起见，将单独考虑新方法的扩展。

类似地，为了增加一个新方法 d^* 到分派矩阵，我们必须指定如下信息：

1. 新方法 d^* 的结果类型 ρ_{d*}。

2. 新方法 d^* 在每个类 $c \in C$ 的对象上的行为 e_{d*}^c，一个类型为 $\tau^c \to \rho_{d*}$ 的函数。

这些数据确定一个新的分派矩阵 e_{dm}^*，该矩阵满足如下条件：

1. 对于每个 $c \in C$ 和 $d \in D$，行为 $e_{dm}^* \cdot c \cdot d$ 和行为 $e_{dm} \cdot c \cdot d$ 相同。

2. 行为 $e_{dm}^* \cdot c \cdot d$ 由 e_d^{c*} 给定。

把 d^* 定义为某个 $d \in D$ 的子方法意味着把行为 e_d^{c*} 定义为 e_d^c，其中 $c \in C$（可能有多个）。如果以下子类型关系成立，则这种定义才有意义。

$$\tau^c \to \rho_d <: \tau^c \to \rho_{d*}$$

这是在 $\rho_d <: \rho_{d*}$ 成立时的情况。该子定型关系保证旧行为的结果对新行为是足够的。

现在，我们将考虑继承如何关联到第 26 章中讨论的动态分派的基于方法和基于类的组织。

27.2　基于类的继承

回顾第 26 章中给出的基于类的组织，它包含一个类向量 e_{cv}，类型是

$$\tau_{cv} \triangleq \prod_{c \in C} (\tau^c \to \rho)$$

其中对象类型 ρ 是有限积类型 $\prod_{d \in D} \rho_d$。类向量由构造器的元组组成，这些构造器将方法专用于每个类的给定对象。

让我们考虑 27.1 节中描述的增加新类 c^* 的效果。新的类向量 e_{cv}^* 的类型为

$$\tau_{cv}^* \triangleq \prod_{c \in C^*} (\tau^c \to \rho)$$

在 τ_{cv}^* 和类型 $\tau_{cv} \times (\tau^{c^*} \to \rho)$ 之间存在同构关系，写作 $(\ )^\dagger$。该关系可以用来定义如下新的类向量 e_{cv}^*：

$$\langle e_{cv}, \lambda(u:\tau^{c^*})\langle d \hookrightarrow e_d^{c^*}(u)\rangle_{d \in D}\rangle^\dagger$$

这个定义清楚地表明，旧类向量 e_{cv} 在新类向量 e_{cv}^* 中被完整地重用，新类向量使用新的构造器扩展旧类向量。

尽管对象类型 ρ 在扩展之前和之后与新类相同，但类 c^* 对象的行为可能与任何其他对象的行为（甚至是继承其行为的超类的行为）存在任意的差异。因此，知道 c^* 继承自 c 并没有告诉我们其对象的行为，而只告诉我们定义类的方式。继承不具有语义意义，而只是有关如何定义类的历史记录。

现在，让我们考虑如 27.1 节所述的添加新方法的效果。新的类向量 e_{cv}^* 有类型

$$\tau_{cv}^* \triangleq \prod_{c \in C} (\tau^c \to \rho^*)$$

其中 ρ^* 是积类型 $\prod_{d \in D^*} \rho_d$。在 ρ^* 和类型 $\rho \times \rho_{d*}$ 之间存在同构关系，写作 $(\ )^\dagger$，其中 ρ 是旧对象类型。该关系可以用来定义如下新的类向量 e_{cv}^*：

$$\langle c \hookrightarrow \lambda(u:\tau^c)\langle\langle d \hookrightarrow ((e_{\mathrm{cv}} \cdot c)(u)) \cdot d\rangle_{d\in D}, e_{d*}^{c}(u)\rangle^{\dagger}\rangle_{c\in C}$$

请注意，必须重新定义每个构造器以说明新方法，但该定义使用旧的类向量来定义旧方法。

通过此构造，新对象类型 ρ^* 是旧对象类型 ρ 的子类型。因此，任何使用新方法的对象都可以在不需要新方法的情况下使用，正如预期的那样。为了避免在引入新方法时重新定义旧类，我们可以限制继承，以便仅将新方法添加到新的子类中。子类可能具有比超类更多的方法，并且当需要超类的对象时，可以提供子类的对象。

27.3　基于方法的继承

基于方法的组织与基于类的组织是对偶的。回想一下，第 26 章中给出的基于方法的组织由方法向量 e_{mv} 组成，该向量类型为

$$\tau_{\mathrm{mv}} \triangleq \prod_{d\in D} \tau \to \rho_d$$

其中实例类型 τ 是和类型 $\sum_{c\in C}\tau^c$。方法向量由函数的元组组成，这些函数分派对象的类以确定其行为。

让我们考虑 27.1 节所述的添加新方法 d^* 的效果。新方法向量 e_{mv}^* 的类型为

$$\tau_{\mathrm{mv}}^* \triangleq \prod_{d\in D^*} \tau \to \rho_d$$

在 τ_{mv}^* 和类型 $\tau_{\mathrm{mv}} \times (\tau \to \rho_{d*})$ 之间存在同构关系，写作 $(\ )^{\dagger}$。该同构关系可以用来定义如下新方法向量 e_{mv}^*：

$$\langle e_{\mathrm{mv}}, \lambda(\mathit{this}:\tau)\,\mathrm{case}\ \mathit{this}\{c \cdot u \hookrightarrow e_{d*}^{c}(u)\}_{c\in C}\rangle^{\dagger}$$

旧方法向量将完整地重用，并通过新方法的分派函数进行扩展。

对象类型不会在扩展下更改新方法，但由于 $\rho^* <: \rho$，在需要旧对象的上下文中使用新对象并不困难——忽略添加的方法即可。

最后，让我们考虑 27.1 节所述的添加新类 c^* 的效果。新方法向量 e_{mv}^* 具有类型

$$\tau_{\mathrm{mv}}^* \triangleq \prod_{d\in D} \tau^* \to \rho_d$$

其中 τ^* 是新的对象类型 $\sum_{c\in C^*}\tau^c$，它是旧对象类型 τ 的超类型。在 τ^* 与和类型 $\tau + \tau^{c*}$ 之间存在同构关系，写作 $(\ )^{\dagger}$。该关系可以用来定义如下新方法向量 e_{mv}^*：

$$\langle d \hookrightarrow \lambda(\mathit{this}:\tau^*)\,\mathrm{case}\ \mathit{this}^{\dagger}\{\mathrm{l} \cdot u \hookrightarrow (e_{\mathrm{mv}} \cdot d)(u) \mid \mathrm{r} \cdot u \hookrightarrow e_{d}^{c*}(u)\}\rangle_{d\in D}$$

必须重新定义每个方法以考虑新类，但旧方法向量将被重用。

27.4　注记

Abadi 和 Cardelli (1996) 以及 Pierce (2002) 对继承和子定型的相互作用进行详尽的叙述。Liskov 和 Wing (1994) 从行为的角度进行讨论。他们建议在使用继承时要求子类尊重超类的行为。

习题

27.1 请考虑通过新类 c^* 使用自指来扩展分派矩阵的情况，其中新类 c^* 从类 c 继承方法 d。有哪些要求可确保正确定义此类继承？如果我们使用新方法 d^* 来扩展自指分派矩阵，该方法从另一种方法 d 继承其在类 c 上的行为，会发生什么情况？

27.2 以习题 26.3 中给出的两个互递归方法为例。假设 num* 是一个具有实例类型 $\tau^{num*} <: \tau^{num}$ 的新类，该类从 num 继承 ev 方法，但定义其自己的 od 方法版本。当消息 ev 发送到 num* 实例时，会发生什么情况？是否会引用修改后的 od 方法？

27.3 方法特化（method specialization）包括从另一个或多个类继承方法来定义新类，同时重新定义继承的方法可能调用的某些方法。继承的方法在新类的实例上的行为将被更改，以使它们调用专门针对新类的方法。根据习题 27.2 重新思考习题 26.3，力求确保在新类的实例上调用继承的方法 ev 时调用 od 的特化。

（a）重新定义类 num。num 的实例数据是接受方法 ev 和 od 的对象。num 类接受这些方法，然后简单地将它们交给实例对象。

（b）类 zero 或者 succ 允许 ev 和 od 方法，并在必要时使用消息发送定义，以实现相互递归。

（c）定义 succ 的子类 succ*，重写 od 方法。说明 ev 在 succ* 实例上正确调用重写的 od 方法。

Practical Foundations for Programming Languages, Second Edition

控制流

第 28 章

控制栈

结构化动态语义便于证明语言的性质，例如类型安全定理，但是作为实现指南就不太方便了。结构化动态语义使用规则定义一种转换关系，这些规则确定在何处应用下一条指令，而无须指明如何找到该指令在表达式中的位置。为了使这一过程更加明确，我们引入一种称为**控制栈**（control stack）的机制，用来记录指令执行后仍需进行的工作。栈消除了在转换规则上对前提的需求，因此转换系统定义了一个**抽象机**（abstract machine），该抽象机每一步由状态中的显式信息确定，就像是一台具体的计算机。

在本章中，我们为 PCF 中的表达式求值开发了一种抽象机 K。该机器显式地给出执行原始指令步的上下文以及传播结果，以确定执行下一步的过程。我们证明 K 和 PCF 是等价的，即对相同的表达式得到相同的输出。

28.1　机器定义

PCF 的栈机器 K 的状态 s 由控制栈 k 和闭式 e 组成。状态有以下两种形式：

1. 形如 $k \triangleright e$ 的**求值**（evaluation）状态对应于在控制栈 k 上对闭式 e 求值。

2. 形如 $k \triangleleft e$ 的**返回**（return）状态，其中 e val，对应于在闭值 e 上对栈 k 求值。

为了辅助记忆，注意分隔符"指向"状态的焦点实体，即求值状态中的表达式和返回状态中的栈。

控制栈代表求值的上下文。它记录求值的"当前位置"，即当前表达式的值返回到的上下文。控制栈可以形式化地表示为一个栈帧列表：

$$\frac{}{\epsilon \text{ stack}} \tag{28.1a}$$

$$\frac{f \text{ frame} \quad k \text{ stack}}{k; f \text{ stack}} \tag{28.1b}$$

机器 K 的栈帧由以下规则归纳定义：

$$\frac{}{\text{s}(-) \text{ frame}} \tag{28.2a}$$

$$\frac{}{\text{ifz}\{e_0; x.e_1\}(-) \text{ frame}} \tag{28.2b}$$

$$\frac{}{\text{ap}(-; e_2) \text{ frame}} \tag{28.2c}$$

栈帧对应于 PCF 动态语义中的搜索规则。因此，我们无须依赖转换推导的结构来保留待完成的计算，而是以控制栈上的栈帧来显式地记录它们。

PCF 机上状态间的转换判断由一组推理规则归纳定义，我们从自然数的一组规则开始，对后继使用急切语义。

$$\overline{k \rhd \mathrm{z} \mapsto k \lhd \mathrm{z}} \tag{28.3a}$$

$$\overline{k \rhd \mathrm{s}(e) \mapsto k; \mathrm{s}(-) \rhd e} \tag{28.3b}$$

$$\overline{k; \mathrm{s}(-) \lhd e \mapsto k \lhd \mathrm{s}(e)} \tag{28.3c}$$

对 z 的求值是简单地返回 z。为了对 s(e) 求值，我们将一个栈帧入栈以记录待完成的后继并对 e 求值；当返回 e′ 后，再将 s(e′) 返回到栈上。

接下来，我们考虑情况分析的规则：

$$\overline{k \rhd \mathrm{ifz}\{e_0; x.e_1\}(e) \mapsto k; \mathrm{ifz}\{e_0; x.e_1\}(-) \rhd e} \tag{28.4a}$$

$$\overline{k; \mathrm{ifz}\{e_0; x.e_1\}(-) \lhd \mathrm{z} \mapsto k \rhd e_0} \tag{28.4b}$$

$$\overline{k; \mathrm{ifz}\{e_0; x.e_1\}(-) \lhd \mathrm{s}(e) \mapsto k \rhd [e/x]e_1} \tag{28.4c}$$

对测试表达式的求值会在栈上记录待完成的情况分析。一旦测试表达式的值确定，就对条件的零分支或非零分支进行求值，针对非零情况使用值的前驱进行代换。

最后，我们给出按名求值的函数的规则以及一般递归式的规则。

$$\overline{k \rhd \mathrm{lam}\{\tau\}(x.e) \mapsto k \lhd \mathrm{lam}\{\tau\}(x.e)} \tag{28.5a}$$

$$\overline{k \rhd \mathrm{ap}(e_1; e_2) \mapsto k; \mathrm{ap}(-; e_2) \rhd e_1} \tag{28.5b}$$

$$\overline{k; \mathrm{ap}(-; e_2) \lhd \mathrm{lam}\{\tau\}(x.e) \mapsto k \rhd [e_2/x]e} \tag{28.5c}$$

$$\overline{k \rhd \mathrm{fix}\{\tau\}(x.e) \mapsto k \rhd [\mathrm{fix}\{\tau\}(x.e)/x]e} \tag{28.5d}$$

重要的是，一般递归式的求值不需要栈空间。

机器 K 的初始状态和终止（最终）状态由以下规则定义：

$$\overline{\epsilon \rhd e \text{ initial}} \tag{28.6a}$$

$$\frac{e \text{ val}}{\epsilon \lhd e \text{ final}} \tag{28.6b}$$

28.2 安全性

为了定义和证明 PCF 机的安全性，我们需要引入新的定型判断 $k \lhd : \tau$，它表示栈 k 需要一个类型为 τ 的值。该判断由以下规则归纳定义：

$$\overline{\epsilon \lhd : \tau} \tag{28.7a}$$

$$\frac{k \lhd : \tau' \quad f : \tau \rightsquigarrow \tau'}{k; f \lhd : \tau} \tag{28.7b}$$

该定义使用了一个辅助判断 $f: \tau \rightsquigarrow \tau'$ 表示栈帧 f 将一个类型为 τ 的值变换为类型为 τ' 的值。

$$\frac{}{\mathrm{s}(-):\mathrm{nat}\rightsquigarrow\mathrm{nat}} \tag{28.8a}$$

$$\frac{e_0:\tau \quad x:\mathrm{nat}\vdash e_1:\tau}{\mathrm{ifz}\{e_0;x.e_1\}(-):\mathrm{nat}\rightsquigarrow\tau} \tag{28.8b}$$

$$\frac{e_2:\tau_2}{\mathrm{ap}(-;e_2):\mathrm{parr}(\tau_2;\tau)\rightsquigarrow\tau} \tag{28.8c}$$

PCF 机的状态是良构的是指，其栈和表达式分量满足以下规则：

$$\frac{k\triangleleft:\tau \quad e:\tau}{k\triangleright e\ \mathrm{ok}} \tag{28.9a}$$

$$\frac{k\triangleleft:\tau \quad e:\tau \quad e\ \mathrm{val}}{k\triangleleft e\ \mathrm{ok}} \tag{28.9b}$$

我们把 PCF 机的安全性证明留作练习。

> **定理 28.1（安全性）**
> 1. 如果 s ok 并且 $s\mapsto s'$，那么 s' ok。
> 2. 如果 s ok，则要么 s final，要么存在 s' 满足 $s\mapsto s'$。

28.3 机器 K 的正确性

使用机器 K 对表达式 e 求值是否会产生与 PCF 的结构化动态语义相同的结果？这个问题的答案可由以下事实推出。

完备性（completeness）　如果 $e\mapsto^* e'$，其中 e' val，那么 $\epsilon\triangleright e\mapsto^*\epsilon\triangleleft e'$。

可靠性（soundness）　如果 $\epsilon\triangleright e\mapsto^*\epsilon\triangleleft e'$，那么 $e\mapsto^* e'$ 且 e' val。

为了证明完备性，可行的第一步是考虑对多步转换的定义进行归纳证明，从而把定理简化为以下两个引理：

1. 如果 e val，那么 $\epsilon\triangleright e\mapsto^*\epsilon\triangleleft e$。

2. 如果 $e\mapsto e'$，那么，对每个 v val，若 $\epsilon\triangleright e'\mapsto^*\epsilon\triangleleft v$，则 $\epsilon\triangleright e\mapsto^*\epsilon\triangleleft v$。

第一条通过对 e 的结构归纳可证。第二条需要对推导 $e\mapsto e'$ 进行归纳分析，从而引出两个难点。第一个难点是我们不能把注意力局限于空栈。例如，假设 e 是 $\mathrm{ap}(e_1;e_2)$，则机器 K 的第一步是

$$\epsilon\triangleright\mathrm{ap}(e_1;e_2)\mapsto\epsilon;\mathrm{ap}(-;e_2)\triangleright e_1$$

为了处理这些情况，我们需要考虑在任意栈上对 e_1 求值，而不只是空栈。

特别地，我们将证明：如果 $e\mapsto e'$ 且 $k\triangleright e'\mapsto^* k\triangleleft v$，那么 $k\triangleright e\mapsto^* k\triangleleft v$。重新考虑 $e=\mathrm{ap}(e_1;e_2)$ 的情况，$e'=\mathrm{ap}(e_1';e_2)$，其中 $e_1\mapsto e_1'$。已知 $k\triangleright\mathrm{ap}(e_1';e_2)\mapsto^* k\triangleleft v$，可以证明 $k\triangleright\mathrm{ap}(e_1;e_2)\mapsto^* k\triangleleft v$。容易证明，前面的推导的第一步是

$$k\triangleright\mathrm{ap}(e_1';e_2)\mapsto k;\mathrm{ap}(-;e_2)\triangleright e_1'$$

我们想对 $e_1\mapsto e_1'$ 的推导应用归纳法，但是要做到这一点，需要一个满足 $e_1'\mapsto^* v_1$ 的值 v_1，这

不是随手可得的。

因此，我们考虑表达式的每一个子表达式的值。该信息由第 7 章中描述的求值动态语义给出，它具有性质 $e \Downarrow e'$，当且仅当 $e \mapsto^* e'$ 且 e' val。

引理 28.2 如果 $e \Downarrow v$，那么对每个栈 k stack，$k \triangleright e \mapsto^* k \triangleleft v$。

所需的结果与 PCF 的定理 7.2 类似，可以表述为 $e \Downarrow v$ 当且仅当 $e \mapsto^* v$。

为了证明可靠性，我们注意到，由 $\epsilon \triangleright e \mapsto^* \epsilon \triangleleft e'$ 多步转换进行归纳推理是困难的。中间步骤可能涉及求值状态和返回状态的交替。相反，我们考虑用机器 K 的状态来编码表达式，并说明机器转换可以通过结构化动态语义的转换来模拟。

为此，定义判断 $s \hookrightarrow e$，表示状态 s "解开为" 表达式 e。可以证明，对初始状态 $s = \epsilon \triangleright e$ 和终止状态 $s = \epsilon \triangleleft e$，我们有 $s \hookrightarrow e$。接着证明，如果 $s \mapsto^* s'$，其中 s' final，$s \hookrightarrow e$ 且 $s' \hookrightarrow e'$，那么 e' val 且 $e \mapsto^* e'$。为此，需证明以下两条事实：

1. 如果 $s \hookrightarrow e$ 且 s final，那么 e val。
2. 如果 $s \mapsto s'$、$s \hookrightarrow e$、$s' \hookrightarrow e'$ 并且 $e' \mapsto^* v$，其中 v val，那么 $e \mapsto^* v$。

第一条很简单，只需要注意终止状态解开得到的是值。对于第二条，需证明以下引理。

引理 28.3 如果 $s \mapsto s'$、$s \hookrightarrow e$ 且 $s' \hookrightarrow e'$，那么 $e \mapsto^* e'$。

推论 28.4 $e \mapsto^* \bar{n}$ 当且仅当 $\epsilon \triangleright e \mapsto^* \epsilon \triangleleft \bar{n}$。

28.3.1 完备性

引理 28.2 的证明 通过对 PCF 的求值动态语义进行归纳来证明。

考虑求值规则

$$\frac{e_1 \Downarrow \text{lam}\{\tau_2\}(x.e) \quad [e_2 / x] e \Downarrow v}{\text{ap}(e_1; e_2) \Downarrow v} \tag{28.10}$$

对任意控制栈 k，需要说明 $k \triangleright \text{ap}(e_1; e_2) \mapsto^* k \triangleleft v$。连续应用这两个归纳假设，并与机器 K 的求值步骤交错，可以得到

$$\begin{aligned}
k \triangleright \text{ap}(e_1; e_2) &\mapsto k; \text{ap}(-; e_2) \triangleright e_1 \\
&\mapsto^* k; \text{ap}(-; e_2) \triangleleft \text{lam}\{\tau_2\}(x.e) \\
&\mapsto k \triangleright [e_2/x] e \\
&\mapsto^* k \triangleleft v
\end{aligned}$$

证明的其他情况可以使用类似的方法处理。 □

28.3.2 可靠性

判断 $s \hookrightarrow e'$，其中 s 为 $k \triangleright e$ 或 $k \triangleleft e$，根据辅助判断 $k \bowtie e = e'$，按以下规则定义：

$$\frac{k \bowtie e = e'}{k \triangleright e \hookrightarrow e'} \tag{28.11a}$$

$$\frac{k \bowtie e = e'}{k \triangleleft e \hookrightarrow e'} \tag{28.11b}$$

换句话说，为了解开一个状态，我们将表达式周围的栈包裹起来，形成一个完整的程序。**解开关系**（unraveling relation）由以下规则归纳定义：

$$\frac{}{\epsilon \bowtie e = e} \tag{28.12a}$$

$$\frac{k \bowtie s(e) = e'}{k;\, s(-) \bowtie e = e'} \tag{28.12b}$$

$$\frac{k \bowtie \text{ifz}\{e_0;\, x.e_1\}(e) = e'}{k;\, \text{ifz}\{e_0;\, x.e_1\}(-) \bowtie e = e'} \tag{28.12c}$$

$$\frac{k \bowtie \text{ap}(e_1;\, e_2) = e}{k;\, \text{ap}(-;\, e_2) \bowtie e_1 = e} \tag{28.12d}$$

这些判断都定义了全函数。

> **引理 28.5**　判断 $s \looparrowright e$ 把每个状态 s 关联到唯一的表达式 e，判断 $k \bowtie e = e'$ 把每个栈 k 和表达式 e 关联到唯一的表达式 e'。

因此，我们有理由将唯一的 e' 写为 $k \bowtie e$，使得 $k \bowtie e = e'$。

下面的引理至关重要。它指出解开过程保持转换关系。

> **引理 28.6**　如果 $e \mapsto e'$，$k \bowtie e = d$，$k \bowtie e' = d'$，那么 $d \mapsto d'$。

证明　通过对转换 $e \mapsto e'$ 进行规则归纳来证明。对于含有前提的转换规则，即归纳情况，很容易归纳得证。对于转换规则为公理的基础情况，可由栈 k 的归纳分析来证明。

作为归纳情况的一个例子，假设 $e = \text{ap}(e_1;\, e_2)$，$e' = \text{ap}(e_1';\, e_2)$ 并且 $e \mapsto e'$。已知 $k \bowtie e = d$ 且 $k \bowtie e' = d'$。由规则 (28.12) 可知，$k;\, \text{ap}(-;\, e_2) \bowtie e_1 = d$，$k;\, \text{ap}(-;\, e_2) \bowtie e_1' = d'$。因此，由归纳 $d \mapsto d'$ 可证。

作为基础情况的一个例子，假设 $e = \text{ap}(\text{lam}\{\tau_2\}(x.e);\, e_2)$ 且 $e' = [e_2/x]\, e$，其中 $e \mapsto e'$。若 $k \bowtie e = d$，$k \bowtie e' = d'$，通过对 k 的结构进行内部归纳，我们可以证明 $d \mapsto d'$。如果 $k = \epsilon$，显然得证。考虑栈 $k = k';\, \text{ap}(-;\, c_2)$。由规则 (28.12) 可知，$k' \bowtie \text{ap}(e;\, c_2) = d$ 且 $k' \bowtie \text{ap}(e';\, c_2) = d'$。但是根据结构化动态语义 $\text{ap}(e;\, c_2) \mapsto \text{ap}(e';\, c_2)$，由内部归纳假设，可得 $d \mapsto d'$，得证。□

现在我们可以完成引理 28.3 的证明。

引理 28.3 的证明　由机器 K 的转换的情况分析可证。在每一种情况下，在状态解开后，转换将对应于 PCF 结构化动态语义的 0 个或 1 个转换。

假设 $s = k \triangleright s(e)$，$s' = k;\, s(-) \triangleright e$。注意 $k \bowtie s(e) = e'$ 当且仅当 $k;\, s(-) \bowtie e = e'$，由此易得证。

假设 $s = k;\text{ap}(\text{lam}\{\tau\}(x.e_1);-) \triangleleft e_2$，$s' = k \triangleright [e_2/x]\, e_1$。令 e' 满足 $k;\, \text{ap}(\text{lam}\{\tau\}(x.e_1);-) \bowtie e_2 = e'$，令 e'' 满足 $k \bowtie [e_2/x]e_1 = e''$。观察到 $k \bowtie \text{ap}(\text{lam}\{\tau\}(x.e_1);\, e_2) \triangleleft e'$。该结果遵循引理 28.6。□

28.4　注记

这里考虑的抽象机是一类在状态中显式记录控制流的机器的典型代表。原型是 SECD 机（Landin，1965），它是结构化操作语义（Plotkin，1981）的线性化。机器模型的优点在于，对于允许操作控制状态的语言，需要对控制进行显式处理（见第 30 章的主要例子）；缺点在于，计算的控制状态必须显式化，使结构化动态语义中隐含的操作规则成为必需。

习题

28.1 给出定理 28.1 中针对条件表达式的证明。

28.2 描述 PCF 机按值调用的变体。

28.3 分析机器 K 执行每一条指令在最坏情况下的渐近复杂度。

28.4 通过限制 PCF 动态语义每一步所需的机器步数来改进引理 28.2 的证明。

异常

异常影响控制的非局部转移，即从异常的抛出点转移到针对该异常的**封闭处理器**
（enclosing handler）。该转移会中断程序的正常控制流，以响应异常情况。例如，异常可用
来标记错误条件，或者标记在异常情况下需要的特殊处理。我们可以使用条件式来检查和处
理错误或异常条件，但是使用异常往往更加方便，尤其是从概念上讲，转移到处理器是直接
且即时的，而不是通过显式检查来间接进行的。

在本章中，我们考虑 PCF 的两种包含异常的扩展。第一种是 FPCF，它用最简单的异
常形式（称作**失败**（failure））扩展 PCF，并且没有关联数据。通过将控制转移到另一个表达
式，失败可以被拦截并转换成一个成功（或另一个失败）。第二种是 XPCF，它用带有关联数
据的**异常**（exception）来扩展 PCF，关联数据被传递到拦截该异常的异常处理器中。处理器
可以分析关联数据，以确定如何从异常条件中恢复。一个关键的选择是确定与异常关联的数
据的类型。

29.1 失败

FPCF 的语法通过对 PCF 文法进行如下扩展来定义：

| Exp | e | ::= | fail | fail | 发出失败信号 |
| | | | catch$(e_1; e_2)$ | catch e_1 ow e_2 | 捕获失败 |

表达式 fail 中止当前求值，表达式 catch$(e_1; e_2)$ 捕捉 e_1 中的任一失败并转而对 e_2 求值。e_1 或
e_2 本身都可能中止，也可能像 PCF 一样发散或返回一个值。

FPCF 的静态语义由以下规则给出：

$$\overline{\Gamma \vdash \text{fail} : \tau} \tag{29.1a}$$

$$\frac{\Gamma \vdash e_1 : \tau \quad \Gamma \vdash e_2 : \tau}{\Gamma \vdash \text{catch}(e_1; e_2) : \tau} \tag{29.1b}$$

因为没有返回值，所以失败可以是任意类型。catch 表达式中的两个表达式必须具有相同的
类型，因为其中任意一个都可能确定该表达式的值。

FPCF 的动态语义由称作**栈展开**（stack unwinding）的技术给定。catch 的求值把一个形
式为 catch$(-; e)$ 的栈帧推入控制栈并等待失败到来。fail 表达式的求值是从控制栈中出栈，
直到遇到 catch$(-; e)$ 形式的栈帧，此时将该帧从栈中移除，同时对表达式 e 求值。失败传
播表示为形如 $k \blacktriangleleft$ 的状态，这是对第 28 章中两种状态形式的扩展，用来表示失败传播。

FPCF 机用以下附加规则扩展 PCF 机：

$$\overline{k \triangleright \text{fail} \mapsto k \blacktriangleleft} \tag{29.2a}$$

$$k \triangleright \mathrm{catch}(e_1;\, e_2) \mapsto k;\, \mathrm{catch}(-;\, e_2) \triangleright e_1 \tag{29.2b}$$

$$k;\, \mathrm{catch}(-;\, e_2) \triangleleft v \mapsto k \triangleleft v \tag{29.2c}$$

$$k;\, \mathrm{catch}(-;\, e_2) \blacktriangleleft \mapsto k \triangleright e_2 \tag{29.2d}$$

$$\frac{(f \neq \mathrm{catch}(-;\, e))}{k;\, f \blacktriangleleft \mapsto k \blacktriangleleft} \tag{29.2e}$$

对 fail 求值会将一个失败传播到栈上。fail 本身的行为失败时当然会抛出一个失败。catch($e_1;\, e_2$) 的求值包括将处理器推入控制栈和对 e_1 求值。如果一个值到达该处理器，那么该处理器将被移除，并且这个值被传播到外围的栈帧。如果一个失败到达处理器，那么对保存在处理器中的表达式求值，同时将该处理器从控制栈中移除。失败会传播到除 catch 帧之外的所有帧。

FPCF 机的初始和终止状态由以下规则定义：

$$\frac{}{\epsilon \text{ initial}} \tag{29.3a}$$

$$\frac{e \text{ val}}{\epsilon \triangleleft e \text{ final}} \tag{29.3b}$$

$$\frac{}{\epsilon \blacktriangleleft \text{ final}} \tag{29.3c}$$

扩展第 28 章中给出的栈定型的定义，以考虑新的栈帧形式，因此安全性可以用此前相同的方式来证明。唯一的区别在于必须弱化语句的进展性以考虑到失败：一个良类型的表达式要么是一个值，要么是执行一小步，要么是标记失败。

定理 29.1（FPCF 的安全性）
1. 如果 s ok 并且 $s \mapsto s'$，那么 s' ok。
2. 如果 s ok，则要么 s final，要么存在 s' 满足 $s \mapsto s'$。

29.2 异常

语言 XPCF 用异常扩展 FPCF，异常是附带值的失败。XPCF 的语法在 PCF 的基础上扩展以下形式的表达式：

Exp	e	::=	raise(e)	raise(e)	产生异常
			try($e_1;\, x.e_2$)	try e_1 ow $x \hookrightarrow e_2$	处理异常

对 raise 的参数求值以确定传给处理器的值。表达式 try($e_1;\, x.e_2$) 把变量 x 绑定到处理器 e_2。如果在对 e_1 求值时引发异常，那么异常的关联值将绑定到 e_2 中的变量。

异常的静态语义扩展失败的静态语义以解释异常中携带的值的类型：

$$\frac{\Gamma \vdash e : \tau_{\mathrm{exn}}}{\Gamma \vdash \mathrm{raise}(e) : \tau} \tag{29.4a}$$

$$\frac{\Gamma \vdash e_1 : \tau \quad \Gamma,\, x : \tau_{\mathrm{exn}} \vdash e_2 : \tau}{\Gamma \vdash \mathrm{try}(e_1;\, x.e_2) : \tau} \tag{29.4b}$$

类型 τ_{exn} 是异常值的某个确定的类型，但是目前还未指明（τ_{exn} 的选择将在 29.3 节中讨论）。

XPCF 的动态语义和 FPCF 相似，除了用异常状态 $k \blacktriangleleft e$ 替代失败状态 $k \blacktriangleleft$，$k \blacktriangleleft e$ 把一个异常值 e 传给栈 k。异常的概念是唯一的，但是关联值可以用来区别异常的来源。我们使用按值解释来避免按名解释所带来的**不精确的异常**（imprecise exceptions）的问题。

扩展 PCF 机的栈帧以包括 $\text{raise}(-)$ 和 $\text{try}(-; x.e_2)$。它们在以下规则中使用：

$$\overline{k \triangleright \text{raise}(e) \mapsto k; \text{raise}(-) \triangleright e} \qquad (29.5\text{a})$$

$$\overline{k; \text{raise}(-) \triangleleft e \mapsto k \blacktriangleleft e} \qquad (29.5\text{b})$$

$$\overline{k \triangleright \text{try}(e_1; x.e_2) \mapsto k; \text{try}(-; x.e_2) \triangleright e_1} \qquad (29.5\text{c})$$

$$\overline{k; \text{try}(-; x.e_2) \triangleleft e \mapsto k \triangleleft\triangleleft} \qquad (29.5\text{d})$$

$$\overline{k; \text{try}(-; x.e_2) \blacktriangleleft e \mapsto k \triangleright [e/x]\, e_2} \qquad (29.5\text{e})$$

$$\frac{(f \neq \text{try}(-; x.e_2))}{k; f \blacktriangleleft e \mapsto k \blacktriangleleft e} \qquad (29.5\text{f})$$

与规则 (29.2) 的主要区别在于，异常把一个值传给栈，而失败则不会。

XPCF 机的初始状态和终止状态由以下规则定义：

$$\overline{\epsilon \triangleright e \text{ initial}} \qquad (29.6\text{a})$$

$$\frac{e \text{ val}}{\epsilon \triangleleft e \text{ final}} \qquad (29.6\text{b})$$

$$\overline{\epsilon \blacktriangleleft e \text{ final}} \qquad (29.6\text{c})$$

定理 29.2（XPCF 的安全性）

1. 如果 s ok 并且 $s \mapsto s'$，那么 s' ok。

2. 如果 s ok，则要么 s final，要么存在 s' 满足 $s \mapsto s'$。

29.3 异常值

XPCF 的静态语义由异常的关联值的类型 τ_{exn} 来参数化。τ_{exn} 的选择很重要，因为它确定了如何在一个程序中标识异常来源。如果 τ_{exn} 是单元素类型 unit，那么异常退化成失败，它不能标识异常的来源。因此，τ_{exn} 必须具有多个值才有用。

该事实表明 τ_{exn} 应该是一个有限和。和的类别用来标识异常的来源，并且类别值携带具体实例的信息。例如，τ_{exn} 可能是以下形式的和类型

$$[\text{div} \hookrightarrow \text{unit}, \text{fnf} \hookrightarrow \text{string}, \dots]$$

这里 div 类可以表示一个没有关联数据的算术错误，fnf 类可以表示一个"文件未找到"错误，关联值为没有找到的文件的名字。

使用和类型意味着异常处理器可以分派异常值的类别，以标识来源和原因。例如，我们可以编写

$$\text{handle } e_1 \text{ ow x} \hookrightarrow$$

$$\text{match x } \{$$

$$\text{div} \langle \ \rangle \hookrightarrow e_{\text{div}}$$

$$\mid \text{fnf } s \hookrightarrow e_{\text{fnf}} \}$$

来处理由以上和类型给出的异常。因为异常与其关联数据耦和在和类型中，不可能把一个异常的关联数据错误解释成另一个。

将 τ_{exn} 选择为有限和的缺点在于，它规定了可能的异常来源的**封闭世界**（closed world）。对于整个程序，必须指明所有的异常来源，这会阻碍模块化开发和演变。一个更加模块化的方法允许**开放世界**（open world）来源异常的，可以在程序演变甚至在程序执行时引入。开放世界需要有限和的推论，即第 33 章中定义的动态分类（dynamic classification）（进一步的讨论参见第 33 章）。

当 τ_{exn} 是分类值类型时，它被称作异常类（exception），因此可以称上面的例子为" fnf 异常"。这一术语本身是没有问题的，但不可避免地引起两种不同想法之间的混淆：

1. 异常作为一种控制机制，允许通过抛出和处理异常来改变求值进程。
2. 异常作为与控制推导关联的数据值，允许识别推导的来源。

作为一种控制机制，异常可以使用显式的**异常传递**（exception passing）来消除。可能引发异常的类型 τ 的计算被解释为一个无异常的 $\tau + \tau_{\text{exn}}$ 类型的计算，该方法的更多讨论见习题 29.5。

29.4 注记

Lisp（Steele，1990）考虑了不同形式的异常。ML（Gordon 等人，1979）的最初形式是机械化逻辑的一种元语言，它使用失败来实现回溯证明搜索。多数现代语言都有异常，但是在关联数据的形式上各异。

习题

29.1 证明定理 29.2。该证明是否需要 τ_{exn} 的某些性质？

29.2 使用以下判断形式给出 XPCF 的求值动态语义：
- 常规求值：$e \Downarrow v$，其中 $e : \tau$，$v : \tau$ 且 v val。
- 异常求值：$e \Uparrow v$，其中 $e : \tau$，$v : \tau_{\text{exn}}$ 且 v val。

  第一个判断表示 e 常规求值为 v，第二个判断表示 e 引发一个值为 v 的异常。

29.3 通过归纳定义以下判断形式给出 XPCF 的结构化操作语义：
- $e \mapsto e'$ 表示表达式 e 传递到表达式 e'。
- e val 表示表达式 e 是一个值。

  确保 $e \Downarrow v$ 当且仅当 $e \mapsto^* v$，并且 $e \Uparrow v$ 当且仅当 $e \mapsto^* \text{raise}(v)$，两者都有 e val。

29.4 异常的封闭世界假设是把异常值的类型选为整个程序共享的有限和类型。在这种假设下，可以通过设置异常值的可能类别的上限来跟踪异常。

  类型细化（在第 25 章中定义）可以用于在封闭世界设置中跟踪异常。**有限和细化**（finite sum refinement）由以下规则定义：

$$\frac{X' \subseteq X \quad (\forall x \in X') \, \phi_x \sqsubseteq \tau_x}{[\phi_x]_{x \in X'} \sqsubseteq [\tau_x]_{x \in X}}$$

特别地，细化 $\emptyset$ 是没有值满足的空和细化 []。有限和细化的蕴含由以下规则定义

$$\frac{X' \subseteq X'' \quad (\forall x \in X') \, \phi_x \leq \phi'_x}{[\phi_x]_{x \in X'} \leq [\phi'_x]_{x \in X''}}$$

所以，特别地，对所有 τ_{exn} 的和细化 ϕ，有 $\emptyset \leq \phi$。蕴含弱化了和类型值的类别概念，这对将它们应用于异常跟踪而言至关重要。

MPCF 使用和细化进行异常跟踪，本习题旨在为 MPCF 中异常的模态形式开发一个类型细化系统。

（a） 定义命令细化判断 $m \in_\tau \phi$ ow χ，其中 $m \overset{\centerdot}{\sim} \tau$，$\phi \sqsubseteq \tau$ 且 $\chi \sqsubseteq \tau_{exn}$。该判断表示如果 m 返回 e，那么 $e \in_\tau \phi$，并且如果 m 引发 e，那么 $e \in_{\tau_{exn}} \chi$。

（b） 为表达式细化 cmd$(\phi; \chi) \sqsubseteq$ cmd(τ) 定义满足与蕴含，其中 $\phi \sqsubseteq \tau$ 且 $\chi \sqsubseteq \tau_{exn}$。在前一问题的含义下，该细化将满足所述值的封装指令和异常细化进行分类。

29.5　证明：MPCF 中的异常可以通过翻译为使用和类型扩展的 PCF 来消去，该翻译称作**异常传递型**（exception-passing style）翻译。MPCF 中的每条指令 $m \overset{\centerdot}{\sim} \tau$ 翻译为 $\hat{\tau} + \tau_{exn}$ 类型的纯表达式 $\hat{m}$，对于常规返回，该表达式的值为 $\mathsf{l} \cdot e$，其中 $e : \tau$；对于异常返回，该表达式的值为 $\mathsf{r} \cdot e$，其中 $e : \tau_{exn}$。命令翻译扩展到表达式翻译 $\hat{e}$，用 $\hat{m}$ 替换 cmd(m)。对应的类型翻译 $\hat{\tau}$ 用 $\hat{\tau} + \tau_{exn}$ 替换 cmd(τ)。定义从 MPCF 到扩展有和类型的 PCF 的命令翻译，说明它有所需的类型并能正确模拟异常行为。

延续

许多控制结构（例如异常和协程）的语义可以用**实化**（reified，具体化）的控制栈来表示，控制栈表示为一个随时可以恢复的值，即使控制权早已从实化点离开并返回。这种实化控制栈称作**延续**（continuations，或称续延、续体），它们是可以在计算中任意传递和返回的值。延续永远不会"过期"，并且总是可以成功复原一个延续而不影响安全性。因此，延续支持无限的"时间旅行"——我们可以回到计算的上一步，然后再返回到未来的某一点。

为什么延续有用呢？从根本上看，延续是计算在给定时刻控制状态的一种表示。使用延续，我们可以"设点检查"（checkpoint）程序的控制状态，将其存储在一个数据结构中，并在以后返回到这里。事实上，这正是实现**线程**（thread）（并发地执行程序）所必需的——线程调度器挂起一个程序，以便稍后再回到挂起处继续执行。

30.1 概述

我们考虑 PCF 的扩展 KPCF，它包含接受一个 τ 类型值的延续，其类型为 cont(τ)。cont(τ) 的引入形式是 letcc$\{\tau\}(x.e)$，它将当前延续（即当前的控制栈）绑定到变量 x，并对表达式 e 进行求值。对应的消去形式是 throw$\{\tau\}(e_1; e_2)$，它将 e_1 给定的值恢复到由 e_2 给定的控制栈上。

为了解释这些原语的用法，在此考虑将一个自然数组成的无限序列 q 的前 n 个元素相乘的问题，其中 q 表示为 nat $\longrightarrow$ nat 类型的函数。如果前 n 个元素中有 0，我们希望"提前返回" 0 而不执行剩下的乘法运算。这一问题可以使用异常来解决，但我们将使用延续来解决它，以说明延续的使用方法。

如下是 PCF 中的解法（没有捷径（短路））：

```
fix ms is
  λ q : nat ⟶ nat.
    λ n : nat.
      case n {
        z ↪ s(z)
        | s(n') ↪ (q z) × (ms (q ∘ succ) n')
      }
```

递归调用将 q 和后继函数复合，以将序列移动一步。

KPCF 中短路计算的解法如下：

```
λ q : nat ⟶ nat.
  λ n : nat.
```

```
letcc ret:nat cont in
    let ms be
        fix ms is
            λ q:nat ⇀ nat.
                λ n:nat.
                    case n {
                        z ↪ s(z)
                      | s(n') ↪
                        case q z {
                            z ↪ throw z to ret
                          | s(n'') ↪ (q z)×(ms (q ○ succ) n')
                        }
                    }
    in
        ms q n
```

letcc 把函数的返回点绑定到变量 ret 以便在计算的主循环中使用。如果某一元素是 0，则将控制权交给 ret，从而使 0 提前返回。

另一个例子，已知 k 的类型为 τ cont、f 的类型为 $\tau' \rightharpoonup \tau$，返回类型为 τ' cont 的延续 k'，使得将 τ' 类型的值 v' 抛向 k' 就是将 $f(v')$ 的值抛向 k。从而我们需要定义一个如下类型的函数 compose：

$$(\tau' \rightharpoonup \tau) \rightharpoonup \tau \text{ cont} \rightharpoonup \tau' \text{ cont}$$

我们要找的延续是表达式 throw$f(\ldots)$ to k 中省略号处生效的延续。这个延续是：当给定值 v' 时，将 f 应用到 v'，再将结果抛给 k。我们可以用 letcc 捕获该延续，写作

$$\text{throw } f(\text{letcc } x:\tau' \text{ cont in } \ldots) \text{ to } k$$

所需的延续绑定到 x，但如何把它作为函数 compose 的结果返回呢？采用与短路乘法相同的想法，编写

$$\text{letcc ret}:\tau' \text{ cont cont in}$$
$$\text{throw } (f \text{ (letcc } r \text{ in throw } r \text{ to ret)}) \text{ to } k$$

作为 compose 函数的体。注意 ret 的类型为 τ' cont cont，它是一个需要抛出延续的延续。

30.2　延续的动态语义

KPCF 的语法如下：

Type	τ	::=	cont(τ)	τ cont	延续
Expr	e	::=	letcc$\{\tau\}(x.e)$	letcc x in e	标记
			throw$\{\tau\}(e_1;e_2)$	throw e_1 to e_2	跳转
			cont(k)	cont(k)	延续

表达式 cont(k) 是实化的控制帧，在求值的过程中出现。

KPCF 的静态语义由以下规则定义：

$$\frac{\Gamma, x : \mathrm{cont}(\tau) \vdash e : \tau}{\Gamma \vdash \mathrm{letcc}\{\tau\}(x.e) : \tau} \qquad (30.1a)$$

$$\frac{\Gamma \vdash e_1 : \tau_1 \quad \Gamma \vdash e_2 : \mathrm{cont}(\tau_1)}{\Gamma \vdash \mathrm{throw}\{\tau\}(e_1; e_2) : \tau} \qquad (30.1b)$$

throw 表达式的结果类型是任意的，因为它不返回调用点。

延续值的静态语义由以下规则给出：

$$\frac{k : \tau}{\Gamma \vdash \mathrm{cont}(k) : \mathrm{cont}(\tau)} \qquad (30.2)$$

如果延续是一个只接受 τ 类型值的栈，那么延续值 $\mathrm{cont}(k)$ 的类型只能是 $\mathrm{cont}(\tau)$。

为了定义 KPCF 的动态语义，我们用以下两种形式的栈帧扩展 PCF 机：

$$\frac{}{\mathrm{throw}\{\tau\}(-; e_2)\ \mathrm{frame}} \qquad (30.3a)$$

$$\frac{e_1\ \mathrm{val}}{\mathrm{throw}\{\tau\}(e_1; -)\ \mathrm{frame}} \qquad (30.3b)$$

每个实化的控制栈都是如下的值：

$$\frac{k\ \mathrm{stack}}{\mathrm{cont}(k)\ \mathrm{val}} \qquad (30.4)$$

PCF 机操控延续的转换规则如下：

$$\frac{}{k \rhd \mathrm{cont}(k) \mapsto k \lhd \mathrm{cont}(k)} \qquad (30.5a)$$

$$\frac{}{k \rhd \mathrm{letcc}\{\tau\}(x.e) \mapsto k \rhd [\mathrm{cont}(k)/x]e} \qquad (30.5b)$$

$$\frac{}{k \rhd \mathrm{throw}\{\tau\}(e_1; e_2) \mapsto k; \mathrm{throw}\{\tau\}(-; e_2) \rhd e_1} \qquad (30.5c)$$

$$\frac{e_1\ \mathrm{val}}{k; \mathrm{throw}\{\tau\}(-; e_2) \lhd e_1 \mapsto k; \mathrm{throw}\{\tau\}(e_1; -) \rhd e_2} \qquad (30.5d)$$

$$\frac{e\ \mathrm{val}}{k; \mathrm{throw}\{\tau\}(e; -) \lhd \mathrm{cont}(k') \mapsto k' \lhd e} \qquad (30.5e)$$

对 letcc 表达式求值会复制控制栈，对 throw 表达式求值会销毁当前的控制栈。

KPCF 的安全性可以通过扩展第 28 章中机器 K 的安全性证明来证明。

我们只需要为两种新的栈帧形式增加如下的定型规则：

$$\frac{e_2 : \mathrm{cont}(\tau)}{\mathrm{throw}\{\tau'\}(-; e_2) : \tau \rightsquigarrow \tau'} \qquad (30.6a)$$

$$\frac{e_1 : \tau \quad e_1\ \mathrm{val}}{\mathrm{throw}\{\tau'\}(e_1; -) : \mathrm{cont}(\tau) \rightsquigarrow \tau'} \qquad (30.6b)$$

其余的规则定义与第 28 章中相同。

> **引理 30.1（范式）** *如果 $e:\text{cont}(\tau)$ 且 e val，那么对满足 $k:\tau$ 的某个 k，有 $e = \text{cont}(k)$。*

> **定理 30.2（安全性）**
> 1. 如果 s ok 并且 $s \mapsto s'$，那么 s' ok。
> 2. 如果 s ok，则要么 s final，要么存在 s' 满足 $s \mapsto s'$。

30.3　用延续构造协程

例程（routine）和**子例程**（subroutine）的区别就像经理和员工的区别。例程调用子例程来做一些工作，子例程在完成其工作后返回该例程。这种关系是非对称的，因为在调用者（主例程）和被调者（子例程）之间存在区别。考虑对称情况是有用的，在这种情况下两个例程彼此调用以完成一些工作。这样的一对例程称作**协程**（coroutine），它们之间的关系是对称的，没有等级关系。

子例程通过让调用者向被调者传递一个延续来实现，该延续表示子例程结束后要完成的工作。当子例程执行时，它将返回值抛给该延续，而不是返回到调用处。协程通过将两个例程互相视作子例程来彼此调用，并在控制权转移时提供一个延续来实现。唯一棘手的部分是整个过程如何启动。

考虑该对例程中每个例程的类型。例程是接受两个参数的延续，数据在例程恢复时传递给该例程，延续在例程完成其任务后恢复。数据表示计算的状态，延续是接受同样形式参数的协程。因此，协程的类型必须满足类型同构

$$\tau\ \text{coro} \cong (\tau \times \tau\ \text{coro})\ \text{cont}$$

于是，将 τ coro 定义为递归类型

$$\tau\ \text{coro} \triangleq \text{rec}\ t\ \text{is}\ (\tau \times t)\ \text{cont}$$

类型 τ coro 是与之同构的延续类型，这些延续接受表示协程状态的 τ 类型值和具有相同类型值的伙伴协程。

通过对表达式 $\text{resume}(\langle s, r' \rangle)$ 求值，协程 r 将控制权传给另一个协程 r'，其中 s 是计算的当前状态。这样就创建了一个新的协程，其入口点是 resume 的返回点（调用点）。因此 resume 的类型是

$$\tau \times \tau\ \text{coro} \longrightarrow \tau \times \tau\ \text{coro}$$

resume 的定义如下：

$$\lambda(\langle s, r' \rangle : \tau \times \tau\ \text{coro})\ \text{letcc}\ k\ \text{in throw}\ \langle s, \text{fold}(k) \rangle\ \text{to unfold}(r')$$

在应用时，resume 捕获当前的延续并把状态 s 和捕获的延续（打包为一个协程）传递给被调用的协程。

因为状态是从一个例程显式地传递到另一个，所以协程是一种状态转换函数，当用当前状态激活时，该转换函数确定计算的下一个状态。创建协程系统包括，建立系统结果所抛向的一个汇合退出点和创建一对协程来转换状态并将控制权传递给伙伴例程。如果任何一个例程想要终止计算，它需要将结果值抛到公共的退出点。因此，协程是一个如下类型的函数

$$(\tau', \tau)\ \text{rout} \triangleq \tau'\ \text{cont} \longrightarrow \tau \longrightarrow \tau$$

其中 τ' 是结果类型，τ 是协程系统的状态类型。

为了设置一个协程系统，我们定义函数 run，给定两个例程，创建一个类型为 $\tau \longrightarrow \tau'$ 的函数，并且将该函数应用到初始状态会计算一个类型为 τ' 的结果。该计算由共享公共退出点的一对协作例程组成。run 的定义如下：

$$\lambda(\langle r_1, r_2\rangle)\lambda(s_0) \text{ letcc } x_0 \text{ in let } r'_1 \text{ be } r_1(x_0) \text{ in let } r'_2 \text{ be } r_2(x_0) \text{ in } \dots$$

给定两个例程，run 建立公共退出点并把这个延续传给两个例程。每个例程都可以通过把类型为 τ' 的结果抛给这个延续来终止计算。run 函数体继续执行：

$$\text{rep}(r'_2)(\text{letcc } k \text{ in rep}(r'_1)(\langle s_0, \text{fold}(k)\rangle))$$

辅助函数 rep 创建一个无限循环，该循环转换状态并将控制权传递给另一个例程：

$$\lambda(t) \text{ fix } l \text{ is } \lambda(\langle s, r\rangle) \, l \, (\text{resume}(\langle t(s), r\rangle))$$

通过用初始状态启动例程 r_1 来初始化该系统，并且设置当它把控制权转交给伙伴时，将用结果状态启动例程 r_2。此时，系统将启动：每个例程将在循环的每次迭代中恢复另一个例程。

协程的一个很好的例子是计算中输入和输出的交错。这可以通过生产者（producer）例程和消费者（consumer）例程之间的协同来实现。生产者发出输入的下一个元素（如果存在），并将控制权传给消费者，从输入中删除该元素。消费者处理下一个数据项，再将控制权返回给生产者，并将处理结果附加到输出中。为简便起见，将输入和输出分别建模为 τ_i list 类型和 τ_o list 类型的列表，这两个列表在例程之间来回传递。例程按以下协议交换信息。消费者发送消息 OK($\langle i, o\rangle$) 给生产者，目的是确认收到此前的消息，并传递回输入和输出通道的当前状态。生产者向消费者发送消息 EMIT($\langle e, \langle i, o\rangle\rangle$)，其中 e 是 τ_i opt 类型的值，目的是从输入中发出下一个值（如果存在），并将输入和输出通道的当前状态传递给消费者。

这里给出一个生产者/消费者协程的实现。例程所维护的 τ 类型的状态被标记为和类型

$$[\text{OK} \hookrightarrow \tau_i \text{ list} \times \tau_o \text{ list}, \text{EMIT} \hookrightarrow \tau_i \text{ opt} \times (\tau_i \text{ list} \times \tau_o \text{ list})]$$

上面的类型指定了前一段中描述的生产者和消费者之间的消息协议。

生产者 P 由以下表达式定义

$$\lambda(x_0)\lambda(\text{msg}) \text{ case msg}\{b_1 \mid b_2 \mid b_3\}$$

其中第一个分支 b_1 为

$$\text{OK} \cdot \langle \text{nil}, os\rangle \hookrightarrow \text{EMIT} \cdot \langle \text{null}, \langle \text{nil}, os\rangle\rangle$$

第二个分支 b_2 为

$$\text{OK} \cdot \langle \text{cons}(i; is), os\rangle \hookrightarrow \text{EMIT} \cdot \langle \text{just}(i), \langle is, os\rangle\rangle$$

第三个分支 b_3 为

$$\text{EMIT} \cdot \_ \hookrightarrow \text{error}$$

也就是说，如果输入已经处理完，生产者将发出值 null 以及当前的通道状态。反之，生产者将发出 just(i)，其中 i 是输入中余下的第一个，并把该元素从传递的通道状态中移除。生产者看不到 EMIT 消息，并且在发生错误时发出错误信号。

消费者 C 由以下表达式定义

$$\lambda(x_0)\lambda(\text{msg}) \text{ case msg}\{b_1' \mid b_2' \mid b_3'\}$$

其中第一个分支 b_1' 为

$$\text{EMIT} \cdot \langle \text{null}, \langle \_, os \rangle \rangle \hookrightarrow \text{throw } os \text{ to } x_0$$

第二个分支 b_2' 为

$$\text{EMIT} \cdot \langle \text{just}(i), \langle is, os \rangle \rangle \hookrightarrow \text{OK} \cdot \langle is, \text{cons}(f(i); os) \rangle$$

第三个分支 b_3' 为

$$\text{OK} \cdot \_ \hookrightarrow \text{error}$$

消费者分派生产者发出的数据。如果没有数据，则输出通道的状态将作为该计算的整体值传给 x_0。如果有数据，则应用 $\tau_i \longrightarrow \tau_o$ 类型的函数 f（此处未指定）将输入转换为输出，并把结果添加到输出通道。如果收到 OK 消息，消费者会发出错误信号，因为生产者从不会发出这样的消息。

初始状态 s_0 的形式为 OK $\cdot \langle is, os \rangle$，其中 is 和 os 分别为初始的输入通道状态和输出通道状态。计算由以下表达式创建：

$$\text{run}(\langle P, C \rangle)(s_0)$$

该表达式如前所述建立协程。

虽然设想并实现只包含一对伙伴的协程是相对容易的，但是考虑控制 $n \geq 2$ 个参与者的类似模式则更为复杂且用处不大。在这些情况下，更常见的做法是将其交互构造成 n 个例程的集合，其中每一个例程都是中央调度器的协程。当一个例程恢复其伙伴时，它把控制权交给调度器，由调度器决定下一步要执行的例程，并将该例程作为自身的协程。当构造为调度器的协程时，各个例程就被称为线程。线程通过恢复其伙伴来产生控制权，再由调度器决定来作为其自身的协程接下来要执行哪个线程。这种控制模式称为**协作多线程**（cooperative multi-threading），因为它是基于自愿产生的，而不是由调度器强制挂起。

30.4　注记

延续在编程语言中是一个普遍存在的概念。Reynolds（1993）为延续的多个发现提供了极佳的解释。这里给出的表述受 Felleisen 和 Hieb（1992）的启发，他们率先发展了控制和状态的语言理论。

习题

30.1　KPCF 的类型安全性几乎直接来自定理 28.1。分离扩展证明所需的关键观察以包含延续类型。

30.2　给出以下每个类型的封闭 KPCF 表达式：

（a）$\tau + (\tau \text{ cont})$

（b）$\tau \text{ cont cont} \to \tau$

（c）$(\tau_2 \text{ cont} \to \tau_1 \text{ cont}) \to (\tau_1 \to \tau_2)$

（d）$(\tau_1 + \tau_2) \text{ cont} \to (\tau_1 \text{ cont} \times \tau_2 \text{ cont})$

提示：需要使用 letcc 和 throw。

30.3 第 15 章定义的自然数流的无限流的类型 stream 可以用延续来实现。把 stream 定义为满足以下同构的递归类型

$$\text{stream} \cong (\text{nat} \times \text{stream}) \; \text{cont} \; \text{cont}$$

为了检查流的首部，抛给它一个需要一个自然数和另一个流的延续。当传入这样的延续时，流将流中的下一个自然数与另一个表示该数后续的自然数流结对形成另一个延续。使用这种表示定义第 15 章中的流的引入形式和消去形式。

符号数据

符号

符号（symbol）是一种没有内部结构的原子数据。变量通过代换来赋予含义，而符号则通过以符号索引的一系列操作来赋予含义。符号只是一系列操作的名字或索引。根据我们选择要考虑的操作，可以赋予符号许多不同的解释，从而产生诸如**流动绑定**（fluid binding）、**动态分类**（dynamic classification）、**可变存储**（mutable storage，易变存储）、**通信信道**（communication channels）等概念。类型与每个符号相关联，这些符号的解释取决于特定的应用。例如，就可变存储而言，符号的类型会把以该符号命名的单元中的内容限制为该类型的值。

在本章中，我们考虑符号计算的两种语言构造。第一种方法是**声明**（declaring）新符号以便用于特定**作用域**（scope）。表达式 newsym $a \sim \rho$ in e 引入一个关联到类型 ρ 的"新"符号 a，以便在 e 中使用。声明的符号 a 是"新的"是指它受 e 中声明的约束，因而也可以随意重命名以确保它与任何在用的符号不同名。已声明符号的作用域由静态语义确定，而其意义的范围（或称**生存期**（extent））则由动态语义确定。符号有两种不同的动态解释：**有作用域的**（scoped）动态语义和**无作用域的**（free，是 scope-free 的缩写）动态语义。有作用域的动态语义将符号的生存期限制在其作用域内，符号的寿命仅受限于对其作用域的计算。而在无作用域的动态语义中，符号的生存期超出其作用域，扩展到包含它的整个计算。我们可以说，在无作用域的动态语义中，符号"逃逸出其作用域"，但更准确地说，符号的作用域扩大到涵盖其余的计算。

和符号关联的第二种语言构造是**符号引用**（symbol reference）的概念，这是一种旨在引用特定符号的表达式。符号引用是类型 ρ sym 的值，并且对于与类型 ρ 关联的某个符号 a，符号引用将其写作 $'a$。类型 ρ sym 的消去形式是一个条件分支，它确定符号引用是否引用静态指定的符号。消去形式的静态语义确保，在条件为真时，表示与被引用符号关联的类型；而在条件为假时，则无法从条件测试中收集任何类型信息。

31.1 符号声明

我们考虑 PCF 的一个扩展 SPCF，其中包含分配新符号的方法。此功能在后续将符号用于其他用途的章节中使用。此处我们只考虑符号分配，以及符号作为平凡符号类型的值的引入形式和消去形式。

在 SPCF 中符号声明的语法由如下文法给出：

$$\text{Exp} \quad e \quad ::= \quad \text{newsym}\{\tau\}(a.e) \qquad\qquad \text{newsym } a \sim \tau \text{ in } e \qquad\qquad \text{生成}$$

符号声明的静态语义利用**签名**（signature）或**符号上下文**（symbol context）把类型关联到有限符号集中的每个符号。我们用字母 Σ 来涵盖签名，Σ 是偶对 $a \sim \tau$ 的有限集，其中 a 和 τ 分别是符号和类型。定型判断 $\Gamma \vdash_{\Sigma} e \sim \tau$ 使用将类型关联到符号的签名 Σ 来进行参数化。实际上，对于 ∑ 的每种选择，都有一个无限的定型判断族。表达式 new $a \sim \tau$ in e 通过向 ∑ 新增符号在该族的两个实例之间实现迁移。

符号声明的静态语义使用判断 τ mobile，其定义取决于动态语义是否有作用域。在有作用域的动态语义中，定义移动性以使移动类型的计算值不依赖于任何符号。通过将一个声明的作用域约束为具有移动类型，我们可以在此解释下确保将符号的生存期限制在其作用域内。在无作用域的动态语义中，每个类型都被认为是移动的，因为动态语义保证了符号的作用域被扩展到包含这样的可能性：从声明的作用域返回的值可能依赖于被声明的符号。术语"移动"反映了一种非正式的想法，即根据赋予的动态语义，符号有可能从其声明的作用域中"移出"。无作用域的动态语义允许符号自由移动，而有作用域的动态语义则限制符号的移动范围。

符号声明本身的静态语义由下列规则给出：

$$\frac{\Gamma \vdash_{\Sigma, a \sim \rho} e : \tau \quad \tau \text{ mobile}}{\Gamma \vdash_{\Sigma} \text{newsym}\{\rho\}(a.e) : \tau} \tag{31.1}$$

如上所述，τ 的条件保证：若有返回值，则返回值不会逃逸出其作用域。

31.1.1 有作用域的动态语义

符号声明的有作用域的动态语义通过由签名 ∑ 索引的形如 $e \underset{\Sigma}{\longmapsto} e'$ 的转换判断给出，∑ 指明转换中的活跃符号。e 或 e' 可能包含 ∑ 中声明的符号，但不会有其他符号。

$$\frac{e \underset{\Sigma, a \sim \rho}{\longmapsto} e'}{\text{newsym}\{\rho\}(a.e) \underset{\Sigma}{\longmapsto} \text{newsym}\{\rho\}(a.e')} \tag{31.2a}$$

$$\frac{e \text{ val}_{\Sigma}}{\text{newsym}\{\rho\}(a.e) \underset{\Sigma}{\longmapsto} e} \tag{31.2b}$$

规则 (31.2a) 指明求值在符号声明的作用域中进行。规则 (31.2b) 指明声明的符号一旦完成其作用域的求值，该符号就会"被遗忘"。

判断 τ mobile 的定义必须选择以确保满足以下**移动性条件**（mobility condition）：

如果 τ mobile, $\vdash_{\Sigma, a \sim \rho} e : \tau$ 且 e val$_{\Sigma, a \sim \rho}$，那么 $\vdash_{\Sigma} e : \tau$ 并且 e val$_{\Sigma}$。

例如，当存在符号引用（见 31.2 节）时，函数类型不能视作可移动的，因为函数可能包含对局部符号的引用。类型 nat 只有在其后继按急切语义求值时，才可视作可移动的，否则符号引用可能会出现在该类型的值中，从而使条件无效。

定理 31.1（保持性） 如果 $\vdash_{\Sigma} e : \tau$ 且 $e \underset{\Sigma}{\longmapsto} e'$，那么 $\vdash_{\Sigma} e' : \tau$。

证明 通过对符号声明的动态语义归纳可证。规则 (31.2a) 应用规则 (31.1) 来归纳。规则 (31.2b) 遵循移动性条件。 □

定理 31.2（进展性） 如果 $\vdash_{\Sigma} e : \tau$，那么 $e \underset{\Sigma}{\longmapsto} e'$ 或 e val$_{\Sigma}$。

证明   只需考虑规则 (31.1)。由归纳可知，有 $e \xrightarrow[\Sigma, a \sim \rho]{} e'$，此时规则 (31.2a) 成立，或者有 $e \text{ val}_{\Sigma, a \sim \rho}$，此时由移动性条件可得 $e \text{ val}_{\Sigma}$，因此规则 (31.2b) 成立。   □

31.1.2   无作用域的动态语义

符号的无作用域的动态语义由形式为 $\nu \Sigma \{e\}$ 的状态间的转换系统定义，其中 Σ 是签名，e 是签名上的表达式。判断 $\nu \Sigma \{e\} \mapsto \nu \Sigma' \{e'\}$ 表示，对于符号 Σ，在其扩展 Σ' 中对 e 求值得到 e'。

$$\overline{\nu \Sigma \{\text{newsym}\{\rho\}(a.e)\} \mapsto \nu \Sigma, a \sim \rho \{e\}} \tag{31.3}$$

规则 (31.3) 说明，通过为所有未来的转换扩展签名，符号生成用新引入的符号丰富签名。

所有其他的动态语义规则也要改变以解释已分配的符号。例如，函数应用的动态语义不能沿用第 19 章的，而应重新表述如下：

$$\frac{\nu \Sigma \{e_1\} \mapsto \nu \Sigma' \{e_1'\}}{\nu \Sigma \{e_1(e_2)\} \mapsto \nu \Sigma' \{e_1'(e_2)\}} \tag{31.4a}$$

$$\overline{\nu \Sigma \{\lambda(x:\tau)e(e_2)\} \mapsto \nu \Sigma \{[e_2/x]e\}} \tag{31.4b}$$

这些规则重组签名以解释组成应用的表达式中的符号声明。SPCF 的所有其他结构也需要相似的规则。

定理 31.3（保持性）   如果 $\nu \Sigma \{e\} \mapsto \nu \Sigma' \{e'\}$ 且 $\vdash_\Sigma e:\tau$，那么 $\Sigma' \supseteq \Sigma$ 且 $\vdash_{\Sigma'} e':\tau$。

证明   只需考虑规则 (31.3)，这可以通过反转规则 (31.1) 来处理。   □

定理 31.4（进展性）   如果 $\vdash_\Sigma e:\tau$，那么 $e \text{ val}_\Sigma$ 成立，或者对某些 Σ' 和 e' 有 $\nu \Sigma \{e\} \mapsto \nu \Sigma' \{e'\}$。

证明   应用规则 (31.3) 即可。   □

31.2   符号引用

符号本身不是值，但可以使用符号形成值。通过符号引用的类型 $\tau \text{ sym}$ 可以给出一个有用的示例。该类型的值形如 $'a$，其中 a 是签名中的一个符号。为了使用引用来计算，我们需要根据是否是对特定符号的引用进行条件判断。符号引用的语法由如下文法给出：

Typ	τ	::=	$\text{sym}(\tau)$	$\tau \text{ sym}$	符号
Exp	e		$\text{quote}[a]$	$'a$	引用
			$\text{is}[a]\{t.\tau\}(e; e_1; e_2)$	if e is a then e_1 ow e_2	比较

表达式 $\text{quote}[a]$ 是对符号 a 的一个引用，是一个 $\text{sym}(\tau)$ 类型的值。表达式 $\text{is}[a]\{t.\tau\}(e; e_1; e_2)$ 比较 e 的值与给定符号 a，其中 e 是对某个符号 b 的引用。如果 b 就是 a，则表达式求值得到 e_1，否则得到 e_2。

31.2.1 静态语义

符号引用的定型规则如下：

$$\overline{\Gamma \vdash_{\Sigma, a\sim\rho} \text{quote}[a] : \text{sym}(\rho)} \tag{31.5a}$$

$$\frac{\Gamma \vdash_{\Sigma, a\sim\rho} e : \text{sym}(\rho') \quad \Gamma \vdash_{\Sigma, a\sim\rho} e_1 : [\rho/t]\tau \quad \Gamma \vdash_{\Sigma, a\sim\rho} e_2 : [\rho'/t]\tau}{\Gamma \vdash_{\Sigma, a\sim\rho} \text{is}[a]\{t.\tau\}(e; e_1; e_2) : [\rho'/t]\tau} \tag{31.5b}$$

规则 (31.5a) 是类型 $\text{sym}(\rho)$ 的引入形式。它表示如果 a 是一个具有关联类型 ρ 的符号，那么 $\text{quote}[a]$ 就是一个 $\text{sym}(\rho)$ 类型的表达式。规则 (31.5b) 是类型 $\text{sym}(\rho)$ 的消去形式。给定符号 a，其对应的类型不需要和该符号引用的表达式 e 的类型一样。如果 e 求值得到对 a 的引用，那么两者的类型恰好相符，但是如果它指向另一个符号 $b \neq a$，那么两者的类型也可能大相径庭。

记住这一点，考虑规则 (31.5b)。**先验地**（a priori），a 的类型 ρ 与表达式 e 指向的符号的类型 ρ' 是有差异的。该差异由类型算子 $t.\tau$ 调解⊖。无论比较结果如何，表达式的整体类型为 $[\rho'/t]\tau$。如果 e 求值得到符号 a，那么我们"可知"类型 ρ' 和 ρ 相符，因为其具体指向的符号恰好相同。这一巧合可由 e_1 的类型 $[\rho/t]\tau$ 反映出来。如果 e 求值得到某个其他符号 $a' \neq a$，那么该比较求值为 e_2，且 e_2 的类型为 $[\rho'/t]\tau$。在该条件分支中，不需要符号类型的更多信息。

31.2.2 动态语义

符号引用的（有作用域的）动态语义由以下规则给出：

$$\overline{\text{quote}[a] \text{ val}_{\Sigma, a\sim\rho}} \tag{31.6a}$$

$$\overline{\text{is}[a]\{t.\tau\}(\text{quote}[a]; e_1; e_2) \underset{\Sigma, a\sim\rho}{\longmapsto} e_1} \tag{31.6b}$$

$$\frac{(a \neq a')}{\text{is}[a]\{t.\tau\}(\text{quote}[a']; e_1; e_2) \underset{\Sigma, a\sim\rho, a'\sim\rho'}{\longmapsto} e_2} \tag{31.6c}$$

$$\frac{e \underset{\Sigma, a\sim\rho}{\longmapsto} e'}{\text{is}[a]\{t.\tau\}(e; e_1; e_2) \underset{\Sigma, a\sim\rho}{\longmapsto} \text{is}[a]\{t.\tau\}(e'; e_1; e_2)} \tag{31.6d}$$

规则 (31.6b) 和 (31.6c) 表明 $\text{is}[a]\{t.\tau\}(e; e_1; e_2)$ 根据 e 的值是否是对符号 a 的引用进行条件判断。

31.2.3 安全性

为确保满足移动性条件，符号引用类型不可移动非常重要。

定理 31.5（保持性） 如果 $\vdash_\Sigma e : \tau$ 且 $e \underset{\Sigma}{\longmapsto} e'$，那么 $\vdash_\Sigma e' : \tau$。

证明 对规则 (31.6) 进行规则归纳即可证明。其中最有趣的情况是规则 (31.6b)。当该比较为真时，类型 ρ 和 ρ' 必须相同，因为每个符号至多对应一个类型。因此，按要求 e_1 既有类型 $[\rho'/t]\tau$，又有类型 $[\rho/t]\tau$。 □

⊖ 参见第 14 章对类型算子的讨论。

引理 31.6（范式） 如果 $\vdash_\Sigma e : \mathrm{sym}(\rho)$ 且 $e\ \mathrm{val}_\Sigma$，那么对某个满足 $\Sigma = \Sigma'$，$a \sim \rho$ 的 a，有 $e = \mathrm{quote}[a]$。

证明 考虑值的定义，对规则 (31.5) 进行规则归纳即可证明。 $\square$

定理 31.7（进展性） 假设 $\vdash_\Sigma e : \tau$。那么 $e\ \mathrm{val}_\Sigma$ 或存在 e' 使得 $e \underset{\Sigma}{\mapsto} e'$。

证明 对规则 (31.5) 进行规则归纳即可证明。例如，考虑规则 (31.5b)，其中我们有 $\mathrm{is}[a]\{t.\tau\}(e; e_1; e_2)$ 具有类型 τ 且对某个 ρ 有 $e : \mathrm{sym}(\rho)$。由归纳可知，规则 (31.6d) 成立，或者有 $e\ \mathrm{val}_\Sigma$。在后一种情况下，引理 31.6 保证了对某个在 Σ 中声明的 ρ 类型的符号 b，e 等于 $\mathrm{quote}[a]$。但是由此可知，进展性由规则 (31.6b) 和 (31.6c) 保证，因为符号的等价性是可以确定的（a 等于 b 或者二者不相等）。 $\square$

31.3 注记

编程语言中符号的概念由 McCarthy 在 Lisp 的最初构想中提出（McCarthy，1965）。不幸的是，当时符号没有和变量明确地区分开来，导致了非预期的行为（见第 32 章）。现在对符号的解释受 Pitts 和 Stark（1993）基于 π 演算中名称的声明（Milner，1999）的影响。符号的关联类型可用于与符号信息相关的应用，如流动绑定（见第 32 章）或其字符串表示（Lisp 术语中的"print name"）。

习题

31.1 31.2 节中给出的符号引用的消去形式是"单边的"，即可以把某一未知符号的引用与具有已知类型的已知符号进行比较。一种可替换的消去形式是对符号引用提供等价性测试（equality test）。请给出该变化形式。

31.2 $(\tau\ \mathrm{sym} \times \tau)$ list 类型的列表称作关联表（association list）。使用习题 31.1 的结论定义 find 函数，该函数把关联表发送到一个 $\tau\ \mathrm{sym} \rightharpoonup \tau$ opt 类型的映射。

31.3 使用将值关联到符号的平衡树可以更高效地表示关联表，但为此需要符号（至少是在相同关联类型的符号之间）的全序排序。在符号上引入线性次序会遇到什么样的障碍？

31.4 Lisp 中的符号表达式，或 s 表达式，或 sexpr，可以视作一个递归类型的值：

$$\mathrm{sexpr} \triangleq \mathrm{rec}\ s\ \mathrm{is}\ [\mathrm{sym} \hookrightarrow \mathrm{sym}(s)\ ;\ \mathrm{nil} \hookrightarrow \mathrm{unit}\ ;\ \mathrm{cons} \hookrightarrow s \times s]$$

按惯例，$\mathrm{fold}(\mathrm{cons} \cdot \langle e_0; e_1 \rangle)$ 写作 $\mathrm{cons}(e_0; e_1)$，其中 $e_0 : \mathrm{sexpr}$，$e_1 : \mathrm{sexpr}$ 且 $\mathrm{fold}(\mathrm{nil} \cdot \langle\ \rangle)$ 写作 nil。列表记法 $(e_0, \ldots, e_{n-1})$ 是下面 s 表达式的缩写：

$$\mathrm{cons}(e_0;\ \ldots \mathrm{cons}(e_{n-1};\ \mathrm{nil})\ \ldots)$$

因为经常出现包含符号的列表，所以习惯上将引用记法从符号扩展到一般的 s 表达式，这样就不需要引用其中包含的每个符号。请给出该扩展的定义，及其在前述列表特例下的含义。

提示：没有理由将符号的关联类型指定为 sexpr。对于"纯"符号，关联类型是 unit，表示没有关联信息。可选地，关联类型可以是属性的乘积，例如包括与符号关联的"print name"（字符串）。

流动绑定

在本章中，我们回到第 8 章中讨论的变量的动态作用域的概念。我们注意到动态作用域至少有两个理由会导致问题。其一是不考虑约束变量的重命名；其二是动态作用域不是类型安全的。这些违反变量预期的行为是不可容忍的，因为它们与数学实践相悖而且危及模块化。

不过，可以通过将动态作用域从变量的概念中分离，引入一种称作**流动绑定**（fluid binding）的新机制，从而恢复动态作用域的类型安全模拟。流动绑定将符号（而非变量）与指定作用域中指定类型的值进行关联。它保留了约束变量的标识原理，不会损害类型安全性，也同时保留了动态作用域的一些优点。

32.1 静态语义

为了解释流动绑定，我们用以下语言构造扩展第 31 章中定义的 SPCF，从而得到 FSPCF：

$$\text{Exp } e ::= \quad \text{put}[a](e_1;e_2) \quad \text{put } e_1 \text{ for } a \text{ in } e_2 \quad \text{绑定}$$
$$\text{get}[a] \qquad\qquad \text{get } a \qquad\qquad\qquad \text{恢复}$$

如果 a 当前存在绑定，则表达式 $\text{get}[a]$ 求值得到该绑定的值，否则就会卡住。表达式 $\text{put}[a]$ $(e_1;e_2)$ 在 e_2 求值期间将符号 a 绑定到值 e_1，此时 a 的绑定恢复到执行之前的状态。符号 a 不受 put 表达式的约束，而是 put 表达式的参数。

FSPCF 的静态语义由如下形式的判断定义：

$$\Gamma \vdash_\Sigma e : \tau$$

与第 31 章很像，除了此处的签名将类型与每个符号相关联，而不只是声明作用域中的符号。故而，Σ 在这里被定义为 $a \sim \tau$ 形式的声明的有限集，使得符号在同一签名中不会被多次声明。注意，类型到符号的关联不是定型假设。尤其是签名 Σ 不具有结构特性，不能视为第 3 章中定义的假言形式。

这些新表达式由下列规则控制：

$$\overline{\Gamma \vdash_{\Sigma,a\sim\tau} \text{get}[a] : \tau} \tag{32.1a}$$

$$\frac{\Gamma \vdash_{\Sigma,a\sim\tau_1} e_1 : \tau_1 \quad \Gamma \vdash_{\Sigma,a\sim\tau_1} e_2 : \tau_2}{\Gamma \vdash_{\Sigma,a\sim\tau_1} \text{put}[a](e_1;e_2) : \tau_2} \tag{32.1b}$$

规则（32.1b）说明符号 a 是表达式的参数，必须在 Σ 中声明。

32.2 动态语义

FSPCF 的动态语义依赖 SPCF 中符号的栈式分配，并且维护值到符号的关联来跟踪该栈式分配规则。为此，我们定义形式为 $e \overset{\mu}{\underset{\Sigma}{\longmapsto}} e'$ 的一系列转换判断，其中 Σ 与静态语义中的一致，μ 是一个将 Σ 中定义的符号的子集映射到正确类型的值的有限函数。如果对于某个符号 a，μ 已定义，则对某个 μ' 和值 e，它有形式 $\mu' \otimes a \hookrightarrow e$。如果对于某个符号 a，μ 未定义，则可以认为它有形式 $\mu' \otimes a \hookrightarrow \bullet$。我们写作 $a \hookrightarrow \_$ 来表示 $a \hookrightarrow \bullet$，或者表示对某表达式 e 有 $a \hookrightarrow e$。

FSPCF 的动态语义由以下规则定义：

$$\frac{}{\mathrm{get}[a] \overset{\mu \otimes a \hookrightarrow e}{\underset{\Sigma,\, a \sim \tau}{\longmapsto}} e} \tag{32.2a}$$

$$\frac{e_1 \overset{\mu}{\underset{\Sigma,\, a \sim \tau}{\longmapsto}} e_1'}{\mathrm{put}[a](e_1; e_2) \overset{\mu}{\underset{\Sigma,\, a \sim \tau}{\longmapsto}} \mathrm{put}[a](e_1'; e_2)} \tag{32.2b}$$

$$\frac{e_1\ \mathrm{val}_{\Sigma,\, a \sim \tau} \qquad e_2 \overset{\mu \otimes a \hookrightarrow e_1}{\underset{\Sigma,\, a \sim \tau}{\longmapsto}} e_2'}{\mathrm{put}[a](e_1; e_2) \overset{\mu \otimes a \hookrightarrow \_}{\underset{\Sigma,\, a \sim \tau}{\longmapsto}} \mathrm{put}[a](e_1; e_2')} \tag{32.2c}$$

$$\frac{e_1\ \mathrm{val}_{\Sigma,\, a \sim \tau} \quad e_2\ \mathrm{val}_{\Sigma,\, a \sim \tau}}{\mathrm{put}[a](e_1; e_2) \overset{\mu}{\underset{\Sigma,\, a \sim \tau}{\longmapsto}} e_2} \tag{32.2d}$$

规则（32.2a）说明 $\mathrm{get}[a]$ 求值得到 a 的当前绑定（若存在）。规则（32.2b）说明在创建符号 a 的绑定之前先对该绑定求值。规则（32.2c）在符号 a 被绑定到值 e_1 的环境中对 e_2 求值，而不管在该环境中 a 是否已经绑定。规则（32.2d）在绑定的生存期求值完成后就消除 a 的流动绑定。

根据规则（32.2）给出的 FSPCF 的动态语义，若 $\mu(a) = \bullet$，则没有形式为 $\mathrm{get}[a] \overset{\mu}{\underset{\Sigma}{\longmapsto}} e$ 的转换。判断 $e\ \mathrm{unbound}_{\Sigma}$ 表示执行 e 会导致一个卡住的状态，它由以下规则归纳定义：

$$\frac{\mu(a) = \bullet}{\mathrm{get}[a]\,\mathrm{unbound}_{\mu}} \tag{32.3a}$$

$$\frac{e_1\,\mathrm{unbound}_{\mu}}{\mathrm{put}[a](e_1; e_2)\,\mathrm{unbound}_{\mu}} \tag{32.3b}$$

$$\frac{e_1\ \mathrm{val}_{\Sigma} \qquad e_2\ \mathrm{unbound}_{\mu}}{\mathrm{put}[a](e_1; e_2)\,\mathrm{unbound}_{\mu}} \tag{32.3c}$$

在更大的语言中，还必须包含第 6 章中讨论的错误传播规则。

32.3 类型安全

首先由以下规则定义辅助判断 $\mu : \sum$：

$$\overline{\emptyset : \emptyset} \tag{32.4a}$$

$$\frac{\vdash_\sum e : \tau \quad \mu : \sum}{\mu \otimes a \hookrightarrow e : \sum, a \sim \tau} \tag{32.4b}$$

$$\frac{\mu : \sum}{\mu \otimes a \hookrightarrow \bullet : \sum, a \sim \tau} \tag{32.4c}$$

这些规则表明，如果一个符号被绑定到一个值，那么该值必须是由 $\sum$ 关联到该符号的类型。在符号未约束的情况下（与绑定到"黑洞"等价），没有要求。

> **定理 32.1（保持性）** 如果 $e \xmapsto{\mu}{\sum} e'$，其中 $\mu : \sum$ 且 $\vdash_\sum e : \tau$，那么 $\vdash_\sum e' : \tau$。

证明 对规则（32.2）进行规则归纳即可证明。规则（32.2a）通过 $\mu : \sum$ 的定义来处理。规则（32.2b）遵循归纳法。规则（32.2d）通过规则（32.1）的反转来处理。最后，规则（32.2c）通过规则（32.1）的反转和归纳法来处理。 □

> **定理 32.1（进展性）** 如果 $\vdash_\sum e \sim \tau$ 且 $\mu : \sum$，则要么 $e \text{ val}_\sum$，要么 $e \text{ unbound}_\mu$，要么存在 e' 使 $e \xmapsto{\mu}{\sum} e'$。

证明 对规则（32.1）归纳可证。对规则（32.1a），由该规则的前提可得 $\sum \vdash a \sim \tau$，又因为 $\mu : \sum$，所以对某个 e 有 $\mu(a) = \bullet$ 或 $\mu(a) = e$，从而 $\vdash_\sum e : \tau$。在前一种情况下，我们有 $e \text{ unbound}_\mu$，而在后一种情况下有 $\text{get}[a] \xmapsto{\mu}{\sum} e$。对规则（32.1b），由归纳法可得 $e_1 \text{ val}_\sum$ 或 $e_1 \text{ unbound}_\mu$，或 $e_1 \xmapsto{\mu}{\sum} e_1'$。在后两种情况下，可以分别应用规则（32.2b）或规则（32.3b）。如果 $e_1 \text{ val}_\sum$，那么应用归纳法得到 $e_2 \text{ val}_\sum$，从而规则（32.2d）成立；或者 $e_2 \text{ unbound}_\mu$，从而规则（32.3c）成立；或者 $e_2 \xmapsto{\mu}{\sum} e_2'$，从而规则（32.2c）成立。 □

32.4 一些微妙之处

put e_1 for a in e_2 的值是在 a 被绑定到 e_1 的值的上下文中计算得到的 e_2 的值。如果 e_2 是基础类型，如 nat，那么反转 a 的绑定不会影响结果的含义[⊖]。

但是如果 put e_1 for a in e_2 的类型是函数类型，那么返回值就是 λ 抽象，这会怎么样呢？返回的 λ 抽象的体可能引用 a 的绑定，从 put 返回时将其恢复。例如，考虑表达式

$$\text{put } 17 \text{ for } a \text{ in } \lambda(x : \text{nat})x + \text{get } a \tag{32.5}$$

其类型为 nat $\rightarrow$ nat，给定 a 是一个 nat 类型的符号。为了方便讨论，我们假设 a 在表达式求值时未被约束。对 put 求值会将 a 绑定到数值 17 并返回函数 $\lambda(x:\text{nat})x + \text{get } a$。但是因为在退出 put 时 a 恢复到未约束状态，所以把该函数应用到一个参数会导致错误，除非给出 a 的

⊖ 只要后继是按急切语义求值的。如果不是，则以下例子适用于 e_2 的值是惰性求出数值的情况。

绑定。因此，如果 f 与上述表达式求值的结果绑定，那么表达式

$$\text{put } 21 \text{ for } a \text{ in } f(7) \tag{32.6}$$

求值得 28；而没有 a 的环境绑定时，对 $f(7)$ 求值则会引起错误。

与之对比的是如下相似的表达式

$$\text{let } y \text{ be } 17 \text{ in } \lambda(x:\text{nat})x+y \tag{32.7}$$

其中使用静态约束变量 y 替换流动绑定的符号 a。该表达式求值得 $\lambda(x:\text{nat})x+17$，应用时将 17 与其参数相加。在执行时，不可能出现未约束的符号，因为变量是用代换解释的。

考虑该情况的一种方式是把流动绑定符号当作向函数传递额外的参数，从而在该函数被调用时指定其值。设 e 代表表达式（32.5）的值，它是一个 λ 抽象，其体依赖于符号 a 的绑定。为了安全地使用该函数，程序员必须在调用前给出 a 的绑定。例如，表达式

$$\text{put } 7 \text{ for } a \text{ in } (e(9))$$

求值得 16，表达式

$$\text{put } 8 \text{ for } a \text{ in } (e(9))$$

求值得 17。只写 $e(9)$ 而没有 a 的环境绑定，会导致一个试图从未约束符号 a 中取出绑定的运行时错误。

通过将参数和函数值相加可以模拟该行为，该参数将在函数调用点被绑定到符号 a 的当前绑定。我们将在每个调用点提供一个额外的参数，而不是使用流动绑定，上述两个调用点分别写作

$$e'(7)(9)$$

和

$$e'(8)(9)$$

其中 e' 是 λ 抽象

$$\lambda(y:\text{nat})\lambda(x:\text{nat})x+y$$

然而参数相加可能很笨拙，尤其是当多个调用点对 a 提供相同绑定时。使用流动绑定，我们可以写作

$$\text{put } 7 \text{ for } a \text{ in } \langle e(8), e(9) \rangle$$

而使用额外参数，我们就必须写作

$$\langle e'(7)(8), e'(7)(9) \rangle$$

不过，通过分解公共部分可以减少这种冗余，写作

$$\text{let } f \text{ be } e'(7) \text{ in } \langle f(8), f(9) \rangle$$

这种模拟的笨拙之处在于通常将其当作参数来支持在语言中包含流动绑定。缺点（经常被视作优点）在于函数类型中的任何内容都不能揭示其对符号绑定的依赖。因此，很容易忘记该绑定的必须性，从而导致运行时出错，也许该错误更适合在编译时捕捉。

32.5　流动引用

流动绑定的 get 操作和 put 操作通过符号索引，该符号必须作为算子语法的一部分给出。有时，把 get 或 put 作用的流动的选择推迟到运行时是有用的。流动的**引用**（reference）允许流动的名字是一个值。引用配备了 get 和 put 原语的模拟，但只针对动态确定的符号。

通过增加以下的语法，我们可以用流动引用扩展 FSPCF：

$$
\begin{array}{llll}
\text{Typ} & \tau ::= & \text{fluid}(\tau) & \tau\ \text{fluid} & \text{流动} \\
\text{Exp} & e ::= & \text{fl}[a] & \&a & \text{引用} \\
& & \text{getfl}(e) & \text{getfle} & \text{获取} \\
& & \text{putfl}(e;e_1;e_2) & \text{putfl } e \text{ is } e_1 \text{ in } e_2 & \text{绑定}
\end{array}
$$

表达式 fl[a] 是被视作 fluid(τ) 类型的值的符号 a。表达式 getfl(e) 和 putfl($e;e_1;e_2$) 是对流动绑定的符号的 get 操作和 put 操作的模拟。

这些结构的静态语义由以下规则给出：

$$
\frac{}{\Gamma \vdash_{\Sigma, a \sim \tau} \text{fl}[a] : \text{fluid}(\tau)} \tag{32.8a}
$$

$$
\frac{\Gamma \vdash_{\Sigma} e : \text{fluid}(\tau)}{\Gamma \vdash_{\Sigma} \text{getfl}(e) : \tau} \tag{32.8b}
$$

$$
\frac{\Gamma \vdash_{\Sigma} e : \text{fluid}(\tau) \quad \Gamma \vdash_{\Sigma} e_1 : \tau \quad \Gamma \vdash_{\Sigma} e_2 : \tau_2}{\Gamma \vdash_{\Sigma} \text{putfl}(e;e_1;e_2) : \tau_2} \tag{32.8c}
$$

由于我们使用有作用域的动态语义，因此对流动的引用不能视为可移动的。

引用的动态语义包括解析引用并推迟对符号起作用的基础原语。

$$
\frac{}{\text{fl}[a]\,\text{val}_{\Sigma, a \sim \tau}} \tag{32.9a}
$$

$$
\frac{e \underset{\Sigma}{\overset{\mu}{\mapsto}} e'}{\text{getfl}(e) \underset{\Sigma}{\overset{\mu}{\mapsto}} \text{getfl}(e')} \tag{32.9b}
$$

$$
\frac{}{\text{getfl}(\text{fl}[a]) \underset{\Sigma}{\overset{\mu}{\mapsto}} \text{get}[a]} \tag{32.9c}
$$

$$
\frac{e \underset{\Sigma}{\overset{\mu}{\mapsto}} e'}{\text{putfl}(e;e_1;e_2) \underset{\Sigma}{\overset{\mu}{\mapsto}} \text{putfl}(e';e_1;e_2)} \tag{32.9d}
$$

$$
\frac{}{\text{putfl}(\text{fl}[a];e_1;e_2) \underset{\Sigma}{\overset{\mu}{\mapsto}} \text{put}[a](e_1;e_2)} \tag{32.9e}
$$

32.6　注记

动态绑定出现于早期不区分变量和符号的 Lisp 方言中。当区分变量和符号时，变量保留其替换含义，而符号引出了流动绑定的独立概念。Allen（1978）讨论了流动绑定的实现。

这里的表述借鉴了 Nanevski（2003）。

习题

32.1　深绑定（deep binding）是流动绑定的一种实现，其中与符号关联的值存储在作为 put 帧的一部分的控制栈上，并通过搜索最近的关联来获取。为 FSPCF 定义栈机器，通过扩展 FPCF 机实现深绑定。确保考虑 new，以及 put 和 get。尝试获取未约束符号的绑定会发出失败信号，否则，返回其最近的绑定。32.4 节中讨论的问题会在哪里出现？提示：你需要引入辅助判断 $k \geqslant k'?a$，在栈 k' 上搜索符号 a 的绑定，将其值（或失败）返回到栈 k。

32.2　浅绑定（shallow binding）是流动绑定的一种实现，它维护一个将每个活跃符号发送至值栈（stack）的映射，栈顶是该符号的活跃绑定。为 FSPCF 定义一个栈机器，维护该映射以加快符号绑定的存取。提示：使用形式为 $k \parallel \mu \triangleright e$ 的求值状态，其中 μ 是在 k 上分配的每个符号 a 到值栈的映射，栈顶元素若存在则为 a 的当前绑定。使用类似形式的返回状态和失败状态，并确保维护映射不变式。

32.3　通过结合流动绑定和延续（第 30 章）可以实现异常处理器。存储一个单流动绑定的符号 hdlr，它总是绑定到用接收 $\tau_{e \times n}$ 类型值的延续所表示的活跃的异常处理器。引发异常包括向该延续抛出异常值。当进入处理器的作用域，表示"否则"子句的延续是 put 作为 hdlr 的绑定。基于该总结给出异常处理的精确表述。提示：确保当前处理器可维护正常返回和异常返回是重要的。

动态分类

在第 11 章和第 26 章中，我们研究了使用和类型对不同类型的值进行分类的方法。每个分类值都用一个确定其实例数据类型的符号进行标记。通过对已知类的模式匹配可以分解一个分类值，从而反映实例数据的类型。在该表示下，一个对象可能的类由其类型**静态**（statically）确定。然而，有时允许**动态**（dynamically）确定可能的数据值的类也是有用的。

类的动态生成有许多应用，其中大多数应用衍生自一个保证，即新分配的类不同于所有已经或将要生成的类。从这一点来说，动态类是一个"秘密"，揭露这个秘密可以用来限制程序中的信息流。特别地，动态分类的值是不透明的，除非其身份已被创建者揭露。因此，动态分类可以用来确保异常只到达其预期的处理器，或确保通信信道上的消息只会到达预期的接收者。

33.1　动态类

动态类是运行时生成的符号。一个分类值由一个 τ 类型的符号和一个该类型的值组成。为了使用分类值进行计算，需要将其与已知类进行比较。如果该值属于此类，那么就把该值的基础实例数据传递给真分支；否则将其传递给假分支，并将其与其他已知类进行匹配。

33.1.1　静态语义

动态分类的语法由如下文法给出：

Typ τ ::=	clsfd	clsfd		分类
Exp e ::=	$\mathrm{in}[a](e)$	$a \cdot e$		实例
	$\mathrm{isin}[a](e; x.e_1; e_2)$	match e as $a \cdot x \hookrightarrow e_1$ ow$\hookrightarrow e_2$	比较

表达式 $\mathrm{in}[a](e)$ 是一个类为 a、基础值为 e 的分类值。表达式 $\mathrm{isin}[a](e; x.e_1; e_2)$ 检查由 e 给出的值的类是否是 a。如果是，那么将分类值传递给 e_1，否则对表达式 e_2 求值。

动态分类的静态语义由以下规则定义：

$$\frac{\Gamma \vdash_{\Sigma, a \sim \tau} e : \tau}{\Gamma \vdash_{\Sigma, a \sim \tau} \mathrm{in}[a](e) : \mathrm{clsfd}} \tag{33.1a}$$

$$\frac{\Gamma \vdash_{\Sigma, a \sim \tau} e : \mathrm{clsfd} \quad \Gamma, x : \tau \vdash_{\Sigma, a \sim \tau} e_1 : \tau' \quad \Gamma \vdash_{\Sigma, a \sim \tau} e_2 : \tau'}{\Gamma \vdash_{\Sigma, a \sim \tau} \mathrm{isin}[a](e; x.e_1; e_2) : \tau'} \tag{33.1b}$$

定型判断使用一个将类型关联到每个符号的签名来索引。这里类型控制关联到每个符号的实例数据。

33.1.2 动态语义

为了最大化使用动态分类的灵活性，我们将考虑符号生成的自由动态语义。在此框架中，分类的动态语义由以下规则给出：

$$\frac{e \text{ val}_{\Sigma,a\sim\tau}}{\text{in}[a](e)\text{val}_{\Sigma,a\sim\tau}} \tag{33.2a}$$

$$\frac{\nu\Sigma,a\sim\tau\{e\}\mapsto\nu\Sigma',a\sim\tau\{e'\}}{\nu\Sigma,a\sim\tau\{\text{in}[a](e)\}\mapsto\nu\Sigma',a\sim\tau\{\text{in}[a](e')\}} \tag{33.2b}$$

$$\frac{e \text{ val}_{\Sigma,a\sim\tau}}{\nu\Sigma,a\sim\tau\{\text{isin}[a](\text{in}[a](e);x.e_1;e_2)\}\mapsto\nu\Sigma,a\sim\tau\{[e/x]e_1\}} \tag{33.2c}$$

$$\frac{e' \text{val}_{\Sigma,a\sim\tau,a'\sim\tau'}}{\nu\Sigma,a\sim\tau,a'\sim\tau'\{\text{isin}[a](\text{in}[a'](e');x.e_1;e_2)\}\mapsto\nu\Sigma,a\sim\tau,a'\sim\tau'\{e_2\}} \tag{33.2d}$$

$$\frac{\nu\Sigma,a\sim\tau\{e\}\mapsto\nu\Sigma',a\sim\tau\{e'\}}{\nu\Sigma,a\sim\tau\{\text{isin}[a](e;x.e_1;e_2)\}\mapsto\nu\Sigma',a\sim\tau\{\text{isin}[a](e';x.e_1;e_2)\}} \tag{33.2e}$$

每条规则将转换中涉及的符号显式化。重要的是，规则（33.2d）说明了两个符号 a 和 a' 都出现在情况分析中。这两个符号必须是不同的，在任何签名中都没有符号相同的两个声明，并且将转换到负分支。

此示例说明了禁止将一个符号代换为另一个符号的必要性，因为这样做会导致两个不同的符号变得相同，从而使转换无效。想了解会出什么问题，接下来考虑以下表达式

match $b \cdot \langle\rangle$ as $a \cdot \_ \hookrightarrow$ true ow $\hookrightarrow$ match $a' \cdot \langle\rangle$ as $a' \cdot \_ \hookrightarrow$ false ow $\hookrightarrow$ true

该表达式求值为 flase，因为外层条件式基于类 a，它与类 a' 有先验的不同。然而，如果在该表达式中用 a' 代换 a，我们得到：

match $b \cdot \langle\rangle$ as $a' \cdot \_ \hookrightarrow$ true ow $\hookrightarrow$ match $a' \cdot \langle\rangle$ as $a' \cdot \_ \hookrightarrow$ false ow $\hookrightarrow$ true

对上述表达式求值得 true！因为在这样的代换下转换是不稳定的（答案会改变），所以不允许对符号进行符号代换。

33.1.3 安全性

定理 33.1（安全性）

1. 如果 $\vdash_\Sigma e\sim\tau$ 且 $\nu\Sigma\{e\}\mapsto\nu\Sigma'\{e'\}$，那么 $\Sigma'\supseteq\Sigma$ 且 $\vdash_\Sigma e':\tau$。

2. 如果 $\vdash_\Sigma e\sim\tau$，则要么 e val$_\Sigma$，要么对某个 e' 和 Σ' 有 $\nu\Sigma\{e\}\mapsto\nu\Sigma'\{e'\}$。

证明 类似于第 11 章和第 31 章中给出的安全性证明。 □

33.2 类引用

类型 cls(τ) 将类的引用作为其值。

$$
\begin{array}{llll}
\text{Typ } \tau & ::= & \text{cls}(\tau) & \tau \text{ cls} & \text{类引用} \\
\text{Exp } e & ::= & \text{cls}[a] & \&a & \text{引用} \\
& & \text{inref}(e_1; e_2) & \text{inref}(e_1; e_2) & \text{实例} \\
& & \text{isinref}(e_0; e_1; x.e_2; e_3) & \text{isinref}(e_0; e_1; x.e_2; e_3) & \text{分派}
\end{array}
$$

这些语言构造的静态语义由下列规则给出:

$$
\frac{}{\Gamma \vdash_{\Sigma, a \sim \tau} \text{cls}[a] : \text{cls}(\tau)} \tag{33.3a}
$$

$$
\frac{\Gamma \vdash_\Sigma e_1 : \text{cls}(\tau) \quad \Gamma \vdash_\Sigma e_2 : \tau}{\Gamma \vdash_\Sigma \text{inref}(e_1; e_2) : \text{clsfd}} \tag{33.3b}
$$

$$
\frac{\Gamma \vdash_\Sigma e_0 : \text{cls}(\tau) \quad \Gamma \vdash_\Sigma e_1 : \text{clsfd} \quad \Gamma, x : \tau \vdash_\Sigma e_2 : \tau' \quad \Gamma \vdash_\Sigma e_3 : \tau'}{\Gamma \vdash_\Sigma \text{isinref}(e_0; e_1; x.e_2; e_3) : \tau'} \tag{33.3c}
$$

对应的动态语义由这些规则给出:

$$
\frac{\nu\Sigma\{e_1\} \mapsto \nu\Sigma'\{e_1'\}}{\nu\Sigma\{\text{inref}(e_1; e_2)\} \mapsto \nu\Sigma'\{\text{inref}(e_1'; e_2)\}} \tag{33.4a}
$$

$$
\frac{e_1 \text{val}_\Sigma \quad \nu\Sigma\{e_2\} \mapsto \nu\Sigma'\{e_2'\}}{\nu\Sigma\{\text{inref}(e_1; e_2)\} \mapsto \nu\Sigma'\{\text{inref}(e_1; e_2')\}} \tag{33.4b}
$$

$$
\frac{e \text{ val}_\Sigma}{\nu\Sigma\{\text{inref}(\text{cls}[a]; e)\} \mapsto \nu\Sigma\{\text{in}[a](e)\}} \tag{33.4c}
$$

$$
\frac{\nu\Sigma\{e_0\} \mapsto \nu\Sigma'\{e_0'\}}{\nu\Sigma\{\text{isinref}(e_0; e_1; x.e_2; e_3)\} \mapsto \nu\Sigma'\{\text{isinref}(e_0'; e_1; x.e_2; e_3)\}} \tag{33.4d}
$$

$$
\frac{}{\nu\Sigma\{\text{isinref}(\text{cls}[a]; e_1; x.e_2; e_3)\} \mapsto \nu\Sigma\{\text{isin}[a](e_1; x.e_2; e_3)\}} \tag{33.4e}
$$

规则 (33.4d) 和 (33.4e) 说明对第一个参数求值以确定目标类, 接着检查第二个参数 (一个已分类的数据值) 是否属于该目标类。该表述是一个两阶段的过程, 其中 e_0 确定匹配 e_1 的分类值的模式。

33.3 动态类的可定义性

类型 clsfd 可以由以下类型表达式根据符号引用、积类型、存在类型来定义。

$$
\text{clsfd} \triangleq \exists(t.t \text{ sym} \times t)
$$

引入形式 $\text{in}[a](e)$ 定义为如下的包, 其中 a 是关联类型 τ 的符号, e 是 τ 类型的表达式

$$
\text{pack } \tau \text{ with } \langle 'a, e \rangle \text{ as } \exists(t.t \text{ sym} \times t) \tag{33.5}
$$

某个 τ' 类型的消去形式 $\text{isin}[a](e; x.e_1; e_2)$ 是根据符号比较 (参见第 31 章)、存在类型和积类型的消去形式以及函数类型来定义, 其中与 a 关联的类型是 τ。根据规则 (33.1b), e 的类型是 clsfd, 它是存在类型 (33.5)。类似地, 两个条件分支都有整体类型 τ', 且在 e_1 中变量 x 有类型 τ。类型 clsfd 的消去形式定义为

$$
\text{open } e \text{ as } t \text{ with } \langle x, y \rangle : t \text{ sym} \times t \text{ in}(e_{\text{body}}(y))
$$

其中 e_{body} 是一个简短定义的表达式。它打开包 e（一个（33.5）类型的元素）将其分解为类型 t、t sym 类型的符号引用 x，以及 t 类型的关联值 y。表达式 e_{body} 最终有类型 $t \rightharpoonup \tau'$，因此对 y 的应用是类型正确的。

表达式 e_{body} 将符号引用 x 和 τ 类型的符号 a 进行比较，得到 $t \rightharpoonup \tau'$ 类型的值。表达式 e_{body} 等于：

$$is[a]\{u.u \rightharpoonup \tau'\}(x; e_1'; e_2')$$

其中，如规则（31.5b）所说明的，e_1' 的类型为 $[\tau/u](u \rightharpoonup \tau')=\tau \rightharpoonup \tau'$，$e_2'$ 的类型为 $[\tau/u](u \rightharpoonup \tau')=t \rightharpoonup \tau'$。表达式 e_1' "知道"抽象类型 t 等于 τ，即与符号 a 相关联的类型，因为该比较为真。另一方面，e_2' 没有"学到"任何有关 t 类型的信息。

接下来是选择表达式 e_1' 和 e_2'。在比较为真的情况下，我们希望通过代换变量 x 把分类值传递给表达式 e_1。因此我们定义 e_1' 为表达式

$$\lambda(x:\tau)\,e_1:\tau \rightharpoonup \tau'$$

在比较为假的情况下，没有值被传递到 e_2。因此，定义 e_2' 为表达式

$$\lambda(\_:t)\,e_2:t \rightharpoonup \tau'$$

接下来，我们可以检查 33.1 节中定义的静态语义和动态语义是否可以在这些定义下推导出。

33.4   动态分类的应用

在编程中动态分类有许多有趣的应用。最明显的应用是生成动态分派（第 26 章）以支持对动态扩展类型的异构值进行计算。引入新类需要在分派矩阵中引入新行，来定义新定义类中方法的行为。为此，矩阵的行必须通过类引用索引，而非通过类，这样不需要静态知道类就可以进行存取。

另一个应用是把动态分类作为"完美加密"的一种形式，确保在不知道类的情况下不能对分类值进行构造和析构。这种形式的抽象加密可以用来确保计算中多方之间通信的隐私。第 40 章将介绍该情况在基于信道的通信中的一个例子。另一个不太明显的应用是确保异常值只能被预期的处理器接收，而不能被其他处理器接收。

33.4.1   秘密分类

动态分类可用于加强程序中数据值的**机密性**（confidentiality）和**完整性**（integrity）。一个 clsfd 类型的值只可能通过将其和某个类 a **密封**（sealing）来构造，并且只可能通过包含 a 的分支的情况分析来析构。通过在多方交互中控制哪些方有权使用分类器 a，我们就可以控制分类值如何创建（确保完整性）和探查（确保机密性）。无权访问 a 的任何一方都无法解密由 a 分类的值，也不能使用该类来创建分类值。因为类是动态生成的符号，所以它们在计算中为各方提供绝对的机密性保证[⊖]。

考虑下面在程序中控制数据完整性和机密性的简单协议。我们引入一个新的符号 a，并

⊖ 当然，此保证适用于遵从此处给出的静态语义编写的程序。如果违反了类型系统施加的抽象，就不能保证机密性。

返回一对如下类型的函数

$$(\tau \rightharpoonup \text{clsfd}) \times (\text{clsfd} \rightharpoonup \tau\ \text{opt})$$

称为该类的**构造器**和**析构器**函数，可写作：

$$\text{new } a \sim \tau \text{ in}$$
$$\langle \lambda(x : \tau)a \cdot x,$$
$$\lambda(x : \text{clsfd})\text{match } x \text{ as } a \cdot y \hookrightarrow \text{just}(y)\text{ow} \hookrightarrow \text{null}\rangle$$

　　第一个函数创建由 a 分类的值，第二个函数恢复由 a 分类的值的实例数据。在声明的作用域之外，符号 a 是一个无法猜测的秘密。

　　为了强制 τ 类型的值的完整性，确保只有受信方才可以访问构造器就足够了。为了强制 τ 类型的值的机密性，确保只有受信方可以使用析构器就足够了。确保值的完整性等于把它和一个不变量进行关联，该不变量由可能创建该类实例的受信方维护。确保值的机密性等于把不变量传播给可能对其解密的各方。

33.4.2　异常值

　　异常处理是两个代理方之间的通信，一方抛出异常，一方处理异常。我们希望确保异常只能被指定的处理器捕获，而无须担心被任何介于其间的处理器拦截。这一保密特性可以使用动态类分配来确保。声明一个新类，只将创建实例的能力赋予抛出的代理方，而将匹配实例的能力赋予处理器。异常值不会被任何其他处理器拦截，因为没有其他处理器能够匹配该异常值。这一特性对程序中的"黑盒"部分是至关重要的。如果没有动态分类，就无法保证外来代码不能拦截自身代码中特定处理器的异常，反之亦然。

　　记住这一点，我们现在重新考虑第 29 章中说明的异常值类型 τ_{exn} 的选择。在此之前我们区分了封闭世界（closed-world）以及开放世界（open-world）的假设，前者将 τ_{exn} 定义为一个全程序已知的有限和类型。后者把 τ_{exn} 定义为 clsfd 类型的动态分类值。这种选择通过允许任意分配新的异常（类）来支持模块化和演变，避免了对异常形式达成预先协议的需求。另一种观点是，动态分类把异常当作该异常的处理器和抛出者之间的共享秘密。当一个异常抛出时，只能由可以将异常值与指定的类进行匹配的处理器来拦截和分析该异常值。只有使用动态分类，才能控制使用异常的程序中的信息流。没有动态分类，非指定的处理器就可以拦截原本不打算用它处理的异常，从而破坏程序的逻辑。

33.5　注记

　　动态分类在 Standard ML（Milner et al., 1997）中以 exn 类型出现。因为和异常机制的关联太紧密，所以 exn 类型的用途被遮盖。π 演算（Milner, 1999）通过使用"名字生成"和"信道传递"来控制进程网络的连接性和信息流而大受欢迎。在第 40 章中，我们将明确说明这方面的 π 演算其实就是动态分类的一种应用。

习题

33.1　考虑以下的开放世界命名异常（open-world named exception）机制，它是一种典型的异常机制，可以在很多语言中看到。

exception a of τ in e	在 e 中声明类型为 τ 的异常 a
raise a with e	抛出值为 e 的异常 a
try e ow $a_1(x_1) \hookrightarrow e_1 \mid \ldots \mid a_n(x_n) \hookrightarrow e_n \mid x \hookrightarrow e'$	处理异常 $a_1, \cdots, a_n$

异常按名称声明，指明其关联值的类型。每个异常声明的执行都会生成一个新的（fresh）异常。通过指明异常名称和与其相关联的值来抛出异常。处理器拦截任意有限数量的命名异常，并把它们的关联值传给处理器，否则将异常传播给默认处理器。下面的规则定义了这些构造的静态语义：

$$\frac{\Gamma \vdash_{\Sigma, a \sim \tau} e : \tau'}{\Gamma \vdash_{\Sigma} \text{exception } a \text{ of } \tau \text{ in } e : \tau'} \tag{33.6a}$$

$$\frac{\Sigma \vdash a \sim \tau \quad \Gamma \vdash_{\Sigma} e : \tau}{\Gamma \vdash_{\Sigma} \text{raise } a \text{ with } e : \tau'} \tag{33.6b}$$

$$\frac{\Sigma \vdash a_1 \sim \tau_1 \quad \cdots \quad \Sigma \vdash a_n \sim \tau_n \quad \Gamma \vdash_{\Sigma} e : \tau' \quad \Gamma, x_1 : \tau_1 \vdash_{\Sigma} e_1 : \tau' \quad \cdots \quad \Gamma, x_n : \tau_n \vdash e_n : \tau' \quad \Gamma, x : \tau_{\text{exn}} \vdash e' : \tau'}{\Gamma \vdash_{\Sigma} \text{try } e \text{ ow } a_1(x_1) \hookrightarrow e_1 \mid \cdots \mid a_n(x_n) \hookrightarrow e_n \mid x \hookrightarrow e' : \tau'} \tag{33.6c}$$

请根据动态分类和通用的值传递异常（第 29 章）给出命名异常的实现。

33.2　请说明包含动态类的动态分类可以结合 FPC 和 FE$_\omega$ 来实现，FPC 和 FE$_\omega$ 扩展对自由可赋值对象的引用，并且不包含模态分离（以允许良性效应）。具体来说，请提供以下高阶存在类型的包：

$$\tau \triangleq \exists clsfd :: \text{T}. \exists class :: \text{T} \rightarrow \text{T}. \langle \text{new} \hookrightarrow \tau_{\text{new}}, \text{mk} \hookrightarrow \tau_{\text{mk}}, \text{isof} \hookrightarrow \tau_{\text{isof}} \rangle$$

其中

$$\tau_{\text{new}} \triangleq \forall (t. cls[t])$$
$$\tau_{\text{mk}} \triangleq \forall (t. (cls[t] \times t) \rightarrow clsfd)$$
$$\tau_{\text{isof}} \triangleq \forall (t. \forall (u. (cls[t] \times clsfd \times (t \rightarrow u) \times u) \rightarrow u))$$

这些操作本章前面描述的动态分类机制相对应。提示：将 $cls[t]$ 定义为 t opt ref，并且定义 $clsfd$ 使分类值由其类的封装赋值表示。创建新类会分配一个引用，创建分类值将创建一个封装的赋值，并通过以下方法实现对类的测试：对目标类赋值，然后运行该分类值，观察目标类的内容是否已改变。

33.3　开放世界命名异常阻碍了异常跟踪（如习题 29.4 所述）。

（a）证明跟踪表达式可能抛出的异常名称的准确集合是无法计算的。

（b）证明不可能有限地限制表达式可以抛出的异常集。提示：说明存在表达式，其任意上边界都是不准确的。

33.4　习题 33.3 似乎令人失望，除非你意识到虽然在开放世界假设下正（positive）异常跟踪是不可能的，但是负（negative）异常跟踪不仅可能，而且更加明智。知道特定异常不可能被抛出常常比知道其可能被抛出更加有用。负异常跟踪可以用形式为 $\overline{X}$ 的排他精化（exclusion refinements）来表示，其中 X 是动态类的有限集。非正式地，一个值只有当其类在集合 X 中时，它才满足该精化。请通过定义蕴含和满足来定义一个排他精化系统，确保要说明类分配和 $clsfd$ 类型的引入形式和消去形式的精化规则。

|第十四部分|

Practical Foundations for Programming Languages, Second Edition

可变状态

现代化的 Algol

现代化的 Algol（Modernized Algol，MA）是一种基于经典 Algol 语言的命令式块结构编程语言。MA 使用一种新的语法**命令**（Commands）扩展 PCF，这些命令作用于**可赋值对象**（assignables）以获取和修改其内容。可赋值对象是通过在指定作用域内**声明**使用而引入的；这是块结构的精髓。命令可以按顺序复合在一起，并使用递归进行迭代。

MA 仔细区分**纯**（pure）表达式和**非纯**（impure）命令。纯表达式的含义不依赖于任何可赋值对象，而非纯命令的含义则由可赋值对象给出。将纯从非纯中分离出来，确保了表达式的求值顺序不受语言中可赋值对象的约束，这样就可以像在 PCF 中那样对它们进行操作。另一方面，命令有执行顺序的约束，因为一条命令的执行可能会影响其他命令的含义。

MA 的一个显著特征是遵循**栈规则**（stack discipline），这意味着可赋值对象使用常规的栈规则，在进入其声明的作用域时被分配，退出时被回收。栈分配避免了对更复杂存储管理的需求，但代价是降低了语言的表达能力。

34.1 基本命令

现代化的 Algol 语言 MA 的语法将纯表达式和非纯命令区分开来。表达式包含 PCF 的表达式（如第 19 章所述），并增加了一种语言构造，命令是基于赋值的简单命令式编程语言的命令。该语言清楚地区分变量和可赋值对象。变量通过 λ 抽象引入，并通过代换赋予含义。可赋值对象通过声明引入，并通过赋值和获取其内容（暂且仅限于自然数）来赋予含义。表达式计算得到值，它们对可赋值对象没有影响。命令的执行会影响可赋值对象，并返回值。多个命令不仅按其排列的顺序来执行，还会在执行第二个命令前传入第一个命令返回的值。命令的返回值暂且也限定为自然数（不过对于一般情况请参见 34.3 节。）

MA 的语法由如下文法给出，为了简洁起见，我们省略了与 PCF 中重复的表达式语法。

Typ τ	::=	cmd	cmd	命令
Exp e	::=	cmd(m)	cmd m	封装
Cmd m	::=	ret(e)	ret e	返回
		bnd($e;x.m$)	bnd $x \leftarrow e;m$	顺序
		dcl($e;a.m$)	dcl $a := e$ in m	新建可赋值对象
		get[a]	@a	获取
		set[a](e)	$a := e$	赋值

表达式 cmd(m) 由未求值的命令 m 组成，可以视作一个 cmd 类型的值。命令 ret(e) 返回表达式 e 的值而不影响可赋值对象。命令 bnd($e;x.m$) 将 e 求值为一个封装命令，然后执行该命令以影响可赋值对象，并用其值替换 m 中的 x。命令 dcl($e;a.m$) 引入一个新的可赋值对象

a，在命令 m 中使用，m 的初始内容由表达式 e 给出。命令 get[a] 返回可赋值对象 a 的当前内容，命令 set[a](e) 把可赋值对象 a 的内容改为 e 的值并返回该值。

34.1.1　静态语义

MA 的静态语义包含两种形式的判断：

1. 表达式定型：$\Gamma \vdash_{\Sigma} e : \tau$。

2. 命令形成：$\Gamma \vdash_{\Sigma} m \ \text{ok}$。

上下文 Γ 通常指定变量的类型，签名 Σ 由可赋值对象的有限集组成。与符号的其他用途一样，签名不能解释成定型假言的形式（它不具有蕴含的结构特性），但必须被视为一个判断族的索引，即每个 Σ 的选择对应一个索引。

MA 的静态语义由以下规则归纳定义：

$$\frac{\Gamma \vdash_{\Sigma} m \ \text{ok}}{\Gamma \vdash_{\Sigma} \text{cmd}(m) : \text{cmd}} \tag{34.1a}$$

$$\frac{\Gamma \vdash_{\Sigma} e : \text{nat}}{\Gamma \vdash_{\Sigma} \text{ret}(e) \ \text{ok}} \tag{34.1b}$$

$$\frac{\Gamma \vdash_{\Sigma} e : \text{cmd} \quad \Gamma, x : \text{nat} \vdash_{\Sigma} m \ \text{ok}}{\Gamma \vdash_{\Sigma} \text{bnd}(e; x.m) \ \text{ok}} \tag{34.1c}$$

$$\frac{\Gamma \vdash_{\Sigma} e : \text{nat} \quad \Gamma \vdash_{\Sigma,a} m \ \text{ok}}{\Gamma \vdash_{\Sigma} \text{dcl}(e; a.m) \ \text{ok}} \tag{34.1d}$$

$$\frac{}{\Gamma \vdash_{\Sigma,a} \text{get}[a] \ \text{ok}} \tag{34.1e}$$

$$\frac{\Gamma \vdash_{\Sigma,a} e : \text{nat}}{\Gamma \vdash_{\Sigma,a} \text{set}[a](e) \ \text{ok}} \tag{34.1f}$$

规则（34.1a）是 cmd 类型的引入形式，而规则（34.1c）是与之对应的消去形式。规则（34.1d）引入一个新的可赋值对象以在指定命令中使用。可赋值对象的名称 a 由声明约束，因此可以重命名以满足未出现在 Σ 中的隐式约束。规则（34.1e）表示取出可赋值对象 a 内容的命令返回一个自然数。规则（34.1f）表示我们可以把自然数赋值给一个可赋值对象。

34.1.2　动态语义

MA 的动态语义根据内存 μ 定义，μ 是一个有限函数，它把数值赋给每个可赋值对象的有限集。

表达式的动态语义由两种判断形式组成：

1. $e \ \text{val}_{\Sigma}$，表示 e 是与 Σ 有关的一个值。

2. $e \underset{\Sigma}{\mapsto} e'$，表示表达式 e 一步转换到表达式 e'。

这些判断由下列规则以及定义 PCF 的动态语义的规则（见第 19 章）归纳定义。不过，重要的是后继操作采用急切动态语义而非惰性语义，从而使 nat 类型的闭值是数值（原因将在 34.3 节中解释）。

$$\frac{}{\mathrm{cmd}(m)\,\mathrm{val}_\Sigma} \tag{34.2a}$$

规则（34.2a）指出封装命令是一个值。

命令的动态语义根据状态 $m\,\|\,\mu$ 来定义，其中 μ 是可赋值对象到值的一个内存映射，m 是命令。有两种判断管理此类状态：

1. $m\,\|\,\mu$ final$_\Sigma$。状态 $m\,\|\,\mu$ 是完成的。

2. $m\,\|\,\mu\underset{\Sigma}{\longmapsto}m'\,\|\,\mu'$。状态 $m\,\|\,\mu$ 一步转换到状态 $m'\,\|\,\mu'$，活跃的可赋值对象集合由签名 Σ 给出。

这些判断由下列规则归纳定义：

$$\frac{e\,\mathrm{val}_\Sigma}{\mathrm{ret}(e)\,\|\,\mu\,\mathrm{final}_\Sigma} \tag{34.3a}$$

$$\frac{e\underset{\Sigma}{\longmapsto}e'}{\mathrm{ret}(e)\,\|\,\mu\underset{\Sigma}{\longmapsto}\mathrm{ret}(e')\,\|\,\mu} \tag{34.3b}$$

$$\frac{e\underset{\Sigma}{\longmapsto}e'}{\mathrm{bnd}(e;x.m)\,\|\,\mu\underset{\Sigma}{\longmapsto}\mathrm{bnd}(e';x.m)\,\|\,\mu} \tag{34.3c}$$

$$\frac{e\,\mathrm{val}_\Sigma}{\mathrm{bnd}(\mathrm{cmd}(\mathrm{ret}(e));x.m)\,\|\,\mu\underset{\Sigma}{\longmapsto}[e\,/\,x]m\,\|\,\mu} \tag{34.3d}$$

$$\frac{m_1\,\|\,\mu\underset{\Sigma}{\longmapsto}m_1'\,\|\,\mu'}{\mathrm{bnd}(\mathrm{cmd}(m_1);x.m_2)\,\|\,\mu\underset{\Sigma}{\longmapsto}\mathrm{bnd}(\mathrm{cmd}(m_1');x.m_2)\,\|\,\mu'} \tag{34.3e}$$

$$\frac{}{\mathrm{get}[a]\,\|\,\mu\otimes a{\hookrightarrow}e\underset{\Sigma,a}{\longmapsto}\mathrm{ret}(e)\,\|\,\mu\otimes a{\hookrightarrow}e} \tag{34.3f}$$

$$\frac{e\underset{\Sigma,a}{\longmapsto}e'}{\mathrm{set}[a](e)\,\|\,\mu\underset{\Sigma,a}{\longmapsto}\mathrm{set}[a](e')\,\|\,\mu} \tag{34.3g}$$

$$\frac{e\,\mathrm{val}_{\Sigma,a}}{\mathrm{set}[a](e)\,\|\,\mu\otimes a{\hookrightarrow}\_\underset{\Sigma,a}{\longmapsto}\mathrm{ret}(e)\,\|\,\mu\otimes a{\hookleftarrow}e} \tag{34.3h}$$

$$\frac{e\underset{\Sigma}{\longmapsto}e'}{\mathrm{dcl}(e;a.m)\,\|\,\mu\underset{\Sigma}{\longmapsto}\mathrm{dcl}(e';a.m)\,\|\,\mu} \tag{34.3i}$$

$$\frac{e\,\mathrm{val}_\Sigma \quad m\,\|\,\mu\otimes a{\hookrightarrow}e\underset{\Sigma,a}{\longmapsto}m'\,\|\,\mu'\otimes a{\hookrightarrow}e'}{\mathrm{dcl}(e;a.m)\,\|\,\mu\underset{\Sigma}{\longmapsto}\mathrm{dcl}(e';a.m')\,\|\,\mu'} \tag{34.3j}$$

$$\frac{e\,\mathrm{val}_\Sigma \quad e'\,\mathrm{val}_{\Sigma,a}}{\mathrm{dcl}(e;a.\mathrm{ret}(e'))\,\|\,\mu\underset{\Sigma}{\longmapsto}\mathrm{ret}(e')\,\|\,\mu} \tag{34.3k}$$

规则（34.3a）说明，如果 ret 命令的参数是值，则该命令是终止命令。规则（34.3c）～（34.3e）说明顺序复合的动态语义。表达式 e 必须借助于类型系统求值为一个封装命令，执行该命令以得到其返回值，然后在执行命令 m 前将该值代换到命令 m 中。

规则（34.3i）~（34.3k）定义编程语言中**块结构**（block structure）的概念。在遵循**栈规则**的声明结构中，可赋值对象在声明体的求值期间分配，并在该体求值完成后回收。因此，可赋值对象的生存期可以通过其作用域来标识，从而我们可以将可赋值对象的动态生存期可视化成一个嵌套在另一个中，这与它们的静态作用域彼此嵌套是一样的。可赋值对象的栈式行为是类 Algol 语言的特性。

34.1.3 安全性

判断 $m \| \mu \, ok_\Sigma$ 由以下规则定义：

$$\frac{\vdash_\Sigma m \, ok \quad \mu : \Sigma}{m \| \mu \, ok_\Sigma} \tag{34.4}$$

其中辅助判断 $\mu : \Sigma$ 由以下规则定义：

$$\frac{\forall a \in \Sigma \quad \exists e \quad \mu(a) = e \text{ and } e \, val_\emptyset \text{ and} \vdash_\emptyset e : nat}{\mu : \Sigma} \tag{34.5}$$

也就是说，内存必须给 Σ 中对每个可赋值对象绑定一个数值。

> **定理 34.1（保持性）**
> 1. 如果 $e \mapsto_\Sigma e'$ 且 $\vdash_\Sigma e : \tau$，那么 $\vdash_\Sigma e' : \tau$。
> 2. 如果 $m \| \mu \xrightarrow{\Sigma} m' \| \mu'$，其中 $\vdash_\Sigma m \, ok$ 且 $\mu : \Sigma$，那么 $\vdash_\Sigma m' \, ok$ 且 $\mu' : \Sigma$。

证明 通过对规则（34.2）和（34.3）的归纳可以联立证明。

考虑规则（34.3j）。假设有 $\vdash_\Sigma dcl(e;a.m) \, ok$ 且 $\mu : \Sigma$。由定型反转，有 $\vdash_\Sigma e : nat$ 且 $\vdash_{\Sigma,a} m \, ok$ 成立。因为 $e \, val_\Sigma$ 且 $\mu : \Sigma$，所以有 $\mu \otimes a \hookrightarrow e : \Sigma, a$。由归纳可知，$\vdash_{\Sigma,a} m' \, ok$ 且 $\mu' \otimes a \hookrightarrow e' : \Sigma, a$，由此即可得出结论。

考虑规则（34.3k）。假设有 $\vdash_\Sigma dcl(e;a.ret(e')) \, ok$ 且 $\mu : \Sigma$。由定型反转，有 $\vdash_\Sigma e : nat$ 且 $\vdash_{\Sigma,a} ret(e') \, ok$ 成立，因此 $\vdash_{\Sigma,a} e' : nat$。但是，因为 $e' \, val_{\Sigma,a}$ 并且 e' 是一个数值，所以有 $\vdash_\Sigma e' : nat$，得证。 □

> **定理 34.2（进展性）**
> 1. 如果 $\vdash_\Sigma e : \tau$，则要么 $e \, val_\Sigma$，要么存在 e' 使 $e \mapsto_\Sigma e'$。
> 2. 如果 $\vdash_\Sigma m \, ok$ 且 $\mu : \Sigma$，则要么 $m \| \mu \, final_\Sigma$，要么对某个 μ' 和 m' 有 $m \| \mu \xrightarrow{\Sigma} m' \| \mu'$。

证明 通过对规则（34.1）的归纳可以联立证明。考虑规则（34.1d）。由第一条归纳假设，我们有 $e \mapsto_\Sigma e'$ 或 $e \, val_\Sigma$。在前一种情况下，应用规则（34.3i）。后一种情况下，由第二条归纳假设，我们有

$$m \| \mu \otimes a \hookrightarrow e \, final_{\Sigma,a} \text{ or } m \| \mu \otimes a \hookrightarrow e \xrightarrow{\Sigma,a} m' \| \mu' \otimes a \hookrightarrow e'$$

在前一种情况下，我们应用规则（34.3k），后一种情况应用规则（34.3j）。 □

34.2 一些编程习语

设计 MA 语言是为了揭示在执行表达式的求值与执行命令来影响可赋值对象之间巧妙的

相互作用。在本节中，我们将展示如何在 MA 中推导命令式编程的几种标准习语。

我们定义命令的**顺序复合**（sequential composition），写作 $\{x \leftarrow m_1;m_2\}$，代表命令 bnd $x \leftarrow \mathrm{cmd}(m_1);m_2$。二元复合很容易推广为 n 元形式，定义如下：

$$\{x_1 \leftarrow m_1;\ldots x_{n-1} \leftarrow m_{n-1};m_n\}$$

它代表迭代复合

$$\{x_1 \leftarrow m_1;\ldots\{x_{n-1} \leftarrow m_{n-1};m_n\}\}$$

对于复合 $\{x \leftarrow m_1;m_2\}$，有时只写为 $\{m_1;m_2\}$，其中忽略了 m_1 的返回值，这可以显而易见地推广到 n 元形式。

一个相关习语是命令 do e，它执行一个封装命令并返回其值。由定义可知，do e 代表命令 bnd $x \leftarrow e;\mathrm{ret}\ x$。

条件句（conditional）命令 if$(m)m_1$ else m_2 根据 m 的执行结果是否为 0 来执行 m_1 或 m_2：

$$\{x \leftarrow m;\mathrm{do}(\mathrm{ifz}\ x\{z \hookrightarrow \mathrm{cmd}\ m_1 \mid \mathrm{s}(\_) \hookrightarrow \mathrm{cmd}\ m_2)\}\}$$

条件句的返回值即为所选命令的返回值。

while 循环（loop）命令 while(m_1) m_2 在命令 m_1 生成非零数值时重复执行命令 m_2。其定义如下：

$$\mathrm{do}(\mathrm{fix}\ loop:\mathrm{cmd}\ \mathrm{is}\ \mathrm{cmd}\ (\mathrm{ifz}(m_1)\{\mathrm{ret}\ z\}\ \mathrm{else}\{m_2;\mathrm{do}\ loop\}))$$

该命令运行自指封装命令，该封装命令执行时，首先执行 m_1，再根据结果进行分支。若结果为 0，则循环返回（任意的）0。若结果非 0，则执行命令 m_2 并重复该循环。

过程（procedure）是一个 $\tau \to \mathrm{cmd}$ 类型的函数，它接收 τ 类型的参数，产生一个未执行命令作为结果。许多过程具有形式 $\lambda(x{:}\tau)\mathrm{cmd}\ m$，我们可以将其缩写为 proc$(x{:}\tau)m$。**过程调用**（procedure call）是函数应用与结果命令激活的复合。若 e_1 是一个过程，e_2 是它的实参，则将过程调用 call e_1 (e_2) 定义为命令 do $(e_1(e_2))$，该命令立即执行将 e_1 应用到 e_2 的结果。

例如，下面是一个 nat $\to$ cmd 类型的过程，它返回其参数的阶乘：

```
proc(x:nat){
    dcl r :=1 in
    dcl a :=x in
    {while(@a) {
        y ← @r
        ;z ← @a
        ;r :=(x − z+1)×y
        ;a :=z − 1
        }
        ;x ← @r
        ;ret x
    }
}
```

该循环维护不变式：r 的内容是 x 的阶乘减去 a 的内容。该不变式初始为真，并且每次循环迭代都保持该不变式，使得在循环完成时，可赋值对象 a 包含 0 并且 r 包含 x 的阶乘。

34.3　类型化的命令和类型化的可赋值对象

到目前为止，我们已经将命令的返回值和可赋值对象的内容的类型都限制为 nat。在遵循栈规则的同时，能否放宽该限制？

仔细检查定理 34.1 的证明，会发现接纳其他类型的返回值和可赋值对象值的关键处。深入该证明会发现，其关键处在于 nat 类型的值、可赋值对象和返回值的类型都不能包含可赋值对象，否则内嵌的可赋值对象将会逃逸出其声明的作用域。对于急切求值的自然数，该性质不证自明，但当按惰性求值时，该性质便不再成立。因此，相较于大多数其他情况下两种解释都是安全的，MA 的安全性依赖于后续操作的求值顺序。

在将 MA 扩展为允许其他类型的可赋值对象和返回值时，必须特别注意可赋值对象是否能将候选类型的值嵌入其中。例如，若允许过程类型的返回值，则以下命令将违反安全性：

$$\mathrm{dcl}\ a := z\ \mathrm{in}\{\mathrm{ret}(\mathrm{proc}(x : \mathrm{nat})\ \{a := x\})\}$$

该命令在执行时分配一个新的可赋值对象 a 并返回一个过程，该过程在被调用时将其参数赋值给 a。但这没有意义，因为可赋值对象 a 在声明体返回时就被释放了，但返回值仍引用它。若返回的过程被调用，执行会在尝试赋值给 a 时卡住。

类似的例子表明，接纳过程类型的可赋值对象也是不可靠的。例如，设 b 是其内容的类型为 nat $\longrightarrow$ cmd 的可赋值对象，考虑如下命令

$$\mathrm{dcl}\ a := z\ \mathrm{in}\{b := \mathrm{proc}(x : \mathrm{nat})\ (a := x);\ \mathrm{ret}\ z\}$$

我们把一个过程赋值给 b，该过程使用一个局部声明的可赋值对象 a 然后离开该声明的作用域。如果我们随后调用存储在 b 中的这个过程，执行将在试图给一个不存在的可赋值对象 a 赋值时卡住。

要接受返回非 nat 类型值的声明，以及内容类型不是 nat 的可赋值对象，我们必须修订 MA 的静态语义以记录命令的返回类型和每个可赋值对象内容的类型。首先，我们将活跃的可赋值对象的有限集 Σ 推广到把一个可移动类型赋予每个活跃的可赋值对象，使得 Σ 是具有形为 $a \sim \tau$ 的假设的有限集，其中 a 是一个可赋值对象。其次，我们使用一个更通用的形式 $\Gamma \vdash_\Sigma m \doteq \tau$ 代替判断 $\Gamma \vdash_\Sigma m$ ok，表示 m 是一个返回 τ 类型值的良构命令。第三，将 cmd 类型推广为 cmd(τ)，在例子中写作 τ cmd，以指定封装命令的返回类型。

按如下规则推广 34.1.1 节中给出的静态语义，以接受类型化的命令和类型化的可赋值对象：

$$\frac{\Gamma \vdash_\Sigma m \doteq \tau}{\Gamma \vdash_\Sigma \mathrm{cmd}(m) : \mathrm{cmd}(\tau)} \tag{34.6a}$$

$$\frac{\Gamma \vdash_\Sigma e : \tau}{\Gamma \vdash_\Sigma \mathrm{ret}(e) \doteq \tau} \tag{34.6b}$$

$$\frac{\Gamma \vdash_\Sigma e : \mathrm{cmd}(\tau) \quad \Gamma, x : \tau \vdash_\Sigma m \doteq \tau'}{\Gamma \vdash_\Sigma \mathrm{bnd}(e; x.m) \doteq \tau'} \tag{34.6c}$$

$$\frac{\Gamma \vdash_\Sigma e : \tau \quad \tau \text{ mobile} \quad \Gamma \vdash_{\Sigma, a \sim \tau} m \div \tau' \quad \tau' \text{mobile}}{\Gamma \vdash_\Sigma \text{dcl}(e; a.m) \div \tau'} \tag{34.6d}$$

$$\overline{\Gamma \vdash_{\Sigma, a \sim \tau} \text{get}[a] \div \tau} \tag{34.6e}$$

$$\frac{\Gamma \vdash_{\Sigma, a \sim \tau} e : \tau}{\Gamma \vdash_{\Sigma, a \sim \tau} \text{set}[a](e) \div \tau} \tag{34.6f}$$

除了跟踪返回类型和内容类型的推广以外，最重要的变化是，在规则（34.6d）中所声明的可赋值对象的类型和该声明的返回类型都必须是可移动的（mobile）。判断 τ mobile 的定义遵循以下**移动条件**（mobility condition）：

$$\text{如果 } \tau \text{ mobile，} \vdash_\Sigma e : \tau \text{ 且 } e \text{ val}_\Sigma \text{，那么} \vdash_\emptyset e : \tau \text{ 并且 } e \text{ val}_\emptyset \tag{34.7}$$

即可移动类型的值可以不依赖于任何活跃的可赋值对象。

只要后继操作是按急切语义求值的，nat 类型就是可移动的：

$$\overline{\text{nat mobile}} \tag{34.8}$$

同理，如果有序对是按急切语义求值，则可以安全地移动可移动类型的积：

$$\frac{\tau_1 \text{ mobile} \quad \tau_2 \text{ mobile}}{\tau_1 \times \tau_2 \text{ mobile}} \tag{34.9}$$

对于和也是一样的，只要注入是按急切语义求值的：

$$\frac{\tau_1 \text{mobile} \quad \tau_2 \text{mobile}}{\tau_1 + \tau_2 \text{ mobile}} \tag{34.10}$$

在这些情况下，惰性语义会破坏移动性，因为值会包含依赖于可赋值对象的被挂起的计算。例如，如果自然数的后继操作是惰性求值的，那么 $s(e)$ 可能是包含引用可赋值对象 a 的任一表达式 e 的值。

因为过程体可能包含可赋值对象，所以过程类型和命令类型都不可移动。那么除过程类型以外的函数类型呢？我们可以把它们视为可移动的，因为纯表达式不可能基于可赋值对象。尽管在此情况下，但不需要移动条件成立。例如，考虑以下 nat ⇀ nat 类型的值：

$$\lambda(x : \text{nat})(\lambda(\_ : \tau \text{ cmd})z)(\text{cmd}\{@a\})$$

尽管可赋值对象 a 并不真的需要计算结果，然而它出现在值中就违反了移动条件。

对声明的静态语义的移动性限制确保了与可赋值对象关联的类型总是可移动的。因此，不失一般性地，我们可以假设签名 $\sum$ 中与可赋值对象关联的类型也是可移动的。

定理 34.3（类型化命令的保持性）

1. 如果 $e \underset{\Sigma}{\mapsto} e'$ 且 $\vdash_\Sigma e : \tau$，那么 $\vdash_\Sigma e' : \tau$。

2. 如果 $m \parallel \mu \underset{\Sigma}{\mapsto} m' \parallel \mu'$，其中 $\Gamma \vdash_\Sigma m \div \tau$ 且 $\mu : \Sigma$，那么 $\Gamma \vdash_\Sigma m' \div \tau$ 且 $\mu' : \Sigma$。

定理 34.4（类型化命令的进展性）

1. 如果 $\vdash_\Sigma e : \tau$，则要么 $e \text{ val}_\Sigma$，要么存在 e' 使 $e \underset{\Sigma}{\mapsto} e'$。

2. 如果 $\Gamma \vdash_\Sigma m' \doteq \tau$ 且 $\mu : \Sigma$，则要么 $m \parallel \mu$ final$_\Sigma$，要么对某个 μ' 和 m' 有 $m \parallel \mu \underset{\Sigma}{\longmapsto} m' \parallel \mu'$。

定理 34.3 和定理 34.4 的证明与定理 34.1 和 34.2 的证明十分相似。主要区别在于，我们应用移动条件来确保返回和存储的值独立于活跃的可赋值对象。

34.4　注记

现代化的 Algol 派生自 Reynold 的理想化 Algol（Reynold，1981）。相较于 Reynold 的表述，现代化的 Algol 区分依赖内存的计算和不依赖内存的计算，并且不依赖函数应用的按名调用，而是有一个封装命令的类型，可以用在需要按名调用的地方。表达式和命令之间的模态区分出现在 Algol 60 的最初表述中，但这里是根据 Moggi 引入的单子效应的概念发展起来的（1989）。Wadler 强化了其在函数式编程中的作用（1992）。MA 中模态分离直接来自 Pfenning 和 Davies（2001），它强调了与松弛的模态逻辑的联系。

这里所说的**可赋值对象**（assignables）在其他地方总是称作**变量**（variables）。在允许将可赋值对象作为表达式的语言中，变量和可赋值对象之间的区别是模糊不清的。（事实上，Reynold 自己[⊖]认为这是 Algol 的一种定义特性，与这里给出的表述相反。）在 MA 中，我们选择区分变量和可赋值对象，变量的含义由代换给出，而可赋值对象的含义由变异（mutation）给出。区分这一点需要新的术语，术语"可赋值对象"似乎很适合命令式的编程概念。

类型移动性的概念由用于分布式计算的 ML5 语言（Murphy 等人，2004）引入，其含义相似，即移动类型的值不能依赖于局部资源。这里使用移动性限制确保语言遵循栈规则。

习题

34.1　最初，Algol 有标量（scalar）可赋值对象和数组可赋值对象，前者的内容是原子值，后者是由标量可赋值对象组成的有限序列。和标量可赋值对象一样，数组可赋值对象也是栈分配的。使用数组可赋值对象扩展 MA，确保语言保持类型安全，但是允许计算在存取不存在的数组元素时中止。

34.2　仔细考虑递归过程中可赋值对象声明的行为，如以下对某个 ρ、类型为 $\tau \rightharpoonup \rho$ cmd 的表达式所示：

$$\text{fix } p \text{ is } \lambda(x:\tau) \text{ dcl } a := e \text{ in cmd}(m)$$

因为 p 是递归的，所以过程体 m 可能在执行过程中调用自身，导致同一个声明被执行多次。解释在该情况下获取和设置 a 的动态语义。

34.3　最初，Algol 把可赋值对象视作在内存中表示其内容的表达式。因此，若 a 是一个包含数值的可赋值对象，就可以写成诸如 $a+a$ 的表达式，该表达式求值得到 a 的内容的两倍。此外，还可以写成诸如 $a:=a+a$ 的表达式使 a 的内容翻倍。这些约定鼓励程序员把可赋值对象当作变量，这和 MA 中的区别对待截然不同。这种约定，再加上对具体语法的过度强调，导致在以上的赋值命令中，a 的不同角色难以理解：赋值左部的含义与右部的含义不同。这些被称为赋值块 a 的左值或右值与其在赋值语句中的位

⊖　个人通信，2012。

置相对应。但是，当被视为抽象语法时，就没有歧义需要加以解释了：赋值算符由其目标可赋值对象来索引，而不是把正好是可赋值对象的表达式当作参数，因此命令为 set[a](a+a)，而非 set(a;a+a)。

但是如何把可赋值对象视作表达式的形式仍然让人们困惑。首先重构 MA 的动态语义以解决此问题。根据判断 $e\|\mu \underset{\Sigma}{\mapsto} e'\|\mu'$ 和 $e\|\mu$ final 重构表达式的动态语义，以允许对 e 的求值依赖内存的内容。每次把可赋值对象用作表达式时都应该需要一次内存访问。然后证明内存不变式（memory invariance）：如果 $e\|\mu \underset{\Sigma}{\mapsto} e'\|\mu'$，那么 $\mu' = \mu$。

一个自然的推广是允许把命令序列视作表达式，如果它们在不允许任何赋值的意义上都是**被动的**（passive）。写作 do{m}，其中 m 是一个被动命令，对于一个被动块（passive block），其求值由在当前内存上执行命令 m、将返回值作为表达式的值组成。可以观察到内存不变式也适用于被动块。

现在可以把可赋值对象 a 作为表达式的用法表达为被动块 do{@a}。可赋值对象用作表达式的更复杂用法允许使用被动块进行多种不同的解释。例如，诸如 a+a 的表达式可以按以下两种方式之一呈现：

（a）do{@ a}+do{@ a}

（b）let x be do{@ a}in x+x

后一种表述只访问 a 一次，但使用其值两次。请评述 a+a 的两种解释。

34.4　Algol 中的递归过程使用形式为 proc $p(x{:}\tau){:}\rho$ is m in m' 的命令声明，它由以下定型规则控制：

$$\frac{\Gamma, p:\tau \longrightarrow \rho \text{ cmd}, x:\tau \vdash_\Sigma m \mathrel{\dot\div} \rho \qquad \Gamma, p:\tau \longrightarrow \rho \text{ cmd} \vdash_\Sigma m' \mathrel{\dot\div} \tau'}{\Gamma \vdash_\Sigma \text{proc } p(x:\tau):\rho \text{ is } m \text{ in } m' \mathrel{\dot\div} \tau'} \quad (34.11)$$

从当前观点来看，坚持声明过程是很特殊的，因为它们只是过程类型的值，而坚持限制其在命令中使用就更特殊了。不过，对该限制的一种辩解是，Algol 包含一种被称为自己的变量（own variable）$^\ominus$ 的独特特性，该变量在过程内声明以供使用，但其状态在该过程的各调用期间持续存在。一种应用是基于存储的种子生成伪随机数的过程，它会影响后续调用该过程的行为。给出该扩展声明在 MA 中的表述

$$\text{proc } p(x:\tau):\rho \text{ is}\{\text{own } a := e \text{ in } m\}\text{in } m'$$

其中 a 被声明为过程 p "自己的"。与上述声明的含义相对的是：

$$\text{proc } p(x:\tau):\rho \text{ is}\{\text{dcl } a := e \text{ in } m\}\text{in } m'$$

34.5　过程自己的可赋值对象的一个自然推广是允许为该过程（或互相递归的过程集合）创建许多这样的场景，每个实例创建自己的持久状态。这种能力激发了 Simula-67 中的类（class）的概念，即它是一组可能互相递归的过程集合，它们共享共同的持久状态。一个类的每个实例都称为该类的对象（object），对其所包含的过程的调用会改变其私有的持久状态。在 MA 的上下文下，请表述 1967 年指定的这种命令式面向对象编程的前身。

⊖　也即，自己的可赋值对象（own assignable）。

34.6 有几种方式表述 MA 的抽象机，它考虑了控制栈（control stack）和数据栈（data stack），前者按顺序执行（如第 28 章中 PCF 的描述），后者记录可赋值对象的内容。统一的栈（consolidated stack）将这两个分离的概念组合在一起，而分离的栈（separated stack）则将内存与控制栈分开，就像我们在规则（34.3）给出的结构化动态语义所做的那样。无论哪种情况，可赋值对象所需的存储都在退出该可赋值对象的作用域时被释放，这是 MA 中可赋值对象的栈规则的主要优点。

有了表达式和命令的模态分离，就可以自然地使用表达式的结构化动态语义（由替换 $e \mapsto e'$ 和值判断 e val 给出）和命令的栈机器动态语义。

（a）描述统一的栈机器，其中可赋值对象和栈帧记录在同一个栈上。考虑状态 $k \triangleright_\Sigma m$，其中 $\vdash_\Sigma k \triangleleft : \tau$，$\vdash_\Sigma m \div \tau$，并且 $k \triangleleft_\Sigma e$，其中 $\vdash_\Sigma k \triangleleft : \tau$ 且 $\vdash_\Sigma e : \tau$。请说明实现统一的栈所需的方法。

（b）描述分离维护内存和控制栈的分离栈机器。考虑形式为 $\mu \| k \triangleright_\Sigma m$ 的状态，其中 $\mu : \Sigma$，$\vdash_\Sigma k \triangleleft : \tau$ 且 $\vdash_\Sigma m \div \tau$，并且有形式 $\mu \| k \triangleleft_\Sigma e$，其中 $\vdash_\Sigma k \triangleleft : \tau$，$\vdash_\Sigma e : \tau$ 且 e val。

可赋值对象的引用

可赋值对象 a 的**引用**（reference）是一个确定可赋值对象 a 的引用类型的值，记作 $\&a$。可赋值对象的引用提供获取和设置可赋值对象内容的能力，即使在使用时可赋值对象本身不在作用域内。可以比较两个引用的相等性来测试它们是否指向同一个基础可赋值对象。如果两个引用相等，那么设置其中一个引用会影响获取另一个引用的结果；如果不相等，那么设置其中一个引用就不会影响从另一个引用获得的结果。两个指向同一个基础可赋值对象的引用称作**别名**（aliases）。别名使推理使用引用的程序变得复杂，因为任意两个引用都可能指向同一可赋值对象。

引用类型同时兼容于有作用域分配的可赋值对象和无作用域分配的可赋值对象。当可赋值对象是有作用域的，引用类型的作用范围被限制在其引用的可赋值对象的作用域内。因此引用类型是不可移动的，它们既不能从声明体返回，也不能存储在一个可赋值对象中。虽然确保遵循栈规则，但这个限制会杜绝使用引用来创建**可变数据结构**（mutable data structure，或称易变数据结构），其结构可在执行期间被改变。可变数据结构在编程中有许多应用，包括提高效率（常常以牺牲表达能力为代价）和允许创建循环（自指）结构。支持可变性要求为可赋值对象赋予无作用域的动态语义，以使其生存期在声明的作用域之外持续存在。因此，所有的类型都是可移动的，使任何类型的值都能存储在可赋值对象中或由命令返回。

35.1 能力

在 MA 中，命令 $get[a]$ 和 $set[a](e)$ 操作于静态指定的可赋值对象 a。即使写这些命令也要求可赋值对象 a 在该命令出现的作用域内。但是，假设我们想要定义一个过程，例如，将一个可赋值对象更新为其之前值的两倍，并返回之前的值。我们可以对任意给定的可赋值对象 a 写这样一个过程，但如果我们想要写一个适用于任意给定可赋值对象的通用过程，该怎么办呢？

一种实现方式是给过程赋予获取和设置某个调用者指定的可赋值对象内容的**能力**（capability）。这一能力是由可赋值对象的 getter 和 setter 组成的一个序偶。可赋值对象 a 的 getter 是一个命令，执行该命令时返回 a 的内容。可赋值对象 a 的 setter 是一个过程，当应用于合适类型的值时，将该值赋给 a。因此，包含 τ 类型值的可赋值对象 a 的能力是一个以下类型的值：

$$\tau \text{ cap} \triangleq \tau \text{ cmd} \times (\tau \rightharpoonup \tau \text{ cmd})$$

获取和设置一个包含 τ 类型值的可赋值对象 a 的能力由以下类型为 τ cap 的序偶给出：

$$\langle \text{cmd}(@\ a), \text{proc}(x:\tau)\ a := x \rangle$$

因为能力类型是命令类型和过程类型的积，所以能力类型是不可移动的。因此能力不能从命令返回，也不能保存到可赋值对象中。它理应如此，否则将违背针对分配可赋值对象的栈规则。

前面提到的通用加倍过程可以使用如下的能力来编写：

$$\text{proc}(\langle get, set \rangle : \text{nat cmd} \times (\text{nat} \rightharpoonup \text{nat cmd}))\{x \leftarrow \text{do } get; y \leftarrow \text{do}(set(x+x)); \text{ret } x\}$$

该过程具有访问可赋值对象 a 的能力。当执行时，它调用 getter 来获取 a 的内容，返回之前的值。请注意，可赋值对象 a 无须被该过程访问，调用者提供的能力包括获取和设置 a 所需的命令。

35.2　有作用域的可赋值对象

使用赋予间接访问可赋值对象能力的缺点在于，不能保证一对给定的 getter/setter 实际就是特定可赋值对象的能力。例如，我们可能将 a 的 getter 和 b 的 setter 配对，从而导致意外的行为。类型系统无法阻止这种不匹配对的创建。

为了避免这一问题，我们引入可赋值对象的**引用**这个概念。引用是一个值，我们可以从中得到获取和设置特定可赋值对象的能力。此外，可以测试两个引用的相等性来确定它们是否作用于同一个可赋值对象[⊖]。**引用类型** $\text{ref}(\tau)$ 以类型为 τ 的可赋值对象的引用作为值。该类型的引入形式和消去形式由以下的语法给出：

Typ	τ	::=	$\text{ref}(\tau)$	$\tau \text{ ref}$	可赋值
Exp	e	::=	$\text{ref}[a]$	$\&a$	引用
Cmd	m	::=	$\text{getref}(e)$	$*e$	取值
			$\text{setref}(e_1;e_2)$	$e_1*=e_2$	更新

引用类型的静态语义由以下规则定义：

$$\frac{}{\Gamma \vdash_{\Sigma,a\sim\tau} \text{ref}[a] : \text{ref}(\tau)} \tag{35.1a}$$

$$\frac{\Gamma \vdash_\Sigma e : \text{ref}(\tau)}{\Gamma \vdash_\Sigma \text{getref}(e) \div \tau} \tag{35.1b}$$

$$\frac{\Gamma \vdash_\Sigma e_1 : \text{ref}(\tau) \quad \Gamma \vdash_\Sigma e_2 : \tau}{\Gamma \vdash_\Sigma \text{setref}(e_1;e_2) \div \tau} \tag{35.1c}$$

规则（35.1a）说明任何活跃的可赋值对象的名称都是一个 $\text{ref}(\tau)$ 类型的表达式。

引用类型的动态语义符合可赋值对象的相应操作，并且不会改变可赋值对象的基础动态语义：

$$\frac{}{\text{ref}[a]\,\text{val}_{\Sigma,a\sim\tau}} \tag{35.2a}$$

$$\frac{e \underset{\Sigma}{\mapsto} e'}{\text{getref}(e) \| \mu \underset{\Sigma}{\mapsto} \text{getref}(e') \| \mu} \tag{35.2b}$$

⊖　getter 和 setter 不足以定义相等性，因为不是所有类型都容许相等性的测试。如果可以这样做，并且至少有这种类型的两个不同的值，我们就可以通过对一个赋值再检查另一个的内容是否改变来判断它们是否为别名。

$$\frac{}{\text{getref}(\text{ref }[a])\,\|\,\mu \xrightarrow[\Sigma,a\sim\tau]{} \text{get}[a]\,\|\,\mu} \qquad (35.2\text{c})$$

$$\frac{e_1 \underset{\Sigma}{\longmapsto} e_1'}{\text{setref}(e_1;e_2)\,\|\,\mu \underset{\Sigma}{\longmapsto} \text{setref}(e_1';e_2)\,\|\,\mu} \qquad (35.2\text{d})$$

$$\frac{}{\text{setref}(\text{ref}[a];e)\,\|\,\mu \xrightarrow[\Sigma,a\sim\tau]{} \text{set}[a](e)\,\|\,\mu} \qquad (35.2\text{e})$$

可赋值对象的引用是一个值。一旦引用被解析后，对引用的 getref 和 setref 操作将遵循对可赋值对象的相应操作。

因为引用会产生能力，所以引用类型是不可移动的。因此，结果导致引用不能存储在可赋值对象中，也不能从命令返回。引用的不可移动性保证了安全性，这可以通过扩展第 34 章中给出的安全性证明来看出。

作为使用引用的一个例子，上一节中讨论的通用加倍过程可以使用引用编写，如下所示：

$$\text{proc}(r:\text{nat ref})\{x \leftarrow *r;\ r\mathrel{*}{=}x{+}x;\ \text{ret } x\}$$

因为参数是引用而非能力，所以 getter 和 setter 不可能引用不同的可赋值对象。

把引用传递给过程是有代价的，因为任意两个引用都可能引用同一可赋值对象（如果它们有相同的类型）。考虑这样的过程：当给定两个引用 x 和 y 时，将 y 的内容的两倍加到 x。编写这样的代码并不困难：

$$\lambda(x:\text{nat ref})\,\lambda(y:\text{nat ref})\ \text{cmd}\{x' \leftarrow *x;\ y' \leftarrow *y;\ x\mathrel{*}= x'{+}y'{+}y'\}$$

即使 x 和 y 引用同一个可赋值对象，其结果是把 x 引用的可赋值对象内容设置成其原有内容与 y 引用的可赋值对象内容的两倍之和。

但是，现在考虑此过程的一个看似等效的实现：

$$\lambda(x:\text{nat ref})\lambda(y:\text{nat ref})\text{cmd}\{x{+}=y;\ x{+}=y\}$$

其中 $x{+}=y$ 是命令

$$\{x' \leftarrow *x;\ y' \leftarrow *y;\ x\mathrel{*}= x' + y'\}$$

它把 y 的内容加到 x 的内容上。只要 x 和 y 不引用同一个可赋值对象，第二种实现就可以正常工作。如果它们确实指向同一个内容为 n 的可赋值对象 a，那么结果 a 将设置为 $4\times n$，而非预期的 $3\times n$。y 的第二个 get 受 x 的第一个 set 影响。

在这种情况下，如何避免该问题就很清楚了：使用第一种实现，而非第二种实现。但是，困难不在于一旦发现问题就立刻修正，而在于首先要意识到这种问题。无论在何处使用引用（或能力），都可能会有潜在干扰问题。避免它们需要非常仔细地考虑所有涉及的引用之间可能存在的别名关系。但是问题在于，n 个引用之间可能的别名关系的数量会随 n 组合式地增长。

35.3   自由的可赋值对象

有趣的是，尽管引用和能力与栈规则兼容，但要使引用有用就必须放宽这一限制。使用不可移动的引用不可能构建包含引用的数据结构，也不可能由过程返回引用。为此，我们必须安排使可赋值对象的生存期超出其作用域。换句话说，我们必须放弃栈分配而改用堆分配。超出声明的作用域而持续存在的可赋值对象被称作**无作用域的**（scope-free）或**自由的**（free）可赋值对象。当所有可赋值对象都无作用域时，每种类型都是可移动的，因此任何值（包括引用）都可以在数据结构中使用。

　　支持自由的可赋值对象等于改变动态语义，从而使可赋值对象的分配在转换过程中持续存在。我们使用以下形式的转换判断：

$$\nu\textstyle\sum\{m\,\|\,\mu\}\mapsto\nu\textstyle\sum{}'\{m'\,\|\,\mu'\}$$

命令的执行可能分配新的可赋值对象，可能改变已有可赋值对象的内容，也可能引起要在下一步执行的新命令。自由的可赋值对象的动态语义的规则定义如下：

$$\frac{e\ \mathrm{val}_{\textstyle\sum}}{\nu\textstyle\sum\{\mathrm{ret}(e)\,\|\,\mu\}\ \mathrm{final}}\tag{35.3a}$$

$$\frac{e\underset{\textstyle\sum}{\mapsto}e'}{\nu\textstyle\sum\{\mathrm{ret}(e)\,\|\,\mu\}\longmapsto\nu\textstyle\sum\{\mathrm{ret}(e')\,\|\,\mu\}}\tag{35.3b}$$

$$\frac{e\underset{\textstyle\sum}{\mapsto}e'}{\nu\textstyle\sum\{\mathrm{bnd}(e;x.m)\,\|\,\mu\}\mapsto\nu\textstyle\sum\{\mathrm{bnd}(e';x.m)\,\|\,\mu\}}\tag{35.3c}$$

$$\frac{e\ \mathrm{val}_{\textstyle\sum}}{\nu\textstyle\sum\{\mathrm{bnd}(\mathrm{cmd}(\mathrm{ret}(e));x.m)\,\|\,\mu\}\mapsto\nu\textstyle\sum\{[e\,/\,x]m\,\|\,\mu\}}\tag{35.3d}$$

$$\frac{\nu\textstyle\sum\{m_1\,\|\,\mu\}\longmapsto\nu\textstyle\sum{}'\{m_1'\,\|\,\mu'\}}{\nu\textstyle\sum\{\mathrm{bnd}(\mathrm{cmd}(m_1);x.m_2)\,\|\,\mu\}\mapsto\nu\textstyle\sum{}'\{\mathrm{bnd}(\mathrm{cmd}(m_1');x.m_2)\,\|\,\mu'\}}\tag{35.3e}$$

$$\frac{}{\nu\textstyle\sum,a\mathord{\sim}\tau\{\mathrm{get}[a]\,\|\,\mu\otimes a\hookrightarrow e\}\mapsto\nu\textstyle\sum,a\mathord{\sim}\tau\{\mathrm{ret}(e)\,\|\,\mu\otimes a\hookrightarrow e\}}\tag{35.3f}$$

$$\frac{e\underset{\textstyle\sum}{\mapsto}e'}{\nu\textstyle\sum\{\mathrm{set}[a](e)\,\|\,\mu\}\mapsto\nu\textstyle\sum\{\mathrm{set}[a](e')\,\|\,\mu\}}\tag{35.3g}$$

$$\frac{e\ \mathrm{val}_{\textstyle\sum,a\mathord{\sim}\tau}}{\nu\textstyle\sum,a\sim\tau\{\mathrm{set}[a](e)\,\|\,\mu\otimes a\hookrightarrow\_\}\mapsto\nu\textstyle\sum,a\sim\tau\{\mathrm{ret}(e)\,\|\,\mu\otimes a\hookrightarrow e\}}\tag{35.3h}$$

$$\frac{e\underset{\textstyle\sum}{\mapsto}e'}{\nu\textstyle\sum\{\mathrm{dcl}(e;a.m)\,\|\,\mu\}\mapsto\nu\textstyle\sum\{\mathrm{dcl}(e';a.m)\,\|\,\mu\}}\tag{35.3i}$$

$$\frac{e\ \mathrm{val}_{\textstyle\sum}}{\nu\textstyle\sum\{\mathrm{dcl}(e;a.m)\,\|\,\mu\}\mapsto\nu\textstyle\sum,a\sim\tau\{m\,\|\,\mu\otimes a\hookrightarrow e\}}\tag{35.3j}$$

　　语言 RMA 对 MA 扩展了自由的可赋值对象的引用。其动态语义类似于之前给出的有作用域的可赋值对象的引用的动态语义：

$$\frac{e\underset{\textstyle\sum}{\mapsto}e'}{\nu\textstyle\sum\{\mathrm{getref}(e)\,\|\,\mu\}\mapsto\nu\textstyle\sum\{\mathrm{getref}(e')\,\|\,\mu\}}\tag{35.4a}$$

$$\frac{}{\nu\textstyle\sum\{\mathrm{getref}(\mathrm{ref}[a])\,\|\,\mu\}\mapsto\nu\textstyle\sum\{\mathrm{get}[a]\,\|\,\mu\}}\tag{35.4b}$$

$$\frac{e_1 \underset{\Sigma}{\mapsto} e_1'}{\nu\Sigma\{\mathrm{setref}(e_1;e_2)\,\|\,\mu\} \mapsto \nu\Sigma\{\mathrm{setref}(e_1';e_2)\,\|\,\mu\}} \tag{35.4c}$$

$$\frac{}{\nu\Sigma\{\mathrm{setref}(\mathrm{ref}[a];e_2)\,\|\,\mu\} \mapsto \nu\Sigma\{\mathrm{set}[a](e_2)\,\|\,\mu\}} \tag{35.4d}$$

表达式不能改变或扩展内存，只有命令可能。

作为使用 RMA 的一个例子，考虑命令 $\mathrm{newref}[\tau](e)$，定义如下：

$$\mathrm{dcl}\ a := e\ \mathrm{in}\ \mathrm{ret}(\&a) \tag{35.5}$$

该命令分配一个新的可赋值对象并返回对它的引用。其静态语义和动态语义由上述规则可推导如下：

$$\frac{\Gamma \vdash_\Sigma e : \tau}{\Gamma \vdash_\Sigma \mathrm{newref}[\tau](e) \mathbin{\dot\div} \mathrm{ref}(\tau)} \tag{35.6}$$

$$\frac{e \underset{\Sigma}{\mapsto} e'}{\nu\Sigma\{\mathrm{newref}[\tau](e)\,\|\,\mu\} \mapsto \nu\Sigma\{\mathrm{newref}[\tau](e')\,\|\,\mu\}} \tag{35.7a}$$

$$\frac{e\ \mathrm{val}_\Sigma}{\nu\Sigma\{\mathrm{newref}[\tau](e)\,\|\,\mu\} \mapsto \nu\Sigma, a \sim \tau\{\mathrm{ret}(\mathrm{ref}\,[a])\,\|\,\mu \otimes a{\hookrightarrow}e\}} \tag{35.7b}$$

通常，$\mathrm{newref}[\tau](e)$ 命令被视为原语，并且省略了声明命令。在该情况下，所有可赋值对象都通过引用进行访问，而不提供对可赋值对象的直接访问。

35.4 安全性

尽管对于有作用域的可赋值对象的引用，证明其安全性难度较小，但是证明自由的可赋值对象的安全性却很困难。主要难在考虑数据结构中的循环依赖。一个可赋值对象的内容可能包含对其自身的引用，或者包含对另一个引用它的可赋值对象的引用，依此类推。例如，考虑以下 $\mathrm{nat} \rightharpoonup \mathrm{nat}\ \mathrm{cmd}$ 类型的过程 e：

$$\mathrm{proc}\ (x:\mathrm{nat})\{\mathrm{if}\ (x)\ \mathrm{ret}(1)\ \mathrm{else}\{f \leftarrow @a; y \leftarrow f(x-1); \mathrm{ret}\ (x*y)\}\}$$

令 μ 是 $\mu' \otimes a{\hookrightarrow}e$ 形式的内存，其中 a 的内容通过过程体包含了对 a 自身的一个引用。事实上，如果用一个非零参数调用过程 e，它会通过 a 的间接引用"调用自身"。

循环依赖使判断 $\mu\Sigma\{m\,\|\,\mu\}\mathrm{ok}$ 的定义复杂化了。它由以下规则定义：

$$\frac{\vdash_\Sigma m \mathbin{\dot\div} \tau \quad \vdash_\Sigma \mu : \Sigma}{\nu\Sigma\{m\,\|\,\mu\}\,\mathrm{ok}} \tag{35.8}$$

该规则的第一个前提是命令 m 对于 Σ 是良型的。第二个前提是内存 μ 对于所有的 Σ 都符合 Σ，从而允许循环依赖。判断 $\vdash_\Sigma \mu : \Sigma$ 定义如下：

$$\frac{\forall a \sim \tau \in \Sigma \quad \exists e \quad \mu(a) = e\ \mathrm{and}\ \vdash_{\Sigma'} e : \tau}{\vdash_{\Sigma'} \mu : \Sigma} \tag{35.9}$$

定理 35.1（保持性）

1. 如果 $\vdash_\Sigma e : \tau$ 且 $e \underset{\Sigma}{\longmapsto} e'$ ，那么 $\vdash_\Sigma e' : \tau$ 。

2. 如果 $\nu\Sigma\{m \parallel \mu\}$ ok 且 $\nu\Sigma\{m \parallel \mu\} \longmapsto \nu\Sigma'\{m' \parallel \mu'\}$ ，那么 $\nu\Sigma'\{m' \parallel \mu'\}$ ok 。

证明　可由转换规则的归纳联立证明。我们证明第二个判断的增强形式，如下所示：

如果 $\nu\Sigma\{m \parallel \mu\} \longmapsto \nu\Sigma'\{m' \parallel \mu'\}$ ，其中 $\vdash_\Sigma m \div \tau$ ， $\vdash_\Sigma \mu : \Sigma$ ，那么 Σ' 扩展 Σ 、 $\vdash_{\Sigma'} m' \div \tau$ 以及
$$\vdash_{\Sigma'} \mu' : \Sigma'$$

考虑转换

$$\nu\Sigma\{\mathrm{dcl}(e\,;a.m) \parallel \mu\} \longmapsto \nu\Sigma, a \sim \rho\{m \parallel \mu \otimes a \hookrightarrow e\}$$

其中 $e\,\mathrm{val}_\Sigma$ 。由假设和规则（34.6d）的反转，我们有 $\vdash_\Sigma e : \rho$ ， $\vdash_{\Sigma,a\sim\rho} m \div \tau$ 且 $\vdash_\Sigma \mu : \Sigma$ 。但是，因为包含新的可赋值对象的 Σ 的扩展不影响定型，所以还有 $\vdash_{\Sigma,a\sim\rho} \mu : \Sigma$ 和 $\vdash_{\Sigma,a\sim\rho} e : \rho$ ，由此规则（35.9）成立，有 $\vdash_{\Sigma,a\sim\rho} \mu \otimes a \hookrightarrow e : \Sigma, a \sim \rho$ 。

其他情况遵循相似的模式，留给读者作为练习。　　□

定理 35.2（进展性）

1. 如果 $\vdash_\Sigma e : \tau$ ，则要么 $e\,\mathrm{val}_\Sigma$ ，要么存在 e' 使 $e \underset{\Sigma}{\longmapsto} e'$ 。
2. 如果 $\nu\Sigma\{m \parallel \mu\}$ ok ，则要么 $\nu\Sigma\{m \parallel \mu\}$ final ，要么对某个 Σ' 、 μ' 和 m' 有 $\nu\Sigma\{m \parallel \mu\} \longmapsto \nu\Sigma'\{m' \parallel \mu'\}$ 。

证明　由定型规则归纳可联立证明。对于第二种表述，我们证明

如果 $\vdash_\Sigma m \div \tau$ 且 $\vdash_\Sigma \mu : \Sigma$ ，则要么 $\nu\Sigma\{m \parallel \mu\}$ final ，要么对于某个 Σ' 、 μ' 和 m' 有
$$\nu\Sigma\{m \parallel \mu\} \longmapsto \nu\Sigma'\{m' \parallel \mu'\}$$

考虑定型规则

$$\frac{\Gamma \vdash_\Sigma e : \rho \qquad \Gamma \vdash_{\Sigma,a\sim\rho} m \div \tau}{\Gamma \vdash_\Sigma \mathrm{dcl}(e;a.m) \div \tau}$$

由第一条归纳假设我们有 $e\,\mathrm{val}_\Sigma$ ，或者对某个 e' 有 $e \underset{\Sigma}{\longmapsto} e'$ 。后一种情况下，由规则（35.3i），我们有

$$\nu\,\Sigma\{\mathrm{dcl}(e;a.m) \parallel \mu\} \longmapsto \nu\,\Sigma\{\mathrm{dcl}(e';a.m) \parallel \mu\}$$

在前一种情况下，由规则（35.3j），我们有

$$\nu\,\Sigma\{\mathrm{dcl}(e;a.m) \parallel \mu\} \longmapsto \nu\,\Sigma, a \sim \rho\{m \parallel \mu \otimes a \hookrightarrow e\}$$

现在考虑定型规则

$$\frac{}{\Gamma \vdash_{\Sigma,a\sim\tau} \mathrm{get}[a] \div \tau}$$

由假设 $\vdash_{\Sigma,a\sim\tau} \mu : \Sigma, a \sim \tau$ ，因而存在 $e\,\mathrm{val}_{\Sigma,a\sim\tau}$ ，使得 $\mu = \mu' \otimes a \hookrightarrow e$ 且 $\vdash_{\Sigma,a\sim\tau} e : \tau$ 。由规则（35.3f）

$$\nu\,\Sigma,a\sim\tau\{\mathrm{get}[a] \parallel \mu' \otimes a \hookrightarrow e\} \longmapsto \nu\Sigma, a \sim \tau\{\mathrm{ret}(e) \parallel \mu' \otimes a \hookrightarrow e\}$$

得证。其他情况同理可证。　　□

35.5　良性效应

命令和表达式之间的模态分离确保了表达式的含义不依赖于（不断变化的）可赋值对象的内容。尽管这在很多（也许是绝大多数）情况下很有用，但它也排除了使用存储效应来实现纯函数式行为的编程技术。一个典型的例子是备忘（记忆化）。表面上，暂停的计算在行为上与基础计算完全相同；而在内部，可赋值对象与计算相关联，保存计算结果以供未来使用。另一个例子是自适应数据结构，它使用状态来提高效率而不改变其功能行为。例如，伸展树是一种二叉搜索树，它在插入、删除、查询元素时使用内部变异对树进行重平衡，使查找所需的时间正比于元素个数的对数。

这些都是良性存储效应的例子，在数据结构中使用变异来提高效率而又不破坏功能行为。一类例子是自适应数据结构，其可以在一次使用中重组自身以提高后续使用的效率。另一类例子是将在第 36 章中讨论的备忘或惰性数据结构。如果表达式和命令保持严格分离，那么这些良性效应就不可能实现。例如，自调整树包含变异，但它与其他任何树一样都是值，而这在 MA 中无法做到。尽管已知几种特殊情况的技术，但最通用的解决办法是不使用模态分离，而把表达式和命令合并成为一个句法类别。代价则是类型系统不再保证 τ 类型的表达式能表示该类型的值，在其执行期间还可能会产生存储效应。这样做的好处是我们可以自由地使用良性效用，但是程序员必须确保它们确实是良性的。

语言 RPCF 用自由的可赋值对象的引用扩展 PCF。以下规则定义了 RPCF 静态语义的特有特征：

$$\frac{\Gamma \vdash_\Sigma e_1 : \tau_1 \quad \Gamma \vdash_{\Sigma, a \sim \tau_1} e_2 : \tau_2}{\Gamma \vdash_\Sigma \mathrm{dcl}(e_1; a.e_2) : \tau_2} \tag{35.10a}$$

$$\frac{}{\Gamma \vdash_{\Sigma, a \sim \tau} \mathrm{get}[a] : \tau} \tag{35.10b}$$

$$\frac{\Gamma \vdash_{\Sigma, a \sim \tau} e : \tau}{\Gamma \vdash_{\Sigma, a \sim \tau} \mathrm{set}[a](e) : \tau} \tag{35.10c}$$

相应地，RPCF 的动态语义由以下形式的转换给出：

$$\nu \Sigma \{e \| \mu\} \mapsto \nu \Sigma' \{e' \| \mu'\}$$

其中 e 是表达式而非命令。RPCF 的动态语义规则与 RMA 的动态语义规则很类似，但是 RPCF 的动态语义规则把命令和表达式集成为单个类别。

为了说明良性效应的概念，这里考虑实现递归的**回填**（back-patching）技术。下面是阶乘函数的一种实现，它使用可赋值对象来实现递归调用：

$$\begin{aligned}
&\mathrm{dcl}\ a := \lambda n : \mathrm{nat}.0\ \mathrm{in} \\
&\quad \{f \leftarrow a := \lambda n : \mathrm{nat}.\mathrm{ifz}(n,1,n'.n \times (@a)(n')) \\
&\quad ; \mathrm{ret}(f) \\
&\quad \}
\end{aligned}$$

该声明返回 nat ⇀ nat 类型的函数，其实现包括（1）分配一个自由可赋值对象，并初始化为该类型的任意函数；（2）定义一个 λ 抽象，其中每次"递归调用"包括取出和应用保存在可赋值对象中的函数；（3）把该函数赋值给可赋值对象；（4）返回该函数。该声明的结果是关于自然数的函数，即使它在实现中使用了状态。

回填无法在 RMA 中表示，因为它依赖于可赋值对象。我们尝试在 RMA 中记录之前的例子：

$$\text{dcl } a := \text{proc}(n : \text{nat})\{\text{ret } 0\} \text{ in}$$
$$\{f \leftarrow a := \dots$$
$$; \text{ret}(f)$$
$$\}$$

其中省略赋值给 a 的过程为：

$$\text{proc}(n : \text{nat})\{\text{if } (\text{ret}(n))\{\text{ret}(1)\} \text{ else } \{f \leftarrow @a; x \leftarrow f(n-1); \text{ret}(n \times x)\}\}$$

困难在于我们拥有的是命令，而不是表达式。此外，命令的结果是过程类型 nat ⇀（nat cmd），而不是函数类型 nat ⇀ nat。因此，我们不能在表达式中使用阶乘过程，而不得不使用如下代码将其当作命令来执行：

$$\{f \leftarrow \mathit{fact}; x \leftarrow f(n); \text{ret}(x)\}$$

35.6　注记

Reynolds（1981）使用能力来提供可赋值对象的间接访问，引用只是能力的抽象形式。通常只允许对自由的可赋值对象进行引用，但由于可移动性的限制，也可以对有作用域的可赋值对象进行引用。这里列出的自由的可赋值对象引用的安全性证明遵循 Wright 和 Felleisen（1994）以及 Harper（1994）给出的证明。

良性效应是区分 Haskell 和 ML 的核心，前者提供一个 Algol 式的命令和表达式分离，后者融合了求值与执行。它们之间的选择是典型的权衡，没有一方在各方面都优于另一方。

习题

35.1　考虑如习题 34.1 中描述的有作用域的数组可赋值对象。扩展习题 34.1 中数组可赋值对象的处理，并解释数组可赋值对象的引用。

35.2　无作用域的可赋值对象的引用常用于实现递归数据结构，如可变列表和树。使用和、积、递归类型扩展 RMA 的上下文并检查这些数据结构。
　　根据以下特点，给出 6 种可以视作链表类型的不同类型：
　　（a）可变列表只能完全通过将其替换为另一个（不可变）列表来更新。
　　（b）可变列表可以通过以下两种方式之一进行更改：要么为空，要么同时更改其头元素和尾元素。尾元素是任意的可变列表，因此可能会产生循环。
　　（c）可变列表永远为空或非空。若非空，其头部和尾部可以同时修改。
　　（d）可变列表永远为空或非空。若非空，其尾部可以设置为另一个这样的列表，头部则不行。
　　（e）可变列表永远为空或非空。若非空，其头部或尾部都可以单独地修改。
　　（f）可变列表可以更改为空或非空。若非空，则头部或尾部可以相互独立地修改。
　　　　讨论每种表述的优缺点。

惰性求值

惰性求值（lazy evaluation）包含多种方法，可将表达式求值**推迟**（defer）到需要的时候，并在推迟计算的所有使用中共享（share）该表达式求值的结果。惰性不仅仅是一种实现手段，它还会影响程序的**含义**（meaning）。

惰性的一种形式是函数应用的**按需**（by-need）求值策略。回顾第 8 章，按名求值顺序将参数以未求值的形式传递给函数，以便只在真正使用时才进行求值。但是，由于参数是通过代换来复制的，因此它可能会被多次求值。按需求值通过保证一个参数的所有副本共享任一副本的求值结果，来确保对一个函数参数至多只求值一次。

惰性的另一种形式是**惰性数据结构**（lazy data structure）的概念。正如在第 10、11 和 20 章中所见，我们可以选择将数据结构中各组成部分的求值推迟到真正需要时，而不是在创建该数据结构时。但是，如果一个组成部分需要使用不止一次，那么若没有进一步的规定就会在每次使用时重复同样的计算。为了避免这种情况，数据结构被推迟的部分是共享的，因此对其中之一的访问会将其结果传播到同一计算的所有发生点。

惰性的另一种形式是来自于第 19 章中讨论的一般递归的概念。回顾由展开给出的一般递归的动态语义，它在每次使用时会复制递归计算。最好是在各展开之间共享这种计算结果。递归的惰性实现通过共享这些结果来避免重复计算。

传统上，语言会倾向于急切求值或惰性求值。急切求值语言对函数应用使用按值调用动态语义，并在创建数据结构时对其组成部分求值。惰性语言采用相反的策略，对函数更倾向于使用按名调用动态语义，对于数据结构更倾向于使用惰性动态语义。通过管理共享来避免冗余，可以减少惰性求值的开销。然而，经验表明，在类型的层面进行区分是更好的选择。同时拥有惰性类型和急切类型是重要的，这样程序员就能控制惰性的使用，而不是由语言的动态语义来强制执行。

36.1 按需的 PCF

我们首先考虑 PCF 的一个惰性变体，称为 LPCF，其中函数采用按名调用，并且对后继操作进行惰性求值。在惰性解释中，变量绑定到一个未求值的表达式，并且不对后继的参数进行求值：任何后继都是一个值，而无论其前驱是否是值。按名函数应用通过代换来复制未求值的参数，这意味着可能出现同一表达式的多个副本，如果有的话每个副本分别求值。按需求值使用称作**备忘**（memoization）的方法来共享参数的所有副本，并确保若被求值，存储其值，以便所有其他副本使用该值而避免重新计算。计算是在求值过程中命名的，并使用该名称索引备忘表来间接访问，该备忘表记录了表达式以及其值（若它被求值）。

LPCF 的动态语义基于 $\nu\Sigma\{e \parallel \mu\}$ 形式的状态转换系统，其中 Σ 是将类型关联到符号的

一组假言 $a_1 \sim \tau_1,...,a_n \sim \tau_n$ 的有限集，e 是一个可能包含 $\sum$ 中符号的表达式，μ 将 $\sum$ 中声明的每个符号映射到一个表达式或称作**黑洞**（black hole）的特殊符号 •（黑洞的作用将在后面解释。）作为一种习惯记法，我们用类似于第 34 章中采用的具体语法描述的方法。具体来说，表达式 via (a) 的具体语法是 $@a$，用于通过备忘录间接引用可赋值对象 a 的内容。

LPCF 的动态语义由下面两种形式的判断给出：

1. e val$_\Sigma$，表示 e 是一个可能包含 $\sum$ 中符号的表达式。

2. $\nu\sum\{e\|\mu\} \mapsto \nu\sum'\{e'\|\mu'\}$，表示与 $\sum$ 中声明的符号的备忘表 μ 有关的表达式 e，其一步求值得到表达式 e'，e' 与 $\sum'$ 中声明的符号的备忘表 μ' 有关。

定义动态语义，使活跃符号在求值过程中增多。备忘表在求值中可能会大幅变化，以展示与符号关联的表达式的求值进展。

判断 e val$_\Sigma$ 表示 e 是一个由以下规则定义的闭值：

$$\overline{z \text{ val}_\Sigma} \tag{36.1a}$$

$$\overline{s(@a)\text{val}_{\Sigma,a\sim nat}} \tag{36.1b}$$

$$\overline{\lambda(x:\tau)e \text{ val}_\Sigma} \tag{36.1c}$$

规则（36.1a）~（36.1c）说明 z 是一个值，任何 $s(@a)$ 形式的表达式也是一个值，其中 a 是符号并且任何可能包含符号的 λ 抽象也是一个值。重要的是，符号本身并不是值，而是代表备忘表中指明的（可能未求值的）表达式。表达式 $@a$ 是 via (a) 的简写，它不是值。相反，访问它可以获取（也可能更新）符号 a 在内存中的绑定。

求值的初始状态和最终状态定义如下：

$$\overline{\nu\emptyset\{e\|\emptyset\}\text{initial}} \tag{36.2a}$$

$$\frac{e \text{ val}_\Sigma}{\nu\sum\{e\|\mu\}\text{final}} \tag{36.2b}$$

规则（36.2a）表明求值的初始状态由基于空备忘表求值的表达式组成。规则（36.2b）表明最终状态的形式为 $\nu\sum\{e\|\mu\}$，其中 e 是与 $\sum$ 相关的值。

LPCF 动态语义的转换判断由以下规则定义：

$$\frac{e \text{ val}_{\Sigma,a\sim\tau}}{\nu\sum,a\sim\tau\{@a\|\mu\otimes a\hookrightarrow e\} \mapsto \nu\sum,a\sim\tau\{e\|\mu\otimes a\hookrightarrow e\}} \tag{36.3a}$$

$$\frac{\nu\Sigma,a\sim\tau\{e\|\mu\otimes a\hookrightarrow\bullet\} \mapsto \nu\Sigma',a\sim\tau\{e'\|\mu'\otimes a\hookrightarrow\bullet\}}{\nu\Sigma,a\sim\tau\{@a\|\mu\otimes a\hookrightarrow e\} \mapsto \nu\Sigma',a\sim\tau\{@a\|\mu'\otimes a\hookrightarrow e'\}} \tag{36.3b}$$

$$\overline{\nu\sum\{s(e)\|\mu\} \mapsto \nu\sum,a\sim nat\{s(@a)\|\mu\otimes a\hookrightarrow e\}} \tag{36.3c}$$

$$\frac{\nu\sum\{e\|\mu\} \mapsto \nu\sum'\{e'\|\mu'\}}{\nu\sum\{\text{ifz }e'\{z\hookrightarrow e_0\,|\,s(x)\hookrightarrow e_1\}\|\mu\} \mapsto \nu\sum'\{\text{ifz }e'\{z\hookrightarrow e_0\,|\,s(x)\hookrightarrow e_1\}\|\mu'\}} \tag{36.3d}$$

$$\overline{\nu\sum\{\text{ifz }z\{z\hookrightarrow e_0\,|\,s(x)\hookrightarrow e_1\}\|\mu\} \mapsto \nu\sum\{e_0\|\mu\}} \tag{36.3e}$$

$$\left\{\begin{array}{c} v\textstyle\sum,a\sim \mathrm{nat}\{\mathrm{ifz}\ s(@a)\{z\hookrightarrow e_0\mid s(x)\hookrightarrow e_1\|\mu\otimes a\hookrightarrow e\} \\ \mapsto \\ v\textstyle\sum,a\sim \mathrm{nat}\{[@a/x]e_1\|\mu\otimes a\hookrightarrow e\} \end{array}\right. \tag{36.3f}$$

$$\frac{v\textstyle\sum\{e_1\|\mu\}\mapsto v\textstyle\sum'\{e_1'\|\mu'\}}{v\textstyle\sum\{e_1(e_2)\|\mu\}\mapsto v\textstyle\sum'\{e_1'(e_2)\|\mu'\}} \tag{36.3g}$$

$$\left\{\begin{array}{c} v\textstyle\sum\{(\lambda(x{:}\tau)e)(e_2)\|\mu\} \\ \mapsto \\ v\textstyle\sum,a\sim\tau\{[@a/x]e\|\mu\otimes a\hookrightarrow e_2\} \end{array}\right. \tag{36.3h}$$

$$\overline{v\textstyle\sum\{\mathrm{fix}\ x{:}\tau\ \mathrm{is}\ e\|\mu\}\mapsto v\textstyle\sum,a\sim\tau\{@a\|\mu\otimes a\hookrightarrow[@a/x]e\}} \tag{36.3i}$$

规则（36.3a）控制一个符号，该符号的关联表达式为值，符号的值是备忘表中与该符号关联的值。规则（36.3b）规定，若与符号关联的表达式不是值，则对其"就地"求值直到可以应用规则（36.3a）。这通过把求值的重心转移到关联的表达式、同时把黑洞关联到该符号来实现。黑洞表示该符号的值缺失，因此在对其关联表达式求值期间，任何使用该符号值的尝试都无法取得进展。黑洞标志着循环依赖，若不使用黑洞，就会启动无限回归。

规则（36.3c）规定对 $s(e)$ 的求值为表达式 e 分配一个新的符号 a，并生成值 $s(@a)$。e 的值直到后续计算需要前驱时才能确定，从而实现了后继的惰性动态语义。规则（36.3f）操控后继中的条件分支，在计算非零数的前驱时用 $@a$ 替换变量 x，确保 x 的所有出现都共享同一个前驱计算。

规则（36.3g）规定，在执行函数应用之前必须先确定所应用的函数的值。规则（36.3h）规定，为了对一个 λ 抽象的应用进行求值，我们需要为参数分配一个新的符号 a，并用 $@a$ 替换函数的参数变量。只有当后续计算需要该参数时才对其求值，然后将该值在函数体中该参数变量的所有出现处共享。

一般递归由规则（36.3i）实现。回顾第 19 章，表达式 fix $x{:}\tau$ is e 代表递归方程 $x{=}e$ 的解。规则（36.3i）通过把一个新的符号 a 关联到递归体 e 来求解，其中用 $@a$ 替换 e 中的 x 来解决自指。正是这种代换允许命名表达式依赖于其自己的名字。例如，表达式 fix $x{:}\tau$ is x 把表达式 a 关联到备忘表中的 a，然后返回 $@a$。求值的下一步会卡住，因为它试图对 $@a$ 求值，而 a 绑定到黑洞。相反，像 fix $f{:}\tau'\to\tau$ is $\lambda(x{:}\tau')e$ 这样的表达式不会卡住，因为自指在 λ 抽象中被"隐藏"，因此也不需要求值就能确定绑定的值。

36.2 按需的 PCF 的安全性

记法 $\Gamma\vdash_{\textstyle\sum}e{:}\tau$ 表示在假设 Γ 以及把 $\textstyle\sum$ 中声明的符号当作其对应类型的表达式时，e 的类型为 τ。规则如第 19 章中所示，使用以下的规则扩展符号：

$$\overline{\Gamma\vdash_{\textstyle\sum,a\sim\tau}@a{:}\tau} \tag{36.4}$$

该规则说明对符号 a 的绑定 $@a$ 的请求是一种表达式。它是一种"延迟代换"，用其绑定惰性地替换对 a 的请求。

判断 $v\textstyle\sum\{e\|\mu\}$ ok 由以下规则定义：

$$\frac{\vdash_{\Sigma} e:\tau \quad \vdash_{\Sigma} \mu:\Sigma}{v\Sigma\{e\parallel\mu\}\,\mathrm{ok}} \tag{36.5a}$$

$$\frac{\forall a\sim\tau\in\Sigma \quad \mu(a)=e\neq\bullet\Rightarrow\vdash_{\Sigma'}e:\tau}{\vdash_{\Sigma'}\mu:\Sigma} \tag{36.5b}$$

规则（36.5b）允许通过备忘表来自指，即通过允许与符号 a 关联的表达式包含 @a。绑定到"黑洞"的符号可以是任意类型。

定理 36.1（保持性） 如果 $v\Sigma\{m\parallel\mu\}\mapsto v\Sigma'\{m'\parallel\mu'\}$ 且 $v\Sigma\{m\parallel\mu\}\,\mathrm{ok}$，那么 $v\Sigma'\{m'\parallel\mu'\}\,\mathrm{ok}$。

证明 通过对规则（36.3）的归纳可以证明，如果 $v\Sigma\{m\parallel\mu\}\mapsto v\Sigma'\{m'\parallel\mu'\}$，$\vdash_{\Sigma}\mu:\Sigma$ 且 $\vdash_{\Sigma}e:\tau$，那么 $\Sigma'\supseteq\Sigma$，$\vdash_{\Sigma'}\mu':\Sigma'$ 且 $\vdash_{\Sigma'}e':\tau$。

考虑规则（36.3b），我们有 $e=e'=@a$，$\mu=\mu_0\otimes a\hookrightarrow e_0$，$\mu'=\mu_0'\otimes a\hookrightarrow e_0'$，且

$$v\Sigma,a\sim\tau\{e_0\parallel\mu_0\otimes a\hookrightarrow\bullet\}\mapsto v\Sigma',a\sim\tau\{e_0'\parallel\mu_0'\otimes a\hookrightarrow\bullet\}$$

假设 $\vdash_{\Sigma,a\sim\tau}\mu:\Sigma$，$a\sim\tau$。满足 $\vdash_{\Sigma,a\sim\tau}e_0:\tau$，$\vdash_{\Sigma,a\sim\tau}\mu_0:\Sigma$，因此

$$\vdash_{\Sigma,a\sim\tau}\mu_0\otimes a\hookrightarrow\bullet:\Sigma,a\sim\tau$$

由归纳假设，我们有 $\Sigma'\supseteq\Sigma$，$\vdash_{\Sigma',a\sim\tau}e_0':\tau'$，且

$$\vdash_{\Sigma',a\sim\tau}\mu_0\otimes a\hookrightarrow\bullet:\Sigma,a\sim\tau$$

那么

$$\vdash_{\Sigma',a\sim\tau}\mu':\Sigma',a\sim\tau$$

满足结果。

考虑规则（36.3g），e 是应用 $e_1(e_2)$，且

$$v\Sigma\{e_1\parallel\mu\}\mapsto v\Sigma'\{e_1'\parallel\mu'\}$$

假设 $\vdash_{\Sigma}\mu:\Sigma$ 且 $\vdash_{\Sigma}e:\tau$。对某类型 τ_2，由其定型 $\vdash_{\Sigma}e_1:\tau_2\rightharpoonup\tau$ 的反转，可得 $\vdash_{\Sigma}e_2:\tau_2$。由归纳假设可知 $\Sigma'\supseteq\Sigma$，$\vdash_{\Sigma'}\mu':\Sigma'$ 且 $\vdash_{\Sigma'}e_1':\tau_2\rightharpoonup\tau$。由弱化，我们有 $\vdash_{\Sigma'}e_2:\tau_2$，使得 $\vdash_{\Sigma'}e_1'(e_2):\tau$，结论成立。 □

进展性定理的表述允许存在黑洞，表示非终结形式的一个可检查形式。判断 $v\Sigma\{m\parallel\mu\}\,\mathrm{loops}$ 表示 e 由于遇到黑洞而分岔，它由以下规则定义：

$$\frac{}{v\Sigma,a\sim\tau\{@a\parallel\mu\otimes a\hookrightarrow\bullet\}\,\mathrm{loops}} \tag{36.6a}$$

$$\frac{v\Sigma,a\sim\tau\{e\parallel\mu\otimes a\hookrightarrow\bullet\}\,\mathrm{loops}}{v\Sigma,a\sim\tau\{@a\parallel\mu\otimes a\hookrightarrow e\}\,\mathrm{loops}} \tag{36.6b}$$

$$\frac{v\Sigma\{e\parallel\mu\}\,\mathrm{loops}}{v\Sigma\{\mathrm{ifz}\,e\{z\hookrightarrow e_0\mid s(x)\hookrightarrow e_1\}\parallel\mu\}\,\mathrm{loops}} \tag{36.6c}$$

$$\frac{v\sum\{e_1 \| \mu\}\,\text{loops}}{v\sum\{e_1(e_2) \| \mu\}\,\text{loops}} \tag{36.6d}$$

还有其他形成无限循环的方式。循环判断简单地规范了这些情况，其中循环行为是一个由黑洞调解的自依赖。

定理 36.2（进展性） 如果 $v\sum\{m \| \mu\}\,\text{ok}$，则要么 $v\sum\{m \| \mu\}\,\text{final}$，要么 $v\sum\{m \| \mu\}\,\text{loops}$，要么存在 μ' 和 e' 使 $v\sum\{e \| \mu\} \mapsto v\sum'\{e' \| \mu'\}$。

证明   通过对 $v\sum\{m \| \mu\}\,\text{ok}$ 的推导中隐含的 $\vdash_\sum e:\tau$ 和 $\vdash_\sum \mu:\sum$ 的推导进行归纳来证明。

考虑规则（19.1a），其中符号 a 在 $\sum$ 中声明。因此，$\sum = \sum_0, a \sim \tau$ 且 $\vdash_\sum \mu : \sum$。满足 $\mu = \mu_0 \otimes a \hookrightarrow e_0$，其中 $\vdash_\sum \mu_0 : \sum_0$ 且 $\vdash_\sum e_0 : \tau$。注意到 $\vdash_\sum \mu_0 \otimes a \hookrightarrow \bullet : \sum$。对推导 $\vdash_\sum e_0 : \tau$ 应用归纳法，我们考虑三种情况：

1. $v\sum\{e_0 \| \mu \otimes a \hookrightarrow \bullet\}\,\text{final}$。通过反转规则（36.2b），我们有 $e_0\,\text{val}_\sum$，因此由规则（36.3a），我们得到 $v\sum\{@a \| \mu\} \mapsto v\sum\{e_0 \| \mu\}$。

2. $v\sum\{e_0 \| \mu_0 \otimes a \hookrightarrow \bullet\}\,\text{loops}$。通过应用规则（36.6b），我们得到 $v\sum\{@a \| \mu\}\,\text{loops}$。

3. $v\sum\{e_0 \| \mu_0 \otimes a \hookrightarrow \bullet\} \mapsto v\sum'\{e_0' \| \mu_1' \otimes a \hookrightarrow \bullet\}$。通过应用规则（36.3b），我们得到

$$v\sum\{@a \| \mu \otimes a \curvearrowleft e_0\} \mapsto v\sum'\{@a \| \mu' \otimes a \hookrightarrow e_0'\} \qquad \square$$

36.3   按需的 FPC

语言 LFPC 是包含按需动态语义的 FPC。例如，LFPC 中积类型的动态语义由下列规则给出：

$$\frac{}{\langle @a_1, @a_2 \rangle\,\text{val}_{\sum, a_1 \sim \tau_1, a_2 \sim \tau_2}} \tag{36.7a}$$

$$\left\{ \begin{array}{c} v\sum\{\langle e_1, e_2 \rangle \| \mu\} \\ \mapsto \\ v\sum, a_1 \sim \tau_1, a_2 \sim \tau_2 \{\langle @a_1, @a_2 \rangle \| \mu \otimes a_1 \hookrightarrow e_1 \otimes a_2 \hookrightarrow e_2\} \end{array} \right\} \tag{36.7b}$$

$$\frac{v\sum\{e \| \mu\} \mapsto v\sum'\{e' \| \mu'\}}{v\sum\{e \cdot 1 \| \mu\} \mapsto v\sum'\{e' \cdot 1 \| \mu'\}} \tag{36.7c}$$

$$\frac{v\sum\{e \| \mu\}\,\text{loops}}{v\sum\{e \cdot 1 \| \mu\}\,\text{loops}} \tag{36.7d}$$

$$\left\{ \begin{array}{c} v\sum, a_1 \sim \tau_1, a_2 \sim \tau_2 \{\langle @a_1, @a_2 \rangle \cdot 1 \| \mu\} \\ \mapsto \\ v\sum, a_1 \sim \tau_1, a_2 \sim \tau_2 \{@a_1 \| \mu\} \end{array} \right\} \tag{36.7e}$$

$$\frac{v\sum\{e \| \mu\} \mapsto v\sum'\{e' \| \mu'\}}{v\sum\{e \cdot r \| \mu\} \mapsto v\sum'\{e' \cdot r \| \mu'\}} \tag{36.7f}$$

$$\frac{v\sum\{e \| \mu\}\,\text{loops}}{v\sum\{e \cdot r \| \mu\}\,\text{loops}} \tag{36.7g}$$

$$\left.\begin{array}{c}\overline{v\sum,a_1\sim\tau_1,a_2\sim\tau_2\{\langle@a_1,@a_2\rangle\cdot\mathrm{r}\parallel\mu\}}\\ \longmapsto\\ v\sum,a_1\sim\tau_1,a_2\sim\tau_2\{@a_2\parallel\mu\}\end{array}\right\} \qquad(36.7\mathrm{h})$$

只有当序偶的参数是符号时，才把该序偶视作一个值（规则（36.7a）），这些符号参数在创建序偶时引入（规则（36.7b））。第一个和第二个投影求值得到序偶中的一个或另一个符号，包括对该分量值的请求（规则（36.7e）和（36.7h））。

类似的想法可用来给出和类型与递归类型的按需求值动态语义。

36.4　悬挂类型

上一节中列出的 LFPC 的动态语义对每种类型施加按需解释。一种更灵活的方法是，通过引入 τ susp 类型的记忆计算（称为**悬挂**（suspensions），计算 τ 类型的值）到 FPC 的急切变体，来分离按需求值的机制。这样做允许程序员选择按需动态语义所作用的程度。

非正式地，类型 τ susp 的引入形式为 susp x:τ is e，表示一个悬挂的、自指计算 e，类型为 τ。其消去形式为操作 force(e)，对 e 表示的挂起计算进行求值，在备忘表中记录该值，并返回该值作为结果。使用悬挂类型，可以随意构造惰性类型。例如，具有 τ_1 和 τ_2 类型的分量的惰性有序对的类型可以表示为类型

$$\tau_1\mathrm{susp}\times\tau_2\mathrm{susp}$$

而定义域为 τ_1、值域为 τ_2 的按需函数的类型可以表示为类型

$$\tau_1\mathrm{susp}\rightharpoonup\tau_2$$

我们还可以表达急切与惰性的更复杂组合，例如由计算组成的"惰性列表"类型，当强制计算时，求值得到空表，或者由自然数和另一个惰性列表组成的非空表：

$$\mathrm{rec}\ t\ \mathrm{is}(\mathrm{unit}+(\mathrm{nat}\times t))\mathrm{susp}$$

对比之前的类型：

$$\mathrm{rec}\ t\ \mathrm{is}(\mathrm{unit}+(\mathrm{nat}\times t\ \mathrm{susp}))$$

后一种类型的值是空表和由自然数与另一个这样的值的计算组成的有序对。

语言 SFPC 使用悬挂类型扩展 FPC：

Typ τ ::=	susp(τ)	τ susp	悬挂
Exp e ::=	susp$\{\tau\}(x.e)$	susp $x:\tau$ is e	延迟
	force(e)	force(e)	强制
	lcell$[a]$	lcell$[a]$	间接

挂起计算可能是自指的，约束变量 x 指向悬挂本身。表达式 lcell$[a]$ 是对名为 a 的悬挂的引用。

SFPC 的静态语义使用 $\Gamma\vdash_{\sum}e$:τ 形式的判断给出，其中 $\sum$ 指派类型到悬挂的名称。它由以下规则定义：

$$\frac{\Gamma, x : \text{susp}(\tau) \vdash_\Sigma e : \tau}{\Gamma \vdash_\Sigma \text{susp}\{\tau\}(x.e) : \text{susp}(\tau)} \tag{36.8a}$$

$$\frac{\Gamma \vdash_\Sigma e : \text{susp}(\tau)}{\Gamma \vdash_\Sigma \text{force}(e) : \tau} \tag{36.8b}$$

$$\frac{}{\Gamma \vdash_{\Sigma, a \sim \tau} \text{lcell}[a] : \text{susp}(\tau)} \tag{36.8c}$$

规则（36.8a）检查表达式 e，在假设 x 下它是 τ 类型的，代表 $\text{susp}(\tau)$ 类型的悬挂本身。

SFPC 的动态语义是急切的，将备忘限制为按以下规则描述的悬挂类型：

$$\frac{}{\text{lcell}[a] \ \text{val}_{\Sigma, a \sim \tau}} \tag{36.9a}$$

$$\left\{ \begin{array}{c} \nu\Sigma\{\text{susp}\{\tau\}(x.e) \| \mu\} \\ \mapsto \\ \nu\Sigma, a \sim \tau\{\text{lcell}[a] \| \mu \otimes a \hookrightarrow [\text{lcell}[a] / x]e\} \end{array} \right. \tag{36.9b}$$

$$\frac{\nu\Sigma\{e \| \mu\} \mapsto \nu\Sigma'\{e' \| \mu'\}}{\nu\Sigma\{\text{force}(e) \| \mu\} \mapsto \nu\Sigma'\{\text{force}(e') \| \mu'\}} \tag{36.9c}$$

$$\frac{e \ \text{val}_{\Sigma, a \sim \tau}}{\left\{ \begin{array}{c} \nu\Sigma, a \sim \tau\{\text{force}(\text{lcell}[a]) \| \mu \otimes a \hookrightarrow e\} \\ \mapsto \\ \nu\Sigma, a \sim \tau\{e \| \mu \otimes a \hookrightarrow e\} \end{array} \right.} \tag{36.9d}$$

$$\frac{\begin{array}{c} \nu\Sigma, a \sim \tau\{e \| \mu \otimes a \hookrightarrow \bullet\} \\ \mapsto \\ \nu\Sigma', a \sim \tau\{e' \| \mu' \otimes a \hookrightarrow \bullet\} \end{array}}{\left\{ \begin{array}{c} \nu\Sigma, a \sim \tau\{\text{force}(\text{lcell}[a]) \| \mu \otimes a \hookrightarrow e\} \\ \mapsto \\ \nu\Sigma', a \sim \tau\{\text{force}(\text{lcell}[a]) \| \mu' \otimes a \hookrightarrow e'\} \end{array} \right.} \tag{36.9e}$$

规则（36.9a) 表明对悬挂的引用是一个值。规则（36.9b）规定，对延迟计算的求值包括为其在备忘表中分配新的符号，并返回对该悬挂的引用。规则（36.9c）和（36.9e）指定对悬挂值的请求会强制对挂起计算进行求值，然后将其存储在备忘表中并返回该值。

36.5 注记

这里给出的按需动态语义是受到 Ariola 和 Felleisen（1997）的启发，但不同之处在于按需单元被视作可赋值对象，而非变量。这样做保留了变量通过代换赋予含义的原则。相反，按需单元是一种最多只能对其赋值一次的可赋值对象。

习题

36.1 回顾第 20 章，在惰性解释下，递归类型

$$\text{rec } t \text{ is }[z{\hookrightarrow}\text{unit},s{\hookrightarrow}t]$$

包含"无限数" $\omega \triangleq \text{fix } x : \text{nat is } s(x)$。请对比本章给出的按需解释下的 ω 的行为与第 19、20 章给出的按名解释下的 ω 的行为。

36.2 在 LFPC 中，自然数"列表"的推定递归类型（putative recursive type）为

$$\text{rec } t \text{ is }[\text{nil}{\hookrightarrow}\text{unit}, \text{cons}{\hookrightarrow}\text{nat}\times t]$$

实则是自然数的有限或无限流类型。为了证明这点，请将所有自然数的流展示为这种类型的元素。

36.3 通过给出单元类型、空类型、和类型以及递归类型的按需动态语义完善 LFPC 的定义。

36.4 LFPC 可以解释成 SFPC。完善下面的表格，定义该 τ 类型的解释 $\hat{\tau}$：

$$\widehat{\text{unit}} \triangleq \dots$$
$$\widehat{\tau_1 \times \tau_2} \triangleq \dots$$
$$\widehat{\text{void}} \triangleq \dots$$
$$\widehat{\tau_1 + \tau_2} \triangleq \dots$$
$$\widehat{\text{rec } t \text{ is } \tau} \triangleq \dots$$

提示：请特征化左列给出的惰性类型的值，再将这些值表示为右列中的急切类型，必要时使用悬挂。

并行

嵌套并行

并行计算通过允许同时执行多个计算来减少程序的运行时间。例如，如果我们希望将两个数相加，每个数都由复杂的计算给出，那么可以考虑同时计算加数，然后再计算它们的和。对并行性的开拓受程序各部分之间依赖关系的限制。显然，如果一个计算依赖于另一个计算的结果，那么就只能按顺序执行它们，以便将第一个计算的结果传播到第二个计算。因此，子计算之间的依赖性越少，并行的机会就越大。

在本章中，我们将讨论语言 PPCF，它使用**嵌套并行**（nested parallelism）对 PCF 进行扩展。嵌套并行有一个层次结构，该结构产生于**分叉**（forking）两个（或多个）并行计算，然后在继续后续计算前**合并**（joining）这些计算来组合它们的结果。嵌套并行也称为 **fork-join 并行**。我们将考虑嵌套并行的两种动态语义形式。第一种是结构动态语义，其中复合表达式上的单个转换可能涉及其组成表达式上的多个转换。第二种是成本动态语义（在第 7 章中介绍），它通过将**串并图**（serial-parallel graph）与每个计算关联起来，将注意力集中在并行程序的串行和并行复杂性（也称为**工作量**（work）和**深度**（depth），或**广度**（span））。

37.1 二叉 fork-join

PPCF 语法通过如下语言构造对 PCF 语法进行扩展：

$$\text{Exp } e ::= \text{par}(e_1; e_2; x_1.x_2.e) \quad \text{par } x_1 = e_1 \text{ and } x_2 = e_2 \text{ in } e \quad \text{并行 let}$$

变量 x_1 和 x_2 仅在 e 中被约束，在 e_1 或者 e_2 中不被约束，这保证了它们不是相互依赖的，因此可以同时计算。变量绑定表示两个并行计算 e_1 和 e_2 的分叉，而主体 e 表示它们的合并。

PPCF 的静态语义在 PCF 基础上添加了对并行 let 的如下规则：

$$\frac{\Gamma \vdash e_1 : \tau_1 \quad \Gamma \vdash e_2 : \tau_2 \quad \Gamma, x_1 : \tau_1, x_2 : \tau_2 \vdash e : \tau}{\Gamma \vdash \text{par}(e_1; e_2; x_1.x_2.e) : \tau} \tag{37.1}$$

PPCF 的**顺序结构动态语义**（sequential structural dynamics）通过形如 $e \underset{\text{seq}}{\longmapsto} e'$ 的转换判断来定义，该转换判断由下述规则定义：

$$\frac{e_1 \underset{\text{seq}}{\longmapsto} e_1'}{\text{par}(e_1; e_2; x_1.x_2.e) \underset{\text{seq}}{\longmapsto} \text{par}(e_1'; e_2; x_1.x_2.e)} \tag{37.2a}$$

$$\frac{e_1 \text{ val} \quad e_2 \underset{\text{seq}}{\longmapsto} e_2'}{\text{par}(e_1; e_2; x_1.x_2.e) \underset{\text{seq}}{\longmapsto} \text{par}(e_1; e_2'; x_1.x_2.e)} \tag{37.2b}$$

$$\frac{e_1\,\mathrm{val} \qquad e_2\,\mathrm{val}}{\mathrm{par}(e_1;e_2;x_1.x_2.e)\underset{\mathrm{seq}}{\longmapsto}[e_1,e_2\,/\,x_1,x_2]e} \qquad (37.2c)$$

PPCF 的**并行结构动态语义**（parallel structural dynamics）由形如 $e\underset{\mathrm{par}}{\longmapsto}e'$ 的转换判断给出，该转换判断由下述规则定义：

$$\frac{e_1\underset{\mathrm{par}}{\longmapsto}e_1' \qquad e_2\underset{\mathrm{par}}{\longmapsto}e_2'}{\mathrm{par}(e_1;e_2;x_1.x_2.e)\underset{\mathrm{par}}{\longmapsto}\mathrm{par}(e_1';e_2';x_1.x_2.e)} \qquad (37.3a)$$

$$\frac{e_1\underset{\mathrm{par}}{\longmapsto}e_1' \qquad e_2\,\mathrm{val}}{\mathrm{par}(e_1;e_2;x_1.x_2.e)\underset{\mathrm{par}}{\longmapsto}\mathrm{par}(e_1';e_2;x_1.x_2.e)} \qquad (37.3b)$$

$$\frac{e_1\,\mathrm{val} \qquad e_2\underset{\mathrm{par}}{\longmapsto}e_2'}{\mathrm{par}(e_1;e_2;x_1.x_2.e)\underset{\mathrm{par}}{\longmapsto}\mathrm{par}(e_1;e_2';x_1.x_2.e)} \qquad (37.3c)$$

$$\frac{e_1\,\mathrm{val} \qquad e_2\,\mathrm{val}}{\mathrm{par}(e_1;e_2;x_1.x_2.e)\underset{\mathrm{par}}{\longmapsto}[e_1,e_2\,/\,x_1,x_2]e} \qquad (37.3d)$$

并行动态语义的处理能力不受任何限制，比如在 37.4 节考虑的限制。

隐式并行定理（implicit parallelism theorem）指出，顺序动态语义与并行动态语义是一致的。因此，我们不需要关心并行程序的语义（它的含义由顺序动态语义给出），而只需要关心它的**效率**（efficiency）。实际上，这意味着程序可以在串行平台上开发，即便它将要在并行平台上运行，因为无论我们使用顺序或并行动态语义来执行它，都不会影响行为。由于顺序动态语义是确定性的（每个表达式最多有一个值），隐式并行定理意味着并行动态语义也是确定性的。因此，隐式并行定理又称为**确定性并行定理**（deterministic parallelism theorem）。这个术语强调了**确定性并行**（deterministic parallelism）（本章的主题）和**非确定性并发**（non-deterministic concurrency）（第 39 和 40 章的主题）之间的区别。

隐式并行定理的证明可以按第 7 章中的求值动态语义 $e\Downarrow v$ 来给出，这表明：

$$e\underset{\mathrm{par}}{\overset{*}{\longmapsto}}v \quad \mathrm{iff} \quad e\Downarrow v \quad \mathrm{iff} \quad e\underset{\mathrm{seq}}{\overset{*}{\longmapsto}}v$$

（其中 v 是一个使得 $v\,\mathrm{val}$ 的闭式）。求值动态语义最重要的规则是求解并行 let：

$$\frac{e_1\Downarrow v_1 \qquad e_2\Downarrow v_2 \qquad [v_1,v_2\,/\,x_1,x_2]e\Downarrow v}{\mathrm{par}(e_1;e_2;x_1.x_2.e)\Downarrow v} \qquad (37.4)$$

其他规则很容易像第 7 章那样从 PCF 的结构动态语义导出。

通过扩展定理 7.2 的证明，可以证明 PPCF 的顺序动态语义与它的求值动态语义是一致的。

引理 37.1　对于所有 $v\,\mathrm{val}$，$e\underset{\mathrm{seq}}{\overset{*}{\longmapsto}}v$ 当且仅当 $e\Downarrow v$。

证明　只要证明如果 $e\underset{\mathrm{seq}}{\longmapsto}e'$ 和 $e'\Downarrow v$，则 $e\Downarrow v$，以及证明如果 $e_1\underset{\mathrm{seq}}{\overset{*}{\longmapsto}}v_1$，$e_2\underset{\mathrm{seq}}{\overset{*}{\longmapsto}}v_2$ 且

$[v_1, v_2 / x_1, x_2] e \underset{\mathrm{seq}}{\overset{*}{\longmapsto}} v$ ，则

$$\mathrm{par}\ x_1 = e_1\ \mathrm{and}\ x_2 = e_2\ \mathrm{in}\ e \underset{\mathrm{seq}}{\overset{*}{\longmapsto}} v \qquad\qquad \square$$

通过类似的论证，我们可以证明并行动态语义也符合求值动态语义，因此也符合顺序动态语义。

> **引理 37.2**　对于所有 $v\ \mathrm{val}$，$e \underset{\mathrm{par}}{\overset{*}{\longmapsto}} v$ 当且仅当 $e \Downarrow v$。

证明　只要证明如果 $e \underset{\mathrm{par}}{\longmapsto} e'$ 且 $e' \Downarrow v$，则 $e \Downarrow v$，以及证明如果 $e_1 \underset{\mathrm{par}}{\overset{*}{\longmapsto}} v_1$，$e_2 \underset{\mathrm{par}}{\overset{*}{\longmapsto}} v_2$ 且 $[v_1, v_2 / x_1, x_2] e \underset{\mathrm{par}}{\overset{*}{\longmapsto}} v$，则

$$\mathrm{par}\ x_1 = e_1\ \mathrm{and}\ x_2 = e_2\ \mathrm{in}\ e \underset{\mathrm{par}}{\overset{*}{\longmapsto}} v \qquad\qquad \square$$

第一个通过对并行动态语义归纳可证。第二个通过对 $e_1 \underset{\mathrm{par}}{\overset{*}{\longmapsto}} v_1$ 和 $e_2 \underset{\mathrm{par}}{\overset{*}{\longmapsto}} v_2$ 推导的联立归纳进行证明。如果 $e_1 = v_1$ 且 $v_1\ \mathrm{val}$，$e_2 = v_2$ 且 $v_2\ \mathrm{val}$，那么从第三个前提即可得到结果。如果 $e_2 = v_2$ 但是 $e_1 \underset{\mathrm{par}}{\longmapsto} e_1' \underset{\mathrm{par}}{\overset{*}{\longmapsto}} v_1$，那么通过归纳，我们有 $\mathrm{par}\ x_1 = e_1'\ \mathrm{and}\ x_2 = v_2\ \mathrm{in}\ e \underset{\mathrm{par}}{\overset{*}{\longmapsto}} v$，因此通过应用规则（37.3b）得到结果。同样地，应用规则（37.3c）可以得到对称的情况，并且在 e_1 和 e_2 都转换的情况下，使用归纳法和规则（37.3a）可得到结果。

> **定理 37.3（隐式并行性）**　顺序动态语义和并行动态语义一致：对于所有 $v\ \mathrm{val}$，$e \underset{\mathrm{seq}}{\overset{*}{\longmapsto}} v$ 当且仅当 $e \underset{\mathrm{par}}{\overset{*}{\longmapsto}} v$。

证明　由引理 37.1 和引理 37.2 可证。　　　　　　　　　　　　　　　　　□

隐式并行定理指出，并行并不影响程序的语义，只影响程序执行的效率。正确性不受并行性的影响，仅受效率的影响。

37.2　成本动态语义

在本节中，我们定义一个并行成本动态语义，它给一个 PPCF 表达式的求值指派一个**成本图**（cost graph）。成本图由以下文法定义：

$$
\begin{array}{llll}
\mathrm{Cost}\ c & ::= & \mathbf{0} & \text{零成本} \\
& & \mathbf{1} & \text{单位成本} \\
& & c_1 \otimes c_2 & \text{并行组合} \\
& & c_1 \oplus c_2 & \text{顺序组合}
\end{array}
$$

成本图是具有指定**源点**（source node）和**汇点**（sink node）的**串并**有序有向无环图。对于 0，图由一个结点组成，没有边，源点和汇点都是该结点本身。对于 1，图由两个结点和一条从源点指向汇点的边组成。对于 $c_1 \otimes c_2$，如果 g_1 和 g_2 分别是 c_1 和 c_2 的图，则图中有两个额外的结点：一个源点，它到 g_1 和 g_2 的源点有两条边；一个汇点，从 g_1 和 g_2 的汇点到该汇点有两条边。源点的子结点按顺序求值依次排序。最后，对于 $c_1 \oplus c_2$，其中 g_1 和 g_2 为

c_1 和 c_2 的图，图中源点为 g_1 的源点，汇点为 g_2 的汇点，g_1 的汇点到 g_2 的源点有一条边。

成本图背后的直觉是结点表示整个计算的子计算，边表示**顺序约束**（sequential constraints），说明一个计算依赖于另一个计算的结果，因而不能在它所依赖的那个计算完成之前启动。两个图的积表示两个计算之间没有顺序约束，存在**并行机会**（parallelism opportunities）。源点和汇点的指派分别反映了分叉两个并行计算与在两者完成后合并的开销。在结构层次上，只有根结点没有祖先结点，只有成本图的终点没有后代结点。内部结点可能有一个或两个后代结点，前者表示顺序依赖关系，后者表示**分叉点**（fork point）。这些结点可能有一个或两个祖先结点，前者对应到一个顺序依赖，后者表示**合并点**（join point）。

我们将每个成本图与两个数值度量联系起来：**工作量** wk（c）和**深度** dp（c）。工作量定义如下：

$$\mathrm{wk}(c) = \begin{cases} 0 & c = \mathbf{0} \\ 1 & c = \mathbf{1} \\ \mathrm{wk}(c_1) + \mathrm{wk}(c_2) & c = c_1 \otimes c_2 \\ \mathrm{wk}(c_1) + \mathrm{wk}(c_2) & c = c_1 \oplus c_2 \end{cases} \qquad (37.5)$$

深度定义如下：

$$\mathrm{dp}(c) = \begin{cases} 0 & c = \mathbf{0} \\ 1 & c = \mathbf{1} \\ \max(\mathrm{dp}(c_1), \mathrm{dp}(c_2)) & c = c_1 \otimes c_2 \\ \mathrm{dp}(c_1) + \mathrm{dp}(c_2) & c = c_1 \oplus c_2 \end{cases} \qquad (37.6)$$

非正式地说，成本图的工作量决定了成本图所表示的计算步骤的总数，因此对应于计算的顺序复杂度。成本图的深度决定了关键路径长度，即计算中最长依赖链的长度，这对计算的并行复杂性施加了一个下界。关键路径长度是完成计算所需步数的下界。

在第 7 章中，我们引入了成本动态语义来计算指派时间复杂度。定理 7.7 的证明表明 $e \Downarrow^k v$ 当且仅当 $e \mapsto^k v$。也就是说，e 求值为 v 的步骤复杂性为推出 $e \mapsto^* v$ 所需的转换步数。这里我们使用成本图作为复杂性的度量，然后将这些成本图与 37.1 节中给出的结构动态语义联系起来。

判断 $e \Downarrow^c v$ 中，e 是闭式，v 是闭值，c 是表示成本动态语义的成本图。根据定义，我们规定，当 e val 时有 $e \Downarrow^0 e$。并行 let 语句的成本指派由以下规则给出：

$$\frac{e_1 \Downarrow^{c_1} v_1 \quad e_2 \Downarrow^{c_2} v_2 \quad [v_1, v_2 / x_1, x_2] e \Downarrow^c v}{\mathrm{par}(e_1; e_2; x_1.x_2.e) \Downarrow^{(c_1 \otimes c_2) \oplus \mathbf{1} \oplus c} v} \qquad (37.7)$$

成本指派说明，在理想的条件下，e_1 和 e_2 并行地求值，并将它们的结果传递给 e。分叉与合并的成本隐含在成本的并行组合中，并将单位成本指派到代换，因为我们希望它通过常量时间机制来实现环境更新。其他语言构造的成本动态语义按类似方法来指明，仅使用顺序组合来隔离 par 构造的并行性来源。

有两个关于成本动态语义的简单事实需要记住。第一，成本指派不会影响计算结果。

引理 37.4　$e \Downarrow v$，当且仅当对于某个 c 有 $e \Downarrow^c v$。

证明　从右到左，擦除成本指派来构造一个求值推导式。从左到右，对求值推导用定义成本动态语义的规则所确定的成本来修饰。

第二,一个表达式求值的成本是唯一确定的。

引理 37.5 如果 $e \Downarrow^c v$ 且 $e \Downarrow^{c'} v$,那么 c 就是 c'。

证明 对 $e \Downarrow^c v$ 的推导进行归纳可证。

下面的定理给出了成本动态语义和结构动态语义之间的联系,即工作量成本是计算的顺序复杂度,深度成本是计算的并行复杂度。

定理 37.6 如果 $e \Downarrow^c v$,则 $e \underset{\mathrm{seq}}{\overset{w}{\longmapsto}} v$ 且 $e \underset{\mathrm{par}}{\overset{d}{\longmapsto}} v$,其中 $w=\mathrm{wk}(c)$ 且 $d=\mathrm{dp}(c)$。相反地,如果 $e \underset{\mathrm{seq}}{\overset{w}{\longmapsto}} v$,则存在 c 使得 $e \Downarrow^c v$ 且 $\mathrm{wk}(c)=w$;如果 $e \underset{\mathrm{par}}{\overset{d}{\longmapsto}} v'$,则存在 c' 使得 $e \Downarrow^{c'} v'$ 且 $\mathrm{dp}(c')=d$。

证明 第一部分通过对 $e \Downarrow^c v$ 的推导归纳来证明,有趣的情况是规则(37.7)。通过归纳,我们有 $e_1 \underset{\mathrm{seq}}{\overset{w_1}{\longmapsto}} v_1$, $e_2 \underset{\mathrm{seq}}{\overset{w_2}{\longmapsto}} v_2$ 和 $[v_1, v_2 / x_1, x_2]e \underset{\mathrm{seq}}{\overset{w}{\longmapsto}} v$,其中 $w_1=\mathrm{wk}(c_1)$, $w_2=\mathrm{wk}(c_2)$, $w=\mathrm{wk}(c)$。将推导进行组合,我们得到推导

$$\mathrm{par}(e_1; e_2; x_1.x_2.e) \underset{\mathrm{seq}}{\overset{w_1}{\longmapsto}} \mathrm{par}(v_1; e_2; x_1.x_2.e)$$
$$\underset{\mathrm{seq}}{\overset{w_2}{\longmapsto}} \mathrm{par}(v_1; v_2; x_1.x_2.e)$$
$$\underset{\mathrm{seq}}{\longmapsto} [v_1, v_2 / x_1, x_2]e$$
$$\underset{\mathrm{seq}}{\overset{w}{\longmapsto}} v$$

请注意,$\mathrm{wk}((c_1 \otimes c_2) \oplus 1 \oplus c) = w_1 + w_2 + 1 + w$,证毕。类似地,通过归纳有 $e_1 \underset{\mathrm{par}}{\overset{d_1}{\longmapsto}} v_1$, $e_2 \underset{\mathrm{par}}{\overset{d_2}{\longmapsto}} v_2$ 和 $[v_1, v_2 / x_1, x_2]e \underset{\mathrm{par}}{\overset{d}{\longmapsto}} v$,其中 $d_1=\mathrm{dp}(c_1)$, $d_2=\mathrm{dp}(c_2)$, $d=\mathrm{dp}(c)$。不失一般性,假设 $d_1 \leqslant d_2$(否则简单调换 d_1 和 d_2 即可)。我们可以将推导进行组合,如下所示:

$$\mathrm{par}(e_1; e_2; x_1.x_2.e) \underset{\mathrm{par}}{\overset{d_1}{\longmapsto}} \mathrm{par}(v_1; e_2'; x_1.x_2.e)$$
$$\underset{\mathrm{par}}{\overset{d_2-d_1}{\longmapsto}} \mathrm{par}(v_1; v_2; x_1.x_2.e)$$
$$\underset{\mathrm{par}}{\longmapsto} [v_1, v_2 / x_1, x_2]e$$
$$\underset{\mathrm{par}}{\overset{d}{\longmapsto}} v$$

计算 $\mathrm{dp}((c_1 \otimes c_2) \oplus 1 \oplus c) = \max(d_1, d_2) + 1 + d$,证毕。

对于第二部分,只要证明如果 $e \underset{\mathrm{seq}}{\longmapsto} e'$ 且 $e' \Downarrow^c v$,则 $e \Downarrow^c v$ 且 $\mathrm{wk}(c)=\mathrm{wk}(c')+1$,以及如果 $e \underset{\mathrm{par}}{\longmapsto} e'$ 且 $e' \Downarrow^c v$,则 $e \Downarrow^c v$ 且 $\mathrm{dp}(c)=\mathrm{dp}(c')+1$。

假设 $e = \mathrm{par}(e_1; e_2; x_1.x_2.e_0)$,其中 e_1 val 且 e_2 val。然后 $e \underset{\mathrm{seq}}{\longmapsto} e'$,其中 $e'=[e_1, e_2 / x_1, x_2]e_0$ 并且存在 c' 使得 $e' \Downarrow^{c'} v$。但是 $e \Downarrow^c v$,其中 $c=(0 \otimes 0) \oplus 1 \oplus c'$,简单的计算表明 $\mathrm{wk}(c)=\mathrm{wk}(c')+1$。类似地,$e \underset{\mathrm{par}}{\longmapsto} e'$,其中 e' 同上,因此对于某个 c, $e \Downarrow^c v$ 使 $\mathrm{dp}(c)=\mathrm{dp}(c')+1$。

假设 $e=\mathrm{par}(e_1; e_2; x_1.x_2.e_0)$ 且 $e \underset{\mathrm{seq}}{\longmapsto} e'$,其中 $e'=\mathrm{par}(e_1'; e_2'; x_1.x_2.e_0)$ 且 $e_1 \underset{\mathrm{seq}}{\longmapsto} e_1'$。从假设 $e' \Downarrow^{c'} v$,

通过反转我们有 $e_1' \Downarrow^{c_1'} v_1$，$e_2' \Downarrow^{c_2'} v_2$ 和 $[v_1, v_2 / x_2, x_2] e_0 \Downarrow^{c_0'} v$，其中 $c' = (c_1' \otimes c_2') \oplus 1 \oplus c_0'$。由归纳可知，存在 c_1 使 $\mathrm{wk}(c_1) = 1 + \mathrm{wk}(c_1')$ 和 $e_1 \Downarrow^{c_1} v_1$。于是有 $e \Downarrow^c v$ 且 $c = (c_1 \otimes c_2') \oplus 1 \oplus c_0'$。

通过类似的论证，假设 $e = \mathrm{par}(e_1; e_2; x_1.x_2.e_0)$ 且 $e \underset{\mathrm{par}}{\longmapsto} e'$，其中 $e' = \mathrm{par}(e_1'; e_2'; x_1.x_2.e_0)$ 且 $e_1 \underset{\mathrm{par}}{\longmapsto} e_1'$，$e_2 \underset{\mathrm{par}}{\longmapsto} e_2'$ 且 $e' \Downarrow^c v$。通过反转有 $e_1' \Downarrow^{c_1'} v_1$，$e_2' \Downarrow^{c_2'} v_2$ 和 $[v_1, v_2 / x_2, x_2] e_0 \Downarrow^{c_0} v$。但是 $e \Downarrow^c v$，其中 $c = (c_1 \otimes c_2) \oplus 1 \oplus c_0, e_1 \Downarrow^{c_1} v_1$ 且 $\mathrm{dp}(c_1) = 1 + \mathrm{dp}(c_1')$，$e_2 \Downarrow^{c_2} v_2$ 且 $\mathrm{dp}(c_2) = 1 + \mathrm{dp}(c_2')$ 和 $[v_1, v_2 / x_1, x_2] e_0 \Downarrow^{c_0} v$。通过计算，我们得到

$$\begin{aligned}
\mathrm{dp}(c) &= \max(\mathrm{dp}(c_1') + 1, \mathrm{dp}(c_2') + 1) + 1 + \mathrm{dp}(c_0) \\
&= \max(\mathrm{dp}(c_1'), \mathrm{dp}(c_2')) + 1 + 1 + \mathrm{dp}(c_0) \\
&= \mathrm{dp}((c_1' \otimes c_2') \oplus 1 \oplus c_0) + 1 \\
&= \mathrm{dp}(c') + 1
\end{aligned}$$

证毕。 □

推论 37.7　如果 $e \underset{\mathrm{seq}}{\overset{w}{\longmapsto}} v$ 且 $e \underset{\mathrm{par}}{\overset{d}{\longmapsto}} v'$，则 v 就是 v' 且存在某个 c 满足 $\mathrm{wk}(c) = w$，$\mathrm{dp}(c) = d$ 使得 $e \Downarrow^c v$。

37.3　多叉 fork-join

到目前为止，我们只把注意力限制在由并行 let 构造引起的二叉 fork/join 并行。**数据并行**这种泛化允许同时创建任意数量的任务对数据结构的不同组件进行计算。主要的例子是一个给定类型的值**序列**。序列上的原始操作是不受限制的并行的自然来源。例如，我们可以考虑一个并行映射结构，该结构将给定的函数同时应用于序列的每个元素，形成由结果组成的序列。

在这里，我们将考虑一种简单的序列操作语言来说明主要思想。

Typ τ	::=	$\mathrm{seq}(\tau)$	$\tau\ \mathrm{seq}$	序列
Exp e	::=	$\mathrm{seq}\{n\}(e_0, \cdots, e_{n-1})$	$\langle e_0, \cdots, e_{n-1} \rangle_n$	序列
		$\mathrm{len}(e)$	$|e|$	规模、长度
		$\mathrm{sub}(e_1; e_2)$	$e_1[e_2]$	元素
		$\mathrm{tab}(x.e_1; e_2)$	$\mathrm{tab}(x.e_1; e_2)$	制表
		$\mathrm{map}(x.e_1; e_2)$	$[e_1 \mid x \in e_2]$	映射
		$\mathrm{cat}(e_1; e_2)$	$\mathrm{cat}(e_1; e_2)$	串联

表达式 $\mathrm{seq}(e_0, \cdots, e_{n-1})$ 求值为一个 n 元序列，其中元素由表达式 $e_0, \cdots, e_{n-1}$ 给出。$\mathrm{len}(e)$ 操作返回 e 所给序列中元素的个数。$\mathrm{sub}(e_1; e_2)$ 操作提取 e_1 所给序列中由 e_2 索引的元素。制表操作 $\mathrm{tab}(x.e_1; e_2)$ 给出长度为 e_2，第 i 个元素为 $[i/x]e_1$ 的序列。$\mathrm{map}(x.e_1; e_2)$ 操作计算第 i 个元素为 $[e/x]e_1$ 的序列，其中 e 是序列 e_2 中的第 i 个元素。$\mathrm{cat}(e_1; e_2)$ 操作将两个同类型的序列进行串联。

这些操作的静态语义由下面的定型规则给出：

$$\frac{\Gamma \vdash e_0 : \tau \quad \cdots \quad \Gamma \vdash e_{n-1} : \tau}{\Gamma \vdash \mathrm{seq}\{n\}(e_0, \cdots, e_{n-1}) : \mathrm{seq}(\tau)} \tag{37.8a}$$

$$\frac{\Gamma \vdash e : \mathrm{seq}(\tau)}{\Gamma \vdash \mathrm{len}(e) : \mathrm{nat}} \tag{37.8b}$$

$$\frac{\Gamma \vdash e_1 : \mathrm{seq}(\tau) \quad \Gamma \vdash e_2 : \mathrm{nat}}{\Gamma \vdash \mathrm{sub}(e_1 ; e_2) : \tau} \qquad (37.8\mathrm{c})$$

$$\frac{\Gamma, x : \mathrm{nat} \vdash e_1 : \tau \quad \Gamma \vdash e_2 : \mathrm{nat}}{\Gamma \vdash \mathrm{tab}(x.e_1 ; e_2) : \mathrm{seq}(\tau)} \qquad (37.8\mathrm{d})$$

$$\frac{\Gamma \vdash e_2 : \mathrm{seq}(\tau) \quad \Gamma, x : \tau \vdash e_1 : \tau'}{\Gamma \vdash \mathrm{map}(x.e_1 ; e_2) : \mathrm{seq}(\tau')} \qquad (37.8\mathrm{e})$$

$$\frac{\Gamma \vdash e_1 : \mathrm{seq}(\tau) \quad \Gamma \vdash e_2 : \mathrm{seq}(\tau)}{\Gamma \vdash \mathrm{cat}(e_1 ; e_2) : \mathrm{seq}(\tau)} \qquad (37.8\mathrm{f})$$

这些语言构造的成本动态语义由下列规则定义：

$$\frac{e_0 \Downarrow^{c_0} v_0 \quad \cdots \quad e_{n-1} \Downarrow^{c_{n-1}} v_{n-1}}{\mathrm{seq}\{n\}(e_0,\cdots,e_{n-1}) \Downarrow^{\otimes_{i=0}^{n-1} c_i} \mathrm{seq}\{n\}(v_0,\cdots,v_{n-1})} \qquad (37.9\mathrm{a})$$

$$\frac{e \Downarrow^c \mathrm{seq}\{n\}(v_0,\cdots,v_{n-1})}{\mathrm{len}(e) \Downarrow^{c \oplus 1} \mathrm{num}[n]} \qquad (37.9\mathrm{b})$$

$$\frac{e_1 \Downarrow^{c_1} \mathrm{seq}\{n\}(v_0,\cdots,v_{n-1}) \quad e_2 \Downarrow^{c_2} \mathrm{num}[i] \quad (0 \le i < n)}{\mathrm{sub}(e_1 ; e_2) \Downarrow^{c_1 \oplus c_2 \oplus 1} v_i} \qquad (37.9\mathrm{c})$$

$$\frac{e_2 \Downarrow^c \mathrm{num}[n] \quad [\mathrm{num}[0]/x]e_1 \Downarrow^{c_0} v_0 \quad \cdots \quad [\mathrm{num}[n-1]/x]e_1 \Downarrow^{c_{n-1}} v_{n-1}}{\mathrm{tab}(x.e_1 ; e_2) \Downarrow^{c \oplus \otimes_{i=0}^{n-1} c_i} \mathrm{seq}\{n\}(v_0,\cdots,v_{n-1})} \qquad (37.9\mathrm{d})$$

$$\frac{e_2 \Downarrow^c \mathrm{seq}\{n\}(v_0,\cdots,v_{n-1}) \quad [v_0/x]e_1 \Downarrow^{c_0} v_0' \quad \cdots \quad [v_{n-1}/x]e_1 \Downarrow^{c_{n-1}} v_{n-1}'}{\mathrm{map}(x.e_1 ; e_2) \Downarrow^{c \oplus \otimes_{i=0}^{n-1} c_i} \mathrm{seq}\{n\}(v_0',\cdots,v_{n-1}')} \qquad (37.9\mathrm{e})$$

$$\frac{e_1 \Downarrow^{c_1} \mathrm{seq}\{m\}(v_0,\cdots,v_{m-1}) \quad e_2 \Downarrow^{c_2} \mathrm{seq}\{n\}(v_0',\cdots,v_{n-1}')}{\mathrm{cat}(e_1 ; e_2) \Downarrow^{c_1 \oplus c_2 \oplus \otimes_{i=0}^{m+n} 1} \mathrm{seq}\{p\}(v_0,\cdots,v_{m-1},v_0',\cdots,v_{n-1}')} \qquad (37.9\mathrm{f})$$

通过引入顺序和并行成本动态语义并扩展定理 37.6 的证明，可以验证序列操作的成本动态语义。

37.4 有界实现

定理 37.6 指出，成本动态语义精确地对并行 let 构造的动态语义进行建模，无论顺序执行还是并行执行。该定理从语言动态语义的角度验证了成本动态语义，并允许我们推出与并行程序渐近复杂性有关的结论，该渐进复杂性抽象了具体实现所施加的限制。其中最主要的是将调度工作负载的处理器限制到固定数量（$p>0$）。除了限制可用的并行之外，这还会增加一些必须考虑的同步开销。**有界实现**（bounded implementation）是这样一种实现：一旦考虑到这些开销，我们就可以建立执行时间的一个渐近边界。

有界实现必须考虑运行程序的硬件限制和功能。由于我们只对渐近上界感兴趣，因此我们构造一个抽象机模型，并展示可以在该模型上用有保证的时间（和空间）界实现语言的原语。这种模型的一个例子是**共享内存多处理器**（shared-memory multiprocessor）模型或者称为 SMP 模型。SMP 模型的基本假设是，有固定数量 $p>0$ 的处理器，它们通过互连进行协作，即允许在常量时间访问被所有 p 个处理器共享的内存中的任意对象⊖。SMP 假设提供了一个常量时间的同步原语，用于控制对内存单元的同步访问。这样的原语有很多种，其中任何一个都足以提供一个并行的 fetch-and-add 指令，允许每个处理器在单个原子操作中获取内存单元的当前内容，并更新该内存单元以加上一个固定常数——互相连接会将多个处理器的所有同时访问串行化。

构建并行的有界实现涉及两个主要任务。首先，我们必须展示该语言的原语可以有效地在抽象机模型上实现。其次，我们必须展示如何跨处理器调度工作负载，通过最大化并行性来最小化执行时间。在使用低级机器模型（如 SMP）时，这两个任务都涉及一些技术细节，以此展示如何使用低级机器指令（包括同步原语）来实现语言原语和调度工作负载。将这些综合在一起，我们就可以给出实现时间复杂度的渐近边界，该边界将计算的抽象成本与在 p 路多处理器上实现工作负载的成本进行关联。这类原型结果就是**布兰特定理**（Brent's Theorem）。

定理 37.8　如果 $e \Downarrow^c v$，其中 wk(c)=w 且 dp(c)=d，则 e 可以在一个含 p 个处理器的 SMP 上、在 $O(\max(w/p, d))$ 时间内完成求值。

这个定理告诉我们，永远不可能以比其深度 d 更短的步骤来执行一个程序，而且，我们最多可以将工作按照 p 个处理器平均地分成 w/p 轮执行。注意，如果 $p=1$，则定理建立了计算的顺序复杂度的上界，为 $O(w)$ 步。此外，如果工作量和深度成正比，那么我们就不能利用并行性，总时间就与工作量成正比。

定理 37.8 促使我们考虑这样一个有用的性能系数——**并行比**（parallelizability ratio），也就是工作量与深度的比率 w/d。如果 $w/d \gg p$，则程序是**可并行的**（parallelizable），因为 $w/d \gg d$，我们可以通过在每步使用 p 个处理器来减少运行时间。如果并行比是一个常数，那么 d 将支配 w/p，我们将很少有机会利用并行来减少运行时间。通常，我们并不知道一个问题是否允许并行解决方案。根据目前的知识，我们能说的最好情况是，对于某些问题，有一些算法具有高度的并行性，而对于某些问题，目前还没有这种算法。分析哪些问题是可并行的，哪些不可并行，是复杂性理论中的一个难题。

就目前的目的而言，为 SMP 证明布兰特定理太过遥远。相反，我们将为一个抽象机（机器 P）证明布兰特类型定理（Brent-Type Theorem）。该机器是不切实际的，因为它是在非常高的抽象级别上定义的。但是它的设计可以很好地匹配本章前面给出的成本语义。特别是，有一些机制可以解释计算中的顺序依赖和并行依赖。

在最高级别上，机器 P 的状态由一个全局任务图组成，该任务图的结构对应于整个计算成本图中的"对角线切割"。紧靠切线上方的结点有资格被执行，其祖先已经完成，而其直接后代结点正等待其祖先结点的完成。一旦直接后代结点完成，在整个任务图中更深的后代结点就是还没有被创建的任务。机器 P 丢弃已完成的任务，除了直接依赖之外的未来任务仅在要执行时才被创建。因此，只有那些紧靠成本图切线的结点才代表机器 P 的状态。

机器 P 的**全局状态**（global state）是一种形为 $\nu\sum\{\mu\}$ 的配置，其中 $\sum$ 退化为一组有限的（成对且不同的）**任务名**（task names）集合，μ 是将 $\sum$ 中的任务名映射到**本地状态**（local state）的有限映射，表示单个任务的状态。本地状态要么是一个封闭的 PCF 表达式，要么是两种特殊会合点中的一种，这两种会合点分别在一个或两个祖先上实现任务的顺序依赖和并

⊖　一个稍弱的假设是，每次访问可能需要花费最多 lg p 的时间用于同步开销，但是我们在当前的简化考虑中忽略了这种细化。

行依赖[⊖]。因此，当展开时，全局状态具有形式

$$v\, a_1,\cdots,a_n\{a_1\!\hookrightarrow\! s_1 \otimes \cdots \otimes a_n\!\hookrightarrow\! s_n\}$$

其中 $n \geqslant 1$，并且每一个 s_i 都是一个本地状态。状态中任务的顺序，就像签名中声明的顺序一样，并不重要。

机器 P 的状态转换具有 $v\sum\{\mu\} \mapsto v\sum'\{\mu'\}$ 形式。这种转换有两种形式，全局的和局部的。全局步骤选择尽可能多的可用任务，最多为预先指定的参数 $p>0$，该参数表示每一轮可用的处理器数量。（这样的调度器是贪心的，因为它从来不会失败地执行一个可用的任务，达到每轮的指定限制。）如果一个任务由一个封闭的 PCF 值组成，或者它是一个依赖项尚未完成的会合点，则该任务**完成**；否则，任务是**可用的**（available）或**就绪的**（ready）。就绪任务总是能够执行本地步骤，该步骤由机器 P 设置中表示的 PCF 步骤或管理连接点逻辑的同步步骤组成。因为机器 P 使用贪心调度器，所以它必须在有限计算深度范围内，通过一次最多执行 p 个工作步，用与 $\max(w/p,d)$ 步骤成正比的时间完成执行。因此，我们得到了面向抽象机的布兰特定理，该定理说明了面向如 PRAM 等用于并行算法分析的其他模型的更复杂的布兰特定理。

下面的应用示例规则说明了与 PCF 本身的步骤相对应的机器 P 的本地转换，其他的遵循类似的模式[⊜]。

$$\frac{\neg(e_1\ \mathrm{val})}{v\,a\{a\hookrightarrow e_1(e_2)\}\underset{\mathrm{loc}}{\mapsto}v\,a\,a_1\{a\hookrightarrow\mathrm{join}[a_1](x_1.x_1(e_2))\otimes a_1\hookrightarrow e_1\}} \quad (37.10\mathrm{a})$$

$$\frac{e_1\ \mathrm{val}\quad \neg(e_2\ \mathrm{val})}{v\,a\{a\hookrightarrow e_1(e_2)\}\underset{\mathrm{loc}}{\mapsto}v\,a\,a_2\{a\hookrightarrow\mathrm{join}[a_2](x_2.e_1(x_2))\otimes a_2\hookrightarrow e_2\}} \quad (37.10\mathrm{b})$$

$$\frac{e_1\ \mathrm{val}}{v\,a\,a_1\{a\hookrightarrow\mathrm{join}[a_1](x_1.x_1(e_2))\otimes a_1\hookrightarrow e_1\}\underset{\mathrm{loc}}{\mapsto}v\,a\{a\hookrightarrow e_1(e_2)\}} \quad (37.10\mathrm{c})$$

$$\frac{e_1\ \mathrm{val}\quad e_2\ \mathrm{val}}{v\,a\,a_2\{a_1\hookrightarrow\mathrm{join}[a_2](x_2.e_1(x_2))\otimes a_2\hookrightarrow e_2\}\underset{\mathrm{loc}}{\mapsto}v\,a\{a\hookrightarrow e_1(e_2)\}} \quad (37.10\mathrm{d})$$

$$\frac{e_2\ \mathrm{val}}{v\,a\{a\hookrightarrow(\lambda(x:\tau_2)e)(e_2)\}\underset{\mathrm{loc}}{\mapsto}v\,a\{a\hookrightarrow[e_2/x]e\}} \quad (37.10\mathrm{e})$$

规则（37.10a）和（37.10b）为表达式中函数和参数的求值创建任务。规则（37.10c）和（37.10d）将应用的函数或参数的求值结果传播到适当的应用表达式。该规则介于前两条规则和规则（37.10e）之间，该规则会就地进行 β 归约。

与二叉 fork 和 join 对应的机器 P 的本地转换定义如下：

[⊖] 为每个顺序依赖使用会合点是浪费的，但可使机器与成本动态语义保持一致。实际上，各个任务可以使用第 28 章中的本地控制栈来管理顺序依赖关系，而无需同步。

[⊜] 这里和其他地方的 $\sum$ 中省略了定型信息，因为它与动态语义无关。

$$\frac{}{\left\{ \begin{array}{c} v\, a\{a \hookrightarrow \text{par}(e_1;e_2;x_1.\,x_2.e)\} \\ \underset{\text{loc}}{\longmapsto} \\ v\, a_1,a_2,a\{a_1 \hookrightarrow e_1 \otimes a_2 \hookrightarrow e_2 \otimes a \hookrightarrow \text{join}[a_1;a_2](x_1;x_2.e)\} \end{array} \right\}} \quad （37.11a）$$

$$\frac{e_1\,\text{val} \qquad e_2\,\text{val}}{\left\{ \begin{array}{c} v\, a_1,a_2,a\{a_1 \hookrightarrow e_1 \otimes a_2 \hookrightarrow e_2 \otimes a \hookrightarrow \text{join}[a_1;a_2](x_1;\, x_2.e)\} \\ \underset{\text{loc}}{\longmapsto} \\ v\, a\{a \hookrightarrow [e_1.e_2/x_1.\, x_2]e\} \end{array} \right\}} \quad （37.11b）$$

规则（37.11a）创建执行任务所依赖的两个并行任务。表达式 $\text{join}[a_1;a_2](x_1;x_2.e)$ 在任务 a_1 和任务 a_2 上被阻塞，因此没有本地步骤应用于它。规则（37.11b）将一个任务和其所依赖的一组任务同步，一旦这些任务执行完成，之后这些任务不再需要，将从状态中删除。

每个全局转换都是在尽可能多的 $p \geqslant 1$ 个处理器上同时执行一步计算。

$$\frac{\begin{array}{c} v\sum_1 a_1\{\mu_1 \otimes a_1 \hookrightarrow s_1\} \underset{\text{loc}}{\longmapsto} v\sum'_1 a_1\{\mu'_1 \otimes a_1 \hookrightarrow s'_1\} \\ \cdots \\ v\sum_n a_n\{\mu_n \otimes a_n \hookrightarrow s_n\} \underset{\text{loc}}{\longmapsto} v\sum'_n a_n\{\mu'_n \otimes a_n \hookrightarrow s'_n\} \end{array}}{\left\{ \begin{array}{c} v\sum_0 \sum_1 a_1 \cdots \sum_n a_n\{\mu_0 \otimes \mu_1 \otimes a_1 \hookrightarrow s_1 \otimes \cdots \otimes \mu_n \otimes a_n \hookrightarrow s_n\} \\ \underset{\text{glo}}{\longmapsto} \\ v\sum_0 \sum'_1 a_1 \cdots \sum'_n a_n\{\mu_0 \otimes \mu'_1 \otimes a_1 \hookrightarrow s'_1 \otimes \cdots \otimes \mu'_n \otimes a_n \hookrightarrow s'_n\} \end{array} \right\}} \quad （37.12）$$

在每个全局步骤中，n 个（$1 \leqslant n \leqslant p$）就绪任务被调度执行，其中 n 是最大就绪任务数量。因为没有两个不同的任务可以依赖相同的任务，所以我们可以对 n 个任务进行划分，以便每个被调度的任务都与任何本地连接步骤所需的任务分组在一起。任何本地分叉步骤都会从全局转换产生的状态中添加两个新任务；任何本地会合步骤消除已执行完的两个任务。一个微妙的点是，在我们的名称绑定约定中，任何创建的任务名都是**全局唯一的**，即使它们是**在本地创建**的。在实现方面，这需要在处理器之间同步，以确保任务名不会在并行任务之间意外地重用。

机器 P 的布兰特定理的证明现在很明显了。我们只需要确保在每步将规则（37.12）的参数 n 选择得尽可能大，只受参数 p 和就绪任务数量的限制。具有此属性的调度程序是贪心的，如果还有工作要做，它绝不允许处理器空闲。因此，如果每个全局步骤总有 p 个可用的任务，那么求值将在 w/p 步后完成，其中 w 是程序的工作复杂性。如果在某个阶段可用的任务少于 p 个任务，那么性能将根据子计算之间的顺序依赖性而下降。在极限情况下，机器 P 必须至少走 d 步，其中 d 为计算深度。

37.5 调度

37.4 节中定义的机器 P 的全局转换关系为由本地转换推进的任务选择提供了很大的自由度。这种做法是从本节后面给出的、与布兰特定理的证明无关的实现细节中抽象出来的，唯一的要求是所选任务的数量要尽可能大，大到指定的边界 p（代表可用处理器的数量）为止。当考虑此处被忽略的因素时，需要更精确地指定调度策略，例如，不同的调度策略可能具有不同的渐进空间需求。总体思路是将在 p 个处理器上的调度计算看作对其成本图的 p 路并行遍历，并按照与依赖次序一致的顺序每次访问 p 个结点。在本节中，我们将考虑这样一种遍历，p 路（p-DFS）并行深度优先搜索；在 $p=1$ 的情况下，它特化为大家熟悉的深度优先遍历。

回想一下，有向图的深度优先搜索维护了一个未访问结点的栈，该栈用起始结点进行初始化。在每一轮中，从栈中弹出并访问一个结点，然后将其未访问的子结点压入栈中（在有序图的情况下按相反的顺序），然后完成这一轮。当栈为空时，遍历结束。当深度优先搜索被视为调度策略时，访问成本图的结点包含在处理器上调度与该结点关联的工作。诸如调度器之类的工作是按照深度优先顺序执行计算，从左到右访问结点的子结点，这与顺序动态语义一致（特别是将并行绑定视为两个顺序绑定）。注意，因为成本图是有向无环的，所以遍历过程中没有"回边"，并且因为它在结构上是串并行的，所以没有"交叉边"（cross edge）。因此，结点的所有子结点都是未访问的，并且没有任务会被考虑超过一次。

尽管令人回味的是，将调度视为图遍历会让人想象成本图是作为数据结构显式给出的，但事实并非如此。相反，图是在执行子计算时动态创建的。在每一轮中，与结点相关的计算可能会 **完成**（当它达到其值时）、**继续**（当还有更多工作要做时）或 **分叉**（当它使用指定的会合点生成并行子计算时）。一旦计算完成并将其值传递给关联的会合点，就丢弃成本图中的结点。此外，根据结点是否完成（无子结点）、是否继续（一个子结点）或者是否分叉（两个子结点），结点的子结点仅在执行的结果中存在。因此，可以将成本图"存在"想象为贯穿抽象成本图的切线，它表示尚未被遍历激活的待处理任务。

并行的深度优先搜索的工作方式与此基本相同，不同之处在于，每轮访问的节点数多达 p 个，仅受未访问（尚未调度）节点的限制。有人可能天真地认为，这仅仅意味着在每一轮从栈中弹出 p 个结点，同时访问它们，然后以相反的顺序将它们的依赖项压入栈中，就像传统的深度优先搜索一样。但仔细想想就会发现这是不对的。因为成本图是有序的，所以访问的结点形成一个序列，其中一个结点的子节点按照从左到右顺序排列。如果一个结点完成，它将没有子结点，并且在下一轮中将它从序列中删除。如果一个结点继续执行，则它有一个子结点在下一轮中占据与其父结点相同的相对位置。如果一个结点分叉了两个子结点，则它们将按照子结点从左到右的顺序彼此关联，并插入到序列中前驱结点之后、紧接该结点之前的位置。与被访问结点相关联的任务本身变成紧接前一对任务的会合点，它们在完成时将与之同步。因此，$k \leqslant p$ 个结点的已访问序列在下一轮将变为 0（如果所有结点都完成了）到 $3 \times k$ 个结点（如果每个结点都分叉了）。在下一轮中，将按照指定的次序考虑这些问题，以确保按照深度优先顺序对其进行处理。重要的是，维护图中未访问结点的数据结构不是一个简单的下推栈，因为在已访问结点的顺序排列中，每个已访问结点在其前驱结点和后继结点之间用 0 个、1 个或 2 个结点"原地"替换。

考虑机器 P 的一个变体，其中任务的顺序非常重要。如果任务是值，则其已完成；如果是 join，任务就被阻塞，否则任务准备就绪。本地转换与 37.4 节中相同，但要记住顺序很重要。不过，全局转换包括对前 $k \leqslant p$ 个就绪任务进行本地转换[⊖]。选择后，全局状态如下所示：

$$v \textstyle\sum_0 a_1 \textstyle\sum_1 \cdots a_k \textstyle\sum_k \textstyle\sum \{\mu_0 \otimes a_1 \hookrightarrow e_1 \otimes \mu_1 \otimes \cdots a_k \hookrightarrow e_k \otimes \mu\}$$

⊖ 因此，规则（37.11b）所规定的本地转换永远不适用，稍后将描述会合的动态语义。

其中每个 μ_i 包含已完成或已阻塞的任务，并且每个 e_i 已就绪。如果 $k < p$ 且仅当在 μ 中没有就绪任务时，调度才是贪心的。

在对 k 个所选的每个任务进行本地转换之后，生成的全局状态具有如下形式

$$v \sum_0 \sum_1' a_1 \sum_1 \cdots \sum_k' a_k \sum_k \sum \{\mu_0 \otimes \mu_1' \otimes a_1 \hookrightarrow e_1' \otimes \mu_1 \otimes \cdots \mu_k' \otimes a_k \hookrightarrow e_k' \otimes \mu\}$$

其中每个 μ_i' 表示任务 $a_i \hookrightarrow e_i$ 的本地转换中新创建的任务，每个 e_i' 是该任务上转换生成的表达式。接下来，所有可能的同步都是用任务 $a_i \hookrightarrow [e_1, e_2/x_1, x_2]e$ 替换下式中每个相邻的三元组来实现的，

$$a_{i,1} \hookrightarrow e_1 \otimes a_{i,2} \hookrightarrow e_2 \otimes a_i \hookrightarrow \mathrm{join}[a_{i,1}; a_{i,2}](x_1; x_2.e)$$

其中 e_1 和 e_2 已经完成。这样做会将任务 $a_{i,1}$ 和 $a_{i,2}$ 的值传播到合并点，使计算能够继续。两个已完成的任务将从状态中删除，并且合并点将不再被阻塞。

37.6　注记

并行是一种高级编程概念，它通过在相互独立的情况下同时执行多个计算来提高效率。并行不会改变程序的含义，只会改变程序执行的速度。成本动态语义描述以最大并行度顺序执行程序所需的步数。当处理器数量有限时，有界实现提供了步数的约束，从而限制了可以实现的并行度。这种并行性表述是由 Blelloch（1990）提出的。这里研究的成本动态语义的概念和有界实现的思想来自 Blelloch 和 Greiner（1995，1996）。

习题

37.1　如第 29 章所述，在 τ_{exn} 至少有两个异常值的假设下，考虑使用异常扩展 PPCF。给出并行 let 的顺序和并行结构动态语义，使其继续保持确定性。

37.2　通过归纳定义以下两个判断，为带有异常的 PPCF 给出一个匹配的成本语义（在习题 37.1 中描述）：

（a）$e \Downarrow^c v$ 表明 e 以成本 c 求值为 v。

（b）$e \Uparrow^c v$ 表明 e 以成本 c 抛出值 v。

定理 37.6 的类比对动态语义仍然有效。特别地，如果 $e \Uparrow^c v$，那么 $e \underset{\mathrm{seq}}{\longmapsto}^w \mathrm{raise}(v)$，其中 $w = \mathrm{wk}(e)$ 且 $e \underset{\mathrm{par}}{\longmapsto}^d \mathrm{raise}(v)$，$d = \mathrm{dp}(c)$ 都成立，反之亦然。

37.3　扩展机器 P 使之允许异常，以匹配习题 37.2 的解决方案。讨论修改后的机器是否支持成本动态语义的布兰特类型验证。

37.4　另一种表示带有异常的 PPCF 动态语义的方法是，将 $\mathrm{par}(e_1; e_2; x_1.x_2.e)$ 重写为另一种并行绑定 $\mathrm{par}(e_1'; e_2'; x_1'.x_2'.e')$，它实现了正确的动态语义以确保确定性。提示：使用和类型（第 11 章）扩展 XPCF，并使用它来记录每个并行子计算的结果（e_1' 由 e_1 导出，e_2' 由 e_2 导出），然后用这种方式检查结果（e 由 e' 导出）以确保确定性。

未来与投机

未来（future）是在需要它的值之前执行的计算。就像悬挂一样，future 表示稍后确定的值。与悬挂不同的是，future 总会被求值，不管它的值是否是必需的。在串行环境中，future 没有什么意义；类型 τ 的 future 仅仅是类型 τ 的表达式。然而，在并行环境中，future 就很有趣了，因为它们提供了一种启动并行计算的方法，其结果在以后才需要，届时它将已完成。

使用 future 的典型示例是实现**流水线**（pipelining），这是一种使多级计算的各阶段尽可能多地重叠的方法。流水线允许两个阶段并行执行，直到出现显式依赖关系，从而最小化一个阶段等待上一个阶段完成所造成的延迟。理想情况下，前面阶段的计算结果要在后面阶段需要时已完成。在最坏情况下，后面阶段会延迟到前面阶段完成后才能执行，从而导致所谓的**流水线停顿**（pipeline stall）。

投机（speculation）是一种延迟的计算，可能需要其结果才能完成整个计算。投机的动态语义执行挂起计算，与计算的主线程并行，而不考虑主线程是否需要投机的值。如果投机的值是必需的，那么这种动态语义就会有回报；但如果不是，那么计算它所付出的努力就白费了。

future 的工作效率高，因为涉及 future 的计算所做的全部工作只不过是顺序执行所做的工作。相反，投机的工作效率低，因为投机的执行可能是徒劳的——整个计算可能包含比计算结果所需工作更多的步骤。因此，投机是一种利用并行性的冒险策略。它可以利用可用的资源，但也许只是以做更多不必要的工作为代价！

38.1 未来

future 的语法由以下文法给出：

$$
\begin{array}{llll}
\text{Typ } \tau & ::= & \text{fut}(\tau) & \tau \text{ fut} & \text{未来} \\
\text{Exp } e & ::= & \text{fut}(e) & \text{fut}(e) & \text{未来} \\
& & \text{fsyn}(e) & \text{fsyn}(e) & \text{同步} \\
& & \text{fcell}[a] & \text{fcell}[a] & \text{间接引用}
\end{array}
$$

类型 τ fut 就是类型 τ 的 future 类型。future 是由表达式 $\text{fut}(e)$ 引入的，该表达式调度 e 求值并返回对它的引用。future 由表达式 $\text{fsyn}(e)$ 消去，该表达式同步 e 所引用的 future 并返回其值。对 future 值的间接引用由 $\text{fcell}[a]$ 表示，代表 future 值将存储在 a 中。

38.1.1 静态语义

future 的静态语义由以下规则给出：

$$\frac{\Gamma \vdash e : \tau}{\Gamma \vdash \mathrm{fut}\,(e) : \mathrm{fut}\,(\tau)} \quad\quad (38.1a)$$

$$\frac{\Gamma \vdash e : \mathrm{fut}(\tau)}{\Gamma \vdash \mathrm{fsyn}(e) : \tau} \quad\quad (38.1b)$$

这些规则不足为奇，因为 future 除了提供并行求值的机会外，并没有为语言添加任何新功能。

38.1.2 顺序动态语义

future 的顺序动态语义很容易定义。Future 按急切语义来求值，同步将返回 future 的值。

$$\frac{e\ \mathrm{val}}{\mathrm{fut}(e)\ \mathrm{val}} \quad\quad (38.2a)$$

$$\frac{e \mapsto e'}{\mathrm{fut}(e) \mapsto \mathrm{fut}(e')} \quad\quad (38.2b)$$

$$\frac{e \mapsto e'}{\mathrm{fsyn}(e) \mapsto \mathrm{fsyn}(e')} \quad\quad (38.2c)$$

$$\frac{e\ \mathrm{val}}{\mathrm{fsyn}(\mathrm{fut}(e)) \mapsto e} \quad\quad (38.2d)$$

在顺序动态语义下，future 没有什么用：它们引入了毫无意义的间接层。

38.2 投机

（非递归）投机的语法由以下文法给出[⊖]：

Typ τ ::=	spec(τ)	τ spec	投机
Exp e ::=	spec(e)	spec(e)	投机
	ssyn(e)	ssyn(e)	同步
	scell[a]	scell[a]	间接引用

类型 τ spec 是类型 τ 的投机类型。τ spec 的引入形式 spec(e) 创建一个可以投机求值的计算，而消去形式 ssyn(e) 与一个投机同步。投机计算结果的引用存储在 a 中，写作 scell[a]。

38.2.1 静态语义

投机的静态语义由以下规则给出：

$$\frac{\Gamma \vdash e : \tau}{\Gamma \vdash \mathrm{spec}(e) : \mathrm{spec}(\tau)} \quad\quad (38.3a)$$

$$\frac{\Gamma \vdash e : \mathrm{spec}(\tau)}{\Gamma \vdash \mathrm{ssyn}(e) : \tau} \quad\quad (38.3b)$$

⊖ 为了便于与 future 进行比较，我们只讨论非递归的情况。

因此，规则（38.3）给出的投机静态语义与规则（38.1）给出的 future 静态语义是等价的。

38.2.2 顺序动态语义

投机的顺序动态语义的定义类似于 future 的顺序动态语义，只不过投机是一种值。

$$\overline{\text{spec}(e) \text{ val}} \tag{38.4a}$$

$$\frac{e \mapsto e'}{\text{ssyn}(e) \mapsto \text{ssyn}(e')} \tag{38.4b}$$

$$\overline{\text{ssyn}(\text{spec}(e)) \mapsto e} \tag{38.4c}$$

在顺序动态语义下，投机仅是对悬挂的重新表述。

38.3 并行动态语义

future 与投机仅在允许并行动态语义，即允许未来的计算提前与其他计算并发执行的情况下才是有趣的。在本节中，我们将给出 future 和投机的并行动态语义，其中明确了任务的创建、执行和同步。除了终止条件外，future 和投机的并行动态语义是相同的。future 要求所有的任务在终止之前都已完成，而投机可能在完成之前就被放弃了。为了简洁起见，我们将给出 future 的并行动态语义，而对投机的并行动态语义只在修改的地方加以标记。

future 的并行动态语义依赖于对 38.1 节中给出的语言的适度扩展，以引入任务的名称。设 Σ 为一个从类型到名称的有限映射。如前所述，表达式 fcell[a] 是一个引用任务 a 的结果的值。这个表达式的静态语义由以下规则给出[⊖]：

$$\overline{\Gamma \vdash_{\Sigma, a \sim \tau} \text{fcell}[a] : \text{fut}(\tau)} \tag{38.5}$$

规则（38.1）显然可以通过使用 Σ 记录任务名称的类型来得以延续。

并行动态语义的状态的形式为 $\nu \Sigma \{e \parallel \mu\}$，其中 e 是求值的焦点，μ 记录了活跃的并行 future（或投机）。形式上，μ 是一个将表达式指派到 Σ 中声明的任务名称的有限映射。一个状态是按照以下规则形成的：

$$\frac{\vdash_{\Sigma} e : \tau \quad (\forall a \in dom(\Sigma)) \vdash_{\Sigma} \mu(a) : \Sigma(a)}{\nu \Sigma \{e \parallel \mu\} \text{ok}} \tag{38.6}$$

如第 35 章所述，该规则允许自指和相互参照的 future。为了避免循环，可以给出一个更精确的条件，我们把这个留给读者练习。

并行动态语义分为两个阶段，**本地**阶段（定义表达式求值的基本步骤）和**全局**阶段（并行执行所有可能的本地步骤）。future 的本地动态语义由以下规则定义[⊖]：

$$\overline{\text{fcell}[a] \quad \text{val}_{\Sigma, a \sim \tau}} \tag{38.7a}$$

⊖ 类似的规则也适用于投机情况下的 scell[a]。

⊖ 通过重新定义根据当前状态概念表达的其他语言构造的动态语义，可以增强这些规则。

$$\overline{\nu\Sigma\{\mathrm{fut}(e)\parallel\mu\}\underset{\mathrm{loc}}{\longmapsto}\nu\Sigma,a\sim\tau\{\mathrm{fcell}[a]\parallel\mu\otimes a\hookrightarrow e\}} \tag{38.7b}$$

$$\frac{\nu\Sigma\{e\parallel\mu\}\underset{\mathrm{loc}}{\longmapsto}\nu\Sigma'\{e'\parallel\mu'\}}{\nu\Sigma\{\mathrm{fsyn}(e)\parallel\mu\}\underset{\mathrm{loc}}{\longmapsto}\nu\Sigma'\{\mathrm{fsyn}(e')\parallel\mu'\}} \tag{38.7c}$$

$$\frac{e'\,\mathrm{val}_{\Sigma,a\sim\tau}}{\left\{\begin{array}{c}\nu\Sigma,a\sim\tau\{\mathrm{fsyn}(\mathrm{fcell}[a])\parallel\mu\otimes a\hookrightarrow e'\}\\[4pt]\underset{\mathrm{loc}}{\longmapsto}\\[4pt]\nu\Sigma,a\sim\tau\{e'\parallel\mu\otimes a\hookrightarrow e'\}\end{array}\right\}} \tag{38.7d}$$

规则（38.7b）激活名为 a、执行表达式 e 并返回对它引用的 future。规则（38.7d）同步一个已确定值的 future。请注意，本地转换始终具有如下形式

$$\nu\Sigma\{e\parallel\mu\}\underset{\mathrm{loc}}{\longmapsto}\nu\Sigma\Sigma'\{e'\parallel\mu\otimes\mu'\}$$

其中，Σ' 要么为空，要么声明单个符号的类型；μ' 要么为空，要么对某个表达式 e' 有 $a\hookrightarrow e'$。

并行动态语义的全局步骤最多由焦点表达式的一个本地步骤和 p 个 futures 中的各个本地步骤组成，其中 $p>0$ 是一个表示处理器数量的固定参数。

$$\frac{\begin{array}{c}\mu=\mu_0\otimes a_1\hookrightarrow e_1\otimes\cdots\otimes a_n\hookrightarrow e_n\\[2pt]\mu''=\mu_0\otimes a_1\hookrightarrow e_1'\otimes\cdots\otimes a_n\hookrightarrow e_n'\\[2pt]\nu\Sigma\{e\parallel\mu\}\underset{\mathrm{loc}}{\overset{\mathbf{0,1}}{\longmapsto}}\nu\Sigma\Sigma'\{e'\parallel\mu\otimes\mu'\}\\[2pt](\forall 1\leqslant i\leqslant n\leqslant p)\ \ \nu\Sigma\{e_i\parallel\mu\}\underset{\mathrm{loc}}{\longmapsto}\nu\Sigma\Sigma_i'\{e_i'\parallel\mu\otimes\mu_i'\}\end{array}}{\left\{\begin{array}{c}\nu\Sigma\{e\parallel\mu\}\\[2pt]\underset{\mathrm{glo}}{\longmapsto}\\[2pt]\nu\Sigma\Sigma'\Sigma_1'\cdots\Sigma_n'\{e'\parallel\mu''\otimes\mu'\otimes\mu_1'\otimes\cdots\otimes\mu_n'\}\end{array}\right\}} \tag{38.8a}$$

规则（38.8a）允许焦点表达式执行零个或一个步骤，因为它可能在等待并行 future 完成求值（或同步一个投机）时被阻塞。由本地的执行步骤分配的 future 将合并到全局步骤的结果中。在不失一般性的前提下，我们假设每个本地步骤中新 future 的名称是两两不相交的，这样组合才有意义。在实现方面，满足这种不相交假设意味着处理器必须同步它们对内存的访问。

对于 future 或投机，计算的初始状态由下面规则定义

$$\overline{\nu\varnothing\{e\parallel\varnothing\}\,\mathrm{initial}} \tag{38.9}$$

对于 future 而言，只有当焦点和所有并行 futures 都完成求值时，状态才是终结的。

$$\frac{e\,\mathrm{val}_\Sigma \quad \mu\,\mathrm{val}_\Sigma}{\nu\Sigma\{e\parallel\mu\}\,\mathrm{final}} \tag{38.10a}$$

$$\frac{(\forall a\in dom(\Sigma))\mu(a)\,\mathrm{val}_\Sigma}{\mu\,\mathrm{val}_\Sigma} \tag{38.10b}$$

对于投机而言，只有当焦点是一个值时，不论其他投机是否已经完成，状态才是终结的：

$$\frac{e \text{ val}_\Sigma}{v\Sigma\{e \parallel \mu\} \text{ final}} \tag{38.11}$$

所有 futures 必须终止，以确保并行执行的工作与顺序执行的工作相匹配。根据顺序语义，不会创建那些不需要其值的 futures。相反，当不需要投机的值时，可以放弃投机。

38.4　未来流水线

流水线是使用并行 futures 的有趣示例。考虑这样一种情况：生产者构建一个列表，列表元素表示工作单元，而消费者遍历工作列表并对该列表中的每个元素进行操作。工作列表的元素可以看作消费者的 "指令"，它将一个函数映射到该列表上以执行这些指令。一个明显的顺序实现是首先构建工作列表，然后遍历它来执行列表所指定的工作。如果可以快速生成列表元素，那么这种策略就可以很好地运转。但是，如果每个元素都需要大量的计算，那么最好将下一个列表元素的生成与上一个工作单元的执行重叠，这样可以使用 futures 进行编程。

设 flist 为递归类型 rec t is unit+(nat × t fut)，其元素为：nil 定义为 fold(l · ⟨ ⟩)、cons(e_1,e_2) 定义为 fold(r · ⟨ e_1,fut(e_2) ⟩)。生产者是一个递归函数，它生成一个 flist 类型的值：

```
fix produce : (nat → nat opt) → nat → flist is
  λ f. λ i.
    case f(i){
      null ↪ nil
    | just x ↪ cons(x,fut(produce f (i+1)))
    }
```

在每次迭代中，生产者生成一个并行的 future 来产生表尾。在生产者返回后，将继续执行 future，以便其计算与后续计算重叠。

消费者将操作折叠到工作列表上，如下所示：

```
fix consume : ((nat × nat) → nat) → nat → flist → nat is
  λ g. λ a. λ xs.
    case xs{
      nil ↪ a
    | cons (x,xs) ↪ consume g(g(x,a)) (fsyn xs)
    }
```

消费者在执行递归调用时与工作列表的表尾同步，从而需要继续处理表尾的表头元素。此时，如果需要，消费者将阻塞以等待表尾的计算，然后再继续递归。

投机自然地产生于惰性语言中。但是，尽管它们提供了并行性的机会，但是它们通常并不能有效地工作：一个投机可能会在即使永远不需要其值时被求值。另一种选择是将悬挂（参见第 36 章）与 future 结合起来，这样程序员就可以指定哪些悬挂应该并行求值。spark 的概念就是为实现这一目标而设计的。spark 并行求解一个计算，仅仅是为了它对稍后可能需要的悬挂的影响。具体来说，我们可以定义

$$spark(e_1;e_2) \triangleq letfut\_be\ force(e_1)\ in\ e_2$$

式中，$e_1{:}\tau_1$ susp 且 $e_2{:}\tau_2{}^\ominus$。表达式 force(e_1) 并行求值，强制对 e_1 求值，希望在 e_2 需要其值之前完成求值。

例如，考虑由递归类型 rec t is (unit+(nat×t)) susp 定义的数字流的类型 strm。这种类型的元素是悬挂的计算，当强制执行时，这些计算要么发出流结束的信号，要么生成一个数字和另一个这样的流。假设 s 是这样一个流，并假设出于数字流构造的原因我们知道它是有限的。我们希望对于某个函数 f 计算 map(f)(s)，并将此计算与流元素的生成重叠。我们将使用一个函数 mapforce 来强制应用于输入流的连续元素，但不会产生有用的输出。计算

$$mapforce(f)(s) \triangleq letfut\_be\ map(force)(s)in\ map(f)(s)$$

强制使用 map(f)(s) 并行应用于流中的元素，目的是在 s 中所有悬挂的值被主计算需要前都被强制求值。

38.5 注记

Friedman 和 Wise（1976）引入了 futures，并将 futures 作为 MultiLisp 语言（Halstead，1985）的特征，用于并行编程。Arvind 等人（1986）提出了类似的概念，命名为"I-structures"。这里给出的表述来自 Greiner 和 Blelloch（1999）。Trinder 等人（1998）引入了 spark。

习题

38.1 使用 future 定义 letfut x be e_1 in e_2，一个并行的 let，其中 e_2 与 e_1 并行求值直到 e_2 需要 x 的值。

38.2 使用 future，通过给出 par(e_1; e_2; x_1. x_2.e) 的定义来编码二叉嵌套并行。提示：如果你仔细的话，只需要一个 future。

○ 该表达式直到需要 x 的值时，才同时计算 e_1 和 e_2。它在 future 的定义是习题 38.1 的内容。

并发与分布式

进程演算

到目前为止，我们已经分别研究了程序的静态语义和动态语义，而没有考虑程序之间或程序与外部世界之间的交互。但是，要将这种分析扩展到输入和输出的最基本形式，就需要考虑与程序交互的外部代理。毕竟，计算机的最终目的是与人交互！

为了将研究范围扩展到交互式系统，我们开发了一种小型语言，称为 PiC，它源自各种类似的形式化，称为**进程演算**（process calculi），它给出了独立代理之间交互的抽象表述。PiC 的开发将分阶段进行，从简单的动作模型开始，然后扩展到交互的并发进程，最后是同步和异步通信。演算包括两种主要的句法范畴：**进程**（process）和**事件**（event）。进程的基本形式是等待事件的到达。进程由通道的并发组合、复制和声明组成。事件的基本形式是在通道上发信号和查询通道，这些功能随后被推广为在通道上发送和接收数据。事件由发送和接收事件的有限次不确定性选择而形成。

39.1 动作与事件

并发交互基于事件，事件规定进程可以采取的动作。两个进程通过执行两个互补的动作进行交互，即在通道上发信号和查询。当一个进程在一个通道上发出另一个进程正在查询的信号时，这些进程将同步，之后它们将继续与其他进程交互。

首先，我们将关注顺序进程，它简单地等待几种可能动作之一（称为事件）的到来。

$$
\begin{array}{llll}
\text{Proc } P & ::= & \text{await}(E) & \$E & \text{同步} \\
\text{Evt } E & ::= & \text{null} & \mathbf{0} & \text{空} \\
& & \text{or}(E_1; E_2) & E_1 + E_2 & \text{选择} \\
& & \text{que}[a](P) & ?a; P & \text{查询} \\
& & \text{sig}[a](P) & !a; P & \text{发信号}
\end{array}
$$

变量 a 的范围是一组符号，这些符号代表协调进程之间通信的通道。

我们按**结构同余**（structural congruence）来区分不同的事件，结构同余定义为封闭于如下规则的最强等价关系：

$$
\frac{E \equiv E'}{\$E \equiv \$E'} \tag{39.1a}
$$

$$
\frac{E_1 \equiv E_1' \quad E_2 \equiv E_2'}{E_1 + E_2 \equiv E_1' + E_2'} \tag{39.1b}
$$

$$
\frac{P \equiv P'}{?a; P \equiv ?a; P'} \tag{39.1c}
$$

$$\frac{P \equiv P'}{!a;P \equiv !a;P'} \tag{39.1d}$$

$$\overline{E + 0 \equiv E} \tag{39.1e}$$

$$\overline{E_1 + E_2 \equiv E_2 + E_1} \tag{39.1f}$$

$$\overline{E_1 + (E_2 + E_3) \equiv (E_1 + E_2) + E_3} \tag{39.1g}$$

在顺序进程上施加结构同余，使我们能将事件看作具有如下形式

$$!a;P_1 + \cdots + ?a;Q_1 + \cdots$$

它由发信号和查询事件的和组成，零个事件的和称为**空事件 0**。

Miner 用一个简单的自动售货机为例来说明：将一枚 2 便士硬币（2p）放入自动售货机，然后可以选择要一杯茶，或者再放入 2 便士硬币，然后可以要一杯咖啡。

$$V = \$(?2\,p;\$(!tea;V + ?2p;\$(!cof;V))) \tag{39.2}$$

如该例所示，我们允许进程的递归定义，但要理解的是，所定义的标识符无论出现在哪里都可以用其定义替换。（稍后我们将展示如何避免对递归定义的依赖。）

因为出现在进程内的计算被抑制，所以顺序进程本身没有动态语义，而只是通过与其他进程的交互来拥有动态语义。要使自动售货机正常工作，必须有另一个进程（你）启动机器所期望的事件，从而致使你的状态（口袋中的硬币）和它的状态（如前所述）都发生变化。

39.2 交互

当允许进程彼此交互来实现共同目标时，它们就变得有趣了。为了解释交互，我们使用**并发组合**（concurrent composition）来丰富进程语言：

Proc P	::=	await(E)	$\$E$	同步
		stop	**1**	惰性
		conc($P_1;P_2$)	$P_1 \otimes P_2$	组合

进程 1 表示惰性进程，进程 $P_1 \otimes P_2$ 表示 P_1 与 P_2 的并发组合。虽然我们可以将 1 等同于 $\$0$，即进程在等待永远不发生的事件，但我们更愿意把**惰性进程**（inert process）视为原始概念。

我们将按结构同余来识别进程，即封闭于下面规则的最强等价关系：

$$\overline{P \otimes \mathbf{1} \equiv P} \tag{39.3a}$$

$$\overline{P_1 \otimes P_2 \equiv P_2 \otimes P_1} \tag{39.3b}$$

$$\overline{P_1 \otimes (P_2 \otimes P_3) \equiv (P_1 \otimes P_2) \otimes P_3} \tag{39.3c}$$

$$\frac{P_1 \equiv P_1' \quad P_2 \equiv P_2'}{P_1 \otimes P_2 \equiv P_1' \otimes P_2'} \tag{39.3d}$$

在结构同余下，每个进程具有形式

$$\$E_1 \otimes \cdots \otimes \$E_n$$

其中 $n \geq 0$，当 $n=0$ 时代表空进程 1。

　　进程之间的交互由两个互补动作的同步组成。交互的动态语义由两种形式的判断来定义。转换判断 $P \mapsto P'$ 指出，作为计算的单步结果，进程 P 演化为进程 P'。转换判断族 $P \overset{\alpha}{\mapsto} P'$，其中 α 是一个动作，声明只要动作 α 在发生转换的上下文中是允许的，进程 P 就可以演化为进程 P'。作为一种符号上的便利，我们通常将无标记转换视为与特殊静默动作对应的标记转换。下列文法给出了可能的动作：

$$\text{Act } \alpha ::= \begin{array}{lll} \text{que}[a] & a? & \text{查询} \\ \text{sig}[a] & a! & \text{发信号} \\ \text{sil} & \varepsilon & \text{静默} \end{array}$$

　　查询动作 $a?$ 和**发信号动作** $a!$ 是互补的，而**静默动作** ε 是自补的。我们把动作 α 的互补操作 $\bar{\alpha}$ 定义为由等式 $\overline{a?} = a!$、$\overline{a!} = a?$ 和 $\bar{\varepsilon} = \varepsilon$ 给出的动作。

$$\frac{}{\$(!a;P + E) \overset{a!}{\mapsto} P} \tag{39.4a}$$

$$\frac{}{\$(?a;P + E) \overset{a?}{\mapsto} P} \tag{39.4b}$$

$$\frac{P_1 \overset{\alpha}{\mapsto} P_1'}{P_1 \otimes P_2 \overset{\alpha}{\mapsto} P_1' \otimes P_2} \tag{39.4c}$$

$$\frac{P_1 \overset{\alpha}{\mapsto} P_1' \quad P_2 \overset{\bar{\alpha}}{\mapsto} P_2'}{P_1 \otimes P_2 \mapsto P_1' \otimes P_2'} \tag{39.4d}$$

　　规则（39.4a）和（39.4b）规定与进程同步的任何事件都可能发生。规则（39.4d）同步执行互补动作的两个进程。

　　例如，让我们考虑由式（39.2）给出的自动售货机 V，它与具有如下定义的用户进程 U 进行交互：

$$U = \$!2p;\$!2p;\$?\text{cof};\mathbf{1}$$

以下是 V 和 U 交互的轨迹：

$$\begin{aligned} V \otimes U &\mapsto \$(!\text{tea};V + ?2p;\$!\text{cof};V) \otimes \$!2p;\$?\text{cof};\mathbf{1} \\ &\mapsto \$!\text{cof};V \otimes \$?\text{cof};\mathbf{1} \\ &\mapsto V \end{aligned}$$

这些步骤由以下标记转换对来证明：

$$U \overset{2p!}{\mapsto} U' = \$!2p;\$?\text{cof};\mathbf{1}$$

$$V \overset{2p?}{\mapsto} V' = \$(!\text{tea};V + ?2p;\$!\text{cof};V)$$

$$U' \overset{2p!}{\longmapsto} U'' = \$?\mathrm{cof};\mathbf{1}$$

$$V' \overset{2p?}{\longmapsto} V'' = \$!\mathrm{cof};V$$

$$U'' \overset{\mathrm{cof}?}{\longmapsto} \mathbf{1}$$

$$V'' \overset{\mathrm{cof}!}{\longmapsto} V$$

为了避免混乱，我们在上述推导中抑制了结构同余的使用，但重要的是要了解它在通过进程管理事件的不确定性选择中的作用。

39.3　复制

进程演算的某些描述放弃了定义进程间的等式，而倾向于用一种复制的语言构造，我们将其写成 $*P$。这个进程表示 P 所需要的多个并发执行的副本。隐式复制可以用如下的结构同余来表示

$$*P \equiv P \otimes *P \tag{39.5}$$

这条规则被理解为结构同余原则，它隐藏了进程创建的步骤，并且没有暗示它应该多久被使用一次。我们可以选择将复制构建到动态语义中，以更紧密地建模复制的细节：

$$*P \longmapsto P \otimes *P \tag{39.6}$$

由于对该规则的使用没有限制，它可以随时创建复制的进程 P 的新副本。它还可以将其用于发送和接收事件，这样的复制是因果的，而不是自发的。

到目前为止，我们已使用递归进程定义来定义按某种协议重复交互的进程。与其将递归定义作为原始概念，不如使用复制来重复建模。为此，我们引入一个用于引起复制的"激活器"进程。考虑递归定义 $X=P(X)$，其中 P 是一个进程表达式，它可以将自己引用为 X。这样一个自指进程可以通过定义激活器进程

$$A = *\$(?a;P(\$(!a;\mathbf{1})))$$

来模拟，其中，我们用向激活器发出事件 a 信号的启动器进程替换了 P 中 X 的出现。注意，激活器 A 在结构上与进程 $A' \otimes A$ 结构同余，其中 A' 为进程

$$\$(?a;P(\$(!a;\mathbf{1})))$$

要启动进程 P，我们将激活器 A 与一个启动器进程 $\$(!a;\mathbf{1})$ 并发组合。请注意，

$$A \otimes \$(!a;\mathbf{1}) \longmapsto A \otimes P(\$!a;\mathbf{1})$$

会在维护激活器 A 的一个正在运行的副本时启动进程 P。

例如，让我们考虑 Milner 的自动售货机，它使用复制来编写而不是使用递归进程定义：

$$V_0 = \$(!v;\mathbf{1}) \tag{39.7}$$

$$V_1 = *\$(?v;V_2) \tag{39.8}$$

$$V_2 = \$(?2\mathrm{p};\$(!\mathrm{tea};V_0 + ?2\mathrm{p};\$(!\mathrm{cof};V_0))) \tag{39.9}$$

进程 V_1 是一个复制的服务器，它等待通道 v 上的信号来创建自动售货机的另一个实例。递归调用被替代为沿着通道 v 上的信号来重新启动机器。原始机器 V 由并发组合 $V_0 \otimes V_1$ 来仿真。

这个例子鼓励通过以下规则定义的**复制同步**（replicated synchronization）代替自发复制：

$$*\$(!a; P + E) \stackrel{a!}{\mapsto} P \otimes *\$(!a; P + E) \tag{39.10a}$$

$$*\$(?a; P + E) \stackrel{a?}{\mapsto} P \otimes *\$(?a; P + E) \tag{39.10b}$$

进程 $*\$(E)$ 不应视为复制和同步的组合，而应视为这两种语言构造不可分割的结合。这样做的好处是，复制只在需要时才会发生，而且在可能与另一个进程同步时才会发生，从而避免了在需要复制时的"猜测"。

39.4 分配通道

在进程中引入新通道通常是有用的（特别是在引入进程间通信之后），而不是假定所有的交互通道都是预先给定的。为此，我们用通道声明来丰富进程的语法：

$$\text{Proc } P ::= \quad \text{newch}(a.P) \quad v\, a.P \qquad \text{新建通道}$$

通道 a 绑定到进程 P 中。为了简化表示，我们有时将迭代声明 $va_1, \cdots, a_k.\, P$ 写为 $va_1 \cdots va_k.\, P$。

然后，我们根据以下规则扩展结构同余：

$$\frac{P =_\alpha P'}{P \equiv P'} \tag{39.11a}$$

$$\frac{P \equiv P'}{va.P \equiv va.P'} \tag{39.11b}$$

$$\frac{a \notin P_2}{(v\, a.P_1) \otimes P_2 \equiv v\, a.(P_1 \otimes P_2)} \tag{39.11c}$$

$$\overline{va.vb.P \equiv vb.va.P} \tag{39.11d}$$

$$\frac{(a \notin P)}{va.P \equiv P} \tag{39.11e}$$

规则（39.11c）称为**作用域挤压**（scope extrusion），在 39.6 节中特别重要。规则（39.11e）规定，一旦通道不再使用，就将其解除分配。

为了说明通道的作用域，我们用一个由有限的活跃通道集组成的签名 $\sum$ 来扩展 PiC 的静态语义。判断 $\vdash_\Sigma P$ proc 指出，进程 P 相对于签名 $\sum$ 中声明的通道是良构的。

$$\overline{\vdash_\Sigma \mathbf{1} \text{ proc}} \tag{39.12a}$$

$$\frac{\vdash_\Sigma P_1 \text{ proc} \quad \vdash_\Sigma P_2 \text{ proc}}{\vdash_\Sigma P_1 \otimes P_2 \text{ proc}} \tag{39.12b}$$

$$\frac{\vdash_\Sigma E \text{ event}}{\vdash_\Sigma \$E \text{ proc}} \tag{39.12c}$$

$$\frac{\vdash_{\Sigma,a} P \text{ proc}}{\vdash_{\Sigma} va.\,P \text{ proc}} \tag{39.12d}$$

上述规则使用了辅助判断 $\vdash_{\Sigma} E$ event，该判断说明 E 相对于 Σ 是良构的事件。

$$\overline{\vdash_{\Sigma} \mathbf{0} \text{ event}} \tag{39.13a}$$

$$\frac{\vdash_{\Sigma,a} P \text{ proc}}{\vdash_{\Sigma,a} ?a;P \text{ event}} \tag{39.13b}$$

$$\frac{\vdash_{\Sigma,a} P \text{ proc}}{\vdash_{\Sigma,a} !a;P \text{ event}} \tag{39.13c}$$

$$\frac{\vdash_{\Sigma} E_1 \text{ event} \quad \vdash_{\Sigma} E_2 \text{ event}}{\vdash_{\Sigma} E_1 + E_2 \text{ event}} \tag{39.13d}$$

判断 $\vdash_{\Sigma} \alpha$ action 指出，α 相对于 Σ 是良构的动作：

$$\overline{\vdash_{\Sigma,a} a? \text{ action}} \tag{39.14a}$$

$$\overline{\vdash_{\Sigma,a} a! \text{ action}} \tag{39.14b}$$

$$\overline{\vdash_{\Sigma} \varepsilon \text{ action}} \tag{39.14c}$$

相应地，对 PiC 当前片段的动态语义进行推广，以跟踪活跃通道集合。判断 $P \overset{\alpha}{\underset{\Sigma}{\mapsto}} P'$ 表示，相对于通道集 Σ，P 通过动作 α 转换为 P'。这种扩展的动态语义是通过使用签名对转换进行索引、并为通道声明添加规则来获得的。

$$\overline{\$(!a;P+E) \overset{a!}{\underset{\Sigma,a}{\mapsto}} P} \tag{39.15a}$$

$$\overline{\$(?a;P+E) \overset{a?}{\underset{\Sigma,a}{\mapsto}} P} \tag{39.15b}$$

$$\frac{P_1 \overset{\alpha}{\underset{\Sigma}{\mapsto}} P_1'}{P_1 \otimes P_2 \overset{\alpha}{\underset{\Sigma}{\mapsto}} P_1' \otimes P_2} \tag{39.15c}$$

$$\frac{P_1 \overset{\alpha}{\underset{\Sigma}{\mapsto}} P_1' \quad P_2 \overset{\bar{\alpha}}{\underset{\Sigma}{\mapsto}} P_2'}{P_1 \otimes P_2 \underset{\Sigma}{\mapsto} P_1' \otimes P_2'} \tag{39.15d}$$

$$\frac{P_1 \overset{\alpha}{\underset{\Sigma,a}{\mapsto}} P' \quad \vdash_{\Sigma} \alpha \text{ action}}{va.P \overset{\alpha}{\underset{\Sigma}{\mapsto}} va.P'} \tag{39.15e}$$

规则（39.15e）确保没有进程可以通过使用标识约定来选择 $a \notin \Sigma$，从而沿着通道 a 与

va.P 交互。

再次考虑使用复制而不是递归来定义自动售货机。用于初始化售货机的通道对机器本身是私有的。进程 $V = \nu\upsilon.(V_0 \otimes V_1)$ 声明了一个新的通道 υ 供 V_0 和 V_1 使用，V_0 和 V_1 的定义本质上和前面一样。用户进程 U 与 V 的交互开始如下：

$$(\nu\,\upsilon.\,(V_0 \otimes V_1)) \otimes U \underset{\Sigma}{\longmapsto} (\nu\,\upsilon.\,V_2) \otimes U \equiv \nu\,\upsilon.\,(V_2 \otimes U)$$

交互在声明的作用域内继续，这确保 υ 不会在 U 内发生。

39.5　通信

同步协调两个进程的执行，这两个进程对一个公共通道执行发信号和查询的互补动作。**同步通信**（synchronous communication）是指在两个同步进程之间传递数据值，其中一个进程是数据值的发送方，另一个进程是数据值的接收方。数据的类型对通信而言是无关紧要的。

为了说明进程间的通信，我们丰富进程的语言，以在其形式化描述中包含变量和通道。变量的范围由类型决定，并通过代换赋予其含义。另一方面，通道有指定类型，用于对该通道上的数据进行分类，并通过发送和接收事件赋予意义，这些事件泛化了 39.2 节中考虑的发送信号和查询事件。通信事件的抽象语法由以下文法给出：

$$\begin{array}{llll} \text{Evt } E & ::= & \text{snd}[a](e;P) & !a(e;P) & \text{发送} \\ & & \text{rcv}[a](x.P) & ?a(x.P) & \text{接收} \end{array}$$

事件 rcv[*a*](*x.P*) 表示接收通道 *a* 上的值 *x*，并把 *x* 传递给进程 *P*。变量 *x* 被约束在 *P* 中。事件 snd[*a*](*e;P*) 表示在通道 *a* 上传输 *e*，然后继续执行 *P*。

我们修改声明的语法以说明通道上发送的值的类型。

$$\text{Proc } P ::= \text{new}\{\tau\}(a.P) \quad \nu a \sim \tau.P \quad \text{有类型的通道}$$

进程 new[*τ*](*a.P*) 引入了一个具有关联类型 *τ* 的新通道 *a*，以便在进程 *P* 中使用。通道 *a* 被限制在 *P* 内部。

静态语义被扩展以说明通道的类型。判断 $\vdash_\Sigma P \text{ proc}$ 指出 *P* 是一个良构的进程，涉及在 Σ 中声明的通道和在 Γ 中声明的变量。它由以下规则归纳定义，其中假设定型判断 $\Gamma \vdash_\Sigma e : \tau$ 是单独给出的。

$$\frac{}{\Gamma \vdash_\Sigma \mathbf{1} \text{ proc}} \tag{39.16a}$$

$$\frac{\Gamma \vdash_\Sigma P_1 \text{ proc} \quad \Gamma \vdash_\Sigma P_2 \text{ proc}}{\Gamma \vdash_\Sigma P_1 \otimes P_2 \text{ proc}} \tag{39.16b}$$

$$\frac{\Gamma \vdash_{\Sigma,a\sim\tau} P \text{ proc}}{\Gamma \vdash_\Sigma \nu a \sim \tau.P \text{ proc}} \tag{39.16c}$$

$$\frac{\Gamma \vdash_\Sigma E \text{ event}}{\Gamma \vdash_\Sigma \$E \text{ proc}} \tag{39.16d}$$

规则（39.16）使用辅助判断 $\Gamma \vdash_\Sigma E \text{ event}$，说明相对于 Γ 和 Σ，*E* 是一个良构的事件，其定

义如下：

$$\overline{\Gamma \vdash_{\Sigma} \mathbf{0} \text{ event}} \tag{39.17a}$$

$$\frac{\Gamma \vdash_{\Sigma} E_1 \text{ event} \quad \Gamma \vdash_{\Sigma} E_2 \text{ event}}{\Gamma \vdash_{\Sigma} E_1 + E_2 \text{ event}} \tag{39.17b}$$

$$\frac{\Gamma, x : \tau \vdash_{\Sigma, a \sim \tau} P \text{ proc}}{\Gamma \vdash_{\Sigma, a \sim \tau} \text{?}a(x.P) \text{ event}} \tag{39.17c}$$

$$\frac{\Gamma \vdash_{\Sigma, a \sim \tau} e : \tau \quad \Gamma \vdash_{\Sigma, a \sim \tau} P \text{ proc}}{\Gamma \vdash_{\Sigma, a \sim \tau} \text{!}a(e; P) \text{ event}} \tag{39.17d}$$

规则（39.17d）对表达式使用定型判断，以确保通信遵守通道类型。

通过使用发送或接收的值来丰富发送和接收动作，通信的动态语义扩展了同步的动态语义。

$$\text{Act } \alpha \ ::= \quad \begin{array}{lll} \text{rcv}[a](e) & a?e & \text{接收} \\ \text{snd}[a](e) & a!e & \text{发送} \\ \varepsilon & \varepsilon & \text{静默} \end{array}$$

互补性的定义与前面一样，通过切换动作的方向：$\overline{a?e} = a!e$、$\overline{a!e} = a?e$ 和 $\overline{\varepsilon} = \varepsilon$。

静态语义确保与这些动作关联的表达式是一个适合于该通道的一种类型的值：

$$\frac{\vdash_{\Sigma, a \sim \tau} e : \tau \quad e \text{ val}_{\Sigma, a \sim \tau}}{\vdash_{\Sigma, a \sim \tau} a!e \text{ action}} \tag{39.18a}$$

$$\frac{\vdash_{\Sigma, a \sim \tau} e : \tau \quad e \text{ val}_{\Sigma, a \sim \tau}}{\vdash_{\Sigma, a \sim \tau} a?e \text{ action}} \tag{39.18b}$$

$$\overline{\vdash_{\Sigma} \varepsilon \text{ action}} \tag{39.18c}$$

动态语义通过将同步规则（39.15a）和（39.15b）改为以下通信规则来定义：

$$\frac{e \underset{\Sigma, a \sim \tau}{\longmapsto} e'}{\$(!a(e; P) + E) \underset{\Sigma, a \sim \tau}{\longmapsto} \$(!a(e'; P) + E)} \tag{39.19a}$$

$$\frac{e \text{ val}_{\Sigma, a \sim \tau}}{\$(!a(e; P) + E) \underset{\Sigma, a \sim \tau}{\overset{a!e}{\longmapsto}} P} \tag{39.19b}$$

$$\frac{e \text{ val}_{\Sigma, a \sim \tau}}{\$(?a(x.P) + E) \underset{\Sigma, a \sim \tau}{\overset{a?e}{\longmapsto}} [e/x]P} \tag{39.19c}$$

规则（39.19c）是不确定的，因为它"猜测"值 e 将沿通道 a 被接收。规则（39.19）引用了表达式的动态语义，由于表达式的动态语义与此无关，故这里没有说明。

使用同步通信，消息的发送方和接收方都将被阻塞，直到交互完成。因此，每当收到消息，都必须通知发送方，即从接收方到发送方必须有一个携带通知的隐式响应通道。这意味着可以将同步通信分解为更简单的**异步发送**（asynchronous send）操作：在通道上发送消息而不等待其接收，以及通过**通道传递**（channel passing）发送确认通道和消息数据。

　　异步通信（asynchronous communication）通过下面的方法来定义：从进程演算中删除同步发送事件，并添加一种新形式的进程，该进程仅在通道上发送消息。异步发送的语法如下：

$$\text{Proc } P ::= \quad asnd[a](e) \quad !a(e) \quad 发送$$

进程 $asnd[a](e)$ 在通道 a 上发送消息 e，然后立即终止。如果没有同步发送事件，每个事件按结构同余都可以选择零个或多个读事件。异步发送的静态语义由以下规则给出：

$$\frac{\Gamma \vdash_{\Sigma, a \sim \tau} e : \tau}{\Gamma \vdash_{\Sigma, a \sim \tau} !a(e)\, \text{proc}} \tag{39.20}$$

类似地，给出动态语义：

$$\frac{e\, \text{val}_{\Sigma, a \sim \tau}}{!a(e) \xmapsto[\Sigma, a \sim \tau]{a!e} 1} \tag{39.21}$$

通信规则保持不变。挂起的异步发送实际上是一个缓冲区，它保存接收方可用时要发送的值。

39.6　通道传递

　　当一个进程沿着公共通道将**通道引用**（一种值的形式）传递给另一个进程时，就会出现一种有趣的进程间通信情况。接收进程无须直接访问由该引用所指的通道。它仅使用作用于通道引用上的发送和接收操作来对其操作，而不使用作用于固定通道的。这样做允许在进程之间建立新的通信模式。例如，两个进程 P 和 Q 可能共享一个通道 a，它们可以通过该通道发送和接收消息。如果 a 的作用域仅限于这些进程，那么其他进程不能在该通道上通信。实际上，它是 P 与 Q 之间的**私有**通道。

　　下面的进程表达式说明了这种情况：

$$(v\, a \sim \tau.(P \otimes Q)) \otimes R$$

进程 R 被排除在通道 a 的作用域之外，而 a 的作用域包含 P 和 Q。进程 P 和 Q 可以在通道 a 上相互通信，但 R 不能访问该通道。如果 P 和 Q 希望允许 R 沿着 a 进行通信，它们可以把 a 的引用沿着三个进程都已知的某个通道 b 发送给 R。因此，我们有以下情况：

$$v\, b \sim \tau\, \text{chan}.((v\, a \sim \tau.(P \otimes Q)) \otimes R)$$

假设 P 将 R 包含到它与 Q 沿着 a 的通信中，其形式为 $\$(!b(\&a; P'))$。进程 R 对应地采取形式 $\$(?b(x.R'))$。因此，进程系统具有形式

$$v\, b \sim \tau\, \text{chan}.(v\, a \sim \tau.(\$(!b(\&a; P')) \otimes Q) \otimes \$(?b(x.R')))$$

　　把 a 的引用发送给 R 似乎会违反 a 的作用域。该引用的通信似乎会逃逸出所引用通道的作用域，这将没有意义。在这里，39.4 节介绍的作用域挤压的概念开始发挥作用：

$$v\, b \sim \tau\, \text{chan}.v\, a \sim \tau.(\$(!b(\&a; P')) \otimes Q \otimes \$(?b(x.R')))$$

a 的作用域扩大到包括 R，并为 P 和 R 之间的通信做准备，从而导致

$$v\, b \sim \tau\ \mathrm{chan}.v\, a \sim \tau.(P' \otimes Q \otimes [\&a / x]R')$$

对通道 a 的引用替换为 R' 内的变量 x。

进程 R 现在可以通过沿着由变量 x 代替的通道引用发送和接收消息来与 P 和 Q 通信。为此，我们使用发送和接收的动态形式，其中通信的通道由表达式的求值决定。例如，要沿着由 x 引用的通道发送类型为 τ 的消息，进程 R' 将具有形式

$$\$(!!(x;e;R''))$$

类似地，要沿着所引用的通道接收消息，进程 R' 将具有形式

$$\$(??(x;y.R''))$$

在这两种情况下，一旦确定了所引用的通道，动态通信形式就会演化为静态通信形式。

通道引用类型的语法由以下文法给出：

Typ τ	::=	$\mathrm{chan}(\tau)$	τ chan	通道类型
Exp e	::=	$\mathrm{chref}[a]$	$\&a$	引用
Evt E	::=	$\mathrm{sndref}(e_1;e_2;P)$	$!!(e_1;e_2;P)$	发送
		$\mathrm{rcvref}(e;x.P)$	$??(e;x.P)$	接收

事件 $\mathrm{sndref}(e_1;e_2;P)$ 和 $\mathrm{rcvref}(e;x.P)$ 是事件 $\mathrm{snd}[a](e;P)$ 和事件 $\mathrm{rcv}[a](x.P)$ 的动态版本，其中通道引用由表达式的求值动态确定。

通道引用的静态语义由以下规则给出：

$$\frac{}{\Gamma \vdash_{\Sigma, a \sim \tau} \&a : \tau\ \mathrm{chan}} \tag{39.22a}$$

$$\frac{\Gamma \vdash_{\Sigma} e_1 : \tau\ \mathrm{chan} \quad \Gamma \vdash_{\Sigma} e_2 : \tau \quad \Gamma \vdash_{\Sigma} P\ \mathrm{proc}}{\Gamma \vdash_{\Sigma} !!(e_1;e_2;P)\mathrm{event}} \tag{39.22b}$$

$$\frac{\Gamma \vdash_{\Sigma} e : \tau\ \mathrm{chan} \quad \Gamma, x : \tau \vdash_{\Sigma} P\ \mathrm{proc}}{\Gamma \vdash_{\Sigma} ??(e;x.P)\mathrm{event}} \tag{39.22c}$$

由于通道引用是表达式的形式，因此必须对事件求值以确定它们所引用的通道。

$$\frac{E \underset{\Sigma, a \sim \tau}{\longmapsto} E'}{\$(E) \underset{\Sigma, a \sim \tau}{\longmapsto} \$(E')} \tag{39.23a}$$

$$\frac{}{\$(!!(\&a;e;P) + E) \underset{\Sigma, a \sim \tau}{\longmapsto} \$(!a(e;P) + E)} \tag{39.23b}$$

$$\frac{}{\$(??(\&a;x.P) + E) \underset{\Sigma, a \sim \tau}{\longmapsto} \$(?a(x.P) + E)} \tag{39.23c}$$

事件必须同样地进行求值，请参见第 40 章中关于如何形式化这种动态语义的指导。

39.7 普适性

本章中开发的进程演算 PiC 是普适的，因为无类型的 λ 演算可以在其中编码。因此，通

过这种编码，自然数上的相同函数既可以在 PiC 中定义，也可以在 Λ 中定义。因此，根据 Church 定律，任何已知的编程语言都可以定义。这种说法是值得注意的，因为 PiC 的功能很少，以至于人们会怀疑它太弱了而不足以成为一种有用的编程语言。要看到 PiC 是普适的，关键是要注意通信允许进程发送和接收任意类型的值。只要递归和通道引用类型是可用的，那么证明 Λ 在其中是可编码的就是一个纯粹的技术问题。毕竟，使 Λ 普适的原因是其单一类型是递归类型（参见第 21 章），所以很自然地猜测，如果有递归类型的消息可用，那么 PiC 就是普适的。这确实如此。

为了证明普适性，只需在按名调用的动态语义下将无类型的 λ 演算编码到 PiC 即可。为了激励这种翻译，可以考虑使用一个按名调用的栈机器来计算 λ 项。栈是栈帧的组合，每个栈帧具有与应用程序的函数部分的求值相对应的形式 $-(e_2)$。在 PiC 中，栈由一个通道引用表示，该通道期望一个表达式（要应用的函数）和另一个通道引用（用于求解应用结果的栈）。一个 λ 项由一个通道引用表示，该通道期望一个用于求解表达式的栈。

令 κ 为延续类型。它应该与具有一对值的通道的引用类型同构，这对值的一个参数的类型是对具有延续的通道的引用，另一个参数的类型是传递应用结果的延续。因此，我们寻求具有以下类型同构：

$$\kappa \cong (\kappa\ \text{chan} \times \kappa)\text{chan}$$

解决方案是递归类型，如第 20 章所述。因此，就 Λ 本身而言，PiC 普适性的关键是使用递归类型 κ。

现在我们把 Λ 翻译成 PiC。为了便于归纳，一个 Λ 表达式 u 的翻译是相对于类型 κ 的变量给出的，表示将向其发送结果的延续。其表示形式由以下等式给出：

$$x @ k \triangleq \,!!(x; k)$$
$$\lambda(x)u @ k \triangleq \$??(\text{unfold}(k); \langle x, k'\rangle.u @ k')$$
$$u_1(u_2) @ k \triangleq$$
$$\nu\, a_1 \sim \kappa\ \text{chan} \times \kappa.(u_1 @ \text{fold}(\&a_1)) \otimes \nu\, a \sim \kappa.* \$?a(k_2.u_2 @ k_2) \otimes !a_1(\langle \&a, k\rangle)$$

为了便于阅读，我们在有序对上使用模式匹配。只需要异步发送。

在翻译中，静态和动态通信操作的使用值得仔细考虑。λ 项的调用点是动态确定的，我们不能在翻译时预测该项的延续。特别地，一个变量的绑定可以在多个调用点上使用，与该变量的使用相对应。另一方面，与参数关联的通道是静态确定的。与该变量关联的服务器在静态确定的通道上侦听动态确定的延续。

为了检查表示的正确性，请考虑以下推导：

$$(\lambda(x)x)(y) @ k \longmapsto^*$$
$$\nu\, a_1 \sim \tau.(\$?a_1(\langle x, k'\rangle.\,!!(x; k'))) \otimes \nu\, a \sim \kappa.* \$?a(k_2.\,!!(y; k_2)) \otimes !a_1(\langle \&a, k\rangle)$$
$$\longmapsto^* \nu\, a \sim \kappa.* \$?a(k_2.\,!!(y; k_2)) \otimes !a(k)$$
$$\longmapsto^* \nu\, a \sim \kappa.* \$?a(k_2.\,!!(y; k_2)) \otimes !!(y; k)$$

除了空闲服务器进程监听通道 a 外，这只是翻译 $y @ k$。（使用第 49 章中详细介绍的方法，我们可以看出计算步骤的结果与 $y @ k$ 的翻译是"双相似的"，因此在所有目的上都是等价的。）

39.8 注记

进程演算作为并发和交互的模型由 Hoare（1978）和 Milner（1999）引入并广泛研发。Milner 的原始公式 CCS 被引入纯同步模型，而 Hoare 的 CSP 包含值传递。CCS 被扩展成 π 演算（Milner, 1999），其中包括通道传递。在文献中已经研究了数十种 CSP、CCS 和 π 演算的变体和扩展，它们仍然是深入研究的主题。（有关该领域的一些关键发展的描述，请参见 Engberg 和 Nielsen（2000））。

这里考虑的进程演算是由 Milner（1999）提出的 π 演算推导而来的。整个开发路线以及自动售货机的例子和 λ 演算编码都改编自 Milner（1999）。静态事件和动态事件（即由语法给定的事件和通过计算产生的事件）之间的区别来自变量和通道之间的区别。可以只使用通道引用来表示 PiC，而不提及通道本身。这里的表述与第 34 章和第 35 章中可赋值对象和可赋值引用的表述一致。动态事件的概念在 Concurrent ML 中又迈出了一步（Reppy, 1999），其中事件是事件类型的值（参见第 40 章）。

习题

39.1 布尔值可以用进程演算表示，类似于第 21 章中用 Λ 表示，称为 Milner 布尔值。具体地，一个布尔值可以由一个通道表示，该通道携带一对通道引用，这些通道引用发信号（发送一个平凡值）来指示布尔值是真还是假。请给出与两个进程之间的真、假和条件分支相对应的进程的定义，每个进程由一个表示布尔值的通道 a 进行参数化。

39.2 定义 PiC 中进程 P 和 Q 的顺序组合 $P;Q$。提示：定义一个辅助翻译 $P \triangleright p$，其中 p 是通道值，使 $P \triangleright p$ 的行为与 P 类似，但在终止之前在 p 上发送单元值。

39.3 再次考虑 RS 锁存器，这是习题 11.4、习题 15.7 和习题 20.3 的主题。将 RS 锁存器实现为一个进程 $L(i,o)$，该进程接受通道 i 上输入的一对布尔值来表示锁存器的 R 和 S 输入，并向通道 o 输出一对布尔值来表示输出 Q 和 Z，其中 Q 是感兴趣的输出。考虑以下输入进程：

$$I(i) \triangleq *!i(\langle \text{false,false} \rangle)$$
$$I_{\text{reset}}(i) \triangleq !i(\langle \text{true,false} \rangle); I_{\text{reset}}$$
$$I_{\text{set}}(i) \triangleq !i(\langle \text{true,false} \rangle); I_{\text{set}}$$

第一个通过永远保持 R 和 S 的值为 false 来停止输入。第二个（仅）断言 R 输入，然后静默；第三个（仅）断言输入 S，然后静默。

说明进程 $L(i,o) \otimes I_{\text{reset}}(i)$ 演化为能够执行动作 $o!\langle \text{false,false} \rangle$ 的进程，然后永远能够演化为执行同样动作的进程。类似地，说明 $L(i,o) \otimes I_{\text{set}}(i)$ 演化为一个能够执行动作 $o!\langle \text{true,false} \rangle$ 的进程，然后永远能够演化为一个执行同样动作的进程。

39.4 需要注意的是，进程演算的某些版本在事件和进程之间有区别。它们转而考虑两个进程的不确定性选择，这两个进程由以下静默转换规则定义：

$$\overline{P_1 + P_1 \underset{\Sigma}{\mapsto} P_1} \tag{39.24a}$$

$$\overline{P_1 + P_2 \underset{\Sigma}{\longmapsto} P_2} \qquad\qquad (39.24b)$$

因此，P_1+P_2 可以自发地演变成 P_1 或 P_2，而不与任何其他进程交互。请说明不确定性选择在异步进程演算中是可定义的，从而使给定的转换成为可能。

39.5   在异步进程中，演算事件是输入的有限和，称作输入选项（input choice），形式为

$$?a_1(x_1.P_1) + \cdots + ?a_n(x_n.P_n)$$

进程的行为

$$P \triangleq \$(?a_1(x_1.P) + \cdots + ?a_n(x_n.P_n))$$

非常接近于在单个通道上接收消息的多个进程的并发组合，

$$Q \triangleq \$?a_1(x_1.P) \otimes \cdots \otimes \$?a_n(x_n.P_n)$$

进程 P 与 Q 类似，它们都可以与任何指定接收通道上并发执行的发送方同步。它们的不同之处在于，一旦 P 与发送方同步，就会放弃接收方，而 Q 留下其他选项供进一步同步使用。因此，可以根据单选接收的并发组合来定义仅接收的选项，方法是一旦选择了一个选项，其他选项将停用。请说明这种情况。提示：将 Milner 布尔值（习题 39.1）与限制同步到最多只有一个发送者的每个选项组关联起来。

39.6   多元 π 演算是一种进程演算，其中所有通道都被约束为携带满足如下同构的递归类型 π 的值

$$\pi \cong \sum_{n \in \mathbb{N}} \underbrace{\pi\,\mathrm{chan} \times \cdots \times \pi\,\mathrm{chan}}_{n}$$

因此，消息值具有形式

$$n \cdot \underbrace{\langle \&a_1, \cdots, \&a_n \rangle}_{n}$$

其中，标记 n 表示与其关联的通道引用元组的大小。请说明仅使用类型 π 的通道就能给出 39.7 节中给定的 Λ 编码，证明多元 π 演算的普适性。

并发 Algol

在本章中，我们将并发集成到第 34 章中描述的现代化 Algol 框架中。由此产生的语言称为并发 Algol（Concurrent Algol，CA）。该语言说明了如何将第 39 章中描述的进程演算机制集成到一种实际的编程语言中。为了避免分散注意力，我们完全丢弃了现代化 Algol 中的可赋值对象。（不过，这样做不失一般性，因为在并发 Algol 中可以使用进程作为单元来定义自由的可赋值对象。）

第 39 章中描述的进程演算是并行计算的自立模型。但是，从编程语言的角度来看，可以精简组织机制以充分利用在任何其他情况下所需的类型。特别是在第 39 章中强调的通道的概念，它与第 33 章中描述的动态类的概念相同。更准确地说，我们将动态分类值的广播通信作为语言的基本同步机制。通过动态分类，消息由标记有类或通道的**有效载荷**（payload）组成。通道的类型决定负载的类型。重要的是，只有那些有权访问通道的进程才能解码消息，其他的进程都必须将其视为可以传递但无法检查的不可知数据。这样，我们不仅可以对第 39 章中描述的机制建模，还可以使用第 39 章中描述的方法来表述网络中加密和解密的抽象账户。

并发 Algol 的特征是命令和表达式之间的模式分离，就像在现代化的 Algol 中一样。也可以将这两个级别组合在一起（以便实现良性并发效果），但是我们不在此详细介绍这种方法。

40.1 并发 Algol

CA 的语法是通过从 MA 中删除可赋值对象，并添加一个语法级别的进程来表示程序的全局状态而获得的：

Typ τ	::=	$cmd(\tau)$	$\tau\ cmd$	命令
Exp e	::=	$cmd(m)$	$cmd\ m$	命令
Cmd m	::=	$ret\ e$	$ret\ e$	返回
		$bnd(e;x.m)$	$bnd\ x \leftarrow e; m$	顺序
Proc p	::=	$stop$	$\mathbf{1}$	空闲的
		$run(m)$	$run(m)$	原子的
		$conc(p_1;p_2)$	$p_1 \otimes p_2$	并发的
		$newch[\tau](a.p)$	$va \sim \tau.p$	新建通道

进程 $run(m)$ 是执行命令 m 的原子进程。其他形式的进程改编自第 39 章。如果 $\sum$ 形如 $a_1 \sim \tau_1, \cdots, a_n \sim \tau_n$，那么有时可以将 $v\ a_1 \sim \tau_1, \cdots, v\ a_n \sim \tau_n.\ p$ 写作 $v\sum\{p\}$。

CA 的静态语义由以下判断给出：

$$\Gamma \vdash_\Sigma e : \tau \qquad \text{表达式定型}$$
$$\Gamma \vdash_\Sigma m \div \tau \qquad \text{命令定型}$$
$$\Gamma \vdash_\Sigma p \ \text{proc} \qquad \text{进程形成}$$
$$\Gamma \vdash_\Sigma \alpha \ \text{action} \qquad \text{动作形成}$$

表达式和命令定型判断本质上是 MA 的判断，用如下语言构造增强。

进程形成由以下规则定义：

$$\frac{}{\vdash_\Sigma \mathbf{1} \ \text{proc}} \tag{40.1a}$$

$$\frac{\vdash_\Sigma m \div \tau}{\vdash_\Sigma \text{run}(m) \ \text{proc}} \tag{40.1b}$$

$$\frac{\vdash_\Sigma p_1 \ \text{proc} \quad \vdash_\Sigma p_2 \ \text{proc}}{\vdash_\Sigma p_1 \otimes p_2 \ \text{proc}} \tag{40.1c}$$

$$\frac{\vdash_{\Sigma, a \sim \tau} p \ \text{proc}}{\vdash_\Sigma \nu \, a \sim \tau . p \ \text{proc}} \tag{40.1d}$$

如第 39 章所述，进程按结构同余来识别。

动作形成由以下规则定义：

$$\frac{}{\vdash_\Sigma \varepsilon \ \text{action}} \tag{40.2a}$$

$$\frac{\vdash_\Sigma e : \text{clsfd} \quad e \ \text{val}_\Sigma}{\vdash_\Sigma e! \ \text{action}} \tag{40.2b}$$

$$\frac{\vdash_\Sigma e : \text{clsfd} \quad e \ \text{val}_\Sigma}{\vdash_\Sigma e? \ \text{action}} \tag{40.2c}$$

消息是第 33 章中定义的类型为 clsfd 的值。

CA 的动态语义由进程之间的转换定义，它表示计算的状态。更准确地说，判断 $p \overset{\alpha}{\underset{\Sigma}{\longmapsto}} p'$ 指出，进程 p 在采取动作 α 时向进程 p' 演变。

$$\frac{m \overset{\alpha}{\underset{\Sigma}{\Longrightarrow}} \nu \Sigma' \{ m' \otimes p \}}{\text{run}(m) \overset{\alpha}{\underset{\Sigma}{\longmapsto}} \nu \Sigma' \{ \text{run}(m') \otimes p \}} \tag{40.3a}$$

$$\frac{e \ \text{val}_\Sigma}{\text{run}(\text{ret} \ e) \overset{\varepsilon}{\underset{\Sigma}{\longmapsto}} \mathbf{1}} \tag{40.3b}$$

$$\frac{p_1 \overset{\alpha}{\underset{\Sigma}{\longmapsto}} p_1'}{p_1 \otimes p_2 \overset{\alpha}{\underset{\Sigma}{\longmapsto}} p_1' \otimes p_2} \tag{40.3c}$$

$$\frac{p_1 \overset{\alpha}{\underset{\Sigma}{\longmapsto}} p_1' \quad p_2 \overset{\bar{\alpha}}{\underset{\Sigma}{\longmapsto}} p_2'}{p_1 \otimes p_2 \overset{\varepsilon}{\underset{\Sigma}{\longmapsto}} p_1' \otimes p_2'} \tag{40.3d}$$

$$\frac{p \xmapsto[\Sigma, a \sim \tau]{\alpha} p' \quad \vdash_{\Sigma} \alpha \text{ action}}{\nu\, a \sim \tau . p \xRightarrow[\Sigma]{\alpha} \nu\, a \sim \tau . p'} \tag{40.3e}$$

规则（40.3a）指出，原子进程 run(m) 的执行步骤由命令 m 的执行步骤组成，该命令可能分配一组符号 $\sum'$ 或创建一个并发进程 p。此规则通过将通道声明的作用域扩展到命令 m 发生的上下文，来实现类（通道）的作用域挤压。规则（40.3b）指出已完成的命令演化为惰性（已停止）进程，执行进程完全是为了它们的效果，而不是它们的值。

执行 CA 中的一个命令，除了演进到另一个命令之外，还要分配一个新通道或生成一个新进程。更准确地说，判断[⊖]

$$m \xRightarrow[\Sigma]{\alpha} \nu\, \sum'\{m' \otimes p'\}$$

指明命令 m 在创建一组新通道 $\sum'$ 和新进程 p' 时转换到命令 m'。动作 α 指定执行 m 时能够进行的交互。为了方便标记，当新通道或进程都不重要时，我们就不提它们了。

以下规则定义了从 MA 继承的基本命令的执行：

$$\frac{e \xmapsto[\Sigma]{} e'}{\text{ret}\, e \xRightarrow[\Sigma]{\varepsilon} \text{ret}\, e'} \tag{40.4a}$$

$$\frac{m_1 \xRightarrow[\Sigma]{\alpha} \nu \sum'\{m_1' \otimes p'\}}{\text{bnd}\, x \leftarrow \text{cmd}\, m_1 ; m_2 \xRightarrow[\Sigma]{\alpha} \nu \sum'\{\text{bnd}\, x \leftarrow \text{cmd}\, m_1' ; m_2 \otimes p'\}} \tag{40.4b}$$

$$\frac{e\, \text{val}_{\Sigma}}{\text{bnd}\, x \leftarrow \text{cmd}\, (\text{ret}\, e) ; m_2 \xRightarrow[\Sigma]{\varepsilon} [e\,/\,x] m_2} \tag{40.4c}$$

$$\frac{e_1 \xmapsto[\Sigma]{} e_1'}{\text{bnd}\, x \leftarrow e_1 ; m_2 \xRightarrow[\Sigma]{\varepsilon} \text{bnd}\, x \leftarrow e_1' ; m_2} \tag{40.4d}$$

在接下来的两节中，这些规则由管理进程间通信和同步的规则补充。

40.2　广播通信

在本节中，我们考虑一种非常通用的进程同步形式，称为**广播**（broadcast）。进程发出并接收类型为 clsfd 的消息，即第 33 章中考虑的动态分类值的类型。一条消息由一个通道（即其类别）和一个有效载荷（与该通道（类别）关联的类型的值）组成。消息接收方可以对消息进行模式匹配，以确定它是否是给定的类别，如果是，则复原相关的负载。任何无法访问消息类别的进程都无法复原该消息的负载。（有关如何使用动态分类强制实施机密性和完整性限制的讨论，请参见 33.4.1 节。）

⊖　判断的右侧是一个由 $\sum'$、m′ 和 p′ 组成的三元组，而不是由这些部分组成的进程表达式。

与广播通信有关的命令的语法由如下文法给出：

$$
\begin{array}{llll}
\text{Cmd } m & ::= & \text{spawn}(e) \quad \text{spawn}(e) & \text{引发} \\
& & \text{emit}(e) \quad \text{emit}(e) & \text{发出消息} \\
& & \text{acc} \qquad\quad \text{acc} & \text{接收消息} \\
& & \text{newch}\{\tau\} \quad \text{newch} & \text{新通道}
\end{array}
$$

命令 spawn(e) 引发一个进程，该进程执行由 e 给出的命令。命令 emit(e) 和 acc 分别发出和接收消息，这些消息是类别为其发送通道的分类值。命令 newch[τ] 返回对包含类型为 τ 的值的新类别的引用。

广播通信的静态语义由以下规则给出：

$$\frac{\Gamma \vdash_{\Sigma} e : \text{cmd(unit)}}{\Gamma \vdash_{\Sigma} \text{spawn}(e) \div \text{unit}} \tag{40.5a}$$

$$\frac{\Gamma \vdash_{\Sigma} e : \text{clsfd}}{\Gamma \vdash_{\Sigma} \text{emit}(e) \div \text{unit}} \tag{40.5b}$$

$$\frac{}{\Gamma \vdash_{\Sigma} \text{acc} \div \text{clsfd}} \tag{40.5c}$$

$$\frac{}{\Gamma \vdash_{\Sigma} \text{newch}\{\tau\} \div \text{cls}(\tau)} \tag{40.5d}$$

这些命令的执行定义如下：

$$\frac{}{\text{spawn}(\text{cmd}(m)) \overset{\varepsilon}{\underset{\Sigma}{\Rightarrow}} \text{ret}\langle\rangle \otimes \text{run}(m)} \tag{40.6a}$$

$$\frac{e \underset{\Sigma}{\mapsto} e'}{\text{spawn}(e) \overset{\varepsilon}{\underset{\Sigma}{\Rightarrow}} \text{spawn}(e')} \tag{40.6b}$$

$$\frac{e \text{ val}_{\Sigma}}{\text{emit}(e) \overset{e!}{\underset{\Sigma}{\Rightarrow}} \text{ret}\langle\rangle} \tag{40.6c}$$

$$\frac{e \underset{\Sigma}{\mapsto} e'}{\text{emit}(e) \overset{\varepsilon}{\underset{\Sigma}{\Rightarrow}} \text{emit}(e')} \tag{40.6d}$$

$$\frac{e \text{ val}_{\Sigma}}{\text{acc} \overset{e?}{\underset{\Sigma}{\Rightarrow}} \text{ret } e} \tag{40.6e}$$

$$\frac{}{\text{newch}\{\tau\} \overset{\varepsilon}{\underset{\Sigma}{\Rightarrow}} \nu\, a \sim \tau\{\text{ret}(\&a)\}} \tag{40.6f}$$

规则（40.6c）表明 emit(e) 具有发出消息的效果。相应地，规则（40.6e）表明 acc 可以接受正在发送的（任何）消息。

与往常一样，CA 的保持性定理确保良类型的程序在执行期间保持良类型。保持性的证明需要一个关于命令执行的引理。

引理 40.1 若 $m \overset{\alpha}{\underset{\Sigma}{\Longrightarrow}} v\sum'\{m' \otimes p'\}$，$\vdash_\Sigma m \div \tau$，则 $\vdash_\Sigma \alpha$ action、$\vdash_{\Sigma\Sigma'} m' \div \tau$ 且 $\vdash_{\Sigma\Sigma'} p'$ proc。

证明 对规则（40.4）进行归纳证明。 $\square$

有了上述引理，沿着熟悉的思路就可以证明保持性。

定理 40.2（保持性） 如果 $\vdash_\Sigma p$ proc 且 $p \overset{}{\underset{\Sigma}{\longmapsto}} p'$，则 $\vdash_\Sigma p'$ proc。

证明 对转换规则进行归纳证明，关键步骤应用引理 40.1。 $\square$

然而，定型不保证未标记的传递的进展性，原因很简单，因为可能没有其他进程可以与之通信。通过将进展性扩展到有标记的传递，我们可以声明这是进程执行卡住的唯一方式。但在分配新通道时，必须谨慎行事。

定理 40.3（进展性） 如果 $\vdash_\Sigma p$ proc，则要么 $p \equiv 1$，要么 $p \equiv v\sum'\{p'\}$ 使得 $p' \overset{\alpha}{\underset{\Sigma\Sigma'}{\longmapsto}} p''$ 对某些 $\vdash_{\Sigma\Sigma'} p''$ proc 和 $\vdash_{\Sigma\Sigma'} \alpha$ action 成立。

证明 对规则（40.1）和（40.5）进行归纳证明。 $\square$

进展性定理表明，除了无法与另一个进程通信之外，没有任何进程会因任何原因而卡住。例如，在没有发送方的通道上接收的进程被"卡住"，但这并不违反定理 40.3。

40.3 选择性通信

广播通信不提供限制接受特定类别消息（即特定通道上的消息）的方法。使用广播通信，我们可以通过运行以下命令将注意力限制在类型为 τ 的特定通道 a 上：

$$\text{fix } loop{:}\tau \text{ cmd is cmd}\{x \leftarrow \text{acc;match } x \text{ as } a \cdot y \hookrightarrow \text{ret } y \text{ ow} \hookrightarrow \text{emit}(x); \text{do } loop\}$$

这个命令始终能接收广播消息。当一个消息到达时，检查它是否按 a 分类。如果是，则返回基础的分类值；否则，将重新广播该消息，以便另一个进程可以考虑它。**轮询**（polling）包含重复执行上面的命令，直到成功接收通道 a 的消息（如果有的话）。

在大多数情况下，轮询显然是不切实际的。另一种选择是修改语言以允许选择性通信。我们可以只关注在某些通道上发送的消息，而不接受任何广播消息。事件的类型 event(τ) 由有限的接受选择组成，所有接受的负载都是类型 τ。

Typ τ	::=	event(τ)	τ event	事件
Exp e	::=	rcv[a]	?a	选择性读
		never$\{\tau\}$	never	空
		or($e_1;e_2$)	e_1 or e_2	选择
		wrap($e_1;x.e_2$)	e_1 as x in e_2	后组合
Cmd m	::=	sync(e)	sync(e)	同步

CA 中的事件类似于第 39 章中描述的异步进程演算。主要区别在于，后组合被认为是对事件的一般操作，而不是与接收事件本身相关的操作。

事件表达式的静态语义由以下规则给出：

$$\frac{\Sigma \vdash a \sim \tau}{\Gamma \vdash_\Sigma \text{rcv}[a]{:}\text{event}(\tau)} \tag{40.7a}$$

$$\overline{\Gamma \vdash_\Sigma \operatorname{never}\{\tau\}:\operatorname{event}(\tau)} \tag{40.7b}$$

$$\frac{\Gamma \vdash_\Sigma e_1:\operatorname{event}(\tau) \quad \Gamma \vdash_\Sigma e_2:\operatorname{event}(\tau)}{\Gamma \vdash_\Sigma \operatorname{or}(e_1;e_2):\operatorname{event}(\tau)} \tag{40.7c}$$

$$\frac{\Gamma \vdash_\Sigma e_1:\operatorname{event}(\tau_1) \quad \Gamma,x:\tau_1 \vdash_\Sigma e_2:\tau_2}{\Gamma \vdash_\Sigma \operatorname{wrap}(e_1;x.e_2):\operatorname{event}(\tau_2)} \tag{40.7d}$$

对应的动态语义由以下规则定义：

$$\frac{\Sigma \vdash a \sim \tau}{\operatorname{rcv}[a]\ \operatorname{val}_\Sigma} \tag{40.8a}$$

$$\overline{\operatorname{never}\{\tau\}\ \operatorname{val}_\Sigma} \tag{40.8b}$$

$$\frac{e_1\ \operatorname{val}_\Sigma \quad e_2\ \operatorname{val}_\Sigma}{\operatorname{or}(e_1;e_2)\ \operatorname{val}_\Sigma} \tag{40.8c}$$

$$\frac{e_1\operatorname{val}_\Sigma}{\operatorname{wrap}(e_1;x.e_2)\operatorname{val}_\Sigma} \tag{40.8d}$$

$$\frac{e_1 \underset{\Sigma}{\mapsto} e_1'}{\operatorname{or}(e_1;e_2)\underset{\Sigma}{\mapsto}\operatorname{or}(e_1';e_2)} \tag{40.8e}$$

$$\frac{e_1\operatorname{val}_\Sigma \quad e_2 \underset{\Sigma}{\mapsto} e_2'}{\operatorname{or}(e_1;e_2)\underset{\Sigma}{\mapsto}\operatorname{or}(e_1;e_2')} \tag{40.8f}$$

$$\frac{e_1 \underset{\Sigma}{\mapsto} e_1'}{\operatorname{wrap}(e_1;x.e_2)\underset{\Sigma}{\mapsto}\operatorname{wrap}(e_1';x.e_2')} \tag{40.8g}$$

事件值由第 39 章中描述的结构同余进行标识。

同步命令的静态语义由以下规则给出：

$$\frac{\Gamma \vdash_\Sigma e:\operatorname{event}(\tau)}{\Gamma \vdash_\Sigma \operatorname{sync}(e) \mathbin{\dot\div} \tau} \tag{40.9a}$$

事件的类型决定了同步命令返回的值的类型。

同步命令的执行取决于事件。

$$\frac{e \underset{\Sigma}{\mapsto} e'}{\operatorname{sync}(e) \underset{\Sigma}{\overset{\varepsilon}{\Rightarrow}} \operatorname{sync}(e')} \tag{40.10a}$$

$$\frac{e\ \operatorname{val}_\Sigma \quad \vdash_\Sigma e:\tau \quad \Sigma \vdash a \sim \tau}{\operatorname{sync}(\operatorname{rcv}[a]) \underset{\Sigma}{\overset{a\cdot e?}{\Rightarrow}} \operatorname{ret}(e)} \tag{40.10b}$$

$$\frac{\text{sync}(e_1)\underset{\Sigma}{\overset{\alpha}{\Rightarrow}}m_1}{\text{sync}(\text{or}(e_1;e_2))\underset{\Sigma}{\overset{\alpha}{\Rightarrow}}m_1} \tag{40.10c}$$

$$\frac{\text{sync}(e_2)\underset{\Sigma}{\overset{\alpha}{\Rightarrow}}m_2}{\text{sync}(\text{or}(e_1;e_2))\underset{\Sigma}{\overset{\alpha}{\Rightarrow}}m_2} \tag{40.10d}$$

$$\frac{\text{sync}(e_1)\underset{\Sigma}{\overset{\alpha}{\Rightarrow}}m_1}{\text{sync}(\text{wrap}(e_1;x.e_2))\underset{\Sigma}{\overset{\alpha}{\Rightarrow}}\text{bnd}(\text{cmd}(m_1);x.\text{ret}(e_2))} \tag{40.10e}$$

规则（40.10b）指出，通道 a 上的接受只会与由 a 分类的消息同步。当与结构同余结合时，规则（40.10c）和（40.10d）表明，两个选择中的任何一个事件都可能引发一个动作。规则（40.10e）产生执行命令 m_1 的命令，该命令由事件 e_1 所采取的动作产生，然后返回 e_2，并且 x 绑定到 m_1 的返回值。

选择性通信和动态事件可以一起使用以实现通信协议，其中通道引用在通道上传递，以便与接收者建立通信路径。令 a 为携带 $\text{cls}(\tau)$ 类型值的通道 a，令 b 是携带 τ 类型值的通道，这样 $\&b$ 就可以作为消息沿通道 a 传递。一个进程希望接受 a 上的通道引用，再接受在该通道上的消息，其形式为

$$\{x \leftarrow \text{sync}(?a); y \leftarrow \text{sync}(??x);\cdots\}$$

事件 $?a$ 指定通道 a 上的选择性接收。一旦值 x 被接受，事件 $??x$ 将在 x 引用的通道上指定选择性接收。因此，如果 $\&b$ 沿着 a 发送，则事件 $??\&b$ 的计算结果为 $?b$，它在通道 b 上选择性地接收，即使接收进程本身可能无法直接访问通道 b。

40.4 自由的可赋值对象作为进程

通过将存取可赋值对象内容的服务器进程与每个可赋值对象相关联，可以在 CA 中定义无作用域的可赋值对象。每个类型为 τ 的可赋值对象 a 都与一个服务器相关联，该服务器用以下两种形式之一有选择地接受通道 a 上的消息：

1. $\text{get}\cdot(\&b)$，其中 b 是类型为 τ 的通道。此消息请求将 a 的内容发送到通道 b 上。
2. $\text{set}\cdot(\langle e,\&b\rangle)$，其中 e 是一个类型为 τ 的值，b 是类型为 τ 的通道。此消息请求将 a 的内容设置为 e，并将新内容在通道 b 上传输。

换句话说，a 是类型为 τ_{srvr} 的如下通道

$$[\text{get}\hookrightarrow\tau\,\text{cls}, \text{set}\hookrightarrow\tau\times\tau\,\text{cls}]$$

服务器在通道 a 上选择性地接收，然后按消息的类别进行分派以满足请求。

与类型为 τ 的可赋值对象 a 相关联的服务器使用递归维护 a 的内容。当使用可赋值对象的当前内容进行调用时，服务器在通道 a 上选择性地接收，分派关联的请求，并使用（更新的，如有必要）内容递归调用自身：

$$\lambda(u:\tau_{\text{srvr}}\text{cls})\text{fix}\,srvr:\tau\rightharpoonup\text{unit cmd is }\lambda(x:\tau)\,\text{cmd}\{y\leftarrow\text{sync}(??u); e_{(40.12)}\} \tag{40.11}$$

服务器是一个过程，它接受类型为 τ 的参数（可赋值对象的当前内容），并产生一个永不终止的命令，因为它在每次请求后重新启动服务器循环。服务器有选择地在通道 a 上接收一条消息，并按如下方式对其进行分派：

$$\text{case } y\{\text{get} \cdot z \hookrightarrow e_{(40.13)} \mid \text{set} \cdot \langle x', z\rangle \hookrightarrow e_{(40.14)}\} \tag{40.12}$$

获取可赋值对象 a 的内容的请求如下：

$$\{\_ \leftarrow \text{emit}(\text{inref}(z; x)); \text{do } srvr(x)\} \tag{40.13}$$

设置可赋值对象 a 的内容的请求如下：

$$\{\_ \leftarrow \text{emit}(\text{inref}(z; x')); \text{do } srvr(x')\} \tag{40.14}$$

类型 τ ref 定义为 τ_{srvr} cls，即通向服务器的通道（类别）的类型，提供包含类型为 τ 的值单元。命令 ref e_0 创建一个新的自由可复制对象，定义为

$$\{x \leftarrow \text{newch}; \_ \leftarrow \text{spawn}(e_{(40.11)}(x)(e_0)); \text{ret } x\} \tag{40.15}$$

首先分配一个带有 τ_{srvr} 类型值的通道作为可赋值对象的名字，然后创建一个初值为 τ_0 类型的值 e_0 的新服务器来接受该通道上的请求。

命令 $*e_0$ 和 $e_0* = e_1$ 向服务器发送消息以获取和设置可赋值对象的内容。$*e_0$ 的代码如下：

$$\{x \leftarrow \text{newch}; \_ \leftarrow \text{emit}(\text{inref}(e_0; \text{get} \cdot x)); \text{sync}(??(x))\} \tag{40.16}$$

为返回值分配一个通道，使用指定该通道的 get 消息与服务器联系，并返回该通道上接收的结果。同理，$e_0* = e_1$ 的代码如下：

$$\{x \leftarrow \text{newch}; \_ \leftarrow \text{emit}(\text{inref}(e_0; \text{set} \cdot \langle e_1, x\rangle)); \text{sync}(??(x))\} \tag{40.17}$$

40.5   注记

并发 Algol 是进程演算和现代化 Algol 的综合，本质上是 Concurrent ML 的"类 Algol"的表述（Reppy，1999）。它的设计受到 Parallel Algol 的影响（Brookes，2002）。关于并发交互的许多工作都将通信通道作为一个基本概念，参见 Linda（Gelernter，1985）以了解与此处建议的类似内容。

习题

40.1   在 40.2 节中，使用命令 newch 分配通道，该命令返回通道引用。或者，可以像在 MA 中声明可赋值对象那样，用一种声明通道的方法来扩展 CA。请阐明这种语言构造的语法、静态语义和动态语义，并使用此扩展派生 newch。

40.2   扩展选择性通信（40.3 节）以说明通道引用，这会引发一种新的事件形式。请给出此扩展的语法、静态语义和动态语义。

40.3   请改写习题 39.3 中给出的 RS 锁存器的实现以适应 CA。

分布式 Algol

　　分布式计算是一种在许多**站点**（sites）上进行的计算，每个站点都控制该站点上的一些资源。例如，站点可能是网络上的节点，而资源可能是该站点上的设备或传感器，或由该站点控制的数据库。只有在特定站点上执行的程序才能访问该站点上的资源。因此，命令的执行总是发生在一个称为**执行场所**（locus of execution）的特定站点上。从本地站点访问远程站点上的资源是通过将执行场所移动到远程站点，运行代码来访问本地资源以及将值返回到本地站点来实现的。

　　在本章中，我们将考虑 DA 语言，它使用空间类型系统表达对网络资源的访问，以此扩展并发 Algol。类型安全定理确保对受站点控制的资源的所有访问都通过运行在该站点的程序来进行，即便对本地资源的引用可以自由传递到网络上的其他站点。其主要思想是，通道和事件位于特定的站点，并且事件的同步只能发生在针对该事件的适当站点。因此，时间上的并发问题与空间上的分布问题是可以分开的。

　　DA 中位置的概念是非常抽象的，它允许使用另一种可用于计算机安全设置的有用解释。计算的"位置"可视为正执行计算的**主体**（principal）。从这个角度来看，本地资源是一种特定主体可以访问的资源，而移动计算则是一种可以在任何主体执行的计算。于是，从一个位置移动到另一个位置可能会解释为：代表另一个主体执行一段代码，再将其结果返回给发起转移的主体。

41.1　静态语义

　　DA 的静态语义的灵感来自对模态逻辑的**可能世界**（possible worlds）解释。在这种解释下，命题的真假被认为是相对于世界而言的，世界决定了那个命题所描述的事物的态。命题在一个世界中可能是正确的，而在另一个世界中可能是错误的。例如，一个人可以用可能的世界建模反事实推理，其中一个假设是，在真实世界中碰巧是正确的某些事实在另一个可能世界中可能是不正确的。例如，在真实世界中，作为读者的你正在阅读这本书，但是在可能的世界中，你可能根本没有学习过编程语言。当然，并非所有的事情都是可能的。例如，不可能有 2+2 不等于 4 的世界。此外，一旦承认了一个反事实，其他的就被排除在外。我们说一个世界**可访问**（accessible）另一个世界是指，当第二个相对于第一个是合理的反事实时。因此，例如人们可能认为，相对于你是国王的可能世界，不存在另一个可能的世界，其中其他人也是国王（只有一个君主）。

　　在 DA 中，我们将可能的世界解释为网络上的站点，世界之间的可访问性表示网络的连通性。我们假设每个站点都是自连接的（自反性）；如果一个站点从另一个站点可达，那么第二个站点从第一个站点也是可达的（对称性）；如果一个站点从一个可达站点可达，那么这个站点本身也可以从第一个站点可达（传递性）。从模态逻辑的角度来看，DA 的类型系统由 S5 逻辑推出，其中可访问性是等价关系。

DA 的语法源于 CA 的语法。下面的语法总结了重要的变化：

$$
\begin{aligned}
\text{Typ } \tau \quad &::= \quad \text{cmd}[w](\tau) \quad &\tau \text{ cmd }[w] \quad &\text{命令} \\
& \quad \text{event}[w](\tau) \quad &\tau \text{ event }[w] \quad &\text{事件} \\
\text{Cmd } m \quad &::= \quad \text{at}[w](m) \quad &\text{at } w \text{ do } m \quad &\text{更改站点}
\end{aligned}
$$

命令和事件类型由站点 w 索引，在该站点上它们是有意义的。命令 $\text{at}[w](m)$ 将执行场所从一个站点更改为另一个站点。

DA 中的签名 $\sum$ 由一组有限的形如 $a\sim\tau@w$ 的声明组成，其中 τ 是类型、w 是站点。这样的声明指定站点 w 上的通道 a 承载类型为 τ 的有效负载。我们可以将签名 $\sum$ 看作一个签名族，每个签名 $\sum_w$ 代表一个世界 w，包含该世界上通道的声明。按这种方式划分通道与通道位于特定站点的想法相对应。这些通道可以在其他站点被动地处理，但是只能在声明它们的站点上进行主动处理。

DA 的静态语义由下列判断式给出：

$$
\begin{aligned}
&\Gamma \vdash_\Sigma e:\tau \quad &\text{表达式定型} \\
&\Gamma \vdash_\Sigma m \div \tau @ w \quad &\text{命令定型} \\
&\Gamma \vdash_\Sigma p \text{ proc}@w \quad &\text{进程形成} \\
&\Gamma \vdash_\Sigma \alpha \text{ action}@w \quad &\text{动作形成}
\end{aligned}
$$

表达式定型判断与站点无关，表达在任何站点上一种类型的值都有意义的要求。另一方面，命令只能在特定站点上执行，因为它们的含义依赖于站点上的资源。进程类似地也仅限于站点上执行。动作也是特定于站点的，并且没有站点间的同步。

DA 命令和事件类型的表达式由以下规则定义：

$$
\frac{\Gamma \vdash_\Sigma m \div \tau @ w}{\Gamma \vdash_\Sigma \text{cmd}(m):\text{cmd}[w](\tau)} \tag{41.1a}
$$

$$
\frac{}{\Gamma \vdash_\Sigma \text{never}[\tau]:\text{event}[w](\tau)} \tag{41.1b}
$$

$$
\frac{\sum \vdash a \sim \tau @ w}{\Gamma \vdash_\Sigma \text{rcv}[a]:\text{event}[w](\tau)} \tag{41.1c}
$$

$$
\frac{\Gamma \vdash_\Sigma e_1:\text{event}[w](\tau) \quad \Gamma \vdash_\Sigma e_2:\text{event}[w](\tau)}{\Gamma \vdash_\Sigma \text{or}(e_1;e_2):\text{event}[w](\tau)} \tag{41.1d}
$$

$$
\frac{\Gamma \vdash_\Sigma e_1:\text{event}[w](\tau_1) \quad \Gamma,x:\tau_1 \vdash_\Sigma e_2:\tau_2}{\Gamma \vdash_\Sigma \text{wrap}(e_1;x.e_2):\text{event}[w](\tau_2)} \tag{41.1e}
$$

规则（41.1a）指出，被封装的命令的类型记录命令在哪个站点执行。规则（41.1b）到（41.1e）指出，事件被附加到一个站点，因为通道是在站点上声明的。进程之间的通信被限制到一个站点，并且没有站点间的同步。

DA 命令的静态语义由以下规则给出：

$$
\frac{\Gamma \vdash_\Sigma e:\tau}{\Gamma \vdash_\Sigma \text{ret}(e) \div \tau @ w} \tag{41.2a}
$$

$$\frac{\Gamma \vdash_\Sigma e_1 : \mathrm{cmd}[w](\tau_1)@w \quad \Gamma, x : \tau_1 \vdash_\Sigma m_2 \div \tau_2 @w}{\Gamma \vdash_\Sigma \mathrm{bnd}(e_1; x.\, m_2) \div \tau_2 @w} \tag{41.2b}$$

$$\frac{\Gamma \vdash_\Sigma e : \mathrm{cmd}[w](\mathrm{unit})}{\Gamma \vdash_\Sigma \mathrm{spawn}(e) \div \mathrm{unit}@w} \tag{41.2c}$$

$$\frac{\Gamma \vdash_\Sigma e : \tau \quad \Sigma \vdash a \sim \tau @w}{\Gamma \vdash_\Sigma \mathrm{snd}[a](e) \div \mathrm{unit}@w} \tag{41.2d}$$

$$\frac{\Gamma \vdash_\Sigma e : \mathrm{event}[w](\tau)}{\Gamma \vdash_\Sigma \mathrm{sync}(e) \div \tau @w} \tag{41.2e}$$

$$\frac{\Gamma \vdash_\Sigma m' \div \tau'@w'}{\Gamma \vdash_\Sigma \mathrm{at}[w'](m') \div \tau'@w} \tag{41.2f}$$

规则（41.2a）指出，表达式可在任何站点返回，因为其含义独立于该站点。规则（41.2b）确保仅在站点内允许命令的顺序组合，而不允许跨站点。规则（41.2e）指出，命令 sync 返回与事件类型相同的值，并且只能在给定事件所属的站点上执行。规则（41.2d）指出，消息可以沿着在发送消息的站点上可用的通道发送。最后，规则（41.2f）指出，要在站点 w' 上执行命令，命令必须属于该站点。返回值会再传回到原始站点。

进程形成的定义如下：

$$\overline{\vdash_\Sigma \mathbf{1}\ \mathrm{proc}@w} \tag{41.3a}$$

$$\frac{\vdash_\Sigma m \div \mathrm{unit}@w}{\vdash_\Sigma \mathrm{run}(m)\mathrm{proc}@w} \tag{41.3b}$$

$$\frac{\vdash_\Sigma p_1\ \mathrm{proc}@w \quad \vdash_\Sigma p_2\ \mathrm{proc}@w}{\vdash_\Sigma p_1 \otimes p_2\ \mathrm{proc}@w} \tag{41.3c}$$

$$\frac{\vdash_{\Sigma, a \sim \tau@w} p\ \mathrm{proc}@w}{\vdash_\Sigma va \sim \tau.p\ \mathrm{proc}@w} \tag{41.3d}$$

这些规则规定了进程的位置。特别地，一个原子进程由一个适合于运行该进程的站点的命令组成，并且在分配该进程的站点上分配了一个新通道。

动作形成的定义如下：

$$\overline{\vdash_\Sigma \varepsilon\ \mathrm{action}@w} \tag{41.4a}$$

$$\frac{\vdash_\Sigma e : \tau \quad e\ \mathrm{val}_\Sigma \quad \Sigma \vdash a \sim \tau@w}{\vdash_\Sigma a \cdot e!\ \mathrm{action}@w} \tag{41.4b}$$

$$\frac{\vdash_\Sigma e : \tau \quad e\ \mathrm{val}_\Sigma \quad \Sigma \vdash a \sim \tau@w}{\vdash_\Sigma a \cdot e?\ \mathrm{action}@w} \tag{41.4c}$$

消息是类型 clsfd 的值，并且仅在分配通道的站点上有意义。动作的局部性对应于将通信限制为单个站点。

41.2 动态语义

DA 的动态语义是站点上进程间带标签的转换判断。因此，判断

$$p \xmapsto[\Sigma]{\alpha@w} p'$$

指出，在站点 w 上从进程 p 到进程 p'，其间引发动作 α。它由如下规则定义：

$$\frac{m \xRightarrow[\Sigma]{\alpha@w} v\textstyle\sum'\{m' \otimes p\}}{\mathrm{run}(m) \xmapsto[\Sigma]{\alpha@w} v\textstyle\sum'\{\mathrm{run}(m') \otimes p\}} \tag{41.5a}$$

$$\frac{e \; \mathrm{val}_\Sigma}{\mathrm{run}(\mathrm{ret}\, e) \xmapsto[\Sigma]{\varepsilon@w} \mathbf{1}} \tag{41.5b}$$

$$\frac{p_1 \xmapsto[\Sigma]{\alpha@w} p_1'}{p_1 \otimes p_2 \xmapsto[\Sigma]{\alpha@w} p_1' \otimes p_2} \tag{41.5c}$$

$$\frac{p_1 \xmapsto[\Sigma]{\alpha@w} p_1' \quad p_2 \xmapsto[\Sigma]{\bar{\alpha}@w} p_2'}{p_1 \otimes p_2 \xmapsto[\Sigma]{\varepsilon@w} p_1' \otimes p_2'} \tag{41.5d}$$

$$\frac{p \xmapsto[\Sigma, a\sim\tau@w]{\alpha@w} p' \quad \vdash_\Sigma \alpha \; \mathrm{action} \; @w}{v \, a \sim \tau.p \xmapsto[\Sigma]{\alpha@w} v \, a \sim \tau.p'} \tag{41.5e}$$

这些规则类似于规则（40.3），但是对执行的站点比较敏感。站点在规则（41.5a）和（41.5e）中起作用。

规则（41.5a）利用命令执行判断

$$m \xRightarrow[\Sigma]{\alpha@w} v\textstyle\sum'\{m' \otimes p\}$$

该判断指出，在站点 w 上执行命令 m 时，可能会引发动作 α，并在进程中创建新通道 $\sum'$ 和新进程 p。（转换的结果不是一个进程表达式，而是由新分配的通道、新创建的进程和新命令组成的三元组。）

命令执行由以下规则定义：

$$\frac{}{\mathrm{spawn}(\mathrm{cmd}(m)) \xRightarrow[\Sigma]{\varepsilon@w} \mathrm{ret}(\langle\rangle) \otimes \mathrm{run}(\mathrm{at}[w](m))} \tag{41.6a}$$

$$\frac{e \; \mathrm{val}_\Sigma \quad \vdash_\Sigma e : \tau \quad \textstyle\sum \vdash a \sim \tau @ w}{\mathrm{snd}[a](e) \xRightarrow[\Sigma]{a\cdot e!@w} \mathrm{ret}\langle\rangle} \tag{41.6b}$$

$$\frac{e\ \text{val}_\Sigma \quad \vdash_\Sigma e : \tau \quad \sum \vdash a \sim \tau @ w}{\text{sync}(\text{rcv}[a]) \xLongrightarrow[\Sigma]{a \cdot e ? @ w} \text{ret}(e)} \tag{41.6c}$$

$$\frac{\text{sync}(e_1) \xLongrightarrow[\Sigma]{\alpha @ w} m_1}{\text{sync}(\text{or}(e_1; e_2)) \xLongrightarrow[\Sigma]{\alpha @ w} m_1} \tag{41.6d}$$

$$\frac{\text{sync}(e_2) \xLongrightarrow[\Sigma]{\alpha @ w} m_2}{\text{sync}(\text{or}(e_1; e_2)) \xLongrightarrow[\Sigma]{\alpha @ w} m_2} \tag{41.6e}$$

$$\frac{\text{sync}(e_1) \xLongrightarrow[\Sigma]{\alpha @ w} m_1}{\text{sync}(\text{wrap}(e_1; x.e_2)) \xLongrightarrow[\Sigma]{\alpha @ w} \text{bnd}(\text{cmd}(m_1); x.\, \text{ret}(e_2))} \tag{41.6f}$$

$$\frac{m \xLongrightarrow[\Sigma]{\alpha @ w'} v \sum'\{m' \otimes p'\}}{\text{at}[w'](m) \xLongrightarrow[\Sigma]{\alpha @ w} v \sum'\{\text{at}[w'](m') \otimes p'\}} \tag{41.6g}$$

规则（41.6a）规定，在站点上创建的新进程保留在该站点上——新进程在当前站点上执行给定的命令。规则（41.6b）指出，发送会生成特定于其发生站点的事件。规则（41.6c）到（41.6f）指定接收事件只发生在执行站点分配的通道上。规则（41.6g）和（41.6h）指出，通过在站点 w' 上执行命令 m 并将结果返回到站点 w，来在站点 w 上执行命令 $\text{at}[w'](m)$。

41.3　安全性

DA 的安全性定理确保了一个通道上的同步只会发生在通道所在的站点上，即使在计算期间通道引用可能从一个站点传播到另一个站点。在解析引用并尝试同步时，计算将在正确的位置执行。

引理 41.1（执行）　若 $m \xLongrightarrow[\Sigma]{\alpha @ w} v \sum'\{m' \otimes p'\}$，且 $\vdash_\Sigma m \doteq \tau @ w$，则 $\vdash_\Sigma \alpha\ \text{action} @ w$，$\vdash_{\Sigma\Sigma'} m' \doteq \tau @ w$，且 $\vdash_{\Sigma\Sigma'} p'\ \text{proc} @ w$。

证明　对规则（41.6）进行归纳可证。　　　　　　　　　　　　　　　　　　□

定理 41.2（保持性）　如果 $p \xLongmapsto[\Sigma]{\bar{\alpha} @ w} p'$ 且 $\vdash_\Sigma p\ \text{proc} @ w$，则 $\vdash_\Sigma p'\ \text{proc} @ w$。

证明　对 DA 的静态语义进行归纳可证，同利用引理 41.1 处理原子进程。　　　□
进展性定理指出，执行一个良类型程序的唯一障碍是同步一个从未发生的事件。

定理 41.3（进展性）　如果 $\vdash_\Sigma p\ \text{proc} @ w$，则要么存在 $p \equiv 1$，要么存在 α 和 p' 使得 $p \xLongmapsto[\Sigma]{\bar{\alpha} @ w} p'$。

证明　对 DA 的动态语义进行归纳可证。　　　　　　　　　　　　　　　　　□

41.4　注记

在实验语言 ML5 中引入了空间模态来表达分布式程序中的局部性和移动性约束
（Murphy 等人，2004）。一些用于分布式计算的语言通过允许跨站点交互把并发性和分布式
合成一体。DA 的思想是将时空考虑分开，将同步限制到单个站点，但允许执行场所从一个
站点移动到另一个站点。

习题

41.1　本章给出的定义无法分配新通道，也无法在新通道上发送和接收。这些缺陷可以通过
　　　添加创建通道引用的命令来弥补。请给出此扩展的静态语义和动态语义，并说明此扩
　　　展所需的任何相关扩展。提示：通道引用的类型应该由所指向的通道的站点进行索引。
41.2　给定一个通道引用 e:chan$[w']$(τ)，通过提供有效负载 e':τ，从站点 w 沿此通道异步发
　　　送消息是有意义的。它还可以实现同步远程发送（也称为远程过程调用），它在远程通
　　　道 e:chan$[w']$(τ) 上发送消息 e':τ 并返回类型 τ 的结果来响应消息。请在 DA 中实现这
　　　两个功能。提示：使用第 39 章中描述的应答通道实现同步通信。

模块化

模块化与链接

模块化（modularity）是控制程序复杂度的最重要的技术。程序被分解成具有精确描述且严格控制的交互的独立组件。组件之间的交互路径决定了约束组件之间进程的依赖关系，包括这些组件如何被集成或被链接（linked），以形成一个完整的系统。不同的系统可能使用相同的组件，而单个系统也可能使用单个组件的多个实例。组件的共享分摊了跨系统开发的成本，并通过限制编码工作来帮助限制错误。

模块化并不限于编程语言。在数学中，一个定理的证明被分解成一组定义和引理。引理之间的引用确定了一种依赖关系，这种依赖关系限制了它们的集成，从而形成对主定理的完整证明。当然，一个人的定理可能是另一个人的引理。数学中结果层次的深度和复杂度没有内在限制。数学结构本身是由可分离的部分组成的，例如，一个环由同一基础集合上的一个群和一个幺半群（monoid）结构组成。

模块化产生于假言判断和一般判断的结构特性。组件之间的依赖关系由自由变量表示，自由变量的定型假设陈述了组件的推定属性。把这些联系起来，就等于用代换的方法来证明这个假设。

42.1 简单单元与链接

将一个程序分解成多个单元相当于利用假言判断的传递性（见第 3 章）。分解可以被描述为双方（客户和实现者）之间的交互，通过商定的契约和接口。客户假设实现者维护契约，而实现者确保契约将得到维护。客户所作的假设相当于对实现者依赖的声明，这种声明根据双方商定的契约，将双方链接（linking）起来。

协调客户和实现者之间交互的接口是一种**类型**（type）。链接是代换和传递性复合结构规则的实现：

$$\frac{\Gamma \vdash e_{\text{impl}} : \tau_{\text{intf}} \quad \Gamma, x : \tau_{\text{intf}} \vdash e_{\text{client}} : \tau_{\text{client}}}{\Gamma \vdash [e_{\text{impl}} / x] e_{\text{client}} : \tau_{\text{client}}} \tag{42.1}$$

类型 τ_{intf} 是接口类型。它定义了由实现者 e_{impl} 提供并由客户 e_{client} 依赖的操作。自由变量 x 表达了 e_{client} 对 e_{impl} 的依赖。也就是说，客户通过使用变量 x 来访问实现。

接口类型 τ_{intf} 是客户和实现者之间的契约。它决定客户可能依赖的实现的属性，同时决定实现者必须履行的义务。接口类型的最简单形式是形如 $\langle f_1 \hookrightarrow \tau_1, \cdots, f_n \hookrightarrow \tau_n \rangle$ 的有限积类型，它描述了一个由 τ_i 类型组件 f_i 组成的组件。这样的类型是应用程序接口（API），因为它确定客户（应用程序）可能期望从实现者获得的操作。一个更高级的接口形式是定义一个形如 $\exists (t.\langle f_1 \hookrightarrow \tau_1, \cdots, f_n \hookrightarrow \tau_n \rangle)$ 的抽象类型，它定义了一个抽象类型 t，代表一个"抽象机器"的内部状态，这个"抽象机器"的"指令集"由可能涉及 t 的类型的操作 $f_1, \cdots, f_n$ 组成。由于是抽象的，因此类型 t 不会透露给客户，只有实现者知道$^{\ominus}$。

从概念上讲，链接只是代换，但实际上可以通过多种方式实现。一种方法是**单独编译**（separate compilation）。表达式 e_{client} 和 e_{impl}（源模块）被翻译（编译）成另一种更低级的语言，从而产生目标模块。链接包括在目标语言级别执行所需的代换，其结果对应于 $[e_{\text{impl}}/x]e_{\text{client}}$ 的翻译。另一种方法，**单独检查**（separate checking），将翻译的要求转移到链接器。客户和实现者单元会检查与接口有关的类型的正确性，但是没有被翻译成更低级的形式。然后，链接将组合的程序作为整体进行翻译，这通常会比单独编译时产生更高效的结果。

以上都是**静态链接**（static linking）的形式，因为程序是在执行之前组成的。另一种方法是**动态链接**（dynamic linking），它将程序组合延迟到运行时，因此只有在执行过程中确实需要时才加载组件。这似乎涉及执行带有自由变量的程序，但事实并非如此。每个客户由一个**存根**（stub，或称桩）实现，存根转发对存储实现的访问（通常在环境文件系统中）。动态链接的困难之处在于它按名称引用组件（例如，文件系统中的路径），而该名称的绑定可能随时更改，从而严重破坏程序行为。

42.2　初始化和效果

链接通过代换来解决程序组件之间的依赖关系。这个观点是有效的，只要组件是由纯表达式给出，这些表达式在求值时不产生任何效果。因为在这种情况下，由于重复或不使用表示组件的变量而导致组件的复制或完全省略是没有问题的。但是，如果定义组件实现的表达式在求值时会产生效果，该怎么办？至少，组件的复制意味着其效果的复制。更糟糕的是，效果会在组件之间引入**隐式依赖关系**（implicit dependencies），而这些依赖关系从组件的类型上看不出来。例如，如果两个组件中的每一个都改变一个共享的可赋值对象，那么它们与客户程序链接的顺序将影响整个程序的行为。

这可能会使人对链接作为代换的处理方式产生疑问，但是仔细观察就会发现，隐式依赖关系是通过第 34 章中介绍的表达式和命令之间的模态区别自然地表达出来的。具体来说，一个执行时可能产生效果的组件没有接口类型实现的 τ_{intf} 类型，而有封装命令的 τ_{intf} cmd 类型，后者在执行时产生效果并产生实现。这种类型的值被封装，本身不受影响，但在计算时可能会有影响。

τ_{intf} 和 τ_{intf} cmd 类型之间的区别由第 34 章中介绍的排序命令来调节。为了通用，我们假设客户本身是类型 τ_{intf} cmd 的封装命令，以便它本身在执行时有效果，并且可以作为更大系统的组件。假设客户引用由变量 x 封装的实现，命令

$$\text{bnd } x \leftarrow x \,; \text{do } e_{\text{client}}$$

首先通过运行封装的命令 x 来确定接口的实现，然后将运行结果绑定到 x 的客户代码。客户对实现者的隐式依赖由顺序命令显式化，这确保实现者产生的效果先于客户产生的效果，这正是因为客户的执行依赖于实现者。

更一般地，为了在大型程序中管理此类交互，通常需要分离出一个初始化过程，该过程的作用是根据某些策略或约定对各个组件产生的影响进行分级。与其尝试调查所有可能的策

$\ominus$　关于类型抽象的讨论，请参见第 17 章和第 48 章。

略，不如让我们注意到这些约定的结果是，初始化过程是一个形如

$$\{x_1 \leftarrow x_1; \cdots x_n \leftarrow x_n; m_{\text{main}}\}$$

的命令，其中 $x_1, \cdots, x_n$ 表示系统的组件，m_{main} 是主要的（启动）例程。链接后，初始化过程形如

$$\{x_1 \leftarrow e_1; \cdots x_n \leftarrow e_n; m_{\text{main}}\}$$

其中 $e_1, \cdots, e_n$ 是被链接组件的封装实现。在执行初始化过程时，它会导致替换

$$[v_1, \cdots, v_n \, / \, x_1 \cdots, x_n] m_{\text{main}}$$

其中表达式 $v_1, \cdots, v_n$ 分别表示执行 $e_1, \cdots, e_n$ 所产生的值，并且隐式效果按照初始化器指定的顺序发生。

42.3　注记

蕴涵的结构属性和独立开发的实际问题之间的关系在早期编程语言的许多工作中都是隐式的，不过，一旦命题和类型之间的对应关系被开发出来，它们之间的关系就变得明确了。在**证明与类型**（Proofs and Types）（Girard, 1989）和**直觉类型理论**（Intuitionistic Type Theory）（Martin-Lof, 1984）的资料中有许多这种对应关系的迹象，但最早是由 Cardelli（1997）明确指出的。

单例种类和子种类

表达式 let e_1:τ be x in e_2 是一种缩写机制，通过这种机制，我们可以将 e_1 绑定到变量 x 以便在 e_2 中使用。在存在函数类型的情况下，这个表达式可以定义为函数应用 $(\lambda(x{:}\tau)e_2)$ (e_1)，它可以完成相同的事情。考虑 let 表达式的类似形式是很自然的，它将类型绑定到作用域内的类型变量。使用 def t is τ in e 将表达式 e 中的类型变量 t 绑定到 τ，我们可以编写如下表达式

$$\text{def } t \text{ is nat} \times \text{nat in } \lambda\,(x{:}t)\,s\,(x\cdot 1)$$

它在表达式中引入了**类型缩写**（type abbreviation）。为了确保这个表达式是良类型的，类型变量 t 必须与类型 nat $\times$ nat 同义，否则 λ 抽象的体就不是类型正确的。

按照表达式级 let 的模式，我们可能会猜测 def t is τ in e 是对多态实例化 $\Lambda(t)e[\tau]$ 的缩写，它将 e 中的 t 绑定到 τ。这样做捕获了类型缩写的动态语义，但是它不能遵循预期的静态语义。困难在于，根据类型定义的这种解释，表达式 e 是在不了解 t 的绑定的情况下进行类型检查的，而不是在知道 t 与 τ 同义的情况下进行的。因此，在上面的示例中，除非 t 的绑定已被暴露，表达式 $s(x\cdot 1)$ 将无法进行类型检查。

根据类型抽象和类型应用来解释类型定义是不够的。一种解决方案是把类型缩写看作一个具有以下静态语义的原始概念：

$$\frac{\Gamma \vdash [\tau/t]e : \tau'}{\Gamma \vdash \text{def } t \text{ is } \tau \text{ in } e : \tau'} \tag{43.1}$$

这个公式可以解决类型缩写的问题，但这是一种特设的方法。有没有更通用的解决方案呢？

通过引入**单例种类**（singleton kind），可以将类型构造器按它们的身份进行分类。单例不仅解决了类型定义的问题，而且在模块系统的设计中起着至关重要的作用（如第 44 章和第 45 章所述）。

43.1 概述

类型理论的中心组织原则是**组合性**（compositionality）。为了确保一个程序可以分解成可分离的部分，我们确保从各组成部分形成的程序是由这些部分的类型来调节的。换句话说，一个程序的一部分"知道"另一部分的唯一信息就是它的类型。例如，自然数加法的形成规则只取决于它的参数类型（两者都有类型 nat），而不取决于它们的特定形式或值。但是，对于形如 def t is τ in e 的类型缩写情况，组合性原则规定 e "知道"类型变量 t 的唯一信息是它的种类（即 T），而不是它的绑定（即 τ）。将类型缩写表示为类型抽象与类型应用的结合，虽然满足了这一要求，但它没有预期的意义！

如引言所述，我们可以抛弃类型理论的核心原则，而将类型缩写作为一个原始概念引

入。但是，没有必要这样做。相反，我们需要一种能捕捉 t 身份的种类，这样的种类称为**单例种类**（singleton kind）。通俗地说，种类 $S(\tau)$ 是与 τ 定义等同的类型的种类。也就是说，在定义等同上，这个种类只有一个实例，即 τ。因此，如果 $u::S(\tau)$ 是单例种类的变量，那么在其作用域中，变量 u 与 τ 同义。因此，我们可以用 $(\Lambda(t::S(\tau))e)[\tau]$ 表示 def t is τ in e，它在类型检查期间正确地将 t 的标识（即 τ）传播到 e。

单例种类的形式化需要更多在构造器和种类级别上的机制。首先，我们认为单例种类的构造器更像是种类 T 的构造器，因此它是类型。否则，单例种类的变量 u 不能用作类型，即使它被明确定义为类型！为了避免这个问题，我们引入**子种类**（subkinding）关系 $\kappa_1 <:: \kappa_2$。子种类的基本公理是 $S(\tau)<::T$，它指出单例种类的每个构造器都是一个类型。其次，我们考虑种类中出现的构造器。单例种类是**依赖种类**（dependent kind），因为其含义依赖于构造器。换句话说，$S(\tau)$ 是种类 T 的构造器索引的**种类族**（family of kind）。将积和函数推广到依赖积和依赖函数族。依赖积种类 $\sum u::\kappa_1.\kappa_2$ 对元组 $\langle c_1, c_2 \rangle$ 进行分类，使得 $c_1::\kappa_1$ 并且 $c_2::[c_1/u]\kappa_2$，其中第二个分量的种类对第一个分量本身敏感，而不仅仅对第一个分量的种类敏感。依赖函数种类 $\prod u::\kappa_1.\kappa_2$ 对函数进行分类，当应用于构造器 $c_1::\kappa_1$ 时，会产生种类 $[c_1/u]\kappa_2$ 的一个构造器。注意，结果的种类对参数敏感，而不仅仅是对参数的种类敏感。

再次，不仅要考虑种类 T 的单例，还要考虑高阶种类。为了支持这一点，我们引入**高阶单例**（higher singleton），写作 $S(c::\kappa)$，其中 κ 是一个种类，c 是种类 κ 的构造器。根据单例种类的基本形式，使用依赖函数和依赖积种类，这些是可以定义的。

43.2   单例

单例种类形如 $S(c)$，其中 c 是构造器。单例对所有与构造器 c 等价的构造器分类。我们暂且在第 18 章描述的语言 F_w 上考虑单例种类，它包括一种类型，并且在积种类和函数种类下是封闭的。在 43.3 节中，我们将丰富语言中的种类，以确保 F_w 的积种类和函数种类是可定义的。

单例的静态语义使用如下判断形式：

$$\Delta \vdash \kappa \text{ kind} \qquad 种类形成$$

$$\Delta \vdash \kappa_1 \equiv \kappa_2 \qquad 种类等价$$

$$\Delta \vdash c :: \kappa \qquad 构造器形成$$

$$\Delta \vdash c_1 \equiv c_2 :: \kappa \qquad 构造器等价$$

$$\Delta \vdash \kappa_1 <:: \kappa_2 \qquad 子种类$$

这些判断由一系列规则联立定义，其中包括：

$$\frac{\Delta \vdash c :: \text{Type}}{\Delta \vdash S(c) \text{ kind}} \qquad (43.2a)$$

$$\frac{\Delta \vdash c :: \text{Type}}{\Delta \vdash c :: S(c)} \qquad (43.2b)$$

$$\frac{\Delta \vdash c :: S(d)}{\Delta \vdash c \equiv d :: \text{Type}} \qquad (43.2c)$$

$$\frac{\Delta \vdash c :: \kappa_1 \quad \Delta \vdash \kappa_1 <:: \kappa_2}{\Delta \vdash c :: \kappa_2} \tag{43.2d}$$

$$\frac{\Delta \vdash c :: \text{Type}}{\Delta \vdash S(c) <:: \text{Type}} \tag{43.2e}$$

$$\frac{\Delta \vdash c \equiv d :: \text{Type}}{\Delta \vdash S(c) \equiv S(d)} \tag{43.2f}$$

$$\frac{\Delta \vdash \kappa_1 \equiv \kappa_2}{\Delta \vdash \kappa_1 <:: \kappa_2} \tag{43.2g}$$

$$\frac{\Delta \vdash \kappa_1 <:: \kappa_2 \quad \Delta \vdash \kappa_2 <:: \kappa_3}{\Delta \vdash \kappa_1 <:: \kappa_3} \tag{43.2h}$$

为了简洁起见，省略了说明构造器和种类的等价性是自反的、对称的、传递的规则，并保留种类和构造器的形成规则。

规则（43.2b）表达了 "**自识别**"（self-recognition）的原则，即种类 Type 的每个构造器 c 都具有种类 $S(c)$。根据规则（43.2c），种类 $S(c)$ 的任何构造器在定义上都等于 c。因此，自识别表达了构造器等价性的自反性。规则（43.2e）只是在构造器和种类级别上重述了包含原则。规则（43.2f）指出单例种类遵循其构造器的等价性，从而等价的构造器决定了相同的单例。规则（43.2g）和（43.2h）规定，子种类关系是一种遵循类等价的偏序关系。

为了了解这些规则的实际应用，让我们考虑几个说明性的例子。首先，考虑单例种类的变量的行为。假设 $\Delta \vdash u :: S(c)$ 是这样一个变量。然后，根据规则（43.2c），可以推出 $\Delta \vdash u \equiv c :: \text{T}$。因此，用单例种类声明 u 将其定义为由其种类指定的构造器。

更进一步，存在类型 $\exists u :: S(c).\tau$ 是包的类型，它的表示类型是（等效于）c——它是一种抽象类型，通过给它分配一个单例种类来揭示它的身份。根据等价的一般原则，我们得到类型 $\exists u :: S(c).\tau$ 与类型 $\exists x :: S(c).[c/u]$ 等价，其中我们将 u 和 c 的等价传播到类型 τ 中。另一方面，我们也可能 "忘记" u 的定义，因为子定型

$$\exists u :: S(c).\tau <: \exists u :: \text{T}.\tau$$

可以使用以下针对种类的存在类型的**变型规则**（variance rule）来派生：

$$\frac{\Delta \vdash \kappa_1 <:: \kappa_2 \quad \Delta, u :: \kappa_1 \vdash \tau_1 <: \tau_2}{\Delta \vdash \exists u :: \kappa_1.\tau_1 <: \exists u :: \kappa_2.\tau_2} \tag{43.3}$$

类似地，我们可以从下面针对种类的全称类型的变型规则

$$\frac{\Delta \vdash \kappa_2 <:: \kappa_1 \quad \Delta, u :: \kappa_2 \vdash \tau_1 <: \tau_2}{\Delta \vdash \forall u :: \kappa_1.\tau_1 <: \forall u :: \kappa_2.\tau_2} \tag{43.4}$$

派生出子定型：

$$\forall u :: \text{T}.\tau <: \forall u :: S(c).\tau$$

非形式地，所显示的子定型指出：可以应用于任何类型的多态函数只能应用于特定类型 c。

这些例子表明，单例种类以与特设定义机制无关的方式表达了类型变量的作用域定义的

思想，这种方式自然地从绑定和作用域的一般原则中产生。我们将在第 44 章和第 45 章中看到单例的更高级用法，以管理程序模块之间的交互。

43.3　依赖种类

尽管在第 18 章中介绍的高阶种类的框架中添加单例种类是完全可能的，但是这样做会削弱语言的表达能力。使用高阶种类，我们可以表达这样一种构造器，当它应用于一种类型时，会产生一种特定的类型（比如 int）作为结果，即 $T \to S(int)$。但是，我们不能表达这样的一种构造器，当它应用于一种类型时，就会产生这种特别类型作为结果，因为结果类型无法引用函数的参数。类似地，利用积种类，我们可以表示第一个分量是 int、第二个分量是任意类型的成对种类，即 $S(int) \times T$。但是我们无法表示它的第二个分量等于其第一个分量的成对种类，因为第二个分量的种类无法引用第一个分量本身。

为了表达这样的概念，需要对积种类和函数种类进行泛化，以便成对的第二个分量的种类可以引用其中的第一个分量，或者函数的结果种类可能提及该函数所应用的参数。这种种类被称为**依赖种类**（dependent kind），因为它们涉及提到或依赖于（种类 T 的）构造器的种类。依赖种类的语法由以下文法给出：

$$
\begin{array}{llll}
\text{Kind } \kappa & ::= & S(c) & S(c) & \text{单例} \\
& & \Sigma(\kappa_1; u.\kappa_2) & \Sigma u :: \kappa_1.\kappa_2 & \text{依赖积} \\
& & \Pi(\kappa_1; u.\kappa_2) & \Pi u :: \kappa_1.\kappa_2 & \text{依赖函数} \\
\text{Con } c & ::= & u & u & \text{变量} \\
& & \text{pair}(c_1; c_2) & \langle c_1, c_2 \rangle & \text{序对} \\
& & \text{proj[l]}(c) & c \cdot 1 & \text{第一投影} \\
& & \text{proj[r]}(c) & c \cdot r & \text{第二投影} \\
& & \text{lam}\{\kappa\}(u.c) & \lambda(u :: \kappa)c & \text{抽象} \\
& & \text{app}(c_1; c_2) & c_1[c_2] & \text{应用}
\end{array}
$$

为了方便标记，当某一种类不存在依赖关系时，我们将 $\Sigma\_ :: \kappa_1.\kappa_2$ 写作 $\kappa_1 \times \kappa_2$，$\Pi\_ :: \kappa_1.\kappa_2$ 写作 $\kappa_1 \to \kappa_2$，其中"空白"代表一个不相关的变量。

依赖积种类 $\Sigma u :: \kappa_1.\kappa_2$ 对构造器序对 $\langle c_1, c_2 \rangle$ 进行分类，其中 c_1 有种类 κ_1，c_2 有种类 $[c_1/u]\kappa_2$。例如，种类 $\Sigma u :: T.S(u)$ 将对 $\langle c_1, c_2 \rangle$ 进行分类，其中 c 是种类 T 的构造器。更一般地，该种类将形式为 $\langle c_1, c_2 \rangle$ 的构造器序对进行分类，其中 c_1 和 c_2 是等价但不一定相同的构造器。依赖函数种类 $\Pi u :: \kappa_1.\kappa_2$ 对构造器 c 分类，当它应用于 κ_1 种类的构造器 c_1 时，会产生种类为 $[c_1/u]\kappa_2$ 的构造器。例如，种类 $\Pi u :: T.S(u)$ 对构造器分类，当应用到构造器 c 时，会产生与 c 等价的构造器，这种构造器本质上是恒等函数。当然，我们可以将这些组合起来形成一些种类，例如

$$\Pi u :: T \times T.S(u \cdot r) \times S(u \cdot 1)$$

它对交换一对类型的项的函数进行分类。（这样的例子表明，构造函数的行为可以通过使用依赖类型来精确地确定。我们将在 43.4 节中看到这种情况。）

积种类的形成、引入、消去规则如下：

$$\frac{\Delta \vdash \kappa_1 \text{kind} \quad \Delta, u :: \kappa_1 \vdash \kappa_2 \text{kind}}{\Delta \vdash \sum u :: \kappa_1.\kappa_2 \text{kind}} \qquad (43.5\text{a})$$

$$\frac{\Delta \vdash c_1 :: \kappa_1 \quad \Delta \vdash c_2 :: [c_1 / u]\kappa_2}{\Delta \vdash \langle c_1, c_2 \rangle :: \sum u :: \kappa_1.\kappa_2} \qquad (43.5\text{b})$$

$$\frac{\Delta \vdash c :: \sum u :: \kappa_1.\kappa_2}{\Delta \vdash c \cdot 1 :: \kappa_1} \qquad (43.5\text{c})$$

$$\frac{\Delta \vdash c :: \sum u :: \kappa_1.\kappa_2}{\Delta \vdash c \cdot \mathbf{r} :: [c \cdot 1 / u]\kappa_2} \qquad (43.5\text{d})$$

在规则（43.5a）中，注意变量 u 可能以单例种类出现在 κ_2 中。相应地，规则（43.5b）、（43.5c）和（43.5d）用构造器代替这个变量。

以下等同公理控制与依赖积种类相关的构造器：

$$\frac{\Delta \vdash c_1 :: \kappa_1 \quad \Delta \vdash c_2 :: \kappa_2}{\Delta \vdash \langle c_1, c_2 \rangle \cdot 1 \equiv c_1 :: \kappa_1} \qquad (43.6\text{a})$$

$$\frac{\Delta \vdash c_1 :: \kappa_1 \quad \Delta \vdash c_2 :: \kappa_2}{\Delta \vdash \langle c_1, c_2 \rangle \cdot \mathbf{r} \equiv c_2 :: \kappa_2} \qquad (43.6\text{b})$$

依赖积种类的子种类规则指定它在两个位置上都是协变的：

$$\frac{\Delta \vdash \kappa_1 <:: \kappa_1' \quad \Delta, u :: \kappa_1 \vdash \kappa_2 <:: \kappa_2'}{\Delta \vdash \sum u :: \kappa_1.\kappa_2 <:: \sum u :: \kappa_1'.\kappa_2'} \qquad (43.7)$$

依赖积种类等价的同余规则在形式上是相似的：

$$\frac{\Delta \vdash \kappa_1 \equiv \kappa_1' \quad \Delta, u :: \kappa_1 \vdash \kappa_2 \equiv \kappa_2'}{\Delta \vdash \sum u :: \kappa_1.\kappa_2 \equiv \sum u :: \kappa_1'.\kappa_2'} \qquad (43.8)$$

这些规则的主要结论包括子种类

$$\sum u :: \mathrm{S}(\mathrm{int}).\mathrm{S}(u) <:: \sum u :: \mathrm{T}.\mathrm{S}(u)$$

和

$$\sum u :: \mathrm{T}.\mathrm{S}(u) <:: \mathrm{T} \times \mathrm{T}$$

以及等价性

$$\sum u :: \mathrm{S}(\mathrm{int}).\mathrm{S}(u) \equiv \mathrm{S}(\mathrm{int}) \times \mathrm{S}(\mathrm{int})$$

子种类用于"忘记"关于序对分量的标识信息，而等价性用于在种类内传播这种信息。

依赖函数种类的形成、引入和消去规则如下：

$$\frac{\Delta \vdash \kappa_1 \text{ kind} \quad \Delta, u :: \kappa_1 \vdash \kappa_2 \text{ kind}}{\Delta \vdash \prod u :: \kappa_1.\kappa_2 \text{ kind}} \qquad (43.9\text{a})$$

$$\frac{\Delta, u :: \kappa_1 \vdash c :: \kappa_2}{\Delta \vdash \lambda(u :: \kappa_1)c :: \prod u :: \kappa_1.\kappa_2} \qquad (43.9\text{b})$$

$$\frac{\Delta \vdash c :: \prod u :: \kappa_1 . \kappa_2 \quad \Delta \vdash c_1 :: \kappa_1}{\Delta \vdash c[c_1] :: [c_1/u]\kappa_2} \tag{43.9c}$$

规则（43.9b）规定 λ 抽象的结果种类统一由参数 u 决定。相应地，规则（43.9c）指出应用的种类是通过将参数代换为函数本身的结果种类而得到的。

以下等价规则控制与依赖积种类关联的构造器：

$$\frac{\Delta, u :: \kappa_1 \vdash c :: \kappa_2 \quad \Delta \vdash c_1 :: \kappa_1}{\Delta \vdash (\lambda(u :: \kappa_1)c)[c_1] \equiv [c_1/u]c :: \kappa_2} \tag{43.10}$$

依赖函数种类的子种类规则规定它在定义域上是逆变的，在值域上是协变的：

$$\frac{\Delta \vdash \kappa_1' <:: \kappa_1 \quad \Delta, u :: \kappa_1' \vdash \kappa_2 <:: \kappa_2'}{\Delta \vdash \prod u :: \kappa_1 . \kappa_2 <:: \prod u :: \kappa_1' . \kappa_2'} \tag{43.11}$$

等价规则是类似的，除了等价的对称性排除了对变型的选择：

$$\frac{\Delta \vdash \kappa_1 \equiv \kappa_1' \quad \Delta, u :: \kappa_1 \vdash \kappa_2 \equiv \kappa_2'}{\Delta \vdash \prod u :: \kappa_1 . \kappa_2 \equiv \prod u :: \kappa_1' . \kappa_2'} \tag{43.12}$$

规则（43.11）引发了子种类

$$\prod u :: \mathrm{T}.\mathrm{S}(\mathrm{int}) <:: \prod u :: \mathrm{S}(\mathrm{int}).\mathrm{T}$$

它说明了依赖函数种类的协变与逆变。特别地，一个接受任何类型并给出 int 类型的函数，也是接受 int 类型并给出某种类型的函数。规则（43.12）引发了等价关系

$$\prod u :: \mathrm{S}(\mathrm{int}).\mathrm{S}(u) \equiv \mathrm{S}(\mathrm{int}) \to \mathrm{S}(\mathrm{int})$$

它将参数信息传播到值域种类。结合这两条规则，我们可以推导出子种类

$$\prod u :: \mathrm{T}.\mathrm{S}(u) <:: \mathrm{S}(\mathrm{int}) \to \mathrm{S}(\mathrm{int})$$

直观地说，产生参数的构造器函数是只能应用于 int 并产生 int 的构造器函数。形式上，通过逆变，我们得到了子种类

$$\prod u :: \mathrm{T}.\mathrm{S}(u) <:: \prod u :: \mathrm{S}(\mathrm{int}).\mathrm{S}(u)$$

通过共享传播，我们可以得到所指示的**超种类**（superkind）。

43.4　高阶单例

虽然单例仅限于种类 T 的构造器，但是我们可以使用依赖积种类和依赖函数种类来定义每个种类的单例。具体来说，我们希望定义种类 $\mathrm{S}(c :: \kappa)$，其中 c 是种类 κ，它将与 c 等价的构造器分类。当 $\kappa = \mathrm{T}$ 时，这也就是 $\mathrm{S}(c)$，问题是为高阶种类 $\sum u :: \kappa_1 . \kappa_2$ 和 $\prod u : \kappa_1 . \kappa_2$ 定义单例。

假设 $c :: \kappa_1 \times \kappa_2$，单例种类 $\mathrm{S}(c :: \kappa_1 \times \kappa_2)$ 将等价于 c 的构造器分类。如果归纳地假设，κ_1 和 κ_2 定义了单例，那么我们只需要注意 c 等价于 $\langle c \cdot \mathrm{l}, c \cdot \mathrm{r} \rangle$。因此，可以将单例 $\mathrm{S}(c :: \kappa_1 \times \kappa_2)$ 定义为 $\mathrm{S}(c \cdot \mathrm{l} :: \kappa_1) \times \mathrm{S}(c \cdot \mathrm{r} :: \kappa_2)$。同样地，假设 $c :: \kappa_1 \to \kappa_1$。利用 c 和 $\lambda(u :: \kappa_1 \to \kappa_2)c[u]$ 的等价性，可以将 $\mathrm{S}(c :: \kappa_1 \to \kappa_2)$ 定义为 $\prod u :: \kappa_1 . \mathrm{S}(c[u] :: \kappa_2)$。

一般而言，种类 $\mathrm{S}(c :: \kappa)$ 是通过对 κ 的结构归纳和以下种类等价来定义的：

$$\frac{\Delta \vdash c :: \mathrm{S}(c')}{\Delta \vdash \mathrm{S}(c :: \mathrm{S}(c')) \equiv \mathrm{S}(c)} \tag{43.13a}$$

$$\frac{\Delta \vdash c :: \sum u :: \kappa_1 . \kappa_2}{\Delta \vdash \mathrm{S}(c :: \sum u :: \kappa_1 . \kappa_2) \equiv \sum u :: \mathrm{S}(c \cdot 1 :: \kappa_1) . \mathrm{S}(c \cdot \mathrm{r} :: \kappa_2)} \tag{43.13b}$$

$$\frac{\Delta \vdash c :: \prod u :: \kappa_1 . \kappa_2}{\Delta \vdash \mathrm{S}(c :: \prod u :: \kappa_1 . \kappa_2) \equiv \prod u :: \kappa_1 . \, \mathrm{S}(c[u] :: \kappa_2)} \tag{43.13c}$$

这些等式的敏感性依赖于规则（43.2c）和如下的构造器等价原则，称为**可扩展性原则**
（extensionality principle）：

$$\frac{\Delta \vdash c :: \sum u :: \kappa_1 . \kappa_2}{\Delta \vdash c \equiv \langle c \cdot 1, c \cdot r \rangle :: \sum u :: \kappa_1 . \kappa_2} \tag{43.14a}$$

$$\frac{\Delta \vdash c :: \prod u :: \kappa_1 . \kappa_2}{\Delta \vdash c \equiv \lambda(u :: \kappa_1) c[u] :: \prod u :: \kappa_1 . \kappa_2} \tag{43.14b}$$

规则（43.2c）规定种类 $\mathrm{S}(c')$ 的唯一构造器是与 c' 等价的构造器。规则（43.14a）和
（43.14b）规定依赖积类型和依赖函数类型的唯一成员分别是正确种类的序对和 λ 抽象。

最后，为了确保规则（43.2b）扩展到高阶种类，需要以下的自识别规则。

$$\frac{\Delta \vdash c \cdot 1 :: \kappa_1 \quad \Delta \vdash c \cdot r :: [c \cdot 1 / u] \kappa_2}{\Delta \vdash c :: \sum u :: \kappa_1 . \kappa_2} \tag{43.15a}$$

$$\frac{\Delta, u :: \kappa_1 \vdash c[u] :: \kappa_2}{\Delta \vdash c :: \prod u :: \kappa_1 . \kappa_2} \tag{43.15b}$$

需要说明的情况是当 u 是种类 $\sum v :: \mathrm{T}.\mathrm{S}(v)$ 的构造器变量时。我们可以利用规则（43.2b）推
导出 $u \cdot 1 :: \mathrm{S}(u \cdot 1)$。我们也可以利用规则（43.5d）推导出 $u \cdot r :: \mathrm{S}(u \cdot 1)$。因此，根据规则
（43.15a），我们可以推出 $u :: \sum v :: \mathrm{S}(u \cdot 1).\mathrm{S}(u \cdot 1)$，它是 $\sum v :: \mathrm{T}.\mathrm{S}(v)$ 的一个子种类。这种更精确
的分类是对 u 的正确分类，因为 u 的第一个分量是 $u \cdot 1$，而 u 的第二个分量等于第一个分量，
因此也是 $u \cdot 1$。但是没有规则（43.15a），就不可能推出这个事实。

引入高阶单例的目的是确保每个构造函数都可以按照定义等同的种类进行分类。从扩展
单例类型的角度来看，我们期望高阶单例拥有相似的属性。

> **定理 43.1**　　如果 $\Delta \vdash c :: \kappa$，那么 $\Delta \vdash \mathrm{S}(c :: \kappa) <:: \kappa$ 且 $\Delta \vdash c :: \mathrm{S}(c :: \kappa)$。

这个定理的证明超出了本书的范围。

43.5　注记

Stone 和 Harper（2006）引入了单例种类，以隔离 ML 模块系统（Milner 等人，1997；
Harper 和 Lillibridge，1994；Leroy，1994）中出现的类型共享概念。单例种类的元理论
非常复杂。复杂性的主要来源是种类的构造器索引族。如果 $u :: \kappa \vdash c' :: \kappa'$，并且如果 $c_1 :: \kappa$ 和
$c_2 :: \kappa$ 不同但等价，那么 $[c_1/u]\kappa'$ 和 $[c_2/u]\kappa'$ 的实例也是等价的。种类等价的处理在证明中会遇
到很大的技术困难。

习题

43.1   说明规则（43.5c）和规则（43.5d）与以下两个规则是可以相互推导的：

$$\frac{\Delta \vdash c :: \kappa_1 \times \kappa_2}{\Delta \vdash c \cdot 1 :: \kappa_1} \tag{43.16a}$$

$$\frac{\Delta \vdash c :: \kappa_1 \times \kappa_2}{\Delta \vdash c \cdot \mathrm{r} :: \kappa_2} \tag{43.16b}$$

43.2   说明规则（43.9c）与下面规则是可以相互推导的：

$$\frac{\Delta \vdash c :: \kappa_1 \to \kappa_2 \quad \Delta \vdash c_1 :: \kappa_1}{\Delta \vdash c[c_1] :: \kappa_2} \tag{43.17}$$

43.3   通过对种类 κ 施加其一个分量的定义来修改 κ 是有用的。

种类的一个分量是由一个简单路径组成的，这个路径由一个有限的、可能是空的由符号 l 和 r 组成的序列，可作为种类中的树地址。种类 κ 的构造器 c 按路径 p 的路径投影（path projection）$c \cdot p$ 由以下等式归纳定义：

$$c \cdot \varepsilon \triangleq c$$
$$c \cdot (1p) \triangleq (c \cdot 1) \cdot p$$
$$c \cdot (\mathrm{r}p) \triangleq (c \cdot \mathrm{r}) \cdot p$$

如果 $\Delta, u :: \kappa \vdash c :: \kappa_\mathrm{r}$，那么修补后的种类 $\kappa\{\mathrm{r} := c\}$ 就是种类 $\kappa_1 \times S(c :: \kappa_\mathrm{r})$。它具有如下性质

$$\Delta, u :: \kappa\{\mathrm{r} := c\} \vdash u \cdot \mathrm{r} \equiv c :: \kappa_\mathrm{r}$$

定义 $\Delta \vdash \kappa\{p := c\}$ kind，其中 $\Delta \vdash \kappa$ kind，$\Delta, u :: \kappa \vdash u \cdot p :: \kappa_p$，且 $\Delta \vdash c :: \kappa_c$，使得 $\Delta \vdash \kappa\{p := c\} <:: \kappa$ 且 $\Delta, u :: \kappa\{p := c\} \vdash u \cdot p \equiv c :: \kappa_c$。

43.4   修补用于将种类的分量约束为等同于指定的构造器。强加于某一种类上的共享规范（sharing specification）确保了该种类的任何构造器的定义等同。通俗地说，种类 $u :: \kappa / u \cdot p \equiv u \cdot q$ 是 κ 的子种类 κ'，使得

$$\Delta, u :: \kappa' \vdash u \cdot p \equiv u \cdot q :: \kappa'' \tag{43.18}$$

例如，种类 $u :: \mathrm{T} \times \mathrm{T} / u \cdot 1 \equiv u \cdot \mathrm{r}$ 是类型对的分类器，其左右分量是定义等同的。

假设 $\Delta \vdash \kappa$ kind 是一个良构的种类并且 $\Delta, u :: \kappa \vdash u \cdot p :: \kappa_p$ 和 $\Delta, u :: \kappa \vdash u \cdot p :: \kappa_q$ 是良构的路径。定义 $\Delta \vdash u :: \kappa / p \equiv q$ kind 为式（43.18）所指定的类型 κ'。提示：利用习题 43.3 的答案。

类型抽象与类型类

接口是一种契约，规定了客户端的权利和实现者的责任。作为行为的规范，接口是一种类型。原则上，任何类型都可以用作接口，但实际上，通常将代码结构化为由可分离和可复用组件组成的模块。接口指定了客户端期望并施加于实现者的模块的行为。它是平衡分离与整合之间张力的支点。通常，模块应该具有良定义的、可以单独理解的行为，但同样重要的是，易于将模块组合成一个集成的整体。

一个基本的问题是，模块的类型是什么？也就是说，接口应采用什么形式？一个长期存在的想法是，接口是带有指定类型的函数和过程的标签元组。元组的字段的类型通常被称为函数头，因为它们汇总了每个函数的调用和返回类型。使用这种形式的接口称为**过程抽象**（procedural abstraction），因为它将模块之间的依赖关系限制为一组指定的过程。我们可以认为元组的字段是虚拟机的指令集。客户端在其代码中使用这些指令，并且实现者同意提供这些指令的实现。

过程抽象的问题在于它不能提供所希望的隔离。例如，实现字典的模块必须在其操作类型中公开树的确切表示形式，例如递归类型（或者，在更基本的语言中，一个指向本身可能包含此类指针的结构的指针）。但是客户端不应该依赖这种表示形式：抽象的目的是摆脱指针。如第 17 章所述，解决方案是扩展抽象机的隐喻，允许对客户端隐藏机器的内部状态。在字典的情况下，字典表示为二分搜索树，这种表示通过存在量化隐藏。这个概念被称为**类型抽象**（type abstraction），因为底层数据的类型（抽象机的状态）是隐藏的。

类型抽象是一种强大的方法，用于限制组成程序的模块之间的依赖关系。它在许多情况下非常有用，但并非普遍适用。在模块边界上公开而不是模糊类型信息通常很有用。一个典型的例子是字典的实现，它是从键到值的映射。例如，使用二叉搜索树实现字典，我们要求键类型允许键之间可以进行比较的全序。字典抽象不依赖于键的确切类型，而仅需要限制键的类型以提供比较操作。**类型类**（type class）是这种需求的规范。例如，可比较类型的类指定类型 t 以及类型为 $(t \times t) \to$ bool 的操作 leq 用来进行比较。从表面上看，这样的规范看起来像类型抽象，因为它指定了一个类型以及对类型的一个或多个操作，但是重要的区别是类型 t 没有对客户端隐藏。如果对客户端隐藏了类型 t，客户端只能使用 leq 来比较键，而无法获取要进行比较的键。与类型抽象相反，类型类并非旨在详尽地说明对类型的操作，而是通过要求某些操作（例如比较）来表达其行为上的约束，而不限制可能在其上定义的其他操作。

类型抽象和类型类是模块类型的一般概念的极端情况，我们将在本章中详细讨论。关键思想是跨模块边界的类型信息的受控显示。类型抽象是不透明的，类型类是透明的。二者都是半透明的实例，它们是通过组合存在类型（第 17 章）、子定型（第 24 章）以及单例种类和子种类（第 43 章）而产生的。但是，与第 17 章不同，我们将区分模块类型（称为签名）和普通值的类型。这种区分不是必需的，但一开始将两种概念分开是有帮助的，一旦基本概念到位，就可推迟对如何简化区分的讨论。

44.1 类型抽象

类型抽象是通过类似于第 17 章中的存在类型量化的形式来描述的。例如，一个具有 τ_{key} 类型的键和 τ_{val} 类型的值的字典实现了由 $[\![t::\mathrm{T};\tau_{dict}]\!]$ 定义的签名 σ_{dict}，其中 τ_{dict} 是标签元组类型

$$\langle \mathrm{emp}\hookrightarrow t, \mathrm{ins}\hookrightarrow\tau_{key}\times\tau_{val}\times t\to t, \mathrm{fnd}\hookrightarrow\tau_{key}\times t\to\tau_{val}\ \mathrm{opt}\rangle$$

出现在 τ_{dict} 和受 σ_{dict} 约束的类型变量 t 是字典的抽象类型，在其上定义了具有指定类型的三个操作 emp、ins 和 fnd。τ_{val} 类型对讨论不重要，因为字典操作对与键关联的值没有任何限制。不过，重要的是，类型 τ_{key} 必须是某种固定类型（例如 str），并配有一系列操作（例如比较）。请注意，签名 σ_{dict} 仅指定字典是某种类型的值，该类型允许使用在 τ_{dict} 给出的类型上的操作 emp、ins 和 fnd。

签名 σ_{dict} 的实现是形式为 $[\![\rho_{dict};e_{dict}]\!]$ 的结构 M_{dict}，其中 ρ_{dict} 是字典的某种具体表示形式，而 e_{dict} 是 $[\![\rho_{dict}/t]\!]\tau_{dict}$ 类型的标签元组，其一般形式为

$$\langle \mathrm{emp}\hookrightarrow\cdots,\mathrm{ins}\hookrightarrow\cdots,\mathrm{fnd}\hookrightarrow\cdots\rangle$$

省略的部分根据所选的表示类型 ρ_{dict} 实现字典操作，并利用我们假定可用于 τ_{key} 类型值的比较操作。例如，类型 ρ_{dict} 可能是定义平衡二叉搜索树（例如红黑树）的递归类型。字典操作在像这样的一棵树的字典底层表示上工作，就像存在类型的包（参见第 17 章）。关于 τ_{key} 的假设是暂时的，并在 44.2 节中取消。

为了确保字典的表示形式对客户端隐藏，结构 M_{dict} 用签名 σ_{dict} **密封**（seal）以获取模块

$$(M_{dict}\!\uparrow\!\sigma_{dict})$$

密封的作用是确保传播到客户端的有关 M_{dict} 的唯一信息由 σ_{dict} 提供。特别地，由于 σ_{dict} 仅指定类型 t 具有种类 T，因此不会向客户端提供有关 M_{dict} 中 t 作为 ρ_{dict} 的选择的信息。

模块是由静态部分和动态部分组成的**两阶段对象**（two-phase object）。静态部分是指定种类的构造器。动态部分是指定类型的值。有两种消去形式可以提取模块的静态和动态部分，分别是构造器形式和表达式形式。更准确地说，构造器 $M\!\cdot\!\mathrm{s}$ 表示 M 的静态部分，而表达式 $M\!\cdot\!\mathrm{d}$ 表示其动态部分。根据反转原理，如果模块 M 具有引入形式，则 $M\!\cdot\!\mathrm{s}$ 应等效于 M 的静态部分。因此，例如，$M_{dict}\!\cdot\!\mathrm{s}$ 应等效于 ρ_{dict}。

但是考虑密封模块的静态部分，其形式为 $(M_{dict}\!\uparrow\!\sigma_{dict})\!\cdot\!\mathrm{s}$。因为密封隐藏了抽象类型的表示，所以此构造器不应等效于 ρ_{dict}。如果 M'_{dict} 是 σ_{dict} 的另一种实现，$(M_{dict}\!\uparrow\!\sigma_{dict})\!\cdot\!\mathrm{s}$ 是否应等于 $(M'_{dict}\!\uparrow\!\sigma_{dict})\!\cdot\!\mathrm{s}$？为了确保类型等价的自反性，当 M 和 M' 是等价的模块时，该等式应成立。但这违反了抽象类型的表示独立性，因为它使抽象类型的等价性对其实现敏感。

这样看来，类型等价和表示独立这两个非常基本的概念之间是矛盾的。解决这个难题的方法是禁止引用密封模块的静态部分：类型表达式 $M\!\uparrow\!\sigma\!\cdot\!\mathrm{s}$ 被认为是不正确的。更一般而言，除非 M 是一个**模块值**（其静态部分总是很明显），否则不允许形成 $M\!\cdot\!\mathrm{s}$。显式结构是模块值，与任何模块变量一样（前提是模块变量是按值绑定的）。

这种限制的一个结果是，在使用密封模块之前，必须将其绑定到变量。由于模块变量

是按值绑定的，因此具有将抽象强加到绑定位置的作用。实际上，我们可以将密封视为一种在绑定位置"发生"的计算效果，就像在第 34 章中讨论的 Algol 中的绑定操作一样，会产生由封装命令引起的效果。这使得同一密封模块的两个绑定产生两个抽象类型。类型系统会故意忽略同一模块的两次出现的标识符，以确保它们的表示可以彼此独立地更改而不会破坏任何客户端代码的行为（因为客户端不能依赖其标识符，因此必须把它们视为不同）。

44.2　类型类

类型抽象是限制程序中模块之间依赖性的基本工具。类型抽象的签名决定了客户端对模块的所有已知信息。不允许将抽象类型的值用于其他用途。一个补充工具是使用签名来部分指定模块的功能。这样的签名称为**类型类**（type class）或**视图**（view）。类型类的**实例**（instance）是其实现。因为类型类的签名仅限制了未知模块的最小功能，所以必须有其他方法来处理该类型的值。实现此目的的方法是公开而不是隐藏模块静态部分的标识符。在这个意义上，类型类是类型抽象的"对立"，但是我们将在下面看到它们之间的平滑过渡，这是由子签名判断所介导的。

让我们将字典的实现视作其键的实现的客户端。使用二叉搜索树实现字典，唯一的要求是键必须具有由比较操作给出的全序。这个要求可以由下式给出的签名 σ_{ord} 表示：

$$[\![\, t :: \mathrm{T}; \langle \mathrm{leq} \hookrightarrow (t \times t) \to \mathrm{bool} \rangle \,]\!]$$

因为可以通过多种方式对给定类型进行排序，所以必须将排序与该类型打包在一起以确定键的类型。

以二叉搜索树实现字典的形式为

$$X : \sigma_{\mathrm{ord}} \vdash M_{\mathrm{bstdict}}^{X} : \sigma_{\mathrm{dict}}^{X}$$

这里 $\sigma_{\mathrm{dict}}^{X}$ 是签名 $[\![\, t :: \mathrm{T}; \tau_{\mathrm{dict}}^{X} \,]\!]$，其 τ_{dict}^{X} 是元组类型

$$\langle \mathrm{emp} \hookrightarrow t, \mathrm{ins} \hookrightarrow X \cdot \mathrm{s} \times \tau_{\mathrm{val}} \times t \to t, \mathrm{fnd} \hookrightarrow X \cdot \mathrm{s} \times t \to \tau_{\mathrm{val}} \mathrm{opt} \rangle$$

M_{bstdict}^{X} 是使用二叉搜索树实现字典操作的结构（此处未明确给出）[⊖]。在 M_{bstdict}^{X} 中，模块 X 的静态和动态部分分别通过 $X \cdot \mathrm{s}$ 和 $X \cdot \mathrm{d}$ 来访问。 特别地，键上的比较操作通过投影 $X \cdot \mathrm{d} \cdot \mathrm{leq}$ 来访问。

对模块变量 X 声明的签名通过子签名有序指定其签名的上界，表达对键类型能力的约束。因此，绑定到 X 的任何模块都必须提供键的类型以及对该类型的比较操作，而没有其他假设。因为这是我们对未知模块 X 的全部了解，所以字典实现被限制为仅依赖这些指定的能力，而不能依赖其他能力。当与定义 X 的模块链接时，字典实现无须用此签名密封，而必须用在子签名关系中不大于该签名的签名。实际上，由示例容易看到，签名 σ_{ord} 对于密封没有用。假设 $M_{\mathrm{natord}} : \sigma_{\mathrm{ord}}$ 是常规排序下有序类型类的实例。如果我们用 σ_{ord} 密封 M_{natord}，写作

⊖ 在此处及本章中的其他地方以及下一章中，上标 X 用作提示：模块变量 X 可以在带注释的模块或签名中自由出现。

$$M_{\text{natord}} \uparrow \sigma_{\text{ord}}$$

得到的模块是无用的，因为那样我们就无法创建键类型的值。

于是，我们可以看到，类型类是对预先存在的类型的描述（或视图），而不是引入新类型的方法。我们希望将以 nat 为标识符传播，同时指定用于对其排序的比较操作，而不是掩盖 M_{natord} 的静态部分的标识符。类型标识传播是使用单例种类（如第 43 章所述）实现的。具体而言，结构的最精确或最主要的签名是使用单例种类公开其静态部分的签名。在模块 M_{natord} 的情况下，主要签名是由

$$[\![t :: S(\text{nat}); \text{leq} \hookrightarrow (t \times t) \rightarrow \text{bool}]\!]$$

给出的签名 σ_{natord}，由等价规则（在 44.3 节中正式定义），该签名等价于

$$[\![\_ :: S(\text{nat}); \text{leq} \hookrightarrow (\text{nat} \times \text{nat}) \rightarrow \text{bool}]\!]$$

这种等价的推导称为**等价传播**（equivalence propogation），因为它在类型 t 的作用域内传播了类型 t 的标识符。

字典的实现 M_{bstdict}^X 期望模块 X 具有签名 σ_{ord}，但是模块 M_{natord} 提供签名 σ_{natord}。应用第 43 章中给出的子种类规则以及签名的协变原理，我们得到了子签名关系

$$\sigma_{\text{natord}} <: \sigma_{\text{ord}}$$

根据包含原理，当需要签名 σ_{ord} 的模块时，可以提供签名 σ_{natord} 的模块。因此，M_{natord} 可以链接到 M_{bstdict}^X 中的 X。

将子定型与密封结合使用，可以在类型类和类型抽象之间提供平滑的渐变。M_{bstdict}^X 的主要签名是由签名 ρ_{dict}^X 给出的

$$[\![t :: S(\tau_{\text{bst}}^X); \langle \text{emp} \hookrightarrow t, \text{ins} \hookrightarrow X \cdot \text{s} \times \tau_{\text{val}} \times t \rightarrow t, \text{fnd} \hookrightarrow X \cdot \text{s} \times t \rightarrow \tau_{\text{val}} \text{opt} \rangle]\!]$$

其中 τ_{bst}^X 是二叉搜索树的类型，其键由签名 σ_{ord} 的模块 X 给出。该签名是前面给出的 σ_{dict}^X 的子签名，因此密封模块

$$M_{\text{bstdict}}^X \uparrow \sigma_{\text{dict}}^X$$

是良构的，类型为 σ_{dict}^X，从而隐藏了字典抽象的表示类型。

在将 X 链接到 M_{natord} 之后，字典签名通过使用子签名判断传播 M_{natord} 静态部分的标识符来特化。如前所述，字典实现满足定型

$$X : \sigma_{\text{ord}} \vdash M_{\text{bstdict}}^X : \sigma_{\text{dict}}^X$$

但是因为 $\sigma_{\text{natord}} <: \sigma_{\text{ord}}$，由逆变，可知

$$X : \sigma_{\text{natord}} \vdash M_{\text{bstdict}}^X : \sigma_{\text{dict}}^X$$

也是有效的定型判断。如果 $X : \sigma_{\text{natord}}$，那么 $X \cdot \text{s}$ 等价于 nat，因为它有种类 S(nat)，所以定型

$$X : \sigma_{\text{natord}} \vdash M_{\text{bstdict}}^X : \sigma_{\text{natdict}}$$

也是有效的。封闭的签名 σ_{natdict} 由

$$[\![t :: \mathrm{T}; \langle \mathrm{emp} \hookrightarrow t, \mathrm{ins} \hookrightarrow \mathrm{nat} \times \tau_{\mathrm{val}} \times t \to t, \mathrm{fnd} \hookrightarrow \mathrm{nat} \times t \to \tau_{\mathrm{val}} \mathrm{opt} \rangle]\!]$$

显式给出。字典的表示形式是隐藏的，但键作为自然数的表示形式不是隐藏的。通过用类型 nat 替换 σ_{dict}^X 中 $X \cdot \mathrm{s}$ 的所有出现，消除了对 X 的依赖。派生此类型后，我们可以按照第 42 章中的描述将 X 与 M_{natord} 链接，以获得签名为 σ_{natord} 的复合模块 M_{natdict}，其中键是由 M_{natdict} 指定的有序自然数。

利用标签元组类型的子定型来避免创建描述自然数的标准排序的特设模块是很方便的。相反，我们可以使用包含直接从数值的抽象类型的实现中提取所需的模块。作为说明，假设将 X_{nat} 作为签名 σ_{nat} 的模块变量，其形式为

$$[\![t :: \mathrm{T}; \langle \mathrm{zero} \hookrightarrow t, \mathrm{succ} \hookrightarrow t \to t, \mathrm{leq} \hookrightarrow (t \times t) \to \mathrm{bool}, \cdots \rangle]\!]$$

元组的字段仅提供自然数抽象类型上可用的所有操作。其中，比较操作 leq 是字典模块所必需的。将第 24 章中给出的标签元组的子定型规则与签名的协变一起应用，我们获得子签名关系

$$\sigma_{\mathrm{nat}} <: \sigma_{\mathrm{ord}}$$

因此通过包含，变量块 X_{nat} 可以链接到字典实现所假定的变量 X。子定型负责从自然数的抽象类型中提取所需的 leq 字段，这表明自然数是有序类型类的实例。当然，仅当我们希望以抽象类型自然地提供对自然数排序时，此方法才有效。相反，如果我们想使用其他排序，则必须"手动"构造 σ_{ord} 实例以定义适当的排序。

44.3　模块语言

模块语言 Mod 形式化了上一节中概述的思想。语法分为五个级别：按类型分类的表达式，按种类分类的构造器和按签名分类的模块。表达式和类型级别由本书前面所述的各种语言机制组成，至少包括积、和，以及部分函数类型。构造器和种类级别是第 18 章和第 43 章中所述的单例和类和依赖种类。以下文法总结了模块的语法。

Sig σ	::=	$\mathrm{sig}\{\kappa\}(t.\tau)$	$[\![t :: \kappa; \tau]\!]$	签名
Mod M	::=	X	X	变量
		$\mathrm{str}(c;e)$	$[\![c;e]\!]$	结构
		$\mathrm{seal}\{\sigma\}(M)$	$M \!\uparrow\! \sigma$	密封
		$\mathrm{let}\{\sigma\}(M_1; X.M_2)$	$(\mathrm{let}\ X\ \mathrm{be}\ M_1\ \mathrm{in}\ M_2):\sigma$	定义
Con c	::=	$\mathrm{stat}(M)$	$M \cdot \mathrm{s}$	静态部分
Exp e	::=	$\mathrm{dyn}(M)$	$M \cdot \mathrm{d}$	动态部分

Mod 的静态语义包括以下几种判断形式：

$$\Gamma \vdash \sigma\ \mathrm{sig} \qquad 良构的签名$$
$$\Gamma \vdash \sigma_1 \equiv \sigma_2 \qquad 相等的签名$$
$$\Gamma \vdash \sigma_1 <: \sigma_2 \qquad 子签名$$
$$\Gamma \vdash M : \sigma \qquad 良构的模块$$
$$\Gamma \vdash M\ \mathrm{val} \qquad 模块值$$
$$\Gamma \vdash e\ \mathrm{val} \qquad 表达式值$$

我们接受以下三种形式的假设组，而不将假设分为多个区域：

$$X:\sigma \quad 模块值变量$$

$$u::\kappa \quad 构造器变量$$

$$x:\tau \quad 表达式值变量$$

重要的是，始终将结构变量和表达式变量视为值，以确保正确实施类型抽象。

以下规则定义了形成、等价和子签名判断。

$$\frac{\Gamma \vdash \kappa \text{ kind} \quad \Gamma, u::\kappa \vdash \tau \text{ type}}{\Gamma \vdash [\![u::\kappa;\tau]\!]\text{sig}} \tag{44.1a}$$

$$\frac{\Gamma \vdash \kappa_1 \equiv \kappa_2 \quad \Gamma, u::\kappa_1 \vdash \tau_1 \equiv \tau_2}{\Gamma \vdash [\![u::\kappa_1;\tau_1]\!] \equiv [\![u::\kappa_2;\tau_2]\!]} \tag{44.1b}$$

$$\frac{\Gamma \vdash \kappa_1 <:: \kappa_2 \quad \Gamma, u::\kappa_1 \vdash \tau_1 <: \tau_2}{\Gamma \vdash [\![u::\kappa_1;\tau_1]\!] <: [\![u::\kappa_2;\tau_2]\!]} \tag{44.1c}$$

最重要的是，签名在种类和类型位置上都是协变的：子种类和子定型通过签名的形成得以保留。根据规则（44.1b）有

$$[\![u::S(c);\tau]\!] \equiv [\![\_::S(c);[c/u]\tau]\!]$$

进一步地，由规则（44.1c）有

$$[\![\_::S(c);[c/u]\tau]\!] <: [\![\_::T;[c/u]\tau]\!]$$

以及

$$[\![u::S(c);\tau]\!] <: [\![\_::T;[c/u]\tau]\!]$$

还有

$$[\![u::S(c);\tau]\!] <: [\![u::T;\tau]\!]$$

但是 $[\![u::S(c);\tau]\!]$ 的两个超签名就子签名判断而言是**不可比较的**（incomparable）。

Mod 表达式的静态语义由以下规则给出：

$$\overline{\Gamma, X:\sigma \vdash X:\sigma} \tag{44.2a}$$

$$\frac{\Gamma \vdash c::\kappa \quad \Gamma \vdash e:[c/u]\tau}{\Gamma \vdash [\![c;e]\!]:[\![u::\kappa;\tau]\!]} \tag{44.2b}$$

$$\frac{\Gamma \vdash \sigma \text{ sig} \quad \Gamma \vdash M:\sigma}{\Gamma \vdash M \mid \sigma:\sigma} \tag{44.2c}$$

$$\frac{\Gamma \vdash \sigma \text{ sig} \quad \Gamma \vdash M_1:\sigma_1 \quad \Gamma, X:\sigma_1 \vdash M_2:\sigma}{\Gamma \vdash (\text{let } X \text{ be } M_1 \text{ in } M_2):\sigma:\sigma} \tag{44.2d}$$

$$\frac{\Gamma \vdash M:\sigma \quad \Gamma \vdash \sigma <:\sigma'}{\Gamma \vdash M:\sigma'} \tag{44.2e}$$

在规则（44.2b）中，总能选择 κ 作为 c 在子种类排序中最具体的种类，它唯一决定了 c 直到

构造器等价。对于这种选择，签名 $[\![u::\kappa;\tau]\!]$ 等价于 $[\![X::\kappa;[c/u]\tau]\!]$，将模块表达式的静态部分的标识符传播到其动态部分的类型中。规则（44.2c）与包含原理（规则（44.2e））一起使用，以确保 M 具有指定的签名。

在模块定义上需要签名注释是避免问题的体现。如果从定义的语法中省略签名 σ，则规则（44.2d）会非常合理。但是，省略此信息将大大增加类型检查的复杂性。如果在定义的语法中省略了 σ，那么需要类型检查器为模块定义体找一个签名 σ，以避免使用模块变量 X。归纳地，我们可以假设已经为模块 M_1 找到签名 σ_1，并在假设 X 具有签名 σ_1 的情况下模块 M_2 的签名为 σ_2。为了给未修饰的定义找到签名，我们必须找到 σ_2 的超签名 σ 以避免 X。为了确保考虑到 σ 的所有可能选择，我们根据子签名关系寻求最小（最精确）的这种签名，称为模块的**主签名**（principal signature）。问题在于给定签名的最小超签名可能无法避免指定变量。（考虑上面带有两个不可比较的超签名的签名示例。可以选择该示例，使超签名避免在子签名中出现的变量 X。）因此，模块没有主签名，类型检查就非常复杂。为了避免此类问题，我们坚持要求程序员应避免使用超签名 σ，这样类型检查器不需要查找签名。

模块产生了一种新形式的构造函数表达式 $M{\cdot}\mathrm{s}$ 和一种新形式的值表达式 $M{\cdot}\mathrm{d}$。这些操作分别提取模块 M 的静态和动态部分。它们的形成规则如下：

$$\frac{\Gamma \vdash M \text{ val} \quad \Gamma \vdash M : [\![u::\kappa;\tau]\!]}{\Gamma \vdash M{\cdot}\mathrm{s} :: \kappa} \tag{44.3a}$$

$$\frac{\Gamma \vdash M : [\![\_::\kappa;\tau]\!]}{\Gamma \vdash M{\cdot}\mathrm{d} : \tau} \tag{44.3b}$$

规则（44.3a）要求模块表达式 M 是根据以下规则确定的值：

$$\frac{}{\Gamma, X:\sigma, X \text{ val} \vdash X \text{ val}} \tag{44.4a}$$

$$\frac{\Gamma \vdash e \text{ val}}{\Gamma \vdash [\![c;e]\!]\text{val}} \tag{44.4b}$$

（结构本身为值，并不一定要求结构的动态部分为值。）

规则（44.3a）规定，只有结构值具有良定义的静态部分，因此排除了对非值的密封结构的静态部分的引用。如 44.1 节所述，此属性确保抽象类型的表示独立性。因为当 M 是一个密封模块时，如果 $M{\cdot}\mathrm{s}$ 是可接纳的，则它将是一种类型，其身份取决于底层实现，这违反了抽象原理。另一方面，模块变量是值，因此如果 $X : [\![t::\mathrm{T};\tau]\!]$ 是模块变量，则 $X{\cdot}\mathrm{s}$ 是良构的类型。实际上，这意味着在使用密封模块之前，必须将其先绑定到变量。出于这个原因，我们将模块表达式之间的定义包含在内。

规则（44.3b）要求模块 M 的签名是非依赖的，因此结果类型 τ 不依赖于模块的静态部分。这种独立性并非总是如此。例如，如果 M 是密封模块，对于某模块 N 的 $N{\uparrow}[\![t::\mathrm{T};t]\!]$，则投影 $M{\cdot}\mathrm{d}$ 是非良构的。因为如果它为良构的，则其类型将为 $M{\cdot}\mathrm{s}$，这将违反抽象类型的表示独立性。但是，如果 M 是模块值，那么只要我们包含以下自识别规则，就总能为其推导非依赖性签名：

$$\frac{\Gamma \vdash M : [\![u::\kappa;\tau]\!] \quad \Gamma \vdash M \text{ val}}{\Gamma \vdash M : [\![u::\mathrm{S}(M{\cdot}\mathrm{s}::\kappa);\tau]\!]} \tag{44.5}$$

此规则将模块值的静态部分的标识符传播到其签名中。通过共享传播可以消去类型的动态部分对静态部分的依赖性。

以下构造器的等价规则规定，可以消去模块值的类型投影：

$$\frac{\Gamma \vdash [\![c;e]\!] : [\![t::\kappa;\tau]\!] \quad \Gamma \vdash [\![c;e]\!] \text{ val}}{\Gamma \vdash [\![c;e]\!] \cdot s \equiv c :: \kappa} \tag{44.6}$$

在规则的第二个前提中隐含的"表达式 e 是值"的要求并不是严格必要的，但加上也无妨。其结果是，总是可以消去封闭构造器（或种类）对模块的明显依赖。特别是，构造器的标识符 $[\![c;e]\!] \cdot s$ 独立于 e，这是保证表示独立性所期望的。

模块的动态语义如下所示：

$$\frac{e \mapsto e'}{[\![c;e]\!] \mapsto [\![c;e']\!]} \tag{44.7a}$$

$$\frac{e \text{ val}}{[\![c;e]\!] \cdot d \mapsto e} \tag{44.7b}$$

无须在运行时对构造器求值，因为表达式的动态语义不取决于它们的类型。相对于前述的静态语义，为这种动态语义证明类型安全并不困难。

44.4 一等模块和二等模块

通常根据签名是否为类型来区分一等模块和二等模块，因此模块是否是一等就像其他一样只是一种表达式的形式。当模块是一等时，它们的值可能取决于运行时的状态。当模块是二等时，签名是与类型区分开的分类形式，并且模块表达式的使用方式可能与普通表达式不同。例如，无法计算一个基于月相的模块。

从表面上看，一等模块似乎完全优于二等模块，因为可以用它们做更多的事情。但是仔细研究，我们发现"少即是多"原则在这里同样适用，就像在第 22 章和第 23 章中讨论的动态语言和静态语言之间的区别一样。特别是，如果模块是一等的，那么必须对那些计算模块的表达式采取"悲观"态度，因为它们代表了完全通用的甚至取决于状态的计算。其结果是在类型检查过程中，很难甚至不可能追踪模块静态部分的标识符。通用模块表达式不必具有良定义的静态组件，这就排除了它在类型表达式中的使用。另一方面，二等模块可以以类型方式使用模块的静态组件，这恰恰是因为减小了可能的计算范围。在这方面，尽管有初步印象，但二等模块比一等模块更强大。更重要的是，二等模块系统可以被丰富，以允许使用一等模块，而不必要求它们是一等的。因此，我们拥有两全其美的优势：一等模块的灵活性和二等模块的精度。简言之，你只需为使用的东西付费：如果你使用一等功能，则应该支付代价，反之不用。

一等模块通过以下方式添加到 Mod 中。首先，如第 17 章所述，用存在性类型丰富类型系统，使"一等模块"只是存在类型的包。签名 $[\![t::\kappa;\tau]\!]$ 的二等模块 M 通过形成由 M 的静态和动态部分组成的类型为 $\exists t::\kappa.\tau$ 的包 pack $M \cdot s$ with $M \cdot d$ as $\exists (t.\tau)$，使之成为一等。第二，为了允许包像模块一样操作，我们引入模块表达式 open e，该表达式将包的内容作为模块打开：

$$\frac{\Gamma \vdash e : \exists t :: \kappa.\tau}{\Gamma \vdash \text{open } e : [\![t :: \kappa; \tau]\!]} \tag{44.8}$$

因为包 e 是存在类型的任意表达式，所以模块表达式 open e 不能视为值，因此不具有良定义的静态部分。相反，我们通常必须在使用它之前将其绑定到变量，以模仿第 17 章中给出的存在消去形式的复合行为。

44.5 注记

MacQueen（1986）首次提出使用依赖类型来表达模块化。后来的研究将扩展该提议，以对编译时和运行时之间的阶段区别进行建模（Harper 等人，1990），并考虑类型抽象和类型类（Harper 和 Lillibridge，1994；Leroy，1994）。回避问题首先由 Castagna 和 Pierce（1994）以及 Harper 和 Lillibridge（1994）提出。它在随后的模块工作中发挥了核心作用，例如 Lillibridge（1997）和 Dreyer（2005）。自识别规则是由 Harper 和 Lillibridge（1994）和 Leroy（1994）引入的。该规则后来被确定为高阶单例的表现（Stone 和 Harper，2006）。这些思想整合为模块元理论机械化的基础（Lee 等人，2007）。Dreyer（2005）对模块系统设计中的主要问题进行了全面的总结。

本章给出的表述重点关注支持模块化所需的类型结构。一种替代的表达方式是**精化**（elaboration），将模块化结构转化为更原始的概念，例如多态性和高阶函数。《Standard ML 的定义》（Milner 等人，1997）开创了精化方法。Rossberg 等人（2010）在 Russo 的早期工作的基础上，提出了更为严格的类型理论表述。基于精化的方法的优势在于，它可以使用简单的类型理论作为目标语言，但是却以更为复杂的模块化解释为代价。

习题

44.1 考虑由下列等式得到的类型为 τ_{elt} 的有限集合的类型抽象 σ_{set}：

$$\sigma_{\text{set}} \triangleq [\![t :: \text{T}; \tau_{\text{set}}]\!]$$
$$\tau_{\text{set}} \triangleq \langle \text{emp} \hookrightarrow t, \text{ins} \hookrightarrow \tau_{\text{elt}} \times t \rightarrow t, \text{men} \hookrightarrow \tau_{\text{elt}} \times t \rightarrow \text{bool} \rangle$$

选择适当的键和值类型，用字典定义元素的有限集合的以下实现。

$$\Gamma, D : \sigma_{\text{dict}} \vdash M_{\text{set}} : \sigma_{\text{set}}$$

44.2 给定节点的有序类型 τ_{nod}，并考虑由以下等式给出的有限图的类型抽象 σ_{grph}：

$$\sigma_{\text{grph}} \triangleq [\![t_{\text{grph}} :: \text{T}; [\![t_{\text{edg}} :: \text{S}(\tau_{\text{edg}}); \tau_{\text{grph}}]\!]]\!]$$
$$\tau_{\text{edg}} \triangleq \tau_{\text{nod}} \times \tau_{\text{nod}}$$
$$\tau_{\text{grph}} \triangleq \langle \text{emp} \hookrightarrow t_{\text{grph}}, \text{ins} \hookrightarrow \tau_{\text{edg}} \times t_{\text{grph}} \rightarrow t_{\text{grph}}, \text{mem} \hookrightarrow \tau_{\text{edg}} \times t_{\text{grph}} \rightarrow \text{bool} \rangle$$

签名 σ_{grph} 是半透明的，具有不透明和透明的类型部分：图本身是抽象的，而边是节点对。根据节点、节点集以及将节点映射到节点集的字典的实现来定义实现

$$N : \sigma_{\text{ord}}, S : \sigma_{\text{nodset}}, D : \sigma_{\text{nodsetdict}} \vdash M_{\text{grph}} : \sigma_{\text{grph}}$$

通过字典表示图，该字典向每个节点分配入射到其上的节点集。将节点类型 τ_{nod} 定义

为 $N \cdot s$ 类型，并根据节点类型的选择适当地选择集合和字典抽象的签名。

44.3   定义签名修改（signature modification），这是习题 43.3 中定义的种类修改的一种变体，这种变体可以在签名上强加构造器的定义。令 P 代表形式为 $\cdot d...d \cdot s$ 的静态和动态投影的组合，因此 $X \cdot P$ 代表 $X \cdot d...d \cdot s$。假设 $\Gamma \vdash \sigma \ \text{sig}$ ，$\Gamma, X : \sigma \vdash X \cdot P :: \kappa$ 且 $\Gamma \vdash c :: \kappa$。定义签名 $\sigma\{P := c\}$，使 $\Gamma \vdash \sigma \ \{P := c\} <: \sigma$ 且 $\Gamma, X : \sigma\{P := c\} \vdash X \cdot P \equiv c :: \kappa$。

44.4   签名 σ_{grph} 是类型类

$$\sigma_{grphcls} \triangleq [\![t_{grph} :: \text{T}; [\![t_{edg} :: \text{T}; \tau_{grph}]\!]]\!]$$

的子签名（实例），其中 t_{edg} 的定义明确表示为两个节点的积。

检查 $\Gamma \vdash \sigma_{grph} \equiv \sigma_{grphcls}\{\cdot d \cdot s := \tau_{nod} \times \tau_{nod}\}$ ，使前者可以定义为后者。

层次结构和参数化

为了增加表达能力，模块系统必须支持模块层次结构。于是层次结构在编程中就自然而然地出现了，它既是将大型程序划分为可管理部分的组织手段，也是允许将一种类型抽象或类型类置于另一种之上的局部化手段。在这种情况下，较低层相对于较高层起辅助作用，可以认为较高层是在较低层上抽象的，这意味着较低层的任何实现均会使较高层产生一个实例。这样的一种抽象对另一种抽象依赖的模式由一种**抽象**机制捕获，该机制允许将一种抽象的实现视为另一种抽象的实现的函数。层次结构和抽象协同工作，为组织程序提供了一种强表达力的语言。

45.1 层次结构

在模块化编程中，常将类型类或类型抽象放在类型类之上。例如，**相等类型**（equality types）的类，即那些接受布尔型相等性测试的类，由签名 σ_{eq} 描述，定义如下

$$[\![t::\mathrm{T};\langle \mathrm{eq}\hookrightarrow (t\times t)\to \mathrm{bool}\rangle]\!]$$

此类的实例由一个类型以及在其上定义的二元相等操作组成。这样的实例是 σ_{eq} 的子签名 σ_{nateq} 的模块，由

$$[\![t::\mathrm{S}(\mathrm{nat});\langle \mathrm{eq}\hookrightarrow (t\times t)\to \mathrm{bool}\rangle]\!]$$

给出的签名 σ_{nateq} 是一个示例。此签名的模块值的形式为

$$[\![\mathrm{nat};\langle \mathrm{eq}\hookrightarrow \ldots\rangle]\!]$$

其中省略的表达式实现了在自然数上的等价关系。类 σ_{eq} 的所有其他实例值具有相似的形式，不同之处在于类型的选择和比较操作的选择。

有序类型（ordered types）的类是相等类型的类的扩展，它使用二元运算来（严格）比较该类型的两个元素。一种表示方法是签名

$$[\![t::\mathrm{T};\langle \mathrm{eq}\hookrightarrow (t\times t)\to \mathrm{bool},\mathrm{lt}\hookrightarrow (t\times t)\to \mathrm{bool}\rangle]\!]$$

根据第 24 章中给出的子定型规则，它是 σ_{eq} 的子签名。这种关系相当于要求每个有序类型都必须是相等类型。

这种情况是很好，但是如果有一种方法可以将相等类型类逐步扩展到有序类型类，而不必像前面的示例中那样重写签名，那就更好了。相反，我们想将比较放在相等类型类之上，以获得有序类型类。为此，我们使用形式为

$$\sum X:\sigma_{eq}\cdot \sigma_{ord}^{X}$$

的**分层签名**（hierarchical signature）σ_{eqord}。在此签名中，将签名

$$[\![t::S(X \cdot s); \langle lt \hookrightarrow (t \times t) \rightarrow bool \rangle]\!]$$

写作 σ_{ord}^{X}，该签名引用 X 的静态部分，即定义相等关系的类型。记号 σ_{ord}^{X} 强调此签名内部有一个自由模块变量 X，因此仅在声明有 X 的上下文中才有意义。

签名 σ_{eqord} 的值是一对模块 $\langle M_{\text{eq}}; M_{\text{ord}} \rangle$，其中 M_{eq} 包括一个具有相等关系的类型，第二个包含一个具有排序关系的类型。至关重要的是，第二个类型在 σ_{ord}^{X} 中单例种类的约束下与第一个类型相同。这样的约束是**共享规范**（sharing specification）。抽取共享规范结果的过程称为**共享传播**（sharing propagation）。

共享传播是通过将子种类（如第 43 章中所述）与签名的子定型相结合来实现的。例如，自然数的特定排序 M_{natord} 是带有如下签名的模块

$$\Sigma X : \sigma_{\text{nateq}} \cdot \sigma_{\text{ord}}^{X}$$

根据分层签名的协变，该签名是 σ_{eqord} 的子签名，因此通过包含原理，我们可以将 M_{natord} 视为后者签名的模块。子签名的静态部分是单例，因此我们可以应用第 43 章中给出的共享传播规则，得到子签名与签名

$$\Sigma X : \sigma_{\text{nateq}} \cdot \sigma_{\text{natord}}$$

等效，其中 σ_{natord} 是封闭的签名

$$[\![t::S(nat); \langle lt \hookrightarrow (t \times t) \rightarrow bool \rangle]\!]$$

请注意，共享传播已用 nat 替换了签名中的 $X \cdot s$ 类型，从而消除了对模块变量 X 的依赖性。在另一轮共享传播之后，此签名等同于由

$$[\![\_ ::S(nat); \langle lt \hookrightarrow (nat \times nat) \rightarrow bool \rangle]\!]$$

给出的签名 ρ_{natord}。在这里，我们用 nat 作为 t 种类的结果代替比较操作的类型中出现的 2 个 t。最终效果是将 M_{natord} 的静态部分的标识符传播到 M_{natord} 第二个分量的签名。

尽管模块签名 σ_{eqord} 的值看起来是对称的序对，但其实是不对称的，因为第二个分量的签名依赖于第一个分量本身。这种依赖通过签名 σ_{ord} 中的模块变量 X 来显示。因此，$\langle M_{\text{eq}}; M_{\text{ord}} \rangle$ 要成为签名 σ_{eqord} 的良构模块，第一个分量 M_{eq} 必须具有签名 σ_{eq}，其含义不依赖第二个分量。另一方面，在理解 X 代表模块 M_{eq} 的情况下，第二个分量 M_{ord} 必须具有签名 σ_{eq}^{X}。通常，此签名与 M_{eq} 本身无关是没有意义的，因此不能独立于 M_{eq} 去处理 M_{ord}。

反过来说，如果 M 是具有签名 σ_{eqord} 的任一模块，那么将其投影到其第一个坐标上以获得签名 σ_{eq} 的模块 $M \cdot 1$ 总是有意义的。但是，将其投影到其第二个坐标并不总是有意义的，因为在无法静态解析对第一分量的依赖性的情况下，可能无法给出 $M \cdot 2$ 的签名。如果 $M \cdot 1$ 是一个密封模块，则可能会出现此问题，该模块的静态部分无法形成以确保表示的独立性。在这种情况下，由于无法消除签名 σ_{ord}^{X} 对模块变量 X 的依赖性，因此无法给第二投影提供签名。因此，模块层次结构的第一个分量是层次结构的**子模块**（submodule），而第二个分量可能是也可能不是其子模块。换句话说，层次结构的第二个分量在其签名通过共享传播消除了对第一个分量的依赖时，正好是"可投影的"。也就是说，我们对第一个分量有足够多的静

态了解，就可以确保为第二个分量指定一个独立的类型。在这种情况下，第二个分量可以视为该序对的子模块；否则，第二个分量与第一个分量不可分离，从而不能从该序对投影出来。

考虑签名为 σ_{natord} 的模块 M_{natord}，前面已经提到它是 σ_{eqord} 的子签名。第一投影 $M_{natord} \cdot 1$ 是封闭签名 σ_{eq} 的良构模块，因此也是 M_{natord} 的子模块。第二投影 $M_{natord} \cdot 2$ 的情况不太清楚，因为它的签名 σ_{ord}^X 通过变量 X 依赖于第一个分量。但是，我们在上面注意到签名 σ_{natord} 等价于签名

$$\Sigma\_ : \sigma_{nateq} \cdot \rho_{natord}$$

其中通过共享传播消除了对 X 的依赖性。这也是 M_{natord} 的有效签名，因此，第二投影 $M_{natord} \cdot 2$ 是封闭签名 ρ_{natord} 的良构模块。否则，如果 M_{natord} 可用的唯一签名是 σ_{eqord}，则第二投影将不正确——第二个分量将无法与第一个分量分离，因此不能被视为该序对的子模块。

序对中第二个分量的签名对第一个分量的层次依赖性产生了对分层模块签名的一种有用的替代解释，即由第二个分量给定的一系列模块（即模块族）被认为由第一个分量索引。在这种情况下，签名 σ_{eqord} 的模块集合会产生签名 σ_{ord}^X 的模块族，其中 X 取值于 σ_{eq}。也就是说，对于签名 σ_{eq} 的每个选择 M_{eq}，我们将 M_{ord} 的选择集合与按 σ_{ord}^X 中的共享约束得到的首个选择关联起来，取 X 为 M_{ord}。此集合是 M_{eq} 上的**纤维**（fiber），签名 σ_{eqord} 的模块集合通过 σ_{eq} 形成纤维（通过第一个投影）。

前面的示例说明了一个类型类在另一个类型类之上的分层。将类型抽象放在类型类上也很有用。字典抽象给出了一个很好的例子，其中键的类型是未指定的有序类型的类的实例。这种字典的签名 $\sigma_{keydict}$ 如下所示：

$$\Sigma K : \sigma_{eqord} \cdot \sigma_{dict}^K$$

其中 σ_{eqord} 是有序相等类型的签名（采用上述两种形式中的任何一种），而 σ_{dict}^K 是某类型 τ 的字典的签名，如下所示：

$$[\![t::\text{T};\langle \text{emq}\hookrightarrow t, \text{ins}\hookrightarrow K \cdot s \times \tau \times t \to t, \text{fnd}\hookrightarrow K \cdot s \times t \to \tau \text{ opt}\rangle]\!]$$

ins 和 fnd 操作使用由字典模块的子模块提供的键类型 $K \cdot s$。我们可以认为 $\sigma_{keydict}$ 为每个有序类型的键指定了一族字典模块。不论采用哪种解释，签名 $\sigma_{keydict}$ 的实现都由形式为 $\langle M_1; M_2 \rangle$ 的两级层次结构组成，其中 M_1 指定键类型及其顺序，M_2 根据此顺序为该类型的键实现字典。

45.2 抽象

签名 $\sigma_{keydict}$ 描述了由有序键模块索引的字典模块族。这样的模块求值为序对，该序对由键的有序类型和专门针对键选择的字典本身组成。尽管字典操作的代码可能会因键的每种选择而不同，但更常见的情况是，相同的实现可用于键的所有选择，唯一的区别是引用，即 $X \cdot \text{lt}$ 针对键模块 X 的每种选择引用不同的函数。

字典的这种统一实现由**抽象模块**（abstracted module）或**函子**（functor）给出。函子是一种模块，表示为具有指定签名的未知模块的函数。统一的字典模块将表示为在实现键的模块上抽象的函子，也就是 λ 抽象

$$M_{\text{dictfun}} \triangleq \lambda Z : \sigma_{\text{eqord}} \cdot M_{\text{keydict}}^{Z}$$

在此，M_{keydict}^{Z} 是字典的通用实现，它依据签名 σ_{eqord} 的未指定模块 Z 来实现。Z 的签名表示要求字典实现依赖于具有有序类型的键，而对键没有其他的要求。

函子是模块的一种形式，因此也具有签名，即**函子签名**（functor signature）。函子 M_{keydict}^{Z} 的签名 σ_{dictfun} 具有形式

$$\prod Z : \sigma_{\text{eqord}} \cdot \rho_{\text{keydict}}^{Z}$$

它指定其定义域是有序类型的签名 σ_{eqord}，其值域是取决于模块 Z 的签名 $\rho_{\text{keydict}}^{Z}$。对习题 44.3 中引入的表示法进行适度扩展，我们可以定义

$$\rho_{\text{keydict}} \triangleq \sigma_{\text{keydict}}\{1 \cdot 1 \cdot s := Z \cdot 1 \cdot s\}$$

此定义确保函子结果中的键类型与作为其参数的键类型之间所需的共享约束。

字典函子 M_{dictfun} 根据键的有序类型定义了字典的通用实现。通过应用或实例化具有定义域签名 σ_{eqord} 的模块来获得特定键的字典实例。例如，由于以常规方式排序的自然数类型 M_{natord} 就是这样的模块，因此我们可以形成实例 $M_{\text{dictfun}}(M_{\text{natord}})$ 以获得具有数字键的字典。通过选择签名 σ_{eqord} 的其他模块，可以获得字典函子的相应实例。更一般地，如果 M 是签名 σ_{dictfun} 的任何模块，那这是一个函子，可应用于签名 σ_{eqord} 的任何模块 M_{key} 以获得实例 $M(M_{\text{key}})$。

但是，这种实例的签名是什么，又是如何推导的呢？回想一下，σ_{dictfun} 的结果签名不仅取决于参数的签名，还取决于参数本身。因此，目前尚不清楚要分配给实例什么样的签名。必须解析对参数的依赖性，以获得独立于参数的有意义的签名。这种情况大体上类似于计算分层模块的第二个分量的签名的问题，可以使用类似的方法来解决依赖关系，即根据参数探索对签名的子定型来特化结果签名。

让我们举例来说明。注意，由于函子签名的子定型为逆变，因此可以通过增强定义域签名来弱化函子签名。对于字典函子的签名 σ_{dictfun}，可以通过增强其定义域来要求键类型为自然数类型，从而获得超签名 $\sigma_{\text{natdictfun}}$：

$$\prod Z : \sigma_{\text{natord}} \cdot \rho_{\text{keydict}}^{Z}$$

将 Z 固定为特化的签名 σ_{natord} 的模块变量，值域签名 $\rho_{\text{keydict}}^{Z}$ 由如下修改给出

$$\sigma_{\text{keydict}}\{1 \cdot 1 \cdot s := Z \cdot 1 \cdot s\}$$

通过共享传播，这等效于如下的封闭签名 ρ_{natdict}。

$$\sigma_{\text{keydict}}\{1 \cdot 1 \cdot s := \text{nat}\}$$

因为一旦 Z 的签名特化为 σ_{natord}，我们就可以得出 $Z \cdot 1 \cdot s$ 和 nat 等价。

现在由包含原理可知，如果 M 是签名 σ_{dictfun} 的模块，那么 M 也是超签名

$$\prod Z : \sigma_{\text{natord}} \cdot \rho_{\text{keydict}}^{Z}$$

的模块。我们刚刚证明，后一个签名等同于非依赖函子签名

$$\prod \_ : \sigma_{natord} \cdot \rho_{natdict}$$

现在给出的值域与参数无关，因此我们可以推断，如果 M_{natkey} 具有签名 σ_{natord}，则应用 $M(M_{natkey})$ 具有签名 $\rho_{natdict}$。

关键点是，通过传播有关参数本身的类型成分的知识，可以消除值域签名对定义域签名的依赖性。如果没有这一知识，就不能认为函子应用是良构的，就像如果不能消除其签名对第一个分量的依赖，就不能接受来自层次结构的第二投影一样。如果函子的参数是一个值，则始终可以为其找到一个签名，该签名可使类型共享信息的传播最大化，从而始终可以消除值域对参数的依赖性。

45.3 层次结构和抽象

在本节中，我们概述对第 44 章中介绍的模块语言进行扩展，以说明模块层次结构和模块抽象。

Mod 的语法增加了以下几条：

$$
\begin{array}{llll}
\text{Sig } \sigma & ::= & \text{sub}(\sigma_1; X.\sigma_2) & \sum X : \sigma_1 \cdot \sigma_2 & \text{层次结构} \\
& & \text{fun}(\sigma_1; X.\sigma_2) & \prod X : \sigma_1 \cdot \sigma_2 & \text{函子} \\
\text{Mod } M & ::= & \text{sub}(M_1; M_2) & \langle M_1; M_2 \rangle & \text{层次结构} \\
& & \text{fst}(M) & M \cdot 1 & \text{第一个分量} \\
& & \text{snd}(M) & M \cdot 2 & \text{第二个分量} \\
& & \text{fun}\{\sigma\}(X.M) & \lambda X : \sigma \cdot M & \text{函子} \\
& & \text{app}(M_1; M_2) & M_1(M_2) & \text{实例}
\end{array}
$$

签名的语法扩展为包含层次结构和函子，模块的语法通过这些签名的引入形式和消去形式进行了相应的扩展。

判断 M projectible 表示模块 M 是可投影的，这意味着，其组成类型可通过投影组合来引用，包括结构的静态部分。该判断由以下规则归纳定义：

$$\overline{\Gamma, X : \sigma \vdash X \text{ projectible}} \tag{45.1a}$$

$$\frac{\Gamma \vdash M_1 \text{ projectible} \quad \Gamma \vdash M_2 \text{ projectible}}{\Gamma \vdash \langle M_1; M_2 \rangle \text{ projectible}} \tag{45.1b}$$

$$\frac{\Gamma \vdash M \text{ projectible}}{\Gamma \vdash M \cdot 1 \text{ projectible}} \tag{45.1c}$$

$$\frac{\Gamma \vdash M \text{ projectible}}{\Gamma \vdash M \cdot 2 \text{ projectible}} \tag{45.1d}$$

所有模块变量都被认为是可投影的，尽管此条件仅与基本结构的层次结构有关。因为密封的目的是隐藏抽象类型的表示，所以密封模块都不是可投影的。此外，函子也不是可投影的，因为函子没有投影概念。更重要的是，函子实例是不可投影的，这可以确保同一函子的任何两个实例定义不同的抽象类型。因此，函子是**生成子**（generative）（有关函子的另一种处理的

讨论参见 45.4 节）。

签名形成判断扩展到包括以下规则：

$$\frac{\Gamma \vdash \sigma_1 \ \mathrm{sig} \quad \Gamma, X : \sigma_1 \vdash \sigma_2 \ \mathrm{sig}}{\Gamma \vdash \sum X : \sigma_1 \cdot \sigma_2 \ \mathrm{sig}} \tag{45.2a}$$

$$\frac{\Gamma \vdash \sigma_1 \ \mathrm{sig} \quad \Gamma, X : \sigma_1 \vdash \sigma_2 \ \mathrm{sig}}{\Gamma \vdash \prod X : \sigma_1 \cdot \sigma_2 \ \mathrm{sig}} \tag{45.2b}$$

签名等效定义为与两种新的签名形式兼容：

$$\frac{\Gamma \vdash \sigma_1 \equiv \sigma_1' \quad \Gamma, X : \sigma_1 \vdash \sigma_2 \equiv \sigma_2'}{\Gamma \vdash \sum X : \sigma_1 \cdot \sigma_2 \equiv \sum X : \sigma_1' \cdot \sigma_2'} \tag{45.3a}$$

$$\frac{\Gamma \vdash \sigma_1 \equiv \sigma_1' \quad \Gamma, X : \sigma_1 \vdash \sigma_2 \equiv \sigma_2'}{\Gamma \vdash \prod X : \sigma_1 \cdot \sigma_2 \equiv \prod X : \sigma_1' \cdot \sigma_2'} \tag{45.3b}$$

子签名判断增加了以下规则：

$$\frac{\Gamma \vdash \sigma_1 <: \sigma_1' \quad \Gamma, X : \sigma_1 \vdash \sigma_2 <: \sigma_2'}{\Gamma \vdash \sum X : \sigma_1 \cdot \sigma_2 <: \sum X : \sigma_1' \cdot \sigma_2'} \tag{45.4a}$$

$$\frac{\Gamma \vdash \sigma_1' <: \sigma_1 \quad \Gamma, X : \sigma_1' \vdash \sigma_2 <: \sigma_2'}{\Gamma \vdash \prod X : \sigma_1 \cdot \sigma_2 <: \prod X : \sigma_1' \cdot \sigma_2'} \tag{45.4b}$$

规则（45.4a）规定分层签名在两个位置上都是协变的，而规则（45.4b）规定函子签名在其定义域上是逆变的，在其值域上是协变的。

模块表达式的静态语义通过以下规则扩展：

$$\frac{\Gamma \vdash M_1 : \sigma_1 \quad \Gamma \vdash M_2 : \sigma_2}{\Gamma \vdash \langle M_1 ; M_2 \rangle : \sum_{-} : \sigma_1 \cdot \sigma_2} \tag{45.5a}$$

$$\frac{\Gamma \vdash M : \sum X : \sigma_1 \cdot \sigma_2}{\Gamma \vdash M \cdot 1 : \sigma_1} \tag{45.5b}$$

$$\frac{\Gamma \vdash M : \sum_{-} : \sigma_1 \cdot \sigma_2}{\Gamma \vdash M \cdot 2 : \sigma_2} \tag{45.5c}$$

$$\frac{\Gamma, X : \sigma_1 \vdash M_2 : \sigma_2}{\Gamma \vdash \lambda X : \sigma_1 \cdot M_2 : \prod X : \sigma_1 \cdot \sigma_2} \tag{45.5d}$$

$$\frac{\Gamma \vdash M_1 \prod_{-} : \sigma_2 \cdot \sigma \quad \Gamma \vdash M_2 : \sigma_2}{\Gamma \vdash M_1(M_2) : \sigma} \tag{45.5e}$$

规则（45.5a）说明，显式模块层次结构具有一个签名，其第二个分量的签名不依赖于第一个分量（此处用下划线代替模块变量表示）。可以通过密封将依赖签名赋予层次结构，这使它不再是值，即使它的分量是值。规则（45.5b）说明，第一投影是为一般的分层签名定义的。另一方面，如上一节所述，规则（45.5c）将第二投影限制为非依赖性层次结构。同样，规则（45.5e）将实例化限制为类型不相关的函子，强制在应用之前使用子签名关系来解决所有依赖性并共享传播。

考虑到分层模块值的形成，第 44 章中给出的自识别规则通过以下规则扩展：

$$\frac{\Gamma \vdash M \text{ projectible} \quad \Gamma \vdash M : \sum X : \sigma_1 \cdot \sigma_2 \quad \Gamma \vdash M \cdot 1 : \sigma_1'}{\Gamma \vdash M : \sum X : \sigma_1' \cdot \sigma_2} \tag{45.6a}$$

$$\frac{\Gamma \vdash M \text{ projectible} \quad \Gamma \vdash M : \sum_- : \sigma_1 \cdot \sigma_2 \quad \Gamma \vdash M \cdot 2 : \sigma_2'}{\Gamma \vdash M : \sum_- : \sigma_1 \cdot \sigma_2'} \tag{45.6b}$$

规则（45.6a）和（45.6b）允许对分层模块值的签名进行特化，以表示其构造器分量等同于对模块本身的投影。

45.4 应用函子

在刚刚描述的模块语言中，函子被视为具有生成性，因为任何两个实例（即使带有参数）都被视为"生成"了不同的抽象类型。生成性是通过将函子应用程序 $M(M_1)$ 视为不可投影的来实现的，因此，如果函子应用 $M(M_1)$ 在结果中定义了抽象类型，那么必须先将应用绑定到变量，然后才能引用该类型。任何两个这样的绑定都必须绑定到不同的变量 X 和 Y，因此抽象类型 $X \cdot s$ 和 $Y \cdot s$ 是不同的，不管它们的绑定如何。

此设计决策的合理性值得仔细考虑。通过将函子视为具有生成性，我们可以确保函子的客户端不能以任何方式依赖该函子的实现。也就是说，我们正以一种自然的方式将抽象类型的表示独立性原理扩展到函子。此策略的结果是，模块语言与诸如条件模块之类的扩展兼容，该模块在任意动态条件下分支，该条件甚至可能取决于外部条件（例如月相）！具有这种实现的函子必须被视为具有生成性，因为从任何实例产生的抽象类型都不能被认为是良定义的，直到对应用进行求值，即将其绑定到变量时。通过将所有函子视为具有生成性，我们实际上是在不破坏函子的客户端行为的条件下最大限度地利用表示形式的变化，这是模块化分解的基本思想。

但是，由于上一节中考虑的模块语言不包括功能强大的条件模块，因此我们可能认为对生成函子的限制过于严格，可以放宽使用。一种这样的替代方案是**应用函子**（applicative functor）的概念。应用函子是指其按值得到的实例是可投影的[⊖]：

$$\frac{M \text{ projectible} \quad M_1 \text{ val}}{M(M_1) \text{ projectible}} \tag{45.7}$$

重要的是，由于这个规则，应用函子与条件模块不兼容。因此，与基于生成函子的模块语言相比，基于应用函子的模块语言固有地受到限制。

将函子实例视为可投影的好处是，我们可以使用 $(M(M_1)) \cdot s$ 这样的类型，即投影实例的静态部分。但这提出了一个问题。什么时候两个这样的类型表达式等价？困难在于该问题的答案取决于函子参数。假设 F 是一个应用函子变量，$(F(M_1)) \cdot s$ 和 $(F(M_2)) \cdot s$ 在什么条件下应视为同一类型？对于生成函子，我们没有遇到这个问题，因为实例是不可投影的；但是对于应用函子，这个问题不能回避。我们先考虑引发类似问题的复杂性之后，再回到这一点。

该问题的困难在于，应用函子的主体无法被密封以施加抽象，并且根据上一节中给出的

⊖ 我们也可以认为函子抽象是可投影的，但这是因为所有变量都是可投影的。

规则，密封模块是不可投影的。因为密封是施加抽象的唯一方法，所以我们必须放宽此条件，允许密封的可投影模块是可投影的：

$$\frac{M \text{ projectible}}{M \uparrow \sigma \text{ projectible}} \tag{45.8}$$

因此，我们可以形成 $(M \uparrow \sigma) \cdot s$ 形式的类型表达式，这些表达式表示密封模块的静态部分。我们再次面临这样一个问题，这两种类型的等效性必须涉及密封模块本身的等效性，这似乎违反了表示独立性。

总而言之，如果我们要将函子视为应用函子，则需要对抽象类型的表示独立性原则进行权衡。我们必须为密封模块的静态部分定义等价性，这样做至少需要检查基础模块是否相同。由于基础模块具有静态和动态部分，因此这意味着在类型检查期间比较它们的可执行代码是否等效。更重要的是，因为客户端的形成可能取决于两个模块的等效性，所以我们不能更改密封模块的表示形式，从而不必担心会破坏客户端的类型或行为。但是，这种依赖性首先违背了我们使用模块系统的目的！

45.5　注记

Milner 等人（1997）介绍了本章讨论的模块层次结构和函子，并且采用了将模块层次结构视为索引的模块族的方法。层次结构和函子理论首先是由 Harper 和 Lillibridge（1994）以及 Leroy（1994）进行研究的，其基础是 Mitchell 和 Plotkin（1988）对存在类型的早期研究。Leroy（1995）引入了应用函子的概念，这是 O'Caml（2012）的模块系统的核心。

习题

45.1　考虑以下具有有序键类型和值类型的字典签名 $\sigma_{orddict}$：

$$\sigma_{orddict} \triangleq \sum K : \sigma_{ord} \cdot \sum V : \sigma_{typ} \cdot \sigma_{dict}^{K,V}$$

$$\sigma_{dict}^{K,V} \triangleq [\![t :: T; \langle emp \hookrightarrow t, ins \hookrightarrow K \cdot s \times V \cdot s \times t \to t, fnd \hookrightarrow K \cdot s \times t \to V \cdot s \text{ opt} \rangle]\!]$$

$$\sigma_{typ} \triangleq [\![t :: T; unit]\!]$$

定义一个函子 $M_{orddictfun}$，它根据键的有序类型和值的类型来实现字典。它的签名应为

$$\sigma_{orddictfun} \triangleq \prod \langle K; V \rangle : \sum \_ : \sigma_{ord} \cdot \sigma_{typ} \cdot \sigma_{dict}^{K,V}$$

其中

$$\sigma_{dict}^{K,V} \triangleq \sigma_{orddict} \{ \cdot 1 \cdot s := K \cdot s \} \{ 2 \cdot 1 \cdot s := V \cdot s \}$$

45.2　定义有限集合的签名 σ_{ordset}，它有自己的有序类型的元素。定义函子的签名 σ_{setfun}，该函子根据有序类型的类的实例来实现此集合抽象。请确保传播类型共享信息。给出具有签名 σ_{setfun} 的函子 M_{setfun}，以根据给定的有序元素类型实现有限集抽象。提示：使用习题 45.1 中的字典函子 $M_{dictfun}$。

45.3　定义图的签名 $\sigma_{ordgrph}$，该图带有有序的节点类型。根据节点的有序类型定义实现图的函子的签名。使用此签名定义一个函子，该函子根据节点的有序类型来实现图。提示：使用习题 45.1 中的函子 $M_{dictfun}$ 和习题 45.2 中的函子 M_{setfun}。

等式推理

第 46 章

Practical Foundations for Programming Languages, Second Edition

系统 T 的相等性

函数式编程的优点在于，函数式语言中表达式的相等性遵循熟悉的数学推理模式。例如，在第 9 章的语言 T 中，可以将加法表达为函数 plus，表达式

$$\lambda(x:\mathrm{nat})\lambda(y:\mathrm{nat})\mathrm{plus}(x)(y)$$

和

$$\lambda(x:\mathrm{nat})\lambda(y:\mathrm{nat})\mathrm{plus}(y)(x)$$

是相等的。换句话说，用 T 编写的加法函数是可交换的。

加法的可交换性看似不言而喻，但为什么是这样呢？两个表达式相等意味着什么？这两个表达式并不定义等同，它们的相等性需要证明，而不仅仅是一个计算问题。但是，这两个表达式是可互换的，因为它们在应用于相同的数时，给出相同的结果。通常，如果两个函数对于相等的参数给出相等的结果，那么它们在**逻辑上等价**（logically equivalent）。这对于一个函数而言十分重要，我们可以预期逻辑上等价的函数在任何程序中都是可互换的。将这些函数所在的程序视为对函数行为的**观测**（observation），这些函数是**观测等价**（observationally equivalent）。本章的主要结果是，对于 T 的变体，观测等价和逻辑等价是一致的，T 的变体中后继被急切求值，因此 nat 类型的值是数值。

46.1 观测等价

两个表达式何时相等？当我们不能区分它们时。这样说似乎是废话，但事实并非如此，因为这完全取决于我们将表达式区分开的方法。为了区分它们，我们允许对表达式执行哪些"实验"？如果两个表达式不同，什么样的观测是表明它们不同的证据？

如果允许考虑表达式的语法细节，那么很少有表达式可以被认为是相等的。例如，如果一个表达式包含多个函数应用是重要的，或者表达式有 λ 抽象是重要的，那么等价的表达式就很少了。但是这样考虑似乎很愚蠢，因为它们与直觉冲突，即表达式的重要性在于它对计算结果的贡献，而不是对获得结果的过程的贡献。简言之，如果两个表达式对完整程序的结果做出相同的贡献，那么应将它们视为相等。

我们必须规定一个完整程序的含义。该定义要考虑两个因素。首先，T 的动态语义仅针对没有自由变量的表达式进行定义，因此完整程序显然应是闭式。其次，计算的结果应该是可观测的，这样两个计算的结果是否不同就很显然了。我们将一个完整程序定义为 nat 类型的闭式，并将程序的**可观测行为**（observable behavior）定义为它求得的数值。

对表达式进行实验或观测是在完整程序中使用该表达式的任何方法。我们将**表达式上下文**（expression context）定义为一个其中带有"洞"的表达式，用作另一个表达式的占位符。洞可以出现在任何位置，包括在绑定的作用域内。洞所在作用域内的约束变量被表达式上下

文捕获。**程序上下文**（program context）是 nat 类型的闭式的上下文，也就是说，它是一个带有洞的完整程序。元变量 $\mathcal{C}$ 代表任意表达式上下文。

　　替换（replacement）是用表达式 e 填充表达式上下文 $\mathcal{C}$ 中的洞的过程，写作 $\mathcal{C}\{e\}$。重要的是，由 $\mathcal{C}$ 暴露的 e 的自由变量通过替换来捕获（这就是为什么替换（replacement）不是代换（substitution）的一种形式，它是为了避免捕获而定义的）。如果 $\mathcal{C}$ 是程序上下文，那么如果 e 的所有自由变量都被替换捕获，则 $\mathcal{C}\{e\}$ 是完整程序。例如，如果 $\mathcal{C}=\lambda(x{:}\text{nat})\circ$ 且 $e=x+x$，那么

$$\mathcal{C}\{e\} = \lambda(x{:}\text{nat})x+x$$

通过用 e 替换 $\mathcal{C}$ 中的洞，e 中自由出现的 x 被 λ 抽象捕获。

　　我们有时会写成 $\mathcal{C}\{\circ\}$ 来强调 $\mathcal{C}$ 中洞的出现。表达式上下文在**复合**（composition）下是封闭的，如果 $\mathcal{C}_1$ 和 $\mathcal{C}_2$ 是表达式上下文，那么

$$\mathcal{C}\{\circ\} \triangleq \mathcal{C}_1\{\mathcal{C}_2\{\circ\}\}$$

并且我们有 $\mathcal{C}\{e\}=\mathcal{C}_1\{\mathcal{C}_2\{e\}\}$。**平凡的**（trivial）或**恒等的**（identity）表达上下文是"裸洞"，写成 $\circ$，满足 $\circ\{e\}=e$。

　　通过定义如下定型判断，将 T 的表达式的静态语义扩展到表达式上下文，

$$\mathcal{C}:(\Gamma \triangleright \tau) \rightsquigarrow (\Gamma' \triangleright \tau')$$

所以如果 $\Gamma\vdash e:\tau$，那么 $\Gamma'\vdash\mathcal{C}\{e\}:\tau'$。该判断由一系列源自 T 的静态语义的规则（见规则（9.1））归纳定义。一些代表性规则如下：

$$\frac{}{\circ:(\Gamma \triangleright \tau) \rightsquigarrow (\Gamma \triangleright \tau)} \tag{46.1a}$$

$$\frac{\mathcal{C}:(\Gamma \triangleright \tau) \rightsquigarrow (\Gamma' \triangleright \text{nat})}{\text{s}(\mathcal{C}):(\Gamma \triangleright \tau) \rightsquigarrow (\Gamma' \triangleright \text{nat})} \tag{46.1b}$$

$$\frac{\mathcal{C}:(\Gamma \triangleright \tau) \rightsquigarrow (\Gamma' \triangleright \text{nat}) \quad \Gamma'\vdash e_0:\tau' \quad \Gamma',x:\text{nat},y:\tau'\vdash e_1:\tau'}{\text{rec}\ \mathcal{C}:\{z\hookrightarrow e_0 \mid \text{s}(x)\ \text{with}\ y\hookrightarrow e_1\}:(\Gamma \triangleright \tau) \rightsquigarrow (\Gamma' \triangleright \tau')} \tag{46.1c}$$

$$\frac{\Gamma'\vdash e:\text{nat} \quad \mathcal{C}_0:(\Gamma \triangleright \tau) \rightsquigarrow (\Gamma' \triangleright \tau') \quad \Gamma',x:\text{nat},y:\tau'\vdash e_1:\tau'}{\text{rec}\ e\{z\hookrightarrow\mathcal{C}_0 \mid \text{s}(x)\ \text{with}\ y\hookrightarrow e_1\}:(\Gamma \triangleright \tau) \rightsquigarrow (\Gamma' \triangleright \tau')} \tag{46.1d}$$

$$\frac{\Gamma'\vdash e:\text{nat} \quad \Gamma'\vdash e_0:\tau' \quad \mathcal{C}_1:(\Gamma \triangleright \tau) \rightsquigarrow (\Gamma',x:\text{nat},y:\tau' \triangleright \tau')}{\text{rec}\ e\{z\hookrightarrow e_0 \mid \text{s}(x)\ \text{with}\ y\hookrightarrow\mathcal{C}_1\}:(\Gamma \triangleright \tau) \rightsquigarrow (\Gamma' \triangleright \tau')} \tag{46.1e}$$

$$\frac{\mathcal{C}_2:(\Gamma \triangleright \tau) \rightsquigarrow (\Gamma',x:\tau_1 \triangleright \tau_2)}{\lambda(x:\tau_1)\mathcal{C}_2:(\Gamma \triangleright \tau) \rightsquigarrow (\Gamma' \triangleright \tau_1 \to \tau_2)} \tag{46.1f}$$

$$\frac{\mathcal{C}_1:(\Gamma \triangleright \tau) \rightsquigarrow (\Gamma' \triangleright \tau_2 \to \tau') \quad \Gamma'\vdash e_2:\tau_2}{\mathcal{C}_1(e_2):(\Gamma \triangleright \tau) \rightsquigarrow (\Gamma' \triangleright \tau')} \tag{46.1g}$$

$$\frac{\Gamma'\vdash e_1:\tau_2 \to \tau' \quad \mathcal{C}_2:(\Gamma \triangleright \tau) \rightsquigarrow (\Gamma' \triangleright \tau_2)}{e_1(\mathcal{C}_2):(\Gamma \triangleright \tau) \rightsquigarrow (\Gamma' \triangleright \tau')} \tag{46.1h}$$

引理 46.1   如果 $\mathcal{C}:(\Gamma \rhd \tau) \rightsquigarrow (\Gamma' \rhd \tau')$，那么 $\Gamma' \subseteq \Gamma$，并且如果 $\Gamma \vdash e:\tau$，那么 $\Gamma' \vdash \mathcal{C}\{e\}:\tau'$。

上下文在组合操作下封闭，平凡的上下文为其标识符。

引理 46.2   如果 $\mathcal{C}:(\Gamma \rhd \tau) \rightsquigarrow (\Gamma' \rhd \tau')$ 且 $\mathcal{C}':(\Gamma' \rhd \tau'') \rightsquigarrow (\Gamma'' \rhd \tau'')$，那么 $\mathcal{C}'\{\mathcal{C}\{\circ\}\}:(\Gamma \rhd \tau) \rightsquigarrow (\Gamma'' \rhd \tau'')$。

引理 46.3   如果 $\mathcal{C}:(\Gamma \rhd \tau) \rightsquigarrow (\Gamma' \rhd \tau')$ 且 $x \notin dom(\Gamma)$，那么 $\mathcal{C}:(\Gamma, x:\tau'' \rhd \tau) \rightsquigarrow (\Gamma', x:\tau'' \rhd \tau')$。

证明   在规则（46.1）上归纳可得。   □
一个完整的程序是类型为 nat 的闭式。

定义 46.4   两个完整程序 e 和 e' 是 Kleene 相等的，写作 $e \simeq e'$，当且仅当存在 $n \geqslant 0$ 使得 $e \mapsto^* \overline{n}$ 且 $e' \mapsto^* \overline{n}$。

Kleene 相等显然具有自反性和对称性，传递性可以由求值的确定性得到。逆向求值下的封闭性（closure）也是类似的。由定义可得 $\overline{0} \not\simeq \overline{1}$。

定义 46.5   如果 $\Gamma \vdash e:\tau$ 和 $\Gamma \vdash e':\tau$ 是两个相同类型的表达式。这两个表达式观测等价，写作 $\Gamma \vdash e \cong e':\tau$，当且仅当 $\mathcal{C}\{e\} \simeq \mathcal{C}\{e'\}$ 对每个程序上下文 $\mathcal{C}:(\Gamma \rhd \tau) \rightsquigarrow (\varnothing \rhd nat)$ 成立。

换句话说，对于所有可能的实验，e 的实验结果与 e' 的结果相同，这是一个等价关系。为了简洁起见，我们经常将 $\varnothing \vdash e \cong e':\tau$ 写成 $e \cong_\tau e'$。

等价关系族 $\Gamma \vdash e_1 \mathcal{E} e_2:\tau$ 是同余的，当且仅当它被所有上下文所保持。即，对每一表达式上下文 $\mathcal{C}:(\Gamma \rhd \tau) \rightsquigarrow (\Gamma' \rhd \tau')$，

$$\text{如果 } \Gamma \vdash e_1 \mathcal{E} e_2:\tau，\text{则 } \Gamma' \vdash \mathcal{C}\{e\} \mathcal{E} \mathcal{C}\{e'\}:\tau'$$

这样的关系族是一致的，当且仅当 $\varnothing \vdash e \mathcal{E} e':nat$ 蕴含 $e \cong e'$。

定理 46.6   观测等价是表达式上最粗糙的一致性同余关系。

证明   通过注意到平凡的上下文是程序上下文来定义一致性。观测等价显然是等价关系。为了证明它是一个同余关系，我们只需要观测到，程序上下文和任意表达式上下文的类型正确的复合也是程序上下文。最后，它是最粗糙的等价关系，因为如果对于某同余 $\mathcal{E}$，有 $\Gamma \vdash e \mathcal{E} e':\tau$，并且如果 $\mathcal{C}:(\Gamma \rhd \tau) \rightsquigarrow (\varnothing \rhd nat)$，有同余 $\varnothing \vdash \mathcal{C}\{e\} \mathcal{E} \mathcal{C}\{e'\}:nat$，因此具有一致性 $\mathcal{C}\{e\} \simeq \mathcal{C}\{e'\}$。   □

定型上下文 $\Gamma = x_1:\tau_1, \cdots, x_n:\tau_n$ 的一个**封闭代换**（closing substitution）γ 是一个有穷函数，它将闭式 $e_1:\tau_1, \cdots, e_n:\tau_n$ 分别赋值给 $x_1, \cdots, x_n$。我们将 $[e_1, \cdots, e_n/x_1, \cdots, x_n]e$ 写作 $\hat{\gamma}(e)$，用 $\gamma:\Gamma$ 表示：如果 $x:\tau$ 出现在 Γ 中，那么存在一个闭式 e 使得 $\gamma(x)=e$ 且 $e:\tau$。我们用 $\gamma \cong_\Gamma \gamma'$（其中 $\gamma:\Gamma$ 且 $\gamma':\Gamma$）表示：对 Γ 中声明的每个 x，均有 $\gamma(x) \cong_\Gamma \gamma'(x)$。

引理 46.7   如果 $\Gamma \vdash e \cong e':\tau$ 且 $\gamma:\Gamma$，那么 $\hat{\gamma}(e) \cong_\tau \hat{\gamma}(e')$。此外，如果 $\gamma \cong_\Gamma \gamma'$，那么 $\hat{\gamma}(e) \cong_\tau \hat{\gamma}'(e)$ 且 $\hat{\gamma}(e') \cong_\tau \hat{\gamma}'(e')$。

证明   令 $\mathcal{C}:(\varnothing \rhd \tau) \rightsquigarrow (\varnothing \rhd nat)$ 为一个程序上下文，我们要证明 $\mathcal{C}\{\hat{\gamma}(e)\} \simeq \mathcal{C}\{\hat{\gamma}(e')\}$。因为 $\mathcal{C}$ 没有自由变量，所以这等价于证明 $\hat{\gamma}(\mathcal{C}\{e\}) \simeq \hat{\gamma}(\mathcal{C}\{e'\})$。令 $\mathcal{D}$ 为上下文

$$\lambda(x_1:\tau_1)\ldots\lambda(x_n:\tau_n)\mathcal{C}\{\circ\}(e_1)\ldots(e_n)$$

其中 $\Gamma = x_1:\tau_1,\cdots,x_n:\tau_n$ 以及 $\gamma(x_1)=e_1,\cdots,\gamma(x_n)=e_n$。根据引理 46.3，可知 $\mathcal{C}:(\Gamma \triangleright \tau) \leadsto (\Gamma \triangleright \mathrm{nat})$。由此可知，$\mathcal{D}:(\Gamma \triangleright \tau) \leadsto (\varnothing \triangleright \mathrm{nat})$。因为 $\Gamma \vdash e \cong e':\tau$，我们有 $\mathcal{D}\{e\} \simeq \mathcal{D}\{e'\}$。但是通过构造 $\mathcal{D}\{e\} \simeq \hat{\gamma}(\mathcal{C}\{e\})$ 和 $\mathcal{D}\{e'\} \simeq \hat{\gamma}(\mathcal{C}\{e'\})$，可得 $\hat{\gamma}(\mathcal{C}\{e\}) \simeq \hat{\gamma}(\mathcal{C}\{e'\})$。因为 $\mathcal{C}$ 是任意的，所以 $\hat{\gamma}(e) \cong_\tau \hat{\gamma}(e')$。

仿照 $\mathcal{D}$ 定义 $\mathcal{D}'$，但是基于 γ' 而不是 γ，我们也可以得到 $\mathcal{D}'\{e\} \simeq \mathcal{D}'\{e'\}$，因此 $\widehat{\gamma'}\{e\} \cong_\tau \widehat{\gamma'}(e')$。现在如果 $\gamma \cong_\Gamma \gamma'$，那么根据同余，我们得到 $\mathcal{D}\{e\} \cong_{\mathrm{nat}} \mathcal{D}'\{e\}$ 和 $\mathcal{D}\{e'\} \cong_{\mathrm{nat}} \mathcal{D}'\{e'\}$。由此得出 $\mathcal{D}\{e\} \cong_{\mathrm{nat}} \mathcal{D}'\{e'\}$，因此，由观测等价的一致性，我们得到 $\mathcal{D}\{e\} \simeq \mathcal{D}'\{e'\}$，也就是说 $\hat{\gamma}\{e\} \cong_\tau \widehat{\gamma'}(e')$。　□

定理 46.6 允许我们通过余归纳证明：为了表明 $\Gamma \vdash e \cong e':\tau$，只需要给出一个一致的同余 $\mathcal{E}$，使得 $\Gamma \vdash e \, \mathcal{E} \, e':\tau$。构建这种关系可能很困难。在下一节中，我们将提供一种利用类型的通用方法。

46.2　逻辑等价

利用类型信息是简化观测等价推理的关键。非正式地，我们可以将类型表达式的用法分为两大类，**被动**（passive）使用和**主动**（active）使用。被动使用是指那些操纵表达式但不检查它们的用法。例如，我们可以将类型为 τ 的表达式传递给简单返回它的函数。主动使用是指那些对表达式本身执行操作的用法，这些是与该表达式类型相关的消去形式。为了区分两个表达式，只有主动使用才是重要的，被动使用只是顺手操纵表达式，没有机会将彼此区分开。

因此，逻辑等价定义如下。

定义 46.8　逻辑等价关系 $e \sim_\tau e'$ 是类型 τ 的闭式之间的关系族。它通过 τ 归纳定义如下：

$$e \sim_{\mathrm{nat}} e' \quad \text{当且仅当} \quad e \simeq e'$$

$$e \sim_{\tau_1 \to \tau_2} e' \quad \text{当且仅当} \quad \text{如果 } e_1 \sim_{\tau_1} e_1' \text{ 使 } e(e_1) \sim_{\tau_2} e'(e_1') \text{ 成立}$$

nat 类型的逻辑等价定义允许以下自然数归纳证明原则。为了证明 $\mathcal{E}(e,e')$ 在任何 $e \sim_{\mathrm{nat}} e'$ 时成立，只需证明：

1. $\mathcal{E}(\overline{0},\overline{0})$
2. 如果 $\mathcal{E}(\overline{n},\overline{n})$，那么 $\mathcal{E}(\overline{n+1},\overline{n+1})$。

这个断言是通过 $n \geqslant 0$ 的数学归纳来证明的，其中 $e \mapsto^* \overline{n}$ 和 $e' \mapsto^* \overline{n}$ 由 Kleene 等价定义。

引理 46.9　逻辑等价是对称且传递的：如果 $e \sim_\tau e'$，那么 $e' \sim_\tau e$；如果 $e \sim_\tau e'$ 且 $e' \sim_\tau e''$，那么 $e \sim_\tau e''$。

证明　对 τ 的结构进行联立归纳来证明。如果 $\tau = \mathrm{nat}$，结果是显然的。如果 $\tau = \tau_1 \to \tau_2$，那么我们可以假设逻辑等价在类型 τ_1 和 τ_2 上是对称且传递的。对于对称性，假设 $e \sim_\tau e'$，我

们希望得到 $e'\sim_\tau e$。假设 $e_1'\sim_{\tau_1}e_1$，只要证明 $e'(e_1')\sim_{\tau_2}e(e_1)$，通过归纳，我们得到 $e_1\sim_{\tau_1}e_1'$。因此，通过假设 $e(e_1)\sim_{\tau_2}e_1(e_1')$，从而由归纳可得 $e'(e_1)\sim_{\tau_2}e(e_1)$。对于传递性，假设 $e\sim_\tau e'$ 和 $e'\sim_\tau e''$，我们要证明 $e\sim_\tau e''$。假设 $e_1\sim_{\tau_1}e_1''$，只要证明 $e(e_1)\sim_\tau e''(e_1'')$ 即可。通过对称性和传递性，我们有 $e_1\sim_{\tau_1}e_1$，所以根据假设，我们有 $e(e_1)\sim_{\tau_2}e'(e_1)$ 以及 $e'(e_1)\sim_{\tau_2}e''(e_1'')$。通过传递性，我们得到 $e'(e_1)\sim_{\tau_2}e''(e_1'')$，证毕。 □

通过代换相关的闭项，可以将逻辑等价扩展到开项（open term）以获得相关的结果。如果 γ 和 γ' 是 Γ 的两个代换，那么定义 $\gamma\sim_\Gamma\gamma'$ 当且仅当对每个变量 x 有 $\gamma(x)\sim_{\Gamma(x)}\gamma'(x)$，使得 $\Gamma\vdash x:\tau$。**开放逻辑等价**（open logical equivalence），写作 $\Gamma\vdash e\sim e':\tau$，定义为对任何 $\gamma\sim_\Gamma\gamma'$ 有 $\hat\gamma(e)\sim_\tau\hat{\gamma'}(e')$。

> **引理 46.10**　开放逻辑等价是对称且传递的。

证明　根据引理 46.9 和开放逻辑等价的定义得证。 □

到这里，我们对"开放逻辑等价"这个名称的合理性的证明已完成"三分之二"。剩下的三分之一，即自反性，将在下一节中证明。

46.3　逻辑等价和观测等价重合

在本节中，我们证明观测等价和逻辑等价的重合（coincidence）。

> **引理 46.11（逆向求值）**　假设 $e\sim_\tau e'$。如果 $d\mapsto e$，那么 $d\sim_\tau e'$，并且如果 $d'\mapsto e'$，那么 $e\sim_\tau d'$。

证明　通过对 τ 的结构归纳可证。如果 $\tau=\text{nat}$，则结果由逆向求值下 Kleene 等价的封闭性可得。如果 $\tau=\tau_1\to\tau_2$，则假设 $e\sim_\tau e'$ 并且 $d\mapsto e$。为了证明 $d\sim_\tau e'$，我们假设 $e_1\sim_{\tau_1}e_1'$ 并证明 $d(e_1)\sim_{\tau_2}e'(e_1')$。这由假设 $e(e_1)\sim_{\tau_2}e'(e_1')$ 可得。注意到 $d(e_1)\mapsto e(e_1)$，结果由归纳可得。 □

> **引理 46.12（一致性）**　如果 $e\sim_{\text{nat}}e'$，那么 $e\simeq e'$。

证明　由定义 46.8 即可得证。 □

> **定理 46.13（自反性）**　如果 $\Gamma\vdash e:\tau$，那么 $\Gamma\vdash e\sim e:\tau$。

证明　我们要证明，如果 $\Gamma\vdash e:\tau$，且 $\gamma\sim_\Gamma\gamma'$，那么 $\hat\gamma(e)\sim_\tau\hat{\gamma'}(e)$。证明通过对定型推导式的归纳进行，我们考虑两个具有代表性的情况。

考虑规则（8.4a）的情况，其中 $\tau=\tau_1\to\tau_2$ 且 $e=\lambda(x:\tau_1)e_2$。我们要证明

$$\lambda(x:\tau_1)\hat\gamma(e_2)\sim_{\tau_1\to\tau_2}\lambda(x:\tau_1)\hat{\gamma'}(e_2)$$

假设 $e_1\sim_{\tau_1}e_1'$，根据引理 46.11，只要证明 $[e_1/x]\hat\gamma(e_2)\sim_{\tau_2}[e_1'/x]\hat{\gamma'}(e_2)$ 即可。令 $\gamma_2=\gamma\otimes x\rightharpoonup e_1$，$\gamma_2'=\gamma'\otimes x\rightharpoonup e_1'$，观测到 $\gamma_2\sim_{\Gamma,x:\tau_1}\gamma_2'$。因此，根据归纳，我们有 $\hat{\gamma_2}(e_2)\sim_{\tau_2}\hat{\gamma'}_2(e_2)$，结论成立。

现在考虑规则（9.1d）的情况，这时我们要证明

$$\text{rec}\{\hat\gamma(e_0);x.y.\hat\gamma(e_1)\}(\hat\gamma(e)\sim_\tau\text{rec}\{\hat{\gamma'}(e_0);x.y.\hat{\gamma'}(e_1)\}(\hat{\gamma'}(e))$$

将归纳假设应用到规则（9.1d）的第一个前提上，我们有

$$\hat{\gamma}(e) \sim_{\text{nat}} \widehat{\gamma'}(e)$$

使用自然数归纳法，只要证明

$$\text{rec}\{\hat{\gamma}(e_0); x.y.\hat{\gamma}(e_1)\}(z) \sim_\tau \text{rec}\{\widehat{\gamma'}(e_0); x.y.\widehat{\gamma'}(e_1)\}(z) \tag{46.2}$$

以及

$$\text{rec}\{\hat{\gamma}(e_0); x.y.\hat{\gamma}(e_1)\}(s(\overline{n})) \sim_\tau \text{rec}\{\widehat{\gamma'}(e_0); x.y.\widehat{\gamma'}(e_1)\}(s(\overline{n})) \tag{46.3}$$

并假设

$$\text{rec}\{\hat{\gamma}(e_0); x.y.\hat{\gamma}(e_1)\}(\overline{n}) \sim_\tau \text{rec}\{\widehat{\gamma'}(e_0); x.y.\widehat{\gamma'}(e_1)\}(\overline{n}) \tag{46.4}$$

为了证明（46.2），根据引理 46.11，只需证明 $\hat{\gamma}(e_0) \sim_\tau \widehat{\gamma'}(e_0)$。这一条件由应用于规则（9.1d）第二个前提的外部归纳假设确保。

为了证明（46.3），定义

$$\delta = \gamma \otimes x \hookrightarrow \overline{n} \otimes y \hookrightarrow \text{rec}\{\hat{\gamma}(e_0); x.y.\hat{\gamma}(e_1)\}(\overline{n})$$

以及

$$\delta' = \gamma' \otimes x \hookrightarrow \overline{n} \otimes y \hookrightarrow \text{rec}\{\widehat{\gamma'}(e_0); x.y.\widehat{\gamma'}(e_1)\}(\overline{n})$$

根据式（46.4），我们有 $\delta \sim_{\Gamma, x:\text{nat}, y:\tau} \delta'$。因此，通过应用于规则（9.1d）的第三个前提的外部归纳假设和引理 46.11，得证。 □

推论 46.14（等价性） 开放逻辑等价是一种等价关系。

推论 46.15（终止性） 如果 $e:\text{nat}$，那么存在 e' val 使得 $e \mapsto^* e'$。

引理 46.16（同余） 如果 $\mathcal{C}_0 (\Gamma \triangleright \tau) \rightsquigarrow (\Gamma_0 \triangleright \tau_0)$ 且 $\Gamma \vdash e \sim e':\tau$，那么 $\Gamma_0 \vdash \mathcal{C}_0\{e\} \sim \mathcal{C}_0\{e'\}:\tau_0$。

证明 通过对 $\mathcal{C}_0$ 的定型推导归纳可证。考虑一个有代表性的情况 $\mathcal{C}_0 = \lambda(x:\tau_1)\mathcal{C}_2$，使得 $\mathcal{C}_0 : (\Gamma \triangleright \tau) \rightsquigarrow (\Gamma_0 \triangleright \tau_1 \rightarrow \tau_2)$ 且 $\mathcal{C}_2 : (\Gamma \triangleright \tau) \rightsquigarrow (\Gamma_0, x:\tau_1 \triangleright \tau_2)$。假设 $\Gamma \vdash e \sim e':\tau$，我们要证

$$\Gamma_0 \vdash \mathcal{C}_0\{e\} \sim \mathcal{C}_0\{e'\}:\tau_1 \rightarrow \tau_2$$

即证

$$\Gamma_0 \vdash \lambda(x:\tau_1)\mathcal{C}_2\{e\} \sim \lambda(x:\tau_1)\mathcal{C}_2\{e'\}:\tau_1 \rightarrow \tau_2$$

根据归纳可知

$$\Gamma_0, x:\tau_1 \vdash \mathcal{C}_2\{e\} \sim \mathcal{C}_2\{e'\}:\tau_2$$

如果 $\gamma_0 \sim_{\Gamma_0} \gamma_0'$ 且 $e_1 \sim_{\tau_1} e_1'$。令 $\gamma_1 = \gamma_0 \otimes x \hookrightarrow e_1$，$\gamma_1' = \gamma_0' \otimes x \hookrightarrow e_1'$，观测到 $\gamma_1 \sim_{\Gamma_0, x:\tau_1} \gamma_1'$。根据定义 46.8，只要证明

$$\hat{\gamma}_1(\mathcal{C}_2\{e\}) \sim_{\tau_2} \widehat{\gamma_1'}(\mathcal{C}_2\{e'\})$$

由归纳假设可知。 □

定理 46.17　如果 $\Gamma \vdash e \sim e':\tau$，那么 $\Gamma \vdash e \cong e':\tau$。

证明　由引理 46.12 和引理 46.16 以及定理 46.6 可证。□

推论 46.18　如果 e:nat，那么存在 $n \geq 0$，满足 $e \cong_{\text{nat}} \overline{n}$。

证明　根据定理 46.13，我们有 $e \sim_{\text{nat}} e$。因此，存在某些 $n \geq 0$，满足 $e \sim_{\text{nat}} \overline{n}$，根据定理 46.17 有 $e \cong_{\text{nat}} \overline{n}$。□

引理 46.19　对于闭式 e:τ 和 e':τ，如果 $e \cong_\tau e'$，那么 $e \sim_\tau e'$。

证明　我们通过对 τ 的结构进行归纳可证。如果 $\tau = $ nat，考虑空上下文来获得 $e \approx e'$，从而得到 $e \sim_{\text{nat}} e'$。如果 $\tau = \tau_1 \to \tau_2$，那么我们要证明每当 $e_1 \sim_{\tau_1} e_1'$，有 $e(e_1) \sim_{\tau_2} e'(e_1')$。根据定理 46.17，我们得到 $e_1 \cong_{\tau_1} e_1'$，因此，由观测等价的同余性，得出 $e(e_1) \cong_{\tau_2} e'(e_1')$，结果由归纳可证。□

定理 46.20　如果 $\Gamma \vdash e \cong e':\tau$，那么 $\Gamma \vdash e \sim e':\tau$。

证明　假设 $\Gamma \vdash e \cong e':\tau$ 且 $\gamma \sim_\Gamma \gamma'$。根据定理 46.17，我们有 $\gamma \cong_\Gamma \gamma'$，因此根据引理 46.7 有 $\hat{\gamma}(e) \cong_\tau \hat{\gamma'}(e')$。因此，根据引理 46.19 有 $\hat{\gamma}(e) \sim_\tau \hat{\gamma}(e')$。□

引理 46.21　$\Gamma \vdash e \cong e':\tau$ 当且仅当 $\Gamma \vdash e \sim e':\tau$。

定义等同是观测等价的充分条件：

定理 46.22　如果 $\Gamma \vdash e \equiv e':\tau$，那么 $\Gamma \vdash e \sim e':\tau$，因此 $\Gamma \vdash e \cong e':\tau$。

证明　通过使用类似于定理 46.13 和引理 46.16 的证明中论据，然后应用定理 46.17。□

推论 46.23　如果 $e \equiv e'$:nat，那么存在 $n \geq 0$，使得 $e \mapsto^* \overline{n}$ 且 $e' \mapsto^* \overline{n}$。

证明　由定理 46.22，我们有 $e \sim_{\text{nat}} e'$，因此 $e \approx e'$。□

46.4　一些相等性定律

在本节中，我们将总结 T 的观测等价的一些有用原则。在大多数情况下，这些是逻辑等价定律，然后通过推论 46.21 转移到观测等价。这些定律作为推理规则提出，其含义是如果所有前提都是关于观测等价的真判断，那么结论也是如此。换句话说，每条规则都可以作为观测等价的原则。

46.4.1　一般定律

逻辑等价确实是一种等价关系：它是自反的、对称的和传递的。

$$\overline{\Gamma \vdash e \cong e:\tau} \tag{46.5a}$$

$$\frac{\Gamma \vdash e' \cong e:\tau}{\Gamma \vdash e \cong e':\tau} \tag{46.5b}$$

$$\frac{\Gamma \vdash e \cong e':\tau \quad \Gamma \vdash e' \cong e'':\tau}{\Gamma \vdash e \cong e'':\tau} \tag{46.5c}$$

自反性是更一般原则的实例，所有定义等同都是观测等价的。

$$\frac{\Gamma \vdash e \equiv e' : \tau}{\Gamma \vdash e \cong e' : \tau} \tag{46.6a}$$

观测等价是一种同余关系：我们可以在表达式的任何地方用等式替换等式。

$$\frac{\Gamma \vdash e \cong e' : \tau \quad \mathcal{C} : (\Gamma \triangleright \tau) \rightsquigarrow (\Gamma' \triangleright \tau')}{\Gamma' \vdash \mathcal{C}\{e\} \cong \mathcal{C}\{e'\} : \tau'} \tag{46.7a}$$

代换自由变量时等价性是稳定的，在表达式中代换等价表达式会得到相同的结果。

$$\frac{\Gamma \vdash e : \tau \quad \Gamma, x : \tau \vdash e_2 \cong e_2' : \tau'}{\Gamma \vdash [e/x]e_2 \cong [e/x]e_2' : \tau'} \tag{46.8a}$$

$$\frac{\Gamma \vdash e_1 \cong e_1' : \tau \quad \Gamma, x : \tau \vdash e_2 \cong e_2' : \tau'}{\Gamma \vdash [e_1/x]e_2 \cong [e_1'/x]e_2' : \tau'} \tag{46.8b}$$

46.4.2 相等性定律

如果两个函数在所有参数上相等，则它们是相等的。

$$\frac{\Gamma, x : \tau_1 \vdash e(x) \cong e'(x) : \tau_2}{\Gamma \vdash e \cong e' : \tau_1 \rightarrow \tau_2} \tag{46.9}$$

因此，函数类型的每个表达式都等于 λ 抽象：

$$\overline{\Gamma \vdash e \cong \lambda(x : \tau_1)e(x) : \tau_1 \rightarrow \tau_2} \tag{46.10}$$

46.4.3 归纳定律

涉及 nat 类型的自由变量 x 的等式可以通过 x 上的归纳来证明。

$$\frac{\Gamma \vdash [\bar{n}/x]e \cong [\bar{n}/x]e' : \tau (\text{for every } n \in \mathbb{N})}{\Gamma, x : \text{nat} \vdash e \cong e' : \tau} \tag{46.11a}$$

为了应用归纳定律，我们在 $n \in \mathbb{N}$ 上进行数学归纳，这归约为证明以下陈述：

1. $\Gamma \vdash [z/x]e \cong [z/x]e' : \tau$
2. 如果 $\Gamma \vdash [\bar{n}/x]e \cong [\bar{n}/x]e' : \tau$，那么 $\Gamma \vdash [\text{s}(\bar{n})/x]e \cong [\text{s}(\bar{n})/x]e' : \tau$。

46.5 注记

逻辑关系方法通过将每个类型构造器关联一个关系动作来将类型解释为关系（这里是等价关系），该关系动作将解释其参数的关系转换为解释构造类型的关系。逻辑关系（Statman，1985）是证明理论的基本工具，为 NuPRL 类型论的语义学奠定了基础（Constable，1986；Allen，1987；Harper，1992）。使用逻辑关系来表征观测等价是将 NuPRL 语义应用于更为简单的 Gödel 系统 T 的一种适应。

系统 PCF 的相等性

在本章中，我们用自然数类型的急切解释来建立 PCF 的观测等价理论。建立过程与第 46 章类似，但由于一般递归的存在而变得复杂。证明取决于可接受关系的概念，即接受不动点归纳证明原则的概念。

47.1 观测等价

观测等价的定义以及 Kleene 等价的辅助概念的定义与第 46 章类似，但略做修改以说明不终止的可能性。

良构的 PCF 上下文的集合以类似于第 46 章的方法归纳定义。具体来说，通过类似于规则（46.1）的规则，定义判断 $\mathcal{C} : (\Gamma \rhd \tau) \rightsquigarrow (\Gamma' \rhd \tau')$，并针对 PCF 进行修改。（我们将精确的定义作为练习留给读者。）当 Γ 和 Γ' 为空时，我们只写作 $\mathcal{C} : \tau \rightsquigarrow \tau'$。

一个完整程序是 nat 类型的闭式。

定义 47.1 我们说两个完整程序 e 和 e' 是 Kleene 相等，写作 $e \simeq e'$，当且仅当对每个 $n \geqslant 0$，$e \mapsto^* \overline{n}$ 等价于 $e' \mapsto^* \overline{n}$。

Kleene 相等显然是一种等价关系，在逆向求值下是封闭的。此外，$\overline{0} \not\simeq \overline{1}$，并且如果 e 和 e' 都是发散的，那么 $e \simeq e'$。

观测等价的定义与第 46 章中的定义相同。

定义 47.2 我们说 $\Gamma \vdash e : \tau$ 和 $\Gamma \vdash e' : \tau$ 是观测等价的，或者上下文等价的，当且仅当对任意的程序上下文 $\mathcal{C} : (\Gamma \rhd \tau) \rightsquigarrow (\varnothing \rhd \mathrm{nat})$，$\mathcal{C}\{e\} \simeq \mathcal{C}\{e'\}$ 成立。

定理 47.3 观测等价是最粗糙的一致同余。

证明 见定理 46.6 的证明。 □

引理 47.4（代换和功能） 如果 $\Gamma \vdash e \cong e' : \tau$ 且 $\gamma : \Gamma$，则 $\hat{\gamma}(e) \cong_\tau \hat{\gamma}(e')$。此外，如果 $\gamma \cong_\Gamma \gamma'$，那么 $\hat{\gamma}(e) \cong \hat{\gamma'}(e)$ 且 $\hat{\gamma}(e') \cong_\tau \hat{\gamma'}(e)$。

证明 见引理 46.7。 □

47.2 逻辑等价

定义 47.5 类型 τ 的闭式之间的逻辑等价，$e \sim_\tau e'$，通过在类型 τ 上归纳定义：

$$e \sim_{\mathrm{nat}} e' \quad \text{当且仅当} \quad e \simeq e'$$
$$e \sim_{\tau_1 \to \tau_2} e' \quad \text{当且仅当} \quad e_1 \sim_{\tau_1} e_1' \text{ 蕴含 } e(e_1) \sim_{\tau_2} e'(e_1')$$

形式地，逻辑等价与第 46 章中定义相同，除了 Kleene 等价的定义被改变以说明不终止。逻辑等价通过代换扩展到开项。具体来说，我们定义 $\Gamma \vdash e \sim e' : \tau$，表示对任意 $\gamma \sim_{\Gamma} \gamma'$，有 $\hat{\gamma}(e) \sim_{\tau} \hat{\gamma}'(e')$。

使用与引理 46.9 的证明中给出的相同的论据可知，逻辑等价是对称且传递的，其开放扩展也是如此。

> **引理 47.6（严格性）** 如果 $e : \tau$ 和 $e' : \tau$ 都是发散的，那么 $e \sim e'$。

证明 通过对 τ 的结构归纳可证。如果 $\tau =$ nat，则结果由 Kleene 等价的定义得出。如果 $\tau = \tau_1 \to \tau_2$，则 $e(e_1)$ 和 $e'(e_1')$ 发散，因此由归纳 $e(e_1) \sim_{\tau_2} e'(e_1')$，得证。 □

> **引理 47.7（逆向求值）** 假设 $e \sim_{\tau} e'$。如果 $d \mapsto e$，那么 $d \sim_{\tau} e'$；如果 $d' \mapsto e'$，那么 $e \sim_{\tau} d'$。

47.3 逻辑等价和观测等价重合

逻辑等价和观测等价重合性的证明依赖于**有界递归**（bounded recursion）的概念，我们通过对 $m \geqslant 0$ 的归纳来定义有界递归如下：

$$\text{fix}^0 \, x : \tau \text{ is } e \triangleq \text{fix} \, x : \tau \text{ is } x$$
$$\text{fix}^{m+1} \, x : \tau \text{ is } e \triangleq [\text{fix}^m \, x : \tau \text{ is } e \, / \, x]e$$

当 $m = 0$ 时，有界递归被定义为类型 τ 的发散表达式。当 $m > 0$ 时，通过迭代代换展开递归 m 次来定义有界递归。直观地，有界递归表达式 $\text{fix}^m \, x : \tau \text{ is } e$ 与 $\text{fix} \, x : \tau \text{ is } e$ 在最多 m 次展开的情况下是一样好的，之后它是发散的。

对于每个 $m \geqslant 0$，很容易检查以下规则可导：

$$\frac{\Gamma, x : \tau \vdash e : \tau}{\Gamma \vdash \text{fix}^m \{\tau\}(x.e) : \tau} \tag{47.1a}$$

证明是对 $m \geqslant 0$ 的归纳，相当于 PCF 静态语义下代换引理的迭代。

有界递归的关键属性是不动点归纳原理，它允许通过归纳推理计算递归计算达到一个值所需的展开次数。证据依赖于紧致性，将在下面的 47.4 节中说明和证明。

> **定理 47.8（不动点归纳）** 假设 $x : \tau \vdash e : \tau$。如果
> $$(\forall m \geqslant 0) \text{fix}^m \, x : \tau \text{ is } e \sim_{\tau} \text{fix}^m \, x : \tau \text{ is } e'$$
> 那么 $\text{fix} \, x : \tau \text{ is } e \sim_{\tau} \text{fix} \, x : \tau \text{ is } e'$。

证明 将应用上下文 $\mathcal{A}$ 定义为一个洞。或 $\mathcal{A}(e)$ 形式的应用，其中 $\mathcal{A}$ 是应用上下文。对于应用上下文的定型判断，$\mathcal{A} : \tau_0 \leadsto \tau$ 是上下文的一般定型判断的特例。通过对 $\mathcal{A}$ 的结构归纳，将应用上下文的逻辑等价 $\mathcal{A} \sim \mathcal{A}' : \tau_0 \leadsto \tau$ 定义如下：

1. $\circ \sim \circ : \tau_0 \leadsto \tau_0$

2. 如果 $\mathcal{A} \sim \mathcal{A}' : \tau_0 \leadsto \tau_2 \to \tau$ 且 $e_2 \sim_{\tau_2} e_2'$，那么 $\mathcal{A}(e_2) \sim \mathcal{A}'(e_2') : \tau_0 \leadsto \tau$。

我们通过对 τ 的结构归纳证明，如果 $\mathcal{A} \sim \mathcal{A}' : \tau_0 \leadsto \tau$，并且对每个 $m \geqslant 0$

$$\mathcal{A}\{\text{fix}^m\, x:\tau_0 \text{ is } e\} \sim_\tau \mathcal{A}'\{\text{fix}^m\, x:\tau_0 \text{ is } e'\} \tag{47.2}$$

那么

$$\mathcal{A}\{\text{fix}\, x:\tau_0 \text{ is } e\} \sim_\tau \mathcal{A}'\{\text{fix}\, x:\tau_0 \text{ is } e'\} \tag{47.3}$$

选择 $\mathcal{A}=\mathcal{A}'=\circ$，$\tau_0=\tau$，完成证明。

如果 $\tau = \text{nat}$，那么假设 $\mathcal{A}\sim\mathcal{A}':\tau_0 \rightsquigarrow \text{nat}$ 和式（47.2）。根据定义 47.5，我们要证明

$$\mathcal{A}\{\text{fix}\, x:\tau_0 \text{ is } e\} \simeq \mathcal{A}'\{\text{fix}\, x:\tau_0 \text{ is } e'\}$$

根据推论 47.17，存在 $m \geq 0$ 满足

$$\mathcal{A}\{\text{fix}\, x:\tau_0 \text{ is } e\} \simeq \mathcal{A}\{\text{fix}^m\, x:\tau_0 \text{ is } e\}$$

根据式（47.2），我们有

$$\mathcal{A}\{\text{fix}^m\, x:\tau_0 \text{ is } e\} \simeq \mathcal{A}'\{\text{fix}^m\, x:\tau_0 \text{ is } e'\}$$

根据推论 47.17

$$\mathcal{A}'\{\text{fix}^m\, x:\tau_0 \text{ is } e'\} \simeq \mathcal{A}'\{\text{fix}\, x:\tau_0 \text{ is } e'\}$$

根据 Kleene 等价的传递性可证。

如果 $\tau=\tau_1 \rightharpoonup \tau_2$，那么根据定义 47.5，只需证明对任意 $e_1 \sim_{\tau_1} e_1'$，有

$$\mathcal{A}\{\text{fix}\, x:\tau_0 \text{ is } e\}(e_1) \sim_{\tau_2} \mathcal{A}'\{\text{fix}\, x:\tau_0 \text{ is } e'\}(e_1')$$

设 $\mathcal{A}_2 \sim \mathcal{A}(e_1)$，$\mathcal{A}_2' \sim \mathcal{A}'(e_1')$。由（47.2）可得，对每个 $m \geq 0$，有

$$\mathcal{A}_2\{\text{fix}^m\, x:\tau_0 \text{ is } e\} \sim_{\tau_2} \mathcal{A}_2'\{\text{fix}^m\, x:\tau_0 \text{ is } e'\}$$

注意 $\mathcal{A}_2 \sim \mathcal{A}_2':\tau_0 \rightsquigarrow \tau_2$，我们由归纳法可得

$$\mathcal{A}_2\{\text{fix}\, x:\tau_0 \text{ is } e\} \sim_{\tau_2} \mathcal{A}_2'\{\text{fix}\, x:\tau_0 \text{ is } e'\} \qquad \square$$

引理 47.9（自反性） 如果 $\Gamma \vdash e:\tau$，那么 $\Gamma \vdash e\sim e:\tau$。

证明 证明的方法与定理 46.13 的证明相同。主要区别在于对一般递归的处理，可以通过不动点归纳证明。考虑规则（19.1g），假设 $\gamma\sim_\Gamma\gamma$，我们要证明

$$\text{fix}\, x:\tau \text{ is } \hat\gamma(e)\sim_\tau \text{fix}\, x:\tau \text{ is } \widehat{\gamma'}(e)$$

由定理 47.8，只需证明对于每个 $m \geq 0$，

$$\text{fix}^m\, x:\tau \text{ is } \hat\gamma(e)\sim_\tau \text{fix}^m\, x:\tau \text{ is } \widehat{\gamma'}(e)$$

我们继续对 m 进行内层归纳。当 $m=0$ 时，结果是显然的，因为期望的等价性的两边都发散。假设对 m 有结果，并应用引理 47.7，则只要证明 $\hat\gamma(e_1) \sim_\tau \widehat{\gamma'}(e_1)$，其中

$$e_1 =[\text{fix}^m\, x:\tau \text{ is } \hat\gamma(e) / x]\hat\gamma(e) \tag{47.4}$$

$$e'_1 = [\text{fix}^m \, x : \tau \text{ is } \widehat{\gamma'}(e) / x] \widehat{\gamma'}(e) \qquad (47.5)$$

这直接由来自内层和外层的归纳假设可证。对于外层归纳假设，如果

$$\text{fix}^m \, x : \tau \text{ is } \hat{\gamma}(e) \sim_\tau \text{fix}^m \, x : \tau \text{ is } \widehat{\gamma'}(e)$$

那么

$$[\text{fix}^m \, x : \tau \text{ is } \hat{\gamma}(e) / x] \hat{\gamma}(e) \sim_\tau [\text{fix}^m \, x : \tau \text{ is } \widehat{\gamma'}(e) / x] \widehat{\gamma'}(e)$$

但是，该假设依据内层归纳假设而成立，由此得证。

为了处理条件式 ifz $e\{z \hookrightarrow e_0 | s(x) \hookrightarrow e_1\}$，我们根据 e 是否发散来分类讨论：在 e 发散时，由引理 47.6 可知，e 是自相关的；在 e 收敛时，我们可以在内层对它的值进行数学归纳，应用条件式的各分支的归纳假设来完成论证。　□

通过对类型归纳，可以很容易地确定急切逻辑等价的对称性和传递性，注意 Kleene 等价是对称且可传递的。因此，急切的逻辑等价是一种等价关系。

引理 47.10（同余）　如果 $\mathcal{C}_0 : (\Gamma \rhd \tau) \rightsquigarrow (\Gamma_0 \rhd \tau_0)$ 且 $\Gamma \vdash e \sim e' : \tau$，那么 $\Gamma_0 \vdash \mathcal{C}_0\{e\} \sim \mathcal{C}_0\{e'\} : \tau_0$。

证明　通过对 $\mathcal{C}_0$ 的定型推导归纳，给出类似于引理 47.9 的证明。　□

根据定义，逻辑等价是一致的。因此，它包含在观测等价中。

定理 47.11　如果 $\Gamma \vdash e \sim e' : \tau$，那么 $\Gamma \vdash e \cong e' : \tau$。

证明　根据逻辑等价的一致性和同余。　□

引理 47.12　如果 $e \cong_\tau e'$，那么 $e \sim_\tau e'$。

证明　通过对 τ 的结构归纳。如果 $\tau = \text{nat}$，那么结果是显然的，因为空表达式的上下文是程序上下文。如果 $\tau = \tau_1 \rightharpoonup \tau_2$，则假设 $e_1 \sim_{\tau_1} e'_1$。我们要证明 $e(e_1) \sim_{\tau_2} e'(e'_1)$。根据定理 47.11 $e_1 \cong_{\tau_1} e'_1$，因此由引理 47.4 $e(e_1) \cong_{\tau_2} e'(e'_1)$，再由归纳法得证。　□

定理 47.13　如果 $\Gamma \vdash e \cong e' : \tau$，那么 $\Gamma \vdash e \sim e' : \tau$。

证明　假设 $\Gamma \vdash e \cong e' : \tau$ 以及 $\gamma \sim_\Gamma \gamma'$。根据定理 47.11，我们得到 $\gamma \cong_\Gamma \gamma'$，因此由引理 47.4，我们有

$$\hat{\gamma}(e) \cong_\tau \widehat{\gamma'}(e')$$

所以由引理 47.12，我们有

$$\hat{\gamma}(e) \sim_\tau \widehat{\gamma'}(e') \qquad\qquad □$$

推论 47.14　$\Gamma \vdash e \cong e' : \tau$ 当且仅当 $\Gamma \vdash e \sim e' : \tau$。

47.4　紧致性

不动点归纳的原理源于 PCF 的关键性质，称为**紧致性**（compactness）。该属性表明，在程序的完全求值中，只需要有限地展开不动点表达式。虽然直观上很明显（在有限计算中无法完成无限多次递归调用），但它相当难以陈述和严格证明。

紧致性证明（定理 47.16）利用第 28 章中定义的 PCF 栈机器，并对有界递归表达式增加以下转换：

$$\overline{k \triangleright \mathrm{fix}^0\, x{:}\tau \text{ is } e \mapsto k \triangleright \mathrm{fix}^0\, x{:}\tau \text{ is } e} \tag{47.6a}$$

$$\overline{k \triangleright \mathrm{fix}^{m+1}\, x{:}\tau \text{ is } e \mapsto k \triangleright [\mathrm{fix}^m\, x{:}\tau \text{ is } e / x]e} \tag{47.6b}$$

将推论 28.4 的证明扩展到有界递归并不困难。

要了解紧致性证明所涉及的内容，首先考虑 PCF 中的阶乘函数 f：

$$\mathrm{fix}\, f{:}\mathrm{nat}{\rightharpoonup}\mathrm{nat} \text{ is } \lambda(x{:}\mathrm{nat})\mathrm{ifz}\, x\{z \hookrightarrow s(z) \mid s(x') \hookrightarrow x * f(x')\}$$

显然，对 $f(\overline{n})$ 的求值需要对函数本身进行 n 次递归调用。也就是说，对于给定的输入 n，我们可以在递归式上放置一个足以确保计算终止的上界 m。这个属性可以使用一般递归的 m 界形式来表达，

$$\mathrm{fix}^m\, f{:}\mathrm{nat}{\rightharpoonup}\mathrm{nat} \text{ is } \lambda(x{:}\mathrm{nat})\mathrm{ifz}\, x\{z \hookrightarrow s(z) \mid s(x') \hookrightarrow x * f(x')\}$$

此表达式称为 $f^{(m)}$。根据 f 的定义，如果 $f(\overline{n}) \mapsto^* \overline{p}$，则 $f^{(m)}(\overline{n}) \mapsto^* \overline{p}$ 对于某些 $m \geq 0$ 成立（事实上，$m = n$ 就足够了）。

当考虑高阶类型的表达式时，我们不能期望从有界递归获得与无界递归相同的结果。例如，考虑类型 $\tau = \mathrm{nat} \rightharpoonup (\mathrm{nat} \rightharpoonup \mathrm{nat})$ 的加法函数 a，定义如下

$$\mathrm{fix}\, p{:}\tau \text{ is } \lambda(x{:}\mathrm{nat})\mathrm{ifz}\, x\{z \hookrightarrow \mathrm{id} \mid s(x') \hookrightarrow s \circ (p(x'))\}$$

其中 $\mathrm{id} = \lambda(y{:}\mathrm{nat})y$ 是恒等函数，$e' \circ e = \lambda(x{:}\tau)e'(e(x))$ 是复合函数，$s = \lambda(x{:}\mathrm{nat})s(x)$ 是后继函数。无论 n 的值是多少，应用 $a(\overline{n})$ 在三次转换之后终止，得到一个 λ 抽象。当 n 为正数时，结果包含 a 自身的剩余（residual）副本，作为递归调用应用于 $n{-}1$。a 的 m 界版本，写作 $a^{(m)}$，也是使 $a^{(m)}(\overline{n})$ 在三步终止，条件是 $m > 0$。但是结果并不一样，因为 a 的剩余部分是 $a^{(m-1)}$，而不是 a 本身。

现在开始紧致性的证明。首先引入一些记号以辅助证明。假设某个任意抽象子 $x.e_x$ 满足 $x{:}\tau \vdash e_x{:}\tau$。令 $f^{(\omega)} = \mathrm{fix}\, x{:}\tau \text{ is } e_x$，$f^{(m)} = \mathrm{fix}^m\, x{:}\tau \text{ is } e_x$。观察到对于任何 $m \geq 0$，有 $f^{(\omega)}{:}\tau$ 且 $f^{(m)}{:}\tau$。

控制栈机器的以下技术引理允许在不影响求值结果的情况下提高递归表达式上出现的界。

引理 47.15   对任意 $m \geq 0$，如果 $[f^{(m)}/y]k \triangleright [f^{(m)}/y]e \mapsto^* \epsilon \triangleleft \overline{n}$，那么 $[f^{(m+1)}/y]k \triangleright [f^{(m+1)}/y]e \mapsto^* \epsilon \triangleleft \overline{n}$。

证明   通过对 $m \geq 0$ 进行归纳，然后对转换进行归纳可证。   □

定理 47.16（紧致性）   假设 $y{:}\tau \vdash e{:}\mathrm{nat}$，其中 $y \notin f^{(\omega)}$。如果 $[f^{(\omega)}/y]e \mapsto^* \overline{n}$，则存在 $m \geq 0$，使得 $[f^{(m)}/y]e \mapsto^* \overline{n}$。

证明   我们联立证明更强的陈述，即如果

$$[f^{(\omega)}/y]k \triangleright [f^{(\omega)}/y]e \mapsto^* \epsilon \triangleleft \overline{n}$$

那么对于某些 $m \geqslant 0$，

$$[f^{(m)} / y]k \rhd [f^{(m)} / y]e \mapsto^* \epsilon \lhd \bar{n}$$

而且如果

$$[f^{(\omega)} / y]k \lhd [f^{(\omega)} / y]e \mapsto^* \epsilon \lhd \bar{n}$$

那么对于某些 $m \geqslant 0$，

$$[f^{(m)} / y]k \lhd [f^{(m)} / y]e \mapsto^* \epsilon \lhd \bar{n}$$

（注意，如果 $[f^{(\omega)} / y]e$ val，那么对于所有 $m \geqslant 0$，$[f^{(m)} / y]e$ val。）该结论由栈机器的正确性（推论 28.4）得到。

我们继续对转换归纳。假设初始状态是

$$[f^{(\omega)} / y]k \rhd f^{(\omega)}$$

当 $e = y$ 时出现，转换序列如下：

$$[f^{(\omega)} / y]k \rhd f^{(\omega)} \mapsto [f^{(\omega)} / y]k \rhd [f^{(\omega)} / x]e_x \mapsto^* \epsilon \lhd \bar{n}$$

注意 $[f^{(\omega)} / x]e_x = [f^{(\omega)} / y][y / x]e_x$，我们通过归纳可得，存在 $m \geqslant 0$ 使得

$$[f^{(m)} / y]k \rhd [f^{(m)} / x]e_x \mapsto^* \epsilon \lhd \bar{n}$$

由引理 47.15，

$$[f^{(m+1)} / y]k \rhd [f^{(m)} / x]e_x \mapsto^* \epsilon \lhd \bar{n}$$

我们只需回顾一下

$$[f^{(m+1)} / y]k \rhd f^{(m+1)} = [f^{(m+1)} / y]k \rhd [f^{(m)} / x]e_x$$

即可完成证明。另一方面，如果初始步是一个展开，但是 $e \neq y$，那么，对某些 $z \notin f^{(\omega)}$ 且 $z \neq y$，有

$$[f^{(\omega)} / y]k \rhd \mathrm{fix}\, z : \tau \,\mathrm{is}\, d_\omega \mapsto [f^{(\omega)} / y]k \rhd [\mathrm{fix}\, z : \tau \,\mathrm{is}\, d_\omega / z]d_\omega \mapsto^* \epsilon \lhd \bar{n}$$

其中 $d_\omega [f^{(\omega)} / y]d$。根据归纳，存在 $m \geqslant 0$ 使得

$$[f^{(m)} / y]k \rhd [\mathrm{fix}\, z : \tau \,\mathrm{is}\, d_m / z]d_m \mapsto^* \epsilon \lhd \bar{n}$$

其中 $d_m [f^{(m)} / y]d$。但是根据引理 47.15，我们有

$$[f^{(m+1)} / y]k \rhd [\mathrm{fix}\, z : \tau \,\mathrm{is}\, d_{m+1} / z]d_{m+1} \mapsto^* \epsilon \lhd \bar{n}$$

其中 $d_{m+1} = [f^{(m+1)} / y]d$，由此得证。 $\square$

推论 47.17 *存在 $m \geqslant 0$ 使得 $[f^{(\omega)} / y]e \simeq [f^{(m)} / y]e$。*

证明　如果 $[f^{(\omega)} / y]e$ 发散，那么将 m 设为零就足够了。否则，应用定理 47.16 来获得

m，并注意需要遵循 Kleene 等价。   □

47.5   惰性自然数

回顾第 19 章，如果后继被惰性求值，那么类型 nat 的含义将变为惰性自然数的含义，为了强调这一点，我们将其写为 lnat。这种类型包含一个"无限数" ω，它本质上是一个无穷无尽的后继栈。

为了惰性后继，必须改进逻辑等价的定义。它不再被归纳定义为在特定条件下封闭的最强关系，而是被定义为与两个类似条件一致的最弱关系。然后，我们可以使用余归纳原理来证明两个表达是相关的。

必须改变 Kleene 等价的定义以考虑惰性求值的后继操作。为了说明 ω，仅基于其值的最外层形式（如果有的话）来比较两个计算。我们定义 $e \simeq e'$ 成立，当且仅当（a）如果 $e \mapsto^* z$，那么 $e' \mapsto^* z$，反之亦然；（b）如果 $e \mapsto^* s(e_1)$，那么 $e' \mapsto^* s(e_1')$，反之亦然。

对于余自然数，推论 47.17 可以通过与以前基本相同的论据来证明。

将类型 lnat 中逻辑等价定义为满足以下一致性条件的类型 lnat 的闭项之间的最弱等价关系 $\mathcal{E}$：如果 $e \, \mathcal{E} \, e'$: lnat，则

1. 如果 $e \mapsto^* z$，那么 $e' \mapsto^* z$，反之亦然。

2. 如果 $e \mapsto^* s(e_1)$，那么 $e' \mapsto^* s(e_1')$ 且 $e_1 \, \mathcal{E} \, e_1'$: lnat，反之亦然。

很明显，如果 $e \sim_{\text{lnat}} e'$，那么 $e \simeq e'$，因此逻辑等价是一致的。它也是严格的，因为如果 e 和 e' 都是 lnat 类型的不同表达式，那么 $e \sim_{\text{lnat}} e'$。

余归纳的证明原则指出，要证明 $e \sim_{\text{lnat}} e'$，只需给出一个关系 $\mathcal{E}$，满足

1. $e \, \mathcal{E} \, e'$: lnat

2. $\mathcal{E}$ 满足上面的一致性条件。

如果这些要求成立，那么 $\mathcal{E}$ 包含在类型 lnat 的逻辑等价中，因此得到需要的 $e \sim_{\text{lnat}} e'$。

作为余归纳的应用，让我们考虑定理 47.8 的证明。总体论点仍然和之前一样，但 lnat 类型的证明必须做如下改变。假设 $\mathcal{A} \sim \mathcal{A}' : \tau_0 \rightsquigarrow \text{lnat}$，并且令 $a = \mathcal{A}\{\text{fix } x{:}\tau_0 \text{ is } e\}$，$a' = \mathcal{A}'\{\text{fix } x{:}\tau_0$ is $e'\}$。令 $a^{(m)} = \mathcal{A}\{\text{fix}^m \, x{:}\tau_0 \text{ is } e\}$ 和 $a'^{(m)} = \mathcal{A}'\{\text{fix}^m \, x{:}\tau_0 \text{ is } e'\}$，假设

$$\text{对任意 } m \geq 0, \quad a^{(m)} \sim \text{lnat } a'^{(m)}$$

我们要证明

$$a \sim \text{lnat } a'$$

通过以下等式，在 lnat 类型的闭项上定义 $n \geq 0$ 的函数 p_n：

$$p_0(d) = d$$

$$p_{(n+1)}(d) = \begin{cases} d' & p_n(d) \mapsto^* s(d') \\ \text{未定义} & \text{其他} \end{cases}$$

对于 $n \geq 0$，设 $a_n = p_n(a)$ 和 $a_n' = p_n(a')$。相应地，设 $a_n^{(m)} = p_n(a^{(m)})$ 和 $a_n'^{(m)} = p_n(a'^{(m)})$。将 $\mathcal{E}$ 定义为使所有 $n \geq 0$ 都有 $a_n \, \mathcal{E} \, a_n'$: lnat 的最强关系。我们将证明关系 $\mathcal{E}$ 满足一致性条件，因此它包含在逻辑等价中。因为 $a \, \mathcal{E} \, a'$: lnat（通过构造），立即得证。

为了证明 $\mathcal{E}$ 是一致的，假设对于某些 $n \geqslant 0$，$a \mathcal{E} a' : \text{lnat}$。我们通过推论 47.17 可知，对于某些 $m \geqslant 0$，$a_n \simeq a_n^{(m)}$，因此根据该假设，$a_n \simeq a_n'^{(m)}$，再根据推论 47.17，$a_n'^{(m)} \simeq a_n'$。现在，如果 $a_n \mapsto^* \text{s}(b_n)$，那么对某些 $b_n^{(m)}$，有 $a_n^{(m)} \mapsto^* \text{s}(b_n^{(m)})$，因此存在 $b_n'^{(m)}$ 使得 $a_n'^{(m)} \mapsto^* b_n'^{(m)}$，所以存在 b_n' 使得 $a_n' \mapsto^* \text{s}(b_n')$。又因为 $b_n = p_{n+1}(a)$ 和 $b_n' = p_{n+1}(a')$，我们有 $b_n \mathcal{E} b_n' : \text{lnat}$，得证。

47.6 注记

逻辑关系用于表征 PCF 的观测等价是受到 Constable 和 Smith（1987）对类型论中偏向性（partiality）的处理以及 Pitts（2000）对观测等价研究的启发。虽然技术细节不同，但这里的紧致性证明的灵感来自 Pitts 使用抽象机对终止的结构归纳描述。将注意力限制在状态为完整程序的转换系统（可观测类型的闭式）上是至关重要的。结构操作语义通常不满足此要求，因此需要给出比此处更复杂的论证。

参数化

多态的主要动机是允许编写更多程序——对一种或多种类型"通用"的程序，例如第 16 章中给出的复合函数。如果程序不依赖于类型的选择，那么我们可以使用多态来编码。此外，如果我们要坚持程序不能依赖于类型的选择，则我们要求它是多态的。因此，多态既可以用于扩展我们可能编写的程序集合，也可以用于限制在给定上下文中允许的程序集合。

多态定型施加的限制给我们这样的经验：在多态函数语言中，如果类型正确，则程序是正确的。粗略地说，如果函数具有多态类型，那么类型泛化的限制会削减该类型的程序集。因此，如果你编写了此类型的程序，那么它更有可能是你想要的程序！

这些评论的技术基础称为**参数化**（parametricity）。本章的目标是在按名调用的解释下描述 F 的参数化多态。

48.1 概述

我们将首先基于对一组良构的程序的直观理解对参数化进行非正式地讨论。

假设函数值 f 的类型为 $\forall(t.\, t \rightarrow t)$。它可以是什么样的函数？当在类型 τ 上实例化时，它应该被求值为类型 $\tau \rightarrow \tau$ 的函数 g，当进一步应用于类型 τ 的值 v 时，返回类型 τ 的值 v'。因为 f 是多态的，g 不能依赖于 v，所以 v' 必须是 v。换句话说，g 必须是类型 τ 的恒等函数，因此 f 必须是**多态恒等函数**（polymorphic identity）。

假设 f 是类型为 $\forall(t.\, t)$ 的函数。它可以是什么样的函数？简短思考可知，它根本不存在。因为它必须在类型 τ 实例化时，返回该类型的值。但并非每种类型都有值（包括这个类型），所以这是不可能的任务。唯一的结论是 $\forall(t.\, t)$ 是一个空类型。

设 N 是第 16 章介绍的多态 Church 数的类型，即 $\forall(t.\, t \rightarrow (t \rightarrow t) \rightarrow t)$。这种类型的值是什么？给定任何类型 τ，以及值 $z : \tau$ 和 $s : \tau \rightarrow \tau$，表达式

$$f[\tau](z)(s)$$

一定产生 τ 类型的值。而且，它必须在 τ 的选择上表现一致。它会产生什么值？构建 τ 类型值的唯一方法是使用元素 z 和传递给它的函数 s。稍作思考可知，应用必须有 n 次复合

$$s(s(\cdots s(z) \cdots))$$

也就是说，N 的元素与自然数一一对应。

48.2 观测等价

第 46 章和第 47 章给出了观测等价的定义，它基于确定一种代表完整程序的可观测结果的**答案**（answer）。函数类型的值不被视为答案，而被视为没有内部结构、仅有输入 - 输出行为的"黑盒子"。但是，在 F 中，没有（封闭的）基类型。每种类型都是函数类型或多态

类型，因此没有适合作为可观测答案的类型。

解决此难题的一种方法是使用基本类型的答案来扩充 F，作为计算的可观测结果。唯一的要求是这种类型有两个元素，可以通过求值立即相互区分。我们可以用包含两个常数 **tt** 和 **ff** 的基类型 **2** 丰富 F 以实现此目的，这两个常数用作完整计算的可能答案。完整的程序是类型 **2** 的闭式。

通过要求满足以下条件，可以为完整程序定义 Kleene 相等性：$e \simeq e'$ 当且仅当 $e \mapsto^* $ **tt** 且 $e' \mapsto^* $ **tt**，或 $e \mapsto^* $ **ff** 且 $e' \mapsto^* $ **ff**。这种关系是等价的，并且显然有 **tt** $\not\simeq$ **ff**，因为它们是两个不同的常数。和以前一样，如果相同类型的闭式之间的等价关系的类型索引族在答案类型 **2** 中蕴含 Kleene 相等性，我们则说它们是一致的。

为了定义观测等价，我们必须首先将 F 的表达式上下文的概念定义为具有"洞"的表达式。更准确地说，我们可以给出如下判断的归纳定义

$$\mathcal{C} : (\Delta; \Gamma \rhd \tau) \rightsquigarrow (\Delta'; \Gamma' \rhd \tau')$$

该判断表示 $\mathcal{C}$ 是一个表达式上下文，当用表达式 $\Delta; \Gamma \vdash e : \tau$ 填充时产生表达式 $\Delta'; \Gamma' \vdash \mathcal{C}\{e\} : \tau'$。（我们将对此判断的准确定义以及对其属性的验证作为练习留给读者。）

定义 48.1 两个相同类型的表达式是**观测等价的**（observationally equivalent），写作 $\Delta; \Gamma \vdash e \cong e' : \tau$，当且仅当对任何 $\mathcal{C} : (\Delta; \Gamma \rhd \tau) \rightsquigarrow (\emptyset; \emptyset \rhd \mathbf{2})$，有 $\mathcal{C}\{e\} \simeq \mathcal{C}\{e'\}$。

引理 48.2 观测等价是最粗糙的一致同余。

该证明基本上与定理 46.6 的证明相同。 □

引理 48.3
1. 如果 $\Delta, t; \Gamma \vdash e \cong e' : \tau$ 且 τ_0 type，那么 $\Delta; [\tau_0/t]\Gamma \vdash [\tau_0/t]e \cong [\tau_0/t]e' : [\tau_0/t]\tau$。
2. 如果 $\emptyset; \Gamma, x : \tau_0 \vdash e \cong e' : \tau$ 且 $d : \tau_0$，那么 $\emptyset; \Gamma \vdash [d/x]e \cong [d/x]e' : \tau$。此外，如果 $d \cong_{\tau_0} d'$，那么 $\emptyset; \Gamma \vdash [d/x]e \cong [d'/x]e : \tau$ 且 $\emptyset; \Gamma \vdash [d/x]e' \cong [d'/x]e' : \tau$。

证明 1. 令 $\mathcal{C} : (\Delta; [\tau_0/t]\Gamma \rhd [\tau_0/t]\tau) \rightsquigarrow (\emptyset \rhd \mathbf{2})$ 为一个程序上下文。我们要证明

$$\mathcal{C}\{[\tau_0/t]e\} \simeq \mathcal{C}\{[\tau_0/t]e'\}$$

因为 $\mathcal{C}$ 是封闭的，该式等价于

$$[\tau_0/t]\mathcal{C}\{e\} \simeq [\tau_0/t]\mathcal{C}\{e'\}$$

令 $\mathcal{C}'$ 为上下文 $\Lambda(t)\mathcal{C}(\circ)[\tau_0]$，并观测到

$$\mathcal{C}' : (\Delta, t; \Gamma \rhd \tau) \rightsquigarrow (\emptyset \rhd \mathbf{2})$$

因此，根据假设，有

$$\mathcal{C}'\{e\} \simeq \mathcal{C}'\{e'\}$$

又 $\mathcal{C}'\{e\} \simeq [\tau_0/t]\mathcal{C}\{e\}$ 和 $\mathcal{C}'\{e'\} \simeq [\tau_0/t]\mathcal{C}\{e'\}$，得证。
2. 证明与引理 46.7 的证明类似。 □

48.3 逻辑等价

在本节中，我们介绍一种逻辑等价的形式，它描述了参数化的非正式概念，并提供了观测等价的特征。这种特征将使我们能够推导出前面提到的那种多态程序的观测等价性。

F 的逻辑等价的定义比 T 更复杂。其主要思想是为多态类型 $\forall(t.\tau)$ 定义逻辑等价，以满足捕获参数化本质的强大条件。作为第一个近似，我们可以说这种类型的两个表达式 e 和 e' 在逻辑上等价，如果它们对于类型 t 的"所有可能的"解释在逻辑上都是等价的。更确切地说，对于类型 ρ 的任意选择，我们可能要求 $e[\rho]$ 与类型为 $[\rho/t]\tau$ 的 $e'[\rho]$ 相关。但这会遇到两个问题，一个是技术问题，另一个是概念问题。我们将使用相同的对策来解决这两个问题。

技术问题源于不可预测性。在第 46 章中，逻辑等价是通过对类型结构的归纳来定义的。但是在多态是不可预测的时候，类型 $[\rho/t]\tau$ 可能比 $\forall(t.\tau)$ 大得多。至少，我们不得不在其他基础上证明逻辑等价定义是合理的，但似乎没有可用的标准。概念上的问题是，即使我们能够理解逻辑等价的定义，它也会过于局限。对于这样的定义，相当于未知类型 t 在实例化为任何类型时都是逻辑等价的。为了获得有用的参数化结果，我们要求的远不止这些。我们要做的是按类型 ρ 和 ρ' 分别考虑 e 和 e' 的实例，并将类型变量 t 视为代表 ρ 和 ρ' 之间（某种形式）的任何关系。我们可能会怀疑这提出了太多要求：或许逻辑等价是空关系。令人惊讶的是，事实并非如此，实际上这正是这个定义的特征，我们将利用它来推导关于语言的参数化结果。

为了解决这两个问题，我们将考虑逻辑等价的一种泛化，它通过对其分类器的自由类型变量的关系来解释参数化。这些参数为等式的每侧分类器中的每个自由类型变量确定单独的绑定，差异由它们之间的指定关系调节。因此，相关表达式不必具有相同的类型，二者之间的差异由给定关系来介导。

我们将注意力限制在闭式之间的某些"可纳的"二元关系集合。施加条件是为了确保逻辑等价和观测等价重合。

定义 48.4（可纳性） 类型 ρ 和 ρ' 的表达式之间的关系 R 是**可纳的**（addmissible），写作 $R:\rho \leftrightarrow \rho'$，当且仅当它满足两个要求：

1. 遵循观测等价：如果 $R(e,e')$ 且 $d \cong_\rho e$ 且 $d' \cong_{\rho'} e'$，那么 $R(d,d')$。
2. 在逆向求值下封闭：如果 $R(e,e')$，那么当 $d \mapsto e$ 时 $R(d,e')$，以及当 $d' \mapsto e'$ 时 $R(e,d')$。

逆向求值下封闭是遵循观测等价的结果，但我们尚且无法确定这一事实。

判断 $\delta:\Delta$ 表示 δ 是一种**类型代换**（type substitution），它将封闭类型指派到每个类型变量 $t \in \Delta$。类型代换 δ 引发类型上的代换函数 $\hat{\delta}$，由下式给出

$$\hat{\delta}(\tau) = [\delta(t_1),\cdots,\delta(t_n)/t_1,\cdots,t_n]\tau$$

对表达式也类似。通过为每个 $x \in \mathrm{dom}(\Gamma)$ 定义 $\hat{\delta}(\Gamma)(x) = \hat{\delta}(\Gamma(x))$，代换可以逐点扩展到上下文。

设 δ 和 δ' 是两个封闭类型到 Δ 中类型变量的类型代换。δ 和 δ' 之间的**可纳关系指派**（admissible relation assignment）η 是将可纳关系 $\eta(t):\delta(t) \leftrightarrow \delta'(t)$ 指派到每个 $t \in \Delta$。判断 $\eta:\delta \leftrightarrow \delta'$ 表示 η 是 δ 和 δ' 之间的可纳关系指派。

逻辑等价是根据其泛化来定义的，称为**参数逻辑等价**（parametric logical equivalence），写作 $e \sim_\tau e'[\eta : \delta \leftrightarrow \delta']$，定义如下。

定义 48.5（参数逻辑等价） 关系 $e \sim_\tau e'[\eta : \delta \leftrightarrow \delta']$ 通过对 τ 的结构进行归纳并且由以下条件定义：

$e \sim_t e'[\eta : \delta \leftrightarrow \delta']$	当且仅当	$\eta(t)(e, e')$
$e \sim_2 e'[\eta : \delta \leftrightarrow \delta']$	当且仅当	$e \simeq e'$
$e \sim_{\tau_1 \to \tau_2} e'[\eta : \delta \leftrightarrow \delta']$	当且仅当	$e_1 \sim_{\tau_1} e_1'[\eta : \delta \leftrightarrow \delta']$ 蕴含 $e(e_1) \sim_{\tau_2} e'(e_1')[\eta : \delta \leftrightarrow \delta']$
$e \sim_{\forall(t.\tau)} e'[\eta : \delta \leftrightarrow \delta']$	当且仅当	对于每个 ρ, ρ'，以及每个可纳的 $R : \rho \leftrightarrow \rho', e[\rho] \sim_\tau$ $e'[\rho'][\eta \otimes t \hookrightarrow R : \delta \otimes t \hookrightarrow \rho \leftrightarrow \delta' \otimes t \hookrightarrow \rho']$

逻辑等价是通过考虑其自由的类型变量和表达式变量的所有可能解释，并根据参数逻辑等价来定义的。上下文 Γ 的表达式代换 γ（写作 $\gamma : \Gamma$）是闭式 $\gamma(x) : \Gamma(x)$ 到每个变量 $x \in \mathrm{dom}(\Gamma)$ 的代换。表达式代换 $\gamma : \Gamma$ 引发由如下等式定义的代换函数 γ

$$\hat{\gamma}(e) = [\gamma(x_1), \ldots, \gamma(x_n) / x_1, \ldots, x_n]e$$

其中 Γ 的定义域包括变量 $x_1, \cdots, x_n$。定义关系 $\gamma \sim_\Gamma \gamma'[\eta : \delta \leftrightarrow \delta']$，当且仅当 $\mathrm{dom}(\gamma) = \mathrm{dom}(\gamma') = \mathrm{dom}(\Gamma)$ 且对它们的公共定义域的每个变量 x，有 $\gamma(x) \sim_{\Gamma(x)} \gamma'(x)[\eta : \delta \leftrightarrow \delta']$。

定义 48.6（逻辑等价） 表达式 $\Delta; \Gamma \vdash e : \tau$ 和 $\Delta; \Gamma \vdash e' : \tau$ 在逻辑上是等价的，写作 $\Delta; \Gamma \vdash e \sim e' : \tau$，当且仅当对于封闭类型到 Δ 中类型变量的每个指派 δ 和 δ'，以及每个可纳关系指派 $\eta : \delta \leftrightarrow \delta'$，如果 $\gamma \sim_\Gamma \gamma'[\eta : \delta \leftrightarrow \delta']$，那么 $\hat{\gamma}(\hat{\delta}(e)) \sim_\tau \hat{\gamma'}(\hat{\delta'}(e'))[\eta : \delta \leftrightarrow \delta']$。

当 e、e' 和 τ 都是封闭时，这个定义表明 $e \sim_\tau e'$ 当且仅当 $e \sim_\tau e'[\emptyset : \emptyset \leftrightarrow \emptyset]$，因此逻辑等价确实是其泛化的一个特例。

引理 48.7（逆向求值下封闭） 假设 $e \sim_\tau e'[\eta : \delta \leftrightarrow \delta']$。如果 $d \mapsto e$，那么 $d \sim_\tau e'$，并且如果 $d' \mapsto e'$，那么 $e \sim_\tau d'$。

证明 对 τ 的结构进行归纳可证。当 $\tau = t$ 时，结果由可纳性的定义可证。否则，利用应用和类型应用的转换关系的定义，由归纳可证。 □

引理 48.8（遵循观测等价） 假设 $e \sim_\tau e'[\eta : \delta \leftrightarrow \delta']$。如果 $d \cong_{\hat{\delta}(\tau)} e$ 且 $d' \cong_{\hat{\delta'}(\tau)} e'$，那么 $d \sim_\tau d'[\eta : \delta \leftrightarrow \delta']$。

证明 通过对 τ 的结构归纳，依赖于可纳性的定义以及观测等价的同余性。例如，如果 $\tau = \forall(t.\tau_2)$，那么我们要表明对于每个可纳的 $R : \rho \leftrightarrow \rho'$，

$$d[\rho] \sim_{\tau_2} d'[\rho'][\eta \otimes t \hookrightarrow R : \delta \otimes t \hookrightarrow \rho \leftrightarrow \delta' \otimes t \hookrightarrow \rho']$$

因为观测等价是同余的，我们有 $d[\rho] \cong_{[\rho/t]\hat{\delta}(\tau_2)} e[\rho]$ 以及 $d'[\rho'] \cong_{[\rho'/t]\hat{\delta'}(\tau_2)} e'[\rho]$，可得

$$e[\rho] \sim_{\tau_2} e'[\rho'][\eta \otimes t \hookrightarrow R : \delta \otimes t \hookrightarrow \rho \leftrightarrow \delta' \otimes t \hookrightarrow \rho']$$

由归纳可证。 □

推论 48.9   关系 $e \sim e'[\eta : \delta \leftrightarrow \delta']$ 是封闭类型 $\hat{\delta}(\tau)$ 和 $\hat{\delta'}(\tau)$ 之间的可纳关系。

证明   由引理 48.7 和引理 48.8 可证。 $\square$

推论 48.10   如果 $\Delta ; \Gamma \vdash e \sim e' : \tau$ 且 $\Delta ; \Gamma \vdash d \cong e : \tau$ 且 $\Delta ; \Gamma \vdash d' \cong e' : \tau$ 那么 $\Delta ; \Gamma \vdash d \sim d' : \tau$

引理 48.11（组合性）   设 $R : \hat{\delta}(\rho) \leftrightarrow \hat{\delta'}(\rho)$ 是某种类型 ρ 的关系解释，也就是说，$R(d,d')$ 成立当且仅当 $d \sim_\rho d'[\eta : \delta \leftrightarrow \delta']$。那么 $e \sim_{[\rho/t]\tau} e'[\eta : \delta \leftrightarrow \delta']$ 当且仅当

$$e \sim_\tau e'[\eta \otimes t \hookrightarrow R : \delta \otimes t \hookrightarrow \hat{\delta}(\rho) \leftrightarrow \delta' \otimes t \hookrightarrow \hat{\delta'}(\rho)]$$

证明   对 τ 的结构进行归纳可证。当 $\tau = t$ 时，结果可从关系 R 的选择中立即得到。当 $\tau = t' \neq t$ 时，结果由定义 48.5 可得。当 $\tau = \tau_1 \to \tau_2$ 时，使用定义 48.5，结果通过归纳得到。类似地，当 $\tau = \forall(u.\tau_1)$ 时，结果由归纳可得，注意我们可以在不失一般性的情况下，假设 $u \neq t$ 和 $u \neq \rho$。 $\square$

尽管多态类型具有很强的条件，但逻辑等价并不是太严格——每个表达式都满足其约束条件。这个结果通常被称为**参数化定理**或**抽象定理**：

定理 48.12（参数化定理）   如果 $\Delta ; \Gamma \vdash e : \tau$，那么 $\Delta ; \Gamma \vdash e \sim e : \tau$。

证明   通过对规则（16.2）给出的 F 静态语义的规则归纳。
我们在此考虑两个代表性案例。

规则（16.2d）   假设 $\delta : \Delta$，$\delta' : \Delta$，$\eta : \delta \leftrightarrow \delta'$ 和 $\gamma \sim_\Gamma \gamma'[\eta : \delta \leftrightarrow \delta']$。通过归纳，我们得到对所有 ρ，ρ' 和可纳的 $R : \rho \leftrightarrow \rho'$，

$$[\rho/t]\hat{\gamma}(\hat{\delta}(e)) \sim_\tau [\rho'/t]\widehat{\gamma'}(\hat{\delta'}(e))[\eta_* : \delta_* \leftrightarrow \delta'_*]$$

其中 $\eta_* = \eta \otimes t \hookrightarrow R$，$\delta_* = \delta \otimes t \hookrightarrow \rho$，以及 $\delta'_* = \delta' \otimes t \hookrightarrow \rho'$。因为

$$\Lambda(t)\hat{\gamma}(\hat{\delta}(e))[\rho] \mapsto^* [\rho/t]\hat{\gamma}(\hat{\delta}(e))$$

以及

$$\Lambda(t)\widehat{\gamma'}(\hat{\delta'}(e))[\rho'] \mapsto^* [\rho'/t]\widehat{\gamma'}(\hat{\delta}(e))$$

结果由引理 48.7 可证。

规则（16.2e）   假设 $\delta : \Delta$，$\delta' : \Delta$，$\eta : \delta \leftrightarrow \delta'$ 以及 $\gamma \sim_\Gamma \gamma'[\eta : \delta \leftrightarrow \delta']$。根据归纳法，我们有

$$\hat{\gamma}(\hat{\delta}(e)) \sim_{\forall(t.\tau)} \widehat{\gamma'}(\hat{\delta'}(e))[\eta : \delta \leftrightarrow \delta']$$

令 $\hat{\rho} = \hat{\delta}(\rho)$，$\widehat{\rho'} = \hat{\delta'}(\rho)$。通过 $R(d,d')$ 当且仅当 $d \sim_\rho d'[\eta : \delta \leftrightarrow \delta']$ 定义关系 $R : \hat{\rho} \leftrightarrow \widehat{\rho'}$。根据推论 48.9，这个关系是可纳的。
根据逻辑等价在多态类型上的定义，我们得到

$$\hat{\gamma}(\hat{\delta}(e))[\hat{\rho}] \sim_\tau \widehat{\gamma'}(\hat{\delta'}(e))[\widehat{\rho'}][\eta \otimes t \hookrightarrow R : \delta \otimes t \hookrightarrow \hat{\rho} \leftrightarrow \delta' \otimes t \hookrightarrow \widehat{\rho'}]$$

根据引理 48.11

$$\hat{\gamma}(\hat{\delta}(e))[\hat{\rho}] \sim_{[\rho/t]\tau} \widehat{\gamma'}(\widehat{\delta'}(e))[\widehat{\rho'}][\eta : \delta \leftrightarrow \delta']$$

又

$$\hat{\gamma}(\hat{\delta}(e))[\hat{\rho}] = \hat{\gamma}(\hat{\delta}(e))[\hat{\delta}(\rho)] \qquad (48.1)$$

$$= \hat{\gamma}(\hat{\delta}(e[\rho])) \qquad (48.2)$$

以及类似地

$$\widehat{\gamma'}(\widehat{\delta'}(e))[\widehat{\rho'}] = \widehat{\gamma'}(\widehat{\delta'}(e))[\widehat{\delta'}(\rho)] \qquad (48.3)$$

$$= \widehat{\gamma'}(\widehat{\delta'}(e[\rho])) \qquad (48.4)$$

得证。 □

推论 48.13 如果 $\Delta;\Gamma \vdash e \cong e':\tau$，那么 $\Delta;\Gamma \vdash e \sim e':\tau$。

证明 根据定理 48.12，有 $\Delta;\Gamma \vdash e \sim e':\tau$，因此，根据推论 48.10，有 $\Delta;\Gamma \vdash e \sim e':\tau$。 □

引理 48.14（同余） 如果 $\Delta;\Gamma \vdash e \sim e':\tau$ 且 $\mathcal{C}:(\Delta;\Gamma \rhd \tau) \rightsquigarrow (\Delta';\Gamma' \rhd \tau')$，那么 $\Delta';\Gamma' \vdash \mathcal{C}\{e\} \sim \mathcal{C}\{e'\}:\tau'$。

证明 通过对 $\mathcal{C}$ 的结构的归纳，与定理 48.12 的证明非常相似。 □

引理 48.15（一致性） 逻辑等价是一致的。

证明 由逻辑等价的定义可得。 □

推论 48.16 如果 $\Delta;\Gamma \vdash e \sim e'$，那么 $\Delta;\Gamma \vdash e \cong e':\tau$

证明 根据引理 48.15，逻辑等价是一致的，并且根据引理 48.14，它是一个同余，因此包含在观测等价中。 □

推论 48.17 逻辑等价和观测等价是重合的。

证明 根据推论 48.13 和推论 48.16。 □

如果 $d:\tau$ 且 $d \mapsto e$，那么 $d \sim_\tau e$，根据推论 48.16，$d \cong_\tau e$。因此，如果一个关系遵循观测等价，那么它也必须在逆向求值下封闭。关于可纳的第二个条件是多余的，现在我们已经确定了逻辑等价和观测等价的重合。

推论 48.18（可扩展性）

1. $e \cong_{\tau_1 \to \tau_2} e'$，当且仅当对所有的 $e_1:\tau_1$，$e(e_1) \cong_{\tau_2} e'(e_1)$。

2. $e \cong_{\forall(t.\tau)} e'$，当且仅当对所有的 ρ，$e[\rho] \cong_{[\rho/t]\tau} e'[\rho]$。

证明 两种情况下的正向证明是显然的，因为根据定义，观测等价是同余的。通过对定理 48.12 的应用，两种情况下的反向证明是相似的。在第一种情况下，由推论 48.17，只需证明 $e \sim_{\tau_1 \to \tau_2} e'$。为此，假设 $e_1 \sim_{\tau_1} e_1'$。我们要证明 $e(e_1) \sim_{\tau_2} e'(e_1')$。根据假设，我们有

$e(e_1') \cong_{\tau_2} e'(e_1')$。由参数化定理，我们得到 $e \sim_{\tau_1 \to \tau_2} e$，因此 $e(e_1) \sim_{\tau_2} e(e_1')$。然后由引理 48.8 得证。在第二种情况下，由推论 48.17，只需证明 $e \sim_{\forall(t.\tau)} e'$ 即可。假设某些封闭类型 ρ 和 ρ' 的关系为 $R : \rho \leftrightarrow \rho'$。只要证明 $e[\rho] \sim_\tau e'[\rho'][\eta : \delta \leftrightarrow \delta']$，其中 $\eta(t) = R, \delta(t) = \rho, \delta'(t) = \rho'$。根据假设，我们有 $e[\rho'] \cong_{[\rho'/t]\tau} e'[\rho']$。根据参数化定理 $e \sim_{\forall(t.\tau)} e$，因此 $e[\rho] \sim_\tau e'[\rho'][\eta : \delta \leftrightarrow \delta']$。然后由引理 48.8 得证。 $\square$

> **引理 48.19（恒等扩展）** 令 $\eta : \delta \leftrightarrow \delta'$，使得 $\eta(t)$ 对于每个 $t \in \mathrm{dom}(\delta)$ 与类型 $\delta(t)$ 观测等价。那么 $e \sim_\tau e'[\eta : \delta \leftrightarrow \delta]$ 当且仅当 $e \cong_{\delta(\tau)} e'$。

证明 反向证明由定理 48.12 和观测等价可得。正向证明通过对 τ 的结构归纳，并应用推论 48.18 构建函数和多态类型的观测等价可证。 $\square$

48.4 参数化性质

参数化定理使我们能够推导出仅因其类型而持有的 F 表达式的属性。参数化的严格性确保了多态类型的实例很少。例如，我们可以证明所有类型为 $\forall(t.t \to t)$ 的表达式的行为都类似于恒等函数。

> **定理 48.20** 设任意表达式 $e : \forall(t.t \to t)$，令 id 为 $\Lambda(t)\lambda(x : t)x$，那么 $e \cong_{\forall(t.t \to t)} \mathrm{id}$。

证明 由推论 48.17，只需证明 $e \sim_{\forall(t.t \to t)} \mathrm{id}$。令 ρ 和 ρ' 为任意封闭类型，令 $R : \rho \leftrightarrow \rho'$ 为可纳关系，并假设 $e_0 R e_0'$。我们要证明

$$e[\rho](e_0) \ R \ \mathrm{id}[\rho](e_0')$$

考虑到逆向求值中 id 的定义和封闭性，上式即

$$e[\rho](e_0) \ R \ e_0'$$

只需证明 $e[\rho](e_0) \cong_\rho e_0$，这由 R 的可纳性和假设 $e_0 R e_0'$ 可得。

根据定理 48.12，我们有 $e \sim_{\forall(t.t \to t)} e$。设关系 $S : \rho \leftrightarrow \rho$ 由 $d S d'$ 当且仅当 $d \cong_\rho e_0$ 和 $d' \cong_\rho e_0$ 定义。这种关系显然是可纳的，我们有 $e_0 S e_0$。所以

$$e[\rho](e_0) \ S \ e[\rho](e_0)$$

因此，根据关系 S 的定义，有 $e[\rho](e_0) \cong_\rho e_0$。 $\square$

在第 16 章中，我们介绍了积、和以及自然数类型都可以在 F 中定义。每种情况下的可定义性证明包括证明类型及其相关的引入形式和消除形式在 F 中可编码。这些编码在（弱）意义上是正确的，因为前面章节中给出的这些结构的动态语义可以通过这些定义从 F 的动态语义中推导出来。利用参数化，我们可以扩展这些结果以获得这些类型与其编码之间的强相关性。

作为第一个例子，让我们考虑 F 中单位类型 unit 的表示，在第 16 章中由以下等式定义：

$$\text{unit} = \forall(r. r \to r)$$
$$\langle\rangle = \Lambda(r)\lambda(x:r)x$$

根据这些定义，很容易看出 $\langle\ \rangle$: unit 。但是这表明类型 unit 有一个元素。我们想知道的是，在观测等价的情况下，表达式 $\langle\ \rangle$ 是该类型的唯一元素。但这是定理 48.20 的内容。我们说 unit 类型在 F 内是强可定义的。

按照这种思路，让我们检查 F 中二元积类型的定义，同样在第 16 章中给出：

$$\tau_1 \times \tau_2 = \forall(r.(\tau_1 \to \tau_2 \to r) \to r)$$
$$\langle e_1, e_2\rangle = \Lambda(r)\lambda(x:\tau_1 \to \tau_2 \to r)x(e_1)(e_2)$$
$$e \cdot 1 = e[\tau_1](\lambda(x:\tau_1)\lambda(y:\tau_2)x)$$
$$e \cdot r = e[\tau_2](\lambda(x:\tau_1)\lambda(y:\tau_2)y)$$

通过直接计算很容易验证 $\langle e_1, e_2\rangle \cdot 1 \cong_{\tau_1} e_1$ 和 $\langle e_1, e_2\rangle \cdot r \cong_{\tau_2} e_2$ 。

我们要证明如上定义的有序对是唯一的这种表达式，因此笛卡尔积在 F 中是强可定义的。我们将利用一个引理来控制积类型的元素的行为，其证明依赖于定理 48.12。

引理 48.21 如果 $e:\tau_1 \times \tau_2$ ，那么存在某些 $e_1:\tau_1$ 和 $e_2:\tau_2$ ，使得 $e \cong_{\tau_1 \times \tau_2} \langle e_1, e_2\rangle$ 。

证明 扩展对序对和积类型的定义，并应用推论 48.17。我们设 ρ 和 ρ' 为任意封闭类型，设 $R:\rho \leftrightarrow \rho'$ 为它们之间的可纳关系。进一步假设，

$$h \sim_{\tau_1 \to \tau_2 \to t} h'[\eta:\delta \leftrightarrow \delta']$$

其中 $\eta(t) = R$ ，$\delta(t) = \rho$ ，$\delta'(t) = \rho'$ （并且在 $t' \neq t$ 时每个都未定义）。我们要证明对于某些 $e_1:\tau_1$ 和 $e_2:\tau_2$ ，

$$e[\rho](h) \sim_t h'(e_1)(e_2)[\eta:\delta \leftrightarrow \delta']$$

即

$$e[\rho](h)\ R\ h'(e_1)(e_2)$$

现在根据定理 48.12，我们有 $e \sim_{\tau_1 \times \tau_2} e$ 。定义关系 $S:\rho \leftrightarrow \rho'$ ，满足 $d\ S\ d'$ 当且仅当如下条件成立：

1. 存在 $d_1:\tau_1, d_2:\tau_2$ ，使得 $d \cong_\rho h(d_1)(d_2)$ 。
2. 存在 $d_1':\tau_1, d_2':\tau_2$ ，使得 $d' \cong_{\rho'} h'(d_1')(d_2')$ 。
3. $d\ R\ d'$
这种关系显然是可纳的。注意到

$$h \sim_{\tau_1 \to \tau_2 \to t} h'[\eta':\delta \leftrightarrow \delta']$$

其中 $\eta'(t) = S$ 和 $\eta'(t')$ 对于 $t' \neq t$ 是未定义的，我们得出结论 $e[\rho](h)\ S\ e[\rho'](h')$ ，因此

$$e[\rho](h)\ R\ h'(d_1')(d_2')$$

证毕。

现在假设 $e:\tau_1 \times \tau_2$，使得 $e \cdot 1 \cong_{\tau_1} e_1$ 和 $e \cdot r \cong_{\tau_2} e_2$。我们要证明 $e \cong_{\tau_1 \times \tau_2} \langle e_1, e_2 \rangle$。根据引理 48.21，由同余和直接计算得出 $e \cong_{\tau_1 \times \tau_2} \langle e \cdot 1, e \cdot r \rangle$。因此，由同余，我们得到 $e \cong_{\tau_1 \times \tau_2} \langle e_1, e_2 \rangle$。

通过类似的推理，我们可以证明第 16 章中给出的自然数的 Church 编码强定义了以下性质成立所包含的自然数：

1. $\text{iter } z\{z \hookrightarrow e_0 \mid s(x) \hookrightarrow e_1\} \cong_\rho e_0$

2. $\text{iter } s(e)\{z \hookrightarrow e_0 \mid s(x) \hookrightarrow e_1\} \cong_\rho [\text{iter } e\{z \hookrightarrow e_0 \mid s(x) \hookrightarrow e_1\} / x]e_1$

3. 假设 $x:\text{nat} \vdash r(x):\rho$。如果

   （a）$r(z) \cong_\rho e_0$

   （b）$r(s(e)) \cong_\rho [r(e)/x]e_1$

那么对所有的 $e:\text{nat}$，$r(e) \cong_\rho \text{iter } e\{z \hookrightarrow e_0 \mid s(x) \hookrightarrow e_1\}$。

使用第 16 章给出的定义，通过计算可以很容易地确定构成弱可定义性的前两个方程。第三个属性，即迭代器的唯一性，可通过参数定理证明类型 nat 的每个闭合表达式观测等价于一个数字 $\bar{n}$。我们通过在 $n \geq 0$ 上的数学归纳证明迭代器的唯一性。

> **引理 48.22**　如果 $e:\text{nat}$，则要么 $e \cong_{\text{nat}} z$，要么存在 $e':\text{nat}$ 使得 $e \cong_{\text{nat}} s(e')$。因此，存在 $n \geq 0$，使得 $e \cong_{\text{nat}} \bar{n}$。

证明　根据定理 48.12，我们有 $e \sim_{\text{nat}} e$。将关系 $R:\text{nat} \leftrightarrow \text{nat}$ 定义为最强关系，使 $d \, R \, d'$ 当且仅当 $d \cong_{\text{nat}} z$ 且 $d' \cong_{\text{nat}} z$，或 $d \cong_{\text{nat}} s(d_1)$ 且 $d' \cong_{\text{nat}} s(d_1')$ 且 $d_1 \, R \, d_1'$。很容易看到 $z \, R \, z$，如果 $e \, R \, e'$，那么 $s(e) \, R \, s(e')$。令 zero=z 和 succ $=\lambda(x:\text{nat})s(x)$，我们有
$$e[\text{nat}](\text{zero})(\text{succ}) \quad R \quad e[\text{nat}](\text{zero})(\text{succ})$$
由归纳原理，R 的定义是满足其定义条件的最强关系，得证。　□

48.5　重温表示独立性

在 17.4 节中，我们讨论了抽象类型的表示独立性。如果抽象类型的两个实现是"相似的"，那么客户端行为不会因为两者相互替换而受影响。问题的关键是两个实现的相似性的定义。非正式地，如果抽象类型的两个实现在它们的表示类型之间存在关系 R，且该关系在类型的操作下保持的，则它们是相似的。关系 R 可以被认为表达了两种表示的"等价"。检查每个操作是否保持 R，就是检查在等价表示上执行该操作的结果是否产生等价的结果。

作为一个例子，我们在 17.4 节中论证了队列抽象的两种实现是相似的。队列的两个表示通过关系 R 相关，使得 $q \, R(b,f)$ 当且仅当 q 是 b 紧跟 f 的逆转。然后，我们论证说，操作保留了这种关系，然后在没有证据的情况下声称，通过将一种实现更改为另一种实现不会影响到客户端的行为。

该声称的证明依赖于参数化，由 17.3 节给出的 F 中存在类型的可定义性可以看出。根据该定义，抽象类型 $\exists(t.\tau)$ 的客户端 e 是 $\forall(t.\tau \to \tau_2)$ 类型的多态函数，其中 τ_2 是计算的结果类型，不涉及类型变量 t。由于具有多态性，客户端具有定理 48.12 给出的参数化性质。具体地，假设 ρ_1 和 ρ_2 是两个封闭表示类型，并且 $R:\rho_1 \leftrightarrow \rho_2$ 是它们之间的可纳关系。例如，在队列抽象的情况下，ρ_1 是队列元素列表的类型，ρ_2 是一对元素列表的类型，R 是上面给出

的关系。进一步假设 $e_1 : [\rho_1 / t]\tau$ 和 $e_2 : [\rho_2 / t]\tau$ 是操作的两种实现，使得

$$e_1 \sim_\tau e_2[\eta : \delta_1 \leftrightarrow \delta_2] \qquad\qquad (48.5)$$

其中，$\eta(t) = R$，$\delta_1(t) = \rho_1$，$\delta_2(t) = \rho_2$。在队列的情况下，表达式 e_1 是根据列表实现的队列操作，而 e_2 是之前描述的列表对的实现。条件（48.5）表明两个实现是相似的，因为它们保持表示类型之间的关系 R。根据定理 48.12，客户 e 满足

$$e \sim_{\tau_2} e[\eta : \delta_1 \leftrightarrow \delta_2]$$

但由于 τ_2 是封闭类型（特别是不涉及 t），这等价于

$$e \sim_{\tau_2} e[\emptyset : \emptyset \leftrightarrow \emptyset]$$

接着根据引理 48.19 我们有

$$e[\rho_1](e_1) \cong_{\tau_2} e[\rho_2](e_2)$$

也就是说，客户端行为不受表示更改的影响。

48.6 注记

参数化的概念隐含在系统 F 的规范化证明中（Girard，1972）。Reynolds（1983）强调了以逻辑等价为中心来描述多态程序的等价性，虽然因依赖于（不存在的）多态集合理论模型而存在技术缺陷。Reynolds 提出了参数化在表示独立性中的应用，并由 Mitchell（1986）和 Pitts（1998）扩展到存在类型。系统 F 扩展增加"正的"（归纳定义）可观测类型对定义观测等价是必要的，但这一点似乎在文献中未曾提及。

进程等价

顾名思义,进程是一种正在进行的计算,可以通过发送和接收消息与其他进程交互。从这个角度来看,并发计算没有确定的"最终结果",而是提供了可能无限期延长的交互机会。因此,进程等价的概念必须基于它们潜在的交互,而不是基于它们能计算出的"答案"。令 P 和 Q 是两个进程,分别满足 $\vdash_\Sigma P$ proc 和 $\vdash_\Sigma Q$ proc。我们称 P 和 Q 等价,写作 $P \approx_\Sigma Q$,当且仅当存在一个双模拟 $\mathcal{R}$ 使得 $P \mathcal{R}_\Sigma Q$。一个关系族 $\mathcal{R}=\{\mathcal{R}_\Sigma\}_\Sigma$ 是**双模拟**(bisimulation)当且仅当每当 P 可能采取动作 α 演化到 P',那么 Q 也可以采取相同的动作演化到某个进程 Q',使得 $P' \mathcal{R}_\Sigma Q'$;相反,如果 Q 可以采取动作 α 演化到 Q',那么 P 可以采取相同的动作演化到 P',使得 $P' \mathcal{R}_\Sigma Q'$。这种对应关系抓住了这两个进程为彼此提供相同交互机会的想法,因为它们各自模拟彼此与环境交互的能力有关的行为。

49.1 进程演算

我们将考虑一个进程演算来统一第 39 章和第 40 章中探讨的主要思想。我们假设给定的表达式的环境语言包括分类值的类型 clsfd(见第 33 章)。通道被视为动态生成的类,用于构建消息,如第 40 章所述。

进程演算的语法由以下文法给出:

Proc P	::=	stop	$\mathbf{1}$	惰性
		conc$(P_1;P_2)$	$P_1 \otimes P_2$	复合
		await(E)	$\$E$	同步
		new$[\tau](a.P)$	$va{\sim}\tau.P$	分配
		emit(e)	$!e$	广播
Evt E	::=	null	$\mathbf{0}$	空
		or$(E_1;E_2)$	E_1+E_2	选择
		acc$(x.P)$	$?(x.P)$	接受

静态语义由下列规则定义的判断 $\Gamma \vdash_\Sigma P$ proc 和 $\Gamma \vdash_\Sigma E$ event 给出。我们假设对类型 τ 给的判断 $\Gamma \vdash_\Sigma e : \tau$ 包括分类值的类型 clsfd。

$$\frac{}{\Gamma \vdash_\Sigma \mathbf{1} \text{ proc}} \tag{49.1a}$$

$$\frac{\Gamma \vdash_\Sigma P_1 \text{ proc} \quad \Gamma \vdash_\Sigma P_2 \text{ proc}}{\Gamma \vdash_\Sigma P_1 \otimes P_2 \text{ proc}} \tag{49.1b}$$

$$\frac{\Gamma \vdash_{\Sigma} E \text{ event}}{\Gamma \vdash_{\Sigma} \$E \text{ proc}} \qquad (49.1\text{c})$$

$$\frac{\Gamma \vdash_{\Sigma, a \sim \tau} P \text{ proc}}{\Gamma \vdash_{\Sigma} va \sim \tau.P \text{ proc}} \qquad (49.1\text{d})$$

$$\frac{\Gamma \vdash_{\Sigma} e : \text{clsfd}}{\Gamma \vdash_{\Sigma} !e \text{ proc}} \qquad (49.1\text{e})$$

$$\frac{}{\Gamma \vdash_{\Sigma} \mathbf{0} \text{ event}} \qquad (49.1\text{f})$$

$$\frac{\Gamma \vdash_{\Sigma} E_1 \text{ event} \quad \Gamma \vdash_{\Sigma} E_2 \text{ event}}{\Gamma \vdash_{\Sigma} E_1 + E_2 \text{ event}} \qquad (49.1\text{g})$$

$$\frac{\Gamma, x : \text{clsfd} \vdash_{\Sigma} P \text{ proc}}{\Gamma \vdash_{\Sigma} ?(x.P)\text{event}} \qquad (49.1\text{h})$$

动态语义由判断 $P \overset{\alpha}{\underset{\Sigma}{\mapsto}} P'$ 和 $E \overset{\alpha}{\underset{\Sigma}{\Rightarrow}} P$ 给出，如第 39 章所定义。我们假设给出了表达式的判断 $e \underset{\Sigma}{\mapsto} e'$ 和 $e \text{ val}_{\Sigma}$。如第 39 章所述，进程和事件按结构同余来区分。

$$\frac{P_1 \overset{\alpha}{\underset{\Sigma}{\mapsto}} P_1'}{P_1 \otimes P_2 \overset{\alpha}{\underset{\Sigma}{\mapsto}} P_1' \otimes P_2} \qquad (49.2\text{a})$$

$$\frac{P_1 \overset{\alpha}{\underset{\Sigma}{\mapsto}} P_1' \quad P_2 \overset{\bar{\alpha}}{\underset{\Sigma}{\mapsto}} P_2'}{P_1 \otimes P_2 \overset{\varepsilon}{\underset{\Sigma}{\mapsto}} P_1' \otimes P_2'} \qquad (49.2\text{b})$$

$$\frac{E \overset{\alpha}{\underset{\Sigma}{\Rightarrow}} P}{\$E \overset{\alpha}{\underset{\Sigma}{\mapsto}} P} \qquad (49.2\text{c})$$

$$\frac{P \overset{\alpha}{\underset{\Sigma, a \sim \tau}{\mapsto}} P' \quad \vdash_{\Sigma} \alpha \text{ action}}{va \sim \tau.P \overset{\alpha}{\underset{\Sigma}{\mapsto}} va \sim \tau.P'} \qquad (49.2\text{d})$$

$$\frac{e \text{ val}_{\Sigma} \quad \vdash_{\Sigma} e : \text{clsfd}}{!e \overset{e!}{\underset{\Sigma}{\mapsto}} \mathbf{1}} \qquad (49.2\text{e})$$

$$\frac{E_1 \overset{\alpha}{\underset{\Sigma}{\Rightarrow}} P}{E_1 + E_2 \overset{\alpha}{\underset{\Sigma}{\Rightarrow}} P} \qquad (49.2\text{f})$$

$$\frac{e \text{ val}_{\Sigma}}{?(x.P) \overset{e?}{\underset{\Sigma}{\Rightarrow}} [e/x]P} \qquad (49.2\text{g})$$

假设代换对表达式有效，那么它对进程和事件也有效。

> **引理 49.1**
>
> 1. 如果 $\Gamma, x{:}\tau \vdash_\Sigma P$ proc 且 $\Gamma \vdash_\Sigma e{:}\tau$，那么 $\Gamma \vdash_\Sigma [e/x]P$ proc。
>
> 2. 如果 $\Gamma, x{:}\tau \vdash_\Sigma E$ event 且 $\Gamma \vdash_\Sigma e{:}\tau$，那么 $\Gamma \vdash_\Sigma [e/x]E$ event。

转换保持了进程和事件的良构性。

> **引理 49.2**
>
> 1. 如果 $\vdash_\Sigma P$ proc 且 $P \xmapsto{\alpha}_\Sigma P'$，那么 $\vdash_\Sigma P'$ proc。
>
> 2. 如果 $\vdash_\Sigma E$ proc 且 $E \xRightarrow{\alpha}_\Sigma P$，那么 $\vdash_\Sigma P$ proc。

49.2　强等价

双相似性精确描述了两个进程等价这个非正式的想法，即两个进程如果各自可以采取相同的动作，并且在这种情况下演变为等价的进程。**进程关系**（process relation）$\mathcal{P}$ 是进程 P 和 Q 之间的二元关系族 $\{\mathcal{P}_\Sigma\}$，使得 $\vdash_\Sigma P$ proc 和 $\vdash_\Sigma Q$ proc。**事件关系**（event relation）$\mathcal{E}$ 是事件 E 和 F 之间的二元关系族 $\{\mathcal{E}_\Sigma\}$，使得 $\vdash_\Sigma E$ event 和 $\vdash_\Sigma F$ event。（强）双模拟是一个二元组 $(\mathcal{P},\mathcal{E})$，由满足如下条件的进程关系 $\mathcal{P}$ 和事件关系 $\mathcal{E}$ 组成：

1. 如果 $P\,\mathcal{P}_\Sigma\,Q$，那么

    （a）如果 $P \xmapsto{\alpha}_\Sigma P'$，那么存在 Q' 使得 $Q \xmapsto{\alpha}_\Sigma Q'$ 以及 $P'\,\mathcal{P}_\Sigma\,Q'$。

    （b）如果 $Q \xmapsto{\alpha}_\Sigma Q'$，那么存在 P' 使得 $P \xmapsto{\alpha}_\Sigma P'$ 以及 $P'\,\mathcal{P}_\Sigma\,Q'$。

2. 如果 $E\,\mathcal{E}_\Sigma\,F$ 那么

    （a）如果 $E \xRightarrow{\alpha}_\Sigma P$，那么存在 Q 使得 $F \xRightarrow{\alpha}_\Sigma Q$ 以及 $P\,\mathcal{P}_\Sigma\,Q$。

    （b）如果 $F \xRightarrow{\alpha}_\Sigma Q$，那么存在 P 使得 $E \xRightarrow{\alpha}_\Sigma P$ 以及 $P\,\mathcal{P}_\Sigma\,Q$。

限定词"强"指的是处于双模拟条件下的动作 α 包括静默动作 ε。（在 49.3 节中，我们讨论了另一种双模拟的概念，其中对静默动作做了特别处理。）

（强）等价是进程和事件关系的二元组 $(\approx,\approx)$，使得 $P \approx_\Sigma Q$ 且 $E \approx_\Sigma F$，当且仅当存在强双模拟 $(\mathcal{P},\mathcal{E})$，使得 $P\,\mathcal{P}_\Sigma\,Q$ 且 $E\,\mathcal{E}_\Sigma\,F$。

> **引理 49.3**　强等价是一种强的双模拟。

证明　由定义立即得证。　　　　　　　　　　　　　　　　　　　　　　□

强等价的定义产生了按余归纳证明的原则。为了证明 $P \approx_\Sigma Q$，只需给出一个双模拟 $(\mathcal{P},\mathcal{E})$，使得 $P\,\mathcal{P}_\Sigma\,Q$（事件类似）。一个常用的余归纳例子是对于某些 $\mathcal{P}_0$ 和 $\mathcal{E}_0$，选择 $(\approx \cup\, \mathcal{P}_0, \approx \cup\, \mathcal{E}_0)$ 作为 $(\mathcal{P},\mathcal{E})$，使得 $P\,\mathcal{P}_0\,Q$，并且证明该扩展是双模拟。因为强等价本身就是一个双模拟，所以问题归约为证明：如果 $P'\,\mathcal{P}_0\,Q'$ 且 $P' \xmapsto{\alpha}_\Sigma P''$，那么对某些 Q''，$Q' \xmapsto{\alpha}_\Sigma Q''$

使得 $P'' \approx_\Sigma Q''$ 或 $P'' \mathrel{\mathcal{P}_0} Q''$（$Q'$ 的转换与事件转换类似）。这种证明方法相当于假设我们试图证明的，并证明这个假设是成立的。证明扩展关系是双模拟的可以使用假设 $\mathcal{P}_0$ 和 $\mathcal{E}_0$。从这个意义上说，"循环推理"是一种完全有效的证明方法。

引理 49.4 强等价是一种等价关系。

证明 对于自反性和对称性，只需注意到恒等关系是双模拟，双模拟的逆也是。对于传递性，我们需要证明两个双模拟的复合仍是一个双模拟，这直接由定义可得。 □

仍然需要验证强等价是同余的，这意味着每个进程和事件形成的结构都遵从强等价。为了证明这一点，我们需要对具有自由变量的进程和事件进行强等价的 **开放扩展**（open extension）。设进程 P 和 Q 满足 $\Gamma \vdash_\Sigma P\ \mathrm{proc}$ 和 $\Gamma \vdash_\Sigma Q\ \mathrm{proc}$，定义关系 $\Gamma \vdash_\Sigma P \approx Q$，表示对每个代换 γ，它将 Γ 中的变量代换为合适类型的闭值，有 $\hat{\gamma}(P) \approx_\Sigma \hat{\gamma}(Q)$。

引理 49.5 如果 $\Gamma, x:\mathrm{clsfd} \vdash_\Sigma P \approx Q$，那么 $\Gamma \vdash_\Sigma ?(x.P) \approx ?(x.Q)$。

证明 取 Γ 的一个封闭代换 γ。令 $\hat{P} = \hat{\gamma}(P)$，$\hat{Q} = \hat{\gamma}(Q)$。根据假设，我们有 $x:\mathrm{clsfd} \vdash_\Sigma \hat{P} \approx \hat{Q}$。我们要证明 $?(x.\hat{P}) \approx ?(x.\hat{Q})$。通过余归纳证明，取 $\mathcal{P} = \approx$，$\mathcal{E} = \approx \cup \mathcal{E}_0$，其中

$$\mathcal{E}_0 = \{(?(x.P'), ?(x.Q')) \mid x:\mathrm{clsfd} \vdash_\Sigma P' \approx Q'\}$$

显然有 $?(x.\hat{P}) \mathrel{\mathcal{E}_0} ?(x.\hat{Q})$。假设 $?(x.P') \mathrel{\mathcal{E}_0} ?(x.Q')$。通过检查规则（49.2），如果 $?(x.P') \overset{\alpha}{\underset{\Sigma}{\Rightarrow}} P''$，那么对某些 $v\ \mathrm{val}_\Sigma$，$\alpha = v?$ 和 $P'' = [v/x]P'$ 使得 $\vdash_\Sigma v:\mathrm{clsfd}$。又因为 $?(x.Q') \overset{v?}{\underset{\Sigma}{\Rightarrow}} [v/x]Q'$，根据 $\mathcal{E}_0$ 的定义，我们有 $[v/x]P' \approx_\Sigma [v/x]Q'$，所以有 $[v/x]P' \mathrel{\mathcal{E}_0} [v/x]Q'$。对称的情况可以对称地证明，从而完成证明。 □

引理 49.6 如果 $\Gamma \vdash_{\Sigma, a\sim\tau} P \approx Q$，那么 $\Gamma \vdash_\Sigma va\sim\tau.P \approx va\sim\tau.Q$。

证明 令 γ 为 Γ 的一个闭值代换，令 $\hat{P} = \hat{\gamma}(P)$，$\hat{Q} = \hat{\gamma}(Q)$。假设 $\hat{P} \approx_{\Sigma, a\sim\tau} \hat{Q}$，我们要证明 $va\sim\tau.\hat{P} \approx va\sim\tau.\hat{Q}$。通过余归纳证明，取 $\mathcal{P} = \approx \cup \mathcal{P}_0$，$\mathcal{E} = \approx$，其中

$$\mathcal{P}_0 = \{(v\,a\sim\tau.P', v\,a\sim\tau.Q') \mid P' \approx_{\Sigma, a\sim\tau} Q'\}$$

显然有 $va\sim\tau.\hat{P} \mathrel{\mathcal{P}_0} va\sim\tau.\hat{Q}$。假设 $v\,a\sim\tau.P' \mathrel{\mathcal{P}_0} v\,a\sim\tau.Q'$ 和 $v\,a\sim\tau.P' \overset{\alpha}{\underset{\Sigma}{\longmapsto}} P''$。通过检查规则（49.2），可知 $\vdash_\Sigma \alpha\ \mathrm{action}$ 以及对某个 P''' 有 $P'' = v\,a\sim\tau.P'''$，使得 $P' \overset{\alpha}{\underset{\Sigma, a\sim\tau}{\longmapsto}} P'''$。但是由 $\mathcal{P}_0$ 的定义，我们有 $P' \approx_{\Sigma, a\sim\tau} Q'$，从而 $Q' \overset{\alpha}{\underset{\Sigma, a\sim\tau}{\longmapsto}} Q'''$ 且 $P''' \approx_{\Sigma, a\sim\tau} Q'''$。令 $Q'' = v\,a\sim\tau.Q'''$，我们有 $v\,a\sim\tau.Q' \overset{\alpha}{\underset{\Sigma, a\sim\tau}{\longmapsto}} Q''$，并且由 $\mathcal{P}_0$ 的定义，我们有 $P'' \mathrel{\mathcal{P}_0} Q''$，得证。对称的情况可以对称地证明，从而完成证明。 □

引理 49.5 和引理 49.6 描述了两种不同的绑定情况，前者是变量，后者是类。引理 49.5 的假设将接收方进程中变量 x 的所有代换联系起来，而引理 49.6 的假设将组成的进程与类名 a 示意性地联系起来。这导致了两者的不同，因为如果我们考虑用一个类名代换另一个类名的所有代换实例，那么一个类在其作用域内将不再是"新的"，因为我们可以通过代换用

"旧"类来识别它。另一方面，我们必须考虑变量的代换实例，因为变量的含义是用这样的术语给出的。这表明类和变量必须是不同的概念。（有关这两个概念混淆时的问题，请参见第 33 章。）

引理 49.7   如果 $\Gamma \vdash_\Sigma P_1 \approx Q_1$ 且 $\Gamma \vdash_\Sigma P_2 \approx Q_2$，那么 $\Gamma \vdash_\Sigma P_1 \otimes P_2 \approx Q_1 \otimes Q_2$。

证明   设 γ 是 Γ 的闭值代换，并对 $i=1,2$，令 $\hat{P}_i = \hat{\gamma}(P_i)$，$\hat{Q}_i = \hat{\gamma}(Q_i)$。通过余归纳证明，考虑关系 $\mathcal{P} = \approx \cup \mathcal{P}_0$ 与 $\mathcal{E} = \approx$，其中

$$\mathcal{P}_0 = \{(P_1' \otimes P_2', Q_1' \otimes Q_2') \mid P_1' \approx_\Sigma Q_1' \text{ and } P_2' \approx_\Sigma Q_2'\}$$

假设 $P_1' \otimes P_2' \, \mathcal{P}_0 \, Q_1' \otimes Q_2'$，$P_1' \otimes P_2' \xmapsto[\Sigma]{\alpha} P''$。需要考虑两种情况，有趣的是规则（49.2b）。在这种情况下，我们有 $P'' = P_1'' \otimes P_2''$，$P_1' \xmapsto[\Sigma]{\alpha} P_1''$，$P_2' \xmapsto[\Sigma]{\bar{\alpha}} P_2''$。根据 $\mathcal{P}_0$ 的定义，我们有 $Q_1' \xmapsto[\Sigma]{\alpha} Q_1''$，$Q_2' \xmapsto[\Sigma]{\bar{\alpha}} Q_2''$ 以及 $P_1'' \approx_\Sigma Q_1''$ 和 $P_2'' \approx_\Sigma Q_2''$。令 $Q'' \approx Q_1'' \otimes Q_2''$，我们得到要证的 $P'' \ \mathcal{P}_0 \ Q''$。对称的情况可以对称地证明，规则（49.2a）的证明方法也类似。   □

引理 49.8   如果 $\Gamma \vdash_\Sigma E_1 \approx F_1$ 且 $\Gamma \vdash_\Sigma E_2 \approx F_2$，那么 $\Gamma \vdash_\Sigma E_1 + E_2 \approx F_1 + F_2$。

证明   由规则（49.2）和双模拟的定义立即得证。   □

引理 49.9   如果 $\Gamma \vdash_\Sigma E \approx F$，那么 $\Gamma \vdash_\Sigma \$E \approx \$F$。

证明   由规则（49.2）和双模拟的定义立即得证。   □

引理 49.10   如果 $\Gamma \vdash_\Sigma d \cong e : \text{clsfd}$，那么 $\Gamma \vdash_\Sigma \, !d \approx \, !e$。

证明   进程演算没有在表达式上引入任何新的观测结果，所以 d 和 e 作为动作仍是不可区分的。   □

定理 49.11   强等价是同余的。

证明   前面的引理分别涵盖了每种情况。   □

49.3   弱等价

强等价表示如果两个进程能彼此一步步地模拟，则两个进程是等价的。一个进程采取的每个动作都与另一个进程采取的相应动作相匹配。这对于非平凡的动作 $e!$ 和 $e?$ 来说似乎很自然，但对于静默动作 ε 来说却过于严格。静默动作对应于实际的计算步骤，而发送和接收动作表示与另一个进程交互的可能性。因此，静默步骤与其他动作形式截然不同，因此区别对待它们可能是有用的。弱等价试图做到这一点。

（当两个进程进行通信时）静默动作在进程演算内产生，但是当（如第 40 章）显式地考虑表达式的动态语义时，它们会发挥更重要的作用。因此，对于表达式求值的每步 $e \mapsto_\Sigma e'$ 都对应于其所嵌入的任何进程的静默转换。特别地，如果 $e \mapsto_\Sigma e'$ 那么 $!e \xmapsto[\Sigma]{\varepsilon} !e'$。我们还可以考虑 $\text{run}(m)$ 形式的原子进程，它由一个命令组成，该命令将根据某些底层动态语义的规则来执

行。在这里，我们再次期望命令执行的每一步都会引发从一个原子进程到另一个原子进程的静默动作。

因此，从等价性的观点来看，一个进程的静默动作允许通过另一个进程的一个或多个静默动作来模仿，这似乎是明智的。例如，将 run(ret(1 + 2)+(2 + 2)) 和 run(ret 3 + 4) 区别开不会有什么收获，因为前者比后者需要更多步骤来计算相同的值。弱等价的目的恰恰是通过允许一个转换匹配一个前面可能有多个静默转换的转换来忽略这种琐碎的区别。

弱双模拟（weak bisimulation）是由满足以下条件的进程关系 $\mathcal{P}$ 和事件关系 $\mathcal{E}$ 组成的二元组 $(\mathcal{P}, \mathcal{E})$：

1. 如果 $P \, \mathcal{P}_\Sigma \, Q$，那么

 （a）如果 $P \underset{\Sigma}{\overset{\alpha}{\mapsto}} P'$，其中 $\alpha \neq \varepsilon$，那么存在 Q'' 和 Q'，使得 $Q \underset{\Sigma}{\overset{\varepsilon}{\mapsto}}{*}Q'' \underset{\Sigma}{\overset{\alpha}{\mapsto}} Q'$ 以及 $P' \, \mathcal{P}_\Sigma \, Q'$，

 而且如果 $P \underset{\Sigma}{\overset{\varepsilon}{\mapsto}} P'$，那么 $Q \underset{\Sigma}{\overset{\varepsilon}{\mapsto}}{*}Q'$ 以及 $P' \, \mathcal{P}_\Sigma \, Q'$。

 （b）如果 $Q \underset{\Sigma}{\overset{\alpha}{\mapsto}} Q'$，其中 $\alpha \neq \varepsilon$，那么存在 P'' 和 P'，使得 $P \underset{\Sigma}{\overset{\varepsilon}{\mapsto}}{*}P'' \underset{\Sigma}{\overset{\alpha}{\mapsto}} P'$ 以及 $P' \, \mathcal{P}_\Sigma \, Q'$，

 而且如果 $Q \underset{\Sigma}{\overset{\varepsilon}{\mapsto}} Q'$，那么 $P \underset{\Sigma}{\overset{\varepsilon}{\mapsto}}{*}P'$ 以及 $P' \, \mathcal{P}_\Sigma \, Q'$。

2. 如果 $E \, \mathcal{E}_\Sigma \, F$，那么

 （a）如果 $E \underset{\Sigma}{\overset{\alpha}{\Longrightarrow}} P$，那么存在 Q 使得 $F \underset{\Sigma}{\overset{\alpha}{\Longrightarrow}} Q$ 以及 $P \, \mathcal{P}_\Sigma \, Q$。

 （b）如果 $F \underset{\Sigma}{\overset{\alpha}{\Longrightarrow}} Q$，那么存在 P 使得 $E \underset{\Sigma}{\overset{\alpha}{\Longrightarrow}} P$ 以及 $P \, \mathcal{P}_\Sigma \, Q$。

（关于事件关系的条件与强双相似性的条件相同，因为在此演算中，对事件没有静默操作。）

弱等价是由 $P \sim_\Sigma Q$ 和 $E \sim_\Sigma F$ 定义的进程和事件关系的二元组 $(\sim, \sim)$，当且仅当存在弱双模拟 $(\mathcal{P}, \mathcal{E})$，使得 $P \, \mathcal{P}_\Sigma \, Q$ 和 $E \, \mathcal{E}_\Sigma \, F$。弱等价的开放扩展，写作 $\Gamma \vdash_\Sigma P \sim Q$ 和 $\Gamma \vdash_\Sigma E \sim F$，其定义与强等价的开放扩展完全相同。

> **定理 49.12**　弱等价是一种等价关系和一种同余。

证明　证明过程与定理的 49.11 相似。　　　　　　　　　　　　　　　　　　□

49.4　注记

关于进程等价的文献很广泛。对其形式化的变体也很多。Milner 在他关于 π 演算的专著（Milner，1999）中叙述了双相似概念的历史和发展，并将其原始概念归功于 David Park（Park，1981）。本章的发展受到 Milner 的启发，并且证明了 Bernardo Toninho 对第 39 章考虑的进程演算所给出的强双相似性的同余性。

Practical Foundations for Programming Languages, Second Edition

有限集的背景

　　我们经常使用有限的离散对象的集合和它们之间的有限函数的概念。集合 X 是**离散的**（ discrete），当且仅当其元素的相等性是可判定的：对于每个 $x, y \in X$，要么 $x = y \in X$，要么 $x \neq y \in X$。这个条件应该被构造性地理解为，我们可以有效地确定集合 X 中的任何两个元素是否相等。也许离散集的最基本例子就是自然数集合 $\mathbb{N}$。集合 X 是**可数的**（ countable），当且仅当在 X 和自然数集之间存在双射 $f : X \cong \mathbb{N}$。集合 X 是**有限的**（ finite），当且仅当集合 X 与自然数的某一初始片段之间存在双射 $f : X \cong \{0, \cdots, n-1\}$，其中 $n \in \mathbb{N}$。这个条件从可计算映射的角度可以构造性地理解为，可数集和有限集是可计算枚举的，并且在有限的情况下具有可计算的大小。

　　给定可数集合 U 和 V，**有限函数**（ finite function）是它们之间的可计算部分函数 $\phi : U \to V$。ϕ 的定义域 $\mathrm{dom}(\phi)$ 是集合 $\{u \in U \mid \phi(u) \downarrow\}$，其中 $u \in U$ 使得存在某些 $v \in V$ 有 $\phi(u) = v$。如果 U 和 V 之间的两个有限函数 ϕ 和 ψ 满足 $\mathrm{dom}(\phi) \cap \mathrm{dom}(\psi) = \emptyset$，则称它们是不相交的。**空**（ empty）有限函数 $\emptyset$ 是 U 和 V 之间的完全未定义的部分函数。如果 $u \in U$ 且 $v \in V$，那么 U 和 V 之间的有限函数 $u \hookrightarrow v$ 将 u 映射到 v，在其他部分是未定义的。因此，它的定义域是单例集 $\{u\}$。在某些情况下，我们将有限函数 $u \hookrightarrow v$ 写作 $u \sim v$。

　　如果 ϕ 和 ψ 是两个从 U 到 V 的不相交有限函数，那么从 U 到 V 的有限函数 $\phi \otimes \psi$ 由如下等式定义

$$(\phi \otimes \psi)(u) = \begin{cases} \phi(u) & u \in \mathrm{dom}(\phi) \\ \psi(v) & v \in \mathrm{dom}(\psi) \\ \text{未定义} & \text{其他} \end{cases}$$

　　如果 $u_1, \cdots, u_n \in U$ 两两不同，并且 $v_1, \cdots, v_n \in V$，则我们有时候将有限函数 $u_1 \hookrightarrow v_1 \otimes \cdots \otimes u_n \hookrightarrow v_n$ 写作 $u_1 \hookrightarrow v_1, \cdots, u_n \hookrightarrow v_n$ 或者 $u_1 \sim v_1, \cdots, u_n \sim v_n$。

参考文献

Martín Abadi and Luca Cardelli. *A Theory of Objects*. Springer-Verlag, 1996.

Peter Aczel. An introduction to inductive definitions. In Jon Barwise, editor, *Handbook of Mathematical Logic*, chapter C.7, pages 783–818. North-Holland, 1977.

John Allen. *Anatomy of LISP*. Computer Science Series. McGraw-Hill, 1978.

S. F. Allen, M. Bickford, R. L. Constable, R. Eaton, C. Kreitz, L. Lorigo, and E. Moran. Innovations in computational type theory using Nuprl. *Journal of Applied Logic*, 4(4):428–469, 2006. ISSN 1570-8683. doi: 10.1016/j.jal.2005.10.005.

Stuart Allen. A non-type-theoretic definition of Martin-Löf's types. In *LICS*, pages 215–221, 1987.

Zena M. Ariola and Matthias Felleisen. The call-by-need lambda calculus. *J. Funct. Program.*, 7(3):265–301, 1997.

Arvind, Rishiyur S. Nikhil, and Keshav Pingali. I-structures: Data structures for parallel computing. In Joseph H. Fasel and Robert M. Keller, editors, *Graph Reduction*, volume 279 of *Lecture Notes in Computer Science*, pages 336–369. Springer, 1986. ISBN 3-540-18420-1.

Arnon Avron. Simple consequence relations. *Information and Computation*, 92:105–139, 1991.

Henk Barendregt. *The Lambda Calculus, Its Syntax and Semantics*, volume 103 of *Studies in Logic and the Foundations of Mathematics*. North-Holland, 1984.

Henk Barendregt. Lambda calculi with types. In S. Abramsky, D. M. Gabbay, and T. S. E. Maibaum, editors, *Handbook of Logic in Computer Science*, volume 2, *Computational Structures*. Oxford University Press, 1992.

Yves Bertot, Gérard Huet, Jean-Jacques Lévy, and Gordon Plotkin, editors. *From Semantics to Computer Science: Essays in Honor of Gilles Kahn*. Cambridge University Press, 2009.

Guy E. Blelloch. *Vector Models for Data-Parallel Computing*. MIT Press, 1990. ISBN 0-262-02313-X.

Guy E. Blelloch and John Greiner. Parallelism in sequential functional languages. In *FPCA*, pages 226–237, 1995.

Guy E. Blelloch and John Greiner. A provable time and space efficient implementation of NESL. In *ICFP*, pages 213–225, 1996.

Manuel Blum. On the size of machines. *Information and Control*, 11(3):257–265, September 1967.

Stephen D. Brookes. The essence of parallel algol. *Inf. Comput.*, 179(1):118–149, 2002.

Samuel R. Buss, editor. *Handbook of Proof Theory*. Elsevier, 1998.

Luca Cardelli. Structural subtyping and the notion of power type. In *Proc. ACM Symposium on Principles of Programming Languages*, pages 70–79, 1988.

Luca Cardelli. Program fragments, linking, and modularization. In *Proc. ACM Symposium on Principles of Programming Languages*, pages 266–277, 1997.

Giuseppe Castagna and Benjamin C. Pierce. Decidable bounded quantification. In *Proc. ACM Symposium on Principles of Programming Languages*, pages 151–162, 1994.

Alonzo Church. *The Calculi of Lambda-Conversion*. Princeton University Press, 1941.

Robert L. Constable. *Implementing Mathematics with the Nuprl Proof Development System*. Prentice-Hall, 1986.

Robert L. Constable. Types in logic, mathematics, and programming. In Buss (1998), chapter X.

Robert L. Constable and Scott F. Smith. Partial objects in constructive type theory. In *LICS*, pages 183–193. IEEE Computer Society, 1987.

William R. Cook. On understanding data abstraction, revisited. In *OOPSLA*, pages 557–572, 2009.

Rowan Davies. *Practical Refinement-Type Checking*. PhD thesis, Carnegie Mellon University School of Computer Science, May 2005. Available as Technical Report CMU–CS–05–110.

Rowan Davies and Frank Pfenning. Intersection types and computational effects. In Martin Odersky and Philip Wadler, editors, *ICFP*, pages 198–208. ACM, 2000. ISBN 1-58113-202-6.

Ewen Denney. Refinement types for specification. In David Gries and Willem P. de Roever, editors, *PROCOMET*, volume 125 of *IFIP Conference Proceedings*, pages 148–166. Chapman & Hall, 1998. ISBN 0-412-83760-9.

Derek Dreyer. *Understanding and Evolving the ML Module System*. PhD thesis, Carnegie Mellon University, Pittsburgh, PA, May 2005.

Joshua Dunfield and Frank Pfenning. Type assignment for intersections and unions in call-by-value languages. In Andrew D. Gordon, editor, *FoSSaCS*, volume 2620 of *Lecture Notes in Computer Science*, pages 250–266. Springer, 2003. ISBN 3-540-00897-7.

Uffe Engberg and Mogens Nielsen. A calculus of communicating systems with label passing—ten years after. In Gordon D. Plotkin, Colin Stirling, and Mads Tofte, editors, *Proof, Language, and Interaction, Essays in Honour of Robin Milner*, pages 599–622. The MIT Press, 2000.

Matthias Felleisen and Robert Hieb. The revised report on the syntactic theories of sequential control and state. *TCS: Theoretical Computer Science*, 103, 1992.

Tim Freeman and Frank Pfenning. Refinement types for ml. In David S. Wise, editor, *PLDI*, pages 268–277. ACM, 1991. ISBN 0-89791-428-7.

Daniel Friedman and David Wise. The impact of applicative programming on multiprocessing. In *International Conference on Parallel Processing*, 1976.

David Gelernter. Generative communication in Linda. *ACM Trans. Program. Lang. Syst.*, 7(1):80–112, 1985.

Gerhard Gentzen. Investigations into logical deduction. In M. E. Szabo, editor, *The Collected Papers of Gerhard Gentzen*, pages 68–213. North-Holland, 1969.

J.-Y. Girard. *Interpretation fonctionelle et elimination des coupures de l'arithmetique d'ordre superieur*. These d'etat, Universite Paris VII, 1972.

Jean-Yves Girard. *Proofs and Types*. Cambridge University Press, 1989. Translated by Paul Taylor and Yves Lafont.

Kurt Gödel. On a hitherto unexploited extension of the finitary standpoint. *Journal of Philosophical Logic*, 9:133–142, 1980. Translated by Wilfrid Hodges and Bruce Watson.

Gödel Von Kurt. Über eine bisher noch nicht benützte erweiterung des finiten standpunktes. *dialectica*, 12(3-4):280–287, 1958.

Michael J. Gordon, Arthur J. Milner, and Christopher P. Wadsworth. *Edinburgh LCF*, volume 78 of *Lecture Notes in Computer Science*. Springer-Verlag, 1979.

John Greiner and Guy E. Blelloch. A provably time-efficient parallel implementation of full speculation. *ACM Trans. Program. Lang. Syst.*, 21(2):240–285, 1999.

Timothy Griffin. A formulae-as-types notion of control. In *Proc. ACM Symposium on Principles of Programming Languages*, pages 47–58, 1990.

Carl Gunter. *Semantics of Programming Languages*. Foundations of Computing Series. MIT Press, 1992.

Robert H. Halstead, Jr. Multilisp: A language for concurrent symbolic computation. *ACM Trans. Program. Lang. Syst.*, 7(4):501–538, 1985.

Robert Harper. Constructing type systems over an operational semantics. *J. Symb. Comput.*, 14(1):71–84, 1992.

Robert Harper. A simplified account of polymorphic references. *Inf. Process. Lett.*, 51(4): 201–206, 1994.

Robert Harper, Furio Honsell, and Gordon Plotkin. A framework for defining logics. *Journal of the Association for Computing Machinery*, 40:194–204, 1993.

Robert Harper and Mark Lillibridge. A type-theoretic approach to higher-order modules with sharing. In *Proc. ACM Symposium on Principles of Programming Languages*, pages 123–137, 1994.

Robert Harper, John C. Mitchell, and Eugenio Moggi. Higher-order modules and the phase distinction. In *Proc. ACM Symposium on Principles of Programming Languages*, pages 341–354, 1990.

Ralf Hinze and Johan Jeuring. Generic Haskell: Practice and theory. In Roland Carl Backhouse and Jeremy Gibbons, editors, *Generic Programming*, volume 2793 of *Lecture Notes in Computer Science*, pages 1–56. Springer, 2003. ISBN 3-540-20194-7.

C. A. R. Hoare. Communicating sequential processes. *Commun. ACM*, 21(8):666–677, 1978.

Tony Hoare. Null references: The billion dollar mistake. Presentation at QCon 2009, August 2009.

S. C. Kleene. *Introduction to Metamathematics*. Van Nostrand, 1952.

Imre Lakatos. *Proofs and Refutations: The Logic of Mathematical Discovery*. Cambridge University Press, 1976.

P. J. Landin. A correspondence between Algol 60 and Church's lambda notation. *CACM*, 8:89–101; 158–165, 1965.

Daniel K. Lee, Karl Crary, and Robert Harper. Towards a mechanized metatheory of standard ml. In *Proc. ACM Symposium on Principles of Programming Languages*, pages 173–184, 2007.

Xavier Leroy. Manifest types, modules, and separate compilation. In *Proc. ACM Symposium on Principles of Programming Languages*, pages 109–122, 1994.

Xavier Leroy. Applicative functors and fully transparent higher-order modules. In *Proc. ACM Symposium on Principles of Programming Languages*, pages 142–153, 1995.

Mark Lillibridge. *Translucent Sums: A Foundation for Higher-Order Module Systems*. PhD thesis, Carnegie Mellon University School of Computer Science, Pittsburgh, PA, May 1997.

Barbara Liskov and Jeannette M. Wing. A behavioral notion of subtyping. *ACM Trans. Program. Lang. Syst.*, 16(6):1811–1841, 1994.

Saunders MacLane. *Categories for the Working Mathematician*. Graduate Texts in Mathematics. Springer-Verlag, second edition, 1998.

David B. MacQueen. Using dependent types to express modular structure. In *Proc. ACM Symposium on Principles of Programming Languages*, pages 277–286, 1986.

David B. MacQueen. Kahn networks at the dawn of functional programming. In Bertot et al. (2009), chapter 5.

Yitzhak Mandelbaum, David Walker, and Robert Harper. An effective theory of type refinements. In Runciman and Shivers (2003), pages 213–225. ISBN 1-58113-756-7.

Per Martin-Löf. Constructive mathematics and computer programming. In *Logic, Methodology and Philosophy of Science IV*, pages 153–175. North-Holland, 1980.

Per Martin-Löf. On the meanings of the logical constants and the justifications of the logical laws. Unpublished Lecture Notes, 1983.

Per Martin-Löf. *Intuitionistic Type Theory*. Studies in Proof Theory. Bibliopolis, Naples, Italy, 1984.

Per Martin-Löf. Truth of a proposition, evidence of a judgement, validity of a proof. *Synthese*, 73(3):407–420, 1987.

John McCarthy. *LISP 1.5 Programmer's Manual*. MIT Press, 1965.

N. P. Mendler. Recursive types and type constraints in second-order lambda calculus. In *LICS*, pages 30–36, 1987.

Robin Milner. A theory of type polymorphism in programming. *JCSS*, 17:348–375, 1978.

Robin Milner. *Communicating and mobile systems—the Pi-calculus*. Cambridge University Press, 1999. ISBN 978-0-521-65869-0.

Robin Milner, Mads Tofte, Robert Harper, and David MacQueen. *The Definition of Standard ML (Revised)*. MIT Press, 1997.

John C. Mitchell. Coercion and type inference. In *Proc. ACM Symposium on Principles of Programming Languages*, pages 175–185, 1984.

John C. Mitchell. Representation independence and data abstraction. In *Proc. ACM Symposium on Principles of Programming Languages*, pages 263–276, 1986.

John C. Mitchell. *Foundations for Programming Languages*. MIT Press, 1996.

John C. Mitchell and Gordon D. Plotkin. Abstract types have existential type. *ACM Trans. Program. Lang. Syst.*, 10(3):470–502, 1988.

Eugenio Moggi. Computational lambda-calculus and monads. In *LICS*, pages 14–23. IEEE Computer Society, 1989. ISBN 0-8186-1954-6.

Tom Murphy VII, Karl Crary, Robert Harper, and Frank Pfenning. A symmetric modal lambda calculus for distributed computing. In *LICS*, pages 286–295, 2004.

Chetan R. Murthy. An evaluation semantics for classical proofs. In *LICS*, pages 96–107. IEEE Computer Society, 1991.

Aleksandar Nanevski. From dynamic binding to state via modal possibility. In *PPDP*, pages 207–218. ACM, 2003. ISBN 1-58113-705-2.

R. P. Nederpelt, J. H. Geuvers, and R. C. de Vrijer, editors. *Selected Papers on Automath*, volume 133 of *Studies in Logic and the Foundations of Mathematics*. North-Holland, 1994.

B. Nordstrom, K. Petersson, and J. M. Smith. *Programming in Martin-Löf's Type Theory*. Oxford University Press, 1990. URL http://www.cs.chalmers.se/Cs/Research/Logic/book.

OCaml. Ocaml, 2012. URL http://caml.inria.fr/ocaml/.

David Michael Ritchie Park. Concurrency and automata on infinite sequences. In Peter Deussen, editor, *Theoretical Computer Science*, volume 104 of *Lecture Notes in Computer Science*, pages 167–183. Springer, 1981. ISBN 3-540-10576-X.

Frank Pfenning and Rowan Davies. A judgmental reconstruction of modal logic. *Mathematical Structures in Computer Science*, 11(4):511–540, 2001.

Benjamin C. Pierce. *Types and Programming Languages*. MIT Press, 2002.

Benjamin C. Pierce. *Advanced Topics in Types and Programming Languages*. MIT Press, 2004.

Andrew M. Pitts. Existential types: Logical relations and operational equivalence. In Kim Guldstrand Larsen, Sven Skyum, and Glynn Winskel, editors, *ICALP*, volume 1443 of *Lecture Notes in Computer Science*, pages 309–326. Springer, 1998. ISBN 3-540-64781-3.

Andrew M. Pitts. Operational semantics and program equivalence. In Gilles Barthe, Peter Dybjer, Luis Pinto, and João Saraiva, editors, *APPSEM*, volume 2395 of *Lecture Notes in Computer Science*, pages 378–412. Springer, 2000. ISBN 3-540-44044-5.

Andrew M. Pitts and Ian D. B. Stark. Observable properties of higher order functions that dynamically create local names, or what's new? In Andrzej M. Borzyszkowski and Stefan Sokolowski, editors, *MFCS*, volume 711 of *Lecture Notes in Computer Science*, pages 122–141. Springer, 1993. ISBN 3-540-57182-5.

G. D. Plotkin. A structural approach to operational semantics. Technical Report DAIMI FN-19, Aarhus University Computer Science Department, 1981.

Gordon D. Plotkin. LCF considered as a programming language. *Theor. Comput. Sci.*, 5 (3):223–255, 1977.

Gordon D. Plotkin. The origins of structural operational semantics. *J. of Logic and Algebraic Programming*, 60:3–15, 2004.

John H. Reppy. *Concurrent Programming in ML.* Cambridge University Press, 1999.

J. C. Reynolds. Types, abstraction, and parametric polymorphism. In *Information Processing '83*, pages 513–523. North-Holland, 1983.

John C. Reynolds. Towards a theory of type structure. In Bernard Robinet, editor, *Symposium on Programming*, volume 19 of *Lecture Notes in Computer Science*, pages 408–423. Springer, 1974. ISBN 3-540-06859-7.

John C. Reynolds. Using category theory to design implicit conversions and generic operators. In Neil D. Jones, editor, *Semantics-Directed Compiler Generation*, volume 94 of *Lecture Notes in Computer Science*, pages 211–258. Springer, 1980. ISBN 3-540-10250-7.

John C. Reynolds. The essence of Algol. In *Proceedings of the 1981 International Symposium on Algorithmic Languages*, pages 345–372. North-Holland, 1981.

John C. Reynolds. The discoveries of continuations. *Lisp and Symbolic Computation*, 6 (3-4):233–248, 1993.

John C. Reynolds. *Theories of Programming Languages.* Cambridge University Press, 1998.

Andreas Rossberg, Claudio V. Russo, and Derek Dreyer. F-ing modules. In Andrew Kennedy and Nick Benton, editors, *TLDI*, pages 89–102. ACM, 2010. ISBN 978-1-60558-891-9.

Colin Runciman and Olin Shivers, editors. *Proceedings of the Eighth ACM SIGPLAN International Conference on Functional Programming, ICFP 2003, Uppsala, Sweden, August 25-29, 2003*, 2003. ACM. ISBN 1-58113-756-7.

Dana Scott. Lambda calculus: Some models, some philosophy. In J. Barwise, H. J. Keisler, and K. Kunen, editors, *The Kleene Symposium*, pages 223–265. North Holland, 1980a.

Dana S. Scott. Data types as lattices. *SIAM J. Comput.*, 5(3):522–587, 1976.

Dana S. Scott. Relating theories of the lambda calculus. *To HB Curry: Essays on combinatory logic, lambda calculus and formalism*, pages 403–450, 1980b.

Dana S. Scott. Domains for denotational semantics. In Mogens Nielsen and Erik Meineche Schmidt, editors, *ICALP*, volume 140 of *Lecture Notes in Computer Science*, pages 577–613. Springer, 1982. ISBN 3-540-11576-5.

Michael B. Smyth and Gordon D. Plotkin. The category-theoretic solution of recursive domain equations. *SIAM J. Comput.*, 11(4):761–783, 1982.

Richard Statman. Logical relations and the typed lambda-calculus. *Information and Control*, 65(2/3):85–97, 1985.

Guy L. Steele. *Common Lisp: The Language.* Digital Press, 2nd edition edition, 1990.

Christopher A. Stone and Robert Harper. Extensional equivalence and singleton types. *ACM Trans. Comput. Log.*, 7(4):676–722, 2006.

Paul Taylor. *Practical Foundations of Mathematics*. Cambridge Studies in Advanced Mathematics. Cambridge University Press, 1999.

P. W. Trinder, K. Hammond, H.-W. Loidl, and S. L. Peyton Jones. Algorithm + strategy = parallelism. *Journal of Functional Programming*, 8:23–60, 1998.

Jaap van Oosten. Realizability: A historical essay. *Mathematical Structures in Computer Science*, 12(3):239–263, 2002.

Philip Wadler. Theorems for free! In *FPCA*, pages 347–359, 1989.

Philip Wadler. Comprehending monads. *Mathematical Structures in Computer Science*, 2 (4):461–493, 1992.

Philip Wadler. Call-by-value is dual to call-by-name. In Runciman and Shivers (2003), pages 189–201. ISBN 1-58113-756-7.

Mitchell Wand. Fixed-point constructions in order-enriched categories. *Theor. Comput. Sci.*, 8:13–30, 1979.

Stephen A. Ward and Robert H. Halstead. *Computation structures*. MIT Electrical Engineering and Computer Science Series. MIT Press, 1990. ISBN 978-0-262-23139-8.

Kevin Watkins, Iliano Cervesato, Frank Pfenning, and David Walker. Specifying properties of concurrent computations in clf. *Electr. Notes Theor. Comput. Sci.*, 199:67–87, 2008.

Andrew K. Wright and Matthias Felleisen. A syntactic approach to type soundness. *Inf. Comput.*, 115(1):38–94, 1994.

Hongwei Xi and Frank Pfenning. Eliminating array bound checking through dependent types. In Jack W. Davidson, Keith D. Cooper, and A. Michael Berman, editors, *PLDI*, pages 249–257. ACM, 1998. ISBN 0-89791-987-4.